정 오 표

미분기하학(제3판), 최대호 지음

쪽수	위치	수정 전	수정 후
24	밑 / 1	정리 4-2는	정의 4-2는
36	밑 / 1	$\left(\frac{\partial f_1}{\partial x_i}, \frac{\partial f_2}{\partial x_i}, \cdots, \frac{\partial f_m}{\partial x_i}\right)_{f(\mathbf{p})}$.	$\left(\frac{\partial f_1}{\partial x_i}, \frac{\partial f_2}{\partial x_i}, \cdots, \frac{\partial f_m}{\partial x_i}\right)$.
87	위 / 5	벡터장 E_1, E_2, E_3	틀장 E_1, E_2, E_3
279	위 / 3	$d\bar{\theta}_2 = \bar{\omega}_{12} \wedge \bar{\theta}_1$	$d\bar{\theta}_2 = \bar{\omega}_{21} \wedge \bar{\theta}_1$
351	하 / 2	나머지 항은	두 번째 항은
353	위 / 1	$\int_{\partial^x} k\mathrm{g} ds =$	$\int_{\partial \mathbf{x}} k\mathrm{g} ds =$
	위 / 3	$+\frac{\partial}{\partial v}\left(\frac{1}{\sqrt{G}}\frac{\partial\sqrt{E}}{\partial u}\right)$	$+\frac{\partial}{\partial v}\left(\frac{1}{\sqrt{G}}\frac{\partial\sqrt{E}}{\partial v}\right)$
358	위 / 8	좌변의 각 항에	우변의 각 항에
363	위 / 2	수식 바로 밑에 문장 삽입	이제 K의 부호에 따라 삼각형의 내각의 합이 어떻게 달라지는지 살펴보자.
	위 / 3	$K = \frac{1}{a^2}$ 이므로	$K = \frac{1}{a^2}(>0)$ 이므로
	위 / 5	$K = -\frac{1}{a^2}$	$K = -\frac{1}{a^2}(<0)$
	위 / 7	~ 가 성립한다. 그러므로 ~	$K=0$인 평면의 경우에는 $\Sigma\phi_i = \pi$가 성립한다. 그러므로 ~
442	밑 / 2	그 타원의 곡률은 $\chi = \frac{\Vert \alpha' \times \alpha'' \Vert}{\Vert \alpha' \Vert^3} =$	그 타원의 곡률은 $\kappa = \frac{\Vert \alpha' \times \alpha'' \Vert}{\Vert \alpha' \Vert^3} =$
443	밑 / 6	$= -\frac{\partial}{\partial u}\left(\frac{1}{\sqrt{E}}\frac{\partial\sqrt{G}}{\partial u}\right)$.	$= \frac{\partial}{\partial u}\left(\frac{1}{\sqrt{E}}\frac{\partial\sqrt{G}}{\partial u}\right)$.

제3판

미분기하학

최대호 지음

KM 경문사

머 리 말

이 책은 경문사에서 출간한 본인의 저서 "미분기하학"(p. 484, 2000년 9월)을 애용해 주신 많은 독자들로부터 한 학기 또는 두 학기에 걸쳐 쉽게 공부할 수 있도록 미분기하학의 핵심적인 내용을 중심으로 재편해 줄 것을 요청받아 만들어진 미분기하학 전공도서로써, 미적분과 선형대수학을 이수한 학생이면 무난히 공부할 수 있도록 쉽게 씌어진 책이다. 그 내용은 비록 축소가 되었으나 미분기하학의 중심적인 체계는 완벽하게 유지하였고 그 내용 또한 필수적인 것은 모두 포함되어 있으므로 학부 학생이나 교사임용고사를 준비하는 이들에게는 확실히 많은 도움이 되리라 믿는다.

제 1 장은 이 책을 공부하는 데 필요한 기초지식을 열거하였다. 그 내용들은 미적분과 선형대수에서 많이 익숙한 것들이다. 제 2 장에서는 공간곡선을 공부하기 위하여 움직이는 틀(moving frames)에 대해 주로 기술하였다. 제 3 장에서는 공간에서의 강체운동(rigid motions)에 관하여 조사한다. 공간에서 곡선의 합동은 평면에서 삼각형의 합동과 같이 같은 방식으로 정의된다는 사실을 보여준다. 제 4 장은 특별한 설명이 필요하다. 고전기하학의 가장 큰 약점은 곡면에 대한 충분한 정의가 부족하다는 것이다. 여기에서 우리는 곡면이 무엇인가를 이해하고, 각 곡면들이 자신들의 미분과 적분이 있음을 증명한다. 이러한 내용은 미분가능다양체(differentiable manifolds)의 개념에 대한 소개가 될 것이다. 제 5 장은 제 6 장에서 주어진 이론에 기하학적 의미를 제공하기 위하여 직관적이고 계산적 관점을 강조하고

있다. 즉 모양연산자를 도입하여 곡면의 모양에 대한 기하학적 성질을 조사하고 있다. 그리고 제 7 장은 제6장에서 공부한 곡면의 본질적 기하학과 연결되는 리만 기하학의 기초내용에 관하여 상세하게 기술하고 있다. 각 절의 끝에는 본문의 이해력에 관한 쉬운 문제로부터 깊이 있는 도전적 문제에 이르기까지 다양한 문제를 제공하고 있다.

이 책을 공부함에 있어서, 제 1 장과 제 3 장은 많은 시간을 할애할 필요가 없다. 3차원 유클리드 공간에서 곡선과 곡면에 관한 기하학은 제 2 장과 제 4 장, 그리고 제 5 장과 제 6 장으로 구성되었다고 볼 수 있다. 이것들은 곡면의 개념과 곡면의 사상에 관한 확실한 설명과 더불어 필수적으로 학부과정에서 공부하여야 할 내용들이다. 제 7 장은 이차원 리만 기하학의 내용이라 볼 수 있다. 어떤 면에서는 고차원의 경우로 확장하여 전개하는 것보다 더 유익할지도 모른다. 이러한 기하학의 매력적인 관점은 3차원 공간에 있는 곡면의 특별한 경우로부터 직접 발견할 것이다. 즉 제 5 장 5절에서 공부한 곡면에 속한 몇 가지 특별한 곡선에 관한 내용을 좀더 자세하게 공부하게 된다. 가능하면 미분방정식론에 관한 복잡한 이론은 억제하였으나, 그것의 기초적인 내용의 이해는 제 7 장을 공부하는 데 많은 도움을 줄 것이다.

이번 개정판에서는 제 2 판에서 미비했던 부분과 그림을 보완하였고 모든 독자들이 큰 어려움 없이 공부할 수 있도록 가능한대로 쉽게 풀어쓰려고 노력하였다. 특히 각 절마다 문제를 정선하여 제시하였고 그 풀이과정의 대부분도 이 책의 뒷부분에 담아 독자들의 이해를 돕도록 하였다. 특별히, 반드시 풀어보아야 할 필수문제들은 문제번호를 검정바탕에 표시하여 강조하였다. 이 책을 통하여 미분기하학을 공부하는 분들이 힘을 얻고 자신감을 가지고 정진할 수 있기를 바라는 마음 간절하다.

2007년 1월

저자 씀

차 례

제 3 장 곡선기하학

제 4 장 곡면의 기본개념

제 5 장 곡면의 모양

제 6 장 곡면기하학

1 유클리드 공간

제 1장에서는 이 책에서 사용하는 수학적 언어라 할 수 있는 기본개념, 예컨대 접벡터(tangent vectors), 방향도함수(direction derivatives), 제 1 형식(1-forms), 미분형식(differential forms) 및 사상(mappings)에 대한 개념을 도입하고 이에 관한 기하학적 의미를 조사한다. 이 장에서 다루는 정의와 공식은 곡면기하학을 공부하는 데 많은 도움을 줄 것이다.

1-1 유클리드 공간과 접벡터

3차원 공간(3-dimensional space)은 수학에서 가장 많이 사용하는 것으로, 우리의 주변에서, 또는 경험으로부터 많이 익숙해져 있는 공간이다. 방의 구석을 바라보면서 직교좌표축(rectangular coordinate axes)이 도입되었고, 점의 위치를 나타내는 데 세 쌍의 수(numbers)가 사용되었다.

정의 1-1

유클리드 3차원 공간 $\mathbf{E}^3$은 세 개의 실수의 모든 순서쌍의 집합이다. 이런 세 실수의 순서쌍 $\mathbf{p}=(p_1, p_2, p_3)$을 $\mathbf{E}^3$의 **점**(point)이라 한다.

$\mathbf{E}^3$가 실수에 대한 벡터공간이라는 사실을 선형대수(linear algebra)로부터 잘 알고 있다. 실제로 $\mathbf{p}=(p_1, p_2, p_3)$와 $\mathbf{q}=(q_1, q_2, q_3)$를 $\mathbf{E}^3$의 점이라 하면 $\mathbf{p}$와 $\mathbf{q}$의 합(sum)과 실수 a에 의한 점 $\mathbf{p}$의 스칼라 곱(scalar product)은

$$\mathbf{p}+\mathbf{q}=(p_1+q_1, p_2+q_2, p_3+q_3)$$
$$a\mathbf{p}=(ap_1, ap_2, ap_3)$$

로 정의된다. 이 두 연산이 벡터공간의 공리를 만족함은 쉽게 알 수 있다. 이때 점 $\mathbf{0}=(0, 0, 0)$을 $\mathbf{E}^3$의 **원점**(origin)이라 한다. $\mathbf{E}^3$에서 미분가능 실가함수(differentiable real-valued functions)에 대한 기본사항부터 살펴보자.

정의 1-2

점 $\mathbf{p}=(p_1, p_2, p_3)$에 대하여 실가함수 x, y, z가

$$x(\mathbf{p})=p_1, \quad y(\mathbf{p})=p_2, \quad z(\mathbf{p})=p_3$$

를 만족할 때 x, y, z를 $\mathbf{E}^3$의 **자연좌표함수**(natural coordinate functions)라 한다. 이런 함수에 대하여, 이제부터 표기의 편리성을 위하여

$$x_1 = x, \quad x_2 = y, \quad x_3 = z$$

와 같이 **첨자표기법**(index notation)을 쓸 경우가 자주 있을 것이다.

점 $\mathbf{p}$에서 함수 x_i의 값이 p_i이므로 $\mathbf{E}^3$의 점 $\mathbf{p}$에 대하여

$$\mathbf{p} = (p_1, p_2, p_3) = (x_1(\mathbf{p}), x_2(\mathbf{p}), x_3(\mathbf{p}))$$

가 성립한다. 그러므로, 함수 x_i ($i=1, 2, 3$)은 점 $\mathbf{p}$를 x_i축으로 정사영시키는 실가함수이다.

정의 1-3

$\mathbf{E}^3$에서 실가함수(real valued function) f가 **미분가능**(differentiable, or infinitively differentiable, or of class C^∞)이라 함은 f의 모든 편도함수(partial derivatives of all orders)가 존재하고 연속인 것이다.

미분가능 실가함수 f와 g의 합과 곱은 또한 미분가능 실가함수이므로

$$(f+g)(\mathbf{p}) = f(\mathbf{p}) + g(\mathbf{p}), \quad (fg)(\mathbf{p}) = f(\mathbf{p})g(\mathbf{p})$$

로 정의한다.

'미분가능 실가함수'라는 단어는 너무 길기 때문에 특별한 언급이 없는 한 그냥 '함수'라고 사용하게 될 것이다.

$\mathbf{E}^3$에서 벡터는 유향선분(oriented line segment) 또는 화살표로 표시한다. 벡터는 물리학이나 공학에서 힘(forces)이나 속도(velocities)와 같은 여러 가지 개념으로 폭넓게 사용된다.

$\mathbf{E}^3$에서의 벡터 $\mathbf{v}_p$를 간결하고도 실용적으로 정의하기 위하여 출발점을 $\mathbf{p}$로 하고 끝점을 $\mathbf{p}+\mathbf{v}$로 하는 화살표로 나타내기로 하자. 엄밀히 말하면 $\mathbf{v}$는 $\mathbf{E}^3$의 한 점을 나타낸다.

정의 1-4

$\mathbf{E}^3$의 **접벡터** $\mathbf{v}_p$는 $\mathbf{E}^3$의 두 점 $\mathbf{p}$와 $\mathbf{p}+\mathbf{v}$로 이루어진다. 이때 $\mathbf{v}$와 $\mathbf{p}$를 각각 $\mathbf{v}_p$의 **벡터부분**(vector part)과 **적용점**(point of application)이라 한다.

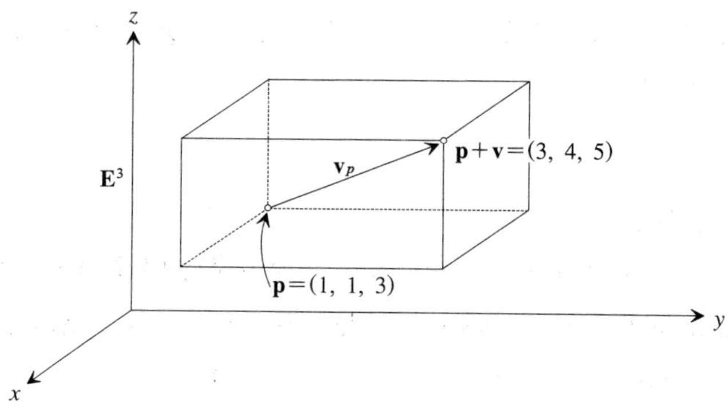

그림 1-1

위의 정의를 확인하기 위하여 예를 들어보자.

만약 $\mathbf{p}=(1, 1, 3)$, $\mathbf{v}=(2, 3, 2)$라 하면 $\mathbf{v}_p$는 그림 1-1처럼 점 (1, 1, 3

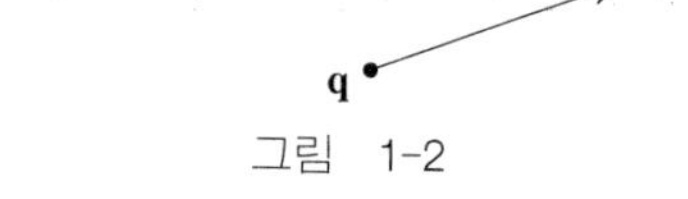

그림 1-2

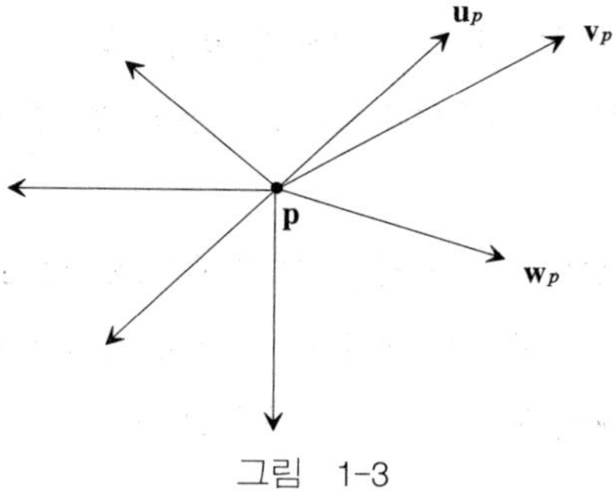

그림 1-3

으로부터 점 (3, 4, 5)로 향하는 벡터를 뜻한다. 여기서 두 벡터의 상등(equal)과 평행(parallel)은

$$\mathbf{v}_p = \mathbf{w}_q \leftrightarrow \mathbf{v} = \mathbf{w} \text{이고 } \mathbf{p} = \mathbf{q}$$
$$\mathbf{v}_p /\!/ \mathbf{w}_q \leftrightarrow \mathbf{v} = c\mathbf{w} \text{이고 } \mathbf{p} \neq \mathbf{q} (c\text{: 상수})$$

로 정의할 수 있다.

정의 1-5

점 $\mathbf{p}$를 적용점으로 하는 $\mathbf{E}^3$의 모든 접벡터의 집합 $T_p(\mathbf{E}^3)$를 $\mathbf{p}$에서 $\mathbf{E}^3$의 **접공간**(tangent space)이라 한다.

주어진 접공간에서의 접벡터들은 적용점이 모두 같으므로 벡터의 합과 스칼라곱을 다음과 같이 정의할 수 있다.

$$\mathbf{v}_p + \mathbf{w}_p = (\mathbf{v} + \mathbf{w})_p$$
$$c(\mathbf{v}_p) = (c\mathbf{v})_p, \quad (c\text{: 상수})$$

이 관계식을 보통 **평행사변형법칙**(parallelogram law)이라 한다. 이 경우 상수 c는 단순히 접벡터 $\mathbf{v}_\mathbf{p}$를 c배 확장($c<0$인 경우에는 반대 방향으로)하는 것을 의미한다.

정의 1-6

$\mathbf{E}^3$에서 **벡터장**(vector field) V라 함은 $\mathbf{E}^3$의 각각의 점 $\mathbf{p}$를 $T_\mathbf{p}(\mathbf{E}^3)$의 접벡터 $V(\mathbf{p})$로 대응하는 함수 V: $\mathbf{E}^3 \to T_\mathbf{p}(\mathbf{E}^3)$이다.

실가함수 f와 g의 덧셈은 각 점에서 f와 g의 값을 더할 수 있기 때문에 가능하다. 마찬가지로 벡터장 V와 W의 덧셈도 가능하다. 즉 각 점 $\mathbf{p}$에서 $V(\mathbf{p})$와 $W(\mathbf{p})$는 같은 벡터공간 $T_p(\mathbf{E}^3)$에 속해 있으므로 $V(\mathbf{p})+$

$W(\mathbf{p})$를 구할 수 있다. 이런 덧셈에 대한 공식은 함수의 덧셈에 대한 것과 마찬가지이므로

$$(V+W)(\mathbf{p})=V(\mathbf{p})+W(\mathbf{p})$$

라 쓸 수 있다. $\mathbf{E}^3$에서 f가 실가함수이고 V를 벡터장이라 하면, fV는 모든 점 $\mathbf{p}$에 대하여

$$(fV)(\mathbf{p})=f(\mathbf{p})V(\mathbf{p})$$

인 $\mathbf{E}^3$의 벡터장으로 정의한다. 이런 이론을 **점의 원리**(pointwise principle)라 하는데, 이 원리를 자주 사용할 것이다.

이제 주어진 벡터장이 어떤 형태의 것인가를 직관적으로 파악하기 위하여 모든 벡터장의 기저가 되는 세 개의 벡터장을 도입한다.

정의 1-7

$\mathbf{E}^3$의 점 $\mathbf{p}$에서

$$U_1(\mathbf{p})=(1,\ 0,\ 0)_p$$
$$U_2(\mathbf{p})=(0,\ 1,\ 0)_p$$
$$U_3(\mathbf{p})=(0,\ 0,\ 1)_p$$

로 정의되는 벡터장 U_1, U_2, U_3를 $\mathbf{E}^3$의 **자연틀장**(natural frame field)이라 한다. 그러므로 U_i $(i=1,\ 2,\ 3)$는 x_i의 양의 방향으로 향하는 단위 벡터장이다.

정리 1-8

$\mathbf{E}^3$의 벡터장 V에 대하여

$$V=v_1U_1+v_2U_2+v_3U_3$$

을 만족하는 실가함수 v_1, v_2, v_3가 유일하게 존재한다. 이런 함수

$v_i(i=1, 2, 3)$를 V의 **유클리드 좌표함수**(Euclidean coordinate functions)라 한다.

증명 정의에 따라 벡터장 V는 각각의 점 $\mathbf{p}$에 접벡터 $V(\mathbf{p})$를 대응시키므로, $V(\mathbf{p})$의 벡터부분을 $(v_1(\mathbf{p}), v_2(\mathbf{p}), v_3(\mathbf{p}))$로 쓸 수 있다. 따라서 모든 점 $\mathbf{p}$에 대하여

$$\begin{aligned} V(\mathbf{p}) &= (v_1(\mathbf{p}), v_2(\mathbf{p}), v_3(\mathbf{p}))_p \\ &= v_1(\mathbf{p})(1, 0, 0)_p + v_2(\mathbf{p})(0, 1, 0)_p + v_3(\mathbf{p})(0, 0, 1)_p \\ &= v_1(\mathbf{p})U_1(\mathbf{p}) + v_2(\mathbf{p})U_2(\mathbf{p}) + v_3(\mathbf{p})U_3(\mathbf{p}) \\ &= (\sum v_iU_i)(\mathbf{p}) \end{aligned}$$

가 성립한다. 이 식은 곧 $V=\sum v_iU_i$임을 나타낸다. ■

위의 증명에서 보여 준 벡터항등식 $(a_1, a_2, a_3)_p=\sum a_iU_i(\mathbf{p})$는 앞으로 자주 사용할 것이다. 벡터장을 포함하는 계산은 그 벡터장의 유클리드 좌표함수로 항상 나타낼 수 있다. 예를 들어

$$\sum v_iU_i + \sum w_iU_i = \sum (v_i+w_i)U_i$$
$$f(\sum v_iU_i) = \sum (fv_i)U_i$$

의 형태로, 함수 f에 의한 벡터장의 합이나 곱을 좌표함수의 항으로 표시할 수 있다.

벡터장 V가 미분가능이라 함은 V의 유클리드 좌표함수 v_i가 미분가능임을 말하므로 이제부터 '벡터장'은 '미분가능 벡터장'으로 이해해야 한다.

문제 1-1

1. $|x-x_0|<\delta$에 대하여 $|f(x)|<M$을 만족하는 스칼라 $M>0$과 $\delta>0$가 존재할 때 함수 f는 x_0에서 **유계**(bounded)라고 한다. 만일 f가 x_0에서 연속이라면 f는 x_0에

서 유계임을 보여라.

2 만일 f와 g가 x_0에서 연속이면 $f\circ g$도 x_0에서 연속임을 보여라.

3 $f=x^2y$, $g=y\sin z$를 $\mathbf{E}^3$의 함수라 할 때, 다음 함수를 x, y, z로 나타내어라.

(1) fg^3　　(2) $\dfrac{\partial f}{\partial x}g+\dfrac{\partial g}{\partial y}f$

(3) $\dfrac{\partial^2(fg)}{\partial y\partial z}$　　(4) $\dfrac{\partial}{\partial y}(\sin f)$

4 다음의 각 점에서 함수 $f=x^2y-y^3z$의 값을 구하여라.

(1) $\left(3,\ -1,\ \dfrac{1}{2}\right)$　　(2) $(a,\ 1,\ 1-a)$

5 다음 함수에 대하여 $\dfrac{\partial f}{\partial x}$를 x, y, z의 항으로 나타내어라.

(1) $f=x\sin(xy)+y\cos(xz)$　　(2) $f=\sin g$,　$g=e^h$,　$h=x^2+y^2+z^2$

6 g_1, g_2, g_3 및 h를 $\mathbf{E}^3$ 위에서 정의된 실가함수라 하면, $f=h(g_1,\ g_2,\ g_3)$은 모든 점 $\mathbf{p}$에서 $f(\mathbf{p})=h(g_1(\mathbf{p}),\ g_2(\mathbf{p}),\ g_3(\mathbf{p}))$로 정의되는 함수이다. 이때 $h=x^2-yz$이고 f가 다음과 같을 때 $\dfrac{\partial f}{\partial x}$를 x, y, z의 항으로 표시하여라.

(1) $f=h(x+y,\ y^2,\ x+z)$　　(2) $f=h(x,\ -x,\ x)$

7 $\mathbf{v}=(-2,\ 1,\ -1)$, $\mathbf{w}=(0,\ 1,\ 3)$이라 하자.

(1) 임의의 점 $\mathbf{p}$에서 접벡터 $3\mathbf{v}_p-2\mathbf{w}_p$를 $U_1(\mathbf{p})$, $U_2(\mathbf{p})$, $U_3(\mathbf{p})$의 일차결합으로 나타내어라.

(2) $\mathbf{p}=(1,\ 0,\ 0)$에 대하여 $\mathbf{v}_p$, $\mathbf{w}_p$, $-2\mathbf{v}_p$, $\mathbf{v}_p+\mathbf{w}_p$를 정확히 스케치하여라.

8 $V=xU_1+yU_2$, $W=2x^2U_2-U_3$라 하자. 벡터장 $W-xV$를 계산하고 점 $\mathbf{p}=(-1,\ 0,\ 2)$에서의 값을 구하여라.

9 다음의 각 경우에, 주어진 벡터장 V를 표준형식 $\sum v_iU_i$의 형식으로 나타내어라.

(1) $2z^2U_1=7V+xyU_3$

(2) $V(\mathbf{p})=(p_1,\ p_3-p_1,\ 0)_{\mathbf{p}}$, 단 $\mathbf{p}=(p_1,\ p_2,\ p_3)$

(3) 점 $\mathbf{p}$에서 $V(\mathbf{p})$는 점 $(p_1,\ p_2,\ p_3)$로부터 점 $(1+p_1,\ p_2p_3,\ p_2)$까지의 벡터이다.

10 $V=y^2U_1-x^2U_3$, $W=x^2U_1-zU_2$라 할 때, 벡터장 $fV+gW$가 오직 U_2와 U_3의 항으로 표시할 수 있는 f와 g를 구하여라.

11 $V_1 = U_1 - xU_3$, $V_2 = U_2$, $V_3 = xU_1 + U_3$라 하자.

(1) $V_1(\mathbf{p})$, $V_2(\mathbf{p})$, $V_3(\mathbf{p})$는 $\mathbf{E}^3$의 각 점에서 일차독립임을 증명하여라.

(2) 벡터장 $xU_1 + yU_2 + zU_3$를 V_1, V_2, V_3의 일차결합으로 표시하여라.

12 벡터 $\mathbf{v}_1, \cdots, \mathbf{v}_n$이 종속이기 위한 필요충분조건은 이들 중 어느 벡터가 다른 것의 일차결합인 것을 보여라.

1-2 방향도함수

$\mathbf{E}^3$의 미분가능 함수 f에 대하여 $t \to f(\mathbf{p} + t\mathbf{v})$는 수직선상에서의 상미분가능 함수(ordinary differentiable function)이다. $t=0$에서 이 함수의 도함수는 $\mathbf{p}$가 $\mathbf{v}$의 방향으로 움직임에 따라 f의 초기변화율(initial rate of change)을 나타낸다(그림 1-4).

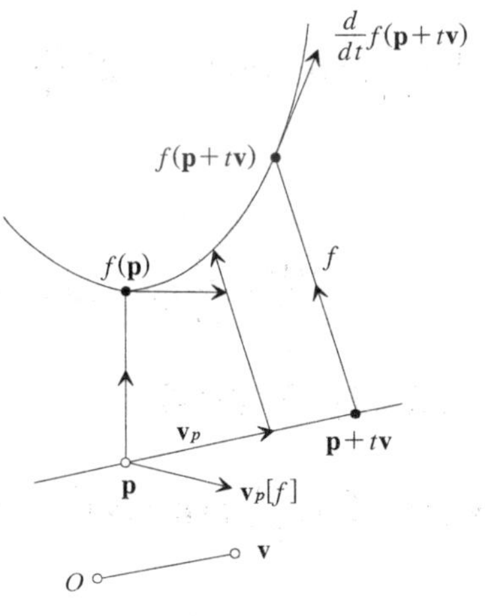

그림 1-4

정의 2-1

$\mathbf{E}^3$에서 f를 미분가능 실가함수, $\mathbf{v}_p$를 접벡터라 할 때

$$\mathbf{v}_p[f]=\frac{d}{dt}f(\mathbf{p}+t\mathbf{v})\Big|_{t=0}$$

을 $\mathbf{v}_p$에 대한 f의 **방향도함수**(directional derivative)라 한다.

정리 2-2 방향도함수

$\mathbf{v}_p=(v_1,\ v_2,\ v_3)_p$를 $\mathbf{E}^3$의 접벡터라 하면 다음 관계식이 성립한다.

$$\mathbf{v}_p[f]=\sum_i v_i\frac{\partial f}{\partial x_i}(\mathbf{p})$$

증명 $\mathbf{p}=(p_1,\ p_2,\ p_3)$라 하면 $\mathbf{p}+t\mathbf{v}=(p_1+tv_1,\ p_2+tv_2,\ p_3+tv_3)$이므로

$$f(\mathbf{p}+t\mathbf{v})=f(p_1+tv_1,\ p_2+tv_2,\ p_3+tv_3)$$

이다. 따라서

$$\mathbf{v}_p[f]=\frac{d}{dt}f(\mathbf{p}+t\mathbf{v})\Big|_{t=0}=\sum\frac{\partial}{\partial x_i}f(\mathbf{p}+t\mathbf{v})\frac{dx_i}{dt}\Big|_{t=0}$$

그런데

$$\frac{dx_i}{dt}=\frac{d}{dt}(p_i+tv_i)=v_i$$

이므로, 결국 다음 결과를 얻는다.

$$\mathbf{v}_p[f]=\sum v_i\frac{\partial}{\partial x_i}f(\mathbf{p}+t\mathbf{v})\Big|_{t=0}=\sum v_i\frac{\partial f}{\partial x_i}(\mathbf{p}).$$ ■

예를 들어 $\mathbf{v}=(1,\ 0,\ -3)$, $\mathbf{p}=(1,\ 1,\ 0)$, $f=x^2yz$일 때 방향도함수

$\mathbf{v}_p[f]$를 정의에 따라 구해보자.

$$\mathbf{p}+t\mathbf{v}=(1,\ 1,\ 0)+t(1,\ 0,\ -3)=(1+t,\ 1,\ -3t)$$

는 점 $\mathbf{p}$를 지나고 $\mathbf{v}$와 평행한 직선을 나타내므로,

$$f(\mathbf{p}+t\mathbf{v})=(1+t)^2\cdot 1\cdot(-3t)=-3t^3-6t^2-3t.$$

따라서

$$\mathbf{v}_p[f]=\frac{d}{dt}f(\mathbf{p}+t\mathbf{v})\Big|_{t=0}=9t^2-12t-3\,|_{t=0}=-3$$

을 얻는다. 이 식은 $\mathbf{p}$가 $\mathbf{v}$의 방향으로 움직임에 따라 함수 f는 초기에 감소함을 나타낸다.

한편, 위의 정리에서 얻는 공식에 의하여 직접 계산하면

$$\frac{\partial f}{\partial x_1}=\frac{\partial f}{\partial x}=2xyz,\quad \frac{\partial f}{\partial x_2}=\frac{\partial f}{\partial y}=x^2z,\quad \frac{\partial f}{\partial x_3}=\frac{\partial f}{\partial z}=x^2y$$

이고, $\mathbf{p}=(1,\ 1,\ 0)$이므로

$$\frac{\partial f}{\partial x}(\mathbf{p})=0,\quad \frac{\partial f}{\partial y}(\mathbf{p})=0,\quad \frac{\partial f}{\partial z}(\mathbf{p})=1$$

을 얻는다. 따라서

$$\mathbf{v}_p[f]=1\cdot 0+0\cdot 0+(-3)\cdot 1=-3.$$

이 값은 정의에 따라 계산한 값과 같은 결과이다.

다음 정리는 방향도함수에 관한 중요한 성질이다.

정리 2-3

f와 g를 $\mathbf{E}^3$의 함수, $\mathbf{v}$와 $\mathbf{w}$를 접벡터, a와 b를 실수라 하면 다음 관계식이 성립한다.

(1) $(a\mathbf{v}_p + b\mathbf{w}_p)[f] = a\mathbf{v}_p[f] + b\mathbf{w}_p[f]$

(2) $\mathbf{v}_p[af + bg] = a\mathbf{v}_p[f] + b\mathbf{v}_p[g]$

(3) $\mathbf{v}_p[fg] = \mathbf{v}_p[f]g(\mathbf{p}) + f(\mathbf{p})\mathbf{v}_p[g]$

증명 정리 2-2를 이용하면 쉽게 증명할 수 있다. 예를 들어 (3)을 증명해 보자. $\mathbf{v} = (v_1, v_2, v_3)$라 하면

$$\mathbf{v}_p[fg] = \sum v_i \frac{\partial(fg)}{\partial x_i}(\mathbf{p})$$

이다. 이제 미분공식

$$\frac{\partial(fg)}{\partial x_i} = \left(\frac{\partial f}{\partial x_i}\right)g + f\left(\frac{\partial g}{\partial x_i}\right)$$

를 이용하면 다음과 같이 결과를 쉽게 얻을 수 있다.

$$\begin{aligned}\mathbf{v}_p[fg] &= \sum v_i\left(\frac{\partial f}{\partial x_i}(\mathbf{p})\cdot g(\mathbf{p}) + f(\mathbf{p})\cdot\frac{\partial g}{\partial x_i}(\mathbf{p})\right)\\ &= \left(\sum v_i \frac{\partial f}{\partial x_i}(\mathbf{p})\right) g(\mathbf{p}) + f(\mathbf{p})\left(\sum v_i \frac{\partial g}{\partial x_i}(\mathbf{p})\right)\\ &= \mathbf{v}_p[f]g(\mathbf{p}) + f(\mathbf{p})\mathbf{v}_p[g]\end{aligned}$$ ■

정리 2-3의 성질 (1), (2)는 $\mathbf{v}_p[f]$가 $\mathbf{v}_p$와 f에 관하여 각각 선형(linear)임을 뜻하고, (3)은 곱의 미분법에 관하여 라이프니츠 법칙을 만족함을 뜻한다. 어떤 형태의 미분법이든 그것은 항상 선형이고 라이프니츠의 성질을 만족한다.

이제 함수 f에 벡터장 V의 연산을 정의하자. 그 결과는 점 $\mathbf{p}$에서의 값이 $V(\mathbf{p})[f](\mathbf{p})$에서 접벡터 $V(\mathbf{p})$에 관한 f의 도함수)인 실가함수 $V[f]$이다. 특히 U_1, U_2, U_3를 $\mathbf{E}^3$의 자연틀장이라 하면 $\mathbf{v}_p = \sum v_i U_i(\mathbf{p})$이므로, 정리 2-2의 관계식에 대입하여 비교하면

$$U_i[f]=\frac{\partial f}{\partial x_i}$$

을 얻는다. 예를 들어 $U_1(\mathbf{p})=(1, 0, 0)_\mathbf{p}$에 대하여 계산해 보면

$$U_1(\mathbf{p})[f]=1\cdot\frac{\partial f}{\partial x_1}(\mathbf{p})+0\cdot\frac{\partial f}{\partial x_2}(\mathbf{p})+0\cdot\frac{\partial f}{\partial x_3}(\mathbf{p})=\frac{\partial f}{\partial x_1}(\mathbf{p}).$$

이것은 모든 점 $\mathbf{p}=(p_1, p_2, p_3)$에 대하여 성립하므로 $U_1[f]=\dfrac{\partial f}{\partial x_1}$이다.

이제 방향도함수의 표기법은 접벡터의 경우보다는 오히려 벡터장의 경우에 더 많이 사용되므로 다음 정리를 보자.

정리 2-4

V와 W를 $\mathbf{E}^3$의 벡터장이라 하고 f, g, h를 $\mathbf{E}^3$의 실가함수라 하면 다음 관계가 성립한다.

(1) $(fV+gW)[h]=fV[h]+gW[h]$

(2) $V[af+bg]=aV[f]+bV[g]$ (a, b: 실수)

(3) $V[fg]=V[f]\cdot g+f\cdot V[g]$

증명 점의 원리(pointwise principle)를 사용하면 정리 2-3으로부터 위의 성질을 쉽게 증명할 수 있다. 예를 들어 (3)을 증명해 보자. 정의에 따라 $\mathbf{p}$에서 $V[fg]$의 값은 $V(\mathbf{p})[fg]$이므로 정리 2-3의 식 (3)으로부터 다음 결과를 얻는다.

$$\begin{aligned}(V[fg])(\mathbf{p})&=V(\mathbf{p})[fg]=V(\mathbf{p})[f]g(\mathbf{p})+f(\mathbf{p})V(\mathbf{p})[g]\\&=V[f](\mathbf{p})g(\mathbf{p})+f(\mathbf{p})V[g](\mathbf{p})\\&=(V[f]\cdot g+f\cdot V[g])(\mathbf{p})\end{aligned}$$

■

여기서 사용한 ·(dot)는 단순히 곱을 나타내는 것이지 벡터의 내적(inner product)을 표시하는 것은 아님을 유의하여야 한다.

예제 2-5

$V=xU_1-y^2U_3$, $f=x^2y+z^3$일 때 $V[f]$를 구해보자.

풀이 항등식 $U_i[f]=\dfrac{\partial f}{\partial x_i}$를 이용하면 다음과 같이 쉽게 계산할 수 있다.

$$\begin{aligned}V[f]&=(xU_1-y^2U_3)[x^2y+z^3]\\&=xU_1[x^2y]+xU_1[z^3]-y^2U_3[x^2y]-y^3U_3[z^3]\\&=x(2xy)+x(0)-y^2(0)-y^2(3z^2)\\&=2x^2y-3y^2z^2.\end{aligned}$$ □

접벡터 $\mathbf{v}_p$에 대한 아래첨자표시(subscript notation)는 귀찮은 감이 있으므로 이제부터는 적용점 $\mathbf{p}$를 생략하는 경우가 자주 있을 것이다. 이를 테면 $\mathbf{v}$와 $\mathbf{w}$는 $\mathbf{E}^3$의 접벡터를, $\mathbf{p}$와 $\mathbf{q}$는 $\mathbf{E}^3$의 점을 표시할 것이다. 적용점이 반드시 필요한 경우에는 $\mathbf{v}_p$ 또는 '$\mathbf{p}$에서 접벡터 $\mathbf{v}$'라는 용어를 사용하고, 적용점의 의미가 일반적인 경우에는 단지 $\mathbf{v}$로 표시하기로 하자.

문제 1-2

1 $\mathbf{v}=(2,\ -1,\ 3)$, $\mathbf{p}=(2,\ 0,\ -1)$인 $\mathbf{E}^3$의 벡터를 $\mathbf{v}_p$라 하자. 정의에 의하여 다음 함수의 방향도함수 $\mathbf{v}_p[f]$를 구하여라. 또 정리 2-2를 사용하여 계산하고 비교하여라.

(1) $f=y^2z$ (2) $f=x^n$ (3) $f=e^x\cos y$

2 $V=y^2U_1-xU_3$, $f=xy$, $g=z^3$이라 할 때, 다음 값을 계산하여라.

(1) $V[f]$ (2) $V[fg]$

(3) $V[f^2+g^2]$ (4) $V[V[f]]$

3 $x_i(i=1,\ 2,\ 3)$를 자연좌표함수라 할 때, 항등식 $V=\sum V[x_i]U_i$를 증명하여라.

1-3 $\mathbf{E}^3$의 곡선

$\mathbf{E}^3$의 곡선은 동점(moving point) α에 의하여 만들어진다. 개구간 I에 속한 '시간'을 나타내는 변수 t에 대하여 α는 점

$$\alpha(t)=(\alpha_1(t),\ \alpha_2(t),\ \alpha_3(t))$$

에 위치한다. 이 경우 α를 I에서 $\mathbf{E}^3$로의 함수라 하며, 실가함수 $\alpha_i(i=1,\ 2,\ 3)$를 α의 **유클리드 좌표함수**(Euclidean coordinate functions)라 한다. α_i가 미분가능일 때 α를 **미분가능**이라고 한다. 이때 α는 부드럽게 이어진 곡선이다.

정의 3-1

$\mathbf{E}^3$의 **곡선**은 개구간 I에서 $\mathbf{E}^3$으로의 미분가능 함수 $\alpha : I \to \mathbf{E}^3$ 이다.

예제 3-2 $\mathbf{E}^3$곡선의 예

(1) **직선**(straight line): 직선은 유클리드 공간에서 곡선의 가장 간단한 형태이다.

$$\alpha(t)=\mathbf{p}+t\mathbf{q}=(p_1+tq_1,\ p_2+tq_2,\ p_3+tq_3),\ (\mathbf{q}\neq 0)$$

으로 표시되는 곡선 $\alpha : I \to \mathbf{E}^3$은 점 $\mathbf{p}=\alpha(0)$을 지나고 $\mathbf{q}$에 평행한 직선이다.

(2) **나선**(helix): 곡선 $t \to (a\cos t,\ a\sin t,\ 0)$은 xy-평면에서 반경 $a>0$인 원을 그린다. 그러므로 나선 $\alpha : I \to \mathbf{E}^3$은

$$\alpha(t)=(a\cos t,\ a\sin t,\ bt),\quad a>0,\ b\neq 0$$

으로 주어진다.

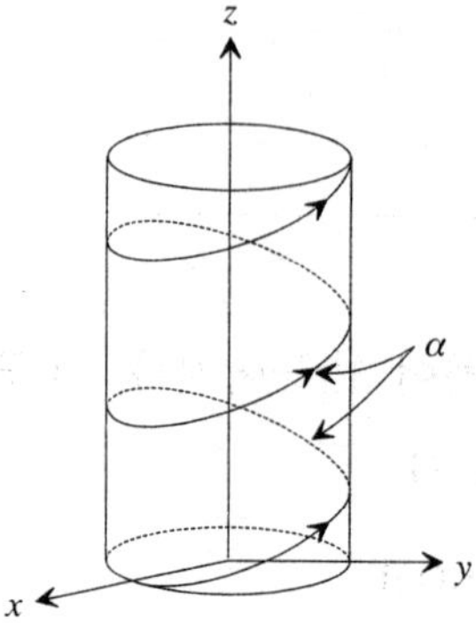

그림 1-5

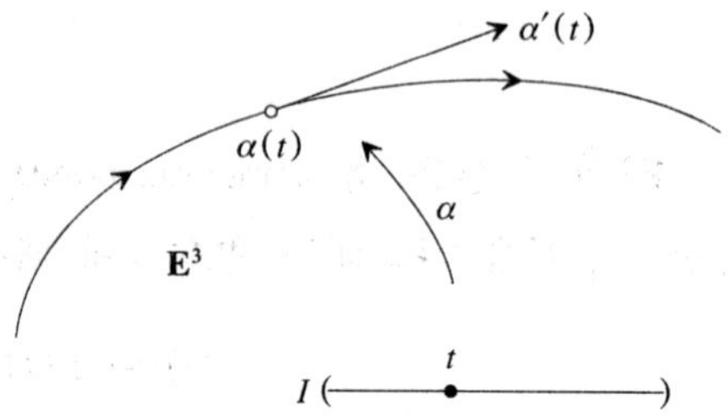

그림 1-6

b가 양수일 때 오른손방향 나선(right-handed helix), b가 음수일 때 왼손방향 나선(left-handed helix)이 된다(그림 1-5). □

곡선 α를 움직이는 점으로 가시화하면 매시간 t에 대하여 t에서 α의 순간속도(instantaneous velocity)를 나타내는 $\alpha(t)$에서의 접벡터가 존재한다. 이에 대하여 고찰해 보자.

정의 3-3

$\alpha : I \to \mathbf{E}^3$을 $\alpha=(\alpha_1, \alpha_2, \alpha_3)$인 곡선이라 하자. $t \in I$에 대하여 t에서 α의 **속도벡터**(velocity vector)는 점 $\alpha(t)$에서의 접벡터이다(그림 1-7).

$$\alpha'(t)=\left(\frac{d\alpha_1}{dt}(t),\ \frac{d\alpha_2}{dt}(t),\ \frac{d\alpha_3}{dt}(t)\right)_{\alpha(t)}$$

접벡터에 대한 기하학적 의미: t에서 실가함수 f의 도함수는

$$\frac{df}{dt}(t)=\lim_{\Delta t \to 0}\frac{f(t+\Delta t)-f(t)}{\Delta t}$$

이다. f 대신 $\alpha=(\alpha_1, \alpha_2, \alpha_3)$을 대치하면

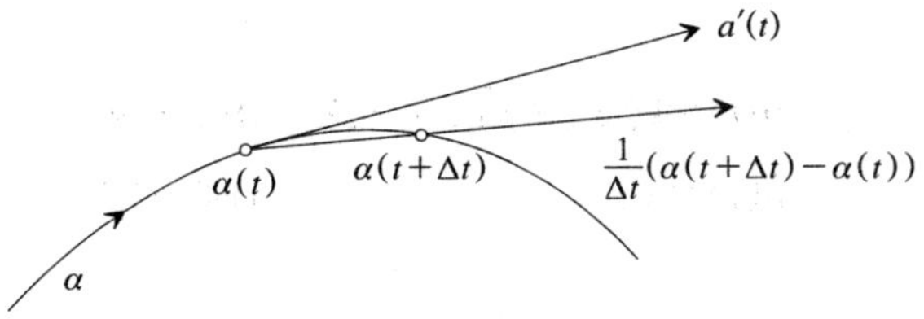

그림 1-7

$$\begin{aligned}\alpha'(t)&=\lim_{\Delta t\to 0}\left(\frac{\alpha(t+\Delta t)-\alpha(t)}{\Delta t}\right)_{\alpha(t)}\\&=\lim_{\Delta t\to 0}\left(\frac{\alpha_1(t+\Delta t)-\alpha_1(t)}{\Delta t},\ \frac{\alpha_2(t+\Delta t)-\alpha_2(t)}{\Delta t},\ \frac{\alpha_3(t+\Delta t)-\alpha_3(t)}{\Delta t}\right)_{\alpha(t)}\\&=\left(\frac{d\alpha_1}{dt}(t),\ \frac{d\alpha_2}{dt}(t),\ \frac{d\alpha_3}{dt}(t)\right)_{\alpha(t)}\\&=\sum\frac{d\alpha_i}{dt}(t)U_i(\alpha(t))\end{aligned}$$

를 얻을 수 있다. 이것은 점 $\alpha(t)$에서 곡선 α에 접하는 벡터이다.

정의 3-4

수직선 R의 개구간 I, J에 대하여 $\alpha : I \to \mathbf{E}^3$을 곡선, $h : J \to I$를 미분 가능한 실가함수라 할 때, 합성함수

$$\beta=\alpha(h) : J\to\mathbf{E}^3$$

은 곡선을 나타낸다. 이 곡선 $\beta=\alpha(h)$를 h에 의한 α의 재매개변수표시(reparametrization)라 한다.

실제로 β의 좌표를 계산하려면 α의 좌표 $\alpha_1(t)$, $\alpha_2(t)$, $\alpha_3(t)$에 단순히 $t=h(s)$를 대입하면 된다. 이 내용은 2장 2절에서 자세히 공부하게 될 것이다.

예제 3-5

$$\alpha(t)=(\sqrt{t},\ t\sqrt{t},\ 1-t),\quad 0<t<4$$
$$h(s)=s^2,\quad 0<s<2$$

라 하면

$$\beta(s)=\alpha(h(s))=\alpha(s^2)=(s,\ s^3,\ 1-s^2)$$

으로 표시된다. 이것은 곡선 $\beta : J\rightarrow \mathbf{E}^3$을 얻기 위하여 곡선 α가 h에 의하여 재매개변수표시가 되었음을 보여 준다. □

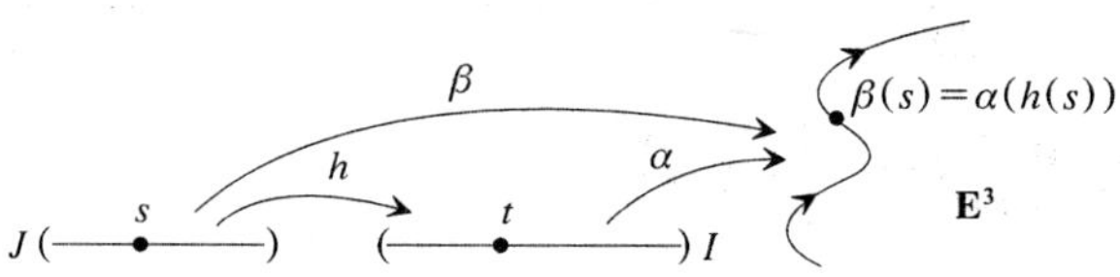

그림 1-8

정리 3-5

β를 h에 의한 α의 재매개변수표시라 하면

$$\beta'(s)=\alpha'(h(s))h'(s).$$

증명 $\alpha=(\alpha_1,\ \alpha_2,\ \alpha_3)$라 하면

$$\beta(s)=\alpha(h(s))=(\alpha_1(h(s)),\ \alpha_2(h(s)),\ \alpha_3(h(s)))$$

이다. 도함수의 ' ' '(prime)표기법을 사용하면 실가함수 f와 g의 합성함수에 대한 연쇄법칙(chain rule)은 $(g(f))'=g'(f)\cdot f'$에 의하여

$$\alpha_i(h)'(s)=\alpha_i'(h(s))\cdot h'(s)$$

이다. 따라서 속도벡터의 정의로부터 다음의 결과를 얻는다.

$$\beta'(s)=\alpha(h)'(s)=(\alpha_1(h)'(s),\ \alpha_2(h)'(s),\ \alpha_3(h)'(s))$$

$$=(\alpha_1'(h(s))\cdot h'(s),\ \alpha_2'(h(s))\cdot h'(s),\ \alpha_3'(h(s))\cdot h'(s))$$
$$=h'(s)(\alpha_1'(h(s)),\ \alpha_2'(h(s)),\ \alpha_3'(h(s)))$$
$$=h'(s)\alpha'(h(s)).$$
■

정리 3-6

α를 $\mathbf{E}^3$의 곡선, f를 미분가능 함수라 하면 다음 관계식이 성립한다.

$$\alpha'(t)[f]=\frac{d(f(\alpha))}{dt}(t)$$

증명 $\alpha'(t)=\left(\frac{d\alpha_1}{dt}(t),\ \frac{d\alpha_2}{dt}(t),\ \frac{d\alpha_3}{dt}(t)\right)$이므로 정리 2-2에 의하여

$$\alpha'(t)[f]=\sum\frac{d\alpha_i}{dt}(t)\frac{\partial f}{\partial x_i}(\alpha(t))$$

를 얻는다. 그런데 합성함수 $f(\alpha)$는 $f(\alpha_1,\ \alpha_2,\ \alpha_3)$로 쓸 수 있으므로

$$\alpha'(t)[f]=\frac{d(f(\alpha))}{dt}(t)$$

이다. ■

정의에 의하면 $\alpha'(t)[f]$는 $\alpha(t)$에서 $\alpha'(t)$ 방향을 갖는 직선을 따라 갈 때 f의 변화율을 뜻하므로, 정리 3-6은 곡선 α 자신을 따라갈 때 f의 변화율이 $\alpha'(t)[f]$임을 보여 준다. 미적분의 관점에서 볼 때 곡선 α에 대한 가장 중요한 조건은 α가 정규곡선이냐 하는 것이다. 즉 α가 0이 아닌 속도벡터를 가지고 있는 정규곡선은 부드럽게 이어진 곡선을 나타낸다.

문제 1-3

1 곡선 $\alpha(t)=(2\cos^2 t,\ \sin 2t,\ 2\sin t)$에 대한 속도벡터를 구하여라. 또 $t=\frac{\pi}{4}$에서 값은 얼마인가?

2 $\alpha(0)=(1,\ 0,\ -5)$이고, $\alpha'(t)=(t^2,\ t,\ e^t)$인 곡선 α를 구하여라.

3 두 점 $\mathbf{p}=(1,\ -3,\ -1)$과 $\mathbf{q}=(6,\ 2,\ 1)$을 지나는 직선의 방정식을 구하여라.

4 $(t,\ 1+t^2,\ t)$, $(\sin t,\ \cos t,\ t)$ 및 $(\sinh t,\ \cosh t,\ t)$에 의하여 주어진 곡선의 초기속도 $\mathbf{v}_p$는 모두 같음을 증명하여라. 만약 $f=x^2-y^2+z^2$이면 주어진 곡선 위에서 계산된 f에 의한 방향도함수 $\mathbf{v}_p[f]$를 구하여라.

5 t를 고정할 때 $\alpha(t)$에서 정칙곡선 α의 접선은 적용점 $\alpha'(t)$를 제거한 직선 $u\rightarrow\alpha(t)+u\alpha'(t)$이다. 점 $\alpha(0)$과 $\alpha\left(\frac{\pi}{4}\right)$에서 나선 $\alpha(t)=(2\cos t,\ 2\sin t,\ t)$의 접선을 구하여라.

6 다음의 $\mathbf{E}^2$곡선을 스케치하고 매개변수표시를 구하여라.

(1) $C: 4x^2+y^2=1$ (2) $C: y=e^x$

(3) $C: 3x+4y=1$ (4) $C: x^{\frac{2}{3}}+y^{\frac{2}{3}}=1,\quad x>0,\ y>0$

7 곡선 $\alpha(\theta)=(\cos\theta(2\cos\theta-1),\ \sin\theta(2\cos\theta-1))$, $0\leq\theta\leq 2\pi$, 매개변수 교환가능 함수 $\theta=t+1$ 및 $\theta=-t$에 의한 식을 구하고, 곡선을 스케치하여, 보아라. 또 기하학적 의미는 무엇인가?

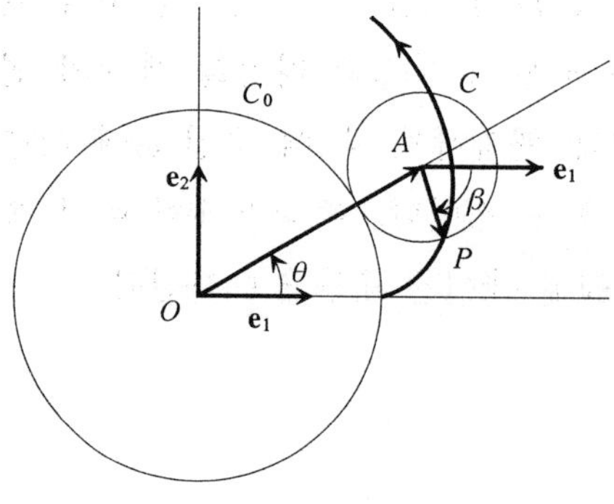

그림 1-9

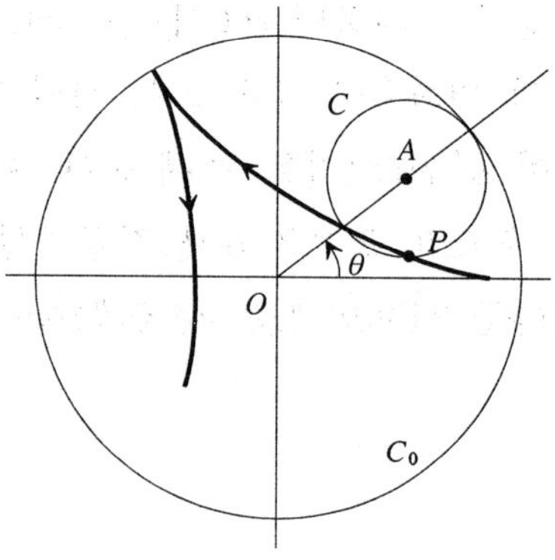

그림 1-10

8 원 $x_1=a\cos\theta$, $x_2=a\cos\theta$, $-\pi\leq\theta\leq\pi$, 매개변수 $t=\tan^{-1}\left(\frac{\theta}{4}\right)$에 관한 표현으로 나타내어라.

9 **외파선(epicycloid)**: 원 C가 고정된 원 C_0의 바깥을 미끄러지지 않고 돌아갈 때 원 C의 원주상의 점 $\mathbf{p}$에 의하여 만들어지는 평면곡선을 외파선이라 한다. 원 C의 반지름을 r, C_0의 반지름을 r_0라 하고, $\mathbf{p}$는 최초로 $(r_0, 0)$에 놓여 있다고 할 때 만들어지는 외파선의 매개변수방정식을 구하여라(그림 1-9).

10 **내파선(hypocycloid)**: 문제 9에서처럼 C가 C_0의 안쪽을 지나는 경우에 만들어지는 평면곡선을 내파선이라 한다(단 $r<r_0$). 내파선의 매개변수방정식을 구하여라(그림 1-10).

1-4 1-형식과 미분형식

$\mathbf{E}^3$의 실가함수 $f=f(x, y, z)$에 대하여

$$df=\frac{\partial f}{\partial x}dx+\frac{\partial f}{\partial y}dy+\frac{\partial f}{\partial z}dz$$

로 정의되는 것은 미적분으로부터 잘 알고 있다. 이 형식적인 표현이 정확히 무엇을 뜻하는지는 명확하지 않으나 이제부터 이런 형식의 곱셈들에 관한 성질을 자세히 조사해 보자.

정의 4-1

실가함수 $\phi : T(\mathbf{E}^3)\to R$가 모든 점에서 선형(linear)일 때 ϕ를 $\mathbf{E}^3$ 위에서 1-형식(1-form)이라 한다.

즉, 임의의 수 a, b와 $\mathbf{E}^3$의 접벡터 $\mathbf{v}$, $\mathbf{w}$에 대하여

$$\phi(a\mathbf{v}+b\mathbf{w})=a\phi(\mathbf{v})+b\phi(\mathbf{w})$$

가 성립하는 실가함수 ϕ를 1-형식이라 한다.

이제 1-형식의 간단한 연산에 대하여 살펴보자. 1-형식 ϕ와 Ψ의 합은 모든 접벡터 $\mathbf{v}$에 대하여

$$(\phi+\Psi)(\mathbf{v})=\phi(\mathbf{v})+\Psi(\mathbf{v})$$

와 같이 보통의 점의 형태로 정의된다. 마찬가지로 $\mathbf{E}^3$의 실가함수 f와 1-형식 ϕ는 모든 접벡터 $\mathbf{v}_p$에 대하여

$$(f\phi)(\mathbf{v}_p)=f(\mathbf{p})\phi(\mathbf{v}_p)$$

로 정의된다. 물론 이 경우 $f\phi$도 1-형식이다.

정의로부터 $\phi(V)$는 ϕ와 V 모두에 대하여 선형임을 알 수 있다. 왜냐하면 함수 f와 g, 벡터장 V와 W에 대하여 1-형식 ϕ와 Ψ는

$$\phi(fV+gW)=f\phi(V)+g\phi(W)$$
$$(f\phi+g\Psi)(V)=f\phi(V)+g\Psi(V)$$

를 만족하기 때문이다.

방향도함수의 표기법을 사용하여 함수를 1-형식으로 바꾸는 가장 중요한 방법을 정의하자.

정의 4-2

f를 $\mathbf{E}^3$에서 미분가능 실가함수라 하면, f의 **미분** df는

$$df(\mathbf{v}_p)=\mathbf{v}_p[f]$$

로 정의한다.

위의 정의에서 df는 1-형식이다. 왜냐하면 df는 접벡터에 대하여 실가함수이고, 정리 2-3의 (1)에 의하여 점 $\mathbf{p}$에서 선형이기 때문이다.

예제 4-3 **$\mathbf{E}^3$에서의 1-형식**

(1) 자연좌표함수의 미분 $dx_i(i=1, 2, 3)$: 정리 2-2로부터

$$dx_i(\mathbf{v}_p)=\mathbf{v}_p[x_i]=\sum_j v_j\frac{\partial x_i}{\partial x_j}(\mathbf{p})=\sum_j v_j\delta_{ij}=v_i$$

를 얻는다. 여기서 δ_{ij}는 크로네커의 델타(Kronecker delta)이다. 그러므로 임의의 접벡터 $\mathbf{v}_p$에 대한 dx_i의 값은 $\mathbf{v}$의 i번째 좌표 v_i이다. 이 값은 적용점 $\mathbf{p}$와는 전혀 관계가 없음을 보여 준다. 특히 자연벡터장 $U_i(i=1, 2, 3)$에 대하여

$$\boxed{dx_i(U_j)=\delta_{ij}}$$

가 성립한다.

(2) 1-형식 $\phi=f_1dx_1+f_2dx_2+f_3dx_3$: dx_i가 1-형식이므로 ϕ도 임의의 함수 f_1, f_2, f_3에 대하여 1-형식이다. 임의의 접벡터 $\mathbf{v}_p$에 대한 ϕ의 값은

$$\phi(\mathbf{v}_p)=(\sum f_i dx_i)(\mathbf{v}_p)=\sum f_i(\mathbf{p})dx_i(\mathbf{v}_p)=\sum f_i(\mathbf{p})v_i$$

이다.

정리 4-4

ϕ를 $\mathbf{E}^3$의 1-형식이라 하면

$$\phi=\sum f_i dx_i, \quad \text{단 } f_i=\phi(U_i).$$

이 때 $f_i(i=1, 2, 3)$를 ϕ의 **유클리드 좌표함수**(Euclidean coordinate functions)라 한다.

증명 1-형식은 접벡터에 대하여 하나의 함수이므로 $\phi=\sum f_i dx_i$일 필요충분조건은 모든 접벡터 $\mathbf{v}_p=\sum v_i U_i(\mathbf{p})$에 대하여 양변의 함수가 같은 값을 갖는 것이다. 그런데 예제 4-3 (2)로부터

$$(\sum f_i dx_i)(\mathbf{v}_p)=\sum v_i f_i(\mathbf{p})$$

를 얻었다. 한편

$$\phi(\mathbf{v}_p)=\phi(\sum v_i U_i(\mathbf{p}))=\sum v_i \phi(U_i(\mathbf{p}))=\sum v_i f_i(\mathbf{p}).$$

따라서 ϕ와 $\sum f_i dx_i$는 모든 접벡터에 대하여 같은 값을 가지므로 이 정리는 성립한다. ■

정리 4-5

f를 $\mathbf{E}^3$의 미분가능 함수라 하면 다음 관계가 성립한다.

$$df=\sum \frac{\partial f}{\partial x_i} dx_i$$

증명 임의의 접벡터 $\mathbf{v}_p$에 대한 $\sum \frac{\partial f}{\partial x_i} dx_i$의 값은 $dx_i(\mathbf{v}_p)=v_i$이므로 $\sum \frac{\partial f}{\partial x_i}(\mathbf{p})v_i$이다. 한편 $df(\mathbf{v}_p)=\mathbf{v}_p[f]$이므로 정리 2-2에 의하여 1-형식 df와 $\sum \frac{\partial f}{\partial x_i} dx_i$는 같다는 것을 알 수 있다. ■

이 정리를 이용하면 정의 4-2는 쉽게 이해할 수 있다. 즉, 임의의 접벡터 $\mathbf{v}_p=(v_1, v_2, v_3)_p$에 대하여

$$df(\mathbf{v}_p)=\left(\sum \frac{\partial f}{\partial x_i} dx_i\right)(\mathbf{v}_p)=\sum \frac{\partial f}{\partial x_i}(\mathbf{p}) dx_i(\mathbf{v}_p)=\sum v_i \frac{\partial f}{\partial x_i}(\mathbf{p})$$

이 성립하므로, 정리 4-2는 잘 정의된 것이다.

정리 4-6

미분가능 함수 f와 g에 대하여 다음 관계가 성립한다.

(1) $d(f+g)=df+dg$

(2) $d(fg)=(df)g+f(dg)$

증명 정리 4-5를 이용하면 쉽게 증명된다. 두 번째 관계식을 보자.

$$d(fg)=\sum\frac{\partial(fg)}{\partial x_i}dx_i=\sum\left(\frac{\partial f}{\partial x_i}g+f\frac{\partial g}{\partial x_i}\right)dx_i$$
$$=\left(\sum\frac{\partial f}{\partial x_i}dx_i\right)g+f\left(\sum\frac{\partial g}{\partial x_i}dx_i\right)=(df)g+f(dg). \quad \blacksquare$$

정리 4-7

$f:\mathbf{E}^3\to R$와 $h:R\to R$를 미분가능 함수라 하면

$$d(h(f))=h'(f)df$$

증명 합성함수 $h(f):\mathbf{E}^3\to R$도 미분가능이므로 연쇄법칙을 사용하면 된다.

$$d(h(f))=\sum\frac{\partial(h(f))}{\partial x_i}dx_i=\sum h'(f)\frac{\partial f}{\partial x_i}dx_i=h'(f)df \quad \blacksquare$$

예제 4-8

$f=(x^2-1)y+(y^2+2)z$라 하면, 정리 4-6, 4-7에 의하여

$$df=(2xdx)y+(x^2-1)dy+2yzdy+(y^2+2)dz$$
$$=(2xy)dx+(x^2+2yz-1)dy+(y^2+2)dz$$

를 얻을 수 있다. 따라서 접벡터 $\mathbf{v}=(v_1, v_2, v_3)$와 $\mathbf{p}=(p_1, p_2, p_3)$에 대하여 다음 값을 얻는다.

$$\begin{aligned}\mathbf{v}_p[f] &= df(\mathbf{v}_p) = \{(2xy)dx + (x^2+2yz-1)dy + (y^2+2)dz)\}(\mathbf{v}_p) \\ &= (2xy)(\mathbf{p})dx(\mathbf{v}_p) + (x^2+2yz-1)(\mathbf{p})dy(\mathbf{v}_p) + (y^2+2)(\mathbf{p})dz(\mathbf{v}_p) \\ &= 2p_1p_2v_1 + (p_1{}^2+2p_2p_3-1)v_2 + (p_2{}^2+2)v_3\end{aligned}$$

$\mathbf{E}^3$의 1-형식은 미분형식이라고 하는 큰 조직의 일부분이다. 즉 $\mathbf{E}^3$의 미분형식은 $\mathbf{E}^3$의 자연좌표함수의 미분 $dx_i(i=1, 2, 3)$와 실가함수를 더하고 곱함으로써 만들어진 형태이다. 여기서 덧셈과 곱셈은 통상적인 결합법칙(associative law)과 분배법칙(distributive law)에 따른다. 그러나 1-형식 사이의 곱셈에 대한 교환법칙(commutative law)은 성립하지 않는 대신

교대법칙(alternative law): $dx_idx_j = -dx_jdx_i, \quad (1 \leq i, \ j \leq 3)$

가 성립한다. 이 법칙으로부터 중요한 관계식

$$dx_idx_i = 0, \quad (i=1, 2, 3)$$

을 얻는다. 이것은 교대법칙에서 $i=j$인 경우에 해당되는 것으로 '**반복되는 것은 0이다.**'라는 사실을 강조하고 있다.

만약 미분형식에 관한 연산에 의하여 p개$(p=0, 1, 2, 3)$의 $dx_i(i=1, 2, 3)$의 곱으로 되어 있다면 이 형식(form)을 p-형식(p-form)이라 하고, 차수(degree) p를 가지고 있다고 한다. 예를 들어보자.

0-형식: 미분가능 함수 $f, \ g, \ h, \ \cdots$

1-형식: $fdx + gdy + hdz$의 형태

2-형식: $fdxdy + gdydz + hdzdx$의 형태

3-형식: $fdxdydz$의 형태

3차원 유클리드 공간 $\mathbf{E}^3$에서 $p>3$인 모든 p-형식은 0이다. 이것은 교대법칙의 결과이다. 예를 들어 $dxdydxdz = -dxdxdydz = 0$이다.

이제 형식과 형식 사이의 곱셈을 표시하는 기호 $\wedge$(wedge라 읽는다)를 도입하자. $\wedge$ 기호는 dx, dy 및 dz 사이의 곱에서는 편의상 생략한다.

예제 4-9 **쐐기곱(Wedge product)의 계산**

(1) 1-형식 $\phi=xdx-ydy$, $\psi=zdx+xdz$에 대하여

$$\begin{aligned}\phi\wedge\psi&=(xdx-ydy)\wedge(zdx+xdz)\\&=xzdxdx+xxdxdz-yzdydx-yxdydz\end{aligned}$$

그런데 $dxdx=0$, $dydx=-dxdy$, $dxdz=-dzdx$이므로

$$\phi\wedge\psi=yzdxdy-xydydz-x^2dzdx$$

(2) $\phi=xdx-ydy$, $\eta=ydxdz+xdydz$라 하면

$$\begin{aligned}\phi\wedge\eta&=(xdx-ydy)\wedge(ydxdz+xdydz)\\&=xydxdxdz+x^2dxdydz-y^2dydxdz-xydydydz\\&=(x^2+y^2)dxdydz.\end{aligned}$$

□

위의 예제로부터, 일반적으로 p-형식과 q-형식의 곱은 $(p+q)$-형식임을 알 수 있다. 그러나 이러한 곱은 $p+q>3$인 경우는 항상 자동적으로 0이 된다.

정리 4-10 **교대법칙**

1-형식 ϕ와 Ψ에 대하여

$$\phi\wedge\Psi=-\Psi\wedge\phi$$

증명

$$\phi=\sum f_i dx_i,\quad \Psi=\sum g_i dx_i$$

라 하면, 교대법칙에 의하여 구하는 결과를 쉽게 유도할 수 있다.

$$\begin{aligned}\phi\wedge\Psi&=\sum_i f_i dx_i\wedge\sum_j g_j dx_j\\&=\sum_{i,j} f_i g_j dx_i dx_j=-\sum_{i,j} g_j f_i dx_j dx_i=-\Psi\wedge\phi\cdot\end{aligned}$$

■

정의 4-2에서 정의한 연산자 d는 0-형식 f를 1-형식 df로 바꾸어 준다. 이 사실로부터 연산자 d는 p-형식 η를 $(p+1)$-형식 $d\eta$로 바꾸어 준다고 일반화 할 수 있다.

정의 4-11

$\mathbf{E}^3$의 1-형식을 $\phi=\sum f_i dx_i$라 할 때 $d\phi=\sum df_i \wedge dx_i$를 ϕ의 **외미분** (exterior derivative)이라 한다.

위의 정의를 정리 4-5에 확대 이용하면

$$\phi=f_1dx_1+f_2dx_2+f_3dx_3$$

의 외미분에 대한 유용한 공식을 얻을 수 있다.

$$\begin{aligned} d\phi &= d(f_1dx_1+f_2dx_2+f_3dx_3)=df_1\wedge dx_1+df_2\wedge dx_2+df_3\wedge dx_3 \\ &= \left(\sum\frac{\partial f_1}{\partial x_i}dx_i\right)dx_1+\left(\sum\frac{\partial f_2}{\partial x_i}dx_i\right)dx_2+\left(\sum\frac{\partial f_3}{\partial x_i}dx_i\right)dx_3 \\ &= \left(\frac{\partial f_2}{\partial x_1}-\frac{\partial f_1}{\partial x_2}\right)dx_1dx_2+\left(\frac{\partial f_3}{\partial x_2}-\frac{\partial f_2}{\partial x_3}\right)dx_2dx_3+\left(\frac{\partial f_1}{\partial x_3}-\frac{\partial f_3}{\partial x_1}\right)dx_3dx_1 \end{aligned}$$

그렇다고 이 공식을 암기 할 필요는 없다. 오히려 각 경우에 쐐기곱과 외미분의 정의를 이용할 수 있으면 된다. 예를 들어

$$\phi=xydx+x^2dz$$

라 할 때 ϕ의 외미분 $d\phi$를 직접 구할 수 있다.

$$\begin{aligned} d\phi &= d(xy)\wedge dx+d(x^2)\wedge dz \\ &= (ydx+xdy)\wedge dx+2xdxdz \\ &= -xdxdy+2xdxdz \end{aligned}$$

정리 4-12 외미분공식

f와 g를 함수, ϕ와 Ψ를 1-형식이라 하면 다음 관계가 성립한다.

(1) $d(fg)=(df)g+fdg$

(2) $d(f\phi)=df\wedge\phi+fd\phi$

(3) $d(\phi\wedge\Psi)=d\phi\wedge\Psi-\phi\wedge d\Psi$ (라이프니츠의 공식)

증명 (1) 이 공식은 정리 4-6에서 이미 증명하였다.

(2) $\phi=\sum f_i dx_i$라 하면 정의 4-11과 (1)에 의하여 쉽게 증명할 수 있다.

$$\begin{aligned}d(f\phi)&=d(\sum ff_idx_i)=\sum d(ff_i)\wedge dx_i\\&=\sum((df)f_i+fdf_i)\wedge dx_i=df\wedge\sum f_idx_i+f\sum(df_i\wedge dx_i)\\&=df\wedge\phi+fd\phi\end{aligned}$$

(3) $\phi=\sum f_idx_i$, $\Psi=\sum g_idx_i$라 하면

$$\begin{aligned}d(\phi\wedge\Psi)&=d(\sum_i f_idx_i\wedge\sum_j g_jdx_j)=d(\sum_{i,j}f_ig_jdx_idx_j)\\&=\sum((df_i)g_j+f_idg_j)\wedge dx_idx_j\\&=\sum_i(df_i\wedge dx_i)\wedge\sum_j g_jdx_j-\sum f_idx_i\wedge(\sum dg_j\wedge dx_j)\\&=d\phi\wedge\Psi-\phi\wedge d\Psi.\end{aligned}$$ ■

셋째 공식의 증명은 ϕ와 Ψ가 특별히 간단한 형태로 된 경우, 예를 들어 $\phi=fdx$, $\Psi=gdy$로 놓고 증명해 보는 것도 많은 도움이 될 것이다. '마이너스 부호'가 나타나는 것은 정리 4-10에 의한 것이다.

문제 1-4

1 $\mathbf{v}=(1, 2, -3)$이고 $\mathbf{p}=(0, -2, 1)$이라 할 때, 접벡터 $\mathbf{v}_p$에 관한 다음 1-형식의 값

을 구하여라.

(1) y^2dx　　(2) $zdy-ydz$　　(3) $(z^2-1)dx-dy-x^2dz$

2 $\phi=\sum f_i dx_i$, $V=\sum v_i U_i$라 할 때, 벡터장 V에 대하여 계산된 1-형식 ϕ는 함수 $\phi(V)=\sum f_i v_i$임을 보여라.

3 벡터장

$$V=xU_1+yU_2+zU_3$$
$$W=xy(U_1-U_3)+yz(U_1-U_2)$$
$$Z=\left(\frac{1}{x}\right)V+\left(\frac{1}{y}\right)W$$

에 대한 1-형식 $\phi=x^2dx-y^2dz$의 값을 구하여라.

4 다음 미분을 df의 항으로 나타내어라.

(1) $d(f^5)$　　(2) $d(\sqrt{f})$, $f>0$　　(3) $d(\log(1+f^2))$

5 다음 함수의 미분을 표준형식 $\sum f_i dx_i$로 나타내어라.

(1) $(x^2+y^2+z^2)^{\frac{1}{2}}$　　(2) $\tan^{-1}\left(\frac{y}{x}\right)$

6 다음 각 경우에 f의 미분을 계산하고, $\mathbf{v}_p$에 대한 방향도함수 $\mathbf{v}_p[f]$를 구하여라.

(1) $f=xy^2-yz^2$　　(2) $f=xe^{yz}$　　(3) $f=\sin(xy)\cos(xz)$

7 다음 중 어느 것이 1-형식인가? 각각의 경우에 $(v_1, v_2, v_3)_p$에 대한 ϕ의 값이 다음과 같은 접벡터 위에서 정의된 함수를 ϕ라 하자. ϕ가 1-형식인 경우에 $\sum f_i dx_i$의 형태로 나타내어라.

(1) v_1-v_2　　(2) p_1-p_3　　(3) $v_1p_3+v_2p_1$

(4) $\mathbf{v}_p[x^2+y^2]$　　(5) 0　　(6) $(p_1)^2$

8 점 $\mathbf{p}$에서 1-형식 ϕ가 0이라 함은 $\mathbf{p}$에서 모든 접벡터에 대하여 $\phi(\mathbf{v}_p)=0$일 경우이다. f의 미분 df가 0이 되는 점을 함수 f의 **임계점**(critical point)이라 한다. 이때 $\mathbf{p}$가 f의 임계점일 필요충분조건은

$$\frac{\partial f}{\partial x}(\mathbf{p})=\frac{\partial f}{\partial y}(\mathbf{p})=\frac{\partial f}{\partial z}(\mathbf{p})=0$$

임을 증명하여라. 또 $f=(1-x^2)y+(1-y^2)z$의 임계점을 구하여라.

9 $\phi=yzdx+dz$, $\Psi=\sin zdx+\cos zdy$, $\xi=dy+dz$라 하자. 다음 각 항의 표준표시(dx, dy, $\cdots$의 항으로)를 구하여라.

(1) $\phi \wedge \Psi$, $\Psi \wedge \xi$, $\xi \wedge \phi$　　　(2) $d\phi$, $d\Psi$, $d\xi$

10 함수 f에 대하여 $d(df)=0$임을 증명하고, $d(fdg)=df \wedge dg$를 추론하여라.

11 다음 각 항을 간단히 하여라.
(1) $d(fdg+gdf)$　　　(2) $d\{(f-g)(df+dg)\}$
(3) $d(fdg \wedge gdf)$　　　(4) $d(gfdf)+d(fdg)$

12 세 1-형식 $\phi_i=\sum_j f_{ij}dx_j$, $(1\le i\le 3)$에 대하여 다음을 증명하여라.

$$\phi_1 \wedge \phi_2 \wedge \phi_3 = \begin{vmatrix} f_{11} & f_{12} & f_{13} \\ f_{21} & f_{22} & f_{23} \\ f_{31} & f_{32} & f_{33} \end{vmatrix} dx_1dx_2dx_3$$

13 r, θ, z를 $\mathbf{E}^3$에 대한 주면좌표함수라 하면 $x=r\cos\theta$, $y=r\sin\theta$, $z=z$이다. 주면좌표에서 $\mathbf{E}^3$의 체적요소 $dxdydz$를 계산하여라(즉 $dxdydz$를 r, θ, z와 이들의 도함수로 표현하여라).

14 2-형식 $\eta=fdxdy+gdydz+hdzdx$에 대하여 외미분 $d\eta$는 f, g, h를 그들의 미분으로 대치함으로써 얻은 3-형식이다. 임의의 1-형식 ϕ에 대하여 $d(d\phi)=0$임을 증명하여라.

15 f와 g를 $\mathbf{E}^2$의 실가함수라 할 때, 다음 관계식이 성립함을 증명하여라.

$$df \wedge dg = \begin{vmatrix} \dfrac{\partial f}{\partial x} & \dfrac{\partial f}{\partial y} \\ \dfrac{\partial g}{\partial x} & \dfrac{\partial g}{\partial y} \end{vmatrix} dxdy$$

1-5 사　상

함수 F: $\mathbf{E}^n \to \mathbf{E}^m$에 관한 기본 고찰은 $\mathbf{E}^n$ 위에서 m개의 실가함수에 의하여 F가 완벽하게 묘사될 수 있다는 것이다.

정의 5-1

함수 $F : \mathbf{E}^n \to \mathbf{E}^m$에 대하여 $\mathbf{E}^n$의 모든 점 $\mathbf{p}$에서

$$F(\mathbf{p}) = (f_1(\mathbf{p}),\ f_2(\mathbf{p}),\ \cdots,\ f_m(\mathbf{p}))$$

를 만족하는 실가함수를 $f_1, f_2, \cdots, f_m$이라 하자. 이 함수 $f_1, f_2, \cdots, f_m$을 F의 **유클리드 좌표함수**(Euclidean coordinate functions)라 하고, $F = (f_1, f_2, \cdots, f_m)$으로 쓴다.

함수 F가 미분가능이라 함은 F의 좌표함수가 미분가능일 때이다. 미분가능 함수 $F : \mathbf{E}^n \to \mathbf{E}^m$을 $\mathbf{E}^n$에서 $\mathbf{E}^m$으로의 **사상**(mapping)이라 한다.

사상은 여러 가지 방법으로 표현할 수 있다. 예컨대 $F : \mathbf{E}^3 \to \mathbf{E}^3$이 사상일 때 $F = (x^2, yz, xy)$라 하면, 모든 점 $\mathbf{p}$에서

$$F(\mathbf{p}) = (x^2,\ yz,\ xy)(\mathbf{p}) = (x(\mathbf{p})^2,\ y(\mathbf{p})z(\mathbf{p}),\ x(\mathbf{p})y(\mathbf{p}))$$

이다. 이제 $\mathbf{p} = (p_1, p_2, p_3)$라 하면

$$x(\mathbf{p}) = p_1,\ y(\mathbf{p}) = p_2,\ z(\mathbf{p}) = p_3$$

이므로 F의 점에 관한 공식(pointwise formula)을 얻는다.

$$F(p_1,\ p_2,\ p_3) = (p_1^2,\ p_2p_3,\ p_1p_2)$$

정의 5-2

$\alpha : I \to \mathbf{E}^n$을 $\mathbf{E}^n$에서의 곡선, $F : \mathbf{E}^n \to \mathbf{E}^m$을 사상이라 하면 합성함수 $\beta = F(\alpha) : I \to \mathbf{E}^m$은 $\mathbf{E}^m$에서의 곡선이다. 이 곡선 $\beta = F(\alpha)$를 F에 의한 α의 **상**(image of α under F)이라 한다.

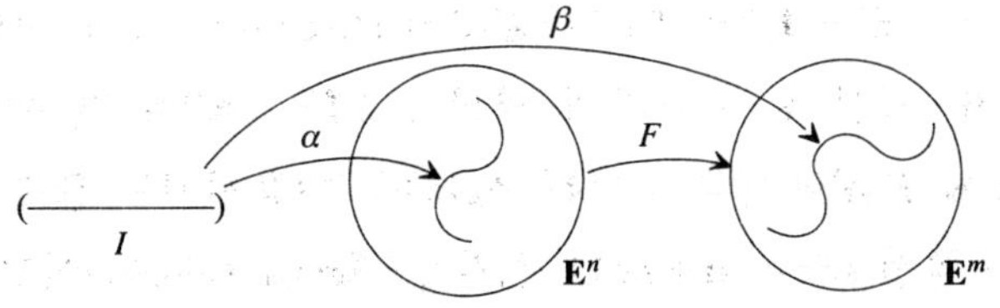

그림 1-11

예제 5-3

$\alpha : I \to \mathbf{E}^2$, $F : \mathbf{E}^2 \to \mathbf{E}^2$일 때

$$\alpha(t) = (r\cos t,\ r\sin t),\quad 0 \le t \le 2\pi$$
$$F(u,\ v) = (u^2 - v^2,\ 2uv)$$

라 하면, **상곡선**(image curve)은

$$\beta(t) = F(\alpha(t)) = F(r\cos t,\ r\sin t)$$
$$= (r^2\cos^2 t - r^2\sin^2 t,\ 2r^2\cos t\sin t),\quad 0 \le t \le 2\pi$$

이다(여기서 u와 v는 $\mathbf{E}^2$의 좌표함수이다). 삼각항등식

$$\cos 2t = \cos^2 t - \sin^2 t,\quad \sin 2t = 2\sin t\cos t$$

를 사용하면

$$\beta(t) = (r^2\cos 2t,\ r^2\sin 2t),\quad 0 \le t \le 2\pi$$

를 얻는다. 이 곡선은 원점을 중심으로 반경이 r^2인 원주 위를 시계반대방향으로 두 바퀴 도는 것이다(그림 1-12). □

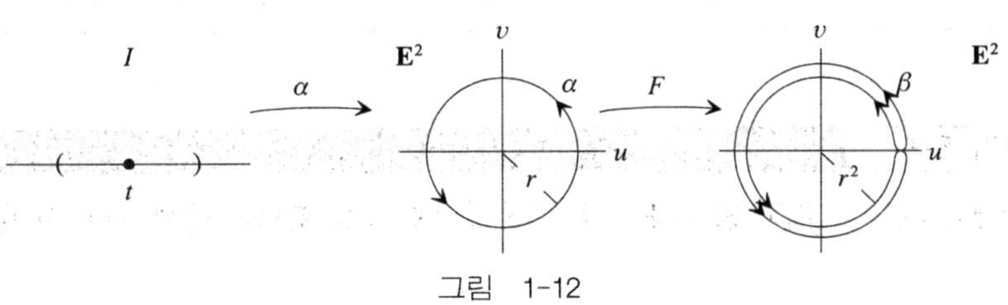

그림 1-12

이제 사상 $F:\mathbf{E}^n \to \mathbf{E}^m$의 **미분사상**(derivative map) F_*를 정의하기 위한 배경을 살펴보자. 곡선 $\alpha : I \to \mathbf{E}^n$과 사상 $F:\mathbf{E}^n \to \mathbf{E}^m$에 대하여 점 $\mathbf{p}$에서 $\mathbf{E}^n$의 접벡터 $\mathbf{v}$에 $F(\mathbf{p})$에서의 접벡터 $F_*(\mathbf{v})$를 대응시키는 함수를 F_*라 하자. 접벡터 $\mathbf{v}$는 곡선 $\alpha(t)=\mathbf{p}+t\mathbf{v}$의 초기속도(initial velocity)이고

$$\beta(t)=F(\alpha(t))=F(\mathbf{p}+t\mathbf{v})$$

인 곡선 β는 F에 의한 α의 상이다. 이때 β의 초기속도 $\beta'(0)$을 $F_*(\mathbf{v})$로 정의한다. 곡선 $\beta : t \to F(\mathbf{p}+t\mathbf{v})$의 초기점 $t=0$은 $F(\mathbf{p})$이므로, 정의 3-3에 의하여 $F(\mathbf{p})$는 β의 초기속도의 적용점이 된다. 따라서

$$F_*(\mathbf{v})=F(\mathbf{p}+t\mathbf{v})'|_{t=0}=\beta'(0)$$

이 성립한다.

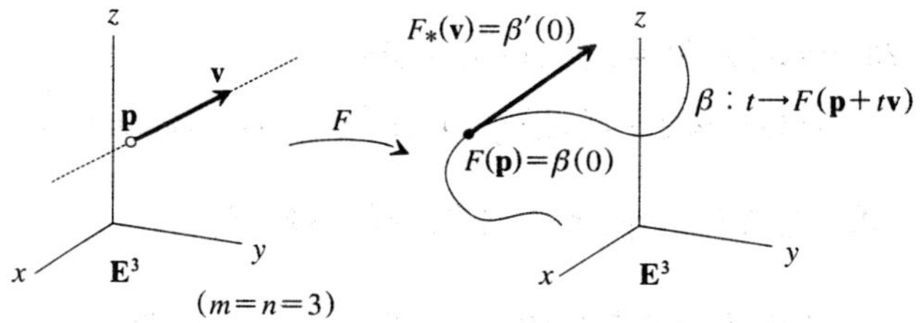

그림 1-13

정의 5-4

사상 $F:\mathbf{E}^n \to \mathbf{E}^m$에 대하여 $\mathbf{p}$에서 $\mathbf{E}^n$의 접벡터를 $\mathbf{v}$, $\mathbf{E}^m$의 곡선 $t \to F(\mathbf{p}+t\mathbf{v})$의 초기속도를 $F_*(\mathbf{v})$라 하자. 이때 $\mathbf{E}^n$의 접벡터를 $\mathbf{E}^m$의 접벡터로 보내는 함수 F_*를 F의 **미분사상**(derivative map)이라고 한다.

정리 5-5 미분사상

$F=(f_1, f_2, \cdots, f_m)$: $\mathbf{E}^n \to \mathbf{E}^m$이 사상일 때, $\mathbf{v}$를 $\mathbf{E}^n$의 접벡터라 하면

$$F_*(\mathbf{v})=(\mathbf{v}[f_1],\ \cdots,\ \mathbf{v}[f_m])_{F(p)}$$

증명 점 $\mathbf{p}$에서 $\mathbf{E}^n$의 접벡터를 $\mathbf{v}$라 하면

$$\beta(t)=F(\alpha(t))=F(\mathbf{p}+t\mathbf{v})=(f_1(\mathbf{p}+t\mathbf{v}),\ \cdots,\ f_m(\mathbf{p}+t\mathbf{v}))$$

이므로 정의에 따라 $F_*(\mathbf{v})=\beta'(0)$을 구하면 된다. 정의 2-1에 의하면 $\frac{d}{dt}f_i(\mathbf{p}+t\mathbf{v})|_{t=0}=\mathbf{v}[f_i]$이므로, 점 $F(\mathbf{p})$에서

$$\begin{aligned}\beta'(0)=F(\mathbf{p}+t\mathbf{v})'(0)&=\left(\frac{d}{dt}f_1(\mathbf{p}+t\mathbf{v}),\ \cdots,\ \frac{d}{dt}f_m(\mathbf{p}+t\mathbf{v})\right)\Big|_{t=0}\\&=(\mathbf{v}[f_1],\ \cdots,\ \mathbf{v}[f_m])_{F(p)=\beta(0)}\end{aligned}$$

이 성립한다. ■

위의 정리로부터 $F_*(\mathbf{v})$는 $\mathbf{v}$에 관한 F의 좌표함수의 도함수 $\mathbf{v}[f_i]$에 의하여 결정됨을 알 수 있다. 점 $\mathbf{p}$에서 $\mathbf{E}^n$의 접벡터 $\mathbf{v}$는 F_*에 의하여 $F(\mathbf{p})$에서 $\mathbf{E}^m$의 접벡터 $F_*(\mathbf{v})$로 보내진다.

정리 5-6

$F:\mathbf{E}^n\to\mathbf{E}^m$이 사상일 때, $\mathbf{E}^n$의 각 점 $\mathbf{p}$에서 미분사상 $F_*:T_p(\mathbf{E}^n)\to T_{F(p)}(\mathbf{E}^m)$은 선형변환(linear transformation)이다.

증명 $\mathbf{v}$와 $\mathbf{w}$를 $\mathbf{p}$에서의 접벡터, a와 b를 실수라 할 때

$$F_*(a\mathbf{v}+b\mathbf{w})=aF_*(\mathbf{v})+bF_*(\mathbf{w})$$

임을 증명하면 된다. 이것은 정리 2-3과 정리 5-5를 사용하면 쉽게 얻을 수 있다. ■

한편, 미분사상 $F_*: T_p(\mathbf{E}^n) \to T_{F(p)}(\mathbf{E}^m)$이 선형변환이므로

$T_p(\mathbf{E}^n)$에 대한 자연기저: $U_1(\mathbf{p}), \cdots, U_n(\mathbf{p})$

$T_{F(p)}(\mathbf{E}^m)$에 대한 자연기저: $\bar{U}_1(F(\mathbf{p})), \cdots, \bar{U}_m(F(\mathbf{p}))$

에 관한 F의 행렬을 계산하는 것은 아주 유익하다. 이 행렬을 $\mathbf{p}$에서 F의 **야코비 행렬**(Jacobian matrix)이라 한다.

정리 5-7

$F=(f_1, \cdots, f_m): \mathbf{E}^n \to \mathbf{E}^m$을 사상이라 할 때 $U_i(i=1, 2, \cdots, n)$, $\bar{U}_j(j=1, 2, \cdots, m)$를 각각 $\mathbf{E}^n$, $\mathbf{E}^m$의 자연기저라 하면

$$F_*(U_i(\mathbf{p}))=\sum_{j=1}^{m} \frac{\partial f_j}{\partial x_i}(\mathbf{p})\bar{U}_j(F(\mathbf{p})), \ (1 \le i \le n)$$

이다. $\mathbf{p}$에서 F의 야코비 행렬은 $\left(\left(\frac{\partial f_j}{\partial x_i}\right)(\mathbf{p})\right)$, $1 \le i \le n$, $1 \le j \le m$이다.

증명 정리 5-5에 $\mathbf{v}$ 대신 $U_i(\mathbf{p})$를 대입하면

$$F_*(U_i(\mathbf{p}))=(U_i(\mathbf{p})[f_1], \cdots, U_i(\mathbf{p})[f_m])_{F(p)}$$

이다. 그런데 $U_i[f_j]=\frac{\partial f_j}{\partial x_i}$이므로

$$F_*(U_i(\mathbf{p}))=\left(\left(\frac{\partial f_1}{\partial x_i}\right)(\mathbf{p}), \cdots, \left(\frac{\partial f_m}{\partial x_i}\right)(\mathbf{p})\right)_{F(\mathbf{p})}=\sum \frac{\partial f_j}{\partial x_i}(\mathbf{p})\bar{U}_j(F(\mathbf{p}))$$

를 얻는다. ■

위의 정리의 결과를 다음과 같이 간결하게 표현할 수 있다.

$$F_*(U_i)=\sum \frac{\partial f_j}{\partial x_i}\bar{U}_j=\left(\frac{\partial f_1}{\partial x_i}, \frac{\partial f_2}{\partial x_i}, \cdots, \frac{\partial f_m}{\partial x_i}\right)_{F(\mathbf{p})}.$$

단, U_i와 $\sum \frac{\partial f_j}{\partial x_i}$는 $\mathbf{p}$에서, $\bar{U}_j$는 $F(\mathbf{p})$에서 적용된 값이다. 이때, F의 야코비(Jacobian matrix)는 $\left(\frac{\partial f_j}{\partial x_i}\right)$, $(i=1, 2, \cdots, n;\ j=1, 2, \cdots, m)$이다.

정리 5-8

사상 $F : \mathbf{E}^n \to \mathbf{E}^m$에 의한 곡선 α의 상을 $\beta = F(\alpha)$라 하면

$$\beta' = F_*(\alpha')$$

증명 $F=(f_1, \cdots, f_m)$이라 하면 $\beta = F(\alpha) = (f_1(\alpha), \cdots, f_m(\alpha))$이다.

β의 좌표함수는 $\beta_i = f_i(\alpha)$이므로 정리 5-5에 의하여

$$F_*(\alpha'(t)) = (\alpha'(t)[f_1], \cdots, \alpha'(t)[f_m])$$

정리 3-6을 이용하면

$$\alpha'(t)[f_i] = \frac{d(f_i(\alpha))}{dt}(t) = \frac{d\beta_i}{dt}(t)$$

이므로

$$F_*(\alpha'(t)) = \left(\frac{d\beta_1}{dt}(t), \cdots, \frac{d\beta_m}{dt}(t)\right)_{F(\mathbf{p})}$$

이다. 그런데 이 접벡터는 적용점이 $F(\mathbf{p}) = F(\alpha(t)) = \beta(t)$이므로 $F_*(\alpha'(t)) = \beta'(t)$가 성립한다. ■

이 정리에 의하면, 모든 t에 대하여 상곡선 $\beta = F(\alpha)$의 속도 $\beta'(t)$는 곡선 α의 속도 $\alpha'(t)$의 F_*에 의한 상이므로, F_*는 곡선의 속도를 보존한다.

정의 5-9

사상 $F : \mathbf{E}^n \to \mathbf{E}^m$이 정칙(regular)이라 함은 $\mathbf{E}^n$의 각 점 $\mathbf{p}$에서 F_*가

일대일인 것이다.

F_{*p}가 선형변환이므로 선형대수의 성질을 이용하면 다음 조건들은 서로 동치임을 알 수 있다.

(1) F는 정칙사상이다.

(2) F_{*p}는 일대일이다.

(3) $F_*(\mathbf{v}_p)=0$이면 $\mathbf{v}_p=0$이다.

(4) $\mathbf{p}$에서 $F:\mathbf{E}^n\to\mathbf{E}^m$의 야코비 행렬의 계수는 n이다.

사상 $F:\mathbf{E}^n\to\mathbf{E}^m$의 역사상(inverse mapping) $F^{-1}:\mathbf{E}^m\to\mathbf{E}^n$이 존재할 때 F를 **미분동형사상**(diffeomorphism)이라 한다. 미분동형사상은 반드시 전단사(one to one and onto)이어야 한다. 그러나 전단사인 사상이 미분동형사상일 필요는 없다(문제 [8]).

문제 1-5

1 예제 5-3에서 $F=(u^2-v^2,\ 2uv)$를 주어진 사상이라 할 때, 다음을 만족하는 모든 점 $\mathbf{p}$를 구하여라.

(1) $F(\mathbf{p})=(0,\ 0)$ (2) $F(\mathbf{p})=(8,\ -6)$ (3) $F(\mathbf{p})=\mathbf{p}$

2 사상 F에 의한 집합 S의 상 $F(S)$는 S의 원소 $\mathbf{p}$에 대한 모든 점 $F(\mathbf{p})$로 구성된다. 문제 [1]에서처럼 F가 주어졌을 때 다음 집합의 상을 구하여라.

(1) 수평띠(horizontal strip) S: $1\le v\le 2$

(2) 반원판(half-disc) S: $u^2+v^2\le 1,\ v\ge 0$

(3) 쐐기(wedge) S: $-u\le v\le u,\ u\ge 0$

3 (1) 사상 $F:\mathbf{E}^3\to\mathbf{E}^3$이 $F=(x-y,\ x+y,\ 2z)$로 정의되었을 때 F의 미분사상은 다음과 같이 주어짐을 보여라.

$$F_*(\mathbf{v}_p)=(v_1-v_2,\ v_1+v_2,\ 2v_3)_{F(p)}$$

(2) 일반적으로 $F:\mathbf{E}^n\to\mathbf{E}^m$이 일차변환이면

$$F_*(\mathbf{v}_p) = F(\mathbf{v})_{F(p)}$$

임을 증명하여라.

4 $F=(f_1, \cdots, f_m) : \mathbf{E}^n \to \mathbf{E}^m$이 사상이면 정리 5-5에 의하여

$$F_*(\mathbf{v}_p) = (df_1(\mathbf{v}_p), \cdots, df_m(\mathbf{v}_p))_{F(p)}$$

이 성립하므로

$$F_* = (df_1, \cdots, df_m)$$

이라 할 수 있다. 이때 사상 $F=(x \cos y, x \sin y, z)$: $\mathbf{E}^3 \to \mathbf{E}^3$에 대하여

(i) F_*를 구하고

(ii) $$\mathbf{v}=(2, -1, 3), \quad \mathbf{p}=\left(2, \frac{\pi}{2}, \pi\right)$$

에 대한 $F_*(\mathbf{v}_p)$를 계산하여라. 이 경우 F는 정칙사상인가?

5 사상 $F=(f_1, f_2)$, $G=(g_1, g_2)$: $\mathbf{E}^2 \to \mathbf{E}^2$이 주어졌을 때, 합성함수 $GF : \mathbf{E}^2 \to \mathbf{E}^2$의 유클리드 좌표함수를 구하고, GF 역시 사상임을 보여라.

6 $F_*(\mathbf{v}_p)$의 정의에서 직선은 초기속도가 $\mathbf{v}_p$인 곡선 γ로 바뀔 수 있음을 보여라.

7 **사상 $F : \mathbf{E}^n \to \mathbf{E}^m$은 방향도함수를 보존한다.** 즉 $\mathbf{v}_p$를 $\mathbf{E}^n$의 접벡터라 하고 g를 $\mathbf{E}^m$의 미분가능함수라 하면 $F_*(\mathbf{v}_p)[g] = (\mathbf{v}_p)[g(F)]$가 성립한다. 증명하여라.

8 다음의 각 경우에 F는 전단사함수임을 보이고 역함수 F^{-1}를 계산하여라. 그리고 F가 미분동형사상(F^{-1}가 미분가능)인지를 결정하여라.

(1) $F=(ve^u, u)$

(2) $F=(1+2u-2v, 4-2u+v)$

9 $F : \mathbf{E}^n \to \mathbf{E}^m$과 $G : \mathbf{E}^m \to \mathbf{E}^p$을 사상이라 하자.

(1) 이 경우에 문제 5의 결과를 일반화하여라.

(2) α가 $\mathbf{E}^n$의 곡선이라 할 때 $(GF)_*(\alpha') = G_*(F_*(\alpha'))$이 성립함을 보여라.

(3) $(GF)_* = G_* F_*$ 임을 추론하여 보아라.

2 곡선의 기본개념

기하학은 거리와 각의 측정으로부터 시작된다. 이제 유클리드 공간의 기하학이 유클리드 공간에서 내적(dot product)으로부터 이끌어진다는 것을 보일 것이다. 이 단원의 대부분은 $\mathbf{E}^3$의 곡선기하학에 할애할 것이다. 이것은 곡선기하학이 본질적으로 중요하기도 하지만 곡선을 연구하는 데 사용한 기본 방법들이 미분기하학을 통틀어 효과적으로 증명되었기 때문이다. $\mathbf{E}^3$곡선에 관한 연구는 각 점에서 틀을 만들어 줌으로써 더욱 효과적이다. 그 틀은 세 개의 서로 수직인 단위벡터의 집합으로 이루어지는데 주어진 곡선을 따라 이들 벡터의 변화율은 다시 벡터의 항으로 표시된다(이것을 프레네 공식이라 한다). 실제로 $\mathbf{E}^3$의 곡선론은 단순히 이 기본공식의 따름정리라고 말할 수 있다.

2-1 내 적

벡터공간 $\mathbf{E}^3$에서 자연내적(natural inner product)에 대한 몇 가지 기본 사항부터 시작해 보자.

> **정의 1-1**
>
> $\mathbf{E}^3$의 두 점 $\mathbf{p}=(p_1, p_2, p_3)$와 $\mathbf{q}=(q_1, q_2, q_3)$의 내적은
>
> $$\mathbf{p}\cdot\mathbf{q}=p_1q_1+p_2q_2+p_3q_3$$
>
> 로 정의되는 실수이다.

내적은 다음의 세 가지 성질을 만족한다.

(1) 쌍선형성(bilinearity): $(a\mathbf{p}+b\mathbf{q})\cdot\mathbf{r}=a(\mathbf{p}\cdot\mathbf{r})+b(\mathbf{q}\cdot\mathbf{r})$

$$\mathbf{r}\cdot(a\mathbf{p}+b\mathbf{q})=a(\mathbf{r}\cdot\mathbf{p})+b(\mathbf{r}\cdot\mathbf{q})$$

(2) 대칭성(symmetry): $\mathbf{p}\cdot\mathbf{q}=\mathbf{q}\cdot\mathbf{p}$

(3) 정정값(positive detiniteness):

이때 $\mathbf{p}\cdot\mathbf{p}\geq 0$이고 $\mathbf{p}=0$일 때만 $\mathbf{p}\cdot\mathbf{p}=0$이다. (단, $\mathbf{p}$, $\mathbf{q}$, $\mathbf{r}$는 $\mathbf{E}^3$의 임의의 점, a와 b는 실수이다.)

$\mathbf{p}=(p_1, p_2, p_3)$의 노름(norm)은 실수

$$\|\mathbf{p}\|=(\mathbf{p}\cdot\mathbf{p})^{1/2}=(p_1^2+p_2^2+p_3^2)^{1/2}$$

로 정의된다. 그러므로 노름은 $\mathbf{E}^3$에서 실가함수이고, 기본성질

$$\|a\mathbf{p}+b\mathbf{q}\|\leq a\|\mathbf{p}\|+b\|\mathbf{q}\|$$

$\|a\mathbf{p}\|=|a|\,\|\mathbf{p}\|$, 단 $|a|$는 a의 절대값(absolute value)

을 만족한다.

정의 1-2

$\mathbf{p}$와 $\mathbf{q}$가 $\mathbf{E}^3$의 점일 때, 점 $\mathbf{p}$로부터 $\mathbf{q}$까지의 거리(distance)는

$$d(\mathbf{p}, \mathbf{q}) = \|\mathbf{p} - \mathbf{q}\|$$

로 정의되는 실수이다.

실제로 $\mathbf{p} - \mathbf{q} = (p_1 - q_1, p_2 - q_2, p_3 - q_3)$이므로 노름의 정의로부터

$$d(\mathbf{p}, \mathbf{q}) = ((p_1 - q_1)^2 + (p_2 - q_2)^2 + (p_3 - q_3)^2)^{1/2}$$

임을 알 수 있다.

정의 1-3

$\mathbf{E}^3$의 점 $\mathbf{p}$에서 접벡터 $\mathbf{v}_p$와 $\mathbf{w}_p$의 내적은

$$\mathbf{v}_p \cdot \mathbf{w}_p = \mathbf{v} \cdot \mathbf{w}$$

으로 정의되는 실수이다.

이 정의는 $\mathbf{E}^3$에서 점 $\mathbf{p}$와 $\mathbf{q}$의 내적과 접공간 $T_p(\mathbf{E}^3)$에서 접벡터 $\mathbf{v}_p$와 $\mathbf{w}_p$의 내적은 같은 성질을 가지고 있음을 보여 준다. 물론 관계식 $\|\mathbf{v}_p\| = \|\mathbf{v}\|$도 성립한다. 선형대수의 기본성질로부터 코시-슈바르츠(Cauchy-Schwartz)의 부등식

$$|\mathbf{v} \cdot \mathbf{w}| \leq \|\mathbf{v}\| \|\mathbf{w}\|$$

가 성립하고, 등호가 성립하기 위한 필요충분조건은 $\mathbf{v}$와 $\mathbf{w}$가 일차종속이어야 한다는 것을 잘 알고 있다. 아울러 관계식

$$\mathbf{v} \cdot \mathbf{w} = \|\mathbf{v}\| \|\mathbf{w}\| \cos\theta$$

에 의하여 두 벡터 $\mathbf{v}$와 $\mathbf{w}$의 사이각 θ를 구할 수 있다(그림 2-1).

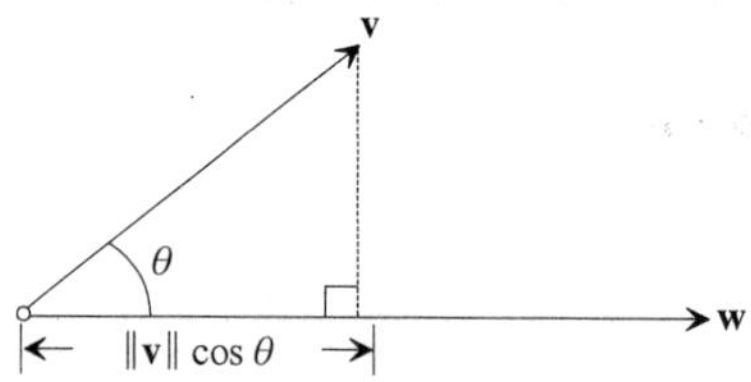

그림 2-1

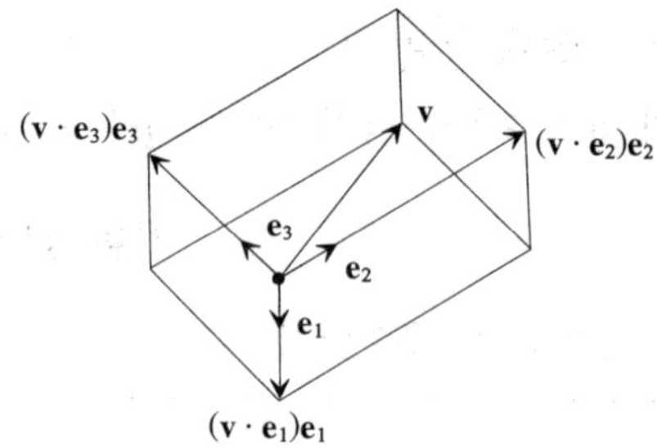

그림 2-2

특히 $\theta=\pi/2$일 때 $\mathbf{v}\cdot\mathbf{w}=0$이다. 이 경우 두 벡터 $\mathbf{v}$와 $\mathbf{w}$는 **직교**(orthogonal)한다고 하고, 길이(length)가 1인 벡터를 **단위벡터**(unit vector)라 한다.

정의 1-4

$\mathbf{p}$에서 $\mathbf{E}^3$에 접하는 세 개의 서로 직교하는 단위벡터 $\mathbf{e}_1$, $\mathbf{e}_2$, $\mathbf{e}_3$를 점 $\mathbf{p}$에서 **틀**(frame)이라 한다. 그러므로 $\mathbf{e}_1$, $\mathbf{e}_2$, $\mathbf{e}_3$가 틀일 필요충분조건은 $\mathbf{e}_i\cdot\mathbf{e}_j=\delta_{ij}$ $(1\le i,\ j\le 3)$를 만족하는 것이다.

정리 1-5 직교전개

$\mathbf{e}_1$, $\mathbf{e}_2$, $\mathbf{e}_3$을 $\mathbf{E}^3$의 점 $\mathbf{p}$에서의 틀이라 할 때, $\mathbf{p}$에서 $\mathbf{E}^3$의 임의의 접벡터 $\mathbf{v}$는 다음과 같이 표현될 수 있다.

$$\mathbf{v}=(\mathbf{v}\cdot\mathbf{e}_1)\mathbf{e}_1+(\mathbf{v}\cdot\mathbf{e}_2)\mathbf{e}_2+(\mathbf{v}\cdot\mathbf{e}_3)\mathbf{e}_3$$

이 관계식을 $\mathbf{e}_1$, $\mathbf{e}_2$, $\mathbf{e}_3$ 항으로 표시한 $\mathbf{v}$의 **직교전개**(orthogonal expansion)라고 한다.

증명 먼저 세 벡터 $\mathbf{e}_1$, $\mathbf{e}_2$, $\mathbf{e}_3$가 일차독립(linearly independent)임을 보이자.

$$\sum a_i\mathbf{e}_i=0$$

라 가정하면

$$0=\left(\sum_i a_i\mathbf{e}_i\right)\cdot\mathbf{e}_j=\sum_i a_i(\mathbf{e}_i\cdot\mathbf{e}_j)=\sum_i a_i\delta_{ij}=a_j\quad(i=1,\,2,\,3)$$

이므로 $\mathbf{e}_1$, $\mathbf{e}_2$, $\mathbf{e}_3$는 일차독립이다.

한편, 서로 독립인 세 벡터 $\mathbf{e}_1$, $\mathbf{e}_2$, $\mathbf{e}_3$는 $T_p(\mathbf{E}^3)$에 대하여 하나의 기저(basis)를 형성하므로, 임의의 접벡터 $\mathbf{v}$에 대하여

$$\mathbf{v}=\sum c_i\mathbf{e}_i$$

를 만족하는 수 c_1, c_2, c_3가 유일하게 존재한다. 그런데

$$\mathbf{v}\cdot\mathbf{e}_j=\left(\sum c_i\mathbf{e}_i\right)\cdot\mathbf{e}_j=\sum c_i(\mathbf{e}_i\cdot\mathbf{e}_j)=\sum c_i\delta_{ij}=c_j$$

이므로

$$\mathbf{v}=\sum(\mathbf{v}\cdot\mathbf{e}_j)\mathbf{e}_i$$

가 성립한다. ■

틀을 사용함으로써 복잡한 기하학적 상황을 아주 쉽게 해결할 수 있는 경우는 앞으로 자주 접할 것이다. 틀에 관한 표기법은 직교행렬(orthogonal matrix)의 표기법과 밀접한 관계가 있다. 이에 관한 내용을 조사해 보자.

정의 1-6

$\mathbf{e}_1$, $\mathbf{e}_2$, $\mathbf{e}_3$을 점 $\mathbf{p}$에서 $\mathbf{E}^3$의 틀이라 하자. 행이 이 세 벡터의 유클리드 좌표로 구성되는 3×3행렬을 틀 $\mathbf{e}_1$, $\mathbf{e}_2$, $\mathbf{e}_3$의 **태도행렬**(attitude matrix)이라 한다.

점 $\mathbf{p}$에서 $\mathbf{E}^3$의 하나의 틀을

$$\mathbf{e}_1=(a_{11},\,a_{12},\,a_{13})_p,\quad \mathbf{e}_2=(a_{21},\,a_{22},\,a_{23})_p,\quad \mathbf{e}_3=(a_{31},\,a_{32},\,a_{33})_p$$

라 할 때, 이 틀의 태도행렬 A는

$$A=\begin{pmatrix} a_{11} & a_{12} & a_{13} \\ a_{21} & a_{22} & a_{23} \\ a_{31} & 3_{32} & a_{33} \end{pmatrix}$$

이다. 이때 A는 적용점 $\mathbf{p}$와는 무관하다. 그런데

$$\sum_k a_{ik}a_{jk}=\mathbf{e}_i\cdot\mathbf{e}_j=\delta_{ij} \quad (1\leq i,\ j\leq 3)$$

이므로 A는 직교행렬(orthogonal matrix)임을 알 수 있다. 행렬식의 곱에 관한 성질에 의하여 이들 방정식은 $A{}^tA={}^tAA=I$ 또한 만족한다. 단 I는 단위행렬(unit matrix), ${}^tA$는 A의 전치행렬(transposed matrix)이다. 따라서 ${}^tA$는 A의 역행렬(inverse matrix), 즉 ${}^tA=A^{-1}$이다.

정의 1-7

$\mathbf{v}=(v_1,\ v_2,\ v_3)_p$, $\mathbf{w}=(w_1,\ w_2,\ w_3)_p$를 $\mathbf{E}^3$의 접벡라 할 때

$$\mathbf{v}\times\mathbf{w}=\begin{vmatrix} U_1(p) & U_2(p) & U_3(p) \\ v_1 & v_2 & v_3 \\ w_1 & w_2 & w_3 \end{vmatrix}$$

을 $\mathbf{v}$와 $\mathbf{w}$의 **외적**(cross product)이라 한다.

행렬식의 성질에 의하여 $\mathbf{v}\times\mathbf{w}$는 $\mathbf{v}$와 $\mathbf{w}$에 대하여 선형(linear)이고 교대율(alternating rule)

$$\mathbf{v}\times\mathbf{w}=-\mathbf{w}\times\mathbf{v}$$

를 만족한다.

한편 $\mathbf{u}\cdot\mathbf{v}\times\mathbf{w}$를 **스칼라삼중적**(mixed or triple scalar product)이라 한다. 실제로 $\mathbf{E}^3$의 접벡터 $\mathbf{u}=(u_1,\ u_2,\ u_3)_\mathbf{p}$와 $\mathbf{v}\times\mathbf{w}$의 내적을 구하면

$$
\mathbf{u}\cdot\mathbf{v}\times\mathbf{w}=\sum u_iU_i(p)\cdot\begin{vmatrix} U_1(p) & U_2(p) & U_3(p) \\ v_1 & v_2 & v_3 \\ w_1 & w_2 & w_3 \end{vmatrix}
$$

$$
=u_1(v_2w_3-v_3w_2)+u_2(v_3w_1-v_1w_3)+u_3(v_1w_2-v_2w_1)
$$

$$
=\begin{vmatrix} u_1 & u_2 & u_3 \\ v_1 & v_2 & v_3 \\ w_1 & w_2 & w_3 \end{vmatrix}
$$

이다. 이 행렬식으로부터

$$
\begin{aligned}
\mathbf{u}\cdot\mathbf{v}\times\mathbf{w}&=\mathbf{w}\cdot\mathbf{u}\times\mathbf{v}=\mathbf{v}\cdot\mathbf{w}\times\mathbf{u} \\
&=-(\mathbf{v}\cdot\mathbf{u}\times\mathbf{w})=-(\mathbf{w}\cdot\mathbf{v}\times\mathbf{u})=-(\mathbf{u}\cdot\mathbf{w}\times\mathbf{v})
\end{aligned}
$$

를 얻을 수 있다.

문제 2-1

1 유클리드 거리 d는 다음 성질을 갖는다. 증명하여라.

(1) $d(\mathbf{p},\ \mathbf{q})\geq 0$, $d(\mathbf{p},\ \mathbf{q})=0$은 $\mathbf{p}=\mathbf{q}$일 때에만 성립한다.

(2) $d(\mathbf{p},\ \mathbf{q})=d(\mathbf{q},\ \mathbf{p})$

(3) $d(\mathbf{p},\ \mathbf{q})+d(\mathbf{q},\ \mathbf{r})\geq d(\mathbf{p},\ \mathbf{r})$, (단, $\mathbf{q}$, $\mathbf{q}$, $\mathbf{r}$는 $\mathbf{E}^3$의 임의의 점이다.)

2 접벡터

$$
\mathbf{e}_1=\frac{(1,\ 2,\ 1)}{\sqrt{6}},\quad \mathbf{e}_2=\frac{(-2,\ 0,\ 2)}{\sqrt{8}},\quad \mathbf{e}_3=\frac{(1,\ -1,\ 1)}{\sqrt{3}}
$$

은 틀을 구성함을 증명하고, $\mathbf{v}=(6,\ 1,\ -1)$을 이 벡터들의 일차결합으로 나타내어라.

3 $\mathbf{u}=(u_1,\ u_2,\ u_3)$, $\mathbf{v}=(v_1,\ v_2,\ v_3)$, $\mathbf{w}=(w_1,\ w_2,\ w_3)$라 할 때, 다음을 증명하여라.

(1) $\mathbf{u}\cdot\mathbf{v}\times\mathbf{w}\neq 0$일 필요충분조건은 $\mathbf{u}$, $\mathbf{v}$, $\mathbf{w}$가 일차독립인 것이다.

(2) $\mathbf{u}\cdot\mathbf{v}\times\mathbf{w}=\mathbf{v}\cdot\mathbf{w}\times\mathbf{u}=\mathbf{w}\cdot\mathbf{u}\times\mathbf{v}$
$=-\mathbf{w}\cdot\mathbf{v}\times\mathbf{u}=-\mathbf{v}\cdot\mathbf{u}\times\mathbf{w}=-\mathbf{u}\cdot\mathbf{w}\times\mathbf{v}$

(3) $\mathbf{u}\cdot\mathbf{v}\times\mathbf{w}=\mathbf{u}\times\mathbf{v}\cdot\mathbf{w}$

4 $\mathbf{e}_1$, $\mathbf{e}_2$, $\mathbf{e}_3$을 틀이라 하면 $\mathbf{e}_1\cdot\mathbf{e}_2\times\mathbf{e}_3=\pm 1$이 성립함을 증명하여라. 그러므로 임의의

3×3직교행렬의 행렬식값은 ± 1이다.

5 만약 $\mathbf{u}$가 단위벡터이면 $\mathbf{u}$의 방향에 대한 $\mathbf{v}$의 성분(component)은

$$(\mathbf{v}\cdot\mathbf{u})\mathbf{u}=(\|\mathbf{v}\|\cos\theta)\mathbf{u}$$

로 정의된다. $\mathbf{v}_1\cdot\mathbf{v}_2=0$이고, $\mathbf{v}_1$을 $\mathbf{u}$방향에 대한 $\mathbf{v}$의 성분이라 하면 $\mathbf{v}$는 유일하게 $\mathbf{v}=\mathbf{v}_1+\mathbf{v}_2$로 표현될 수 있음을 증명하여라.

6 각함수(angle functions): f와 g를 구간 I에서 미분가능 실가함수라 할 때 $f^2+g^2=1$이고 θ_0은 $f(0)=\cos\theta_0$, $g(0)=\sin\theta_0$을 만족하는 실수라 가정하자. 만약

$$\theta(t)=\theta_0+\int_0^t (fg'-f'g)\,dt$$

를 만족하는 함수를 θ라 하면

$$f=\cos\theta,\ g=\sin\theta$$

가 성립한다. 증명하여라.

힌트 $(f-\cos\theta)^2+(g-\sin\theta)^2=0$을 구하면 되므로 $(f\cos\theta+g\sin\theta)'=0$이 성립함을 보이면 된다.

7 (1) 일차독립인 세 벡터 $\mathbf{u}$, $\mathbf{v}$, $\mathbf{w}\in R^3$에 의하여 만들어진 평행육면체의 체적은 $V=|\mathbf{u}\times\mathbf{v}\cdot\mathbf{w}|$임을 보여라. 그리고 R^3에서 유향체적(oriented volume)을 도입하여라.

(2) 다음을 증명하여라.

$$V^2=\begin{vmatrix}\mathbf{u}\cdot\mathbf{u} & \mathbf{u}\cdot\mathbf{v} & \mathbf{u}\cdot\mathbf{w}\\ \mathbf{v}\cdot\mathbf{u} & \mathbf{v}\cdot\mathbf{v} & \mathbf{v}\cdot\mathbf{w}\\ \mathbf{w}\cdot\mathbf{u} & \mathbf{w}\cdot\mathbf{v} & \mathbf{w}\cdot\mathbf{w}\end{vmatrix}$$

8 다음의 벡터항등식을 증명하여라.

(1) $\mathbf{v}\cdot\mathbf{w}=\|\mathbf{v}\|\|\mathbf{w}\|\cos\theta$, $\|\mathbf{v}\times\mathbf{w}\|=\|\mathbf{v}\|\|\mathbf{w}\|\sin\theta$

단, θ는 $\mathbf{v}$와 $\mathbf{w}$가 이루는 사이각이다.

(2) $\|\mathbf{v}\times\mathbf{w}\|^2=(\mathbf{v}\cdot\mathbf{v})(\mathbf{w}\cdot\mathbf{w})-(\mathbf{v}\cdot\mathbf{w})^2$

(3) $(\mathbf{a}\times\mathbf{b})\cdot(\mathbf{c}\times\mathbf{d})=(\mathbf{a}\cdot\mathbf{c})(\mathbf{b}\cdot\mathbf{d})-(\mathbf{a}\cdot\mathbf{d})(\mathbf{b}\cdot\mathbf{c})$: 라그랑주항등식

2-2 곡 선

$\alpha: I \rightarrow \mathbf{E}^3$을 곡선이라 하자. 이제 그 속도벡터의 길이가 $v(t)=\|\alpha'(t)\|$인 α의 속도(speed)는 구간 I에서 실가함수이다.

곡선 $\alpha=(\alpha_1, \alpha_2, \alpha_3)$에 대하여

$$\alpha'(t)=\left(\frac{d\alpha_1}{dt}(t),\ \frac{d\alpha_2}{dt}(t),\ \frac{d\alpha_3}{dt}(t)\right)$$

이므로, α의 **속도함수**(speed function) v는

$$v=\|\alpha'(t)\|=\left[\left(\frac{d\alpha_1}{dt}\right)^2+\left(\frac{d\alpha_2}{dt}\right)^2+\left(\frac{d\alpha_3}{dt}\right)^2\right]^{1/2}$$

이다. 물리학에서는 동점(moving point)에 의하여 이동한 거리는 시간에 관하여 그 속도를 적분함으로써 얻을 수 있다. 그러므로 $t=a$에서 $t=b$까지 α의 **호의 길이**(arc-length) s는

$$\begin{aligned} s &= \int_a^b \|\alpha'(t)\| dt \\ &= \int_a^b \sqrt{\left(\frac{d\alpha_1}{dt}\right)^2+\left(\frac{d\alpha_2}{dt}\right)^2+\left(\frac{d\alpha_3}{dt}\right)^2}\, dt \end{aligned}$$

이다. 위에서 α의 속도 $\|\alpha'(t)\|$가 반드시 1이라고 단정할 수는 없으므로, 곡선 α를 단위속도가 $\|\beta'\|=1$인 곡선 β로 재매개변수화(reparametrization) 시키는 경우를 생각할 수 있다. 이런 곡선 β를 **자연표현**(natural representation) 또는 **호의 길이에 관한 표현**(representation in terms of arc-length)이라고 한다.

정리 2-1

α를 $\mathbf{E}^3$의 정칙곡선이라 하면 단위속도를 갖는 α의 재매개변수곡선 β가 존재한다.

증명 곡선 $\alpha : I \to \mathbf{E}^3$의 정의역 I에 속한 수 a를 고정하고, 호의 길이 s에 대한 함수

$$s = s(t) = \int_a^t \|\alpha'(t)\| dt$$

를 도입하자. 이 함수의 도함수 $\frac{ds}{dt}$는 속도함수 $v = \|\alpha'(t)\|$이다. α는 정칙, 즉 $\alpha' \neq 0$이므로 $\frac{ds}{dt} = \|\alpha'\| > 0$이다. 이때 함수 s의 역함수 $t = t(s)$가 존재하여

$$\frac{dt}{ds} = \frac{1}{ds/dt} \ (>0)$$

을 만족한다. 이제 α의 재매개변수화된 곡선을 β라 하면, $\beta(s) = \alpha(t(s))$이다. 이때 β는 단위속도곡선임을 보이자.

제 1 장의 정리 3-5에 의하면

$$\beta'(s) = \alpha'(t(s)) \frac{dt}{ds}(s)$$

이므로

$$\|\beta'(s)\| = \|\alpha'(t(s))\| \frac{dt}{ds}(s) = \frac{ds}{dt}(t(s)) \ \frac{dt}{ds}(s) = 1$$

이다. 따라서 β는 α의 자연표현이다. ■

예제 2-2 **나선**(1-3 절)

$$\alpha(t) = (a\cos t,\ a\sin t,\ bt), \quad a>0,\ b\neq 0$$

의 속도 α'는

$$\alpha'(t)=(-a\sin t,\ a\cos t,\ b).$$

따라서 크기는

$$\|\alpha'(t)\|^2=\alpha'(t)\cdot\alpha'(t)=(-a\sin t)^2+(a\cos t)^2+b^2=a^2+b^2$$

이므로 α는 일정한 속도 $c=\|\alpha'\|=(a^2+b^2)^{1/2}$을 갖는다. 만약 $t=0$으로부터 호의 길이를 측정한다면

$$s(t)=\int_0^t\|\alpha'\|dt=ct$$

이다. 즉 $t=\frac{s}{c}$이므로 이 값을 처음의 곡선 α에 대입하면

$$\beta(s)=\alpha\left(\frac{s}{c}\right)=\left(a\cos\frac{s}{c},\ a\sin\frac{s}{c},\ \frac{bs}{c}\right),\ \text{단 } c=\sqrt{a^2+b^2}$$

이다. 이 식으로부터 모든 s에 대하여 $\|\beta'(s)\|=1$은 쉽게 확인할 수 있으므로 β는 α의 재매개변수화된 단위속도곡선이다. □

한편, 곡선 α의 재매개변수곡선 $\beta=\alpha(h)$는

(i) $h'>0$일 때: 향을 보존하는 곡선(orientation preserving)

(ii) $h'<0$일 때: 향을 반대로 바꾸어 주는 곡선(orientation reversing)

이라고 한다. 여기서 $t=h(s)$인 경우가 많이 이용되므로

$$h'=\frac{dt}{ds}(s)=\frac{1}{\|\partial'(t)\|}>0$$

에 의하여 **단위속도를 갖는 재매개변수곡선**(unit speed reparametrization)은 **항상 향을 보존**한다는 것을 알 수 있다.

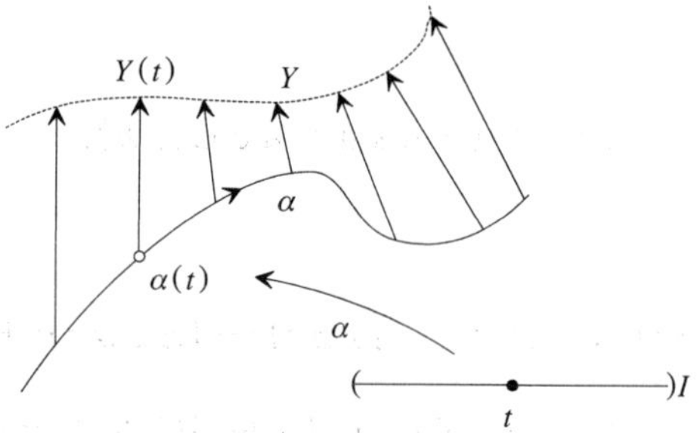

그림 2-3

정의 2-3

곡선 $\alpha : I \to \mathbf{E}^3$ 위에서 **벡터장**(vector field) Y는 점 $\alpha(t)$에서 $\mathbf{E}^3$의 접벡터 $Y(t)$를 I의 실수 t에 대응시키는 함수이다.

우리는 이미 이러한 벡터장을 많이 사용하였다. 예컨대 곡선 α의 속도 α'도 이 정의를 만족한다. 그러나 α에 대한 임의의 벡터장은 α'와는 달리 α에 접할 필요는 전혀 없다(그림 2-3).

α 위에서 벡터장의 미분은 단순히 그 벡터장의 유클리드 좌표함수를 미분하면 된다. 이렇게 하여 새로운 또 하나의 벡터장을 얻게 된다. 즉

$$Y=\sum y_i U_i \text{일 때} \quad Y'=\sum\left(\frac{dy_i}{dt}\right)U_i$$

로 정의된다. 특히 곡선 α의 속도 α'의 도함수 α''를 α의 **가속도**(acceleration)라고 한다. 곡선 $\alpha=(\alpha_1, \alpha_2, \alpha_3)$에 대하여 α''는 벡터장

$$\alpha''=\left(\frac{d^2\alpha_1}{dt^2}, \frac{d^2\alpha_2}{dt^2}, \frac{d^2\alpha_3}{dt^2}\right)_\alpha$$

이다. 이때 α''는 일반적으로 곡선 α에 접하지 않는다.

정리 2-4

(1) 곡선 α가 일정(constant)할 필요충분조건은 $\alpha'=0$이다.

(2) α가 직선(straignt line)일 필요충분조건은 $\alpha''=0$이다.

(3) 곡선 α 위에서 벡터장 Y가 평행일 필요충분조건은 $Y'=0$이다.

증명 (2)만 증명해 보자. $\alpha=(\alpha_1, \alpha_2, \alpha_3)$라 하면

$$\alpha''=\left(\frac{d^2\alpha_1}{dt^2}, \frac{d^2\alpha_2}{dt^2}, \frac{d^2\alpha}{dt^2}\right)$$

이다. 따라서

$$\begin{aligned}\alpha''=0 &\rightleftharpoons \frac{d^2\alpha_i}{dt^2}=0, \qquad (i=1, 2, 3)\\ &\rightleftharpoons \alpha_i(t)=p_it+q_i, \text{ (단 } p_i\text{와 } q_i\text{는 상수)}\\ &\rightleftharpoons \alpha(t)=\mathbf{p}t+\mathbf{q}\end{aligned}$$

가 성립한다. 이 식은 점 $\mathbf{q}=(q_1, q_2, q_3)$을 지나고 $\mathbf{p}=(p_1, p_2, p_3)$에 평행한 직선을 나타낸다(제 1 장의 예제 3-2 참고). ■

문제 2-2

1 곡선 $\alpha(t)=\left(2t, t^2, \frac{t^3}{3}\right)$에 대하여

(1) 임의의 t에 대한 속도벡터, 가속도벡터, 속도를 구하여라.

(2) 호의 길이함수 $s=s(t)$를 구하고, $t=-1$과 $t=1$ 사이에 있는 α의 호의 길이를 구하여라.

2 곡선 $\alpha(t)=(t\cos t, t\sin t, t)$가 $\mathbf{E}^3$의 추면 위에 있음을 보여라. 추면의 꼭지점에서 α의 속도벡터, 가속도벡터를 구하여라.

3 Y를 나선 $\alpha(t)=(\cos t, \sin t, t)$ 위에 있는 벡터장이라 하자. 다음의 각 경우에 Y를 $\sum y_iU_i$의 형식으로 나타내어라.

(1) $Y(t)$는 $\alpha(t)$로부터 $\mathbf{E}^3$의 원점에 이르는 벡터이다.

(2) $Y(t)=\alpha'(t)-\alpha''(t)$

(3) $Y(t)$는 단위길이를 가지고 있으며, $\alpha'(t)$ 및 $\alpha''(t)$와 직교한다.

4 Y를 곡선 α 위의 벡터장이라 하자. 만약 $\alpha(h)$가 α의 재매개변수표시라 하면 $Y(h)$는 $\alpha(h)$ 위의 벡터장이다. 이때 연쇄법칙 $Y(h)'=Y'(h)h'$가 성립함을 증명하여라.

5 α가 정칙곡선일 때 다음을 증명하여라.

(1) α의 속도가 일정할 필요충분조건은 가속도 α''가 항상 α'에 직교하는 것이다.

(2) α가 직선 $t\to\mathbf{p}+t\mathbf{q}$의 재매개변수표시가 될 필요충분조건은 α''가 항상 α에 접하는 것이다(즉, α''와 α'가 동일 직선 위에 있다).

6 폐구간 $[a, b]$ 위에서 정의된 곡선 α의 부분을 **곡선선분**(curve segment)이라 한다. 곡선선분 $\alpha:[c, d]\to\mathbf{E}^3$의 재매개변수표시 $\alpha(h):[a, b]\to\mathbf{E}^3$가 **단조**(monotone)라 함은

(1) $h'\geq 0,\ h(a)=c,\ h(b)=d$

(2) $h'\leq 0,\ h(a)=d,\ h(b)=c$

중 어느 하나를 만족할 때이다. 이때 단조재매개변수표시는 호의 길이를 변하게 하지 않음을 증명하여라.

7 다음은 '직선은 $\mathbf{E}^3$의 두 점 사이의 거리를 가장 짧게 하는 것이다'를 증명하는 과정이다. $\alpha:[a, b]\to\mathbf{E}^3$를 $\mathbf{p}=\alpha(a)$부터 $\mathbf{q}=\alpha(b)$까지의 임의의 곡선선분이라 하고, $\mathbf{u}=(\mathbf{q}-\mathbf{p})/\|\mathbf{q}-\mathbf{p}\|$라 하자.

(1) σ를 $\mathbf{p}$에서 $\mathbf{q}$까지의 직선선분이라 하면, 즉 $\sigma(t)=(1-t)\mathbf{p}+t\mathbf{q}\ \ (0\leq t\leq 1)$라

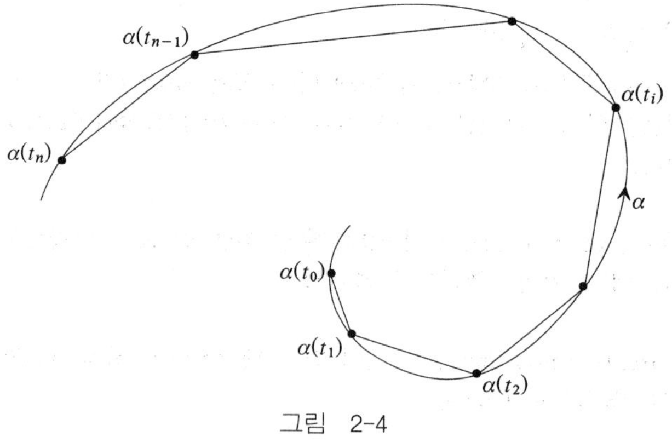

그림 2-4

하면 $L(\sigma)=d(\mathbf{p}, \mathbf{q})$이다. 증명하여라.

(2) $\|\alpha'\|\geq\alpha'\cdot\mathbf{u}$로부터 $L(\alpha)\geq d(\mathbf{p}, \mathbf{q})$임을 추론하여라.
단, $L(\alpha)$는 α의 길이이고 d는 유클리드 거리이다.

(3) $L(\alpha)=d(\mathbf{p}, \mathbf{q})$이면 α는 직선선분임을 보여라.

2-3 프레네 공식

주어진 곡선의 굽음과 비꼬임(turning and twisting)의 크기를 수학적인 방법으로 유도하여 보자. 이 절에 나오는 모든 곡선은 단위속도곡선(unit-speed curve)이라고 가정하자.

$\beta: I\to\mathbf{E}^3$을 단위속도곡선이라 하면 $\|\beta'(s)\|=1$, $s\in I$이다. 이때 $T=\beta'$를 β에 대한 **단위접벡터장**(unit tangent vector field), T의 도함수 $T'=\beta''$는 T의 변화율, 즉 곡선 β의 굽이를 나타내므로 β''를 β의 **곡률벡터장**(curvature vector field)이라고 한다. 한편 $\|T\|=1$이므로 $T'\cdot T=0$이다. 따라서 T'는 항상 T에 직교하므로 β에 직교한다고 할 수 있다. 곡률벡터장 T'의 길이는 β의 굽이의 숫자적인 크기를 나타내므로

$$\kappa(s)=\|T'(s)\|,\ s\in I$$

을 β의 **곡률함수**(curvature function), 또는 간단히 **곡률**이라고 한다.
이때 $\kappa(\geq 0)$의 값이 커질수록 β가 더 많이 구부러져 있음을 나타낸다.
이제 $\kappa>0$인 경우만을 생각해 보자. 이 경우 $N=\dfrac{T'}{\kappa}$은 β 위의 각 점에서 β가 구부러져 있는 방향을 나타낸다. 이러한 N을 β의 **주법선벡터장**(principal normal vector field)이라 하고, 벡터장 $B=T\times N$을 β의 **종법선벡터장**(binormal vector field)이라 한다. 이때 T, N, B의 방향은 각각 오른손의 엄지, 검지, 중지의 방향과 일치하게 된다.

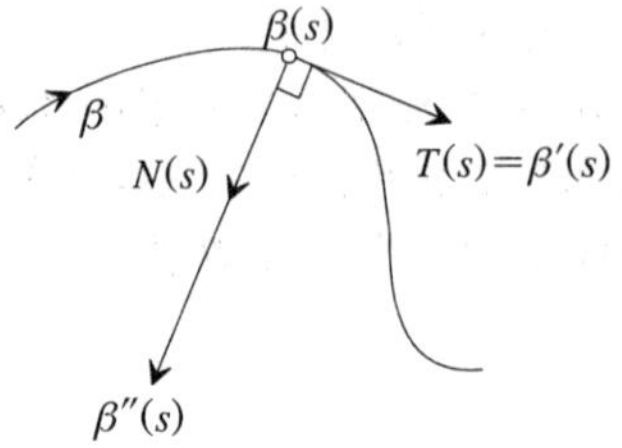

그림 2-5

정리 3-1

β를 $\kappa>0$인 $\mathbf{E}^3$의 단위속도곡선이라 하면, β의 각 점에서 서로 수직인 세 개의 단위벡터장 T, N, B가 존재한다.

증명 β는 단위속도곡선이므로 $\|T\|=1$이다. $\kappa=\|T'\|>0$이므로

$$\|N\|=\frac{\|T'\|}{\kappa}=1$$

이다. 따라서 T와 $N=\dfrac{T'}{\kappa}$은 서로 직교하는 단위벡터장이다. 한편 T와 N은 $T\times N$에 각각 직교하므로 B는 T와 N에 직교한다. $\|B\|=1$은 $B=T\times N$으로부터 쉽게 유도된다. ■

이제까지 살펴본 내용을 정리하여 보자. β를 단위속도곡선이라 하면

$$T=\beta',\quad N=\frac{T'}{\kappa},\quad B=T\times N,\quad \kappa=\|T'\|$$

이다. 이때 T, N, B를 곡선 β의 **프레네 틀장**(Frenet frame field)이라고 한다.

이제 공간곡선 $\alpha(t)$ 위의 한 점 $\mathbf{p}$에서 정의된 T, N, B는 하나의 **동삼면체**(moving trihedron)를 구성한다. 이제 동삼면체의 세 변에 의하여 형성되는 세 개의 평면을 정의하여 보자.

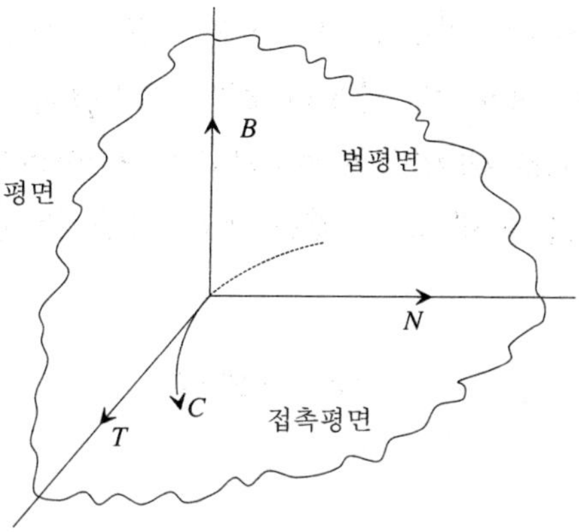

그림 2-6

(1) **접촉평면**(osculating plane): T와 N을 포함하는 평면

(2) **법평면**(normal plane): N과 B를 포함하는 평면

(3) **전직평면**(rectifying plane): B와 T를 포함하는 평면

이때 세 평면의 방정식은 다음과 같다.

$$(\mathbf{x}-\alpha(t))\cdot B=0, \quad (\mathbf{x}-\alpha(t))\cdot T=0, \quad (\mathbf{x}-\alpha(t))\cdot N=0$$

자연벡터장 U_1, U_2, U_3 대신 가능하다면 언제나 프레네의 틀장을 사용하는 것이 곡선에 관한 공부의 핵심이다. 이런 생각을 가장 잘 나타낸 것이 T, N, B의 항으로 표시된 도함수 T', N', B'이다. $T=\beta'$이므로 $T'=\beta''=\kappa N$이다.

이제 B'는 N의 스칼라곱(scalar multiplication)임을 조사해 보자.

먼저 B는 단위벡터이므로 $B'\cdot B=0$이다. 한편, $B\cdot T=0$을 미분하면 $B'\cdot T+B\cdot T'=0$이므로

$$B'\cdot T=-B\cdot T'=-B\cdot \kappa N=0.$$

결국 B'는 B와 T에 모두 직교하므로 N에 평행할 수밖에 없다.

이제 이 관계를

$$B'=-\tau N$$

으로 표시하기로 하자(−부호는 전통적으로 쓴 것이다). 이때 τ는 접촉평면의 변화율에 관계되므로 이 경우의 τ를 곡선 β의 **비꼬임률**(torsion), 또는 **제2곡률**(second curvature)이라 한다. 곡률 κ에 비하여 비꼬임률 τ는 $t\in I$에 따라 양, 음 또는 0의 값을 제한 없이 가질 수 있다. 위의 식으로부터 비꼬임률은

$$\tau = -B' \cdot N$$

으로 표시된다.

정리 3-2 프레네(Frenet) 공식

$\beta : I \to \mathbf{E}^3$이 곡률 $\kappa > 0$와 비꼬임률 τ를 갖는 단위속도곡선이라 하면

$$\begin{aligned} T' &= \kappa N \\ N' &= -\kappa T + \tau B \\ B' &= -\tau N \end{aligned}$$

이 성립한다.

증명 첫 번째와 세 번째 식은 곡률과 비꼬임률의 정의로부터 분명하다. 이제 두 번째 식을 증명하자. N'를 프레네 틀장 T, N, B의 항으로 직교전개하면

$$N' = (N' \cdot T)T + (N' \cdot N)N + (N' \cdot B)B$$

이므로 이제 그 계수를 구하면 된다. $N \cdot T = 0$으로부터 $N' \cdot T + N \cdot T' = 0$이므로

$$N' \cdot T = -N \cdot T' = -N \cdot \kappa N = -\kappa$$

다음 $N \cdot N = 1$로부터 $N' \cdot N = 0$임은 쉽게 나온다. 마지막으로

$$N' \cdot B = -N \cdot B' = -N \cdot (-\tau N) = \tau$$

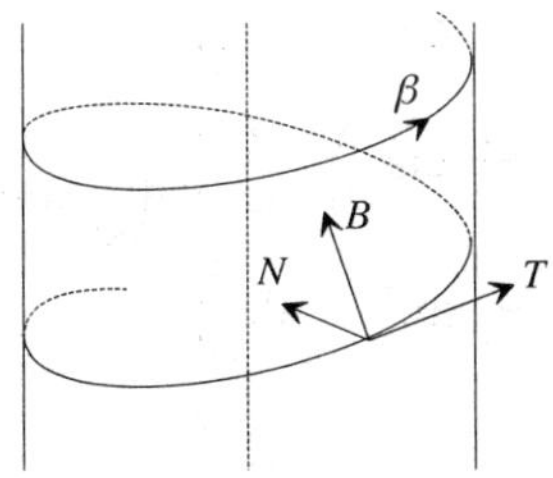

그림 2-7

임을 알 수 있다. ■

예제 3-3 $\mathbf{E}^3$의 단위속도나선

$$\beta(s)=\left(a\cos\frac{s}{c},\ a\sin\frac{s}{c},\ \frac{bs}{c}\right),\quad (\text{단 } a>0,\ c=\sqrt{a^2+b^2}\,)$$

의 프레네 틀 T, N, B와 κ, τ를 구해보자.

$$T(s)=\beta'(s)=\left(-\frac{a}{c}\sin\frac{s}{c},\ \frac{a}{c}\cos\frac{s}{c},\ \frac{b}{c}\right)$$

이므로

$$T'(s)=\left(-\frac{a}{c^2}\cos\frac{s}{c},\ -\frac{a}{c^2}\sin\frac{s}{c},\ 0\right).$$

따라서

$$\kappa(s)=\|T'(s)\|=\frac{a}{c^2}=\frac{a}{a^2+b^2}>0$$

이다. 한편 $N=\dfrac{T'}{\kappa}$이므로

$$N(s)=\left(-\cos\frac{s}{c},\ -\sin\frac{s}{c},\ 0\right)$$

를 얻는다. 다음 $B=T\times N$으로부터

$$B(s)=\begin{vmatrix} U_1 & U_2 & U_3 \\ -\frac{a}{c}\sin\frac{s}{c} & \frac{a}{c}\cos\frac{s}{c} & \frac{b}{c} \\ -\cos\frac{s}{c} & -\sin\frac{s}{c} & 0 \end{vmatrix}=\left(\frac{b}{c}\sin\frac{s}{c},\ -\frac{b}{c}\cos\frac{s}{c},\ \frac{a}{c}\right)$$

를 얻을 수 있으므로, 결국

$$B'(s)=\left(\frac{b}{c^2}\cos\frac{s}{c},\ \frac{b}{c^2}\sin\frac{s}{c},\ 0\right)$$

이다. 따라서 $B'=-\tau N$ 또는 $\tau=-B'\cdot N$으로부터

$$\tau(s)=\frac{b}{c^2}=\frac{b}{a^2+b^2}$$

를 얻는다. □

$\mathbf{E}^3$의 점과 접벡터 사이의 차이점은 무엇인가? 이미 알고 있듯이, 유클리드 공간에서 주어진 한 점 $\mathbf{p}$에서의 접벡터 $(v_1, v_2, v_3)_p$와 점 (v_1, v_2, v_3) 사이에 일대일 대응관계가 존재한다. 그러므로 이러한 표준동형사상(canonical isomorphism)에 의하여 점을 접벡터로 변환할 수 있다. 그러나 대응하는 대상은 같은 유클리드 좌표를 가지고 있으므로 스칼라곱, 덧셈, 내적, 미분법 또는 유클리드 좌표의 항으로 정의된 다른 연산에 대하여도 점과 접벡터 사이의 차이점은 구분되지 않는다. 그러므로 곡선 β 위의 벡터장 $Y=(y_1, y_2, y_3)_p$는 $\mathbf{E}^3$의 곡선 (y_1, y_2, y_3) 자신이 된다. 특히 Y가 평행이면 Y의 유클리드 좌표함수는 일정하므로 Y는 $\mathbf{E}^3$의 한 점(single point)으로 규정된다.

정리 3-4

$\kappa>0$인 $\mathbf{E}^3$의 단위속도곡선 β가 평면곡선(plane curve)일 필요충분조건은 $\tau=0$이다.

증명 β를 평면곡선이라고 가정하자. 그러면 모든 s에 대하여

$$(\beta(s)-\mathbf{p})\cdot\mathbf{q}=0$$

인 점 $\mathbf{p}$, $\mathbf{q}$가 존재한다. 미분하면

$$\beta'(s)\cdot\mathbf{q}=\beta''(s)\cdot\mathbf{q}=0$$

따라서 $\mathbf{q}$는 항상 $T=\beta'$와 $N=\dfrac{\beta''}{\kappa}$에 직교한다. 그런데 B는 T와 N에 직교하고 $\|B\|=1$이므로, 곡선 $\beta(s)$ 위의 모든 점에서

$$B(s)=\frac{\pm\mathbf{q}}{\|\mathbf{q}\|}=\text{상수}$$

이어야 한다. 이 식은 $B'=0$, 즉 $\tau=-B'\cdot N=0$을 나타낸다.

역으로 $\tau=0$이라 하면 $B'=0$이다. 즉 B의 값은 일정하므로 B는 평행하다. 이때 곡선 β는 $\beta(0)$을 지나고 B에 수직인 평면 위에 있음을 보이면 된다. 모든 s에 대하여

$$f(s)=(\beta(s)-\beta(0))\cdot B(s)$$

인 실가함수를 생각하자.

$$\frac{df}{ds}=\beta'\cdot B=T\cdot B=0$$

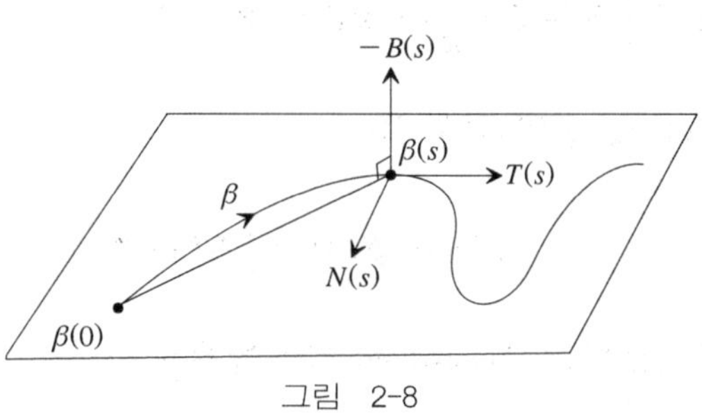

그림 2-8

이므로 $f(s)=$상수이다. 그런데 $f(0)=0$이므로 $f(s)=0$이어야 한다. 따라서

$$(\beta(s)-\beta(0))\cdot B(s)=0$$

을 만족하는 곡선 $\beta(s)$는 B에 수직인 평면 위에 있어야 한다. 따라서 β는 평면곡선이다. ■

정리 3-5

곡률 κ가 일정(>0)하고 비꼬임률이 $\tau=0$인 단위속도곡선을 β라 하면 β는 반지름이 $1/\kappa$인 원(circle)의 일부분이다.

증명 $\tau=0$이므로 β는 평면곡선이다(정리 3-4). 이제 β의 모든 점이 어떤 고정점(fixed point)으로부터 $1/\kappa$인 거리에 있음을 증명하면 된다. 이제

$$\gamma(s)=\beta(s)+\left(\frac{1}{\kappa}\right)N(s)$$

인 곡선 $\gamma(s)$를 도입하자. 프레네 공식과 $\tau=0$임을 이용하면

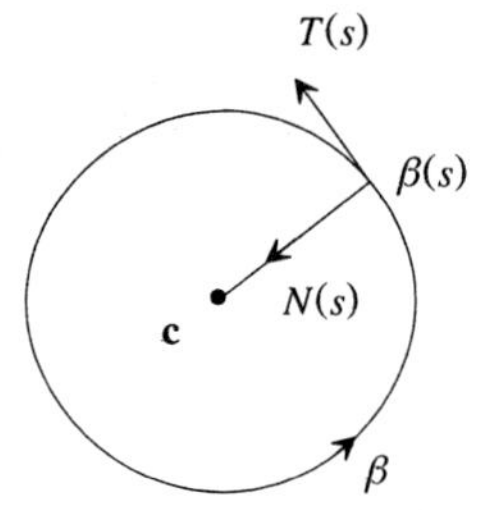

그림 2-9

$$\gamma'=\beta'+\frac{1}{\kappa}N'=T+\frac{1}{\kappa}(-\kappa T+\tau B)=0$$

이므로 $\gamma(s)=\mathbf{c}$(상수)이다. 즉

$$\gamma(s)=\beta(s)+\frac{1}{\kappa}N(s)=\mathbf{c}$$

이므로, 점 $\mathbf{c}$로부터 $\beta(s)$에 이르는 거리는

$$d(\mathbf{c},\ \beta(s))=\|\mathbf{c}-\beta(s)\|=\left\|\frac{1}{\kappa}N(s)\right\|=\frac{1}{\kappa}=\text{일정}$$

이다. 그러므로 $\beta(s)$는 반경이 $\frac{1}{\kappa}$인 원의 일부이다. ■

문제 2-3

1 단위속도곡선 $\beta(s)=\left(\frac{4}{5}\cos s,\ 1-\sin s\ ,-\frac{3}{5}\cos s\right)$의 프레네 체계 κ, τ, T, N, B를 구하여라. 그리고 이 곡선은 원이 됨을 보이고 중심과 반경을 구하여라.

2 단위속도곡선 β 위에 있는 벡터장 $\tau T+\kappa B$를 A라 하면 프레네 공식은

$$T'=A\times T,\quad N'=A\times N,\quad B'=A\times B$$

임을 증명하여라.

3 **접촉평면**(osculating plane): 곡선 C 위의 접선은 연속인 세 점에 의하여 정의되는 평면 위에 존재한다. 즉 C 위의 점 P에 인접한 두 점을 Q, R라 하자. Q와 R를 한없이 P에 접근시킬 때 $\triangle PQR$를 포함하는 평면을 점 P에서 곡선 C의 **접촉평면**이라 한다. 곡선 C가

$$\mathbf{x}(t)=(x_1(t),\ x_2(t),\ x_3(t))$$

로 주어졌을 때 접촉평면의 방정식은 다음과 같음을 증명하여라.

$$\begin{vmatrix} X_1-x_1 & X_2-x_2 & X_3-x_3 \\ x_1' & x_2' & x_3' \\ x_1'' & x_2'' & x_3'' \end{vmatrix}=0$$

4 **곡률반경**(radius of curvature): 위의 문제에서 곡선 C 위의 연속된 세 점 P, Q, R를 지나는 원을 곡선 C의 **접촉원**(osculating circle)이라 한다. 점 P에서 C의 접촉원의 반지름은

$$\rho=\frac{1}{|\kappa|}\quad (\kappa\text{는 } P\text{에서 } C\text{의 곡률})$$

임을 증명하여라. 이것을 곡선 C의 곡률반경이라 한다.

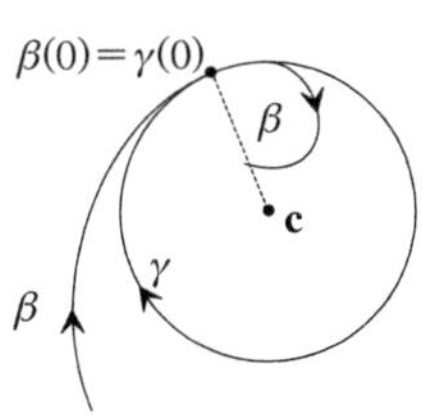

그림 2-10

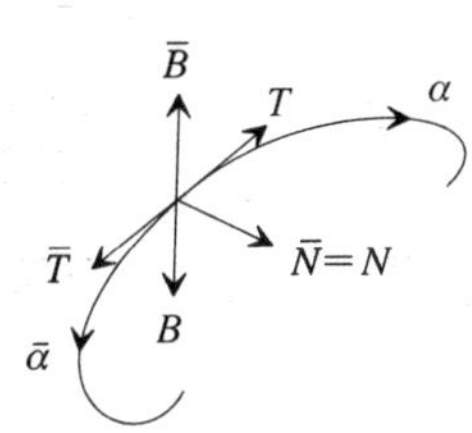

그림 2-11

5 원의 단위속도 재매개변수곡선은 $\mathbf{e}_i \cdot \mathbf{e}_j = \delta_{ij}$일 때

$$\gamma(s) = \mathbf{c} + \gamma \cos\left(\frac{s}{\gamma}\right)\mathbf{e}_1 + \gamma \sin\left(\frac{s}{\gamma}\right)\mathbf{e}_2$$

로 표현할 수 있다. 만약 β를 $\kappa(0) > 0$인 단위속도곡선이라 하면

$$\gamma(0) = \beta(0), \quad \gamma'(0) = \beta'(0), \quad \gamma''(0) = \beta''(0)$$

인 $\beta(0)$ 근처에서 근사값 β를 갖는 원 γ가 오직 하나 존재함을 증명하여라. 그리고 γ는 $\beta(0)$에서 β의 접촉평면 위에 있음을 보이고, γ의 중심 $\mathbf{c}$와 반지름 r를 구하여라. 이때 γ를 β의 **접촉원**이라 하고 $\mathbf{c}$를 $\beta(0)$에서 β의 **곡률중심**이라 한다(그림 2-10).

6 α와 재매개변수표시 $\bar{\alpha} = \bar{\alpha}(h)$를 단위속도곡선이라 하자. 다음을 증명하여라.

(1) 어떤 수 s_0에 대하여 $h(s) = \pm s + s_0$

(2) $\bar{T} = \pm T(h)$, $\bar{N} = N(h)$, $\bar{B} = \pm B(h)$, $\bar{\kappa} = \kappa(h)$, $\bar{\tau} = \tau(h)$

단, 부호 ±는 (1)에서의 부호와 같은 순서이고 $\kappa > 0$라 가정한다.

(그러므로 향을 바꾸어 주는(orientation reversing) 경우라 하더라도 N과 $\bar{N}$의 방향은 불변이다(그림 2-11)).

7 평면 위의 곡선: $\mathbf{E}^2$의 단위속도곡선 $\beta(s) = (x(s),\ y(s))$에 대하여 단위접벡터는 $T = \beta' = (x',\ y')$이고, 주법선벡터 N은 T를 $+\frac{\pi}{2}$회전시킴으로 정의된다. 즉 $N = (-y',\ x')$이다. 그러므로 T'와 N은 동일직선 위에 있으며 β의 곡률은 프레네 방정식 $T' = \kappa N$에 의하여 정의된다. 다음을 증명하여라.

(1) $N' = -\kappa T$

(2) β의 경사각(slope angle)을 ϕ라 하면 $\kappa = \phi'$이다.

8 $\beta, \bar{\beta} : I \to \mathbf{E}^3$을 곡률과 비꼬임률이 0이 되지 않는 단위속도곡선이라 하자. 만약 $T = \bar{T}$이면 β와 $\bar{\beta}$는 평행이다. 만약 $B = \bar{B}$이면 $\bar{\beta}$는 β 또는 곡선 $s \to -\beta(s)$에 평행함을 증명하여라.

9 직원나선의 종법선벡터는 그 나선이 속한 주면의 축과 일정한 각을 이룬다. 증명하여라.

2-4 $\mathbf{E}^3$의 정칙곡선

정칙곡선(regular curves) $\alpha: I \rightarrow \mathbf{E}^3$이 반드시 단위속도곡선일 필요는 없다. 그러나 정리 2-1에 의하여 $s=s(t)$를 $\alpha=\alpha(t)$에 대입하여 얻은 α의 재매개변수곡선을 $\bar{\alpha}$라 하면, 모든 t에 대하여

$$\alpha(t)=\bar{\alpha}(s(t))$$

의 관계가 있다. 이제 $\bar{\kappa}>0$, $\bar{\tau}$, $\bar{T}$, $\bar{N}$, $\bar{B}$를 $\bar{\alpha}$에서 정의된 프레네 체계라 할 때, α에 대하여 각각

곡률함수 : $\kappa=\bar{\kappa}(s)$
비꼬임률함수: $\tau=\bar{\tau}(s)$
단위접벡터장: $T=\bar{T}(s)$
주법선벡터장: $N=\bar{N}(s)$
종법선벡터장: $B=\bar{B}(s)$

로 정의한다.

일반적으로 κ와 $\bar{\kappa}$는 서로 다른 구간에서 정의된 함수이다. 그러나 κ와 $\bar{\kappa}$는 α와 $\bar{\alpha}$의 공동 루트의 굽이에 관한 수치적 의미는 똑같다. 왜냐하면 $\kappa(t)$와 $\bar{\kappa}(s(t))$는 점 $\alpha(t)=\bar{\alpha}(s(t))$에서 똑같은 값이기 때문이다. 마

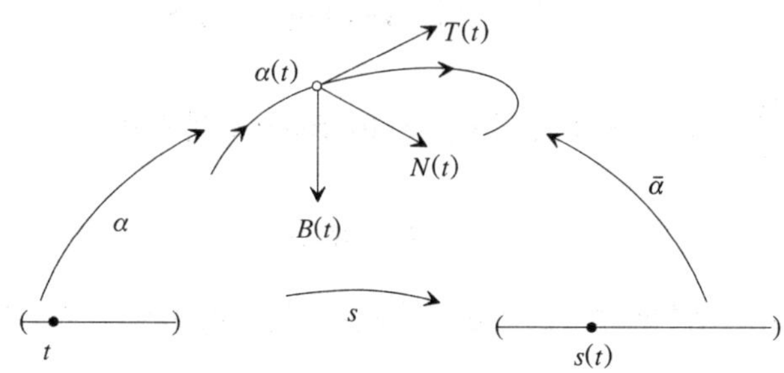

그림 2-12

찬가지로 나머지 네 항에 관한 의미도 이와 똑같다. α에 관한 자료를 $\bar{\alpha}$의 자료로 바꾸어 줌으로써 $\bar{\alpha}$의 결과에 의하여 α의 결과를 알 수 있다.

프레네 공식은 단지 단위속도곡선에 대하여만 유효하다. 왜냐하면 T', N', B'는 호의 길이 s에 관한 T, N, B의 변화율을 나타내고 있기 때문이다. 그렇다면 일반곡선에 대한 속도함수 v는 어떻게 작용하고 있는가를 조사해 보자.

정리 4-1 프레네 공식의 일반화

α를 $\kappa>0$인 $\mathbf{E}^3$의 정칙곡선이라 하면 다음 관계가 성립한다.

$$\begin{aligned} T' &= \kappa v N \\ N' &= -\kappa v T + \tau v B \\ B' &= -\tau v N \qquad (\text{단, } v = ds/dt) \end{aligned}$$

증명 $\bar{\alpha}$를 α의 단위속도 재매개변수곡선이라 하자. s를 α의 호의 길이에 관한 함수라 하면 $\alpha(t)=\bar{\alpha}(s(t))$이므로, 정의에 따라 $T(t)=\bar{T}(s(t))$이다. 벡터장의 미분에 관한 연쇄법칙을 사용하면

$$T' = \bar{T}'(s)\frac{ds}{dt}$$

이다. 그런데 프레네 공식으로부터 $\bar{T}'=\bar{\kappa}\bar{N}$이므로

$$\bar{T}' = \bar{\kappa}\bar{N} = \bar{\kappa}(s)\bar{N}(s) = \kappa N$$

이다. $\dfrac{ds}{dt}$는 α의 속도함수(speed function) v이므로

$$T' = \kappa v N$$

을 얻는다. N'와 B'에 대한 증명도 같은 방법으로 할 수 있다. ■

곡선 α와 α의 재매개변수곡선 $\bar{\alpha}$에 대한 도함수는

$$T'=\frac{dT}{dt}, \quad \bar{T}'=\frac{d\bar{T}}{ds}=\frac{dT}{ds}$$

로 표시하면 편리하다. 이 기호를 사용하여 정리 4-1을 증명해 보면

$$T'=\frac{dT}{dt}=\frac{d\bar{T}(s)}{dt}=\frac{d\bar{T}(s)}{ds}\frac{ds}{dt}=\frac{dT}{ds}\frac{ds}{dt}=\kappa v N$$

처럼 더욱 간단하게 처리된다.

정리 4-2 속도와 가속도

정칙곡선 α의 속도함수를 v라 하면, α의 속도와 가속도는 각각 다음과 같다.

$$\alpha'=vT, \qquad \alpha''=\frac{dv}{dt}T+\kappa v^2 N$$

증명 $\alpha(t)=\bar{\alpha}(s(t))$이고 s는 α의 호의 길이에 관한 함수이므로

$$\alpha'=\bar{\alpha}'(s)\frac{ds}{dt}=v\bar{T}(s)=vT$$

이다. 이 식을 다시 한 번 미분하면

$$\alpha''=\frac{dv}{dt}T+vT'=\frac{dv}{dt}T+\kappa v^2 N$$

을 얻는다(그림 2-13). ■

예상한 바와 같이 $\alpha'=vT$와 T는 각각 곡선에 접한다. T의 길이는 1인 반면 $\|\alpha'\|=v$이다. 가속도 α''는 속도 α'의 변화율을 뜻한다. 특히 $v=\|\alpha'\|$의 값이 일정한 경우에만 α''와 N은 평행이다. 일반적으로 α'의 방향과 길

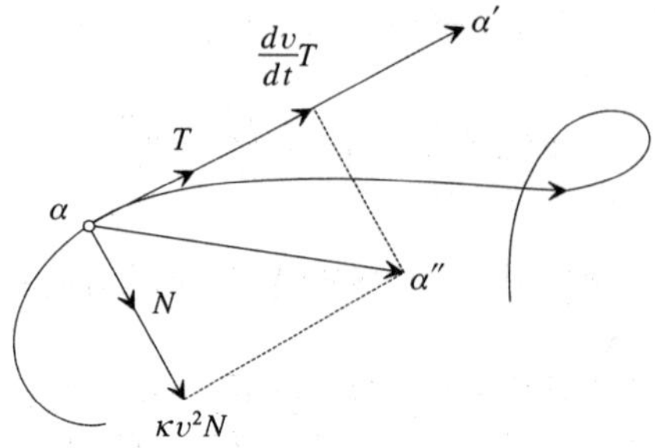

그림 2-13

이는 모두 변한다. α''의 **접성분**(tangential component) $\left(\dfrac{dv}{dt}\right)T$는 α'의 길이의 변화율을 측정하고, **법성분**(normal component) $\kappa v^2 N$은 α'의 방향의 변화율을 측정한다.

정리 4-3 프레네 체계

$\mathbf{E}^3$의 정칙곡선 α에 대하여 다음 관계식이 성립한다.

$$T=\frac{\alpha'}{\|\alpha'\|}, \qquad \kappa=\frac{\|\alpha'\times\alpha''\|}{\|\alpha'\|^3}$$

$$N=B\times T,$$

$$B=\frac{\alpha'\times\alpha''}{\|\alpha'\times\alpha''\|}, \quad \tau=\frac{(\alpha'\times\alpha'')\cdot\alpha'''}{\|\alpha'\times\alpha''\|^2}$$

증명 $v=\|\alpha'\|>0$이므로, 공식 $T=\dfrac{\alpha'}{\|\alpha'\|}$은 $\alpha'=vT$와 동치이다. 정리 4-2로부터

$$\begin{aligned}\alpha'\times\alpha''&=(vT)\times\left(\frac{dv}{dt}T+\kappa v^2 N\right)\\&=v\frac{dv}{dt}(T\times T)+\kappa v^3(T\times N)=\kappa v^3 B\end{aligned}$$

를 얻는다. 그런데 $\kappa\geq 0$, $v>0$이므로

$$\|\alpha' \times \alpha''\| = \|\kappa v^3 B\| = \kappa v^3$$

이다. 따라서 B와 κ에 관한 공식을 직접 얻을 수 있다.

$$B = \frac{\alpha' \times \alpha''}{\kappa v^3} = \frac{\alpha' \times \alpha''}{\|\alpha' \times \alpha''\|}$$

$$\kappa = \frac{\|\alpha' \times \alpha''\|}{v^3} = \frac{\|\alpha' \times \alpha''\|}{\|\alpha'\|^3}$$

N에 관한 공식은 프레네 틀장으로부터 명백하다. 이제 τ에 관한 공식을 유도하면 된다. $\alpha' \times \alpha'' = \kappa v^3 B$는 위에서 유도했으므로 α'''의 B에 관한 성분만 구할 수 있으면

$$(\alpha' \times \alpha'') \cdot \alpha'''$$

의 값을 구할 수 있다. ($B \cdot T = B \cdot N = 0$이므로 α'''의 T와 N에 관한 항은 구할 필요가 없다). 따라서 정리 4-2을 이용하여 α'''을 구하면

$$\begin{aligned}\alpha''' &= \left(\frac{dv}{dt}T + \kappa v^2 N\right)' \\ &= (\cdots)T + (\cdots)N + (\kappa v^3 \tau)B\end{aligned}$$

이다. 결국 $(\alpha' \times \alpha'') \cdot \alpha''' = \kappa^2 v^6 \tau$이므로 $\|\alpha' \times \alpha''\| = \kappa v^3$을 이용하면

$$\tau = \frac{(\alpha' \times \alpha'') \cdot \alpha'''}{\|\alpha' \times \alpha''\|^2}$$

을 얻을 수 있다. ■

예제 4-4

곡선 $\alpha(t) = (3t - t^3,\ 3t^2,\ 3t + t^3)$에 대한 프레네 체계 T, N, B, κ, τ를 구해보자. 주어진 곡선 $\alpha(t)$로부터

$$\alpha'(t) = 3(1 - t^2,\ 2t,\ 1 + t^2)$$

$$\alpha''(t) = 6(-t,\ 1,\ t)$$

$$\alpha'''(t)=6(-1,\ 0,\ 1)$$

을 얻으므로

$$v=\|\alpha'(t)\|=\sqrt{\alpha'(t)\cdot\alpha'(t)}=\sqrt{18}\,(1+t^2)$$

이다. 한편 외적의 정의로부터

$$\alpha'(t)\times\alpha''(t)=18\begin{vmatrix} U_1 & U_2 & U_3 \\ 1-t^2 & 2t & 1+t^2 \\ -t & 1 & t \end{vmatrix}=18(-1+t^2,\ -2t,\ 1+t^2)$$

을 얻는다. 그런데

$$\begin{aligned}&[\alpha'(t)\times\alpha''(t)]\cdot[\alpha'(t)\times\alpha''(t)]\\ &\quad=(18)^2\{(-1+t^2)^2+(-2t)^2+(1+t^2)^2\}=2(18)^2(1+t^2)^2\end{aligned}$$

이므로

$$\|\alpha'(t)\times\alpha''(t)\|=18\sqrt{2}\,(1+t^2)$$

이다. 한편

$$(\alpha'\times\alpha'')\cdot\alpha'''=6\cdot 18\cdot 2=216$$

이므로 T, N, B, κ, τ의 값은 정리 4-3의 공식에 의하여 구할 수 있다.

$$T=\frac{(1-t^2,\ 2t,\ 1+t^2)}{\sqrt{2}\,(1+t^2)}$$

$$B=\frac{(-1+t^2,\ -2t,\ 1+t^2)}{\sqrt{2}\,(1+t^2)}$$

$$N=B\times T=\frac{(-2t,\ 1-t^2,\ 0)}{1+t^2}$$

$$\kappa=\tau=\frac{1}{3(1+t^2)^2}$$

□

이제 정칙곡선중에서 특별한 성질을 가지고 있는 곡선들에 대하여 조사하여 보자.

주어진 곡선 β에 대한 단위벡터는 반경이 1인 구면 $\sum$ 위에서 곡선 $\sigma(s)$를 생성한다. 이 곡선 $\sigma(s)$를 $\sum$의 **구면상**(spherical image) 또는 **구면곡선**(spherical curve)이라 한다.

이제 β를 주어진 단위속도곡선이라 하자. 곡선 $\sigma(s)=T(s)$라 하면 $\sigma(s)$는 단위속도곡선은 아니다. 왜냐하면

$$\left\|\frac{d\sigma(s)}{ds}\right\|=\left\|\frac{dT}{ds}\right\|=\|T'\|=\|\kappa N\|=|\kappa|=\kappa$$

이기 때문이다. 만약 $\kappa=1$이면 σ는 단위속도곡선이다.

β를 주어진 단위속도곡선이라 하면 곡선 $\sigma(s)=T(s)$는 β의 구면상이다. 마찬가지로 $N(s)$, $B(s)$도 β의 단위벡터이므로 이들에 관한 구면상도 각각 만들 수 있다. 이제 T에 대한 구면상에 대하여 조사해보자. T에 대한 구면상 $\sigma(s)$는 원점으로 $T(s)$를 움직임으로써 얻어지므로, 즉 $\|\sigma(s)\|=\|T(s)\|=1$이므로 $\sigma(s)$는 온전히 $\mathbf{E}^3$의 단위구면(unit sphere) $\sum$ 위에 있다.

예제 4-5

주어진 곡선 β를 나선

$$\beta(s)=\left(a\cos\frac{s}{c},\ a\sin\frac{s}{c},\ \frac{bs}{c}\right),\quad \text{단 } c=\sqrt{a^2+b^2}$$

이라 하면, 예제 3-3에 의하여

$$\sigma(s)=T(s)=\left(-\frac{a}{c}\sin\frac{s}{c},\ \frac{a}{c}\cos\frac{s}{c},\ \frac{b}{c}\right)$$

이다. 이 곡선이 β의 T에 관한 구면상이다. 실제로 이 곡선은 평면 $z=\frac{b}{c}$에 의한 구면의 절단면인 원의 일부를 나타낸다. □

정리 4-6	구면상의 곡률

곡선 β의 구면상 $\sigma(s)=T(s)$의 곡률을 κ_σ라 하면 다음 관계가 성립한다.

$$\kappa_\sigma{}^2=1+\left(\frac{\tau}{\kappa}\right)^2$$

증명 $\sigma=T$이므로 $\sigma'=T'=\kappa N$이다. 한편 β에 관한 프레네 공식을 이용하면

$$\sigma''=(\kappa N)'=\frac{d\kappa}{ds}N+\kappa N'=-\kappa^2T+\frac{d\kappa}{ds}N+\kappa\tau B$$

이므로

$$\sigma'\times\sigma''=\kappa N\times\left(-\kappa^2T+\frac{d\kappa}{ds}N+\kappa\tau B\right)=\kappa^2(\kappa B+\tau T)$$

를 얻을 수 있다. 그러므로 정리 4-3의 공식에 의하여, β의 단위접벡터 T에 대한 구면상 $\sigma(s)$의 곡률 κ_σ는

$$\kappa_\sigma=\frac{\|\sigma'\times\sigma''\|}{\|\sigma'\|^3}=\frac{\sqrt{\kappa^2+\tau^2}}{\kappa}=\sqrt{1+\left(\frac{\tau}{\kappa}\right)^2}>1$$

이다. 이 관계식으로부터, T에 관한 구면곡선 σ의 곡률 κ_σ는 원래의 곡선 $\beta(s)$의 κ와 τ에 의하여 표시된다는 것을 알 수 있다.

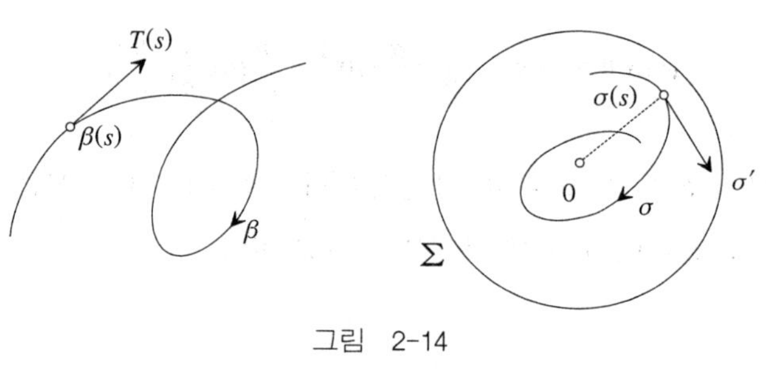

그림 2-14

마찬가지 방법으로 β의 N과 B에 대한 구면상의 곡률과 비꼬임률에 대한 관계식도 구할 수 있다(문제 [6], [7]). ■

정리 4-7

$\mathbf{E}^3$의 원점이 중심이고 반경이 a인 구면 위에 있는 단위속도곡선 $\beta(s)$의 곡률은 항상 $\kappa \geq \frac{1}{a}$이다.

증명 β의 곡률은 β가 $\sum$의 대원(great circle)일 때 최소값 $\kappa=\frac{1}{a}$을 가지며 그 밖의 구면곡선은 모두 $\kappa>\frac{1}{a}$임을 증명하면 된다. $\sum$ 위의 모든 점은 원점으로부터 a인 거리에 있으므로 $\beta \cdot \beta=a^2$이다. 미분하면 $\beta' \cdot \beta=T \cdot \beta=0$이므로 다시 미분하고 프레네 공식을 이용하면

$$\beta' \cdot T+\beta \cdot T'=T \cdot T+\kappa\beta \cdot N=0$$

이다. 따라서

$$\kappa\beta \cdot N=-1$$

그런데 $\kappa \geq 0$이므로 구하는 β의 곡률 κ는

$$\kappa=\frac{1}{|\beta \cdot N|} \geq \frac{1}{\|\beta\|\|N\|}=\frac{1}{a}$$

이다. ■

정의 4-8

$\mathbf{E}^3$의 정칙곡선 α의 단위접벡터 T가 고정된 단위벡터(fixed unit vector) $\mathbf{u}$와 항상 일정한 각도 θ를 이룰 때, 즉 $T(t) \cdot \mathbf{u}=\cos\theta=$상수 (단 $t \in I$)일 때를 α를 **주면나선**(cylindrical helix)이라 한다.

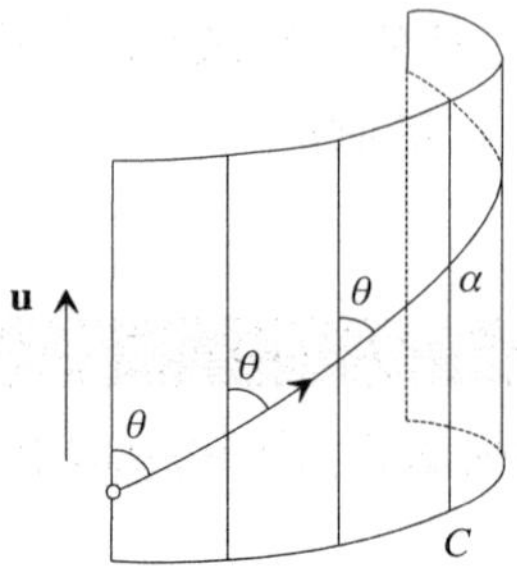

그림 2-15

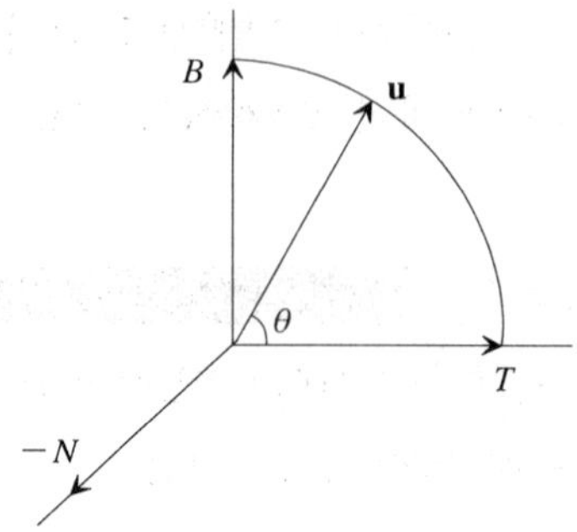

그림 2-16

정리 4-9 Lancret 정리

$\kappa>0$인 정칙곡선 α가 주면나선일 필요충분조건은 $\dfrac{\kappa}{\tau}$의 값이 일정한 것이다.

증명 나선은 공간에서 고정된 직선 l과 접선이 일정한 각 θ를 이루는 성질을 갖는 곡선으로 정의된다. 이제 l의 방향과 같은 단위벡터를 $\mathbf{u}$라 하자. 그런데 나선은

$$T\cdot\mathbf{u}=\cos\theta=\text{상수}$$

에 의하여 정의되므로 프레네 공식을 이용하면

$$N\cdot\mathbf{u}=0$$

이다. 이 식은 $\mathbf{u}$가 곡선의 전직평면(rectifying plane)에 평행하다는 것이므로 직교전개에 의하여

$$\mathbf{u}=T\cos\theta+B\sin\theta$$

로 쓸 수 있다. 양변을 미분하고 정리하면

$$0=\kappa N\cos\theta-\tau N\sin\theta=(\kappa\cos\theta-\tau\sin\theta)N$$

또는

$$\frac{\kappa}{\tau}=\tan\theta=\text{상수}$$

를 얻는다. 역으로, 만약 어떤 정칙곡선이 이 조건을 만족하면

$$N(\kappa\cos\theta-\tau\sin\theta)=0$$

인 일정한 각 θ를 구할 수 있다. 그런데

$$\frac{d}{ds}(T\cos\theta+B\sin\theta)=0$$

이므로, 관계식

$$T\cos\theta+B\sin\theta=\mathbf{u}\quad(\text{상수벡터})$$

가 성립한다. 양변에 T에 의한 내적을 구하면

$$\cos\theta=\mathbf{u}\cdot T$$

를 얻는다. 그러므로 곡선은 일정한 기울기를 갖는다. ■

예제 4-4에서, 곡선

$$\alpha(t)=(3t-t^3,\ 3t^2,\ 3t+t^3)$$

의 곡률과 비꼬임률은 각각 $\kappa=\tau=\dfrac{1}{3(1+t^2)^2}$이므로 $\dfrac{\tau}{\kappa}=1$이다. 따라서 곡선 $\alpha(t)$의 단위접벡터

$$T=\frac{(1-t^2,\ 2t,\ 1+t^2)}{\sqrt{2}\,(1+t)}$$

는 z축, 즉 $\mathbf{u}=(0,\ 0,\ 1)$과 일정한 기울기$\left(\theta=\dfrac{\pi}{4}\right)$를 이루고 있으므로 $\alpha(t)$는 주면나선임을 알 수 있다.

이제까지 살펴본 $\mathbf{E}^3$의 정칙곡선에 대한 내용을 정리하여 보자.

$\kappa=0$	$\rightleftharpoons$	직선(straight line)
$\tau=0$	$\rightleftharpoons$	평면곡선(plane curve)
$\kappa=$상수(>0)이고 $\tau=0$	$\rightleftharpoons$	원(circle)
$\kappa=$상수(>0)이고 $\tau\neq 0$인 상수	$\rightleftharpoons$	원기둥나선(circular helix)
$\dfrac{\kappa}{\tau}=$상수	$\rightleftharpoons$	주면나선(cylindrical helix)

몽주(G. Monge 1746~1818): 공간축폐선에 대한 이론은 몽주에 의하여 시작되었고 그 제자인 Lancret에 의하여 발전되었다.

몽주는 곡선과 곡면에 관한 미분기하학의 창시자로 알려진 독일의 가우스(Gauss)와 더불어 수학계에 매우 큰 발자취를 남긴 수학자 중의 한 사람이다. 그는 북부 프랑스에 있는 Méizières군사학교 교수로 재직하면서 오늘날의 화법기하(descriptive geometry)를 발전시켰다. 1795년 이후에는 파리에 있는 공예학교(poly-technical school)의 창립위원장이 되었고, 그 곳에서 라그랑주와 앙페르와 같은 유명한 수학자 및 물리학자들과 함께 연구하였다. 몽주는 위대한 교사였고 그의 대수적 미분기하학의 강의는 많은 젊은이들이 모여들었다. 그의 제자 중에는 사영기하학(projective geometry)의 창시자 퐁슬레(Poncelet), 곡면기하학에 많은 공헌을 남긴 뒤퐁(Dupin)을 비롯하여 미분기하학에 불멸의 많은 업적을 남긴 Meusnier, Malus, Lancret, Rodrigues 같은 위대한 수학자들이 있다.

몽주 이후 1840~1850년 사이에 프랑스에서는 Liouville, Venant, Frenet, Serret, Puiseux, Betrant와 같은 수학자들에 의하여 곡선과 곡면에 대한 연구가 집중적으로 이루어졌다.

문제 2-4

1 곡선 $a(t)=(\cosh t, \sinh t, t)$의 프레네 체계를 구하여라. a의 곡률과 비꼬임률을 $t=0$으로부터 측정된 호의 길이 s의 함수로 표시하여라.

2 곡선 $a(t)=(t\cos t, t\sin t, t)$에 대하여

(1) $t=0$에서 프레네 체계를 구하여라.

(2) $-2\pi\leq t\leq 2\pi$에 대한 곡선을 스케치하고, $t=0$에서 $\mathbf{T}$, $\mathbf{N}$, $\mathbf{B}$의 모습을 표시하여

보아라.

3 $\mathbf{E}^3$의 정칙곡선의 곡률이

$$\kappa^2 v^4 = \|\alpha''\| - \left(\frac{dv}{dt}\right)^2$$

으로 주어짐을 증명하여라.

4 곡선 α가 일정속도 $c>0$을 가질 때, 다음을 증명하여라.

$$T = \frac{\alpha'}{\|c\|}, \quad N = \frac{\alpha''}{\|\alpha''\|}, \quad B = \frac{\alpha' \times \alpha''}{c\|\alpha''\|}$$

$$\kappa = \frac{\|\alpha''\|}{c^2}, \quad \tau = \frac{\alpha' \times \alpha'' \cdot \alpha'''}{c^2\|a''\|^2}$$

단 $\alpha'' \neq 0$, 즉 $\kappa>0$이라 가정한다.

5 β를 $\kappa>0$과 $\tau\neq 0$이 모두 일정한 단위속도곡선이라 하면 β는 직원나선이다. 증명하여라.

6 단위접벡터에 관한 구면상 $\mathbf{x}_1 = T(s)$의 비꼬임률은

$$\tau_1 = \frac{k\tau' - k'\tau}{\kappa(\kappa^2+\tau^2)}$$

임을 증명하여라. 주법선벡터에 관한 구면상 $\mathbf{x}_2 = N(s)$의 곡률과 비꼬임률도 구해보아라.

7 종법선벡터에 관한 구면상 $\mathbf{x}_3 = B(s)$의 곡률은 $(\kappa_3)^2 = 1 + \left(\frac{\kappa}{\tau}\right)^2$이고, 비꼬임률은 $\tau_3 = \frac{\kappa'\tau - \kappa\tau'}{\tau(\kappa^2+\tau^2)}$임을 증명하여라.

8 일반 3차곡선 $\alpha(t) = (at, bt^2, t^3)$, $abc\neq 0$에 대하여

(1) $\frac{\tau}{\kappa} = \frac{3ac}{2b^2}\left[\frac{9c^2t^4+4b^2t^2+a^2}{9c^2t^4+9(a^2c^2/b^2)t^2+a^2}\right]^{3/2}$이 성립함을 증명하여라. 한편 α가 주면나선일 필요충분조건은 $3ac\pm 2b^2$임을 확인하여라.

(2) $3ac=2b^2$인 경우에 단위벡터 $\mathbf{u}$와 각 θ를 구하여라.

9 **제3곡률**: 단위속도곡선 C의 주법선 N과 종법선 B에 관한 구면상의 호의 길이를 각각 s_N, s_B라 하면

$$\left|\frac{ds_N}{ds}\right| = \sqrt{\kappa^2+\tau^2}, \quad \left|\frac{ds_B}{ds}\right| = |\tau|$$

가 성립함을 증명하여라. $\sqrt{\kappa^2+\tau^2}$을 제3곡률이라고 한다.

2-5 틀 장

프레네 공식을 처음 발견하였을 때(1847년에 프레네(Frenet)가, 1851년에 세레(Serret)가 별도로 발표했기 때문에 이것을 세레-프레네 공식이라고도 한다.) $\mathbf{E}^3$의 곡면론은 상당히 발전한 기하학의 분야였다. 곡선에 대한 프레네의 성공은 1880년경에 다르부(Darboux)가 '동틀의 방법'(method of moving frames)을 곡면을 연구하는 데 적용하도록 기여하였다. 물론 이것을 완전하게 일반화시킨 사람은 카르탕(Cartan)이었다. 그의 아이디어는 아주 단순했다. 연구하려고 하는 곡선, 곡면 또는 유클리드 공간과 같은 대상의 각 점에 하나의 틀(frame)을 적용하는 것이었다. 그리고 직교전개를 사용하면 틀의 변화율이 틀 자신의 항으로 표시된다.

정의 5-1

$\mathbf{E}^3$의 벡터장 $\mathbf{E}_1$, $\mathbf{E}_2$, $\mathbf{E}_3$가

$$\mathbf{E}_i \cdot \mathbf{E}_j = \delta_{ij} \quad (1 \leq i,\ j \leq 3)$$

를 만족할 때 $\mathbf{E}_1$, $\mathbf{E}_2$, $\mathbf{E}_3$은 $\mathbf{E}^3$에서 **틀장**(frame field)을 구성한다고 한다.

점 $\mathbf{p}$에서 세 개의 벡터 $\mathbf{E}_1(\mathbf{p})$, $\mathbf{E}_2(\mathbf{p})$, $\mathbf{E}_3(\mathbf{p})$가 하나의 틀을 구성할 때 $\mathbf{E}_1$, $\mathbf{E}_2$, $\mathbf{E}_3$을 틀장이라고 할 수 있다. 그러므로 제1장에서 U_1, U_2, U_3을 $\mathbf{E}^3$의 자연틀장(natural frame field)이라고 부르는 것은 아주 자연스럽다.

예제 5-2

(1) **주면틀장**: r, θ, z를 $\mathbf{E}^3$에서 주면좌표함수라 하자. 이제 세 개의 단위벡터장을 만들어 보자.

$$\mathbf{E}_1 = (\cos\theta)U_1 + (\sin\theta)U_2$$

는 분명히 z축으로부터 직선으로 뻗친 것이다. 이제 xy-평면과 평행하게 θ의 방향과 같은 방향으로 $\mathbf{E}_1$을 $\pi/2$만큼 회전한 벡터장을 $\mathbf{E}_2$라 하면

$$\mathbf{E}_2 = -\sin\theta U_1 + \cos\theta U_2$$

이다. 마지막으로

$$\mathbf{E}_3 = U_3$$

이라 하면 분명히 $\mathbf{E}_i \cdot \mathbf{E}_j = \delta_{ij} (1 \leq i,\ j \leq 3)$를 만족한다. 따라서 $\mathbf{E}_1$, $\mathbf{E}_2$, $\mathbf{E}_3$은 (z축을 제외한) $\mathbf{E}^3$의 모든 점에서 정의된 틀장이 된다. 이것을 $\mathbf{E}^3$의 **주면틀장**(cylindrical frame field)이라 한다(그림 2-17).

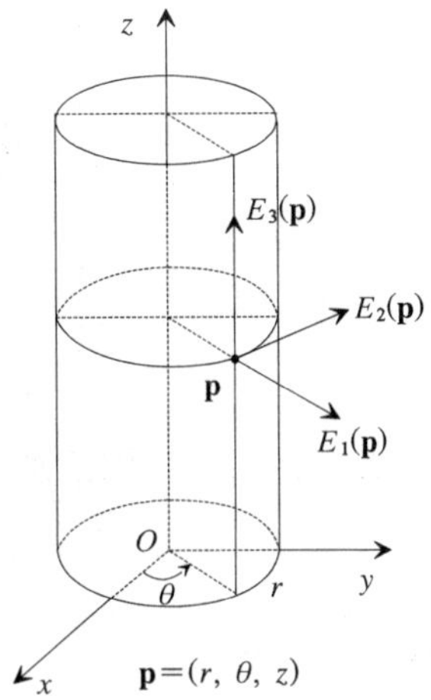

$\mathbf{p} = (r,\ \theta,\ z)$

그림 2-17

(2) **구면틀장**: 구면 틀장 $(F_1,\ F_2,\ F_3)$도 $\mathbf{E}^3$에서 구면좌표함수 $\rho,\ \theta,\ \varphi$로부터 유도할 수 있다. $(\mathbf{E}_1,\ \mathbf{E}_2,\ \mathbf{E}_3)$을 주면틀장이라 하자. $F_2 = \mathbf{E}_2$라 놓고 F_1을 ρ를 확장한 방향으로 단위벡터를 정하면 곧 $\mathbf{E}_1$, $\mathbf{E}_3$을 포함하는 평면상에 $\mathbf{E}_1$을 φ만큼 회전한 벡터이므로

$$F_1 = \cos\varphi \mathbf{E}_1 + \sin\varphi \mathbf{E}_3$$

이다. 마찬가지로 φ의 방향으로 F_1을 $\frac{\pi}{2}$만큼 회전한 것을 F_3라 하면

$$F_3 = -\sin\varphi \mathbf{E}_1 + \cos\varphi \mathbf{E}_3$$

이다. 앞에서 정의한 주면틀장 $\mathbf{E}_1$, $\mathbf{E}_2$, $\mathbf{E}_3$를 윗식에 대입하면 벡터장

$$F_1 = \cos\varphi(\cos\theta U_1 + \sin\theta U_2) + \sin\varphi U_3$$
$$F_2 = -\sin\theta U_1 + \cos\theta U_2$$
$$F_3 = -\sin\varphi(\cos\theta U_1 + \sin\theta U_2) + \cos\varphi U_3$$

을 얻는다. 이때 $(F_1,\ F_2,\ F_3)$는 $F_i \cdot F_j = \delta_{ij}$를 만족하므로 틀장이다. 이것

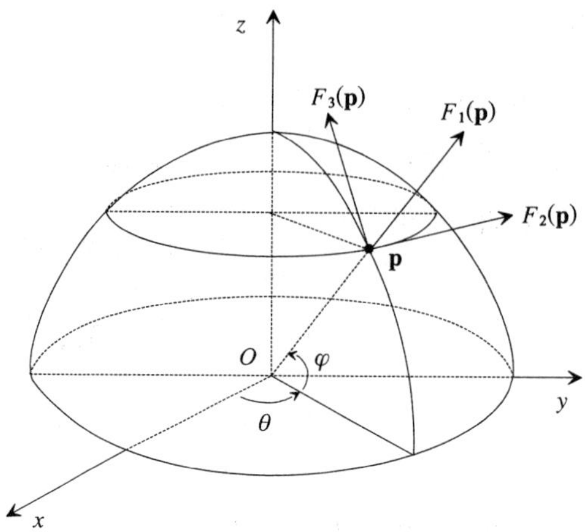

$\mathbf{p}=(p,\ \theta,\ \varphi)$

그림 2-18

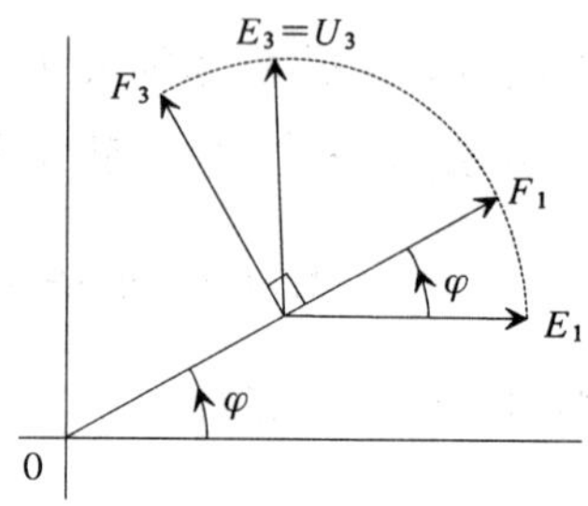

그림 2-19

을 **구면틀장**(spherical frame field)이라고 한다(그림 2-18). □

다음의 정리는 직교전개의 결과로서 얻은 유용한 정리이다.

정리 5-3

$\mathbf{E}_1$, $\mathbf{E}_2$, $\mathbf{E}_3$를 $\mathbf{E}^3$의 틀장이라 하면, 다음 관계가 성립한다.

(1) V가 벡터장이면 $V=\sum f_i\mathbf{E}_i$이다. 단 $f_i=V\cdot\mathbf{E}_i$이다. 함수 $f_i(i=1,\ 2,\ 3)$를 $\mathbf{E}_1$, $\mathbf{E}_2$, $\mathbf{E}_3$에 관한 V의 **좌표함수**라 한다.

(2) $V=\sum f_i\mathbf{E}_i$이고 $W=\sum g_i\mathbf{E}_i$이면 $V\cdot W=\sum f_i g_i$이다.
특히 $\|V\|=(\sum f_i^2)^{1/2}$이다.

그러므로 벡터장 V는 틀장 $\mathbf{E}_1$, $\mathbf{E}_2$, $\mathbf{E}_3$의 선택에 따라 서로 다른 좌표함수를 갖는다. 물론 유클리드 좌표함수는 자연틀장 U_1, U_2, U_3에 의하여 만들어진다. 제 1 장에서는 이 자연틀장에 전적으로 의존하였으나, 이제부터는 앞에서 설명한 것과 같은 임의의 틀장을 많이 사용할 것이다. 왜냐하면 $\mathbf{E}^3$에서 곡선과 곡면을 연구함에 있어, 모든 상황에서 똑같은 틀장을 고집하는 것보다는 경우에 따라 특별한 틀장을 선택함으로써 기하학의 더 명쾌한 결과를 손쉽게 얻을 수 있기 때문이다.

문제 2-5

[1] 다음의 벡터장을 (a) 주면틀장(계수가 r, θ, z의 항으로 표시), (b) 구면틀장(계수가 ρ, θ, φ의 항으로 표시)의 항으로 나타내어라.

(1) U_1　　(2) $xU_1+yU_2+zU_3$　　(3) $\cos\theta U_1+\sin\theta U_2+U_3$

2 $\mathbf{E}_1=\cos xU_1+\sin x\cos zU_2+\sin x\sin zU_3$을 만족하는 틀장 $\mathbf{E}_1, \mathbf{E}_2, \mathbf{E}_3$을 구하여라.

3 **원환면틀장**(toroidal frame field): θ를 z축을 제외한 $\mathbf{E}^3$의 모든 점의 집합이라 하고 C를 xy-평면에서 원점을 중심으로 하는 반지름 R인 원이라 하자. 그림 2-20에서 보듯이 원환면 좌표함수 ρ, θ, φ는 θ 위에서 정의되므로 점 $\mathbf{p}(x, y, z)$는

$$x=(R+\rho\cos\varphi)\cos\theta$$
$$y=(R+\rho\cos\varphi)\sin\theta$$
$$z=\rho\sin\varphi$$

으로 표현된다. 만약 $\mathbf{E}_1$, $\mathbf{E}_2$, $\mathbf{E}_3$를 각각 ρ, θ, φ를 증가시키는 방향으로의 단위 벡터장이라 할 때 $\mathbf{E}_1$, $\mathbf{E}_2$, $\mathbf{E}_3$를 U_1, U_2, U_3의 항으로 나타내고, 이것이 틀장임을 증명하여라. 이러한 틀장을 **원환면틀장**이라 한다(문제 6-1의 [2]을 보라).

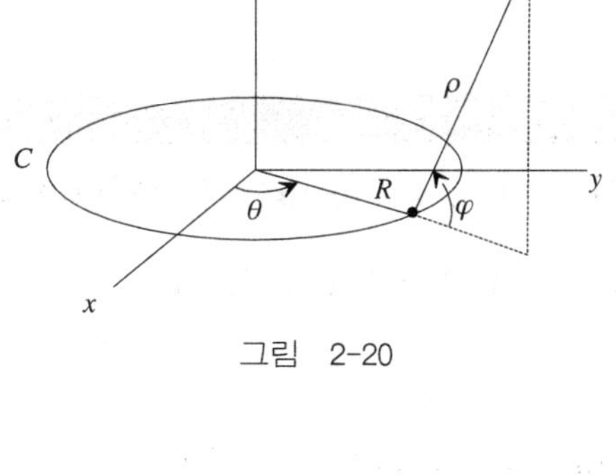

그림 2-20

2-6 공변도함수

점 $\mathbf{p}$에서 접벡터 $\mathbf{v}$에 관한 함수 f의 도함수 $\mathbf{v}[f]$에 관한 제1장의 정의 2-1을 되돌아보자. 이 정의에서 함수 f 대신 벡터장 W를 대입하면, 함수 $t \to W(\mathbf{p}+t\mathbf{v})$는 곡선 $t \to \mathbf{p}+t\mathbf{v}$ 위에서 벡터장임을 알 수 있다. 이제 $\mathbf{v}$에 관한 W의 도함수는 $t=0$에서 함수 $t \to W(\mathbf{p}+t\mathbf{v})$의 도함수가 될 것이다.

정의 6-1

W를 $\mathbf{E}^3$의 벡터장이라 할 때 점 $\mathbf{p}$에서 접벡터

$$\nabla_v W = W(\mathbf{p}+t\mathbf{v})'(0)$$

을 점 $\mathbf{p}$에서 $\mathbf{E}^3$의 접벡터 $\mathbf{v}$에 관한 W의 **공변도함수**(covariant derivative of W with respect to $\mathbf{v}$)라고 한다.

분명히 $\nabla_v W$는 점 $\mathbf{p}$가 $\mathbf{v}$방향으로 움직임에 따라 $W(\mathbf{p})$의 초기변화율(initial rate of change)을 측정한다. 일반적으로 기호 ∇는 $\nabla = \left(\frac{\partial}{\partial x_1}, \frac{\partial}{\partial x_2}, \frac{\partial}{\partial x_3}\right)$으로 정의되는 벡터미분연산자로써 이것을 nabla, atled(delta의 역순), 또는 Hamilton의 연산자라고 부르고 nabla 또는 del이라고 읽는다.

정리 6-2 공변도함수

$W = \sum w_i U_i$를 $\mathbf{E}^3$의 벡터장, $\mathbf{v}$를 점 $\mathbf{p}$에서 접벡터라 하면

$$\nabla_v W = \sum \mathbf{v}[w_i] U_i(\mathbf{p})$$

증명 W를 직선 $t \to \mathbf{p}+t\mathbf{v}$에 대하여 제한하면

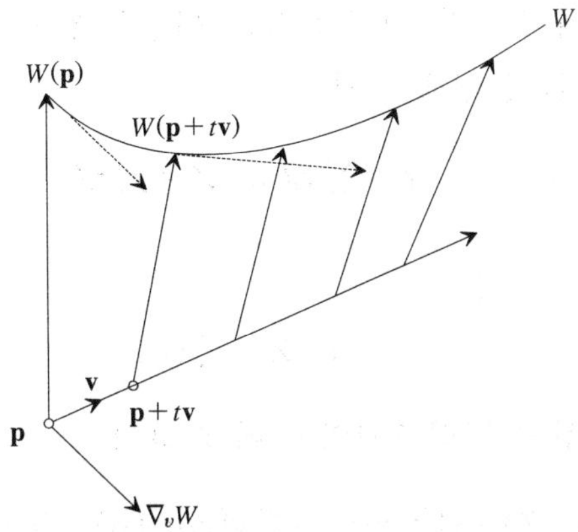

그림 2-21

$$W(\mathbf{p}+t\mathbf{v})=\sum w_i(\mathbf{p}+t\mathbf{v})U_i(\mathbf{p}+t\mathbf{v})$$

이므로, W의 도함수는 이것의 유클리드 좌표 $w_i(i=1, 2, 3)$의 도함수를 구하면 된다. 방향도함수의 정의에 의하면 $t=0$에서 $w_i(\mathbf{p}+t\mathbf{v})$의 도함수는 $\mathbf{v}[w_i]$이므로

$$\begin{aligned}\nabla_v W &= W(\mathbf{p}+t\mathbf{v})'(0)\\ &=\sum w_i(\mathbf{p}+t\mathbf{v})'U_i(\mathbf{p}+t\mathbf{v})\big|_{t=0}=\sum \mathbf{v}[w_i]U_i(\mathbf{p}).\end{aligned}$$ ■

정리 6-3　공변도함수 공식

$\mathbf{v}$와 $\mathbf{w}$를 점 $\mathbf{p}$에서 $\mathbf{E}^3$의 접벡터, Y와 Z를 $\mathbf{E}^3$의 벡터장이라 하면 다음 관계가 성립한다.

(1) $\nabla_{av+bw}Y=a\nabla_v Y+b\nabla_w Y$

(2) $\nabla_v(aY+bZ)=a\nabla_v Y+b\nabla_v Z$, ($a$, b는 실수)

(3) $\nabla_v(fY)=\mathbf{v}[f]Y(\mathbf{p})+f(\mathbf{p})\nabla_v Y$, ($f$: 미분가능 함수)

(4) $\mathbf{v}[Y\cdot Z]=\nabla_v Y\cdot Z(\mathbf{p})+Y(\mathbf{p})\cdot\nabla_v Z$

증명 제 1 장의 정리 2-3과 정리 6-2를 이용하면 쉽게 증명할 수 있다. 예를 들어 (4)를 증명해 보자.

$$Y=\sum y_i U_i,\quad Z=\sum z_i U_i$$

라 하면

$$Y\cdot Z=\sum y_i z_i$$

이므로, 제 1 장의 정리 2-3의 (3)에 의하여

$$\mathbf{v}[Y\cdot Z]=\mathbf{v}[\sum y_i z_i]=\sum \mathbf{v}[y_i]z_i(\mathbf{p})+\sum y_i(\mathbf{p})\mathbf{v}[z_i]$$

을 얻는다. 한편, 정리 6-2에 의하여

$$\nabla_v Y=\sum \mathbf{v}[y_i]U_i(\mathbf{p}),\quad \nabla_v Z=\sum \mathbf{v}[z_i]U_i(\mathbf{p})$$

이므로

$$\nabla_v Y\cdot Z(\mathbf{p})=\sum \mathbf{v}[y_i]z_i(\mathbf{p}),\quad Y(\mathbf{p})\cdot\nabla_v Z=\sum y_i(\mathbf{p})\mathbf{v}[z_i]$$

이다. 따라서 두 식의 합은 $\mathbf{v}[Y\cdot Z]$이 되어 증명이 끝난다. ■

점의 원리(1-2절)를 사용함으로써 벡터장 V에 대한 벡터장 W의 공변도함수를 얻을 수 있다. 그 결과는 점 $\mathbf{p}$에서의 값이 $\nabla_{V(p)}W$인 벡터장 $\nabla_V W$이다. 그러므로 $\nabla_V W$는 V의 벡터에 관한 W의 모든 공변도함수로 구성된다. 따라서 만약 $W=\sum w_i U_i$라 하면, 정리 6-2에 의하여

$$\nabla_V W=\sum V[w_i]\ U_i$$

임은 알 수 있다. 기본항등식 $U_i[f]=\dfrac{\partial f}{\partial x_i}$를 사용함으로써 $V[w_i]$의 값을 쉽게 구할 수 있다. 따라서 관계식 $(\nabla_V Y)(p)=\nabla_{V(p)}Y$와 정리 6-3으로부터 다음의 정리가 성립한다.

정리 6-4 공변도함수 공식

V, W, Y, Z를 $\mathbf{E}^3$의 벡터장, f와 g를 실가함수라 하면 다음 관계가 성립한다.

(1) $\nabla_{fV+gW}Y = f\nabla_V Y + g\nabla_W Y$

(2) $\nabla_V(aY+bZ) = a\nabla_V Y + b\nabla_V Z$ (a, b : 실수)

(3) $\nabla_V(fY) = V[f]Y + f\nabla_V Y$

(4) $V[Y\cdot Z] = \nabla_V Y\cdot Z + Y\cdot\nabla_V Z$

주의할 것은 $\nabla_{fV}Y = f\nabla_V Y$는 성립하지만 $\nabla_V(fY)$와 $f\nabla_V Y$는 같지 않다는 것이다. 정리 6-4의 (2)와 (3)을 분별하여야 한다.

예제 6-5

$W = x^2U_1 + yzU_3$, $V = (y-x)U_1 + xyU_3$라 할 때 점 $\mathbf{p} = (2, 1, 0)$에서 $\nabla_v W$를 구해보자.

(1) 정의에 의한 방법 : 점 $\mathbf{p} = (2, 1, 0)$에서 $\mathbf{v} = V(\mathbf{p}) = (-1, 0, 2)_{\mathbf{p}}$이므로 $\mathbf{p}+t\mathbf{v} = (2-t, 1, 2t)$이다. 따라서

$$W(\mathbf{p}+t\mathbf{v}) = (2-t)^2U_1(\mathbf{p}+t\mathbf{v}) + 2tU_3(\mathbf{p}+t\mathbf{v})$$

이므로

$$\begin{aligned}\nabla_v W &= W(\mathbf{p}+t\mathbf{v})'(0) = [-2(2-t)U_1(\mathbf{p}+t\mathbf{v}) + 2U_3(\mathbf{p}+t\mathbf{v})]_{t=0}\\ &= -4U_1(\mathbf{p}) + 2U_3(\mathbf{p})\end{aligned}$$

(2) 정리 6-2에 의한 방법 : $V(\mathbf{p}) = (-1, 0, 2)_{\mathbf{p}}$이므로

$$\begin{aligned}\nabla_V W &= \sum V[w_i]\ U_i\\ &= ((y-x)U_1 + xyU_3)[x^2]U_1 + ((y-x)U_1 + xyU_3)[yz]U_3\\ &= \{(y-x)U_1[x^2] + xyU_3[x^2]\}U_1 + \{(y-x)U_1[yz] + xyU_3[yz]\}U_3\\ &= 2x(y-x)U_1 + xy^2U_3.\end{aligned}$$

따라서

$$(\nabla_V W)(\mathbf{p}) = (2x(y-x)U_1 + xy^2U_3)(\mathbf{p}) = -4U_1(\mathbf{p}) + 2U_3(\mathbf{p})$$

이다. 이 값은 (1)에서 구한 $\nabla_v W$의 값과 같다. □

문제 2-6

1 점 $\mathbf{p}=(1, 3, -1)$에서의 접벡터 $\mathbf{v}=(1, -1, 2)$에 대하여, W가 다음과 같이 주어질 때 정의에 따라 $\nabla_v W$를 계산하여라.

(1) $W=(x^2, y)$ (2) $W=xU_1+x^2U_2-z^2U_3$

2 $V=-yU_1+xU_3$, $W=\cos xU_1+x^2U_2-z^2U_3$라 할 때, 다음의 공변도함수를 U_1, U_2, U_3의 항으로 나타내어라.

(1) $\nabla_V W$ (2) $\nabla_V V$

(3) $\nabla_V(z^2W)$ (4) $\nabla_W V$

(5) $\nabla_V(xV-zW)$

3 $x_i(i=1, 2, 3)$를 $\mathbf{E}^3$의 자연좌표함수라 하자. $X=\sum x_iU_i$라 하면 모든 벡터장 V에 대하여 $\nabla_V X=V$이다. 증명하여라.

4 $\mathbf{E}^3$의 벡터장 $W=\sum w_iU_i$에 대하여 W의 공변미분은 $\nabla W=\sum d\theta_iU_i$로 정의된다. 여기서 ∇W는 $\mathbf{v}$에 대한 값이

$$\sum dw_i(\mathbf{v})U_i(\mathbf{p})=\nabla_V W$$

인 모든 접벡터에 대한 함수이다.

$$W=xy^3U_1-x^2z^2U_3$$

의 공변미분을 계산하여라. 그리고 $\mathbf{v}=(1, 0, -3)$, $\mathbf{p}=(-1, 2, -1)$일 때 $\nabla_V W$를 구하기 위하여 위의 값을 사용하여라.

5 벡터장 V, W에 대하여 $[V, W]=\nabla_V W-\nabla_W V$로 정의할 때 다음 성질이 성립함을 확인하여라.

(1) $[V, W][f]=VW[f]-WV[f]$
   ($VW[f]$는 이차도함수 $V[W[f]]$를 나타낸다.)

(2) $[V, W]=-[W, V]$

(3) $[U, [V, W]]+[V, [W, U]]+[W, [U, V]]=0$

(4) $[fV, gW]=fV[g]W-gW[f]V+fg[V, W]$

2-7 접속형식

프레네 공식의 중요성은 도함수 T', N', B'가 무엇인가라는 사실에 있는 것이 아니고, 이들이 T, N, B의 항으로 표시할 수 있다는 사실에 있다. 그러므로 곡률과 비꼬임률도 이들에 의하여 표시할 수 있다. 이제 $\mathbf{E}^3$의 임의의 벡터장 $\mathbf{E}_1$, $\mathbf{E}_2$, $\mathbf{E}_3$의 공변도함수가 그 벡터장 자신의 항으로 표시할 수 있다는 것을 조사해 보자. 점 $\mathbf{p}$에서 임의의 접벡터 $\mathbf{v}$에 관한 공변도함수부터 시작해보자. $\nabla_v \mathbf{E}_i (i=1, 2, 3)$는 $\mathbf{E}_1(\mathbf{p})$, $\mathbf{E}_2(\mathbf{p})$, $\mathbf{E}_3(\mathbf{p})$의 일차결합으로 표시가능하므로

$$\nabla_v \mathbf{E}_1 = c_{11}\mathbf{E}_1(\mathbf{p}) + c_{12}\mathbf{E}_2(\mathbf{p}) + c_{13}\mathbf{E}_3(\mathbf{p})$$
$$\nabla_v \mathbf{E}_2 = c_{21}\mathbf{E}_1(\mathbf{p}) + c_{22}\mathbf{E}_2(\mathbf{p}) + c_{23}\mathbf{E}_3(\mathbf{p})$$
$$\nabla_v \mathbf{E}_3 = c_{31}\mathbf{E}_1(\mathbf{p}) + c_{32}\mathbf{E}_2(\mathbf{p}) + c_{33}\mathbf{E}_3(\mathbf{p})$$

로 쓸 수 있다. 이 방정식의 계수는 직교전개에 의하여

$$c_{ij} = \nabla_v \mathbf{E}_i \cdot \mathbf{E}_j(\mathbf{p}), \quad (1 \leq i, j \leq 3)$$

이다. 이 계수 c_{ij}는 단지 접벡터 $\mathbf{v}$에 의존하므로

$$\boxed{\omega_{ij}(\mathbf{v}) = \nabla_v \mathbf{E}_i \cdot \mathbf{E}_j(\mathbf{p}), \quad (1 \leq i, j \leq 3)}$$

으로 표시하기로 하자. 그러므로 각각의 i와 j의 선택에 따라 w_{ij}는 모든 접벡터 위에서 정의된 실가함수이다.

정리 7-1 접속형식

$\mathbf{E}_1$, $\mathbf{E}_2$, $\mathbf{E}_3$를 $\mathbf{E}^3$의 틀장이라 할 때, 점 $\mathbf{p}$에서 접벡터 $\mathbf{v}$에 관하여

$$\omega_{ij}(\mathbf{v}) = \nabla_v \mathbf{E}_i \cdot \mathbf{E}_j(\mathbf{p}), \ (1 \leq i, j \leq 3)$$

로 정의하면, ω_{ij}는 1-형식이고 $\omega_{ij}=-\omega_{ji}$이다. 이때 ω_{ij}를 틀장 $\mathbf{E}_1$, $\mathbf{E}_2$, $\mathbf{E}_3$의 **접속형식**(connection forms)이라 한다.

증명 정의에 의하여 ω_{ij}는 접벡터에 관하여 실가함수이므로, ω_{ij}가 1-형식임을 증명하기 위하여 선형조건을 만족함을 보이면 된다(제 1 장의 정의 4-1). 정리 6-3에 의하면

$$\begin{aligned}\omega_{ij}(a\mathbf{v}+b\mathbf{w}) &= \nabla_{av+bw}\ \mathbf{E}_i\cdot\mathbf{E}_j(\mathbf{p})\\ &=(a\nabla_v\mathbf{E}_i+b\nabla_w\mathbf{E}_i)\cdot\mathbf{E}_j(\mathbf{p})\\ &=a\nabla_v\mathbf{E}_i\cdot\mathbf{E}_j(\mathbf{p})+b\nabla_w\mathbf{E}_i\cdot\mathbf{E}_j(\mathbf{p})\\ &=a\omega_{ij}(\mathbf{v})+b\omega_{ij}(\mathbf{w})\end{aligned}$$

를 만족한다. 따라서 ω_{ij}는 선형이다.

다음 $\omega_{ij}=-\omega_{ji}$(반대칭, skew-symmetry)임을 보이자.

이것은 모든 접벡터 $\mathbf{v}$에 대하여 $\omega_{ij}(\mathbf{v})=-\omega_{ji}(\mathbf{v})$가 성립함을 증명하면 된다. $\mathbf{E}_i\cdot\mathbf{E}_j=\delta_{ij}$이므로 양변에 방향도함수를 취하면 정리 6-3의 (4)에 의하여

$$\begin{aligned}0=\mathbf{v}[\delta_{ij}]=\mathbf{v}[\mathbf{E}_i\cdot\mathbf{E}_j] &= \nabla_v\mathbf{E}_i\cdot\mathbf{E}_j(\mathbf{p})+\mathbf{E}_i(\mathbf{p})\cdot\nabla_v\mathbf{E}_j\\ &=\omega_{ij}(\mathbf{v})+\omega_{ji}(\mathbf{v})\end{aligned}$$

따라서 $\omega_{ij}(\mathbf{v})=-\omega_{ji}(\mathbf{v})$이므로 $\omega_{ij}=-\omega_{ji}$이다. ■

접속형식의 기하학적 의미는 무엇인가? 정의 $\omega_{ij}(\mathbf{v})=\nabla_{\mathbf{v}}\mathbf{E}_i\cdot\mathbf{E}_j(\mathbf{p})$는 주어진 벡터 $\mathbf{v}$의 방향으로 점 $\mathbf{p}$가 움직임에 따라 $\mathbf{E}_i$가 $\mathbf{E}_j$를 향하여 회전하는 초기비율(initial rate)이 $\omega_{ij}(\mathbf{v})$임을 보여 준다.

정리 7-2 접속방정식

$\omega_{ij}(1\leq i,j\leq 3)$를 $\mathbf{E}^3$의 틀장 E_1, E_2, E_3의 접속형식이라 하면 $\mathbf{E}^3$의

벡터장 V에 대하여

$$\nabla_V E_i = \sum_j \omega_{ij}(V) E_j, \quad (1 \leq i, j \leq 3)$$

가 성립한다. 이 방정식을 틀장 E_1, E_2, E_3의 **접속방정식**(connection equations)이라 한다.

증명 이 방정식의 양변은 모두 벡터장이므로 점 $\mathbf{p}$에서

$$\nabla_{V(p)} E_i = \sum_j \omega_{ij}(V(\mathbf{p})) E_j(\mathbf{p})$$

가 성립함을 보이면 된다. 그런데 정의로부터

$$\nabla_v E_i = \sum_j \omega_{ij}(\mathbf{v}) E_j(\mathbf{p})$$

임을 알고 있으므로 정리는 분명히 성립한다. ■

접속형식 ω_{ij}는 반대칭조건(skew-symmetry condition) $\omega_{ij} = -\omega_{ji}$를 만족하므로 $i = j$일 때 $\omega_{ii} = -\omega_{ii}$이다. 따라서

$$\omega_{ii} = 0 \quad (i = 1, 2, 3)$$

이다. 그러므로 아홉 개의 접속형식 $\omega_{ij}(i, j = 1, 2, 3)$ 중에서 단 세 개 ω_{12}, ω_{13}, ω_{23}만 남는다. 결국 접속형식의 행렬 $\omega = (\omega_{ij})$는 다음과 같은 반대칭 행렬이다.

$$\omega = (\omega_{ij}) = \begin{pmatrix} \omega_{11} & \omega_{12} & \omega_{13} \\ \omega_{21} & \omega_{22} & \omega_{23} \\ \omega_{31} & \omega_{32} & \omega_{33} \end{pmatrix} = \begin{pmatrix} 0 & \omega_{12} & \omega_{13} \\ -\omega_{12} & 0 & \omega_{23} \\ -\omega_{13} & -\omega_{23} & 0 \end{pmatrix}$$

이제 주어진 임의의 틀장 E_1, E_2, E_3의 접속형식에 대한 정확한 공식들을 만들어 보자. 먼저 자연틀장 U_1, U_2, U_3의 항으로 벡터장 E_1, E_2, E_3

을 표현하기 위하여 직교전개를 사용하면

$$E_1 = a_{11}U_1 + a_{12}U_2 + a_{13}U_3$$
$$E_2 = a_{21}U_1 + a_{22}U_2 + a_{23}U_3$$
$$E_3 = a_{31}U_1 + a_{32}U_2 + a_{33}U_3$$

으로 쓸 수 있다. 여기서 $a_{ij} = \mathbf{E}_j \cdot U_i$은 $\mathbf{E}^3$에서 실가함수이다. 이 함수들을 성분으로 하는 행렬

$$A = (a_{ij}) = \begin{pmatrix} a_{11} & a_{12} & a_{13} \\ a_{21} & a_{22} & a_{23} \\ a_{31} & a_{32} & a_{33} \end{pmatrix}$$

을 틀장 E_1, E_2, E_3의 **태도행렬**(attitude matrix)이라고 한다. 점 $\mathbf{p}$에서 수치행렬(numerical matrix)

$$A(\mathbf{p}) = (a_{ij}(\mathbf{p}))$$

는 틀 $E_1(\mathbf{p})$, $E_2(\mathbf{p})$, $E_3(\mathbf{p})$의 태도행렬이다. 이때 E_1, E_2, E_3는 틀장이므로 태도행렬 A는 **직교행렬**이다. 따라서 A의 **전치행렬**(transpose matrix) ${}^tA$는 **역행렬**(inverse matrix) A^{-1}와 **같다**. $A = (a_{ij})$의 미분을 $dA = (da_{ij})$라 정의하면, dA는 성분이 1-형식인 행렬이다. 이제 접속형식을 태도행렬의 항으로 간단하게 표시해 보자.

정리 7-3 접속형식

$A = (a_{ij})$와 $\omega = (\omega_{ij})$를 각각 틀장 E_1, E_2, E_3의 태도행렬과 접속형식의 행렬이라 하면

$$\omega = (\omega_{ij}) = dA \cdot {}^tA \quad (\text{행렬의 곱})$$

또는, $$\omega_{ij} = \sum a_{jk} da_{ik}, \quad (1 \le i, j \le 3)$$

증명 $\mathbf{v}$를 점 $\mathbf{p}$에서 접벡터라 하면, 정의에 따라

$$\omega_{ij}(\mathbf{v}) = \nabla_v E_i \cdot E_j(\mathbf{p})$$

이다. 그런데 A는 틀장

$$E_i = \sum a_{ik} U_k \quad (1 \le i \le 3)$$

의 태도행렬이므로 정리 6-2에 의하여

$$\nabla_v E_i = \sum_k \mathbf{v}[a_{ik}] U_k(\mathbf{p})$$

이다. 그런데

$$E_j(\mathbf{p}) = \sum a_{jk}(\mathbf{p}) U_k(\mathbf{p})$$

이므로

$$\begin{aligned} \omega_{ij}(\mathbf{v}) &= \sum_k \mathbf{v}[a_{ik}] U_k(\mathbf{p}) \cdot \sum_k a_{jk}(\mathbf{p}) U_k(\mathbf{p}) \\ &= \sum_k \mathbf{v}[a_{ik}] a_{jk}(\mathbf{p}) \end{aligned}$$

그런데 미분의 정의에 따라(제 1 장 정의 4-2)

$$\mathbf{v}[a_{ik}] = da_{ik}(\mathbf{v})$$

이므로

$$\omega_{ij}(\mathbf{v}) = \sum_k a_{jk}(\mathbf{p}) da_{ik}(\mathbf{v}) = (\sum_k a_{jk} da_{ik})(\mathbf{v})$$

이 방정식은 모두 접벡터에 대하여 성립하므로

$$\omega_{ij} = \sum_k a_{jk} da_{ik}$$

그런데 전치행렬 ${}^tA$는 ${}^ta_{kj} = a_{jk}$를 성분으로 하므로

$$\omega_{ij} = \sum da_{ik} {}^ta_{kj} \quad (1 \le i, j \le 3)$$

라 쓸 수 있다. 이 식을 행렬의 곱으로 나타내면

$$\omega = (\omega_{ij}) = (\sum da_{ik} {}^ta_{kj}) = dA \cdot {}^tA$$

이 되어 증명이 끝난다. ■

예제 7-4

주면틀장(예제 5-2)

$$E_1=\cos\theta U_1+\sin\theta U_2$$
$$E_2=-\sin\theta U_1+\cos\theta U_2$$
$$E_3=U_3$$

의 접속형식을 구해보자. 이 틀장의 태도행렬은

$$A=\begin{pmatrix}\cos\theta & \sin\theta & 0\\ -\sin\theta & \cos\theta & 0\\ 0 & 0 & 1\end{pmatrix}$$

이므로

$$dA=\begin{pmatrix}-\sin\theta d\theta & \cos\theta d\theta & 0\\ -\cos\theta d\theta & -\sin\theta d\theta & 0\\ 0 & 0 & 0\end{pmatrix}$$

이다. 따라서

$$\omega=(\omega_{ij})=dA\cdot {}^tA=\begin{pmatrix}-\sin\theta d\theta & \cos\theta d\theta & 0\\ -\cos\theta d\theta & -\sin\theta d\theta & 0\\ 0 & 0 & 0\end{pmatrix}\begin{pmatrix}\cos\theta & -\sin\theta & 0\\ \sin\theta & \cos\theta & 0\\ 0 & 0 & 1\end{pmatrix}$$
$$=\begin{pmatrix}0 & d\theta & 0\\ -d\theta & 0 & 0\\ 0 & 0 & 0\end{pmatrix}$$

이다. 이 식으로부터 $\omega_{12}=-\omega_{21}=d\theta$이고 나머지 접속형식은 모두 0임을 알 수 있다. □

문제 2-7

1 임의의 함수 f에 대하여 벡터장

$$E_1=\frac{\sin f U_1+U_2-\cos f U_3}{\sqrt{2}}$$

$$E_2=\frac{\sin f U_1-U_2-\cos f U_3}{\sqrt{2}}$$

$$E_3=\cos f U_1+\sin f U_3$$

이 틀장을 구성함을 보이고, 이들의 접속형식을 구하여라.

2 자연틀장 U_1, U_2, U_3의 접속형식을 구하여라.

3 함수 f에 의하여

$$A=\begin{pmatrix} \cos^2 f & \cos f \sin f & \sin f \\ \sin f \cos f & \sin^2 f & -\cos f \\ -\sin f & \cos f & 0 \end{pmatrix}$$

은 어떤 틀장의 태도행렬이다. 그 접속형식을 구하여라.

4 구면틀장의 접속형식은 다음과 같음을 증명하여라.

$$\omega_{12}=\cos\phi\, d\theta,\quad \omega_{13}=d\phi,\quad \omega_{23}=\sin\phi\, d\theta$$

5 E_1, E_2, E_3가 틀장이고 $W=\sum f_i E_i$라 할 때, 공변도함수 공식

$$\nabla_V W=\sum_j \{V[f_j]+\sum f_i \omega_{ij}(V)\}E_j$$

를 증명하여라.

6 구면틀장 F_1, F_2, F_3에 대하여

(1) $F_1[\rho]=1$, $F_1[\theta]=F_1[\phi]=0$임을 증명하여라.

(2) $\nabla_{F_1}(\cos\rho F_2+\sin\rho F_3)$을 계산하여라.

2-8 구조방정식

1-형식인 접속형식은 틀장의 회전율에 관하여 가장 간단하게 기술하고 있음을 보았다. 더욱이 틀장 자신도 1-형식의 항으로 표시할 수 있다. 이제부터 틀장에 대한 쌍대 1-형식의 역활에 관하여 공부해 보자.

정의 8-1

점 $\mathbf{p}$에서의 접벡터 $\mathbf{v}$에 대하여

$$\theta_i(\mathbf{v}) = \mathbf{v} \cdot E_i(\mathbf{p})$$

로 정의되는 실가함수 $\theta_i (i=1,\ 2,\ 3)$를 틀장 E_1, E_2, E_3의 쌍대 1-형식(dual 1-forms)이라 한다.

위에서 정의한 θ_i는 접벡터에 대하여 선형이기 때문에 1-형식이다. 그러므로 접벡터 $\mathbf{v}$, $\mathbf{w}$에 대하여 관계식

$$\theta_i(a\mathbf{v} + b\mathbf{w}) = a\theta_i(\mathbf{w}) + b\theta_i(\mathbf{w}),\ (a,\ b\text{: 상수})$$

이 성립한다. 특히 자연틀장 U_1, U_2, U_3의 경우에 쌍대형식은 $dx_i (i=1,\ 2,\ 3)$이다. 실제로 제 1 장의 예제 4-3으로부터

$$dx_i(\mathbf{v}) = \mathbf{v}[x_i] = v_i = \mathbf{v} \cdot U_i(\mathbf{p})$$

이므로 dx_i는 쌍대형식이다.

한편 벡터장 $V = \sum f_i E_i$ (정리 5-3)에 대하여 쌍대형식을 사용하면

$$\theta_i(V) = \theta_i(\sum f_j E_j) = \sum f_j \theta_i(E_j) = \sum f_j (E_j \cdot E_i) = f_i$$

이므로

$$V = \sum \theta_i(V) E_i$$

로 쓸 수 있다. 이 관계식은 V의 직교전개식 $V = \sum(V \cdot E_i)E_i$와 동일한 것이다.

정리 8-2

틀장 E_1, E_2, E_3의 쌍대 1-형식을 $\theta_i(i=1, 2, 3)$라 하면 임의의 1-형식 ϕ는

$$\phi = \sum \phi(E_i)\theta_i$$

로 유일하게 표현된다.

증명 먼저 임의의 벡터장 V에 대하여 양변의 1-형식이 같은 값을 가지는 것을 보자.

$$\begin{aligned}(\sum \phi(E_i)\theta_i)(V) &= \sum \phi(E_i)\theta_i(V) \\ &= \phi(\sum \theta_i(V)E_i) = \phi(V)\end{aligned}$$

한편, $\phi = \sum g_i\theta_i$라 하면

$$\phi(E_j) = (\sum g_i\theta_i)(E_j) = \sum g_i\theta_i(E_j) = \sum g_i\delta_{ij} = g_j$$

이므로, 함수 $\phi(E_i)$는 $\theta_1, \theta_2, \theta_3$의 항으로 표시된 ϕ의 유일한 좌표함수임을 말해 준다. 다시 말하면 임의의 1-형식 ϕ는 E_1, E_2, E_3의 쌍대형식 θ_1, θ_2, θ_3의 항으로 유일하게 나타낼 수 있음을 보여 준다. ■

정리 8-2는 제 1 장의 정리 4-4를 임의의 틀장으로 일반화시킨 아주 유용한 정리이다. 이제 틀장 E_1, E_2, E_3을 자연틀장 U_1, U_2, U_3로 바꾸어 생각해 보자. E_1, E_2, E_3의 태도행렬을 $A=(a_{ij})$라 하면

$$E_i = \sum a_{ij} U_j \quad (1 \le i \le 3)$$

이므로, 정의 8-1에 의하여

$$\theta_i(\mathbf{v}) = \mathbf{v} \cdot E_i(\mathbf{p}) = \sum a_{ij}(\mathbf{v} \cdot U_j)(\mathbf{p}) = \sum a_{ij} dx_j(\mathbf{v})$$

이므로, 쌍대형식은

$$\theta_i = \sum a_{ij} dx_j \tag{*1}$$

로 표현된다. 그런데

$$\theta_i(U_j) = E_i \cdot U_j = \sum a_{ik} U_k \cdot U_j = a_{ij} \tag{*2}$$

이므로 (*1)은 다음과 같이 표현된다.

$$\theta_i = \sum \theta_i(U_j) dx_j.$$

이 관계식은 "임의의 틀장(E_1, E_2, E_3)에 대한 쌍대형식은 자연틀장(U_1, U_2, U_3)의 쌍대형식으로 표현될 수 있다"는 것을 말해주고 있다. 미적분에서 새로운 함수가 나타나면 그 도함수는 무엇인가라는 의문은 당연하다. 마찬가지로 쌍대형식과 접속형식의 외미분은 무엇인가라는 의문은 카르탕에 의하여 발견된 두 쌍의 구조방정식으로 해결된다.

정리 8-3 Cartan의 구조방정식

$\theta_i (i=1, 2, 3)$와 $\omega_{ij} (1 \le i, j \le 3)$를 각각 틀장 E_1, E_2, E_3의 쌍대형식과 접속형식이라 하면 그들의 외미분은 다음 관계를 만족한다.

(1) 제 1 구조방정식(the fitst structural equations)

$$d\theta_i = \sum_j \omega_{ij} \wedge \theta_j, \quad (1 \le i \le 3)$$

(2) 제 2 구조방정식(the second structural equations)

$$d\omega_{ij} = \sum_k \omega_{ik} \wedge \omega_{kj}, \quad (1 \le i, j \le 3)$$

증명 관계식

$$\theta_i = \sum_j a_{ij} dx_j$$

로부터

$$d\theta_i = \sum_j da_{ij} \wedge dx_j$$

를 얻는다. 태도행렬 $A=(a_{ij})$는 직교행렬이므로 ${}^tA = A^{-1}$이다. 따라서 정리 7-3의 관계식

$$\omega = dA \cdot {}^tA \quad \text{또는} \quad dA = \omega A$$

로부터

$$dA = (da_{ij}) = (\sum \omega_{ik} a_{kj}) = \omega A$$

을 얻을 수 있으므로

$$da_{ij} = \sum \omega_{ik} a_{kj}$$

이다. 따라서 제 1 구조방정식은 다음과 같이 유도할 수 있다.

$$\begin{aligned} d\theta_i &= \sum_j \left(\sum_k \omega_{ik} a_{kj} \wedge dx_j\right) \\ &= \sum_k \left(\omega_{ik} \wedge \sum_j a_{kj} dx_j\right) \\ &= \sum_k \omega_{ik} \wedge \theta_k \end{aligned}$$

θ_i는 E_i의 쌍대이기 때문에 제 1 구조방정식은 접속방정식의 쌍대로 이해하여야 한다.

다음, 정리 7-3의 행렬공식 $\omega = dA \cdot {}^tA$는

$$\omega_{ij} = \sum_k a_{jk} da_{ik}$$

를 뜻하므로

$$d\omega_{ij} = \sum_k da_{jk} \wedge da_{ik} = -\sum da_{ik} \wedge da_{jk} = -\sum da_{ik} \wedge {}^t da_{kj}$$

이다. 따라서

$$d\omega=(d\omega_{ij})=-dA^t(dA).$$

한편 ${}^tA=A^{-1}$이므로 $\omega=dA^tA$의 양변에 A를 곱하면

$$\omega A=dA$$

전치행렬의 법칙을 사용하면

$${}^t(dA)={}^t(\omega A)={}^tA\,{}^t\omega$$

이므로, $d\omega$에 대한 관계식에 위의 방정식을 대입하고 ω가 반대칭 행렬임을 이용하면

$$d\omega=-\omega A\,{}^tA\,{}^t\omega=-\omega\,{}^t\omega=\omega\omega$$

를 얻는다. 이 식을 행렬의 원소표기법으로 쓰면 제 2 구조방정식 $d\omega_{ij}=\sum\omega_{ik}\wedge\omega_{kj}$를 얻게 된다. ■

예제 8-4 구면틀장에 대한 구조방정식

예제 5-2에서 구면틀장 F_1, F_2, F_3은

$$\begin{aligned}
F_1&=(\cos\theta\cos\phi)U_1+(\sin\theta\cos\phi)U_2+(\sin\phi)U_3\\
F_2&=(-\sin\theta)U_1+(\cos\theta)U_2\\
F_3&=(-\cos\theta\sin\phi)U_1-(\sin\theta\sin\phi)U_2+(\cos\phi)U_3
\end{aligned}$$

으로 표시되었으므로 F_1, F_2, F_3의 태도행렬과 그 미분은 각각

$$A=(a_{ij})=\begin{pmatrix}\cos\theta\cos\phi & \sin\theta\cos\phi & \sin\phi\\ -\sin\theta & \cos\theta & 0\\ -\cos\theta\sin\phi & -\sin\theta\sin\phi & \cos\phi\end{pmatrix}$$

$$\begin{aligned}
dA&=(da_{ij})\\
&=\begin{pmatrix}-\cos\theta\sin\phi d\phi-\sin\theta\cos\phi d\theta & -\sin\theta\sin\phi d\phi+\cos\theta\cos\phi d\theta & \cos\phi d\phi\\ -\cos\theta d\theta & -\sin\theta d\theta & 0\\ -\cos\theta\cos\phi d\phi+\sin\theta\sin\phi d\theta & -\sin\theta\cos\phi d\phi-\cos\theta\sin\phi\,d\theta & -\sin\phi d\phi\end{pmatrix}
\end{aligned}$$

이다. 한편 점 **p**의 구면좌표는

$$x_1=\rho\cos\phi\cos\theta,\quad x_2=\rho\cos\phi\sin\theta,\quad x_3=\rho\sin\phi$$

이므로

$$\begin{aligned}
dx_1&=\cos\phi\cos\theta d\rho-\rho\sin\phi\sin\theta\, d\phi-\rho\cos\phi\sin\theta d\theta\\
dx_2&=\cos\phi\sin\theta d\rho-\rho\sin\phi\sin\theta\, d\phi+\rho\cos\phi\cos\theta d\theta\\
dx_3&=\sin\phi\, d\rho+\rho\cos\phi d\phi
\end{aligned}$$

따라서 관계식 $\theta_i=\sum a_{ij}dx_j$에 위 식을 대입하여 계산하면

$$\theta_1=d\rho,\ \theta_2=\rho\cos\phi d\phi,\ \theta_3=\rho d\phi$$

를 얻을 수 있다. 한편 관계식 $\omega_{ij}=\sum a_{jk}da_{ik}$로부터

$$\omega_{12}=\sum a_{2k}da_{1k}=\cos\phi d\theta,\quad \omega_{13}=d\phi,\quad \omega_{23}=\sin\phi d\theta$$

를 얻는다. 따라서 위의 관계식과 교대대칭 $\omega_{ij}=-\omega_{ji}$를 이용하면 구조방정식을 즉시 구할 수 있다.

$$\begin{aligned}
d\theta_1&=\sum\omega_{1j}\wedge\theta_j=\omega_{11}\wedge\theta_1+\omega_{12}\wedge\theta_2+\omega_{13}\wedge\theta_3\\
&=\cos\phi d\theta\wedge\rho\cos\phi d\theta+d\phi\wedge\rho d\phi=0\\
d\theta_3&=\sum\omega_{3j}\wedge\theta_j=-d\phi\wedge d\rho-\sin\phi d\theta\wedge\rho\cos\phi d\theta=d\rho\wedge d\phi\\
d\theta_2&=\cos\phi d\phi\wedge d\theta-\rho\sin\phi d\phi\wedge d\theta\\
d\omega_{12}&=\sum\omega_{1k}\wedge\omega_{k2}=\omega_{13}\wedge\omega_{32}=d\phi\wedge(-\sin\phi)d\theta=\sin\phi(d\theta\wedge d\phi)\\
d\omega_{23}&=\cos\phi(d\phi\wedge d\theta),\ d\omega_{13}=0
\end{aligned}$$

물론 위의 값들은 구조방정식에 의하지 않고 직접 계산할 수도 있다. 예를 들면 다음과 같다.

$$\begin{aligned}
d\theta_3&=d(\rho d\phi)=d\rho\wedge d\phi\\
d\theta_2&=d(\rho\cos\phi d\theta)=d(\rho\cos\phi)\wedge d\theta\\
&=\cos\phi(d\rho\wedge d\theta)-\rho\sin\phi(d\phi\wedge d\theta)\\
d\omega_{23}&=d(\sin\phi d\theta)=\cos\phi(d\phi\wedge d\theta)\\
d\omega_{13}&=0.
\end{aligned}$$

□

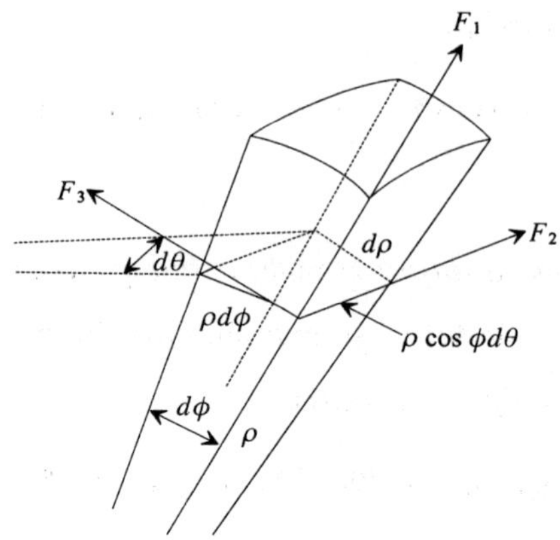

그림 2-22

문제 2-8

1 1-형식 $\phi=\sum f_i\theta_i$에 대하여

$$d\phi=\sum_j\{df_j+\sum_i f_i\omega_{ij}\}\wedge\theta_j$$

임을 증명하고, 문제 2-7의 5와 비교하여 보아라.

2 원환면틀장(문제 2-5의 3.)에 대하여

$$\theta_1=d\rho,\qquad \theta_2=(R+\rho\cos\phi)d\theta,\qquad \theta_3=\rho d\phi$$

$$\omega_{12}=\cos\phi d\theta,\qquad \omega_{13}=d\phi,\qquad \omega_{23}=\sin\phi d\theta$$

임을 보여라(계산에 의하여 ω_{ij}를 구할 필요는 없다).

3 원환면틀장의 경우에 제 1 구조방정식을 구하여라.

4 E^2 위의 **틀장**: 평면 E^2 위의 틀장 E_1, E_2에 대하여

(1) 접속방정식을 구하여라.

(2) 임의의 함수 f에 대하여

$$E_1=\cos\phi\, U_1+\sin\phi\, U_2$$
$$E_2=-\sin\phi\, U_1+\cos\phi\, U_2$$

라 할 때 쌍대 1-형식 θ_1, θ_2와 접속형식 ω_{12}를 ϕ로 표현하여라.

(3) 이 경우에 대한 구조방정식을 구하여라.

3 곡선기하학

우리가 잘 알고 있는 평면기하학에서 삼각형의 합동(congruence)을 어떻게 정의할 수 있는가? 한 삼각형을 다른 삼각형으로 이동할 수 있는 평면 위의 강체운동(rigid motion)이 존재할 때 두 삼각형은 합동이라고 정의한다. 합동인 두 삼각형 사이에는 대응하는 각의 크기, 대응하는 변의 길이는 물론이고 두 삼각형의 면적과 같은 유클리드적 성질은 모두 같다. 이 단원에서는 유클리드 공간의 강체운동에 관하여 자세하게 공부할 것이다.

3-1 $\mathbf{E}^3$의 등장변환

유클리드 공간의 등장변환(isometry) 또는 강체운동은 점 사이에 유클리드 거리를 보존시켜 주는 사상의 특별한 형태로 볼 수 있다.

정의 1-1

$\mathbf{E}^3$의 모든 점 $\mathbf{p}$, $\mathbf{q}$에 대하여

$$d(F(\mathbf{p}), F(\mathbf{q})) = d(\mathbf{p}, \mathbf{q})$$

를 만족하는 사상 $F : \mathbf{E}^3 \to \mathbf{E}^3$을 $\mathbf{E}^3$의 **등장사상** 또는 **등장변환**(isometry)이라고 한다.

예제 1-2

(1) **평행이동**(translations): $\mathbf{a}$를 $\mathbf{E}^3$의 정점, T를 $\mathbf{E}^3$의 모든 점에 $\mathbf{a}$를 더해 주는 사상이라 할 때, 모든 점 $\mathbf{p}$에 대하여

$$T(\mathbf{p}) = \mathbf{p} + \mathbf{a}$$

로 정의하자. 이때 T를 $\mathbf{a}$만큼의 **평행이동**(translation)이라 한다. 이때

$$\begin{aligned} d(T(\mathbf{p}), T(\mathbf{q})) &= d(\mathbf{p}+\mathbf{a}, \mathbf{q}+\mathbf{a}) \\ &= \|(\mathbf{q}+\mathbf{a}) - (\mathbf{p}+\mathbf{a})\| = \|\mathbf{p}-\mathbf{q}\| = d(\mathbf{p}, \mathbf{q}) \end{aligned}$$

이므로, 평행이동 T는 등장변환이다.

(2) **좌표축 중심의 회전이동**(rotation around a coordinate axis): $\mathbf{E}^3$의 점 $\mathbf{p}(p_1, p_2, p_3)$을 z축을 중심으로 θ만큼 회전하여 얻은 점을 $\mathbf{q}(q_1, q_2, q_3)$이라 하면

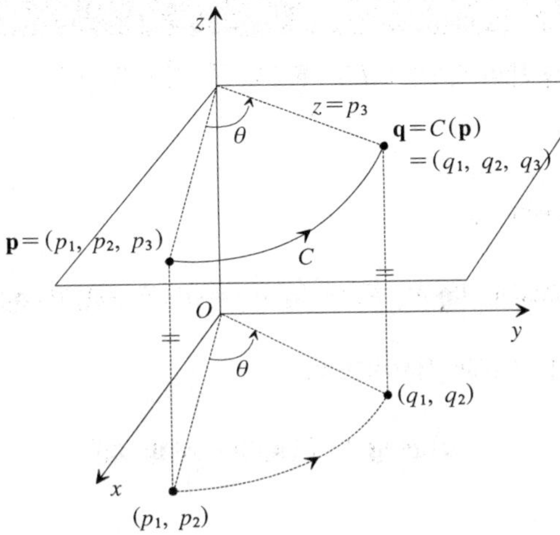

그림 3-1

$$q_1 = p_1\cos\theta - p_2\sin\theta$$

$$q_2 = p_1\sin\theta + p_2\cos\theta$$

$$q_3 = p_3$$

이 성립한다. 따라서 z축을 중심으로 θ만큼의 회전 C는 모든 점 $\mathbf{p}$에 대하여

$$C(\mathbf{p}) = C(p_1, p_2, p_3) = (p_1\cos\theta - p_2\sin\theta,\ p_1\sin\theta + p_2\cos\theta,\ p_3)$$

이다. 분명히 C는 일차변환(linear transformation)이다. 물론 C가 유클리드 거리를 보존한다고 하는 것은 쉽게 계산할 수 있으므로 C는 등장변환이다. 한편 C는 모든 점 $\mathbf{p}$, $\mathbf{q}$에 대하여

$$C(\mathbf{p}) \cdot C(\mathbf{q}) = \mathbf{p} \cdot \mathbf{q}$$

를 만족하므로 회전이동 C는 스칼라곱도 보존한다. □

이와 같이 스칼라곱을 보존하는 일차변환을 **직교변환**(orthogonal transformation)이라고 한다(이 정의에서 '직교'라는 의미는 제 3 장 2절에서 명확해질 것이다).

정리 1-3 합성함수의 등장변환

F와 G가 $\mathbf{E}^3$의 등장변환이면 GF도 $\mathbf{E}^3$의 등장변환이다.

증명 G는 등장변환이므로

$$d(G(F(\mathbf{p})),\ G(F(\mathbf{q})))=d(F(\mathbf{p}),\ F(\mathbf{q}))$$

이다. 한편 F도 등장변환이므로

$$d(F(\mathbf{p}),\ F(\mathbf{q}))=d(\mathbf{p},\ \mathbf{q})$$

이다. 따라서

$$d(GF(\mathbf{p}),\ GF(\mathbf{q}))=d(\mathbf{p},\ \mathbf{q})$$

이므로 GF는 등장변환이다. ■

$F:\mathbf{E}^3\to\mathbf{E}^3$가 일대일이고 위로(one to one and onto)의 함수이면, 점 $F(\mathbf{p})$를 $\mathbf{p}$로 되돌리는 역함수 $F^{-1}:\mathbf{E}^3\to\mathbf{E}^3$가 유일하게 존재한다.

F와 F^{-1} 사이의 관계는

$$FF^{-1}=I,\quad F^{-1}F=I$$

로 표현된다. 이 경우 I는 $\mathbf{E}^3$의 항등사상(identity mapping)이고, 모든 $\mathbf{p}$에 대하여 $I(\mathbf{p})=\mathbf{p}$이다. $\mathbf{E}^3$의 평행이동(translation)은 가장 간단한 등장변환이다.

정리 1-4

(1) S와 T가 평행이동이면 $ST=TS$도 평행이동이다.

(2) T가 $\mathbf{a}$만큼의 평행이동이면, $-\mathbf{a}$만큼 평행이동인 T^{-1}가 존재한다.

(3) $\mathbf{E}^3$의 임의의 두 점 $\mathbf{p}$, $\mathbf{q}$에 대하여 $T(\mathbf{p})=\mathbf{q}$인 평행이동 T가 유일하게 존재한다.

증명 (1)과 (2)는 쉽게 증명되므로 (3)을 증명하자.

T를 $\mathbf{a}$만큼의 평행이동이라 하고 $T(\mathbf{p})=\mathbf{q}$라 하면

$$T(\mathbf{p})=\mathbf{p}+\mathbf{a}=\mathbf{q}$$

이다. 따라서 $\mathbf{a}=\mathbf{q}-\mathbf{p}$이므로 T는 $\mathbf{q}-\mathbf{p}$만큼의 평행이동이다. ■

정리 1-5

$C: \mathbf{E}^3 \to \mathbf{E}^3$이 직교변환이면 C는 등장변환이다.

증명 먼저 C는 노름을 보존한다는 사실을 증명하자. C는 직교변환이므로

$$\|C(\mathbf{p})\|^2=C(\mathbf{p})\cdot C(\mathbf{p})=\mathbf{p}\cdot\mathbf{p}=\|\mathbf{p}\|^2$$

그러므로 모든 점 $\mathbf{p}$에 대하여 $\|C(\mathbf{p})\|=\|\mathbf{p}\|$이다.

따라서 C가 선형이란 사실을 이용하면, 모든 점 $\mathbf{p}$, $\mathbf{q}$에 대하여

$$\begin{aligned} d(C(\mathbf{p}), C(\mathbf{q})) &= \|C(\mathbf{p})-C(\mathbf{q})\|=\|C(\mathbf{p}-\mathbf{q})\| \\ &= \|\mathbf{p}-\mathbf{q}\| \\ &= d(\mathbf{p}, \mathbf{q}) \end{aligned}$$

이므로 C는 등장변환이다. ■

이 절의 핵심은 정리 1-7이다. 이 정리는 모든 등장변환 F는 직교변환 C와 평행이동 T에 의하여 표현될 수 있음을 말해 준다. 이 증명을 하기 위하여 다음의 예비정리(정리 1-5의 역은 성립하지 않는다)를 살펴보자.

정리 1-6

$F: \mathbf{E}^3 \to \mathbf{E}^3$이 등장변환이고 $F(0)=0$이면 F는 직교변환이다.

증명 먼저 F는 스칼라곱을 보존한다는 것을 보이자.

F는 등장변환이므로 $d(F(\mathbf{p}), F(\mathbf{q}))=d(\mathbf{p}, \mathbf{q})$이다. 따라서

$$\|F(\mathbf{p})-F(\mathbf{q})\|=\|\mathbf{p}-\mathbf{q}\|$$

이므로 노름과 스칼라곱의 관계로부터

$$(F(\mathbf{p})-F(\mathbf{q}))\cdot(F(\mathbf{p})-F(\mathbf{q}))=(\mathbf{p}-\mathbf{q})\cdot(\mathbf{p}-\mathbf{q})$$

을 얻는다. 정리하면

$$\|F(\mathbf{p})\|^2-2F(\mathbf{p})\cdot F(\mathbf{q})+\|F(\mathbf{q})\|^2=\|\mathbf{p}\|^2-2\mathbf{p}\cdot\mathbf{q}+\|\mathbf{q}\|^2$$

그런데 가정으로부터 $F(0)=0$이므로

$$\|F(\mathbf{p})\|=d(0, F(\mathbf{p}))=d(F(0), F(\mathbf{p}))=d(0, \mathbf{p})=\|\mathbf{p}\|$$

을 윗식에 대입하면 구하는 관계식

$$F(\mathbf{p})\cdot F(\mathbf{q})=\mathbf{p}\cdot\mathbf{q} \qquad (*)$$

을 얻는다.

다음, F가 선형변환임을 증명하자.

$$\mathbf{u}_1=(1, 0, 0), \mathbf{u}_2=(0, 1, 0), \mathbf{u}_3=(0, 0, 1)$$

을 단위점(unit points)이라 하면

$$\mathbf{p}=(p_1, p_2, p_3)=\sum p_i\mathbf{u}_i, \qquad \mathbf{u}_i\cdot\mathbf{u}_j=\delta_{ij}$$

로 쓸 수 있다. 그런데 F는 스칼라곱을 보존하므로 $F(\mathbf{u}_1)$, $F(\mathbf{u}_2)$, $F(\mathbf{u}_3)$도 서로 직교하는 틀장이다. 따라서 직교전개에 의하여

$$F(\mathbf{p})=\sum F(\mathbf{p})\cdot F(\mathbf{u}_i)F(\mathbf{u}_i)$$

로 표현할 수 있다. 그런데 식 (*)에 의하여

$$F(\mathbf{p})\cdot F(\mathbf{u}_i)=\mathbf{p}\cdot\mathbf{u}_i=p_i$$

이므로

$$F(\mathbf{p})=\sum p_i F(\mathbf{u}_i)$$

가 성립한다. 이 식으로부터 F가 선형변환일 조건

$$F(a\mathbf{p}+b\mathbf{q})=aF(\mathbf{p})+bF(\mathbf{q})$$

가 성립함을 쉽게 확인할 수 있다. ■

정리 1-7 등장변환의 분해정리

$F:\mathbf{E}^3\to\mathbf{E}^3$이 등장변환이면

$$F=TC$$

인 평행이동 T와 직교변환 C가 유일하게 존재한다.

증명 먼저 $F=TC$인 T와 C가 존재함을 보이자. T를 $F(\mathbf{0})$만큼의 평행이동이라 하면 T^{-1}는 $-F(\mathbf{0})$인 평행이동이다(정리 1-4).

그런데 $T^{-1}F$ 또한 등장변환이고(정리 1-3)

$$(T^{-1}F)(\mathbf{0})=T^{-1}(F(\mathbf{0}))=F(\mathbf{0})-F(\mathbf{0})=\mathbf{0}$$

이므로 $T^{-1}F$는 직교변환이다(정리 1-6). 따라서 $T^{-1}F=C$를 만족하는 직교변환 C가 존재한다. 이 식으로부터 $F=TC$를 얻는다.

다음, T와 C의 유일성을 증명하자.

$$F=T^*C^*$$

을 만족하는 평행이동 T^*와 직교변환 C^*가 존재한다고 가정하면 $TC=T^*C^*$이므로 $C=T^{-1}T^*C^*$이다. 한편 C와 C^*는 일차변환이므로 $C(\mathbf{0})=C^*(\mathbf{0})=\mathbf{0}$이다. 따라서

$$(T^{-1}T^*)(\mathbf{0})=\mathbf{0}$$

이 성립하고, $T^{-1}T^*$는 평행이동이므로 $T^{-1}T^*=I$이어야 한다.

이 식으로부터 $T=T^*$을 얻는다. 따라서 $TC=T^*C^*$이므로 $C=C^*$이어야 한다. ■

등장변환 F가 직교변환 C와 평행이동 T에 의하여 $F=TC$로 유일하게 표시될 때 C를 F의 **직교부분**(orthogonal part), T를 F의 **평행이동부분**(translation part)이라 한다. 일반적으로 TC와 CT는 같지 않음에 유의하여야 한다 (문제 [1]). 분해정리(decomposition theorem)라 불리는 정리 1-7은 $\mathbf{E}^3$의 등장변환에 대한 아주 중요한 내용이다.

이제 등장변환 $F=TC$에 대한 중요한 공식을 구하여 보자. 만약 (c_{ij})를 일차변환 C의 행렬이라 하면 점 $\mathbf{p}=(p_1, p_2, p_3)$에 대하여 관계식

$$C(p_1, p_2, p_3)=(\sum c_{1j}p_j, \sum c_{2j}p_j, \sum c_{3j}p_j)$$

를 만족한다. 그런데 C는 직교일차변환이므로 행렬 (c_{ij})는 직교행렬, 즉 역행렬과 전치행렬이 같은 행렬이다. 다시 $F=TC$로 되돌아가자. T를 $\mathbf{a}=(a_1, a_2, a_3)$만큼의 평행이동이라 하면

$$F(\mathbf{p})=TC(\mathbf{p})=C(\mathbf{p})+\mathbf{a}$$

이다. 따라서 $C(\mathbf{p})$에 대한 공식을 대입하면

$$F(\mathbf{p})=F(p_1, p_2, p_3)=(a_1+\sum c_{1j}p_j, a_2+\sum c_{2j}p_j, a_3+\sum c_{3j}p_j)$$

이다. $F(\mathbf{p})=\mathbf{q}=(q_1, q_2, q_3)$이라 할 때 열벡터표기법을 사용하면

$$\begin{pmatrix} q_1 \\ q_2 \\ q_3 \end{pmatrix}=\begin{pmatrix} a_1 \\ a_2 \\ a_3 \end{pmatrix}+\begin{pmatrix} c_{11} & c_{12} & c_{13} \\ c_{21} & c_{22} & c_{23} \\ c_{31} & c_{32} & c_{33} \end{pmatrix}\begin{pmatrix} p_1 \\ p_2 \\ p_3 \end{pmatrix}$$

를 얻는다.

문제 3-1

(A, B, C는 직교변환 또는 그들의 행렬, T_a는 **a**만큼의 평행이동을 뜻한다고 하자.)

1 증명하여라. $CT_a = T_{C(a)}C$

2 등장변환 $F = T_aC$는 등장변환이 되는 역사상 F^{-1}을 가짐을 증명하여라. F^{-1}의 평행이동부분과 직교부분을 구하여라.

3 행렬

$$C = \frac{1}{3}\begin{pmatrix} -2 & 2 & -1 \\ 2 & 1 & -2 \\ 1 & 2 & 2 \end{pmatrix}$$

는 직교변환임을 증명하기 위하여 점 $\mathbf{p} = (3, 1, -6)$, $\mathbf{q} = (1, 0, 3)$에 대하여 $C(\mathbf{p})$와 $C(\mathbf{q})$를 구하고 $C(\mathbf{p}) \cdot C(\mathbf{q}) = \mathbf{p} \cdot \mathbf{q}$임을 보여라.

4 등장변환 $F = T_aC$에 대하여 $\mathbf{a} = (1, -3, 1)$이고

$$C = \frac{1}{\sqrt{2}}\begin{pmatrix} 1 & 0 & -1 \\ 0 & 1 & 0 \\ 1 & 0 & 1 \end{pmatrix}$$

이라 하자. $\mathbf{p} = (2, -2, 8)$일 때, 다음과 같은 점 $\mathbf{q}$의 좌표를 구하여라.

(1) $\mathbf{q} = F(\mathbf{p})$ (2) $\mathbf{q} = F^{-1}(\mathbf{p})$

(3) $\mathbf{q} = (CT_a)(\mathbf{p})$

5 다음 각 경우에 F가 $\mathbf{E}^3$의 등장변환이 되는가? 만약 그렇다면 그것의 평행이동부분과 직교부분을 구하여라.

(1) $F(\mathbf{p}) = -\mathbf{p}$ (2) $F(\mathbf{p}) = (\mathbf{p} \cdot \mathbf{a})\mathbf{a}$, 단 $\|\mathbf{a}\| = 1$

(3) $F(\mathbf{p}) = (p_3 - 1, p_2 - 2, p_1 - 3)$ (4) $F(\mathbf{p}) = (p_1, p_2, 1)$

6 $\mathbf{E}^3$의 모든 등장변환의 집합 ξ은 군이 됨을 증명하여라. 이 군의 연산은 함수의 합성이므로 이루어진다. 이때 ξ을 **유클리드 군**이라 한다. 다음을 만족하는 군 G의 부분집합 H를 G의 **부분군**이라 한다.

(1) $g_1, g_2 \in H \Rightarrow g_1 g_2 \in H$ (2) $g \in H \Rightarrow g^{-1} \in H$

(3) G의 항등원 e는 H의 원소이다.

3-2 등장변환의 미분사상

제 1 장에서 임의의 사상 $F: \mathbf{E}^3 \to \mathbf{E}^3$는 점 $\mathbf{p}$에서의 접벡터 $\mathbf{v}$를 $F(\mathbf{p})$에서의 접벡터 $F_*(\mathbf{v})$로 옮겨 주는 미분사상 F_*을 소유하고 있음을 보았다. F가 등장변환일 때 미분사상은 어떻게 표현되는가? 이 절에서는 접벡터와 점 사이의 거리를 매우 중요하게 다루므로 임시로 적용점을 다시 사용하기로 한다.

정리 2-1

등장변환 F의 직교부분을 C라 하면, $\mathbf{E}^3$의 모든 접벡터 $\mathbf{v}_p$에 대하여

$$F_*(\mathbf{v}_p) = C(\mathbf{v})|_{F(p)}$$

이 정리를 다시 설명해 보자. $F_*(\mathbf{v}_p)$를 얻기 위하여, 먼저 $\mathbf{v}_p$를 근본적으로 대응하는 점 $\mathbf{v}$로 이동시킨다. 다음 F의 직교성분 C를 적용하여 $C(\mathbf{v})$를 구한 후, 점 $F(\mathbf{p})$에서 이것에 대응하는 접벡터로 점 $C(\mathbf{v})$를 이동하면 된다(그림 3-2).

증명 정리 1-7에서처럼 $F=TC$라 하자. 이때 T를 $\mathbf{a}$만큼의 이동이라 하

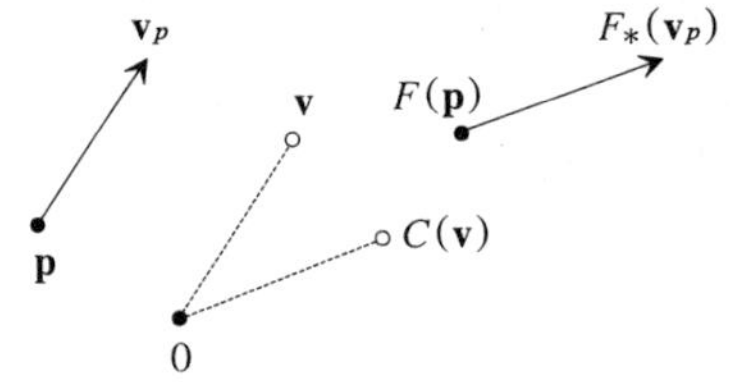

그림 3-2

면 $F(\mathbf{p})=C(\mathbf{p})+\mathbf{a}$이다. 만약 $\mathbf{v}_p$를 $\mathbf{E}^3$의 접벡터라 하면, 제 1 장 정의 5-4에 의하여 $F_*(\mathbf{v}_p)$는 곡선 $t \to F(\mathbf{p}+t\mathbf{v})$의 초기속도벡터이다. 그런데 C는 선형이므로

$$\begin{aligned} F(\mathbf{p}+t\mathbf{v}) &= TC(\mathbf{p}+t\mathbf{v}) = T(C(\mathbf{p})+tC(\mathbf{v})) \\ &= \mathbf{a}+C(\mathbf{p})+tC(\mathbf{v}) = F(\mathbf{p})+tC(\mathbf{v}) \end{aligned}$$

이므로

$$F_*(\mathbf{v}_p) = \frac{d}{dt}F(\mathbf{p}+t\mathbf{v})\Big|_{t=0} = C(\mathbf{v})|_{F(p)}$$

을 얻는다. ■

위의 결과를 유클리드 좌표로 나타낼 수 있다.

$$F_*(\mathbf{v}_p) = F_*\left(\sum v_j U_j\right) = \sum c_{ij} v_j \bar{U}_i$$

단, $C=(c_{ij})$는 등장변환 F의 직교성분이고, U_i와 $\bar{U}_i$는 각각 $\mathbf{p}$, $F(\mathbf{p})$에서 적용된 자연틀장이다.

정리 2-2 등장변환과 내적

등장변환은 접벡터의 내적을 보존한다.

즉, F를 등장변환이라 하면 $\mathbf{E}^3$의 접벡터 $\mathbf{v}_p$와 $\mathbf{w}_p$에 대하여

$$F_*(\mathbf{v}_p)\cdot F_*(\mathbf{w}_p) = \mathbf{v}_p\cdot\mathbf{w}_p$$

증명 C를 F의 직교성분이라 하자. C는 내적을 보존하므로 정리 2-1과 접벡터의 내적에 관한 제 2 장의 정리 1-3에 의하여

$$\begin{aligned} F_*(\mathbf{v}_p)\cdot F_*(\mathbf{w}_p) &= C(\mathbf{v})|_{F(p)}\cdot C(\mathbf{w})|_{F(p)} = C(\mathbf{v})\cdot C(\mathbf{w}) \\ &= \mathbf{v}\cdot\mathbf{w} = \mathbf{v}_p\cdot\mathbf{w}_p \end{aligned}$$

이 성립한다. ■

등장변환에 의하여 내적이 보존되었으므로, 노름과 직교성도 보존된다. 만약 F가 등장변환이면 $\|F_*(\mathbf{v})\|=\|\mathbf{v}\|$이고, $\mathbf{v}$와 $\mathbf{w}$가 직교하면 $F_*(\mathbf{v})$와 $F_*(\mathbf{w})$도 직교한다. 결국 등장변환 F에 의하여 노름과 직교성이 보존되므로 $\mathbf{E}^3$의 틀도 보존된다. 즉 $\mathbf{e}_1$, $\mathbf{e}_2$, $\mathbf{e}_3$를 점 $\mathbf{p}$에서의 틀이라 하면 $F_*(\mathbf{e}_1)$, $F_*(\mathbf{e}_2)$, $F_*(\mathbf{e}_3)$도 점 $F(\mathbf{p})$에서 틀이 된다. 왜냐하면 $\mathbf{e}_i \cdot \mathbf{e}_j=\delta_{ij}$이므로 정리 2-2에 의하여 $F_*(\mathbf{e}_i) \cdot F_*(\mathbf{e}_j)=\mathbf{e}_i \cdot \mathbf{e}_j=\delta_{ij}$이기 때문이다.

정리 2-3

$\mathbf{E}^3$의 점 $\mathbf{p}$와 $\mathbf{q}$에서의 틀을 각각 $\mathbf{e}_i$, $\mathbf{f}_i$ $(i=1, 2, 3)$이라 하면 $F_*(\mathbf{e}_i)=\mathbf{f}_i$ $(i=1, 2, 3)$를 만족하는 등장변환 F가 가 유일하게 존재한다.

증명 F의 존재성: e_1, e_2, e_3와 f_1, f_2, f_3을 각각 두 개의 틀 $\mathbf{e}_i$, $\mathbf{f}_i$ $(i=1, 2, 3)$에 표준적으로 대응시키는 $\mathbf{E}^3$의 점이라 하면 $C(e_i)=f_i$, $(i=1, 2, 3)$를 만족하는 $\mathbf{E}^3$의 유일한 직교변환 C가 존재한다. 이때 T를 점 $\mathbf{q}-C(\mathbf{p})$에 의한 이동이라 하면 등장변환 $F=TC$가 틀 $\mathbf{e}$를 틀 $\mathbf{f}$로 보내 준다는 것을 확인할 수 있다. 즉

$$F(\mathbf{p})=TC(\mathbf{p})=C(\mathbf{p})+\mathbf{q}-C(\mathbf{p})=\mathbf{q}$$

이므로 F에 의하여 점 $\mathbf{p}$를 $\mathbf{q}$로 옮길 수 있다. 한편 정리 2-1에 의하여

$$F_*(\mathbf{e}_i)=C(e_i)|_{F(p)}=(f_i)_{F(p)}=(f_i)_q=\mathbf{f}_i \quad (i=1, 2, 3)$$

이므로 F에 의하여 틀 $\mathbf{e}_i$를 $\mathbf{f}_i$로 변환할 수 있음을 알 수 있다.

F의 유일성: 정리 2-1을 만족하는 C는 요구된 등장변환의 유일한 직교부분에 대하여만 성립하고, 이동부분 T는 $C(\mathbf{p})$를 $\mathbf{q}$로 옮

기는 것으로 결정되므로 정리 1-7에 의하여 $F=TC$는 유일하게 결정된다. ■

이 정리에서 등장변환 F의 명확한 계산을 살펴보자.

$\mathbf{e}_i=(a_{i1},\ a_{i2},\ a_{i3})_p$, $\mathbf{f}_i=(b_{i1},\ b_{i2},\ b_{i3})_q$, $(1\leq i\leq 3)$라 하면 $A=(a_{ij})$, $B=(b_{ij})$는 각각 틀 $\mathbf{e}_1$, $\mathbf{e}_2$, $\mathbf{e}_3$와 $\mathbf{f}_1$, $\mathbf{f}_2$, $\mathbf{f}_3$의 태도행렬이므로 직교행렬이다.

이제 C(엄격히 말하면 C의 행렬)가 ${}^tBA$임을 보이자. 이것은 ${}^tBA(e_i)=f_i$임을 보이면 된다. 예를 들어 열벡터 표기법을 사용하면

$$C(e_1)={}^tBA\begin{pmatrix}a_{11}\\a_{12}\\a_{13}\end{pmatrix}={}^tB\begin{pmatrix}1\\0\\0\end{pmatrix}=\begin{pmatrix}b_{11}\\b_{12}\\b_{13}\end{pmatrix}=f_1$$

즉 ${}^tBA(e_1)=f_1$ ($i=2$, 3인 경우도 마찬가지)이므로 ${}^tBA(\mathbf{e}_i)=\mathbf{f}_i$이다. 그러므로 등장변환 $F=TC$는

T는 $\mathbf{q}-C(\mathbf{p})$만큼의 이동 $C={}^tBA$

에 의하면 쉽게 계산할 수 있다. 실제로 예를 들어보자.

예제 2-4

점 $\mathbf{p}=(0,\ 1,\ 0)$에서의 틀 $\mathbf{e}_1=(2,\ 2,\ 1)/3$, $\mathbf{e}_2=(-2,\ 1,\ 2)/3$, $\mathbf{e}_3=(1,\ -2,\ 2)/3$ 을 점 $\mathbf{q}=(3,\ -1,\ 1)$에서의 틀 $\mathbf{f}_1=(1,0,1)/\sqrt{2}$, $\mathbf{f}_2=(0,1,0)$, $\mathbf{f}_3=(1,\ 0,\ -1)/\sqrt{2}$로 각각 옮겨 주는 등장변환 F를 구해보자.

틀 $\mathbf{e}_1$, $\mathbf{e}_2$, $\mathbf{e}_3$와 $\mathbf{f}_1$, $\mathbf{f}_2$, $\mathbf{f}_3$의 태도행렬을 각각 A, B라 하면

$$A=\frac{1}{3}\begin{pmatrix} 2 & 2 & 1 \\ -2 & 1 & 2 \\ 1 & -2 & 2 \end{pmatrix}, \quad {}^tB=\begin{pmatrix} \frac{1}{\sqrt{2}} & 0 & \frac{1}{\sqrt{2}} \\ 0 & 1 & 0 \\ \frac{1}{\sqrt{2}} & 0 & \frac{-1}{\sqrt{2}} \end{pmatrix}$$

이므로

$$C={}^tBA=\frac{1}{3}\begin{pmatrix} \frac{3}{\sqrt{2}} & 0 & \frac{3}{\sqrt{2}} \\ -2 & 1 & 2 \\ \frac{1}{\sqrt{2}} & \frac{4}{\sqrt{2}} & \frac{-1}{\sqrt{2}} \end{pmatrix}$$

한편, T는 $\mathbf{a}=\mathbf{q}-C(\mathbf{p})$에 의한 이동이므로

$$\mathbf{a}=\mathbf{q}-C(\mathbf{p})=\begin{pmatrix} 3 \\ -1 \\ 1 \end{pmatrix}-\frac{1}{3}\begin{pmatrix} \frac{3}{\sqrt{2}} & 0 & \frac{3}{\sqrt{2}} \\ -2 & 1 & 2 \\ \frac{1}{\sqrt{2}} & \frac{4}{\sqrt{2}} & \frac{-1}{\sqrt{2}} \end{pmatrix}\begin{pmatrix} 0 \\ 1 \\ 0 \end{pmatrix}=\begin{pmatrix} 3 \\ -\frac{4}{3} \\ 1-\frac{4}{3\sqrt{2}} \end{pmatrix}$$

따라서 구하려는 F는 위의 C와 T에 의하여 결정된다. 관계식

$$\begin{aligned} F(\mathbf{p})=TC(\mathbf{p})=C(\mathbf{p})+\mathbf{a}&=\left(0,\ \frac{1}{3},\ \frac{4}{3\sqrt{2}}\right)+\left(3,\ -\frac{4}{3},\ 1-\frac{4}{3\sqrt{2}}\right) \\ &=(3,\ -1,\ 1)=\mathbf{q} \end{aligned}$$

는 F에 의하여 점 $\mathbf{p}$가 $\mathbf{q}$로 옮겨짐을 확인하여 준다.

한편 $C(e_i)={}^tBA(e_i)=f_i$를 확인할 수 있으므로, F는 $F_*(\mathbf{e}_i)=\mathbf{f}_i$을 만족하는 등장변환이다.

문제 3-2

1 F가 평행이동이면 모든 접벡터 $\mathbf{v}$에 대하여 $F_*(\mathbf{v})$는 $\mathbf{v}$와 평행함을 보여라.

2 F와 G를 $\mathbf{E}^3$의 등장변환이라 할 때 식 $(GF)_*=G_*F_*$, $(F^{-1})_*=(F_*)^{-1}$이 성립함을 증명하여라.

3 $\mathbf{p}$에서 틀장 $\mathbf{e}_1$, $\mathbf{e}_2$, $\mathbf{e}_3$의 태도행렬을 A라 하자. 만약 F를 원점에서 자연틀장 U_1, U_2, U_3를 위의 틀장 $\mathbf{e}_1$, $\mathbf{e}_2$, $\mathbf{e}_3$으로 보내는 등장변환이라 하면 $F=T_pA^{-1}$임을 증명하여라($A^{-1}={}^tA$).

4 $\mathbf{q}$에서 틀장 $\mathbf{f}_1$, $\mathbf{f}_2$, $\mathbf{f}_3$의 태도행렬을 B라 하자. 등장변환 F가 문제 3의 틀장 $\mathbf{e}$를 틀장 $\mathbf{f}$로 옮겨 준다고 할 때, F의 직교부분은 $B^{-1}A$임을 증명하여라.

3-3 향(向)

기하학에서 가장 흥미 있고 이해하기 어려운 것 중에 하나가 곡선의 향(orientation)에 관한 것이다. 직관적으로 오른손장갑과 왼손장갑의 구분은 향에 있다고 할 수 있다. 이 내용을 수학적으로 다루기 위하여 장갑 대신 틀로 바꾸어 조사하여 보자.

$\mathbf{E}^3$에서 모든 틀은 다음과 같이 두 가지 종류로 분류한다.

$\mathbf{E}^3$의 한 점에서 $\mathbf{e}_1\cdot\mathbf{e}_2\times\mathbf{e}_3$은 $\mathbf{e}_1$, $\mathbf{e}_2$, $\mathbf{e}_3$의 태도행렬 A로 표시되므로

$$\mathbf{e}_1\cdot\mathbf{e}_2\times\mathbf{e}_3=\det A=\pm1$$

이다. 값이 $+1$일 때 틀 $\mathbf{e}_1$, $\mathbf{e}_2$, $\mathbf{e}_3$는 **양의 향**(positively oriented) 또는 **오른손방향**(right-handed), -1일 때 **음의 향**(negatively oriented) 또는 **왼손방향**(left-handed)으로 되어 있다고 정의한다.

예제 3-1

(1) 모든 점에서 자연틀 U_1, U_2, U_3와 같은 형태의 틀은 양의 향이다.

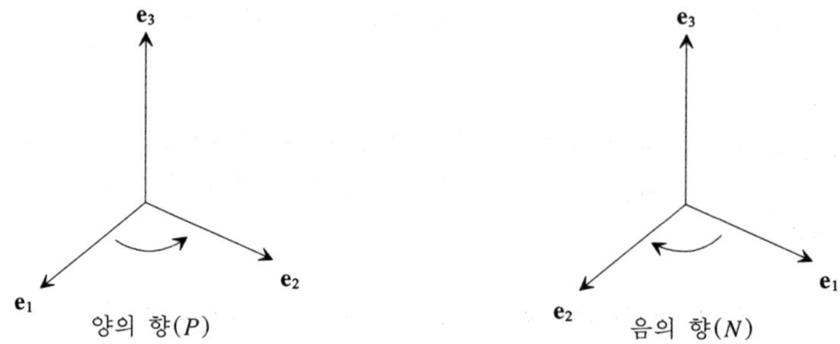

그림 3-3

(2) 틀 $\mathbf{e}_1$, $\mathbf{e}_2$, $\mathbf{e}_3$가 양의 방향일 필요충분조건은 $\mathbf{e}_1 \times \mathbf{e}_2 = \mathbf{e}_3$이다. 프레네 틀은 $T \times N = B$이므로 항상 양의 방향이다.

(3) $\mathbf{e}_1$, $\mathbf{e}_2$, $\mathbf{e}_3$이 양의 향이면

$$\mathbf{e}_1 = \mathbf{e}_2 \times \mathbf{e}_3 = -\mathbf{e}_3 \times \mathbf{e}_2$$
$$\mathbf{e}_2 = \mathbf{e}_3 \times \mathbf{e}_1 = -\mathbf{e}_1 \times \mathbf{e}_3$$
$$\mathbf{e}_3 = \mathbf{e}_1 \times \mathbf{e}_2 = -\mathbf{e}_2 \times \mathbf{e}_1$$

이다. 음의 향인 틀에 대하여는 위의 외적에서 두 벡터를 서로 바꾼 형태이다. 그러므로 $\mathbf{e}_1$, $\mathbf{e}_2$, $\mathbf{e}_3$의 향은 $\mathbf{e}_1$, $\mathbf{e}_2$, $\mathbf{e}_3$을 각각 엄지, 검지, 중지에 일치시켰을 때 오른손에 일치하면 양, 왼손에 일치하면 음의 향이라 판단하면 편하다. □

C가 등장변환 F의 직교부분이라 하면 $C = {}^tBA$로 표시되고, A와 B는 모두 직교행렬이므로 C도 직교행렬이다. 그러므로 $\det C = \det({}^tBA) = \pm 1$이다. 이제

$$\operatorname{sgn} F = \det C$$

로 정의하자.

정리 3-2　틀의 등장변환

$\mathbf{e}_1$, $\mathbf{e}_2$, $\mathbf{e}_3$를 $\mathbf{E}^3$의 어떤 점에서의 틀이라 하고, F를 등장변환이라 하면 다음 관계가 성립한다.

$$F_*(\mathbf{e}_1)\cdot F_*(\mathbf{e}_2)\times F_*(\mathbf{e}_3)=\operatorname{sgn} F(\mathbf{e}_1\cdot \mathbf{e}_2\times \mathbf{e}_3)$$

증명 $\mathbf{e}_j=\sum a_{jk}U_k$, $\det(A)=\mathbf{e}_1\cdot\mathbf{e}_2\times\mathbf{e}_3$라 하고 $C=(c_{ij})$를 F의 직교부분이라 하면

$$F_*(\mathbf{e}_j)=\sum_{i,k} c_{ik}a_{jk}\bar{U}_i$$

이다. 따라서 틀 $F_*(\mathbf{e}_1)$, $F_*(\mathbf{e}_2)$, $F_*(\mathbf{e}_3)$의 태도행렬의 j-i요소가 $\sum c_{ik}a_{jk}$이므로 태도행렬은

$$\left(\sum_k c_{ik}a_{jk}\right)=\left(\sum_k c_{ik}{}^t a_{kj}\right)=C\,{}^tA$$

이다. 따라서

$$\begin{aligned}F_*(\mathbf{e}_1)\cdot F_*(\mathbf{e}_2)\times F_*(\mathbf{e}_3)&=\det(C\,{}^tA)=\det C\cdot\det{}^tA\\&=\det C\cdot\det A=\operatorname{sgn} F(\mathbf{e}_1\cdot\mathbf{e}_2\times\mathbf{e}_3)\end{aligned}$$ ■

이 정리는 $\operatorname{sgn} F=+1$일 때 F_*는 양의 향인 틀을 양의 향인 틀로, 음의 향인 틀을 음의 향인 틀로 옮겨 주는 것을 보여 준다. 마찬가지로 $\operatorname{sgn} F=-1$일 때는 양의 향을 음으로, 음의 향을 양으로 변환시킨다.

정의 3-3

$\mathbf{E}^3$의 등장변환 F의 직교부분을 C라 하자. 이때 F는

$\operatorname{sgn} F=\det C=+1$일 때 향을 보존한다(orientation-preserving),

$\operatorname{sgn} F=\operatorname{def} C=-1$일 때 향을 반대로 한다(orientation-reversing)

예제 3-4

(1) **평행이동**(translations): 모든 이동은 향을 보존한다. 실제로 평행이동 T의 직교부분은 바로 항등사상이므로 $\operatorname{sgn} T = \det I = +1$이다.

(2) **회전이동**(rotations): z축을 중심으로 각 θ만큼 회전하는 직교변환 C를 생각하자(예제 1-2). C의 행렬은

$$\begin{pmatrix} \cos\theta & -\sin\theta & 0 \\ \sin\theta & \cos\theta & 0 \\ 0 & 0 & 1 \end{pmatrix}$$

이므로 $\operatorname{sgn} C = \det C = +1$이다. 따라서 C는 향을 보존한다(문제 [4]).

(3) **반사이동**(reflections): $\mathbf{E}^3$의 yz-평면을 거울이라 하자. 만약 그 평면을 향하여 바라보면 점 $\mathbf{p} = (p_1, p_2, p_3)$는 점 $R(\mathbf{p}) = (-p_1, p_2, p_3)$에 있는 것처럼 보인다. 이렇게 정의된 사상 R를 yz-평면에 관한 반사이동이라고 한다. 이 경우 변환 R는

$$R = \begin{pmatrix} -1 & 0 & 0 \\ 0 & 1 & 0 \\ 0 & 0 & 1 \end{pmatrix}$$

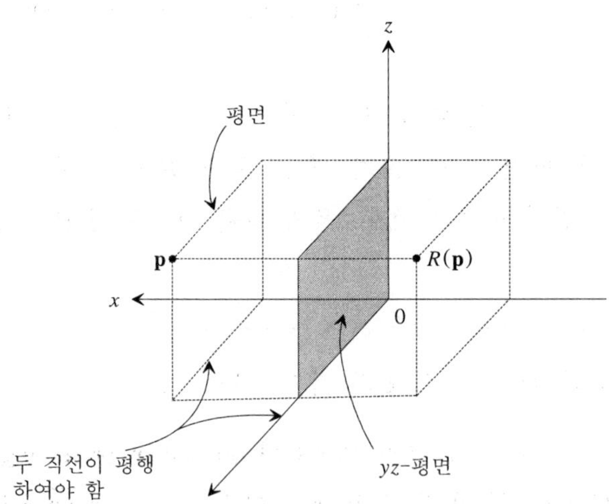

그림 3-4

로 표시되는 직교행렬이다. 따라서 R는 향을 반대로 바꾸는 등장변환이다. 거울을 바라보면 오른손의 거울상(mirror image)은 왼손으로 보인다는 것을 잘 알고 있을 것이다(그림 3-4). □

정리 3-5 벡터의 외적과 향

$\mathbf{e}_1$, $\mathbf{e}_2$, $\mathbf{e}_3$를 $\mathbf{E}^3$의 한 점에서 틀이라 하자. 만약 $\mathbf{v}=\sum v_i\mathbf{e}_i$, $\mathbf{w}=\sum w_i\mathbf{e}_i$ 라 하면 다음 관계식이 성립한다.

$$\mathbf{v}\times\mathbf{w}=\varepsilon\begin{vmatrix}\mathbf{e}_1 & \mathbf{e}_2 & \mathbf{e}_3\\ v_1 & v_2 & v_3\\ w_1 & w_2 & w_3\end{vmatrix},\quad \text{단 } \varepsilon=\mathbf{e}_1\cdot\mathbf{e}_2\times\mathbf{e}_3$$

증명 단순히 $\mathbf{v}$와 $\mathbf{w}$의 외적을 계산하고, 주어진 틀의 향을 적용하면 된다.

$$\begin{aligned}\mathbf{v}\times\mathbf{w}&=(v_1\mathbf{e}_1+v_2\mathbf{e}_2+v_3\mathbf{e}_3)\times(w_1\mathbf{e}_1+w_2\mathbf{e}_2+w_3\mathbf{e}_3)\\ &=(v_1w_2-v_2w_1)\mathbf{e}_1\times\mathbf{e}_2+(v_2w_3-v_3w_2)\mathbf{e}_2\times\mathbf{e}_3\\ &\quad+(v_3w_1-v_1w_3)\mathbf{e}_3\times\mathbf{e}_1\\ &=\varepsilon\begin{vmatrix}\mathbf{e}_1 & \mathbf{e}_2 & \mathbf{e}_3\\ v_1 & v_2 & v_3\\ w_1 & w_2 & w_3\end{vmatrix}\end{aligned}$$

(단 $\mathbf{e}_1$, $\mathbf{e}_2$, $\mathbf{e}_3$가 양의 향일 때 $\varepsilon=+1$, 음의 향일 때 $\varepsilon=-1$이다). ■

정리 3-6 등장변환과 외적

$\mathbf{v}$와 $\mathbf{w}$를 $\mathbf{p}$에서 $\mathbf{E}^3$의 접벡터, F를 등장변환이라 하면

$$F_*(\mathbf{v}\times\mathbf{w})=(\operatorname{sgn} F)F_*(\mathbf{v})\times F_*(\mathbf{w})$$

증명 $\mathbf{v}=\sum v_iU_i(\mathbf{p})$, $\mathbf{w}=\sum w_iU_i(\mathbf{p})$, $F_*(U_i(\mathbf{p}))=\mathbf{e}_i$라 하면, F_*는 선형변

환이므로

$$F_*(\mathbf{v}) = \sum v_i F_*(U_i(\mathbf{p})) = \sum v_i \mathbf{e}_i$$
$$F_*(\mathbf{w}) = \sum w_i F_*(U_i(\mathbf{p})) = \sum w_i \mathbf{e}_i$$

이제 정리 3-5를 사용하여 계산하면

$$F_*(\mathbf{v}) \times F_*(\mathbf{w}) = \varepsilon \begin{vmatrix} \mathbf{e}_1 & \mathbf{e}_2 & \mathbf{e}_3 \\ v_1 & v_2 & v_3 \\ w_1 & w_2 & w_3 \end{vmatrix} = \varepsilon F_*(\mathbf{v} \times \mathbf{w})$$

단, $\varepsilon = \mathbf{e}_1 \cdot \mathbf{e}_2 \times \mathbf{e}_3 = F_*(U_1(\mathbf{p})) \cdot F_*(U_2(\mathbf{p})) \times F_*(U_3(\mathbf{p}))$.

그런데 U_1, U_2, U_3는 양의 향이므로, 정리 3-2에 의하여

$$\begin{aligned} \varepsilon &= F_*(U_1(\mathbf{p})) \cdot F_*(U_2(\mathbf{p})) \times F_*(U_3(\mathbf{p})) \\ &= \operatorname{sgn} F(U_1 \cdot U_2 \times U_3) = \operatorname{sgn} F \end{aligned}$$

이므로 구하는 관계식을 얻는다. ■

문제 3-3

1 $\operatorname{sgn}(FG) = \operatorname{sgn}(F) \cdot \operatorname{sgn}(G) = \operatorname{sgn}(GF)$를 증명하고, $\operatorname{sgn}(F) = \operatorname{sgn}(F^{-1})$임을 추론하여라.

2 H_0을 향을 반대로 하는 등장변환이라 하면, 향을 반대로 하는 모든 등장변환은 H_0F로 유일하게 표현됨을 보여라. 단 F는 향을 보존하는 등장변환이다.

3 $\mathbf{v} = (3, 1, -1)$과 $\mathbf{w} = (-3, -3, 1)$을 어떤 점에서의 접벡터라 하자. 만약 C를 문제 3-1의 3에서 주어진 직교변환이라 하면 다음 공식이 성립함을 확인하여라.

$$C_*(\mathbf{v} \times \mathbf{w}) = \operatorname{sgn}(C)\ C_*(\mathbf{v}) \times C_*(\mathbf{w})$$

4 회전은 $\det(C) = +1$인 직교변환이다. 실제로, C는 한 축을 중심으로 $\mathbf{E}^3$를 회전시킨다는 것을 증명하여라. 주어진 회전 C에 대하여

$$C(\mathbf{e}_1) = \cos\theta\ \mathbf{e}_1 + \sin\theta\ \mathbf{e}_2$$
$$C(\mathbf{e}_2) = -\sin\theta\ \mathbf{e}_1 + \cos\theta\ \mathbf{e}_2$$

$$C(\mathbf{e}_3)=\mathbf{e}_3$$
$$\mathbf{e}_i \cdot \mathbf{e}_j=\delta_{ij}$$

를 만족하는 각 θ와 점 $\mathbf{e}_1$, $\mathbf{e}_2$, $\mathbf{e}_3$가 존재함을 보여라(그림 3-5).

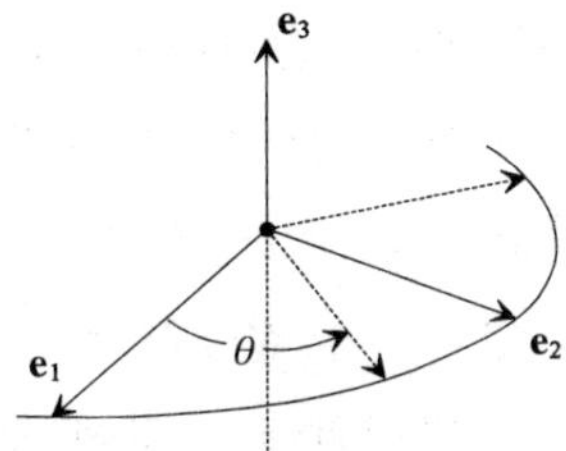

그림 3-5

5 $\mathbf{a}$를 $\|\mathbf{a}\|=1$인 점이라 할 때, 공식

$$C(\mathbf{p})=\mathbf{a}\times\mathbf{p}+(\mathbf{p}\cdot\mathbf{a})\mathbf{a}$$

는 직교변환을 정의한다. 이것을 증명하고, $\mathbf{E}^3$에서 이것의 일반적 효과를 기술하여 보아라.

3-4 유클리드 기하학

이 단원의 서두에서 평면기하학의 기본 특징을 살펴보았다. 만약 한 삼각형을 다른 삼각형으로 보내는 등장변환이 존재한다면 두(합동) 삼각형은 틀림없이 똑같은 기하학적 성질을 가질 것이다. 이것은 증명이 필요한 것이 아니라 '한 삼각형의 기하학적 성질'에 관한 정의이다. 좀더 일반화하면 유클리드 기하학은 유클리드 공간의 등장변환에 의하여 보존되는 총체적 개념으로 정의될 수 있다.

예를 들어보자. $\mathbf{E}^3$의 곡선 $\alpha=(\alpha_1, \alpha_2, \alpha_3)$에 대하여, 도함수

$$\alpha' = \left(\frac{d\alpha_1}{dt}, \ \frac{d\alpha_2}{dt}, \ \frac{d\alpha_3}{dt}\right), \quad \alpha'' = \left(\frac{d^2\alpha_1}{dt^2}, \ \frac{d^2\alpha_2}{dt^2}, \ \frac{d^2\alpha_3}{dt^2}\right)$$

은 모두 닮은 것처럼 보인다. 제1장의 정리 5-8에 의하여 속도벡터는 임의의 사상 $F : \mathbf{E}^3 \to \mathbf{E}^3$에 의하여 보존된다는 사실을 알았다. 즉 $\beta = F(\alpha)$라 하면 $\beta' = F_*(\alpha')$이다. 그러나 임의의 사상에 대하여 가속도벡터는 보존되지 않는다는 사실도 알고 있다. 그렇지만 가속도는 등장변환에 의하여 보존된다는 중요한 성질이 있다. 이 절에서는 제2장에서 소개한 이와 같은 개념을 조사하고 그들이 등장변환에 의하여 보존된다는 것을 증명한다.

제2장의 정의 2-3에서 소개한 곡선에 대한 벡터장에 관한 내용을 상기해 보자. 만약 Y를 곡선 $\alpha : I \to \mathbf{E}^3$ 위의 벡터장이라 하고 $F : \mathbf{E}^3 \to \mathbf{E}^3$를 임의의 사상이라 하면 $\bar{Y} = F_*(Y)$는 상곡선 $\bar{\alpha} = F(\alpha)$ 위에서 벡터장이다. 실제로 I에 속한 t에 대하여 $Y(t)$는 점 $\alpha(t)$에서 $\mathbf{E}^3$의 접벡터이다. 그러나 $\bar{Y}(t) = F_*(Y(t))$는 점 $F(\alpha(t)) = \bar{\alpha}(t)$에서 $\mathbf{E}^3$의 접벡터이다. 이 관계가 그림 3-6에서 설명되어 있다. 등장변환은 이런 벡터장의 도함수를 보존한다.

정리 4-1

Y를 $\mathbf{E}^3$의 곡선 α 위에서의 벡터장이라 하고 F를 등장변환이라 하면, $\bar{Y} = F_*(Y)$는 $\bar{\alpha} = F(\alpha)$ 위에서의 벡터장이고, 관계식

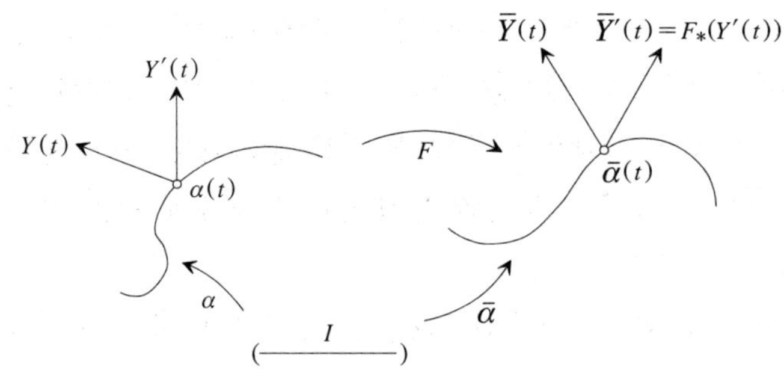

그림 3-6

$$\bar{Y}' = F_*(Y')$$

를 만족한다.

증명 $F_*(Y')$와 $\bar{Y}'$를 계산하기 위하여 Y를 유클리드 좌표함수를

$$Y = \sum y_j U_j$$

라 하면

$$Y' = \sum \left(\frac{dy_j}{dt}\right) U_j$$

이므로, 정리 2-1에 의하여 $F_*(Y')$를 구할 수 있다.

$$F_*(Y') = \sum c_{ij} \left(\frac{dy_j}{dt}\right) \bar{U}_i$$

한편

$$\bar{Y} = F_*(Y) = \sum c_{ij} y_j \bar{U}_i$$

이고 상수 c_{ij}는 F의 직교부분 C의 행렬의 원소이므로

$$\bar{Y}' = \sum \frac{d}{dt}(c_{ij} y_j) \bar{U}_i = \sum c_{ij} \left(\frac{dy_j}{dt}\right) \bar{U}_i$$

이다. 그러므로 $\bar{Y}' = F_*(Y')$이 성립한다. ■

등장변환은 가속도 벡터를 보존한다. 즉 $\bar{\alpha} = F(\alpha)$이고 F가 등장변환이면 $\bar{\alpha}'' = \bar{Y}' = F_*(Y') = F_*(\alpha'')$이다. 이것은 정리 4-1로부터 직접 나온다. 왜냐하면 만약 $Y = \alpha'$라면 제 1 장의 정리 5-8에 의하여 $\bar{Y} = \bar{\alpha}'$이므로

$$\bar{\alpha}'' = \bar{Y}' = F_*(Y') = F_*(\alpha'')$$

이기 때문이다. 물론 α가 단위속도곡선이면 $\bar{\alpha} = F(\alpha)$도 단위속도곡선이다.

정리 4-2	등장변환과 프레네 체계

β를 $\mathbf{E}^3$의 단위속도곡선 $(\kappa>0)$이라 하고, $\bar{\beta}=F(\beta)$를 등장변환 F에 의한 β의 상곡선(image curve)이라 하면

$$\bar{\kappa}=\kappa, \qquad \bar{\tau}=(\operatorname{sgn} F)\tau,$$
$$\bar{T}=F_*(T), \quad \bar{N}=F_*(N), \qquad \bar{B}=(\operatorname{sgn} F)F_*(B)$$

단, $\operatorname{sgn} F=\pm 1$은 등장변환 F의 부호이다.

증명 제1장 정리 5-8로 부터, $\|\bar{\beta}'\|=\|F_*(\beta')\|=\|\beta'\|=1$이 성립하므로 $\bar{\beta}$는 단위속도곡선이다. 이제 β와 $\bar{\beta}$에 제2장 3절의 정의를 응용하면

$$\bar{T}=\bar{\beta}'=F_*(\beta')=F_*(T)$$

F_*는 가속도와 노름을 보존하므로

$$\bar{\kappa}=\|\bar{\beta}''\|=\|F_*(\beta'')\|=\|\beta''\|=\kappa$$

그런데 $\kappa>0$이고 $\bar{\kappa}=\kappa$이므로 $\bar{\kappa}>0$을 이용하면 프레네 틀에 대한 관계식을 구할 수 있다.

$$\bar{N}=\frac{\bar{\beta}''}{\bar{\kappa}}=\frac{F_*(\beta'')}{\kappa}=F_*\left(\frac{\beta''}{\kappa}\right)=F_*(N)$$

정리 3-6을 이용하면

$$\bar{B}=\bar{T}\times\bar{N}=F_*(T)\times F_*(N)=(\operatorname{sgn} F)F_*(T\times N)=(\operatorname{sgn} F)F_*(B)$$

이제 비꼬임률 τ에 대한 관계식은 $\tau=-B'\cdot N=B\cdot N'$로부터 즉시 구할 수 있다.

$$\begin{aligned}\bar{\tau}=\bar{B}\cdot\bar{N}'&=(\operatorname{sgn} F)F_*(B)\cdot F_*(N')\\&=(\operatorname{sgn} F)(B\cdot N')=(\operatorname{sgn} F)\tau.\end{aligned}$$ ■

예제 4-3

단위속도나선

$$\beta(s)=\left(\cos\frac{s}{c},\ \sin\frac{s}{c},\ \frac{s}{c}\right)$$

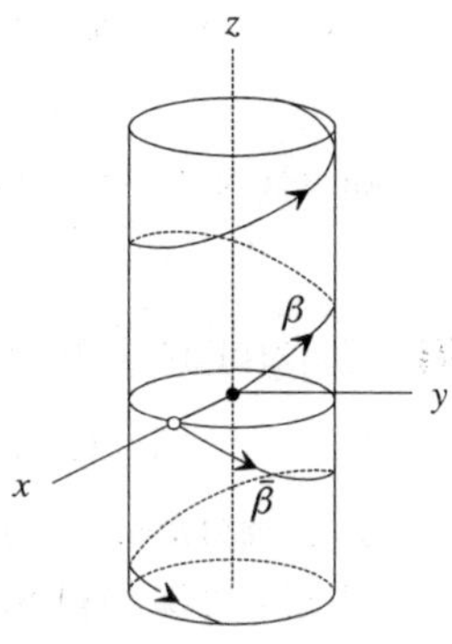

그림 3-7

는 제2장의 예제 3-3의 결과부터 $a=b=1$, $c=\sqrt{2}$인 경우이므로 $\kappa=\tau=1/2$이다. 이제 R를 xy-평면에 대한 반사변환이라 하면 R는 등장변환이므로 $R(x,\ y,\ z)=(x,\ y,\ -z)$이다. 따라서 상곡선 $\bar{\beta}=R(\beta)$는 β의 거울상

$$\bar{\beta}(s)=\left(\cos\frac{s}{c},\ \sin\frac{s}{c},\ -\frac{s}{c}\right)$$

이다. 그림 3-7에서 보듯이 β와 $\bar{\beta}$는 반대방향으로 꼬여 있다. β가 오른손방향이면 $\bar{\beta}$는 왼손방향이다(실제로 β는 위로 감아올라가고 있고 $\bar{\beta}$는 내려가고 있다). 결국 반사변환 R은 향을 반대로 한다. 그러므로 위 정리 4-2로부터 $\bar{\kappa}=\kappa=1/2$이고 $\bar{\tau}=-\tau=-1/2$이다. $\bar{\beta}$는 제2장의 예제 3-3에서 $a=1$, $b=-1$인 경우이며, 이것은 일반공식을 사용해도 쉽게 계산할 수 있다. □

문제 3-4

1 $F=TC$를 $\mathbf{E}^3$의 등장변환, β를 $\mathbf{E}^3$의 단위속도곡선이라 하자. 다음을 증명하여라.

(1) β가 주면나선이면 $F(\beta)$도 주면나선이다.

(2) β의 구면상을 $\bar{\beta}$라 하면 $C(\bar{\beta})$는 $F(\beta)$의 구면상이다.

2 나선 $\alpha(t)=(\cos t,\ \sin t,\ 2t)$ 위의 벡터장을 $Y=(t,\ 1-t^2,\ 1+t^2)$이라 하고, C를 직교변환

$$C=\begin{pmatrix} -1 & 0 & 0 \\ 0 & \frac{1}{\sqrt{2}} & \frac{-1}{\sqrt{2}} \\ 0 & \frac{1}{\sqrt{2}} & \frac{1}{\sqrt{2}} \end{pmatrix}$$

이라 하자. 이때 $\bar{\alpha}=C(\alpha)$와 $\bar{Y}=C_*(Y)$를 구하고

$$C_*(Y')=\bar{Y}', \quad C_*(\alpha'')=\bar{\alpha}'', \quad Y'\cdot\alpha''=\bar{Y}'\cdot\bar{\alpha}''$$

이 성립함을 증명하여라.

3 꼭지점이 다음과 같은 $\mathbf{E}^2$의 두 삼각형

$$\triangle_1 : (3, 1), (7, 1), (7, 4), \qquad \triangle_2 : (2, 0), (2, 5), \left(-\frac{2}{5}, \frac{16}{5}\right)$$

을 스케치하여라. 그리고 $\triangle_1$을 $\triangle_2$로 보내는 등장변환 F에 의하여 이 두 삼각형이 합동임을 보여라.

4 $F : \mathbf{E}^3 \to \mathbf{E}^3$은 F_*가 내적을 보존하는 사상이라 하면, F는 등장변환임을 증명하여라.

3-5 곡선의 합동

$\mathbf{E}^3$의 곡선에 대한 합동(congruence)의 일반 개념은 등장변환에 의하여 정의할 수 있다. 이에 관한 내용을 자세하게 조사하여 보자.

> **정의 5-1**
>
> 두 곡선 $\alpha, \beta : I \to \mathbf{E}^3$이 **합동**이라 함은 $\beta=F(\alpha)$, 즉 모든 $t\in I$에 대하여 $\beta(t)=F(\alpha(t))$를 만족하는 등장변환 F가 존재하는 것이다.

직관적으로 말하면, 합동인 곡선은 공간에서 위치를 제외하고는 모양이 같다고 말할 수 있다. 그 곡선들은 같은 모양의 경로(route)를 따라서 같은 속도로 나아가고 있음을 나타낸다. 예를 들어보자.

나선(helix) $\alpha(t)=(\cos t, \sin t, t)$가 z축으로 감아올라가는 것과 똑같은 방법으로 나선 $\beta(t)=(t, \cos t, \sin t)$도 x축을 감아올라간다. 결국 F를

$$F(p_1, p_2, p_3)=(p_3, p_1, p_2)$$

를 만족하는 등장변환이라 하면 $F(\alpha)=\beta$이다. 그러므로 두 나선은 합동이다. 이 사실을 유클리드 기하학의 관점에서 보면, $\mathbf{E}^3$의 두 곡선이 등장변환에 의하여만 다를 때 두 곡선은 합동이 되는 것이다.

곡선 α와 β가 합동인가를 결정하기 위하여 α를 β로 보내는 등장변환이 존재하는가를 무한히 많은 등장변환을 대상으로 시도하기란 사실상 불가능하다. 그러므로 두 단위속도곡선이 모양에 대한 같은 특징이 있으면, 두 곡선은 합동이라고 한다. 우리가 곡선의 모양에 관한 특징이라고 아무 의심 없이 수용할 수 있는 것은 곡률과 비꼬임률에 의한 것이다.

평행이동에 의하여 합동이 되는 곡선들을 평행(parallel)하다고 한다. 그러므로 두 곡선 $\alpha, \beta : I \to \mathbf{E}^3$가 평행일 필요충분조건은 모든 $s \in I$에 대하여 $\beta(s)=\alpha(s)+\mathbf{p}$를 만족하는 점 $\mathbf{p}$가 존재하는 것이다.

정리 5-2 합동정리

두 곡선 $\alpha, \beta : I \to \mathbf{E}^3$의 각각의 속도벡터 $\alpha'(s)$와 $\beta'(s)$가 평행이면 α와 β는 평행이다. 특히 α와 β가 평행이고 어느 한 점 $s_0 \in I$에서 $\alpha(s_0)=\beta(s_0)$이면 $\alpha=\beta$이다.

증명 정의에 따라 $\alpha'(s)$와 $\beta'(s)$가 평행이면 α와 β는 같은 유클리드 좌표를 가지므로

$$\frac{d\alpha_i}{ds}(s)=\frac{d\beta_i}{ds}(s), \quad (1 \le i \le 3)$$

이다. 단 α_i와 β_i는 각각 α와 β의 유클리드 좌표이다. 그런데 위 방정식은 $\beta_i=\alpha_i+p_i$ (p_i: 상수)를 뜻하므로 $\beta=\alpha+\mathbf{p}$이다. 더욱이

$\alpha(s_0)=\beta(s_0)$이면 $\mathbf{p}=\mathbf{0}$이 되어 $\alpha=\beta$가 된다. ■

정리 5-3 두 곡선의 합동조건

단위속도곡선 $\alpha, \beta : I \to \mathbf{E}^3$가 $\kappa_\alpha=\kappa_\beta$이고 $\tau_\alpha=\pm\tau_\beta$이면 α와 β는 합동이다.

증명 다음과 같이 두 단계로 증명하자.

(1). α와 합동인 곡선 $\bar{\alpha}=F(\alpha)$를 도입한 후

(2). $\bar{\alpha}=\beta$임을 증명한다.

(1) 단계: 구간 I에 속한 수 s를 고정한다. 여기서는 $s=0$이라 하자. $\tau_\alpha=\tau_\beta$인 경우 점 $\alpha(0)$에서 α의 플레네틀 $T_\alpha(0)$, $N_\alpha(0)$, $B_\alpha(0)$을 점 $\beta(0)$에서 β의 프레네 틀 $T(0)$, $N(0)$, $B(0)$으로 옮기는 향을 보존하는 등장변환을 F라 하자(이와 같은 F의 존재성은 정리 2-3에 의하여 보장된다). $\bar{\kappa}$, $\bar{\tau}$, $\bar{T}$, $\bar{N}$, $\bar{B}$를 $\bar{\alpha}=F(\alpha)$의 프레네 체계라 하면 정리 4-2와 위의 내용으로부터 다음 관계가 성립한다.

$$\bar{\alpha}(0)=\beta(0), \quad \bar{\kappa}=\kappa_\beta, \quad \bar{\tau}=\tau_\beta$$
$$\bar{T}(0)=T(0), \quad \bar{N}(0)=N(0), \quad \bar{B}(0)=B(0) \qquad (*)$$

한편, $\tau_\alpha=-\tau_\beta$인 경우에는 $\alpha(0)$에서 틀 $T_\alpha(0)$, $N_\alpha(0)$, $B_\alpha(0)$을

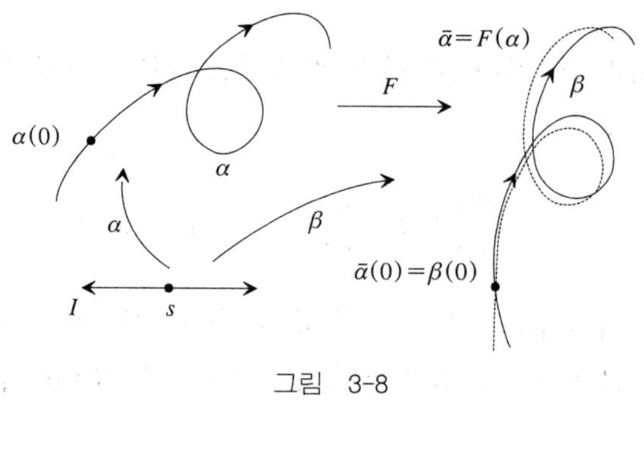

그림 3-8

$\beta(0)$에서의 틀 $T(0)$, $N(0)$, $-B(0)$으로 옮기는 향을 바꾸는 등장변환 F를 선택하면 된다(프레네 틀은 향을 보존하므로 $T_\alpha(0)$, $N_\alpha(0)$, $-B_\alpha(0)$은 프레네 틀이 아닌 음의 향을 갖는 틀이다). 정리 4-2에 의하여 관계식 (*)은 $\bar{\alpha}=F(\alpha)$에 대하여도 성립한다. 왜냐하면 문제가 되는 $\bar{\tau}$와 $\bar{B}$에 대하여

$$\begin{aligned}\bar{\tau}&=(\operatorname{sgn} F)\tau_\alpha=-(-\tau_\beta)=\tau_\beta\\ \bar{B}(0)&=(\operatorname{sgn} F)F_*(B_\alpha(0))\\ &=-F_*(B_\alpha(0))=-(-B(0))=B(0)\end{aligned}$$

이 성립하기 때문이다.

(2) 단계: $\bar{\alpha}=\beta$를 증명하자. $\bar{\alpha}(0)=\beta(0)$이므로 두 곡선 $\bar{\alpha}=F(\alpha)$와 β의 프레네 단위벡터가 대응하는 각 점에서 서로 평행함을 보이면 된다. 이제 구간 I에서 실가함수

$$f=\bar{T}\cdot T+\bar{N}\cdot N+\bar{B}\cdot B$$

를 도입하자. 이때 모든 $s\in I$에 대하여 $f(s)=3$임을 증명하면 된다.

$$f'=\bar{T}'\cdot T+\bar{T}\cdot T'+\bar{N}'\cdot N+\bar{N}\cdot N'+\bar{B}'\cdot B+\bar{B}\cdot B'$$

이므로, $\bar{\alpha}$와 β에 대한 프레네 공식을 대입하면

$$f'=0 \quad \text{또는} \quad f=\text{상수}$$

를 얻는다. 그런데 식 (*)에 의하여

$$f(0)=\bar{T}(0)\cdot T(0)+\bar{N}(0)\cdot N(0)+\bar{B}(0)\cdot B(0)=3$$

이다. 한편

$$\bar{T}\cdot T\le 1,\quad \bar{N}\cdot N\le 1,\quad \bar{B}\cdot B\le 1$$

이므로

$$\bar{T}\cdot T=\bar{N}\cdot N=\bar{B}\cdot B=1$$

이어야 한다. 따라서 $s \in I$에서 $\bar{T}=T$, $\bar{N}=N$, $\bar{B}=B$이므로 $\bar{\alpha}=\beta$ 이다. ■

이제 합동인 두 곡선 α, β에 대하여 α를 β로 옮기는 등장변환을 어떻게 확실하게 계산할 수 있는가 예를 들어 조사해 보자.

예제 5-4

$$\alpha(s)=\left(\cos\frac{s}{c},\ \sin\frac{s}{c},\ \frac{s}{c}\right)$$

$$\beta(s)=\left(\cos\frac{s}{c},\ \sin\frac{s}{c},\ -\frac{s}{c}\right),\quad \text{단 } c=\sqrt{2}$$

으로 표시되는 두 개의 단위속도곡선 $\alpha, \beta : I \to \mathbf{E}^3$을 생각해 보자. 두 곡선 α와 β의 곡률과 비꼬임률은 각각

$$\kappa_\alpha=\frac{1}{2}=\kappa_\beta,\quad \tau_\alpha=\frac{1}{2}=-\tau_\beta$$

이다(제2장의 예제 3-3). 따라서 정리 5-3에 의하여 향을 바꾸는 등장변환 F에 의하여 α와 β는 합동임을 알 수 있다.

실제로, 향을 반대로 바꾸는 반사사상 R에 의하여 $s=0$에서 $\alpha(s)$의 프레네 틀

$$T_\alpha(0)=(0,\ a,\ a)$$
$$N_\alpha(0)=(-1,\ 0,\ 0)$$
$$B_\alpha(0)=(0,\ -a,\ a),\quad \text{단 } a=\frac{1}{\sqrt{2}}$$

은 $\beta(s)=R(\alpha(s))$의 프레네 틀

$$T_\beta(0)=(0,\ a,\ -a)$$
$$N_\beta(0)=(-1,\ 0,\ 0)$$
$$-B_\beta(0)=(0,\ -a,\ -a),\quad \text{단 } a=\frac{1}{\sqrt{2}}$$

로 옮겨진다.

이제 $\alpha(s)$와 $R(\alpha(s))=\beta(s)$ 사이의 관계를 수식으로 조사해 보자.

$$\alpha(s)=\left(\cos\frac{s}{c},\ \sin\frac{s}{c},\ \frac{s}{c}\right),\quad c=\sqrt{2}$$

로부터 프레네 체계는 쉽게 계산할 수 있다(제 2 장 예제 3-3).

$$T(s)=\left(-\frac{1}{c}\sin\frac{s}{c},\ \frac{1}{c}\cos\frac{s}{c},\ \frac{1}{c}\right)$$

$$N(s)=\left(-\cos\frac{s}{c},\ -\sin\frac{s}{c},\ 0\right)$$

$$B(s)=\left(\frac{1}{c}\sin\frac{s}{c},\ -\frac{1}{c}\cos\frac{s}{c},\ \frac{1}{c}\right)$$

$$\kappa(s)=\tau(s)=\frac{1}{c^2}=\frac{1}{2}$$

한편, xy-평면을 거울로 생각했을 때 반사변환 R에 의한 $\alpha(s)$의 상

$$\beta(s)=\left(\cos\frac{s}{c},\ \sin\frac{s}{c},\ -\frac{s}{c}\right),\ c=\sqrt{2}$$

에 대한 프레네 체계 $\bar{T}(s)$, $\bar{N}(s)$, $\bar{B}(s)$, $\bar{\kappa}(s)$, $\bar{\tau}(s)$는 각각

$$\bar{T}(s)=\left(-\frac{1}{c}\sin\frac{s}{c},\ \frac{1}{c}\cos\frac{s}{c},\ -\frac{1}{c}\right)$$

$$\bar{N}(s)=\left(-\cos\frac{s}{c},\ -\sin\frac{s}{c},\ 0\right)$$

$$-\bar{B}(s)=\left(\frac{1}{c}\sin\frac{s}{c},\ -\frac{1}{c}\cos\frac{s}{c},\ -\frac{1}{c}\right)$$

$$\bar{\kappa}(s)=\frac{1}{2}=-\bar{\tau}(s)$$

이므로, 반사사상 R는 향을 반대로 바꾸는 등장변환임을 알 수 있다.

한편 A와 B를 두 개의 틀의 태도행렬이라 할 때, 등장변환 F의 직교부분 C는 ${}^tBA$이므로

$$C={}^tBA=\begin{pmatrix}0&-1&0\\a&0&-a\\-a&0&-a\end{pmatrix}\begin{pmatrix}0&a&a\\-1&0&0\\0&-a&a\end{pmatrix}=\begin{pmatrix}1&0&0\\0&1&0\\0&0&-1\end{pmatrix}$$

그런데 두 틀은 같은 적용점 $\alpha(0)=\beta(0)=(1, 0, 0)$을 가지고 있으므로 C는 이 점을 움직이지 않는다. 따라서 F의 이동부분 T는 바로 항등사상이다. 따라서 반사변환 $F=C$는 α를 β로 옮겨 준다. 다시 말하면 등장변환 $F=C$는 α 위의 점 $\alpha(s)$에서의 틀 T_α, N_α, B_α를 점 $F(\alpha(s))=\beta(s)$에서의 틀 T_β, N_β, B_β로 옮겨 준다. □

유클리드 기하의 관점에서 보면 $\mathbf{E}^3$의 두 곡선이 등장변환에 의하여만 다르다면 두 곡선은 같은 것이다. 예를 들어 나선은 어떤 곡선인가?

제 2 장의 예제 3-3에 의하면 z축을 중심으로 감아가는 곡선뿐만 아니라 임의의 곡선은 특별한 나선 중의 어느 하나와 합동이 된다는 것이다. 일반적인 공식을 나열하기보다는 가장 특징 있는 것 하나를 소개해 보자.

정리 5-5 나선이 될 조건

α를 $\mathbf{E}^3$의 단위속도곡선이라 하자. α가 나선일 필요충분조건은 α의 곡률과 비꼬임률 모두가 0이 아닌 상수가 되는 것이다.

증명 나선(제 2 장의 예제 3-3)

$$\beta_{a,b}=\left(a\cos\frac{s}{c},\ a\sin\frac{s}{c},\ \frac{bs}{c}\right),\ a>0,\ b\neq 0,\ c=\sqrt{a^2+b^2}$$

을 도입하자. 만약 곡선 α와 $\beta_{a,b}$가 합동이면 α를 $\beta_{a,b}$로 옮겨 주는 등장변환은 향을 보존한다고 가정할 수 있다. 그때 α의 곡률과 비꼬임률은 $\beta_{a,b}$의 곡률 κ와 비꼬임률 τ와 같아야 한다. 그런데 곡선 α로부터

$$\kappa=\frac{a}{a^2+b^2},\quad \tau=\frac{b}{a^2+b^2} \tag{*}$$

를 얻을 수 있으므로 α가 나선이면 분명히 κ와 τ는 0이 아닌 상수이다. 역으로 곡선 α가 식 (*)와 같은 0이 아닌 상수 κ와 τ를 갖는다고 가정하자. 이때 관계식 (*)을 a와 b에 관하여 풀어 쓰면

$$a=\frac{\kappa}{\kappa^2+\tau^2},\quad b=\frac{\tau}{\kappa^2+\tau^2}$$

이므로

$$\beta_{a,b}=\left(\frac{\kappa}{\kappa^2+\tau^2}\cos\frac{s}{c},\ \frac{\kappa}{\kappa^2+\tau^2}\sin\frac{s}{c},\ \frac{\tau s}{(\kappa^2+\tau^2)c}\right)$$

이다. 그런데 계산에 의하여 $\beta_{a,b}$의 곡률과 비꼬임률은 각각 κ, τ이므로 $\beta_{a,b}$와 합동이다. 따라서 α는 나선이어야 한다. ■

정리 5-6 두 곡선의 합동

$\alpha, \beta : I \to \mathbf{E}^3$을 임의의 속도곡선이라 하자. 만약

$$v_\alpha=v_\beta>0,\quad \kappa_\alpha=\kappa_\beta>0,\quad \tau_\alpha=\pm\tau_\beta$$

라 하면, 곡선 α와 β는 합동이다.

증명 $\bar{\alpha}$와 $\bar{\beta}$를 $t=0$에서 기준을 둔 α, β의 재매개변수화된 단위속도곡선이라 하자. α와 β는 같은 속도함수를 가지므로 역시 같은 호의 길이(호장)함수 $s=s(t)$를 갖고 역함수 $t=t(s)$를 갖는다. 그런데

$$\kappa_\alpha=\kappa_\beta \text{이고 } \tau_\alpha=\pm\tau_\beta$$

이므로, 제 2 장 2-4절의 곡률과 비꼬임률의 정의에 따라

$$\kappa_{\bar{\alpha}}(s)=\kappa_\alpha(t(s))=\kappa_\beta(t(s))=\kappa_{\bar{\beta}}(s)$$

$$\tau_{\bar{\alpha}}(s)=\tau_{\alpha}(t(s))=\pm\tau_{\beta}(t(s))=\pm\tau_{\bar{\beta}}(s)$$

를 얻는다. 따라서 합동정리 5-3에 의하여 $\bar{\alpha}$와 $\bar{\beta}$는 합동이다. 말하자면 등장변환 F에 의하여 $F(\bar{\alpha})=\bar{\beta}$이다. 그런데

$$F(\alpha(t))=F(\bar{\alpha}(s(t)))=\bar{\beta}(s(t))=\beta(t)$$

이므로 등장변환 F는 α를 β로 옮긴다. 즉 $F(\alpha)=\beta$이다. ■

이제까지 우리가 제시한 곡선론은 양의 곡률을 갖는 정칙곡선에 한하여 응용하기로 하자. 왜냐하면 이런 곡선에 한하여 프레네 틀장을 정의하는 것이 일반적으로 가능했기 때문이다. 그렇지만 $\mathbf{E}^3$에서 완전한 임의의 곡선 α는 α 위에서 임의의 틀장, 즉 각 점에서 수직인 α 위의 세 단위벡터 E_1, E_2, E_3에 의한 방법으로 연구할 수 있다. 예를 들어 합동정리 5-3은 임의의 곡선으로 쉽게 확장할 수 있다.

문제 3-5

1. $\alpha=(\alpha_1, \alpha_2, \alpha_3) : I\rightarrow\mathbf{E}^3$을 주어진 곡선이라 할 때, $\beta : I\rightarrow\mathbf{E}^3$가 α와 합동일 필요충분조건은 β가

$$\beta(t)=\mathbf{p}+\alpha_1(t)\mathbf{e}_1+\alpha_2(t)\mathbf{e}_2+\alpha_3(t)\mathbf{e}_3, \qquad \mathbf{e}_i\cdot\mathbf{e}_j=\delta_{ij}$$

로 표현되는 것이다. 증명하여라.

2. $\alpha(t)=(3t-t^3, 3t^2, 3t+t^3)$이라 할 때 $F(\alpha)=r$를 만족하는 $r(t)=(at, bt^2, ct^3)$ 형식의 곡선과 등장변환 F를 구하여라(제 2 장의 예제 4-4).

3. 평면단위속도곡선 α와 β가 합동일 필요충분조건은 $\kappa_\alpha=\pm\kappa_\beta$임을 증명하여라.

4. 곡선 $\beta(t)=(1+\sqrt{3}\sin t, 2\cos t, \sqrt{3}t-\sin t)$의 곡률과 비꼬임률을 계산함으로써 이 곡선이 나선임을 보여라. 그리고 $F(\alpha)=\beta$를 만족하는 $(a\cos t, a\sin t, bt)$형식의 곡선 a와 등장변환 F를 구하여라.

5. $\alpha, \beta : I\rightarrow\mathbf{E}^3$을 $\kappa>0$인 합동곡선이라 하면 $F(\alpha)=\beta$인 등장변환 F가 하나 존재

함을 증명하여라.

6 포물선 $\alpha(t)=(\sqrt{2}t,\ t^2,\ 0)$을 포물선 $\beta(t)=(-t,\ t,\ t^2)$으로 보내는 등장변환을 구하여라.

7 구간 I에서 주어진 미분가능 함수 κ가 있을 때, κ가 α의 곡률함수가 되는 $\mathbf{E}^2$의 단위속도곡선 α가 존재함을 증명하여라.

8 곡률함수가 각각

(1) $\kappa(s)=\dfrac{1}{1+s^2}$ (2) $\kappa(s)=\dfrac{1}{s}\ (s>0)$

인 평면곡선을 구하여라. 단 s는 곡선의 호의 길이함수이다.

4 곡면의 기본개념

$\mathbf{E}^3$ 에서의 곡면의 정의와 곡면을 형성하는 몇 가지 표준방법부터 시작한다. 이러한 개념은 어느 정도 익숙한 것이지만 곡면이 유클리드 평면 $\mathbf{E}^2$ 위에서 보통의 연산과 분명히 비교할 수 있는 미분과 적분을 가지고 있어야만 한다는 것까지 폭넓게 알고 있지는 못하다. 이 연산에 관계된 함수, 벡터장, 미분형식 및 사상은 엄밀히 말해 곡면에 속한 것이므로 이것에 관하여 자세하게 살펴볼 것이다.

4-1 E^3의 곡면

$\mathbf{E}^3$ 안의 곡면은 $\mathbf{E}^3$의 부분집합, 즉 $\mathbf{E}^3$의 점들의 집합체라 할 수 있다. 물론 모든 부분집합이 다 곡면이 되는 것은 아니다. 곡면은 반반하고 이차원적이어야만 한다. 이 정의를 위하여 다음의 수학적 용어를 살펴보자.

정의 1-1

좌표조각사상(coordinate patch) $\mathbf{x} : D \subset \mathbf{E}^2 \to \mathbf{E}^3$는 개집합(open set) D를 $\mathbf{E}^3$로 보내는 일대일 정칙사상이다.

좌표조각사상 $\mathbf{x}$의 상 $\mathbf{x}(D)$는 $\mathbf{E}^3$의 반반한 이차원 부분집합(smooth two-dimensional subset)이다. 함수의 정칙성(regularity)은 기본적으로 반반한다는 조건이고 일대일 조건은 $\mathbf{x}(D)$가 잘려나가는 것을 방지하기 위하여 포함된 것이다. $\mathbf{x}$가 **고유조각사상**(proper patch)이라 함은 $\mathbf{x}$의 역함수 $\mathbf{x}^{-1}$: $\mathbf{x}(D) \to D$가 연속인 조각사상을 말한다. 즉 이것은 연속좌표함수를 갖는 조각사상이다.

만약 D를 얇은 고무판이라 하면 $\mathbf{x}(D)$는 모양을 상하게 하지 않을 정도로 D를 구부리거나 잡아당겨 놓은 것이라 할 수 있다.

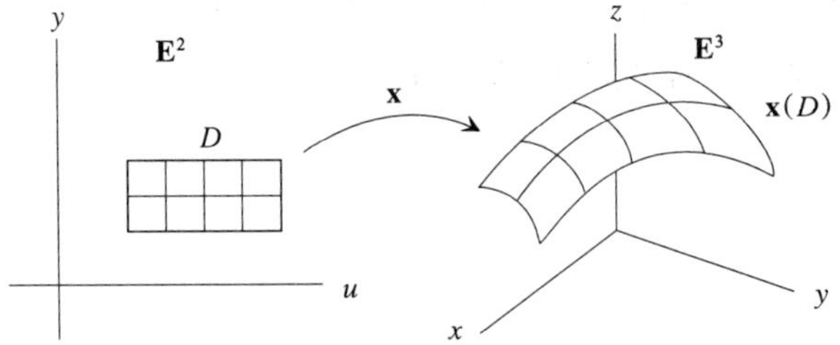

그림 4-1

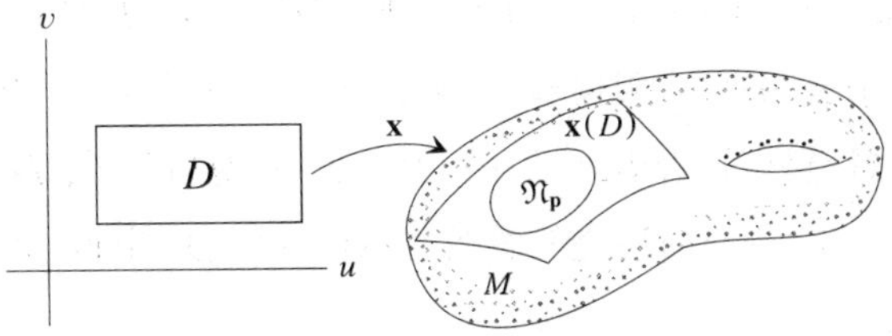

그림 4-2

곡면의 정의를 잘하기 위하여, 곡면 M에 속한 아주 충분히 작은 영역(region)은 평면의 한 영역과 닮았다는 생각으로부터 출발하자. 즉, M 안의 모든 점의 근방에서 M은 고유조각사상(proper patch)의 상으로서 표시될 수 있다는 것이다. 조각사상 $\mathbf{x}$의 상이 M에 포함되었을 때 $\mathbf{x}$를 M 안의 조각사상이라 한다. M 안의 점 $\mathbf{p}$의 **근방** $\mathfrak{N}$는 $\mathbf{p}$점으로부터 유클리드 거리가 ε보다 작은 M의 모든 점으로 이루어진 집합으로 정의하자.

$$\mathfrak{N}(\mathbf{p})=\{\mathbf{q} \mid |\mathbf{q}-\mathbf{p}|<\varepsilon,\ \mathbf{q}\in M\}$$

정의 1-2

$M\subset\mathbf{E}^3$ 위의 각각의 점 $\mathbf{p}$에 대하여 상이 $\mathbf{p}$의 근방 $\mathfrak{N}(\mathbf{p})$를 포함하는 고유조각사상이 존재할 때 M을 $\mathbf{E}^3$의 **곡면**(surface)이라고 정의한다.

예제 1-3

단위구면 Σ는 곡면이 됨을 자세히 조사해 보자.

정의에 따라 Σ는 원점으로부터 단위거리에 있는 모든 점으로 구성되어 있으므로 Σ 위의 점 $\mathbf{p}=(p_1, p_2, p_3)$에 대하여

$$\|\mathbf{p}\|=(p_1^2+p_2^2+p_3^2)^{1/2}=1$$

을 만족한다. 이제 Σ의 북극 (0, 0, 1)의 근방을 덮는 Σ 안의 고유조각사상을 찾아보자. Σ의 북반구(north-hemisphere) 위의 점 (q_1, q_2, q_3)을 xy-

평면 위의 점 $(q_1, q_2, 0)$으로 떨어뜨림에 의하여 북반구와 xy-평면에 속한 반경 1인 원판(disc)과의 일대일 대응을 얻을 수 있다. 만약 $(q_1, q_2, 0) \leftrightarrow (q_1, q_2)$인 자연결합의 방법으로 이 평면을 특성화하면, D는 $u^2+v^2<1$인 모든 점 (u, v)로 구성되는 $\mathbf{E}^2$ 안의 원판이다. D 위에서의 함수로서 이 대응을 나타내면

$$\mathbf{x}(u, v)=(u, v, \sqrt{1-u^2-v^2})$$

이므로, $\mathbf{x}$는 D로부터 Σ의 북반구로 보내는 일대일 함수이다.

이제 $\mathbf{x}$가 고유조각사상임을 보이자. $\mathbf{x}$의 좌표함수는 D에서 미분가능이므로 $\mathbf{x}$는 하나의 사상이다. $\mathbf{x}$가 정칙임을 확인하기 위하여 $\mathbf{x}$의 야코비 행렬을 쓰면

$$\begin{pmatrix} \dfrac{\partial u}{\partial u} & \dfrac{\partial v}{\partial u} & \dfrac{\partial f}{\partial u} \\ \dfrac{\partial u}{\partial v} & \dfrac{\partial v}{\partial v} & \dfrac{\partial f}{\partial v} \end{pmatrix} = \begin{pmatrix} 1 & 0 & \dfrac{\partial f}{\partial u} \\ 0 & 1 & \dfrac{\partial f}{\partial v} \end{pmatrix}, \quad \text{단 } f=\sqrt{1-u^2-v^2}$$

이다. 이 행렬의 행(rows)은 분명히 일차독립이므로 각 점에서의 계수(rank)는 2이다. 그러므로 정의 제 1 장의 정의 5-9의 판정에 따라 $\mathbf{x}$는 정칙이다. 따라서 $\mathbf{x}$는 조각사상이다. 더욱이 $\mathbf{x}$는 고유조각사상이다.

왜냐하면 $\mathbf{x}$의 역함수 $\mathbf{x}^{-1}: \mathbf{x}(D) \to D$는

$$\mathbf{x}^{-1}(p_1, p_2, p_3)=(p_1, p_2)$$

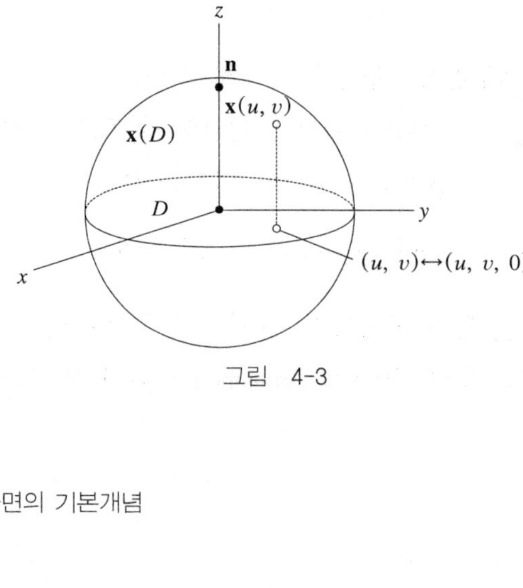

그림 4-3

이므로 분명히 연속이다.

마지막으로 $\mathbf{x}$는 Σ의 점 $\mathbf{p}=(0, 0, 1)$의 근방을 덮는다. 왜냐하면 분명히 $\mathbf{x}(D)$는 북반구에 있는 모든 점 $\mathbf{p}$의 근방을 덮기 때문이다. 아주 똑같은 방법으로, Σ의 반구면을 덮는 다섯 개의 고유조각사상을 구할 수 있다(단위구와 x, y, z축이 만나는 점 $(0, 0, 1)$, $(0, 0, -1)$, $(1, 0, 0)$, $(-1, 0, 0)$, $(0, 1, 0)$, $(0, -1, 0)$의 근방을 덮는 조각사상). 따라서 Σ는 곡면이다. □

정의 1-4

만약 f를 $\mathbf{E}^2$ 안의 개집합 D 위에서 미분가능 실가함수라 하면

$$\mathbf{x}(u, v)=(u, v, f(u, v)),\ \text{또는}\ (u, f(u, v), v),\ \text{또는}\ (f(u, v), u, v)$$

인 함수 $\mathbf{x} : D \to \mathbf{E}^3$은 고유조각사상(proper patch)이다. 이런 형태의 조각사상을 **몽주 조각사상**(Monge patches)이라 한다.

이제 다시 곡면을 구성하는 몇 가지 표준방법을 생각해 보자. 단 하나의 고유조각사상의 상 $M=\mathbf{x}(D)$는 자동적으로 정의 1-2를 만족한다. 이때 M을 **단순곡면**(simple surface)이라 한다. 그러므로 정의 1-2는 "**곡면은 몇 개의 단순곡면을 붙임으로써 구성된다**"라고 바꾸어 말할 수 있다.

예제 1-5

(1) **곡면 $M : z=f(x, y)$:** $\mathbf{E}^2$ 위에서 모든 미분가능 실가함수 f는 $\mathbf{E}^3$의 곡면(방정식 $z=f(x, y)$를 만족하는 좌표를 갖는 $\mathbf{E}^3$의 모든 점의 집합인 f의 그래프)을 결정한다. 분명히 M은 몽주 조각사상

$$\mathbf{x}(u, v)=(u, v, f(u, v))$$

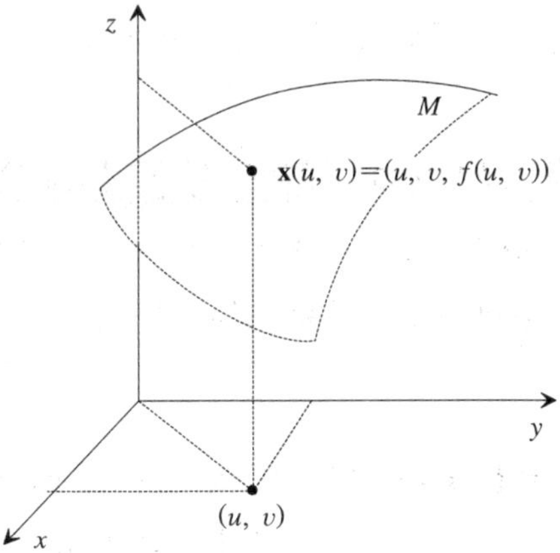

그림 4-4

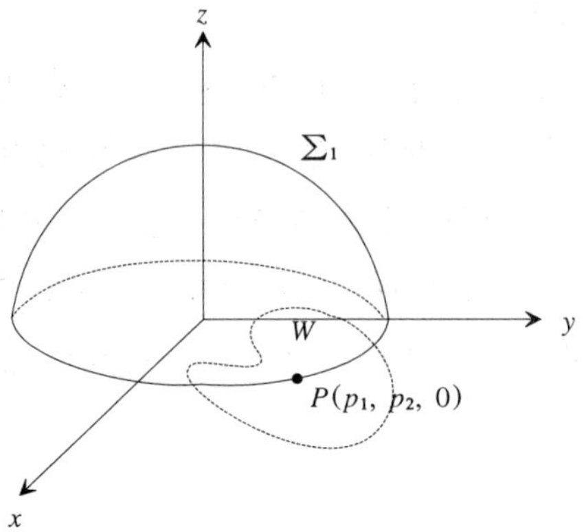

그림 4-5

의 상이므로 M은 단순곡면이다.

(2) 단순곡면은 경계(boundary)를 갖지 않는다. 예를 들어 적도(equator)를 포함하는 구면 $x^2+y^2+z^2=1$의 상반구(upper hemisphere) Σ_1은 단순곡면이 아니다. 왜냐하면 적도 위의 점 $\mathbf{p}=(p_1, p_2, 0)$에 대하여 조각사상 $\mathbf{x}$

$$D: x^2+y^2<1 \to \Sigma_1: x^2+y^2+z^2=1,\ z\geq 0$$

은 일대일이 아니기 때문이다. 만약 D 대신 $D_1: x^2+y^2\leq 1$인 집합을 대체하면 일대일은 되지만 D_1은 개집합은 아니다. 점 $\mathbf{p}$를 포함하는 xy-평면의 부분개집합 W를 도입하면 $\mathbf{p}$에 대하여 대응관계가 성립한다. 그러나 W에는 Σ_1에 대응하지 못하는 점이 존재하므로 역시 정의에 어긋난다. 따라서 Σ_1은 곡면이 아니다(그림 4-5). □

정리 1-6	곡면이 될 조건
$M: g(x, y, z)=c$(상수)가 곡면일 필요충분조건은 M 위의 임의의 점 $\mathbf{p}$에서 $dg(\mathbf{p})\neq 0$이다. 단 g는 $\mathbf{E}^3$에서 미분가능 함수이다.	

증명 $\mathbf{p}$를 M의 한 점이라 할 때 M 안의 $\mathbf{p}$의 근방을 덮는 고유조각사상을 찾아야 한다(그림 4-6). 가정으로부터

$$dg(\mathbf{p})=\left(\frac{\partial g}{\partial x}dx+\frac{\partial g}{\partial y}dy+\frac{\partial g}{\partial z}dz\right)(\mathbf{p})\neq 0$$

이어야 하므로, 점 $\mathbf{p}$에서 세 개의 편도함수 중 적어도 하나는 0이 아니어야 한다. 이제 $\frac{\partial g}{\partial z}(\mathbf{p})\neq 0$라 하자. 이 경우에 음함수의 정리에 의하면 점 $\mathbf{p}$근방에서 방정식 $g(x, y, z)=c$로부터 z에 관한 해 $z=h(x, y)$를 구할 수 있음을 알 수 있다. 좀더 정확하게 말하면 다음의 두 조건

(1) D의 점 (u, v)에 대하여 점 $(u, v, h(u, v))$는 M의 점이다. 즉 $g(u, v, h(u, v))=c$를 만족한다.

(2) D의 점 (u, v)에 대하여 $(u, v, h(u, v))$인 형태의 점으로 M의 점 $\mathbf{p}$의 근방을 채운다.

를 만족하는 (p_1, p_2)의 근방 D에서 정의된 미분가능 함수 h가 존재함을 말한다. 그런데

$$\mathbf{x}(u, v)=(u, v, h(u, v))$$

은 몽주 조각사상 $\mathbf{x}: D\to\mathbf{E}^3$이므로 점 $\mathbf{p}$의 근방은 하나의 단순곡

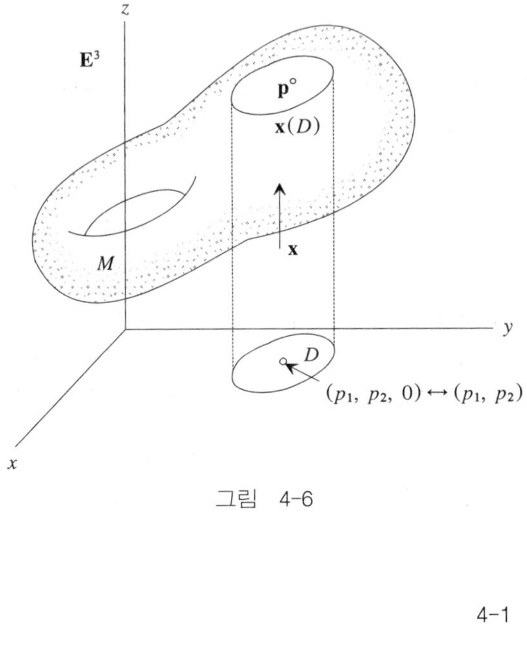

그림 4-6

면이 된다. 그런데 점 $\mathbf{p}$는 M 위의 임의의 점이므로 M은 몇 개의 단순곡면을 붙임으로써 만들어지는 곡면이라 할 수 있다. ■

이제, 구면 Σ는 곡면이라는 사실을 확인하여 보자. $M : g=c$가 곡면일 때 M은 방정식 $g=c$에 의하여 정의되었다고 말한다. 이 정리를 이용하면 구면이 곡면이라는 것은 쉽게 증명할 수 있다. 반경이 r이고 중심이 $\mathbf{c}=(c_1, c_2, c_3)$인 $\mathbf{E}^3$의 구면 Σ는 방정식 $g=\sum(x_i-c_i)^2=r^2$에 의하여 정의되었다. 따라서

$$dg=2\sum(x_i-c_i)dx_i$$

는 점 $\mathbf{c}$를 제외한 모든 점 $\mathbf{p}$에서 $dg(\mathbf{p})\neq 0$이므로 구면은 곡면이다.

문제 4-1

1 $\mathbf{E}^3$의 부분집합 M이 다음과 같을 때, M 위의 어떤 점 $\mathbf{p}$에서 그 근방을 덮는 고유조각사상을 구할 수 없는가? 곡면이 될 수 없음을 M을 스케치하고 확인하여 보아라.

(1) 원뿔 $M : z^2=x^2+y^2$
(2) 원판 $M : x^2+y^2\leq 1,\ z=0$
(3) 접은 평면 $M : xy\equiv 0,\ x>0,\ y>0$

2 평면 $M : ax+by+cz+d=0$(단 a, b, c는 동시에 0은 아니다)은 곡면이다. 이것을 벡터방정식으로 표시해 보아라.

3 다음의 각 경우에 대하여 곡면 $M : z=ax^2+by^2$의 모양을 스케치하여 보아라.

(1) $a>b>0$
(2) $a>0>b$
(3) $a>b=0$
(4) $a=b=0$

4 다음의 각 경우에 대하여, 사상 $\mathbf{x} : \mathbf{E}^2\rightarrow\mathbf{E}^3$은 조각사상이 되는가?

(1) $\mathbf{x}(u, v)=(u, uv, v)$
(2) $\mathbf{x}(u, v)=(u, u^2, v+v^3)$
(3) $\mathbf{x}(u, v)=(u^2, u^3, v)$
(4) $\mathbf{x}(u, v)=(\cos 2\pi u, \sin 2\pi u, v)$

5 (1) $M : (x^2+y^2)^2+3z^2=1$이 곡면임을 증명하여라.
(2) $M : z(z-2)+xy=c$가 곡면일 c의 값을 정하여라.

6 원숭이 안장곡면(monkey saddle surface)

$$M : z=f(x, y), \quad f=y^3-3x^2y$$

와 평면 $z=0$과의 교선을 찾아보아라. xy-평면의 어느 영역에서 $f>0$ 또는 $f<0$이 되는가? 이 곡면의 모양을 스케치하여 보고 이 곡면의 이름이 부쳐진 이유를 생각하여 보아라.

7 $\mathbf{x} : D \to \mathbf{E}^3$은 제 1 사분면 $u>0$, $v>0$에서

$$\mathbf{x}(u, v)=(u^2, uv, v^2)$$

으로 주어진 함수이다. $\mathbf{x}$는 일대일임을 증명하고 역함수 $\mathbf{x}^{-1} : \mathbf{x}(D) \to D$에 대한 공식을 구하여라.

8 사상 $\mathbf{x} : \mathbf{E}^2 \to \mathbf{E}^3$에 대하여

$$\mathbf{x}(u, v)=(u+v, u-v, uv)$$

라 할 때 $\mathbf{x}$는 고유조각사상이고 $\mathbf{x}$의 상은 곡면임을 증명하여라.

4-2 좌표조각사상

4-1절에서 곡면을 정의하는 데 좌표조각사상을 사용하였다. 이제 곡면을 연구하는 데 아주 유용하게 사용하는 조각사상의 성질을 살펴보자.

함수 $\mathbf{x} : D \to \mathbf{E}^3$을 조각사상이라 하자. 함수 $(u, v) \to \mathbf{x}(u, v)$에서 $u=u_0$, $v=v_0$로 고정하면, 두 개의 곡선

$$(u, v_0) \to \mathbf{x}(u, v_0)$$
$$(u_0, v) \to \mathbf{x}(u_0, v)$$

가 만들어진다. 이때 곡선

$\mathbf{x}(u, v_0)$을 u-**매개변수곡선**(u-parameter curve)

$\mathbf{x}(u_0, v)$를 v-**매개변수곡선**(v-parameter curve)

이라 한다. 이 매개변수곡선을 **좌표곡선**(coordinate curves)이라고 부르기도

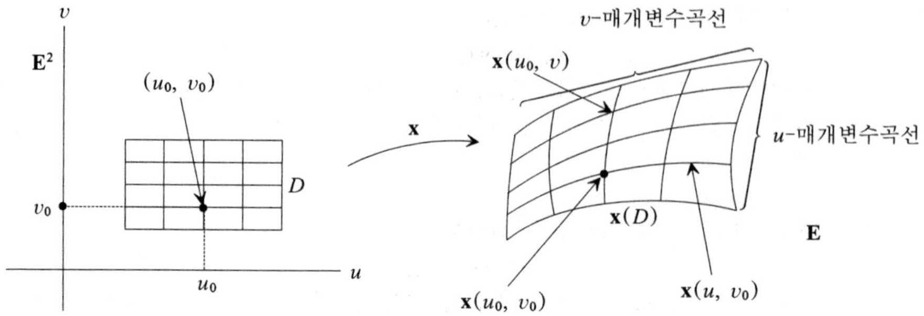

그림 4-7

한다. 그러므로 상 $\mathbf{x}(D)$는 D에 있는 수평선과 직립선(horizontal and vertical lines)의 $\mathbf{x}$에 대한 상인 두 곡선족(family of curves)에 의하여 덮힌다고 말할 수 있다.

정의 2-1

$\mathbf{x} : D \to \mathbf{E}^3$을 조각사상이라 하면, 점 $(u_0, v_0) \in D$에서

(1) u-매개변수곡선$(v = v_0)$의 속도벡터는 $\mathbf{x}_u(u_0, v_0)$

(2) v-매개변수곡선$(u = u_0)$의 속도벡터는 $\mathbf{x}_v(u_0, v_0)$

로 표시한다.

$\mathbf{x}_u(u_0, v_0)$와 $\mathbf{x}_v(u_0, v_0)$는 각각 점 $\mathbf{x}(u_0, v_0)$에서 u-매개변수곡선과 v-매개변수곡선에 접하는 벡터이다. 이 벡터들을 (u_0, v_0)에서 $\mathbf{x}$의 **편속도**

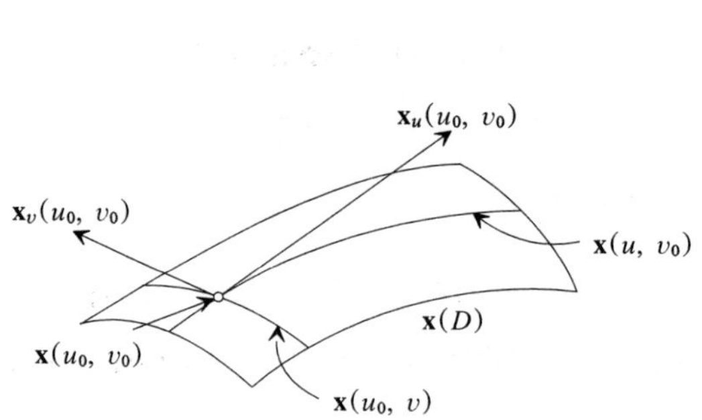

그림 4-8

벡터(partial velocities)라 한다.

$\mathbf{x}$ 밑에 쓴 기호 u와 v는 편미분을 의미한다. 만약 조각사상 $\mathbf{x}$가

$$\mathbf{x}(u,\ v)=(x_1(u,\ v),\ x_2(u,\ v),\ x_3(u,\ v))$$

처럼 유클리드 좌표로 표시되었으면, $\mathbf{x}$의 편속도벡터함수는

$$\mathbf{x}_u=\frac{\partial \mathbf{x}}{\partial u}=\left(\frac{\partial x_1}{\partial u},\ \frac{\partial x_2}{\partial u},\ \frac{\partial x_3}{\partial u}\right)_{\mathbf{x}}$$

$$\mathbf{x}_v=\frac{\partial \mathbf{x}}{\partial v}=\left(\frac{\partial x_1}{\partial v},\ \frac{\partial x_2}{\partial v},\ \frac{\partial x_3}{\partial v}\right)_{\mathbf{x}}$$

로 주어진다. 오른쪽의 식에서 밑에 쓴 $\mathbf{x}$는 적용점 $\mathbf{x}(u,\ v)$를 뜻한다.

예제 2-2 **구면의 지리적 조각사상**(geographical patch)

Σ를 중심이 원점이고 반경이 $r(>0)$인 구면이라 하자. Σ의 점 $\mathbf{x}(u,\ v)$는 경도를 $u(-\pi<u<\pi)$, 위도를 $v(-\pi/2<v<\pi/2)$로 하는 유클리드 좌표

$$\mathbf{x}(u,\ v)=(r\cos v\cos u,\ r\cos v\sin u,\ r\sin v)$$

로 표시된다. $\mathbf{x}$의 정의역 D가 $u,\ v$에 관한 개집합이므로 $\mathbf{x}$의 상 $\mathbf{x}(D)$는

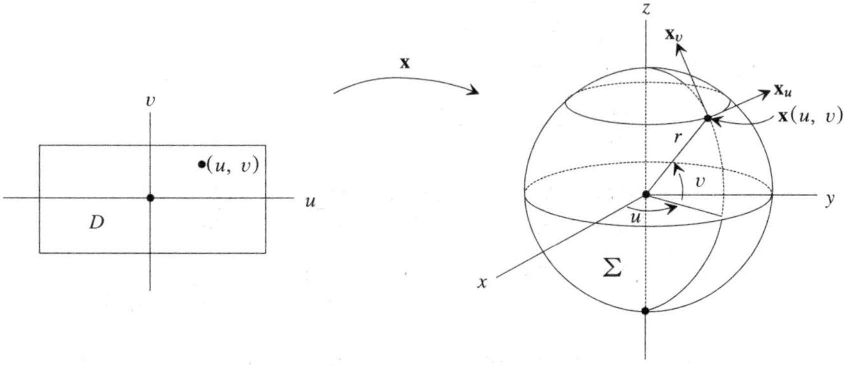

그림 4-9

북극에서 남극에 이르는 반원(semi-circle)을 제외한 Σ의 모든 점들로 이루어진다. 이때 u-매개변수곡선은 하나의 원이고(위도 v_0의 위선), v-매개변수곡선은 하나의 반원(경도 u_0인 경선)이다. $\mathbf{x}$의 편속도벡터는

$$\mathbf{x}_u(u,\ v) = r(-\cos v \sin u,\ \cos v \cos u,\ 0)$$
$$\mathbf{x}_v(u,\ v) = r(-\sin v \cos u,\ -\sin v \sin u,\ \cos v)$$

이므로 분명히 $\mathbf{x}_u$는 동쪽으로 $\mathbf{x}_v$는 북쪽으로 향하고 있다. □

정의 2-3

상이 곡면 M 안에 있는 정칙사상(regular mapping) $\mathbf{x} : D \to \mathbf{E}^3$을 M 안에 있는 영역 $\mathbf{x}(D)$의 **매개변수표시**(parametrization)라 한다.

조각사상은 단순히 일대일 매개변수표시이다. 어느 경우에는 $\mathbf{x}(D)$가 전곡면 M이 될 수도 있다. 매개변수표시는 곡면에 관한 실제의 계산에서 가장 중요한 것 중의 하나일 것이기 때문에 사상 $\mathbf{x} : D \to \mathbf{E}^3$가 주어진 곡면 M의 매개변수표시인가 아닌가를 판단하여야 한다.

$\mathbf{x}$가 정칙인가를 조사하기 위하여는 먼저 매개변수곡선과 $\mathbf{x}_u$, $\mathbf{x}_v$가 임의의 미분사상 $\mathbf{x} : D \to \mathbf{E}^3$에 대하여 잘 정의되었는가를 조사하여야 한다.

$$\mathbf{x}_u \times \mathbf{x}_v = \begin{vmatrix} U_1 & U_2 & U_3 \\ \dfrac{\partial x_1}{\partial u} & \dfrac{\partial x_2}{\partial u} & \dfrac{\partial x_3}{\partial u} \\ \dfrac{\partial x_1}{\partial v} & \dfrac{\partial x_2}{\partial v} & \dfrac{\partial x_3}{\partial v} \end{vmatrix}$$
$$= \begin{vmatrix} \dfrac{\partial x_2}{\partial u} & \dfrac{\partial x_3}{\partial u} \\ \dfrac{\partial x_2}{\partial v} & \dfrac{\partial x_3}{\partial v} \end{vmatrix} U_1 + \begin{vmatrix} \dfrac{\partial x_3}{\partial u} & \dfrac{\partial x_1}{\partial u} \\ \dfrac{\partial x_3}{\partial v} & \dfrac{\partial x_1}{\partial v} \end{vmatrix} U_2 + \begin{vmatrix} \dfrac{\partial x_1}{\partial u} & \dfrac{\partial x_2}{\partial u} \\ \dfrac{\partial x_1}{\partial v} & \dfrac{\partial x_2}{\partial v} \end{vmatrix} U_3$$

은 각 점에서 $\mathbf{x}$의 야코비 행렬의 2×2소행렬식을 보여 준다. 따라서 $\mathbf{x}$의

정칙성은 $\mathbf{x}$의 야코비 행렬의 계수가 2일 필요충분조건

$$\mathbf{x}_u \times \mathbf{x}_v \neq 0$$

이다. 다시 말하면 D의 각 점 (u, v)에서 $\mathbf{x}_u$와 $\mathbf{x}_v$가 1차독립(linearly independent)일 때 $\mathbf{x} : D \to \mathbf{E}^3$은 정칙사상이다.

예제 2-4　회전면의 매개변수표시

xy-평면 윗부분에 있는 곡선 C를 x축을 중심으로 회전했을 때 만들어지는 곡면을 M이라 하자(그림 4-10). 이제

$$\alpha(u) = (g(u),\ h(u),\ 0), \quad h > 0$$

을 C의 매개변수표시라할 때, C 위의 점 $(g(u), h(u), 0)$을 각 v만큼 회전했을 때의 점 $\mathbf{x}(u, v)$의 x, y, z좌표는 각각 $g(u)$, $h(u)\cos v$, $h(u)\sin v$ 이므로, 회전면 M의 매개변수표시는

$$\mathbf{x}(u, v) = (g(u),\ h(u)\cos v,\ h(u)\sin v)$$

로 표시된다. 이때 곡선 C를 **측면곡선**(profile curve)이라 하고 C의 각 점이 회전에 의하여 만들어진 M에 속한 원을 M의 **위선**(parallels), C를 회전하므로써 얻은 다른 위치에 있는 C와 모양이 같은 곡선을 M의 **경선**(meridi-

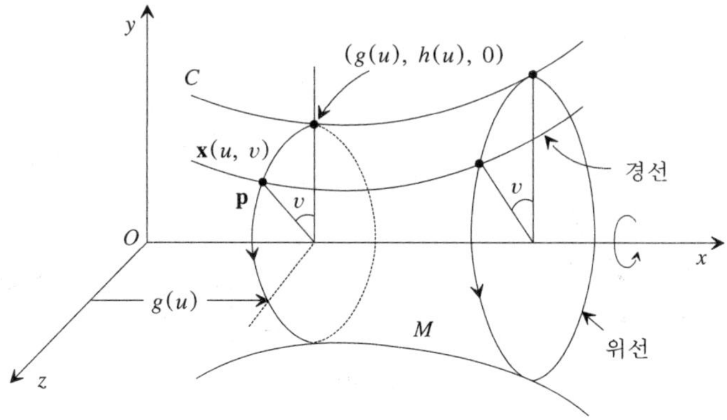

그림 4-10

ans)라고 한다.

$\mathbf{x}$의 정의역 D는 u가 α의 정의역에 속해 있는 모든 점 (u, v)로 구성된다. $\mathbf{x}$의 u-매개변수곡선은 M의 경선이고 v-매개변수곡선은 위선이다. 그러므로 매개변수표시 $\mathbf{x}: \boldsymbol{d} \to \boldsymbol{m}$은 일대일이 아니다. □

예제 2-5 **원환면의 매개변수표시**

원환면은 측면곡선 C가 원일 때 얻어지는 회전면의 특별한 경우이다(그림 4-11). C는 중심이 $(R, 0, 0)$이고 반경이 r인 평면상의 원이라 하자. 이때 C가 회전축과 만나지 않도록 $R>r$가 되게 할 필요가 있다. C에 대한 자연 매개변수표시(natural parametrization)는

$$\alpha(u)=(R+r\cos u,\ r\sin u)$$

이다. 위의 회전면과 비교해 보면, $g(u)$는 회전축을 따라가는 거리를 나타내므로 $g(u)=r\sin u$, $h(u)$는 회전축으로부터의 거리를 나타내므로 $h(u)=R+r\cos u$이다. 따라서 원환면의 매개변수표시는

$$\begin{aligned}\mathbf{x}(u, v)&=(h(u)\cos v,\ h(u)\sin v,\ g(u))\\&=((R+r\cos u)\cos v,\ (R+r\cos u)\sin v,\ r\sin u)\end{aligned}$$

이다. $\mathbf{x}$의 정의역은 평면 $\mathbf{E}^2$이고, $\mathbf{x}$는 u와 v에 대하여 주기함수(periodic function)임을 알 수 있다. □

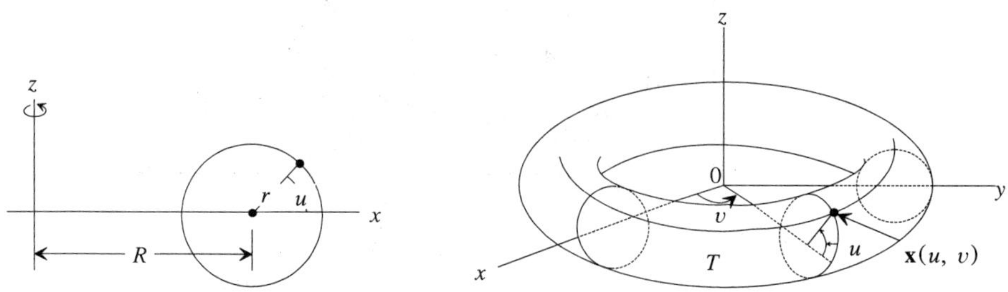

그림 4-11

예제 2-6 **선직면과 접가전면**

정칙곡선 C를 따라서 움직이는 직선 L에 의하여 생성되는 곡면 M을 **선직면**(ruled surface)이라 하고, 직선 L을 선직면 M의 **모선**(ruling)이라고 한다. 그러므로 이 곡면은 항상 매개변수표시

$$M: \mathbf{x}(u, v) = \beta(u) + v\delta(u), \quad \text{또는} \quad \beta(v) + u\delta(v)$$

의 형태로 표시된다. 이때 곡선 $C : \beta$를 **기저곡선**, $L : \delta$를 **방향곡선**(director curve)이라고 한다. 만약 L을 C의 접선으로 제한하면, M은 **접가전면**(tagential developable surface)이라는 특수한 곡면이 된다(그림 4-12). 주어진 곡선 C의 방정식이 $\mathbf{x} = \mathbf{x}(s)$로 주어졌다면, C의 접가전면의 방정식은

$$\mathbf{y}(s, \lambda) = \mathbf{x}(s) + \lambda T(s)$$

로 표시된다. 이때 λ는 곡면의 모선 위의 점으로부터 곡선 C의 접점까지의 거리를 나타내는 변수이다. 그런데

$$\mathbf{y}_s = T + \lambda\kappa N, \quad \mathbf{y}_\lambda = T, \quad \mathbf{y}_s \times \mathbf{y}_\lambda = \lambda\kappa(N \times T) = -\lambda\kappa B$$

가 성립하므로, 접가전면의 단위법벡터를 U라 하면, $U = \dfrac{\mathbf{y}_s \times \mathbf{y}_\lambda}{\|\mathbf{y}_s \times \mathbf{y}_\lambda\|}$이므로

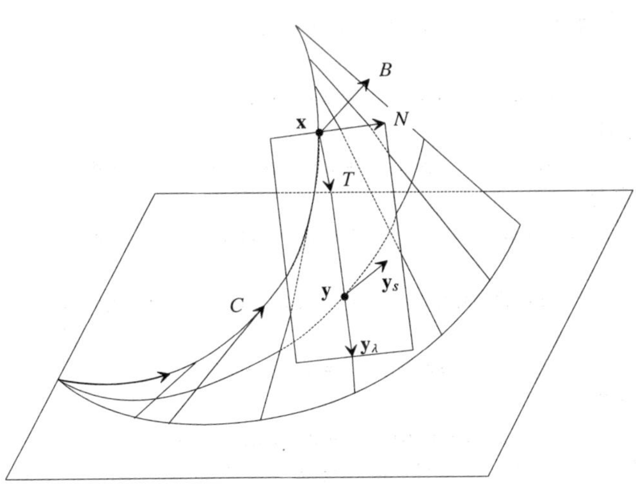

그림 4-12

$$U=B, \quad \text{또는} \quad -B$$

이다. 그러므로 모선 위에서 접가전면의 접평면은 B에 직교하므로 곡선 C의 T와 N을 포함한다. 그러므로 이 접평면은 모선이 C와 만나는 점에서 C의 접촉평면(osculating plane)과 일치한다. 즉 곡선 C 위의 한 점 $\mathbf{p}$를 지나는 모선 위에서 접가전면의 접평면은 $\mathbf{p}$에서 C의 접촉평면과 일치하므로, 모선 L을 따라서 M의 접평면은 항상 일정하다고 말할 수 있다. □

접가전면의 각 모선 위에서는 접평면이 항상 일정하다. 이와 같이 모선 위에서 접평면이 항상 일정한 선직면을 **가전면**(developable surface)이라 한다. 이를테면 접가전면, 추면(cone), 주면(cylinder) 등은 가전면이다. 그러므로 가전면은 한 직선에 의하여 생성된다. 그러나 직선에 의하여 생성되는 곡면(선직면)이 모두 가전면인 것이 아니다. 왜냐하면 한 점이 모선을 따라 움직일 때 각 점에서의 접평면이 일정하지 않는 선직면이 존재하기 때문이다. 예를 들어 일엽쌍곡면은 선직면이지만 가전면은 아니다.

문제 4-2

1 다음 곡면은 매개변수형식으로 표시되어 있다.

(1) 타원면

$$x=a\sin u\cos v, \quad y=b\sin u\sin v, \quad z=c\cos u$$

(2) 일엽쌍곡면

$$x=a\cosh u\cos v, \quad y=b\cosh u\sin v, \quad z=c\sinh u$$

(3) 이엽쌍곡면

$$x=a\sinh u\cos v, \quad y=b\sinh u\sin v, \quad z=c\cosh u$$

(4) 추면

$$x=a\sinh u\sinh v, \quad y=b\sinh u\cosh v, \quad z=c\sinh u$$

(5) 타원포물면

$$x=au\cos v, \quad y=bu\sin v, \quad z=u^2$$

(6) 쌍곡포물면

$$x=au\cosh v, \quad y=bu\sinh v, \quad z=u^2$$

위의 곡면을 방정식 $F(x, y, z)=0$의 형태로 바꾸어 보아라. 각 경우에 매개변수곡선 $u=u_0$와 $v=v_0$는 어떤 모양을 나타내고 있는가?

2 다음의 주어진 곡선 C를 회전하여 얻어진 곡면의 매개변수표시를 구하여라.

(1) $C : y = \cosh x$를 x축을 중심으로 회전(현수면)

(2) $C : (z-2)^2 + y^2 = 1$을 y축을 중심으로 회전(원환면)

3 곡면 M의 매개변수표시가

$$\mathbf{x}(u, v) = (u, v, u^2 + v^2)$$

으로 주어졌을 때, M의 모양을 스케치하여라.

4 뫼비우스의 띠 M은 선직면

$$\mathbf{x}(u, v) = \beta(u) + v\delta(u), \quad -1/2 \le v \le 1/2$$

$$\beta(u) = (\cos u, \sin u, 0), \quad \delta(u) = \left(\cos\frac{u}{2}\right)\beta(u) + \left(\sin\frac{u}{2}\right)U_3$$

으로 표시된다(그림 4-13). 이때 u-매개변수곡선($v=1/4$)을 M 위에 스케치하여 보아라. 그리고 u-매개변수곡선은 닫혀 있고, 예상한 대로 β의 주기는 4π임을 증명하여라.

5 $M : (\sqrt{x^2+y^2} - 4)^2 + z^2 = 4$는 원환면임을 증명하여라. 또 이 곡면의 측면곡선과 회전축의 방정식을 구하여라.

6 안장곡면 $M : z = xy$는 이중선직면임을 증명하여라.

7 직선 L은 축 A에 직교하고, A를 따라 일정한 속도로 움직이고 회전한다. 이때 L이 스치면서 만들어 낸 곡면을 나선면(helicoid) H라 한다(그림 4-14). 실제로 나선면

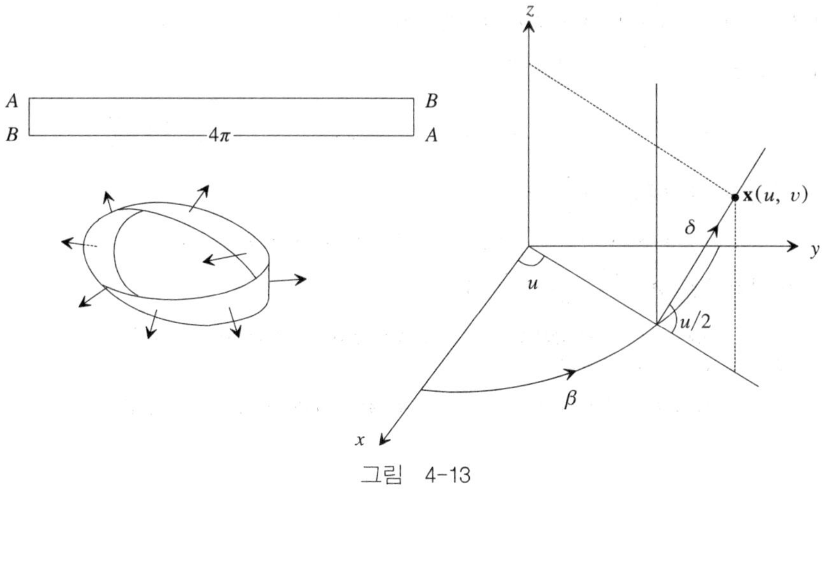

그림 4-13

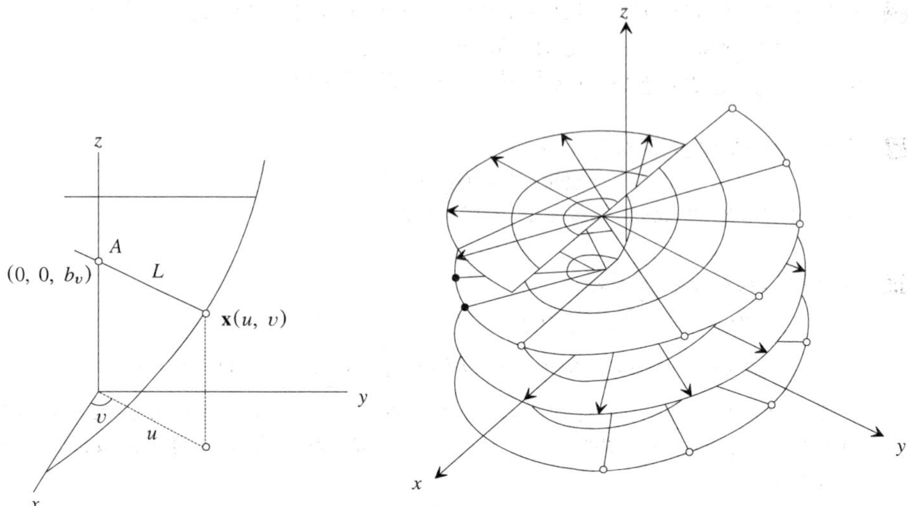

그림 4-14

은 원기둥나선(circular helix) 위의 각 점에서 xy-평면에 평행한 직선에 의하여 만들어지는 곡면이다. 만약 A를 z축이라 하면 H는

$$\mathbf{x}(u,\ v)=(u\cos v,\ u\sin v,\ bv),\quad b\neq 0,\ 0<v<2\pi$$

를 만족하는 사상 $\mathbf{x}:\mathbf{E}^2\rightarrow\mathbf{E}^3$의 상이다.

(1) $\mathbf{x}$는 조각사상임을 증명하여라.

(2) 나선면을 $g=c$의 형식으로 나타내어라(문제 4-3의 [6] (3) 참고).

8 다음의 이차곡면 각각에 대하여 (i) M은 곡면임을 증명하고 일반모양을 스케치하여라. (ii) $\mathbf{x}$는 매개변수표시임을 보이고 M 안에서 $\mathbf{x}$의 상을 구하여라.

(1) 타원면 $M:\dfrac{x^2}{a^2}+\dfrac{y^2}{b^2}+\dfrac{z^2}{c^2}=1$

$$\mathbf{x}(u,\ v)=(a\cos u\cos v,\ b\cos u\sin v,\ c\sin u),\quad -\frac{\pi}{2}<u<\frac{\pi}{2}$$

(2) 일엽쌍곡면 $M:\dfrac{x^2}{a^2}+\dfrac{y^2}{b^2}-\dfrac{z^2}{c^2}=1$

$$\mathbf{x}(u,\ v)=(a\cosh u\cos v,\ b\cosh u\sin v,\ c\sinh u)$$

(3) 이엽쌍곡면 $M:\dfrac{x^2}{a^2}-\dfrac{y^2}{b^2}-\dfrac{z^2}{c^2}=1$

$$\mathbf{x}(u,\ v)=(a\sinh u\cos v,\ b\sinh u\sin v,\ c\cosh u),\quad u\neq 0$$

(4) 직원뿔 $M:z^2=x^2+y^2$

$$\mathbf{x}(u,\ v)=(u\sin\alpha\cos v,\ u\sin\alpha\sin v,\ u\cos\alpha),\quad \alpha\text{는 상수}$$

9 타원포물면 $M : z=\frac{x^2}{a^2}+\frac{y^2}{b^2}$에 대하여

(1) M은 곡면이고

$$\mathbf{x}(u, v)=(au\cos v, bu\sin v, u^2), \quad u>0$$

은 M의 단 한 점을 제외한 매개변수표시임을 증명하여라.

(2) 일반적으로 $\mathbf{x}$의 매개변수곡선을 기술하고, $a=1$, $b=4$인 경우 이 곡선을 스케치하여 보아라.

10 쌍곡포물면 $M : z=\frac{x^2}{a^2}-\frac{y^2}{b^2}$에 대하여

(1) $\mathbf{x} : \mathbf{E}^2 \to \mathbf{E}^3$는 M을 전부 덮는 고유조각사상임을 증명하여라.
단 $\mathbf{x}(u, v)=(a(u+v), b(u-v), 4uv)$

(2) M은 두 가지 방법으로 만들어지는 이중선직면임을 증명하여라.

11 집합 $S=\{(x, y, z)\in\mathbf{E}^3 : z=x^2-y^2\}$이 곡면임을 보이고, 다음의 (1)과 (2)가 S에 대한 매개변수표시가 되는가를 조사하여 보아라.

(1) $\mathbf{x}(u, v)=(u+v, u-v, 4uv), (u, v)\in\mathbf{E}^2$

(2) $\mathbf{x}(u, v)=(u\cosh v, u\sinh v, u^2), (u, v)\in\mathbf{E}^2, u\neq 0$

이 매개변수표시들은 S의 어느 부분을 덮는가?

4-3 미분가능 함수와 곡면의 기본형식

f를 곡면 M 위에서 정의된 실가함수라 하자. 만약 $\mathbf{x} : D \to M$이 M 안의 좌표조각사상이면, 합성함수 $f(\mathbf{x})$를 f의 **좌표표현**(coordinate expression)이라 한다. 그것은 일반실가함수(ordinary real valued function) $(u, v) \to f(\mathbf{x}(u, v))$이다. f의 모든 좌표표현이 보통의 유클리드적 의미에서 미분가능일 때 f는 미분가능하다고 정의한다(제 1 장의 정의 1-3). 이제 M에 대한 계산문제를 생각해 보자.

정리 3-1

$\alpha : I \to M$을 단일조각사상(single patch) $\mathbf{x}$의 상 $\mathbf{x}(D)$ 안에 있는 곡선이라 하면, $t \in I$에 대하여

$$\alpha(t) = \mathbf{x}(a_1(t),\ a_2(t))$$

를 만족하는 미분가능 함수 a_1, a_2가 유일하게 존재한다(그림 4-15). 이것을 함수표기법으로 $\alpha = \mathbf{x}(a_1,\ a_2)$라 쓴다.

증명 정의에 따라 좌표표현 $\mathbf{x}^{-1}\alpha : I \to D$는 미분가능이다. 그것은 $\mathbf{x}$의 정의역 D 안에 있는 $\mathbf{E}^2$의 곡선이므로, 만약 a_1, a_2를 $\mathbf{x}^{-1}\alpha$의 유클리드 좌표함수라 하면

$$\alpha(t) = \mathbf{x}\mathbf{x}^{-1}\alpha(t) = \mathbf{x}(\mathbf{x}^{-1}\alpha(t)) = \mathbf{x}(a_1(t),\ a_2(t))$$

가 성립한다.

이제 $(a_1,\ a_2)$의 유일성을 증명하자. 만약 $\alpha = \mathbf{x}(b_1,\ b_2)$라 하면

$$(a_1,\ a_2) = \mathbf{x}^{-1}\alpha = \mathbf{x}^{-1}\mathbf{x}(b_1,\ b_2) = (b_1,\ b_2)$$

가 성립하므로, 함수 $(a_1,\ a_2)$는 유일하게 존재한다. ■

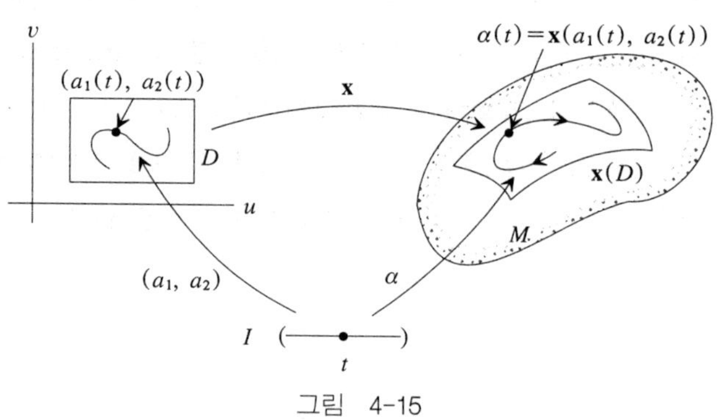

그림 4-15

정리에서 함수 a_1, a_2를 조각사상 $\mathbf{x}$에 관한 곡선 α의 **좌표함수**라 한다. 함수 $\mathbf{x}$와 $\mathbf{x}^{-1}$는 $\mathbf{x}(D)$ 안에 있는 대상과 D 안에 있는 대상 사이에 일대일 대응관계를 만든다. 이제 증명 없이 몇 개의 정리를 소개한다.

정리 3-2

$\mathbf{x}$와 $\mathbf{y}$를 상이 겹쳐지는 $\mathbf{E}^3$의 곡면 M 안에 있는 조각사상이라 하면, 합성함수 $\mathbf{x}^{-1}\mathbf{y}$와 $\mathbf{y}^{-1}\mathbf{x}$는 $\mathbf{E}^2$의 개집합에서 정의된 미분가능 사상이다(문제 [3], 그림 4-16).

정리 3-3

$\mathbf{x}$와 $\mathbf{y}$를 M 안에서 겹쳐지는 조각사상이라 하면, $\mathbf{x}^{-1}\mathbf{y}$의 정의역에 속한 모든 점 (u, v)에 대하여

$$\mathbf{y}(u, v)=\mathbf{x}(\bar{u}(u, v), \bar{v}(u, v))$$

인 미분가능 함수 $\bar{u}$와 $\bar{v}$가 유일하게 존재한다.

정리 3-3에서 표현된 관계식에 관련하여 잠시 곡선좌표계를 변환하는 문제를 생각해 보자(그림 4-16). 한 좌표계로부터 다른 좌표계로의 변환

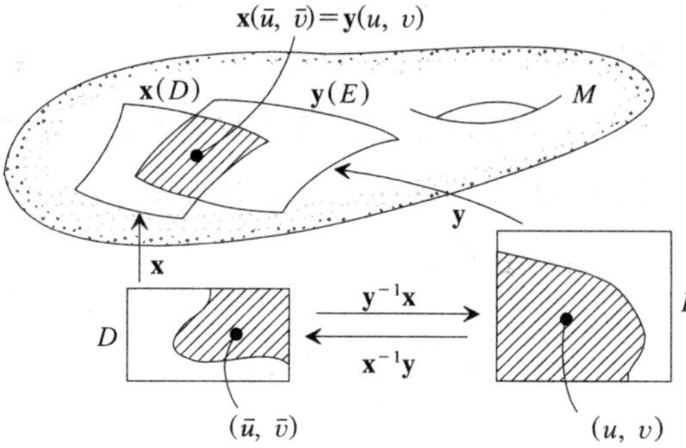

그림 4-16

$$\bar{u}=\bar{u}(u, v), \quad \bar{v}=\bar{v}(u, v)$$

를 도입하면, 곡면 위의 점 $\mathbf{p}$를 포함하는 두 개의 조각사상 $\mathbf{x}$와 $\mathbf{y}$는 공통의 영역에서

$$\mathbf{y}(u, v)=\mathbf{x}(\bar{u}(u, v), \bar{v}(u, v))=\mathbf{x}(\bar{u}, \bar{v})$$

인 관계가 있다. 따라서

$$\mathbf{y}_u=\mathbf{x}_{\bar{u}}\frac{\partial\bar{u}}{\partial u}+\mathbf{x}_{\bar{v}}\frac{\partial\bar{v}}{\partial u}$$

$$\mathbf{y}_v=\mathbf{x}_{\bar{u}}\frac{\partial\bar{u}}{\partial v}+\mathbf{x}_{\bar{v}}\frac{\partial\bar{v}}{\partial v}$$

의 관계가 있으므로

$$\mathbf{y}_u\times\mathbf{y}_v=\left(\frac{\partial\bar{u}}{\partial u}\frac{\partial\bar{v}}{\partial v}-\frac{\partial\bar{v}}{\partial u}\frac{\partial\bar{u}}{\partial v}\right)\mathbf{x}_{\bar{u}}\times\mathbf{x}_{\bar{v}}=J(\mathbf{x}_{\bar{u}}\times\mathbf{x}_{\bar{v}}),$$

$$J=\begin{vmatrix}\dfrac{\partial\bar{u}}{\partial u} & \dfrac{\partial\bar{v}}{\partial u}\\[2ex] \dfrac{\partial\bar{u}}{\partial v} & \dfrac{\partial\bar{v}}{\partial v}\end{vmatrix}$$

를 얻는다. 따라서 $\mathbf{x}_{\bar{u}}\times\mathbf{x}_{\bar{v}}\neq 0$일 조건은 $J=\partial(\bar{u}, \bar{v})/\partial(u, v)\neq 0$이므로, 정칙사상 $\mathbf{y}$에 대한 또 다른 조각사상 $\mathbf{x}$가 정칙이려면 $\partial(\bar{u}, \bar{v})/\partial(u, v)\neq 0$을 만족하여야 한다(정리 4-5, 문제 [12]).

이러한 관계는 나중에 곡면의 성질을 연구하는 데 매우 중요한 역할을 하는 곡면의 **단위법벡터장**(unit normal vector field) U의 방향에 중대한 영향을 준다. 만약 $U=\mathbf{y}_u\times\mathbf{y}_v/\|\mathbf{y}_u\times\mathbf{y}_v\|$로 정의된다면 $\bar{U}=\mathbf{x}_{\bar{u}}\times\mathbf{x}_{\bar{v}}/\|\mathbf{x}_{\bar{u}}\times\mathbf{x}_{\bar{v}}\|$으로 정의되고 $U=\pm\bar{U}$가 될 것이다. 따라서 M 위의 점 $\mathbf{p}$에서 U와 $\bar{U}$가 같은 방향일 필요충분조건은, $\mathbf{p}$에서

$$J=\frac{\partial(\bar{u}, \bar{v})}{\partial(u, v)}>0$$

이어야 한다. 이것은 (u, v)와 $(\bar{u}, \bar{v})$사이에 향의 문제가 있음을 말해 준다.

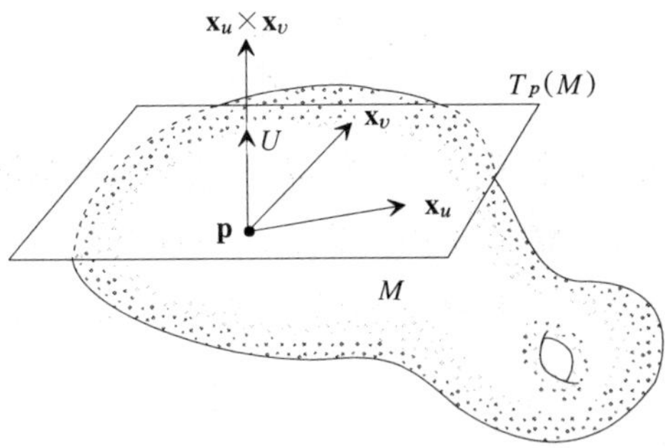

그림 4-17

정의 3-4

곡면 M 위의 점 $\mathbf{p}$에서 $\mathbf{E}^3$의 접벡터 $\mathbf{v}$가 M 위의 어떤 곡선의 속도벡터가 될 때 '$\mathbf{v}$는 M에 **접한다**'고 한다.

$\mathbf{p}$에서 M에 접하는 모든 접벡터의 집합을 $T_p(M)$으로 쓴다. 이때 $T_p(M)$을 $\mathbf{p}$에서 M의 **접평면**이라 한다. M의 각 점에서 접평면 $T_p(M)$은 접공간 $T_p(\mathbf{E}^3)$의 이차원부분공간이 된다. 실제로 $\mathbf{x}=\mathbf{x}(u, v)$를 곡면 M의 조각사상이라 하면, 조각사상 위의 한 점 $\mathbf{p}$에서 접벡터 $\mathbf{x}_u$와 $\mathbf{x}_v$를 포함하고 평면은 곡면 M의 접평면이 된다. 이 접평면의 방정식은

$$\mathbf{X}=\mathbf{x}+\lambda\mathbf{x}_u+\mu\mathbf{x}_v \quad (\lambda, \mu\text{: 매개변수})$$

또는

$$\begin{vmatrix} X_1-x_1 & X_2-x_2 & X_3-x_3 \\ \dfrac{\partial x_1}{\partial u} & \dfrac{\partial x_2}{\partial u} & \dfrac{\partial x_3}{\partial u} \\ \dfrac{\partial x_1}{\partial v} & \dfrac{\partial x_2}{\partial v} & \dfrac{\partial x_3}{\partial v} \end{vmatrix}=0$$

으로 표시할 수 있다.

한편, 곡면 M의 점 $\mathbf{p}$에서의 접평면에 수직인 단위벡터 U는

$$U = \frac{\mathbf{x}_u \times \mathbf{x}_v}{\|\mathbf{x}_u \times \mathbf{x}_v\|}$$

로 정의할 수 있다. 이때 U를 곡면 M의 **단위법벡터장**(unit normal vector field)이라고 한다. 물론 M의 법벡터장으로 $-U$를 선택할 수도 있다. U의 부호는 완전히 좌표곡선의 향에 의하여 결정되기 때문이다(그림 4-17).

정의 3-5

$\mathbf{E}^3$의 곡면 M 위의 유클리드 벡터장 Z는 M의 각각의 점 $\mathbf{p}$에 $\mathbf{E}^3$의 접벡터 $Z(\mathbf{p})$를 대응시키는 함수이다.

$Z(\mathbf{p})$가 점 $\mathbf{p}$에서 M의 접벡터일 때, 유클리드 벡터장 Z를 M의 **접벡터장**(tangent vector field)이라 한다. 이런 벡터장은 M 위의 모든 점에서 정의되는 것이 아니라 M위의 특정한 영역에서만 정의된다. 그러므로 항상 미분가능성을 가정한다.

M 위의 점 $\mathbf{p}$에서 유클리드 벡터 $\mathbf{z}$가 M에 직교한다는 것은 $\mathbf{z}$가 접평면 $T_p(M)$에 직교하는 것이다. 결국 M에 대한 벡터장 Z가 M의 **법벡터장**이라 함은 각각의 벡터 $Z(p)$가 M에 직교하는 것을 말한다.

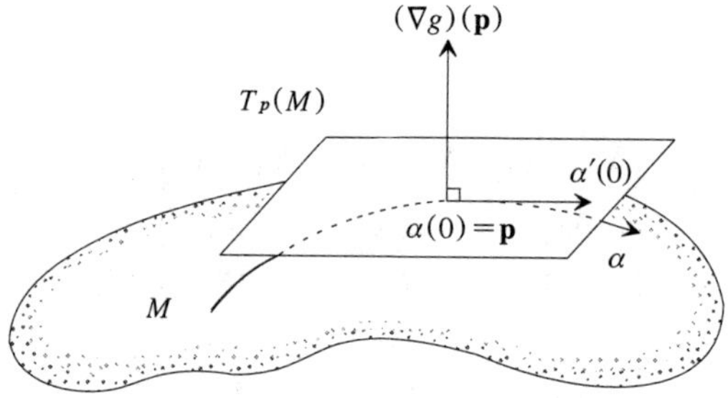

그림 4-18

정리 3-6	기울기 벡터장 ∇g

$M: g=c$를 $\mathbf{E}^3$의 곡면이라 하면, **기울기 벡터장**(gradient vector field) $\nabla g=\sum\left(\frac{\partial g}{\partial x_i}\right)U_i$는 전곡면 M 위에서 0아닌 법벡터장이다(그림 4-18).

증명 정리 1-6에 의하면 편도함수 $\partial g/\partial x_i$는 M의 임의의 점에서 동시에 0이 될 수 없으므로 기울기 벡터장 ∇g는 M 위에서 0이 아니다. 이제 점 $\mathbf{p}$를 지나는 M 위의 임의의 곡선을 $\alpha=(\alpha_1, \alpha_2, \alpha_3)$라 하면 $g(\alpha)=g(\alpha_1, \alpha_2, \alpha_3)=c$를 만족한다. 양변을 미분하면

$$\sum\frac{\partial g}{\partial x_i}(\alpha)\frac{d\alpha_i}{dt}=0$$

이므로, $\alpha(0)=\mathbf{p}$에서 초기벡터가

$$\alpha'(0)=\mathbf{v}=(v_1, v_2, v_3)$$

인 α를 선택하면

$$0=\sum\frac{\partial g}{\partial x_i}(\alpha(0))\frac{d\alpha_i}{dt}(0)=\sum\frac{\partial g}{\partial x_i}(\mathbf{p})v_i=(\nabla g)(\mathbf{p})\cdot\mathbf{v}$$

가 성립한다. 따라서 ∇g는 M의 0이 아닌 법선벡터장이다. ■

예제 3-7

구 $\Sigma: g=\sum x_i^2=r^2$의 법벡터장

$$X=\frac{1}{2}\nabla g=\frac{1}{2}\sum\left(\frac{\partial g}{\partial x_i}\right)U_i=\sum x_iU_i$$

는 Σ 위에서 법벡터장이다.

$\mathbf{x}(\mathbf{p})=\sum p_iU_i(\mathbf{p})$는 적용점이 $\mathbf{p}$인 벡터 $\mathbf{p}$를 뜻하므로 위의 사실은 기하

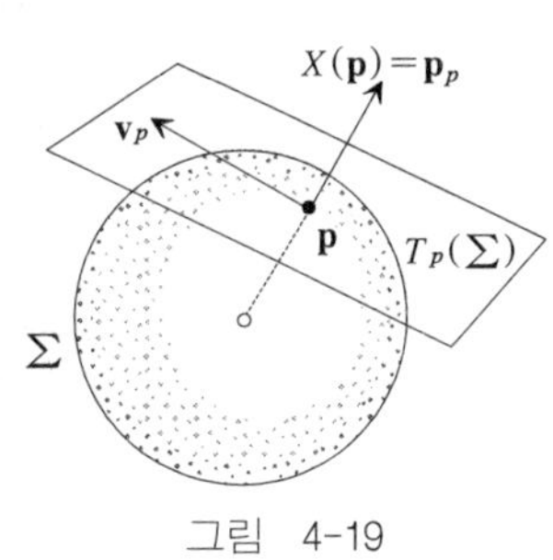

그림 4-19

학적으로 명백하다(그림 4-19). □

이제부터 $\mathbf{E}^3$의 곡면에 대한 기본형식(fundamental forms)에 대하여 조사하여 보자. 실제로 $\mathbf{E}^3$의 곡선은 두 개의 국소불변량(local invariant quantities) $\kappa(s)$와 $\tau(s)$에 의하여 유일하게 결정된다. 마찬가지로 $\mathbf{E}^3$의 곡면의 성질은 제 1 기본형식과 제 2 기본형식에 의하여 중요한 정보를 얻을 수 있다.

이제 $\mathbf{x} : D \to M$을 조각사상이라 하자. $(u, v) \in D$에서 $\mathbf{x}$의 미분 $d\mathbf{x} = \mathbf{x}_u du + \mathbf{x}_v dv$는 uv-평면 위의 벡터 (du, dv)를 $\mathbf{x}(u, v)$에서 M의 접평면에 평행한 벡터 $\mathbf{x}_u du + \mathbf{x}_v dv$로 보내는 일대일선형사상이다. 실제로 테일러 정리에 의하면

$$\mathbf{x}(u+du, v+dv) = \mathbf{x}(u, v) + d\mathbf{x} + \frac{1}{2}d^2\mathbf{x} + \cdots$$

가 성립하므로 벡터 $d\mathbf{x}$는 M 위의 점 $\mathbf{x}(u, v)$로부터 점 $\mathbf{x}(u+du, v+dv)$에 이르는 벡터의 제 1 차근사값이다.

이제 곡면 M 위의 두 점 $\mathbf{x}(u, v)$와 $\mathbf{x}(u+du, v+dv)$를 잇는 곡선의 호의 길이(arc-length)는 관계식

$$ds^2 = \sum_{i=1}^{3} dx_i dx_i = d\mathbf{x} \cdot d\mathbf{x}$$

를 적분함으로써 구할 수 있다. 그러므로 $I = ds^2$라 하면

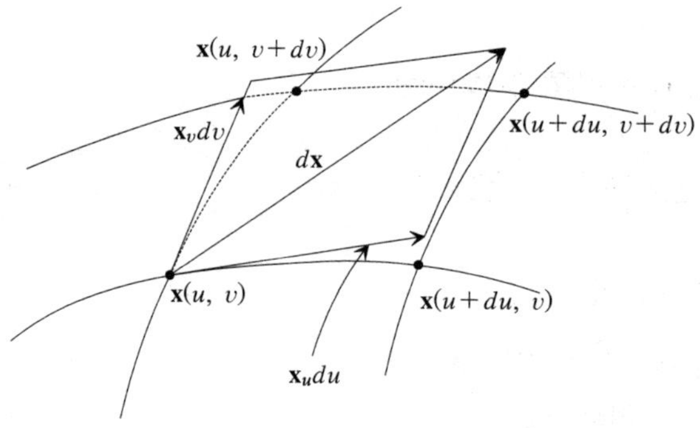

그림 4-20

$$I = ds^2 = d\mathbf{x} \cdot d\mathbf{x} = (\mathbf{x}_u du + \mathbf{x}_v dv) \cdot (\mathbf{x}_u du + \mathbf{x}_v dv)$$
$$= \mathbf{E} du^2 + 2F du dv + G dv^2$$
$$\text{단, } \mathbf{E} = \mathbf{x}_u \cdot \mathbf{x}_u, \quad F = \mathbf{x}_u \cdot \mathbf{x}_v, \quad G = \mathbf{x}_v \cdot \mathbf{x}_v$$

이다. 한편 조각사상 $\mathbf{x} = \mathbf{x}(u, v)$ 위에 있는 정칙곡선 $\mathbf{x} = \mathbf{x}(u(t), v(t))$, $a \leq t \leq b$의 호의 길이는

$$s = \int_a^b \left[E\left(\frac{du}{dt}\right)^2 + 2F\left(\frac{du}{dt}\frac{dv}{dt}\right) + G\left(\frac{dv}{dt}\right)^2 \right]^{1/2} dt = \int_a^b \sqrt{I}$$

에 의하여 구할 수 있다.

정의 3-8

함수 $I = ds^2 = d\mathbf{x} \cdot d\mathbf{x}$를 조각사상 $\mathbf{x} = \mathbf{x}(u, v)$의 제 1 기본형식(first fundamental form)이라 하고 E, F, G를 제 1 기본계수(first fundamental coefficients)라 한다.

정리 3-9

(1) 조각사상 $\mathbf{x} = \mathbf{x}(u, v)$의 제 1 기본형식은 양의 값으로 정의된다.

(2) $EG - F^2 = \|\mathbf{x}_u \times \mathbf{x}_v\|^2 > 0$

증명 (1) $ds^2 = d\mathbf{x} \cdot d\mathbf{x} = \|d\mathbf{x}\|^2 > 0$이고 $ds^2 = \|\mathbf{x}_u du + \mathbf{x}_v dv\|^2 = 0$일 필요충분조건은 $\mathbf{x}_u$와 $\mathbf{x}_v$가 독립이므로 $du = dv = 0$일 때 뿐이다.

(2) 벡터항등식을 이용하면

$$EG - F^2 = (\mathbf{x}_u \cdot \mathbf{x}_u)(\mathbf{x}_v \cdot \mathbf{x}_v) - (\mathbf{x}_u \cdot \mathbf{x}_v)(\mathbf{x}_u \cdot \mathbf{x}_v)$$
$$= (\mathbf{x}_u \times \mathbf{x}_v) \cdot (\mathbf{x}_u \times \mathbf{x}_v)$$
$$= \|\mathbf{x}_u \times \mathbf{x}_v\|^2$$

을 얻는다. 그런데 모든 점 위에서 $\mathbf{x}_u$와 $\mathbf{x}_v$는 독립이므로 $\mathbf{x}_u \times \mathbf{x}_v \neq 0$

이다. 따라서 구하는 결과를 얻는다. ■

정리 3-10 두 접선벡터의 직교조건

(1) 접선벡터 $d\mathbf{x}=\mathbf{x}_u du+\mathbf{x}_v dv$와 $\delta\mathbf{x}=\mathbf{x}_u\delta u+\mathbf{x}_v\delta v$가 직교할 필요충분조건은

$$Edu\delta u+F(du\delta v+dv\delta u)+Gdv\delta v=0$$

(2) 한 점에서 u-매개변수곡선과 v-매개변수곡선이 직교할 필요충분조건은 $F=0$이다.

증명 (1) 두 접선벡터 $d\mathbf{x}=\mathbf{x}_u du+\mathbf{x}_v dv$와 $\delta\mathbf{x}=\mathbf{x}_u\delta u+\mathbf{x}_v\delta v$가 이루는 각을 θ라 하면, 내적의 정의에 의하여

$$\begin{aligned}\cos\theta&=\frac{d\mathbf{x}\cdot\delta\mathbf{x}}{\|d\mathbf{x}\|\,\|\delta\mathbf{x}\|}\\&=\frac{Edu\delta u+F(du\delta v+dv\delta u)+Gdv\delta v}{\sqrt{Edu^2+2Fdudv+Gdv^2}\,\sqrt{E\delta u^2+2F\delta u\delta v+G\delta v^2}}\end{aligned}$$

를 얻을 수 있다. 따라서 (1)의 결과를 쉽게 얻는다.

(2) 특히 u-와 v-매개변수곡선 사이의 교각은 두 벡터 $\mathbf{x}_u$와 $\mathbf{x}_v$가 이루는 각과 같으므로

$$\cos\theta=\frac{\mathbf{x}_u\cdot\mathbf{x}_v}{\|\mathbf{x}_u\|\,\|\mathbf{x}_v\|}=\frac{F}{\sqrt{EG}}$$

로 부터 조건 $F=0$을 얻을 수 있다. ■

다시 곡면의 기본형식으로 돌아가 보자. 곡면기하학은 두 개의 2차미분형식에 영향을 받는다. 이미 그 중에 하나인 제 1 기본형식 ds^2을 소개하였다. 제 2 기본형식(second fundamental form)은 곡면 위의 점 $\mathbf{p}$를 지나는 곡선 C를 취함으로써 얻을 수 있다. 점 $\mathbf{p}$에서 곡선 C의 단위접선벡터를 $T(\mathbf{p})$,

단위법곡면벡터를 $U(\mathbf{p})$라 하면 $T\cdot U=0$이 성립하므로 C를 따라 미분하면

$$\frac{dT}{ds}\cdot U=-T\cdot\frac{dU}{ds}=-\frac{d\mathbf{x}}{ds}\cdot\frac{dU}{ds}=\frac{-d\mathbf{x}\cdot dU}{ds^2}$$

를 얻는다. 이때 $-d\mathbf{x}\cdot dU$는 곡면론에서 매우 중요한 역활을 한다.

$$\begin{aligned}\text{II}&=-d\mathbf{x}\cdot dU=-(\mathbf{x}_u du+\mathbf{x}_v dv)\cdot(U_u du+U_v dv)\\&=-(\mathbf{x}_u\cdot U_u)du^2-(\mathbf{x}_u\cdot U_v+\mathbf{x}_v\cdot U_u)dudv-(\mathbf{x}_v\cdot U_v)dv^2\\&=edu^2+2fdudv+gdv^2\end{aligned}$$

단, $e=-\mathbf{x}_u\cdot U_u,\quad 2f=-\mathbf{x}_u\cdot U_v-\mathbf{x}_v\cdot U_u,\quad g=-\mathbf{x}_v\cdot U_v.$

정의 3-11

함수 $\text{II}=-d\mathbf{x}\cdot dU$를 조각사상 $\mathbf{x}=\mathbf{x}(u,\ v)$의 **제2기본형식**(second fundamental form)이라 하고, $e,\ f,\ g$를 **제2기본계수**(second fundamental coefficients)라 한다.

〈참고〉 제1기본형의 계수와 대응시키기 위하여 소문자 $e,\ f,\ g$를 사용하였다. 이때 제2기본형의 계수 $e,\ f,\ g$를 일반의 실가함수와 혼동하지 않아야 한다. 관계식 $\mathbf{x}_u\cdot U=0=\mathbf{x}_v\cdot U$는 항상 성립하므로 미분함으로써 $e,\ f,\ g$에 대한 또 다른 관계식을 얻을 수 있다.

$$e=\mathbf{x}_{uu}\cdot U,\quad f=\mathbf{x}_{uv}\cdot U,\quad g=\mathbf{x}_{vv}\cdot U$$

한편, $U=\dfrac{\mathbf{x}_u\times\mathbf{x}_v}{\|\mathbf{x}_u\times\mathbf{x}_v\|},\quad \|\mathbf{x}_u\times\mathbf{x}_v\|=\sqrt{EG-F^2}$이므로

$$e=\frac{\mathbf{x}_{uu}\cdot\mathbf{x}_u\times\mathbf{x}_v}{\sqrt{EG-F^2}}=\frac{1}{\sqrt{EG-F^2}}\begin{vmatrix}x_{uu}&y_{uu}&z_{uu}\\x_u&y_u&z_u\\x_v&y_v&z_v\end{vmatrix}$$

이다. 같은 방법으로 f와 g의 값도 즉시 구할 수 있다.

$$f=\frac{\mathbf{x}_{uv}\cdot\mathbf{x}_u\times\mathbf{x}_v}{\sqrt{EG-F^2}},\quad g=\frac{\mathbf{x}_{vv}\cdot\mathbf{x}_u\times\mathbf{x}_v}{\sqrt{EG-F^2}}$$

따라서 위에서 얻은 e, f, g를 제 2 기본형식 $\mathrm{II}=-d\mathbf{x}\cdot dU$에 대입하면

$$\mathrm{II}=(\mathbf{x}_{uu}\cdot U)du^2+2(\mathbf{x}_{uv}\cdot U)dudv+(\mathbf{x}_{vv}\cdot U)dv^2=d^2\mathbf{x}\cdot U$$

를 얻는다. 그러므로 곡면 $\mathbf{x}(u, v)$ 제 2 기본형식은

$$\mathrm{II}(du, dv)=-d\mathbf{x}\cdot dU=d^2\mathbf{x}\cdot U$$

로 정의할 수 있다.

문제 4-3

1 $\mathbf{x}$를 구면 Σ의 지리적 조각사상이라 할 때 Σ 위에서 다음 함수에 대한 좌표표현 $f(\mathbf{x})$를 구하여라.

(1) $f(p)=p_1^2+p_2^2$ (2) $f(p)=(p_1-p_2)^2+p_3^2$

2 $\mathbf{x}$를 예제 2-5에서 주어진 원환면의 매개변수표시라 하자.

(1) 곡선 $\alpha(t)=\mathbf{x}(t, t)$의 유클리드 좌표 $(\alpha_1, \alpha_2, \alpha_3)$를 구하여라.

(2) α는 주기함수임을 보이고 그 주기를 구하여라.

(3) 곡선 $\alpha(t)=\mathbf{x}(mt, nt)$ (m과 n은 서로소)는 원환면 위에 있는 단순폐곡선임을 보이고 그 주기를 구하여라.

3 정리 3-3을 증명하여라.

4 $\mathbf{x}$를 M 안에 속한 하나의 조각사상이라 하자.

(1) 만약 $\mathbf{x}_*$를 $\mathbf{x}$의 미분사상(제 1 장의 5절)이라 하면

$$\mathbf{x}_*(U_1)=\mathbf{x}_u,\quad \mathbf{x}_*(U_2)=\mathbf{x}_v$$

임을 증명하여라. 단 U_1, U_2는 $\mathbf{E}^2$ 위에서 자연틀장이다.

(2) f를 M 위에서 미분가능함수라 하면

$$\mathbf{x}_u[f]=\frac{\partial}{\partial u}(f(\mathbf{x})),\quad \mathbf{x}_v[f]=\frac{\partial}{\partial v}(f(\mathbf{x}))$$

가 성립함을 증명하여라.

5 단위원판 $D: u^2+v^2<1$ 위에서 정의된 단위구면 Σ 위의 조각사상 $\mathbf{x}$와 $\mathbf{y}$가 각각

$$\mathbf{x}(u, v)=(u, v, f(u, v)), \quad \mathbf{y}(u, v)=(v, f(u, v), u)$$
$$f=\sqrt{1-u^2-v^2}$$

으로 주어졌다 하자.

(1) 상 $\mathbf{x}(D)$와 $\mathbf{y}(D)$를 스케치하고, 이들이 겹치는 영역을 나타내어라.

(2) D의 어떤 점에서 $\mathbf{y}^{-1}\mathbf{x}$가 정의되는가? 이 함수에 대한 공식을 구하여라.

(3) 위의 (2)와 마찬가지로 $\mathbf{x}^{-1}\mathbf{y}$에 대하여도 조사하여라.

6 다음의 각 경우에서 얻어지는 $T_P(M)$을 $ax+by+cz+d=0$인 형태의 방정식으로 구하여라.

(1) 구면 $M: x^2+y^2+(z-1)^2=1, \quad \mathbf{p}=(0, 0, 0)$

(2) 타원면 $M: \dfrac{x^2}{4}+\dfrac{y^2}{16}+\dfrac{z^2}{18}=1, \quad \mathbf{p}=(1, -2, 3)$

(3) 나선면 $M: \mathbf{x}(u, v)=(u\cos v, u\sin v, 2v), \quad \mathbf{p}=\mathbf{x}\left(2, \dfrac{\pi}{4}\right)$

7 매개변수곡선이 직교한다고 가정할 때, 이 매개변수곡선이 이루는 각을 이등분하는 곡선의 미분방정식은

$$Edu^2-Gdv^2=0$$

임을 증명하여라.

8 방정식 $z=f(x, y)$에 의하여 주어진 곡면 M에 대하여

(1) 제 1 기본형과 단위법벡터장 U를 구하여라.

(2) 이 방정식은 $F(x, y, z)=0$과 동일한가?

9 매개변수표시 $\mathbf{x}(u, v)$의 매개변수곡선에 의하여 형성되는 임의의 사변형과 대변의 길이가 같을 때, 그 매개변수곡선은 **체비셰프 네트**를 구성한다고 한다. $\mathbf{x}(u, v)$가 위의 조건을 만족하는 필요충분조건은

$$\frac{\partial E}{\partial v}=\frac{\partial G}{\partial u}=0$$

임을 증명하여라.

10 $\mathbf{x}: D\subset\mathbf{E}^2\rightarrow\mathbf{E}^3$을 단위구면 Σ의 조각사상이라 하자. 단

$$D=\{(\theta, \phi)\,|\,0<\theta<\pi, \quad 0<\phi<2\pi\}$$
$$\mathbf{x}(\theta, \phi)=(\sin\theta\cos\phi, \sin\theta\sin\phi, \cos\theta)$$

(1) 만약

$$\log\tan\frac{\theta}{2}=u, \quad \phi=v$$

라 놓으면 신좌표조각사상의 매개변수표시는

$$\mathbf{y}(u, v)=(\mathrm{sech}\,u\cos v, \mathrm{sech}\,u\sin v, \tanh u)$$

로 표시됨을 보여라.

(2) 매개변수표시 $\mathbf{y}$에 대하여, 제 1 기본형식의 계수는

$$\mathbf{E}=G=\text{sech}^2 u, \quad F=0$$

이다. 증명하여라.

그러므로 $\mathbf{y}^{-1}: \mathbf{x}(D)\subset\Sigma\rightarrow\mathbf{E}^2$는 Σ의 경선과 위선을 평면 위의 직선으로 보내는 등각사상이다. 이런 사상을 **메르카토르의 사영**(Mercator projection)이라 한다.

11 한 곡면의 매개변수표시

$$\mathbf{x}(u, v)=(v\cos u, v\sin u, au), \ a\neq 0$$

이 정칙임을 보여라. 법벡터장 $U(u, v)$를 구하고, 매개변수곡선 $u=u_0$ 위의 점 $\mathbf{x}(u_0, v)$에서 $\mathbf{x}$의 접평면을 구한 후 기하학적 의미를 조사하여 보아라.

12 좌표변환 $\bar{u}=\bar{u}(u, v)$, $\bar{v}=\bar{v}(u, v)$에 의하여 다음 관계식이 성립한다. 증명하여라.

(1) $\bar{\mathbf{E}}\bar{G}-\bar{F}^2=J^2(\mathbf{E}G-F^2)$ (2) $\overline{eg}-\bar{f}^2=J^2(eg-f^2)$

단, $J=\begin{vmatrix} \dfrac{\partial u}{\partial \bar{u}} & \dfrac{\partial v}{\partial \bar{u}} \\ \dfrac{\partial u}{\partial \bar{v}} & \dfrac{\partial v}{\partial \bar{v}} \end{vmatrix}$ 이다.

13 문제 **6**에서 주어진 나선면 M의 제 1 기본형과 제 2 기본형을 구하여라.

4-4 곡면에 대한 미분형식

제 1 장에서는 카르탕 구조방정식(제 2 장 정리 8-3)을 규명하기 위하여 $\mathbf{E}^3$의 미분형식을 논의하였다. 앞으로 세 절에 걸쳐 곡면에 대한 미분형식에 관한 내용을 자세하게 조사할 것이다.

형식(forms)은 곡면기하학을 공부하는 데 꼭 필요하다. 그러나 이것은 형식의 유용성에 관한 하나의 보기일 뿐이다. 곡면과 유클리드 공간은 다양체의 특별한 경우이다. 모든 다양체는 형식의 합으로 표시된 미분과 적분을 허용한다. 이런 형식은 미적분에 근거를 둔 수학의 여러 분야와 그 응용의 기본이 된다.

$\mathbf{E}^3$에서처럼 곡면 M 위에서 0형식 f는 단순히 M 위에서 미분가능 실

가함수이고, 1-형식 ϕ는 각 점에서 선형이 되는 M의 점벡터에 대한 실가함수이다. 2-형식은 단 한 개의 접벡터에 대한 실가함수가 아니라, 한 쌍의 접벡터에 대하여 형성되는 이차원적 실가함수이다. 여기에서 쌍(pair)이라 함은 같은 적용점을 갖는 일차독립인 두 개의 접벡터를 뜻한다.

정의 4-1

곡면 M 위에서 **2-형식** η라 함은 다음 조건을 만족하는 M의 접벡터 $\mathbf{v}$, $\mathbf{w}$의 모든 순서쌍(ordered pairs)에 대한 실가함수이다.

(1) $\eta(\mathbf{v}, \mathbf{w})$는 $\mathbf{v}$와 $\mathbf{w}$에 대하여 선형이다.

(2) $\eta(\mathbf{v}, \mathbf{w}) = -\eta(\mathbf{w}, \mathbf{v})$

조건 (2)는 η가 교대법칙(alternation rule)을 만족함을 뜻한다. 곡면 M은 이차원이기 때문에 $p>2$인 모든 p-형식은 정의에 따라 0이 된다. 형식의 덧셈은 같은 차수 $p=0$, 1, 2의 형식끼리만 가능하다. 벡터장 V 위에서 1-형식 ϕ의 값을 구한 것과 같이 곡면 M 위에서 실가함수 $\eta(V, W)$를 얻기 위하여 벡터장 V, W의 쌍에 대한 2-형식 η의 값을 구한다. 정의 4-1의 교대법칙으로부터, 공식

$$\eta(\mathbf{v}, \mathbf{v}) = 0$$

을 얻는다. 이 공식은 2-형식의 실제계산에서 유용하게 사용할 것이다.

정리 4-2

η를 곡면 M 위의 2-형식이라 하고, $\mathbf{v}$와 $\mathbf{w}$를 M 위의 한 점에서 1차독립 접벡터라 하면 다음 관계가 성립한다.

$$\eta(a\mathbf{v}+b\mathbf{w},\ c\mathbf{v}+d\mathbf{w}) = \begin{vmatrix} a & b \\ c & d \end{vmatrix} \eta(\mathbf{v}, \mathbf{w})$$

증명 η의 선형성과 교대법칙을 사용하면 쉽게 그 결과를 얻을 수 있다.

$$\begin{aligned}\eta(a\mathbf{v}+b\mathbf{w},\ c\mathbf{v}+d\mathbf{w}) &= a\eta(\mathbf{v},\ c\mathbf{v}+d\mathbf{w})+b\eta(\mathbf{w},\ c\mathbf{v}+d\mathbf{w})\\ &= ad\eta(\mathbf{v},\ \mathbf{w})+bc\eta(\mathbf{w},\ \mathbf{v})\\ &= (ad-bc)\eta(\mathbf{v},\ \mathbf{w}).\end{aligned}$$ ■

이제 곡면에 대한 쐐기곱을 정의하자. p-형식과 q-형식의 쐐기곱은 항상 $(p+q)$-형식이다. 만약 p와 q가 모두 0-형식이면 쐐기곱은 한 함수로 표시되는 보통의 곱셈이 된다. 곡면 위에서 $p+q>2$인 쐐기곱은 항상 0이므로 $p=q=1$인 경우에만 다음의 정의가 필요하다.

정의 4-3

ϕ와 Ψ를 곡면 위에서 1-형식이라 하면, **쐐기곱**(wedge product) $\phi\wedge\Psi$는 M의 모든 접벡터의 쌍 $\mathbf{v}$, $\mathbf{w}$에 대하여

$$(\phi\wedge\Psi)(\mathbf{v},\ \mathbf{w})=\phi(\mathbf{v})\Psi(\mathbf{w})-\phi(\mathbf{w})\Psi(\mathbf{v})$$

를 만족하는 2-형식으로 정의된다.

$\phi\wedge\Psi$는 벡터의 모든 쌍 위에서 실가함수이고, 정의 4-1의 두 조건을 만족하므로 M 위에서 2-형식이다. 쐐기곱은 교환법칙을 제외한 일반의 대수적 성질을 모두 만족한다. 일반적으로 ζ를 p-형식, η를 q-형식이라 하면

$$\zeta\wedge\eta=(-1)^{pq}(\eta\wedge\zeta)$$

이 성립한다.

형식의 미분계산은 외미분 d에 근거를 두고 있다. 곡면에서 0-형식(함수)의 외미분은 전과 같이 $df(\mathbf{v})=\mathbf{v}[f]$인 1-형식 df이다. 형식이 나타나는 곳에서는 어디에서나 p-형식의 외미분은 $(p+1)$-형식이다. 그러므로 곡면에 대한 새로운 정의는 1-형식 ϕ의 외미분 $d\phi$에 관한 것이다.

정의 4-4

ϕ를 M 위의 1-형식이라 할 때 ϕ의 외미분(exterior derivative) $d\phi$는 M의 모든 조각사상 $\mathbf{x}$에 대하여

$$d\phi(\mathbf{x}_u,\ \mathbf{x}_v)=\frac{\partial}{\partial u}\phi(\mathbf{x}_v)-\frac{\partial}{\partial v}\phi(\mathbf{x}_u)$$

를 만족하는 2-형식으로 정의된다.

이 정의는 아직 완벽한 것이라 할 수 없다. 왜냐하면 일관성의 문제가 있기 때문이다. 실제로 우리가 정의한 것은 M 안의 조각사상 $\mathbf{x}$의 상에 대한 형식 $d_{\mathbf{x}}\phi$이다. 그러므로 우리가 증명하여야 하는 것은 두 조각사상이 겹치는 영역 위에서 $d_{\mathbf{x}}\phi$와 $d_{\mathbf{y}}\phi$가 같다는 사실이다. 그때 비로소 ϕ로부터 $d\phi$를 얻을 수가 있다.

정리 4-5

ϕ를 M 위의 1-형식이라 하고 $\mathbf{x}: D\to M$과 $\mathbf{y}: \mathbf{E}\to M$을 조각사상이라 하면, $\mathbf{x}(D)$와 $\mathbf{y}(\mathbf{E})$의 겹쳐진 부분에서 $d_{\mathbf{x}}\phi=d_{\mathbf{y}}\phi$이다.

증명 $\mathbf{x}^{-1}\mathbf{y}$의 정의역에 속한 모든 점 $(u,\ v)$에 대하여 임의의 두 접벡터 $\mathbf{v}$, $\mathbf{w}$는 $\mathbf{y}_u$와 $\mathbf{y}_v$의 1차결합으로 표시할 수 있으므로, 위의 정리는

$$(d_{\mathbf{x}}\phi)(\mathbf{y}_{\mathbf{u}},\ \mathbf{y}_{\mathbf{v}})=(d_{\mathbf{y}}\phi)(\mathbf{y}_{\mathbf{u}},\ \mathbf{y}_{\mathbf{v}}) \tag{1}$$

가 성립함을 보이면 된다. 그런데 정리 3-3에 의하면

$$\mathbf{y}(u,\ v)=\mathbf{x}(\bar{u}(u,\ v),\ \bar{v}(u,\ v))=\mathbf{x}(\bar{u},\ \bar{v})$$

인 관계가 있으므로, 좌표변환식

$$\mathbf{y}_u=\mathbf{x}_{\bar{u}}\frac{\partial\bar{u}}{\partial u}+\mathbf{x}_{\bar{v}}\frac{\partial\bar{v}}{\partial u},\quad \mathbf{y}_v=\mathbf{x}_{\bar{u}}\frac{\partial\bar{u}}{\partial v}+\mathbf{x}_{\bar{v}}\frac{\partial\bar{v}}{\partial v}$$

을 얻는다. 이때 $\mathbf{y}_u$와 $\mathbf{y}_v$는 각각 $\mathbf{x}_{\bar{u}}$와 $\mathbf{x}_{\bar{v}}$의 일차결합으로 표시될 수 있으므로(정리 4-2)

$$d_{\mathbf{x}}\phi(\mathbf{y}_u,\ \mathbf{y}_v)=J(d_{\mathbf{x}}\phi)(\mathbf{x}_{\bar{u}},\ \mathbf{x}_{\bar{v}}) \tag{2}$$

$$J=\begin{vmatrix} \dfrac{\partial\bar{u}}{\partial u} & \dfrac{\partial\bar{v}}{\partial u} \\ \dfrac{\partial\bar{u}}{\partial v} & \dfrac{\partial\bar{v}}{\partial v} \end{vmatrix}\neq 0$$

이 성립한다. 따라서 식 (1) 대신 관계식

$$(d_{\mathbf{y}}\phi)(\mathbf{y}_u,\ \mathbf{y}_v)=J(d_{\mathbf{x}}\phi)(\mathbf{x}_{\bar{u}},\ \mathbf{x}_{\bar{v}})$$

가 성립함을 증명하면 된다. 정의 4-4로부터

$$(d_{\mathbf{y}}\phi)(\mathbf{y}_u,\ \mathbf{y}_v)=\frac{\partial}{\partial u}\phi(\mathbf{y}_v)-\frac{\partial}{\partial v}\phi(\mathbf{y}_u) \tag{3}$$

이므로, 우변의 값을 구하여야 한다. 그런데 좌표변환식으로부터

$$\phi(\mathbf{y}_v)=\phi(\mathbf{x}_{\bar{u}})\frac{\partial\bar{u}}{\partial v}+\phi(\mathbf{x}_{\bar{v}})\frac{\partial\bar{v}}{\partial v}$$

이므로, 다시 u에 관하여 미분하면

$$\frac{\partial}{\partial u}\phi(\mathbf{y}_v)=\left(\frac{\partial}{\partial\bar{v}}\phi(\mathbf{x}_{\bar{u}})\frac{\partial\bar{v}}{\partial u}+\cdots\right)\frac{\partial\bar{u}}{\partial v}+\left(\frac{\partial}{\partial\bar{u}}\phi(\mathbf{x}_{\bar{v}})\frac{\partial\bar{u}}{\partial u}+\cdots\right)\frac{\partial\bar{v}}{\partial v}$$

을 얻는다. 마찬가지 방법으로(또는 u와 v, $\bar{u}$와 $\bar{v}$를 교환함으로써)

$$\frac{\partial}{\partial v}\phi(\mathbf{y}_u)=\left(\frac{\partial}{\partial\bar{u}}\phi(\mathbf{x}_{\bar{v}})\frac{\partial\bar{u}}{\partial v}+\cdots\right)\frac{\partial\bar{v}}{\partial u}+\left(\frac{\partial}{\partial\bar{v}}\phi(\mathbf{x}_{\bar{u}})\frac{\partial\bar{v}}{\partial v}+\cdots\right)\frac{\partial\bar{u}}{\partial u}$$

를 얻을 수 있다. 이 관계식은 길고 복잡한 형태로 표시이지만 두 식에서 공통으로 나타나는 항은 쓰지 않고 생략하였다. 이제 이 두 관계식을 식 (3)에 대입하고 식 (2)를 이용하면

$$d_{\mathbf{y}}\phi(\mathbf{y}_u,\ \mathbf{y}_v)=\left(\frac{\partial\bar{u}}{\partial u}\frac{\partial\bar{v}}{\partial v}-\frac{\partial\bar{v}}{\partial u}\frac{\partial\bar{u}}{\partial v}\right)\left(\frac{\partial}{\partial\bar{u}}\phi(\mathbf{x}_{\bar{v}})-\frac{\partial}{\partial\bar{v}}\phi(\mathbf{x}_{\bar{u}})\right)$$

$$=Jd_{\mathbf{x}}\phi(\mathbf{x}_{\bar{u}},\ \mathbf{x}_{\bar{v}})$$

을 얻는다. 따라서 $\mathbf{x}(D)\cap\mathbf{y}(\mathbf{E})$ 위에서 $d_{\mathbf{x}}\phi=d_{\mathbf{y}}\phi$가 성립한다. ■

곡면 위에서 쐐기곱에 관한 외미분은 $\mathbf{E}^3$에서처럼 선형이고 라이프니츠 성질을 충족한다. 실제의 계산을 위하여 정의에 직접 접근하기보다는 이러한 성질을 이용하는 것이 훨씬 효과적이다.

미분에 관한 가장 확실한 성질은 2차외미분(second exterior derivatives)이 존재하지 않는다는 사실이다. 형식이 어디에서 나타나든 외미분을 두 번 이용하면 항상 0이 된다. 곡면에서는 단지 0-형식에 대하여만 증명할 필요가 있다. 왜냐하면 비록 1-형식이라 하더라도 2차외미분 $d(d\phi)$는 3-형식이 되어 자동적으로 0이 되기 때문이다.

정리 4-6 2차외미분

M 위에서 미분가능 실가함수를 f라 하면 $d(df)=0$이다.

증명 $\Psi=df$라 할때, 임의의 두 접벡터 $\mathbf{v}$, $\mathbf{w}$에 대하여

$$d\Psi(\mathbf{v},\ \mathbf{w})=0$$

이 성립함을 증명하면 된다. 그런데 M 안의 조각사상 $\mathbf{x}$에 대하여 $\mathbf{v}$와 $\mathbf{w}$는 $\mathbf{x}_u$와 $\mathbf{x}_v$의 일차결합으로 표시가능하므로, 정리 4-2에 의하여 결국 $d\Psi(\mathbf{x}_u,\ \mathbf{x}_v)=0$을 보이면 된다.

이제 제 1 장의 정의 4-2와 정리 2-2을 이용하면

$$\psi(\mathbf{x}_u)=df(\mathbf{x}_u)=\mathbf{x}_u[f]=\sum\frac{\partial x_i}{\partial u}\frac{\partial f}{\partial x_i}(\mathbf{x})=\frac{\partial}{\partial u}f(\mathbf{x})$$

를 얻는다. 같은 방법으로

$$\psi(\mathbf{x}_v)=\frac{\partial}{\partial v}f(\mathbf{x})$$

를 얻을 수 있으므로, 정의 4-4에 의하여

$$\begin{aligned} d\psi(\mathbf{x}_u,\ \mathbf{x}_v)&=\frac{\partial}{\partial u}\psi(\mathbf{x}_v)-\frac{\partial}{\partial v}\psi(\mathbf{x}_u) \\ &=\frac{\partial^2}{\partial u\partial v}f(\mathbf{x})-\frac{\partial^2}{\partial v\partial u}f(\mathbf{x})=0 \end{aligned}$$

이다. 따라서 $d\Psi=d(df)=0$이 성립한다. ■

위의 정리는 직접 계산하여 쉽게 유도할 수도 있다. 만약 M 위에서 미분가능실가함수를 $f=f(u,\ v)$라 하면

$$df=\frac{\partial f}{\partial u}du+\frac{\partial f}{\partial v}dv$$

이므로 df를 다시 한 번 미분하고, 쐐기곱에 대한 교대법칙을 사용하면

$$d(df)=0$$

을 쉽게 구할 수 있다.

많은 계산과 증명은 두 개의 형식이 같다는 문제를 제기한다. 이미 알고 있듯이, 두 형식이 같다는 것을 증명하기 위하여, 모든 접벡터에 대한 두 형식의 값이 서로 같다는 사실을 증명할 필요는 없다. 임의의 접벡터는 $\mathbf{x}_u$와 $\mathbf{x}_v$의 일차결합으로 표시할 수 있으므로 $\mathbf{x}_u$와 $\mathbf{x}_v$에 관한 형식의 값을 구함으로써 문제를 해결할 수 있다. 특히 $\mathbf{x}$를 좌표조각사상이라 할 때 1-형식과 2-형식이 같다는 것은

1-형식에 대하여: $\phi=\Psi \rightleftarrows \phi(\mathbf{x}_u)=\Psi(\mathbf{x}_u)$이고 $\phi(\mathbf{x}_v)=\Psi(\mathbf{x}_v)$

2-형식에 대하여: $\mu=\nu \rightleftarrows \mu(\mathbf{x}_u,\ \mathbf{x}_v)=\nu(\mathbf{x}_u,\ \mathbf{x}_v)$

로 정의할 수 있다. 여기서 $\mathbf{x}_u$와 $\mathbf{x}_v$는 M 위의 각 점에서 일차독립이 되는

임의의 다른 벡터로 대치할 수 있다.

예제 4-7

평면 $\mathbf{E}^2$에서의 미분형식 $u_1=u$, $v_1=v$를 자연좌표함수라 하고 U_1, U_2를 $\mathbf{E}^2$의 자연틀장이라 하면, $\mathbf{E}^2$ 위에서 형식의 미분계산은 다음과 같이 u_1과 u_2의 항으로 표시할 수 있다.

만약 f를 0-형식인 함수, ϕ와 Ψ를 1-형식, η를 2-형식이라 하면

(1) $\phi=f_1du_1+f_2du_2$, 단 $f_i=\phi(U_i)$

(2) $\eta=gdu_1du_2$, 단 $g=\eta(U_1, U_2)$

(3) $\phi=f_1du_1+f_2du_2$, $\Psi=g_1du_1+g_2du_2$라 하면

$\phi\wedge\Psi=(f_1g_2-f_2g_1)du_1du_2$

(4) $df=\dfrac{\partial f}{\partial u_1}du_1+\dfrac{\partial f}{\partial u_2}du_2$

(5) $d\phi=d(f_1du_1+f_2du_2)=\left(\dfrac{\partial f_2}{\partial u_1}-\dfrac{\partial f_1}{\partial u_2}\right)du_1du_2$

인 관계가 성립한다. 이 공식들에 대한 증명은 쐐기곱과 외미분에 대한 성질, 그리고 방향도함수에 대한 성질을 이용하면 쉽게 해결할 수 있다.

문제 4-4

1 ϕ와 Ψ를 곡면 M 위에서 1-형식이라 하면, $\phi\wedge\Psi=-\Psi\wedge\phi$이 성립함을 증명하고 $\phi\wedge\phi=0$임을 추론하여라.

2 $d\phi=0$일 때 형식 ϕ를 **닫혀 있다**(closed)고 말한다. 어떤 형식 ζ에 대하여 $\phi=d\zeta$인 ϕ를 **완전형식**(exact form)이라 한다(그러므로 ϕ가 p-형식이면 ζ는 필수적으로 $(p-1)$-형식이다). 다음을 증명하여라.

(1) 모든 완전형식은 닫혀 있다.

(2) 0-형식이 아닌 것은 모두 완전형식이다. 그리고 한 곡면 위에서 모든 2-형식은 닫혀 있다.

(3) 상수함수는 닫혀 있는 0-형식이다.

3 라이프니츠의 공식

$$d(fg)=(df)g+f(dg), \quad d(f\phi)=df\wedge\phi+fd\phi$$

를 증명하여라. 단 f와 g는 M 위에서의 함수이고 ϕ는 1-형식이다.

힌트 정의에 따라 $(f\phi)(\mathbf{v}_p)=f(\mathbf{p})\phi(\mathbf{v}_p)$이므로, $\mathbf{x}_u$ 위에서 $f\phi$의 값은 $f(\mathbf{x})\phi(\mathbf{x}_u)$이다.

4 f를 한 곡면 위에서 정의된 실가함수, g를 수직선 위에서 정의된 함수라 하면

$$\mathbf{v}_p[g(f)]=g'(f)\mathbf{v}_p[f]$$

이다. 이 공식을 증명하고, 다음 관계식이 성립함을 추론하여라.

$$d(g(f))=g'(f)df$$

5 $f,\ g,\ h$를 곡면 M 위에서 함수라 하고, ϕ를 1-형식이라 할 때 다음 공식을 증명하여라.

(1) $d(fgh)=ghdf+fhdg+fgdh$

(2) $d(\phi f)=fd\phi-\phi\wedge df,\ (\phi f=f\phi)$

(3) $(df\wedge dg)(\mathbf{v},\ \mathbf{w})=\mathbf{v}[f]\mathbf{w}[g]-\mathbf{v}[g]\mathbf{w}[f]$

6 $\mathbf{y}:\mathbf{E}\rightarrow M$($\mathbf{E}$는 $\mathbf{E}^2$의 개집합)을 임의의 사상이라 하자. 만약 ϕ를 M 위의 1-형식이라 하면, 공식

$$d\phi(\mathbf{y}_u,\ \mathbf{y}_v)=\frac{\partial}{\partial u}\phi(\mathbf{y}_v)-\frac{\partial}{\partial v}\phi(\mathbf{y}_u)$$

는 $\mathbf{y}$가 정칙 또는 일대일이 아닌 경우에도 유효함을 증명하여라.

4-5 곡면의 사상

한 곡면에서 한 곡면으로 대응시키는 함수의 미분가능성을 정의하기 위하여 이제부터는 4-1절에서 사용한 방법을 따르기로 하고 그 함수의 모든 좌표표현이 미분가능하다고 가정하자.

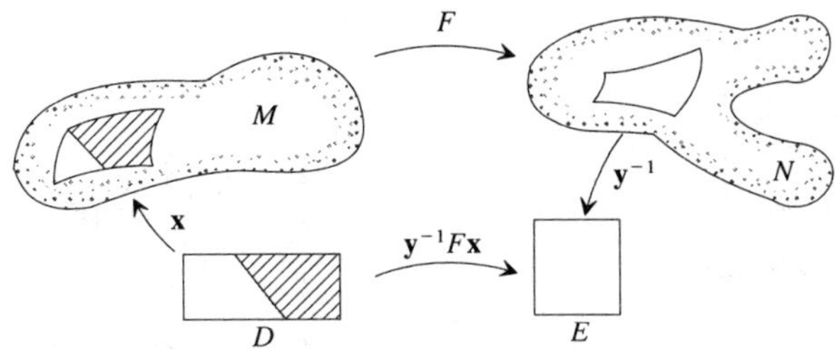

그림 4-21

정의 5-1

한 곡면에서 다른 곡면으로의 함수 $F: M \to N$이 **미분가능**(differentiable)이라 함은 M의 조각사상 $\mathbf{x}$와 N의 조각사상 $\mathbf{y}$에 대하여 합성함수 $\mathbf{y}^{-1}F\mathbf{x}$가 유클리드 미분가능이고 $\mathbf{E}^2$의 개집합에서 정의되는 것이다. 이러한 F를 **곡면의 사상**(mapping of surfaces)이라 한다.

함수 $\mathbf{y}^{-1}F\mathbf{x}$는 $F(\mathbf{x}(u, v))$가 $\mathbf{y}$의 상에 있는 D의 모든 점 (u, v)에서 정의된다는 사실은 분명하다(그림 4-21).

예제 5-2

입체사영(stereographic projection): 북극을 제외한 단위구면 Σ에서 평면으로의 투영을 생각하자. xy-평면 위에 있는 Σ의 중심이 (0, 0, 1)에 오도록 하면 북극은 (0, 0, 2)이다. Σ의 북극에 빛이 있다 가정하고, Σ의 각 점 $\mathbf{p}$를 지난 빛이 xy-평면에 내린 그림자를 $S(\mathbf{p})$라 하자(그림 4-22). 즉

$$S: \Sigma \to xy\text{평면} \quad (=\mathbf{E}^2)$$

인 함수 S를 생각하자. 결국 S는

$$S(a, b, c) = \left(\frac{Ra}{r}, \frac{Rb}{r}\right)$$

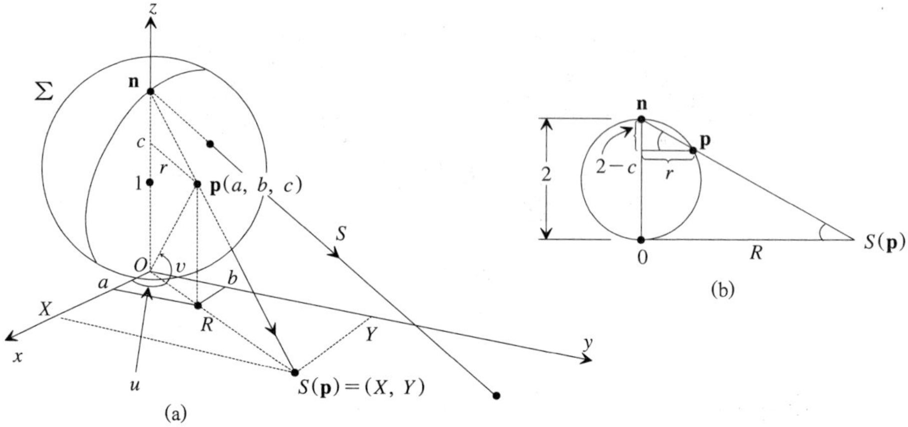

그림 4-22 입체사영

(단, r와 R는 z축으로부터 각각 점 $\mathbf{p}=(a,\ b,\ c)$와 $S(\mathbf{p})=S(a,\ b,\ c)$에 이르는 거리)의 형태를 갖는다. 왜냐하면 $S(a,\ b,\ c)$의 좌표를 xy-평면 위에서 $(X,\ Y)$라 하면

$$a : X = r : R = b : Y$$

가 성립하므로

$$X=\frac{Ra}{r},\ Y=\frac{Rb}{r}$$

이기 때문이다. 한편 $2-c : 2 = r : R$로부터 $R=\dfrac{2r}{2-c}$를 얻을 수 있으므로 결국

$$S(a,\ b,\ c)=\left(\frac{2a}{2-c},\ \frac{2b}{2-c}\right)$$

이다. 따라서 만약 $\mathbf{x} : D \to \Sigma$를 조각사상이라 하면 $S\mathbf{x} : D \to \mathbf{E}^2$는 유클리드 미분가능이다. 따라서 S는 사상이다.

여기서 $a,\ b,\ c$는 각각 $(u,\ v)\in D$로 나타낼 수 있다. 즉 $p(a,\ b,\ c)$를 원주좌표로 나타내면(예제 2-2)

$$a=\cos v\cos u,\quad b=\cos v\sin u,\quad c=\sin v+1$$

이므로 $S(a, b, c)$는 u와 v로 나타낼 수 있다. □

유클리드 공간의 사상과 마찬가지로 곡면의 사상은 하나의 미분사상을 갖는다. 이것에 관하여 살펴보자.

정의 5-3

$F: M \to N$을 곡면의 사상이라 할때, $\mathbf{v}$를 M 안의 곡선 α의 초기속도벡터라 하면 $F_*(\mathbf{v})$는 N 안의 상곡선 $F(\alpha)$의 초기속도벡터가 된다. 이 경우 M의 접벡터 $\mathbf{v}$를 N의 접벡터 $F_*(\mathbf{v})$로 보내는 함수 F_*를 F의 **미분사상**(derivative map)이라 한다(그림 4-23).

더욱이 점 $\mathbf{p}$에서 미분사상 F_*는 접평면 $T_\mathbf{p}(M)$으로부터 접평면 $T_{F(\mathbf{p})}(N)$으로 보내는 일차변환이다. 이것은 F_*가 곡선의 속도벡터를 보존한다는 정의로부터 즉시 나온다. N 위에 있는 M 위의 곡선 α의 상을 $\bar{\alpha}=F(\alpha)$라 하면 $F_*(\alpha')=\bar{\alpha}'$이다. 유클리드 공간에서처럼 합성함수의 미분사상은 합성함수와 같다는 편리한 성질을 추론할 수 있다(문제 **7**).

사상 $F: M \to N$의 미분사상은 다음과 같이 편속도벡터의 항으로 계산할 수 있다. $\mathbf{x}: D \to M$을 M에서의 매개변수표시라 하고, $\mathbf{y}=F(\mathbf{x}): D \to N$이라 하자. 분명히 F는 $\mathbf{x}$의 매개변수곡선을 이에 대응하는 $\mathbf{y}$의 매개변

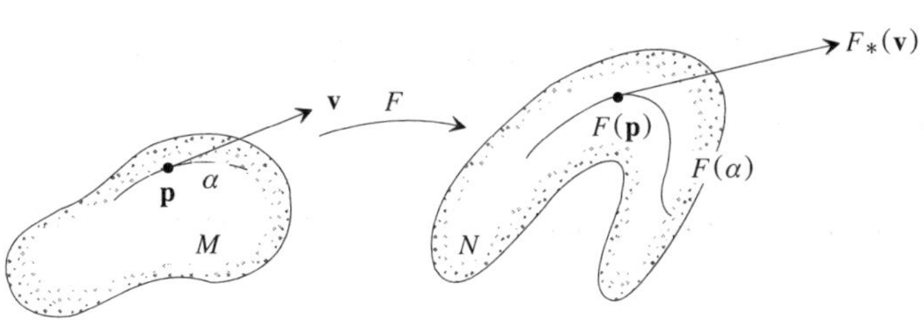

그림 4-23

수곡선으로 보낸다. F_*는 곡선의 속도벡터를 보존하므로

$$F_*(\mathbf{x}_u)=\mathbf{y}_u, \quad F_*(\mathbf{x}_v)=\mathbf{y}_v$$

이다. $\mathbf{x}_u$와 $\mathbf{x}_v$는 $\mathbf{x}(D)$의 각 점에서 M의 접벡터에 대하여 기저가 되므로 위의 공식은 완벽하게 F_*를 결정한다.

제 1 장 1-5절에서 논의했던 정칙사상을 곡면의 사상 $F: M \to N$으로 바꿀 수 있다. F의 모든 미분사상 $F_{*p}: T_p(M) \to T_{F(p)}(N)$이 일대일일 때 F를 **정칙**(regular)이라 한다. 이 접평면은 같은 차원(dimension)이므로 선형대수로부터 일대일이라는 조건은 F_*가 일차동형사상(linear isomorphism)이란 조건과 동치임을 알 수 있다. 역사상 $F^{-1}: N \to M$을 갖는 사상 $F: M \to N$을 **미분동형사상**(diffeomorphism)이라 하고 M과 N을 **미분동형**(diffeomorphic)이라고 한다.

예제 5-4

입체사영 $S: \Sigma \to \mathbf{E}^2$은 미분동형사상이다(단 Σ는 원점 위에 놓인 남극을 제외한 단위구면). S가 Σ로부터 평면 $\mathbf{E}^2$으로의 일대일사상인 것은 예제 5-2로부터 분명하다. 이제 미분사상 S_*가 각 점에서 일대일임을 보일 필요가 있다. 예제 2-2에서 지리적 조각사상에 약간 수정을 함으로써 매개변수표시

$$\mathbf{x}(u, v)=(\cos v \cos u, \cos v \sin u, 1+\sin v)$$

를 얻는다. 기하학적 정의로부터 S는 $\mathbf{x}$의 매개변수곡선(위선이 되는 원)을 원점을 중심으로 하는 평면상의 원으로, v-매개변수곡선(경선)을 원점으로부터 방사(radiate)하는 직선으로 보내준다(그림 4-24).

S의 두 가지 상곡선은 $\mathbf{y}=S(\mathbf{x})$의 매개변수곡선이다. 예제 5-2의 S에 대한 공식으로부터

$$\mathbf{y}(u, v)=S(\mathbf{x}(u, v))=\left(\frac{2\cos v \cos u}{1-\sin v}, \frac{2\cos v \sin u}{1-\sin v}\right)$$

를 얻는다. $S_*(\mathbf{x}_u)=\mathbf{y}_u$, $S_*(\mathbf{x}_v)=\mathbf{y}_v$이므로 S_*의 정칙성은 0이 아닌 1차독

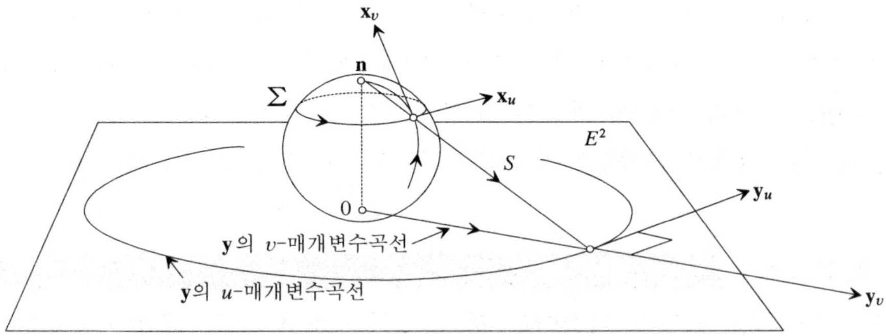

그림 4-24 상곡선(image curves)

립인 벡터 $\mathbf{y}_u$와 $\mathbf{y}_v$를 계산함으로써 증명할 수 있다(남극 0에서는 $\mathbf{x}$가 매개변수표시가 아니므로 위와는 다른 증명이 요구된다(문제 8). 따라서 S는 미분동형사상이다. □

미분형식은 임의의 사상에 의하여 한 곡면에서 다른 곡면으로 옮길 수 있는 중요한 성질이 있다. 만약 $F: M \to N$이 곡면의 사상이고 f가 N 위에서 미분가능 실가함수라 하면 f를 M 위의 합성함수 $f(F)$로 f를 뒤로 끌어당긴다. 1-형식과 2-형식에 대하여도 이와 같은 방법이 도입된다.

정의 5-5

$F: M \to N$을 곡면의 사상이라 하자.

(1) ϕ가 N 위의 1-형식일 때, M의 모든 접벡터 $\mathbf{v}$에 대하여

$$(F^*\phi)(\mathbf{v}) = \phi(F_*\mathbf{v})$$

을 만족하는 $F^*\phi$를 M 위의 1-형식이라 한다.

(2) η가 N 위의 2-형식일 때, M 위의 모든 접벡터의 쌍 $\mathbf{v}, \mathbf{w}$에 대하여

$$(F^*\eta)(\mathbf{v}, \mathbf{w}) = \eta(F_*\mathbf{v}, F_*\mathbf{w})$$

를 만족하는 $F^*\eta$를 M 위의 2-형식이라 한다.

0-형식인 함수 f에 대하여, 1형식과 2형식의 뒤로 끌어당김에 대한 표시법에 따라 가끔 $f(F)$ 대신 F^*f의 기호를 사용할 것이다. 이것은 $F^*f(\mathbf{p})=f(F(\mathbf{p}))$이 되기 때문에 가능한 것이다. 형식에 대한 필수적인 연산은 덧셈, 쐐기곱, 그리고 외미분이 있는데 이들 모두는 사상에 의하여 보존된다.

정리 5-6 형식의 연산

$F: M\to N$을 곡면의 사상이라 하고, ζ와 η를 N 위의 형식이라 하면 다음 관계식이 성립한다.

(1) $F^*(\zeta+\eta)=F^*\zeta+F^*\eta$

(2) $F^*(\zeta\wedge\eta)=F^*\zeta\wedge F^*\eta$

(3) $F^*(d\zeta)=d(F^*\zeta)$

증명 (1) ζ와 η가 모두 같은 p-형식($p=0, 1, 2$)일 때만 성립하므로 모두 세 가지 경우가 존재한다. 예를 들어,

(i) $\zeta=f$, $\eta=g$: 모두 0-형식인 경우

$$F^*(f+g)(\mathbf{p})=(f+g)F(\mathbf{p})=f(F(\mathbf{p}))+g(F(\mathbf{p}))=(F^*f+F^*g)(\mathbf{p})$$

(ii) ζ, η: 모두 1-형식인 경우

$$\begin{aligned}F^*(\zeta+\eta)(\mathbf{v})&=(\zeta+\eta)F_*(\mathbf{v})=\zeta F_*(\mathbf{v})+\eta F_*(\mathbf{v})\\&=(F^*\zeta)(\mathbf{v})+(F^*\eta)(\mathbf{v})=(F^*\zeta+F^*\eta)(\mathbf{v})\end{aligned}$$

이므로 주어진 관계식은 성립한다.

(2) ζ와 η가 각각 0-형식과 1-형식, 1-형식과 1-형식, 0-형식과 2-형식인 경우로 구분할 수 있다.

(i) $\zeta=f$(0-형식), η : 1-형식인 경우

$$\begin{aligned}F^*(\zeta\wedge\eta)(\mathbf{v}_p)&=F^*(f\eta)(\mathbf{v}_p)=f(F(\mathbf{p}))\eta(F_*(\mathbf{v})\\&=(F^*f)(\mathbf{p})F^*\eta(\mathbf{v})=(F^*\zeta\wedge F^*\eta)(\mathbf{v}_p)\end{aligned}$$

(ii) ζ와 η가 모두 1-형식인 경우

1차독립인 M의 임의의 두 접벡터 $\mathbf{v}$, $\mathbf{w}$에 대하여

$$\begin{aligned}F^*(\zeta\wedge\eta)(\mathbf{v}, \mathbf{w}) &= (\zeta\wedge\eta)(F_*(\mathbf{v}), F_*(\mathbf{w})) \\ &= \zeta(F_*(\mathbf{v}))\eta(F_*(\mathbf{w})) - \zeta(F_*(\mathbf{w}))\eta(F_*(\mathbf{v})) \\ &= F^*\zeta(\mathbf{v})F^*\eta(\mathbf{w}) - F^*\zeta(\mathbf{w})F^*\eta(\mathbf{v}) \\ &= (F^*\zeta\wedge F^*\eta)(\mathbf{v}, \mathbf{w})\end{aligned}$$

나머지 경우도 마찬가지 방법으로 증명된다.

(3) ζ가 p-형식이면 $d\zeta$는 $(p+1)$-형식이므로, ζ는 0-형식 또는 1-형식이어야 한다. 먼저 ζ가 0-형식인 함수 f인 경우에는 쉽게 증명된다.

$$F^*(d\zeta)(\mathbf{v}) = F^*(df)(\mathbf{v}) = df(F_*\mathbf{v}) = d(F^*f)(\mathbf{v}) = d(F^*\zeta)(\mathbf{v})$$

한편 ζ가 1-형식일 경우에는, 모든 조각사상 $\mathbf{x}: D\to M$에 대하여, M 위의 임의의 두 접벡터 $\mathbf{v}$, $\mathbf{w}$는 $\mathbf{x}_u$와 $\mathbf{x}_v$의 1차결합으로 표시할 수 있으므로(정리 4-2)

$$d(F^*\zeta)(\mathbf{x}_u, \mathbf{x}_v) = (F^*(d\zeta))(\mathbf{x}_u, \mathbf{x}_v)$$

이 성립함을 증명하면 된다.

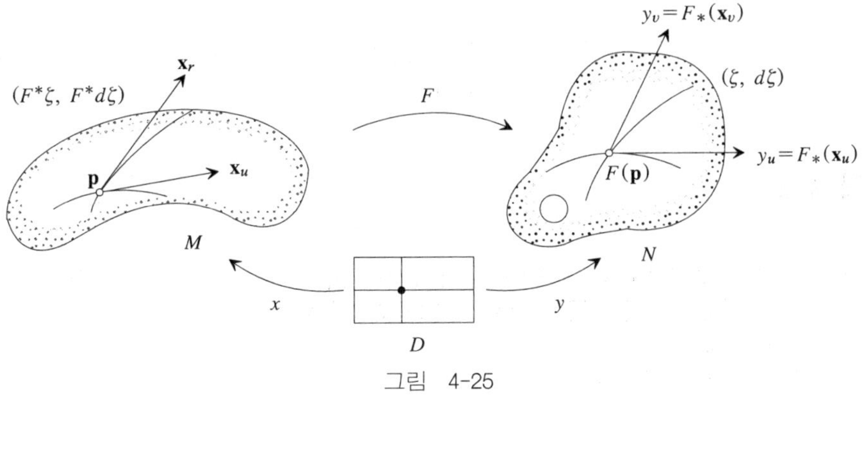

그림 4-25

$\mathbf{y}=F(\mathbf{x})$라 하면 모든 조각사상 $\mathbf{x}: D \to M$에 대하여 $F_*(\mathbf{x}_u)=\mathbf{y}_u,\ F_*(\mathbf{x}_v)=\mathbf{y}_v$이므로, d와 F^*의 정의를 사용하면

$$
\begin{aligned}
d(F^*\zeta)(\mathbf{x}_u,\ \mathbf{x}_v) &= \frac{\partial}{\partial u}(F^*\zeta(\mathbf{x}_v)) - \frac{\partial}{\partial v}(F^*\zeta(\mathbf{x}_u)) \\
&= \frac{\partial}{\partial u}(\zeta F_*(\mathbf{x}_v) - \frac{\partial}{\partial v}(\zeta F_*(\mathbf{x}_u)) \\
&= \frac{\partial}{\partial u}\zeta(\mathbf{y}_v) - \frac{\partial}{\partial v}\zeta(\mathbf{y}_u) \\
&= d\zeta(\mathbf{y}_u,\ \mathbf{y}_v)
\end{aligned}
$$

이다. 비록 $\mathbf{y}$가 조각사상이 아니여도 위의 마지막 관계식은 성립한다(문제 4-4의 6). 그런데 정의 5-5에 의하여

$$
d\zeta(\mathbf{y}_u,\ \mathbf{y}_v) = d\zeta(F_*(\mathbf{x}_u),\ F_*(\mathbf{x}_v)) = (F^*(d\zeta))(\mathbf{x}_u,\ \mathbf{x}_v)
$$

이므로, 결국 $d(F^*\zeta)$와 $F^*(d\zeta)$는 두 접벡터 $\mathbf{x}_u,\ \mathbf{x}_v$에 대하여 같은 값을 갖는다. ■

◀참고▶ 윗정리의 마지막 증명은 직접 유도할 수도 있다. M 위의 임의의 두 접벡터를 $\mathbf{v},\ \mathbf{w}$라 하면

$$
\begin{aligned}
F^*(d\zeta)(\mathbf{v},\ \mathbf{w}) &= d\zeta(F_*(\mathbf{v})),\ F_*(\mathbf{w})) \\
&= \frac{\partial}{\partial u}\zeta(F_*(\mathbf{w})) - \frac{\partial}{\partial v}\zeta(F_*(\mathbf{v})) \\
&= \frac{\partial}{\partial u}F^*\zeta(\mathbf{w}) - \frac{\partial}{\partial v}F^*\zeta(\mathbf{v}) \\
&= d(F^*\zeta)(\mathbf{v},\ \mathbf{w})
\end{aligned}
$$

문제 4-5

1 $\mathbf{E}^3$의 원점을 중심으로 하고 반경이 r인 구면을 Σ라 하자. Σ의 경선과 위선 위에서 다음의 사상 $F: \Sigma \to \Sigma$에 대한 결과를 조사하여 보아라.

(1) $F(\mathbf{p}) = -\mathbf{p}$

(2) $F(p_1,\ p_2,\ p_3) = (p_3,\ p_1,\ p_2)$

(3) $F(p_1, p_2, p_3)=\left(\frac{p_1+p_2}{\sqrt{2}}, \frac{p_1-p_2}{\sqrt{2}}, -p_3\right)$

2 M이 고유조각사상 $\mathbf{x}: D \to \mathbf{E}^3$의 상에 의하여 정해지는 단순곡면이라고 하자. 만약 $\mathbf{y}: D \to N$을 곡면 N으로의 임의의 사상이라 하면, 함수 $F: M \to N$은 모든 $(u, v) \in D$에 대하여 $F(\mathbf{x}(u, v))=\mathbf{y}(u, v)$를 만족하는 곡면의 사상임을 증명하여라.
힌트 $F=\mathbf{y}\mathbf{x}^{-1}$라 하고 정리 3-2를 사용하여라.

3 반경이 r인 구면 Σ 위의 점을 $\mathbf{p}$라 하자. $A(\mathbf{p})=-\mathbf{p}$인 함수 $A: \Sigma \to \Sigma$을 Σ의 **중심대칭사상**(antipodal mapping)이라 한다. 이때 A는 미분동형사상(diffeomorphism)이고 $A_*(\mathbf{v}_p)=(-\mathbf{v})_{-p}$임을 증명하여라.

4 $\mathbf{x}: D \to M$을 곡면 M의 조각사상이라 하자. M 위의 임의의 형식 Ψ에 대하여 D 위에 있는 형식 $\mathbf{x}^*(\Psi)$를 Ψ의 **좌표표현**(coordinate expression)이라고 한다(Ψ가 0-형식, 즉 함수이면 $\mathbf{x}^*(\Psi)=\Psi(\mathbf{x})$이다). ϕ를 1-형식, ν를 2-형식이 할 때 다음을 증명하라.
(1) $\mathbf{x}^*(\phi)=\phi(\mathbf{x}_u)du+\phi(\mathbf{x}_v)dv$
(2) $\mathbf{x}^*(\nu)=\nu(\mathbf{x}_u, \mathbf{x}_v)dudv$
(3) $\mathbf{x}^*(d\phi)=\left(\frac{\partial}{\partial u}\phi(\mathbf{x}_v)-\frac{\partial}{\partial v}\phi(\mathbf{x}_u)\right)dudv$

5 $F: M \to N$을 사상이라 하고, M의 조각사상 $\mathbf{x}$에 대하여 $\mathbf{y}=F(\mathbf{x})$라 하자($\mathbf{y}$는 N 안에 있으나 반드시 조각사상일 필요는 없다). 만약 $\alpha(t)=\mathbf{x}(a_1(t), a_2(t))$가 M 안에 있는 곡선이라 하면 N에 속한 α의 상 $\bar{\alpha}=F(\alpha)$의 속도벡터는

$$\bar{\alpha}'=\frac{da_1}{dt}\mathbf{y}_u(a_1, a_2)+\frac{da_2}{dt}\mathbf{y}_v(a_1, a_2)$$

임을 증명하여라.

6 앞의 문제 5로부터 다음을 추론하여라.
(1) F_*의 정의 5-3을 정당화하기 위하여 불변성(invariant property)이 필요하다.
(2) 미분사상 $F_*: T_p(M) \to T_{F(p)}(N)$은 선형변환(linear transformation)이라는 사실

7 $M \xrightarrow{F} N \xrightarrow{G} P$를 주어진 사상이라 하고 $GF: M \to P$를 합성함수라할 때 다음을 증명하여라.
(1) GF는 사상이다.
(2) $(GF)_*=G_*F_*$
(3) $(GF)^*=F^*G^*$
힌트 (3)은 P 위의 임의의 형식 ζ에 대하여 $F^*(G^*\zeta)=(GF)^*\zeta$임을 보이면 된다.

8 입체사영 $P: \Sigma_0 \to \mathbf{E}^2$에 대하여, 원점 O에서 미분사상은 본질적으로 항등사상임

을 증명하여라.

힌트 O 근방에서 P를 몽주 조각사상으로 표현하여라.

9 타원면 $\frac{x^2}{a^2}+\frac{y^2}{b^2}+\frac{z^2}{c^2}=1$ 과 구면 $x^2+y^2+z^2=1$ 사이의 미분동형사상을 만들어라.

4-6 형식의 적분

제 1 장에서 처음 소개한 미분형식은 미적분에서 또 다른 역할을 한다. 말하자면 중적분 $\iint f(u, v)dudv$ 에서 적분기호 뒤에 나오는 $f(u, v)dudv$는 $\mathbf{E}^2$ 위의 2-형식이다. 형식이 실제로 적분이 되는 것은 단지 유클리드 공간 위에서 뿐이다. 그러나 임의의 곡면 위에서 형식에 대한 적분의 이런 개념을 쉽게 확장할 수 있다.

먼저 1차원의 경우를 보자. 곡면 M에서 **곡선선분**((curve segment, 또는 1-segment)은 실수직선 $\mathbf{E}^1$에 속한 폐구간 위에서 정의된 곡선 $\alpha : [a, b] \to M$을 뜻한다.

이제 ϕ를 M 위의 1-형식이라 하자. 구간 $[a, b]$에서 ϕ를 끌어당긴(pull-back) $\alpha^*\phi$는 $f(t)dt$로 표시할 수 있다(예제 4-7). 실제로 $\alpha^*\phi=f(t)dt$라 하면 $dt(U_1(t))=U_1(t)[t]=1$이므로

$$f(t)=\alpha^*\phi(U_1(t))=\phi(\alpha_*(U_1(t)))=\phi(\alpha'(t))$$

이다. 따라서 다음과 같이 정의할 수 있다.

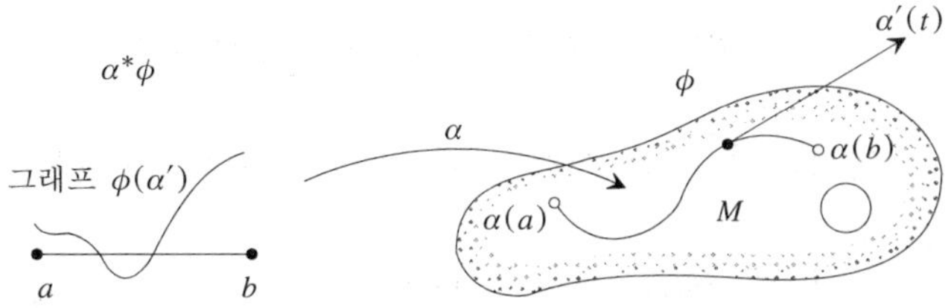

그림 4-26

정의 6-1

ϕ를 M 위의 1-형식이라 하고 $\alpha:[a, b]\to M$을 곡선선분이라 할 때, α에 대한 ϕ의 **적분**은 다음과 같이 정의한다.

$$\int_\alpha \phi = \int_{[a,\ b]} \alpha^* \phi = \int_a^b \phi(\alpha'(t))dt$$

1-형식 ϕ가 외미분 df일 때 선적분 $\int_a \phi$는 미적분의 기본정리를 일반화시키는 흥미 있는 성질이 있다.

정리 6-2 선적분

f를 M의 함수라 하고 $\alpha:[a, b]\to M$을 M의 점 $\mathbf{p}=\alpha(a)$로부터 $\mathbf{q}=\alpha(b)$까지의 곡선선분이라 하면, 다음 관계가 성립한다.

$$\int_\alpha df = f(\mathbf{q}) - f(\mathbf{p})$$

증명 정의 6-1로부터 df는 1-형식이므로

$$\int_\alpha df = \int_a^b df(\alpha'(t))dt$$

그런데

$$df(\alpha'(t))=\alpha'(t)[f]=\frac{d}{dt}f(\alpha(t))$$

이므로, 미적분의 기본정리로부터 다음 결과를 얻는다.

$$\int_{\alpha}df=\int_{a}^{b}\frac{d}{dt}f(\alpha(t))dt=f(\alpha(b))-f(\alpha(a))=f(\mathbf{q})-f(\mathbf{p}). \blacksquare$$

이제 2차원적 구간을 $\mathbf{E}^2$에서 닫힌직사각형 $R: a\leq u\leq b,\ c\leq v\leq d$라 하자. M 안에 있는 곡면선분(surface segment, 또는 2-segment)은 R에서 M으로 보내는 미분가능함수 $\mathbf{x}: R\to M$이다(그림 4-27).

우리가 사용하는 조각사상 $\mathbf{x}$는 정칙 또는 일대일을 반드시 가정할 필요는 없다. 이것은 속도벡터 $\mathbf{x}_u$와 $\mathbf{x}_v$는 비록 $\mathbf{x}$가 조각사상이 아닌 경우에도 유효하기 때문이다. 만약 η를 M에서의 2-형식이라 하면, η의 끌어당긴 $\mathbf{x}^*\eta$는 좌표표현 $hdudv$를 가진다. 실제로 $\mathbf{x}^*\eta=hdudv$라 하면

$$h=(\mathbf{x}^*\eta)(U_1,\ U_2)=\eta(\mathbf{x}_*(U_1),\ \mathbf{x}_*(U_2))=\eta(\mathbf{x}_u,\ \mathbf{x}_v)$$

이다. 이 사실은 예제 4-7 (2)로부터 쉽게 유도된다.

정의 6-3

η를 M의 2-형식, $\mathbf{x}: R\to M$을 곡면선분이라 할 때 $\mathbf{x}$에 대한 η의 적분은 다음과 같이 정의한다.

$$\iint_{\mathbf{x}}\eta=\iint_{R}\mathbf{x}^*\eta=\int_{a}^{b}\int_{c}^{d}\eta(\mathbf{x}_u,\ \mathbf{x}_v)dudv$$

그림 4-27

정의 6-4

$\mathbf{x} : R = \{(u,\ v) \mid a \le u \le b,\ c \le v \le d\} \to M$을 M 안의 곡면선분이라 하자. $\mathbf{x}$의 테두리곡선(edge curves)은

$$\alpha(u) = \mathbf{x}(u,\ c)$$
$$\beta(v) = \mathbf{x}(b,\ v)$$
$$r(u) = \mathbf{x}(u,\ d)$$
$$\delta(v) = \mathbf{x}(a,\ v)$$

로 정의되는 곡선선분 α, β, r, δ이다. 이때 곡면선분 $\mathbf{x}$의 경계 $\partial\mathbf{x}$는

$$\partial\mathbf{x} = \alpha + \beta - r - \delta$$

로 표시한다.

이러한 네 개의 곡선선분은 직사각형 R의 경계를 포함하는 네 개의 직선선분 위에서 함수 $\mathbf{x} : R \to M$에 의하여 얻어진 것이다. γ와 δ의 '마이너스' 기호는 R의 테두리를 따라 일관되게 움직일 때 γ와 δ는 반대 방향임을 뜻한다. 그러므로 $\mathbf{x}$에 대하여도 마찬가지이다(그림 4-28).

만약 ϕ가 M의 1-형식이면, $\mathbf{x}$의 경계에 관한 ϕ의 적분은

$$\int_{\partial x} \phi = \int_{\alpha} \phi + \int_{\beta} \phi - \int_{\gamma} \phi - \int_{\delta} \phi$$

로 정의된다. 다음 정리는 정리 6-2를 이차원으로 확장한 것이다.

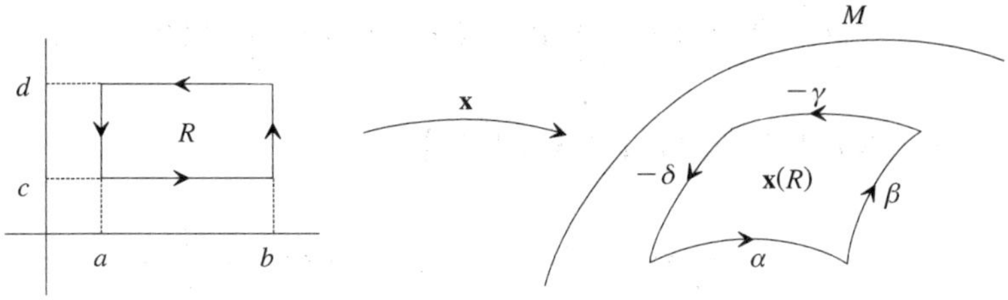

그림 4-28

정리 6-5 **Stokes의 정리**

ϕ를 M의 1-형식, $\mathbf{x}: R \to M$을 곡면선분이라 하면 다음 관계식이 성립한다.

$$\iint_{\mathbf{x}} d\phi = \int_{\partial \mathbf{x}} \phi$$

증명 정의 6-3과 정의 4-4로부터

$$\begin{aligned}\iint_{\mathbf{x}} d\phi &= \iint_R d\phi(\mathbf{x}_u, \mathbf{x}_v)\,du\,dv \\ &= \iint_R \left(\frac{\partial}{\partial u}(\phi(\mathbf{x}_v)) - \frac{\partial}{\partial v}(\phi(\mathbf{x}_u))\right) du\,dv \\ &= \iint_R \frac{\partial g}{\partial u}\,du\,dv - \iint_R \frac{\partial f}{\partial v}\,du\,dv \qquad (1)\end{aligned}$$

단 $f = \phi(\mathbf{x}_u), \quad g = \phi(\mathbf{x}_v)$

이제 $R = \{(u, v) \mid a \le u \le b,\ c \le v \le d\}$라 가정하고 위의 적분값을 구해보자. 먼저

$$\begin{aligned}\iint_R \frac{\partial g}{\partial u}\,du\,dv &= \int_c^d \int_a^b \frac{\partial g(u, v)}{\partial u}\,du\,dv \\ &= \int_c^d g(b, v)\,dv - \int_c^d g(a, v)\,dv \qquad (2)\end{aligned}$$

이다. 그런데 $g = \phi(\mathbf{x}_v)$이므로 $g(b, v) = \phi(\mathbf{x}_v(b, v))$가 성립하고, $\mathbf{x}_v(b, v)$는 분명히 곡선 β 위의 속도벡터 $\beta'(v)$이므로

$$\int_c^d g(b, v)\,dv = \int_c^d \phi(\mathbf{x}_v(b, v))\,dv = \int_c^d \phi(\beta'(v))\,dv$$

이다. 그러므로 정의 6-1에 의하여

$$\int_c^d g(b, v)\,dv = \int_c^d \phi(\beta'(v))\,dv = \int_\beta \phi$$

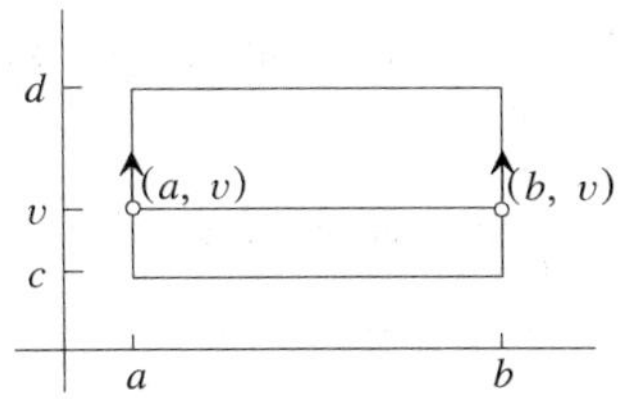

그림 4-29

를 얻는다. 마찬가지 방법으로 식 (2)의 두 번째 적분은 $\int_{\delta}\phi$ 이므로

$$\iint_{R}\frac{\partial g}{\partial u}dudv=\int_{\beta}\phi-\int_{\delta}\phi \tag{3}$$

이와 같은 과정에 의하여 식 (1)의 두 번째 적분은

$$\iint_{R}\frac{\partial f}{\partial v}dudv=\int_{\gamma}\phi-\int_{\alpha}\phi \tag{4}$$

따라서 식 (1), (2), (3)과 (4)에 의하여

$$\iint_{\mathbf{x}}d\phi=\int_{\alpha}\phi+\int_{\beta}\phi-\int_{\gamma}\phi-\int_{\delta}\phi=\int_{\alpha+\beta-\gamma-\delta}\phi=\int_{\partial\mathbf{x}}\phi$$

를 얻는다. ■

스토크스의 정리는 미적분의 기본정리를 이차원으로 공식화한 것이라 할 수 있다. 이것은 수학에서 가장 유용한 결과 중의 하나로 인정되고 있다. 고등미적분이나 응용수학에서 이 정리를 이용한 정리를 쉽게 발견할 수 있는데, 우리는 이 결과를 곡면기하를 공부하는 데 사용할 것이다.

문제 2-2의 [6]의 내용을 다시 한 번 확인하고 다음 정리를 보자.

정리 6-6

$\alpha(h):[a, b]\to M$을 곡선선분 $\alpha:[c, d]\to M$의 재매개변수곡선이라 하자. 이때 M의 임의의 1-형식 ϕ에 대하여 다음 관계가 성립한다.

$$\int_{\alpha(h)}\phi=\begin{cases}\int_{\alpha}\phi, & h\text{가 향을 보존할 때}\\ -\int_{\alpha}\phi, & h\text{가 향을 바꾸어 줄 때}\end{cases}$$

증명 $\alpha(h)$의 속도벡터는

$$\alpha(h)'=\alpha'(h)\frac{dh}{du}$$

이므로

$$\int_{\alpha(h)}\phi=\int_a^b\phi(\alpha(h)')du=\int_a^b\phi(\alpha'(h(u)))\frac{dh}{du}du$$

이제 적분에서 변수의 변화에 대한 정리를 사용하자. 먼저 h가 향을 보존하면 $h(a)=c$, $h(b)=d$이므로 치환적분을 이용하면

$$\int_{\alpha(h)}\phi=\int_c^d\phi(\alpha'(v))dv=\int_{\alpha}\phi$$

같은 방법으로 h가 향을 반대로 하면 $h(a)=d$, $h(b)=c$이므로

$$\int_{\alpha(h)}\phi=\int_d^c\phi(\alpha'(v))dv=-\int_c^d\phi(\alpha'(v))dv=-\int_{\alpha}\phi$$

를 얻는다. ■

위의 정리는 경계 $\partial\mathbf{x}=\alpha+\beta-r-\delta$에 나타난 '−' 기호에 대하여 확실하게 설명을 해 준다. 임의의 곡선 $\alpha:[t_0, t_1]\to M$에 대하여 $-\alpha$를 α의 향을 반대로 하는 재매개변수곡선, 예컨대

$$-\alpha(t)=\alpha(t_0+t_1-t)$$

라 하면, $-\alpha(t_0)=\alpha(t_1)$이고 $-\alpha(t_1)=\alpha(t_0)$이므로, 위의 정리에 의하여

$$\int_{-\alpha}\phi = -\int_{\alpha}\phi$$

를 쉽게 유도할 수 있다. 만약 $\mathbf{x}$가 곡면선분이면

$$\int_{\partial \mathbf{x}}\phi = \int_{\alpha}\phi + \int_{\beta}\phi - \int_{\gamma}\phi - \int_{\delta}\phi = \int_{\alpha}\phi + \int_{\beta}\phi + \int_{-\gamma}\phi + \int_{-\delta}\phi$$

으로 표현된다.

문제 4-6

1 $\alpha(t) = (t, t^2)$을 만족하는 곡선선분을 $\alpha : [-1, 1] \to \mathbf{E}^2$라 하자.

(1) $\phi = v^2du + 2uvdv$일 때 $\int_{\alpha}\phi$를 계산하여라.

(2) $df = \phi$를 만족하는 함수 f를 구하고, 이 경우에 정리 6-2를 점검하여라.

2 ϕ를 곡면 M 위에서 1-형식이라 하자.

(1) ϕ가 닫혀 있으면 M 안의 모든 2-선분에 대하여 $\int_{\partial \mathbf{x}}\phi = 0$임을 증명하여라.

(2) ϕ가 완전형식이면 α_i가 α_{i+1}의 출발점에서 끝나는 곡선선분 $\alpha_1, \cdots, \alpha_k (\alpha_{k+1} = \alpha_1)$의 임의의 순환에 대하여(그림 4-30)

$$\sum_i \int_{\alpha_i}\phi = 0$$

이 성립함을 증명하여라(문제 4-4의 [2] 참고).

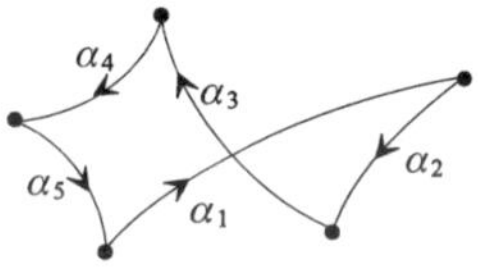

그림 4-30

3 $\mathbf{x}$를 곡면 M의 조각사상이라 하자. 곡선선분

$$\alpha(t) = \mathbf{x}(u(t), v(t)), \ a \le t \le b$$

에 대하여

$$\int_{\alpha}\phi = \int_a^b \left(\phi(\mathbf{x}_u)\frac{du}{dt} + \phi(\mathbf{x}_v)\frac{dv}{dt}\right)dt$$

임을 증명하여라. 단 $\mathbf{x}_u$와 $\mathbf{x}_v$는 (u, v) 위에서 얻은 것이다.

[4] α를 원환면 T에 속한 폐곡선

$$\alpha(t) = \mathbf{x}(mt, nt), \ 0 \le t \le 2\pi$$

이라 할 때 다음 값을 구하여라(문제 4-3의 [2] 참고).

(1) $\int_{\alpha}\xi$ (2) $\int_{\alpha}\eta$

단, ξ는 $\xi(\mathbf{x}_u) = 1$, $\xi(\mathbf{x}_v) = 0$이 되는 T의 1-형식, η는 $\eta(\mathbf{x}_u) = 0$, $\eta(\mathbf{x}_v) = 1$인 T의

1-형식이다.

참고 만약 γ를 T 위에 있는 임의의 폐곡선이라 하면, $\int_\gamma \frac{\xi}{2\pi}$는 T의 평행선의 방향으로 T의 주위를 회전한 총회전수를, $\int_\gamma \frac{\eta}{2\pi}$는 경선의 방향으로 회전한 총회전수를 뜻한다. 이것은 u와 v를 T의 경선과 위선의 함수라 할 때 $\xi = du$, $\eta = dv$임을 암시한다(예제 2-4 참고).

5 지리적 조각사상

$$\mathbf{x}(u, v) = (r\cos u\cos v,\ r\sin u\cos v,\ r\sin v)$$

를 직사각형 $R: 0 \le u, v \le \pi/2$에 제한함으로써 얻은 구면 $\sum$ 위의 2-선분을 $\mathbf{x}: R \to \sum$라 하자. $\mathbf{x}$의 변곡선 α, β, r, δ에 대한 명확한 공식을 구하고, 곡선과 상 $\mathbf{x}(R)$을 $\sum$ 위에 스케치하여라.

6 $\mathbf{x}: R \to M$을 직사각형 $R: 0 \le u \le \frac{\pi}{2}$, $0 \le v \le \pi$, 위에서 정의된 2-선분이라 하자. M 위에서의 1-형식 ϕ가

$$\phi(\mathbf{x}_u) = u\cos v, \quad \phi(\mathbf{x}_v) = v\sin u$$

를 만족할 때, $\iint_{\mathbf{x}} d\phi$와 $\int_{\partial\mathbf{x}} \phi$의 값을 구하고 스토크스 정리에 의한 결과와 비교하여 보아라.

5 곡면의 모양

제 2장에서 $\mathbf{E}^3$의 곡선의 모양을 측정하는 데 그 곡선의 곡률과 비꼬임률 함수를 사용하였다. 이제 곡면에 대하여 이와 비슷한 문제를 생각하여 보자. $\mathbf{E}^3$에 속한 곡면 M의 모양은 M 위의 각각의 접평면 위에서 정의된 어떤 선형연산자(linear operator)에 의하여 무한소로 표현된다. 곡선에서처럼 두 개의 곡면이 같은 모양이라는 것은 그 두 곡면이 합동(congruence)임을 뜻한다. 같은 모양연산자(shape operator)를 가지고 있는 두 곡면은 실제로 합동이라는 사실을 증명함으로써 무한소 측정(infinitesimal measurements)을 정당화할 것이다. 곡면에 대한 모양연산자의 대수적 분석에 의하여 곡면의 중요한 기하학적 불변식(주곡선과 주방향, 가우스곡률과 평균곡률 등)에 관한 문제를 자세히 조사하고 기하학적으로 흥미있는 곡면에

대한 이런 불변식들을 산출해 내는 효과적인 방법을 찾아낼 것이다. 이제부터 곡면 $M \subset \mathbf{E}^3$은 제4장에서 정의한 것과 같이 특별한 언급이 없는한 $\mathbf{E}^3$의 연결된 곡면(connected surface)을 뜻한다고 가정하자.

5-1 곡면의 모양연산자

Z를 $\mathbf{E}^3$의 곡면 위에서 유클리드 벡터장이라 가정하자(제4장의 정의 3-5). 비록 Z가 M 위의 점 위에서만 정의되었다 하더라도 공변도함수 $\nabla_v Z$는 $\mathbf{v}$가 M의 접벡터가 되는 한 의미를 갖는다. 이미 알고 있듯이 $\nabla_v Z$는 $\mathbf{v}$방향에 대한 Z의 변화율이다.

M을 유향곡면이라 하면 M 위에 단위법선벡터장 U가 존재한다. 실제로 Z가 0이 아닌 법벡터장이면 $U = Z/\|Z\|$는 법벡터이고 단위길이를 갖는다. M은 연결된 곡면이라 가정했으므로 전곡면 M 위에서 정의된 두 개의 단위법벡터장 U와 $-U$가 존재한다. 그러나 M이 향을 가지고 있지 않다하더라도 단위법벡터장 U와 $-U$는 M의 점 $\mathbf{p}$의 근방에서 정의할 수 있다.

정의 1-1

$\mathbf{v}$를 M 위의 점 $\mathbf{p}$에서 M의 접벡터라 하고, U를 $\mathbf{p}$의 근방에서 M의 단위법벡터장이라 할 때

$$S_p(\mathbf{v}) = -\nabla_v U$$

로 정의하자. 이때 S_p를 $\mathbf{p}$에서 U로부터 유도된 M의 **모양연산자** 또는 **모양작용소**(shape operator)라 한다.

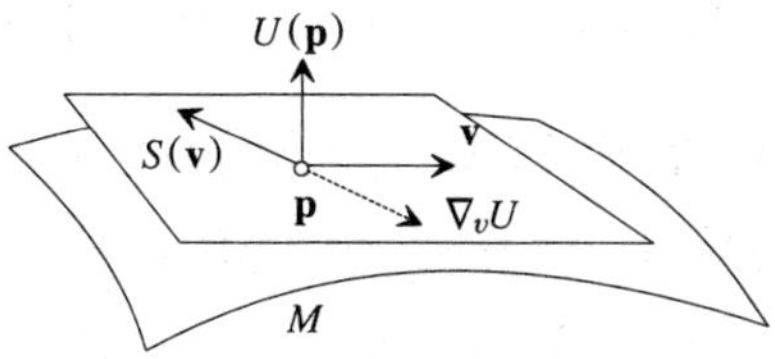

그림 5-1

곡면 M 위의 곡선 α 위의 점 $\mathbf{p}$에서 M의 단위법벡터장을 U라 하면

$$\begin{aligned} S_p(\alpha') &= -\nabla_{\alpha'}U = -\sum \alpha'[u_i]U_i(\mathbf{p}) \\ &= -(\alpha'[u_1],\ \alpha'[u_2],\ \alpha'[u_3])_p = -U'(\mathbf{p}) \end{aligned}$$

인 관계식을 얻는다. 이 결과는 앞으로 매우 중요하게 사용할 것이다.

점 $\mathbf{p}$에서 M의 접평면은 $U(\mathbf{p})$에 수직인 모든 유클리드 벡터로 구성된다. 그러므로 $\mathbf{v}$방향에 대한 U의 변화율 $\nabla_v U$는 M의 접평면이 $\mathbf{v}$의 방향에 대하여 어떻게 변하고 있는가, M 자신이 $\mathbf{E}^3$에서 어떻게 굽어져 있는가를 말해 준다. 다시 말하면 곡면 M의 모양연산자 S는 M 위에서 임의의 방향에 관한 단위법선 U의 변화율을 측정한다.

정리 1-2 모양연산자

점 $\mathbf{p}$에서 M의 모양연산자는, 점 $\mathbf{p}$에서 M의 접평면 위에서 정의되는 선형사상이다.

$$S_p : T_p(M) \rightarrow T_p(M)$$

증명 U는 단위벡터장이므로 $U \cdot U = 1$이다. 따라서 공변도함수에 관한 라이프니츠 성질(제 2 장의 정리 6-3)에 의하여

$$0 = \mathbf{v}[U \cdot U] = 2\nabla_v U \cdot U(\mathbf{p})$$

그런데 $\nabla_v U = -S_p(\mathbf{v})$이므로

$$0=2\nabla_v U\cdot U(\mathbf{p})=-2S_p(\mathbf{v})\cdot U(\mathbf{p})$$

그런데 U는 M의 법벡터장이므로 $S_p(\mathbf{v})$는 $\mathbf{p}$에서 M에 접한다. 따라서 S_p는 $T_p(M)$에서 $T_p(M)$으로 보내는 함수이다. 한편 S_p의 선형성은 공변도함수의 선형성의 결과로부터 쉽게 증명된다.

$$\begin{aligned}S_p(a\mathbf{v}+b\mathbf{w})&=-\nabla_{av+bw}U=-(a\nabla_v U+b\nabla_w U)\\&=aS_p(\mathbf{v})+bS_p(\mathbf{w}).\end{aligned}$$ ■

S_p는 M위의 접벡터를 접벡터로 보내는 함수이므로, 이것을 강조하기 위하여 **변환**(transformation) 대신 **연산자**(operator)라는 용어를 사용하는 것이다. $M\subset\mathbf{E}^3$의 점 $\mathbf{p}$의 두 개의 단위법벡터 $\pm U$로부터 유도된 두 개의 모양연산자 $\pm S_p$가 실제로 존재한다. 만약 단위법벡터의 선택이 명확하지 않으면 일반적으로 부호의 모호함이 상존한다. 이제부터 특별한 설명이 없는 한 모양연산자를 S_p 대신 S로 표시하기로 하자.

예제 1-3 **곡면의 모양연산자**

(1) **구면**: $\|\mathbf{p}\|=r$인 $\mathbf{E}^3$의 모든 점 $\mathbf{p}$로 구성된 반경 r인 구면을 Σ라 하자. U를 Σ 위에서 바깥으로 향하는 단위법벡터라 하면, U가 $\mathbf{p}$로부터 $\mathbf{v}$의 방향으로 움직임에 따라 U는 $\mathbf{v}$ 자신의 방향으로 기울게 된다(그림 5-2).
실제로 $\Sigma: x_1^2+x_2^2+x_3^2=r^2$이라 할 때, 제 4 장의 예제 3-7에서 구한 기울기를 사용하면

$$U=\frac{1}{r}\sum x_iU_i$$

이므로 접벡터 $\mathbf{v}$에 대하여

$$S(\mathbf{v})=-\nabla_v U=-\frac{1}{r}\sum \mathbf{v}[x_i]U_i(\mathbf{p})=-\frac{\mathbf{v}}{r}$$

이다. 따라서 모양연산자 S는 단순히 $-\frac{1}{r}$의

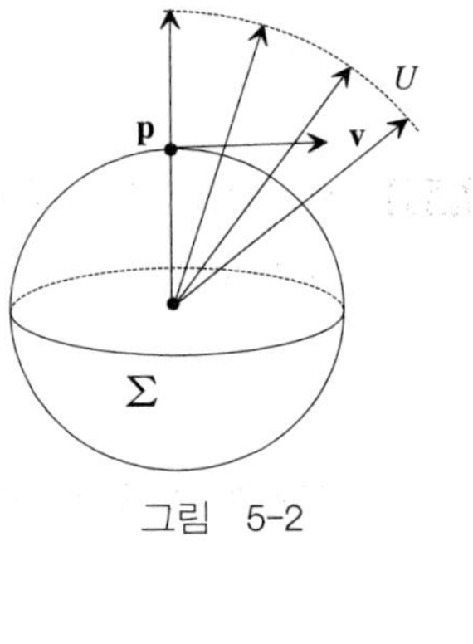

그림 5-2

스칼라 곱을 표시하므로 Σ는 모든 점에서 모든 방향에 대하여 같은 크기로 굽어 있음을 나타낸다.

(2) **평면**: P를 $\mathbf{E}^3$의 평면이라 하자. P 위에서 단위법벡터장 U는 분명히 $\mathbf{E}^3$에서 평행(상수유클리드함수)하므로, 평면 위의 모든 접벡터 $\mathbf{v}$에 대하여

$$S(\mathbf{v}) = -\nabla_v U = 0$$

이다. 따라서 평면의 모양연산자는 항등적으로 0이므로, P는 전혀 굽어 있지 않음을 나타낸다(그림 5-3).

(3) **직원주**(circular cylinder): $\mathbf{E}^3$의 직원주 Γ: $x^2+y^2=r^2$ 위의 임의의 점 $\mathbf{p}$에서, Γ에 접하는 두 단위접벡터를 $\mathbf{e}_1$, $\mathbf{e}_2$라 하자(단, $\mathbf{e}_1$은 Γ의 **횡단면원**(cross sectional circle)에 접하는 접벡터이고, $\mathbf{e}_2$는 모선에 접하는 접벡터). 그림 5-4에 표시한 것과 같이 U를 점 $\mathbf{p}$에서 바깥쪽으로 향하는 단위법벡터라 하자. 이제 U가 $\mathbf{e}_2$를 따라서 움직이면, U는 평면 위에서처럼 평행하게 되므로 $S(\mathbf{e}_2)=0$이다. 만약 U가 $\mathbf{e}_1$방향을 따라 움직이면, U는 반경 r인 구면에서처럼 앞으로 일정한 율로 기울어진다. 즉 $S(\mathbf{e}_1) = -\dfrac{1}{r}\mathbf{e}_1$이다. 이 방법에 의하면 S는 직원주의 모양을 반은 평평하고 반은 둥근 형태로 묘사하고 있다.

이것에 대한 계산방법을 근본적으로 조사해 보자. 직원주 Γ: $x^2+y^2=r^2$을 조각사상 $\mathbf{x}$로 표시하면

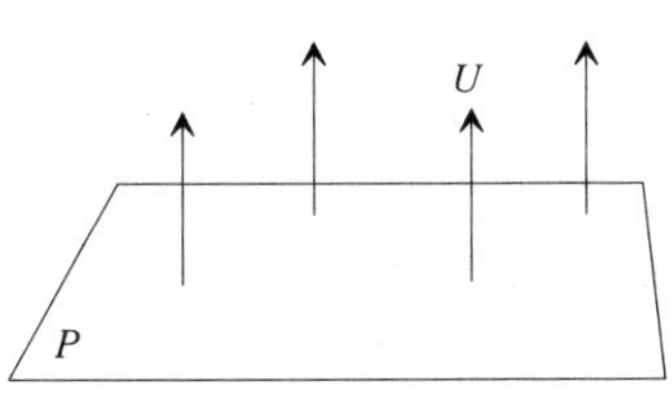

그림 5-3

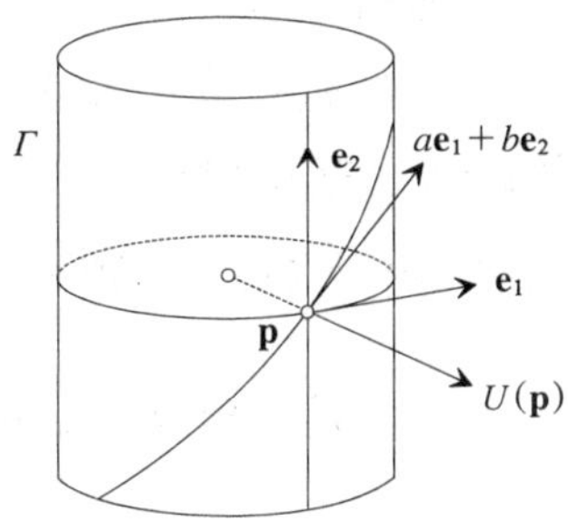

그림 5-4

$$\mathbf{x}=(r\cos u,\ r\sin u,\ v)$$

이다. 그런데

$$\mathbf{x}_u=(-r\sin u,\ r\cos u,\ 0),\quad \mathbf{x}_v=(0,\ 0,\ 1)$$

이므로, Γ 위의 점 $\mathbf{p}(x,\ y,\ z)$ 위에서 정의된 두 접벡터 $\mathbf{e}_1$, $\mathbf{e}_2$는

$$\mathbf{e}_1=\frac{\mathbf{x}_u}{|\mathbf{x}_u|}=\frac{1}{r}(-r\sin u,\ r\cos u,\ 0)_p=\frac{1}{r}(-y,\ x,\ 0)$$

$$\mathbf{e}_2=\frac{\mathbf{x}_v}{|\mathbf{x}_v|}=(0,\ 0,\ 1)_p$$

로 표시된다. 그런데

$$U(\mathbf{p})=\frac{1}{r}\begin{vmatrix} U_1(\mathbf{p}) & U_2(\mathbf{p}) & U_3(\mathbf{p}) \\ -y & x & 0 \\ 0 & 0 & 1 \end{vmatrix}=\frac{1}{r}(x,\ y,\ 0)_p$$

이므로, $\mathbf{e}_1$, $\mathbf{e}_2$에 대한 Γ의 모양연산자 S를 다음과 같이 구할 수 있다.

$$-S(\mathbf{e}_1)=\nabla_{\mathbf{e}_1}U=\sum \mathbf{e}_1[u_i]U_i(\mathbf{p})=\left(\mathbf{e}_1\left[\frac{x}{r}\right],\ \mathbf{e}_1\left[\frac{y}{r}\right],\ \mathbf{e}_1[0]\right)_p$$

$$=\left(\frac{-y}{r}\cdot\frac{1}{r},\ \frac{x}{r}\cdot\frac{1}{r},\ 0\right)_p=\frac{1}{r}\left(\frac{-y}{r},\ \frac{x}{r},\ 0\right)=\frac{1}{r}\mathbf{e}_1$$

$$S(\mathbf{e}_2)=0$$

따라서 $\mathbf{e}_1$방향에 대하여 $S=-1/r$(일정)이므로 u-매개변수곡선은 일정한 율로 굽어 있고, $\mathbf{e}_1$방향에 대하여는 항등적으로 $S=0$이므로 v-매개변수곡선은 전혀 굽어 있지 않다.

한편 $\mathbf{v}=a\mathbf{e}_1+b\mathbf{e}_2$인 접벡터에 대하여 위의 결과를 이용하면

$$S(\mathbf{v})=S(a\mathbf{e}_1+b\mathbf{e}_2)=aS(\mathbf{e}_1)+bS(\mathbf{e}_2)=-\frac{a}{r}\mathbf{e}_1$$

을 얻을 수 있으므로, 이것에 관한 기하학적 의미를 알 수 있다.

곡면의 모양연산자와 곡선의 곡률과 비꼬임률 사이에 비슷한 점을 위의 예들이 보여 주고 있다. 곡선의 경우는 움직이는 방향이 단 하나로 정해지고, 이에 따라 단위벡터장 T와 N의 변화율을 곡률 κ와 비꼬임률 τ가 측정하게 되는 것이다. 곡면에 대하여는 단위법벡터장 U가 본질적으로 단 하나 결정되어 주어진 방향에 대한 U의 변화율을 모양연산자 S가 측정하게 되는 것이다. 그러나 κ와 τ는 숫자의 양으로 측정되지만 S는 선형연산자(linear operator)로 측정되는 것이다.

정리 1-4 모양연산자의 대칭성

$M \subset \mathbf{E}^3$의 점 $\mathbf{p}$에 대하여, 모양연산자

$$S : T_p(M) \to T_p(M)$$

은 대칭선형연산자이다. 즉 $\mathbf{v}, \mathbf{w} \in T_p(M)$에 대하여

$$S(\mathbf{v}) \cdot \mathbf{w} = S(\mathbf{w}) \cdot \mathbf{v}$$

이 정리의 증명은 5-3절(정리 3-7)과 6-1절(문제 6-1 [4])에서 자연스럽게 이루어질 것이다.

문제 5-1

[1] $f(0, 0) = f_x(0, 0) = f_y(0, 0) = 0$을 만족하는 곡면 M: $z = f(x, y)$에 대하여, 다음을 증명하여라.

(1) 벡터 $\mathbf{u}_1 = U_1(0)$, $\mathbf{u}_2 = U_2(0)$는 원점 O에서 M에 접하고

$$U = \frac{-f_x U_1 - f_y U_2 + U_3}{\sqrt{1 + f_x^2 + f_y^2}}$$

은 M 위에서 단위법벡터장이다.

(2) $S(\mathbf{u}_1) = f_{xx}(0, 0)\mathbf{u}_1 + f_{xy}(0, 0)\mathbf{u}_2$, $\quad S(\mathbf{u}_2) = f_{yx}(0, 0)\mathbf{u}_1 + f_{yy}(0, 0)\mathbf{u}_2$

[2] (계속) 다음의 각 경우에 $S(a\mathbf{u}_1 + b\mathbf{u}_2)$를 $\mathbf{u}_1$과 $\mathbf{u}_2$의 합으로 나타내고, 원점 O에서

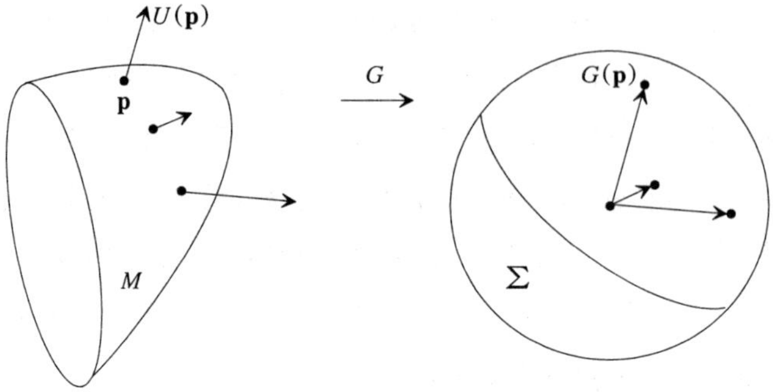

그림 5-5 가우스 사상

S의 계수를 결정하여라(S의 계수란 상 S의 차원(0, 1 또는 2)을 말한다).

(1) $z=xy$　　(2) $z=2x^2+y^2$

(3) $z=(x+y)^2$　　(4) $z=xy^2$

3 $\mathbf{E}^3$의 곡면 M이 단위법벡장

$$U=g_1U_1+g_2U_2+g_3U_3$$

에 의하여 향이 정하여졌다고 하자. 그때 M의 가우스 사상 $G: M\to\Sigma$는 각 점 $\mathbf{p}$를 단위구면 Σ 위의 점 $(g_1(\mathbf{p}),\ g_2(\mathbf{p}),\ g_3(\mathbf{p}))$로 보낸다. 즉 M이 법벡터장 $U(\mathbf{p})$를 Σ의 원점으로 평행이동시켰을 때 $U(\mathbf{p})$의 끝점이 $G(\mathbf{p})$를 가리킨다(그림 5-5). 다음의 각 곡면에 대하여, 구면 위에 있는 가우스 사상의 상 $G(M)$을 조사하여 보아라.

(1) 주면: $x^2+y^2=r^2$

(2) 추면: $z=\sqrt{x^2+y^2}$, $(x,\ y,\ z)\neq(0,\ 0,\ 0)$

(3) 평면: $x+y+z=0$

(4) 구면: $(x-1)^2+y^2+(z+2)^2=1$

4 $G: T\to\Sigma$를 원환면 T의 밖으로 향하는 단위법벡터 U에 의하여 유도된 가우스 사상이라 하자(제 4 장의 예제 2-5). T의 경선과 위선의 G에 의한 상은 무엇인가?

5-2 법곡률

이 절에서는 단위법벡터장 U의 선택에 의하여 향을 갖는 $M \subset \mathbf{E}^3$의 영역에서, U로부터 유도된 모양연산자 S를 사용하여 기하학적 구조를 조사할 것이다. 곡면의 모양은 M 위에 있는 곡선의 모양에도 영향을 준다.

정리 2-1

α를 곡면 $M \subset \mathbf{E}^3$ 위에 있는 곡선이라 하면 다음 관계가 성립한다.

$$\alpha'' \cdot U = S(\alpha') \cdot \alpha'$$

증명 α가 M 위에 있으므로 α'는 항상 M에 접한다. 따라서 $\alpha' \cdot U = 0$이므로 양변을 미분하면

$$\alpha'' \cdot U + \alpha' \cdot U' = 0.$$

그런데 5-1절로부터

$$S(\alpha') = -\nabla_{\alpha'} U = -U'$$

이므로

$$\alpha'' \cdot U = -\alpha' \cdot U' = S(\alpha') \cdot \alpha'$$

이 성립한다. ■

기하학적 의미: M 위의 각 점에서 $\alpha'' \cdot U$는 가속도벡터 α''를 M의 법선에 내린 정사영(orthogonal projection)의 길이, 즉 α''의 법성분(normal component)을 뜻한다. 이것은 단지 속도벡터 α'와 M의 모양연산자 $S(\alpha')$

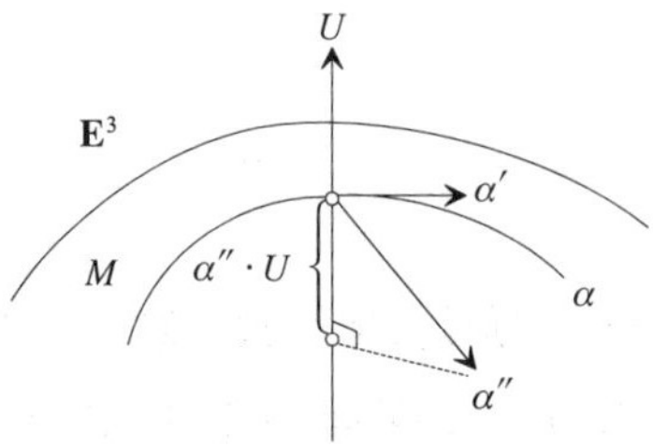

그림 5-6

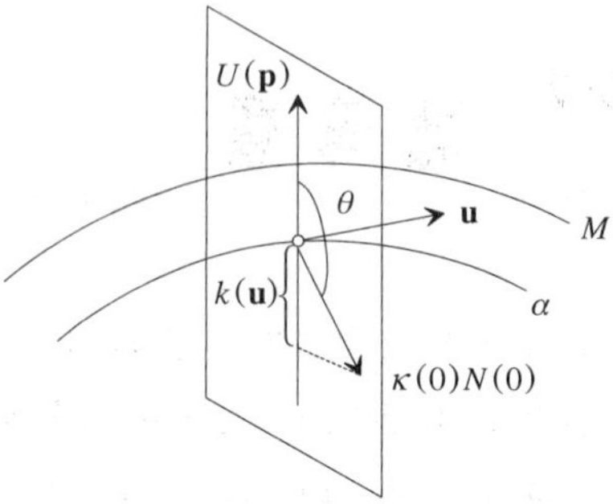

그림 5-7

에 의하여 결정된다. M의 점 $\mathbf{p}$에서 속도벡터가 $\mathbf{v}$이고 $\mathbf{p}$를 지나는 M 안에 있는 모든 곡선은 $\mathbf{p}$에서 모두 같은 가속도벡터의 법성분, $S(\mathbf{v}) \cdot \mathbf{v}$를 갖는다.

정의 2-2

$\mathbf{u}$를 점 $\mathbf{p}$에서 $M \subset \mathbf{E}^3$의 단위접벡터라 할 때 $\kappa(\mathbf{u}) = S(\mathbf{u}) \cdot \mathbf{u}$를 $\mathbf{u}$방향에 대한 M의 **법곡률**(normal curvature)이라 한다.

α를 M 위에 있는 단위속도벡터곡선이라 할 때 $\alpha'(0) = \mathbf{u}$라 하자. 이제 α에 관한 프레네 체계를 사용하면, 위의 정리로부터

$$\kappa(\mathbf{u}) = S(\mathbf{u}) \cdot \mathbf{u} = \alpha''(0) \cdot U(\mathbf{p}) = \kappa(0)N(0) \cdot U(\mathbf{p}) = \kappa(0)\cos\theta$$

를 얻는다. $\kappa(0)$은 $\mathbf{p} = \alpha(0)$에서 α의 곡률, θ는 주법선벡터 $N(0)$과 곡면 법선벡터 $U(\mathbf{p})$ 사이의 각을 나타낸다(그림 5-7).

곡면 위에 방향 $\mathbf{u}$가 주어졌을 때, $\theta = 0$인 M 위의 곡선이 존재한다. 즉 곡면법선 $U(\mathbf{p})$와 $\mathbf{u}$를 포함하는 평면으로 M을 절단했을 때 만들어진 M 위의 단면곡선 σ가 바로 이에 해당되는 곡선이다. 이 곡선 σ를 $\mathbf{u}$방향에 대한 M의 **법단면곡선**(normal section)이라 한다(그림 5-8).

만약 σ가 $\sigma'(0) = \mathbf{u}$인 단위속도매개변수곡선이라 하면

$$N(0) = \pm U(\mathbf{p})$$

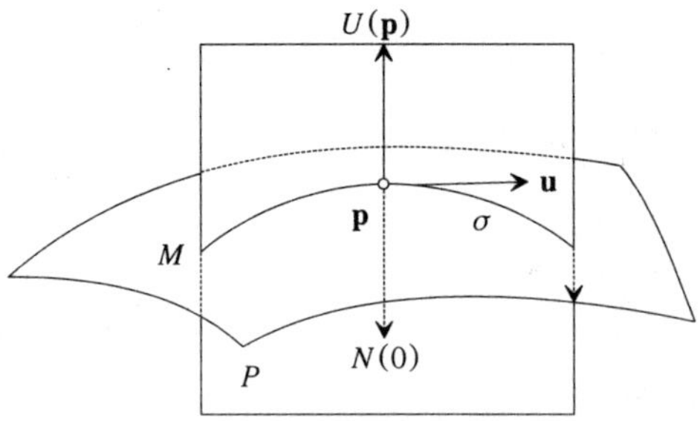

법단면곡선

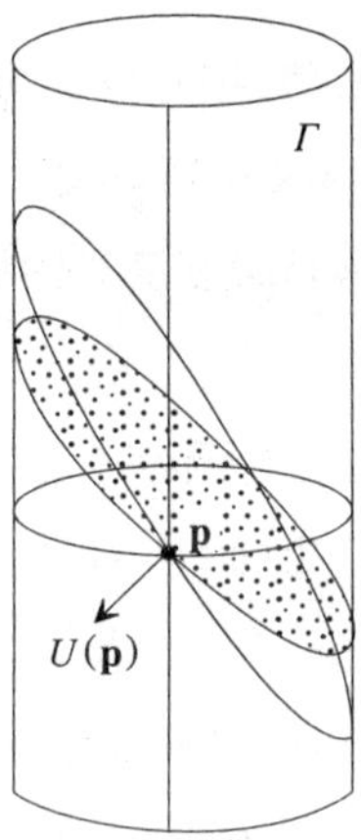

cylinder의법단면곡선

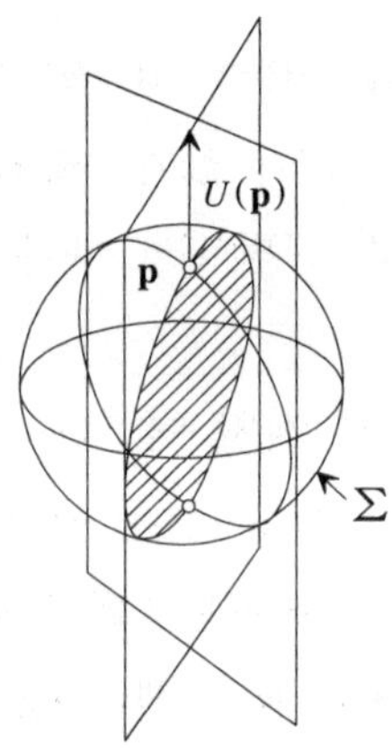

구면의 법단면곡선

그림 5-8 법딘면곡선

이다. 왜냐하면 $\sigma''(0)=\kappa_\sigma(0)N(0)$는 $\sigma'(0)=\mathbf{u}$에 수직이고 $U(\mathbf{p})$와 $\mathbf{u}$를 포함하는 평면에 접하기 때문이다. 따라서 $\mathbf{u}$방향에 대한 법단면곡선 σ에 대하여 다음 관계가 성립한다.

$$\kappa(\mathbf{u})=\kappa_\sigma(0)N(0)\cdot U(\mathbf{p})=\pm\kappa_\sigma(0)$$

결국 $\mathbf{u}$가 정해지면 $\mathbf{u}$에 접하는 M의 법단면곡선의 곡률 κ_σ를 구할 수 있다. 따라서 M 위의 점 $\mathbf{p}$에서 $\mathbf{u}$방향에 대한 법곡률 $\kappa(\mathbf{u})$는 κ_σ를 구함으로써 얻을 수 있다. 그러므로 법곡률 $\kappa(\mathbf{u})$의 부호에 다음과 같은 기하학적 의미를 부여한다($\kappa_\sigma>0$임에 유의하자).

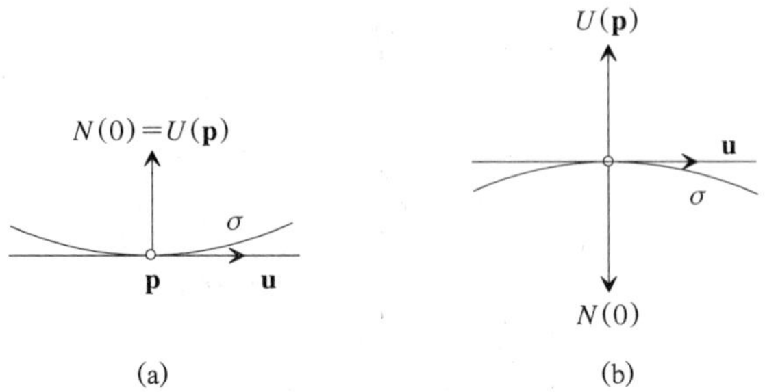

그림 5-9

(1) $\kappa(\mathbf{u})>0$일 때: $N(0)=U(\mathbf{p})$이므로 법단면곡선 σ는 $\mathbf{p}$에서 $U(\mathbf{p})$의 방향으로 굽어 있다. 따라서 $\mathbf{u}$방향에서 곡면 M은 $U(\mathbf{p})$를 향해서 굽어 있다. 즉 $\mathbf{p}$의 근방에서 아래로 볼록(convex downwards)한 모양이다(그림 5-9 (a)).

(2) $\kappa(\mathbf{u})<0$일 때: $N(\mathbf{p})=-U(\mathbf{p})$이므로 법단면곡선 σ는 $\mathbf{p}$에서 $U(\mathbf{p})$의 반대방향으로 굽어 있다. 이때 M은 $\mathbf{p}$의 근방에서 위로 볼록(convex upwards)한 모양이다(그림 5-9 (b)).

(3) $\kappa(\mathbf{u})=0$일 때: $\kappa_\sigma(0)=0$이므로 ($N(0)$은 정의되지 않는다) σ는 $\sigma(0)=\mathbf{p}$에서 굽어 있지 않다. κ는 $\sigma(0)=\mathbf{p}$에서만 0이기 때문에 $\mathbf{u}$방향에 대하여 M이 전혀 굽어 있지 않다고 결론지을 수는 없다. 단지 굽어 있는 율이 특별히 작다고 말할 수는 있다.

고정점 $\mathbf{p}$에서 다른 방향에 대하여 곡면은 완전히 다른 방법으로 굽어질 수 있다. 예를 들어 안장곡면 $z=xy$를 생각해 보자.

$\mathbf{E}^3$의 xy-평면이 점 $\mathbf{p}=(0, 0, 0)$에서 M의 접평면이 되도록 하자. $\mathbf{p}$에서 법단면곡선은 x축, y축 자신인 직선이 되므로 x, y축 방향에 대한 법곡률은 분명히 0이다. 그림 5-10, 5-11에서 보듯이 직선 $y=x$에 의하여 주어진 접선방향에 대하여, 법단면은 아래로 볼록인 포물선(parabola)이므로 법곡률은 양(+)이다. 그러나 $y=-x$인 방향에 대하여는 법단면이 위로 볼록인 포물선이므로 법곡률은 음(−)이다.

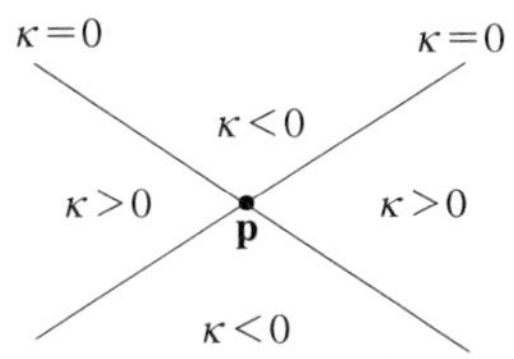

그림 5-10

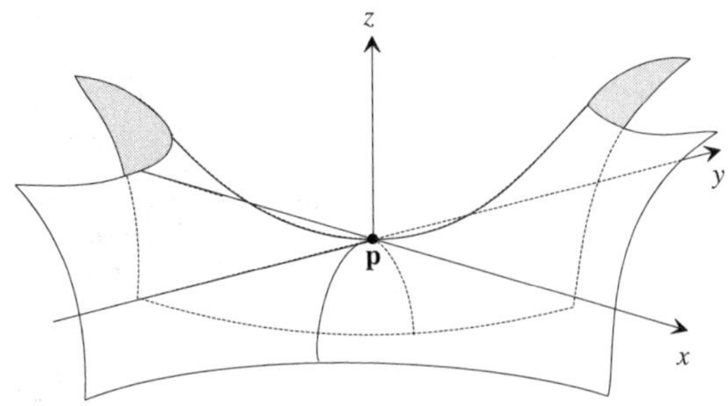

그림 5-11

다시 곡면 M의 법곡률의 정의로 돌아가 보자. 곡면 M 위의 점 $\mathbf{p}$를 지나는 M 위의 곡선 C의 단위접벡터를 T라 하면, 방향 T에 대한 M의 법곡률은

$$\kappa(T)=S(T)\cdot T=T'\cdot U \tag{*}$$

로 정의한다. 이때 $T'=\kappa N$은 곡선 C의 곡률벡터(curvature vector)이다. 한편 $T\cdot U=0$이므로 미분하면

$$T'\cdot U=-T\cdot U'=-\frac{d\mathbf{x}\cdot dU}{ds^2}=\frac{\mathrm{II}}{\mathrm{I}}$$

를 얻는다. 따라서 C의 단위접벡터 T에 대한 M: $\mathbf{x}=\mathbf{x}(u, v)$의 법곡률은

$$\kappa(T)=\frac{edu^2+2f\,dudv+gdv^2}{Edu^2+2F\,dudv+Gdv^2}$$

으로 표현된다. 이 방정식은 점 $\mathbf{p}$에서 계수 e, f, g, $\mathbf{E}$, F, G는 상수이므로 $\mathbf{p}$에서 법곡률 κ는 오직 T의 방향$(du: dv)$에 의하여 결정된다. 따라서 다음 정리를 얻을 수 있다.

정리 2-3 Meusnier의 정리

주어진 한 방향에 접하고 점 $\mathbf{p}$를 지나는 M 위의 모든 곡선은 같은 법곡률(벡터)을 갖는다(그림 5-12).

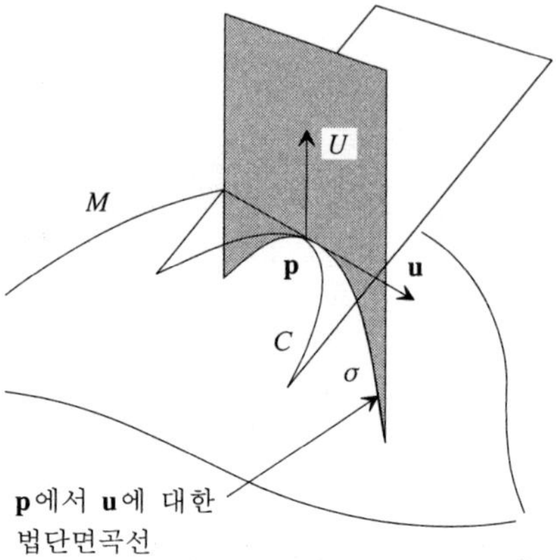

그림 5-12

정리 2-4

$\mathbf{p}$에서 단위접벡터 $\mathbf{u}$에 접하는 M의 법단면곡선(normal section) C_n의 곡률반경을 R_n, $\mathbf{p}$에서 $\mathbf{u}$에 접하는 임의의 곡선 C의 곡률반경을 R, C의 곡률벡터와 U의 사이각을 θ라 하면 다음 관계가 성립한다.

$$R_n \cos\theta = R$$

증명 C의 곡률을 κ라 하면 곡률반경은

$$R = \frac{1}{\kappa}$$

이다. 그런데 정리 2-3으로부터 $\mathbf{u}$에 접하는 C의 법곡률과 $\mathbf{u}$를 포함하는 법단면곡선 C_n의 법곡률은 서로 같으므로

$$\kappa(\mathbf{u}) = T' \cdot U = \kappa N \cdot U = \kappa \cos\theta$$

를 얻는다. 그러므로 $R_n = \dfrac{1}{\kappa(\mathbf{u})}$이라 하면 $R_n \cos\theta = R$를 얻는다. ■

이 정리의 기하학적 의미를 설명하여 보자. 곡선 C의 곡률중심을 C_1, 법단면곡선 σ의 곡률중심을 C_0라 하면

$$\overline{PC_1}=\overline{PC_0}\cos\theta$$

가 성립하므로, 지름 R_n이 일정한 원 위에 C_1이 있게 된다(그림 5-13).

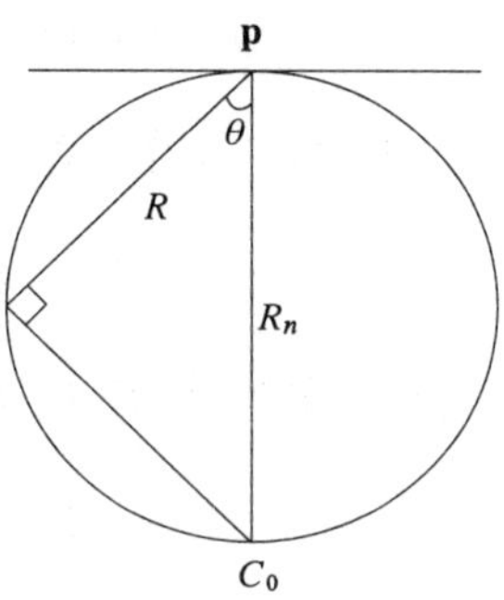

그림 5-13

이제 $M\subset\mathbf{E}^3$의 한 점 $\mathbf{p}$를 고정하고 $\mathbf{p}$에서 단위벡터 $\mathbf{u}$를 회전시키면 접평면 $T_p(M)$ 위에 단위원을 그리게 된다. 그때 각각의 $\mathbf{u}$에 대응하는 법단면곡선들로부터 $\mathbf{p}$에서 모든 방향에 대한 M의 굽어 있는 모양을 나타내는 그림을 얻을 수 있으므로 $\mathbf{p}$의 근방에서 M의 모양을 상상할 수 있다.

정의 2-5

$M\subset\mathbf{E}^3$의 한 점 $\mathbf{p}$에서 M의 법곡률 $\kappa(\mathbf{u})$의 최대값, 최소값을 $\mathbf{p}$에서 M의 **주곡률**(principal curvatures)이라 하고 κ_1, κ_2로 표시한다. 이런 주곡률을 갖게 하는 방향을 $\mathbf{p}$에서 M의 **주방향**(principal directions) 또는 **곡률방향**(curvature directions)이라 하고, 곡률방향과 같은 향을 갖는 단위벡터를 M의 **주벡터**(principal vector) 또는 **곡률벡터**(curvature vector)라 한다.

곡면 M의 조각사상을 $\mathbf{x}=\mathbf{x}(u, v)$라 할 때, M 위의 점 $\mathbf{p}$에서 M의 곡률방향을 구하는 방법을 조사해 보자. 법곡률을 구하는 관계식

$$\kappa(T)=\frac{\mathrm{II}}{\mathrm{I}}=\frac{e+2f\lambda+g\lambda^2}{E+2F\lambda+G\lambda^2}=\kappa(\lambda),\ \text{단 } \lambda=\frac{dv}{du}$$

의 극값은 $d\kappa/d\lambda=0$에 의하여 특성화되므로, 계산하면

$$(f+g\lambda)(E+2F\lambda+G\lambda^2)-(F+G\lambda)(e+2f\lambda+g\lambda^2)=0$$

을 얻는다. 그러므로

$$\kappa(\lambda)=\frac{e+2f\lambda+g\lambda^2}{E+2F\lambda+G\lambda^2}=\frac{f+g\lambda}{F+G\lambda} \tag{1}$$

를 만족하여야 한다. 한편

$$E+2F\lambda+G\lambda^2=(E+F\lambda)+\lambda(F+G\lambda)$$
$$e+2f\lambda+g\lambda^2=(e+f\lambda)+\lambda(f+g\lambda)$$

이므로, 비례식의 성질을 이용하면

$$\kappa(\lambda)=\frac{f+g\lambda}{F+G\lambda}=\frac{e+f\lambda}{E+F\lambda} \qquad \text{(2)a}$$

이다. 이제 $\kappa(\lambda)$ 대신 κ를 사용하고 관계식을 정리하면

$$(e-\kappa E)du+(f-\kappa F)dv=0,\ (f-\kappa F)du+(g-\kappa G)dv=0. \qquad \text{(2)b}$$

이 식에서 du, dv를 소거하고 κ에 관하여 정리하면 정리 2-6의 관계식을 얻는다. 한편, 식 (2)a로부터

$$(Fg-fG)\lambda^2+(Eg-eG)\lambda+(Ef-eF)=0 \qquad \text{(3)a}$$

을 얻는다. 그런데 $\lambda=dv/du$이므로 주방향을 구하는 방정식 (3)a는

$$\begin{vmatrix} dv^2 & -dudv & du^2 \\ E & F & G \\ e & f & g \end{vmatrix}=0 \qquad \text{(3)b}$$

으로 보기좋은 모양이 된다. 방정식 (1), (2), (3)a, (3)b는 점 $\mathbf{p}$에서 방향 $(du:dv)$에 대하여 법곡률이 최대 또는 최소가 되는 것을 표시한다. 그러므로 이 공식은 방향 $(du:dv)$가 점 $\mathbf{p}$에서 주방향일 필요충분조건을 나타낸다. 따라서 $\mathbf{p}$에서 M의 주방향은 제 1 기본형식과 제 2 기본형식의 계수들에 의하여 표시되는 방정식 (1), (2), (3)에 의하여 구할 수 있다.

위에서 논의한 법단면곡선의 개념을 사용하면 곡면이 최대 또는 최소

로 굽어 있는 방향을 쉽게 알아 낼 수 있다. 예를 들어보자. 직원주 Γ 위의 점 $\mathbf{p}$에서 바깥쪽으로 향하는 법벡터 U를 사용하면 $\mathbf{p}$에서 Γ의 법단면곡선은 U로부터 굽어져 멀어져간다. 따라서 $\kappa(\mathbf{u}) \leq 0$이다. 더욱이 $\mathbf{u}$가 직원주의 모선(ruling)과 같은 방향을 취할 때 최대값 $\kappa_1=0$이 나오고, 최소값 $\kappa_2<0$는 오직 원으로 표시되는 횡단면곡선(cross section)에 접하는 방향을 취할 때 생긴다(그림 5-4).

정리 2-6 주곡률을 구하는 방정식

조각사상 $\mathbf{x}=\mathbf{x}(u, v)$ 위의 점 $\mathbf{p}$에서 주곡률 κ는 방정식

$$(EG-F^2)\kappa^2-(Eg-2Ff+Ge)\kappa+(eg-f^2)=0$$

의 해이다.

증명 방정식 (2)b는

$$\det\begin{pmatrix} e-\kappa E & f-\kappa F \\ f-\kappa F & g-\kappa G \end{pmatrix}=0$$

일 때 유일한 해 $du : dv$(주방향)가 존재한다. 이 조건을 κ에 관하여 정리하면 구하는 결과를 얻는다. ■

정리 2-7

곡면의 주방향(곡률방향)은 서로 직교한다.

증명 주방향을 나타내는 공식 (3)a의 두 근을 λ_1, λ_2라 하면

$$\lambda_1+\lambda_2=-\frac{Eg-eG}{Fg-fG}, \quad \lambda_1\lambda_2=\frac{Ef-eF}{Fg-fG}$$

이므로, 관계식

$$G\lambda_1\lambda_2+F(\lambda_1+\lambda_2)+E=0$$

을 만족한다. 만약 두 개의 주방향을 $\lambda_1=dv/du, \lambda_2=\delta v/\delta u$라 하면

$$G\lambda_1\lambda_2+F(\lambda_1+\lambda_2)+E=G\left(\frac{dv}{du}\ \frac{\delta v}{\delta u}\right)+F\left(\frac{dv}{du}+\frac{\delta v}{\delta u}\right)+E=0$$

또는

$$Edu\ \delta u+F(du\ \delta v+dv\ \delta u)+Gdv\ \delta v=0$$

이 성립하므로, 제 4 장 정리 (3-10)에 의하여 주방향 dv/du와 $\delta v/\delta u$는 서로 직교한다. ■

정의 2-8

$M\subset\mathbf{E}^3$의 점 $\mathbf{p}$에서 모든 단위접벡터 $\mathbf{u}$에 대한 법곡률 $\kappa(\mathbf{u})$값이 상수일 때 $\mathbf{p}$를 **배꼽점**(umbilical point)이라 한다.

예를 들어 반경이 r인 구면(예제 1-3) Σ의 모든 점에서 $\kappa_1=\kappa_2=-\dfrac{1}{r}$이므로 구면 Σ 위의 모든 점은 배꼽점이다.

정리 2-9 배꼽점이 될 조건

조각사상 $\mathbf{x}=\mathbf{x}(u, v)$ 위의 점 $\mathbf{p}$가 배꼽점일 필요충분조건은 기본계수가 비례하는 것이다. 이 경우 법곡률은 다음과 같다.

$$\kappa=\frac{e}{E}=\frac{f}{F}=\frac{g}{G}$$

증명 배꼽점 $\mathbf{p}$에서는 모든 방향이 주방향이므로 방정식 (2)b의 계수가 모두 0이어야 한다. 따라서 이 정리의 결과를 얻는다. ■

이제까지의 결과를 종합하여 보자. 곡면 M 위의 조각사상 $\mathbf{x}(u, v)$에 의하여 기본계수 E, F, G와 e, f, g를 얻을 수 있다. 이때 M의 주방향(principal direction)은 식 (1) 또는 (3)에 의하여 주곡률 κ_1과 κ_2는 정리 2-6의 방정식에 의하여 구할 수 있다.

이제 더 흥미 있는 경우는 $\kappa_1=\kappa_2$의 특별한 경우이다. 법곡률의 최대값과 최소값이 같아진다는 사실은 곧 $\kappa(\mathbf{u})$가 $\mathbf{u}$의 방향에 무관하게 항상 일정하다는 것이다. 따라서 M은 $\mathbf{p}$에서 모든 방향 $\mathbf{u}$에 대하여 똑같은 양으로 굽어 있고, 모든 방향이 주방향이 되는 것이다.

정리 2-10 오일러의 정리

곡면 $M\subset\mathbf{E}^3$의 주곡률과 주벡터를 각각 κ_1, κ_2; $\mathbf{e}_1$, $\mathbf{e}_2$라 하자. 이때 $\mathbf{u}=(\cos\theta)\mathbf{e}_1+(\sin\theta)\mathbf{e}_2$라 하면 $\mathbf{u}$방향에 대한 M의 법곡률 $\kappa(\mathbf{u})$는

$$\kappa(\mathbf{u})=\kappa_1\cos^2\theta+\kappa_2\sin^2\theta$$

이다(그림 5-14). 이 관계식을 오일러의 공식이라 한다.

증명 $\mathbf{e}_1$방향을 취했을 때 법곡률 κ의 최대값을 κ_1이라 하면

$$\kappa_1=\kappa(\mathbf{e}_1)=S(\mathbf{e}_1)\cdot\mathbf{e}_1=\text{일정}$$

이어야 한다. 이제 $\mathbf{e}_2$를 단지 $\mathbf{e}_1$에 직교하는 M의 단위접벡터라 하자. 만약 $\mathbf{p}$에서 임의의 단위접벡터를 $\mathbf{u}$라 하면, 주벡터는 서로 직교하므로

$$\mathbf{u}=\mathbf{u}(\theta)=c\mathbf{e}_1+s\mathbf{e}_2$$
$$\text{단 } c=\cos\theta,\ s=\sin\theta,\ \theta=\measuredangle(\mathbf{u}, \mathbf{e}_1)$$

로 쓸 수 있다. 이제

$$S_{ij}=S(\mathbf{e}_i)\cdot\mathbf{e}_j \quad (i=1, 2)$$

로 놓으면 $S_{11}=\kappa_1$(최대값), $S_{12}=S_{21}$(정리 1-4)이므로, $\mathbf{u}$에 대한 M

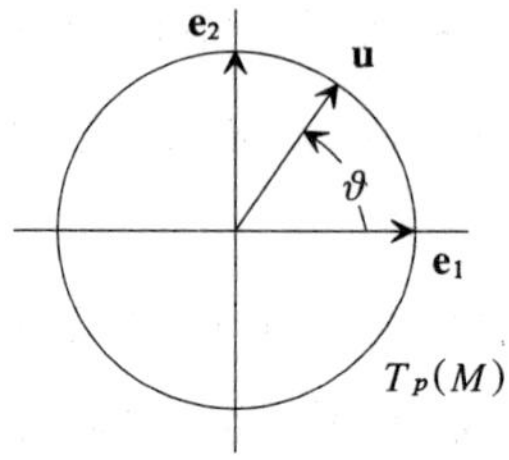

그림 5-14

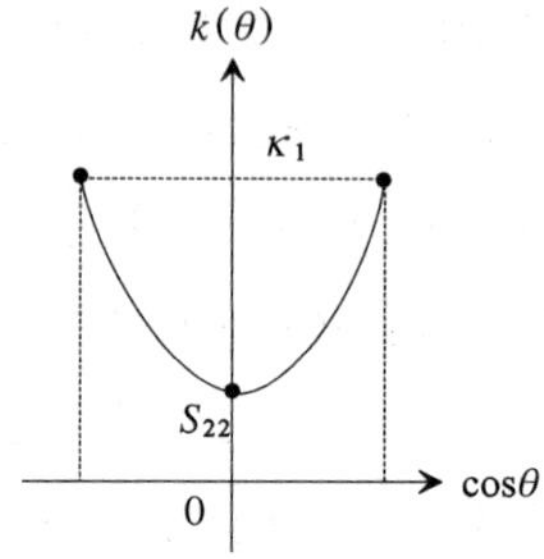

그림 5-15

의 법곡률은

$$\begin{aligned}\kappa(\theta)=\kappa(\mathbf{u}(\theta))=S(\mathbf{u}(\theta))\cdot\mathbf{u}(\theta)&=S(c\mathbf{e_1}+s\mathbf{e_2})\cdot(c\mathbf{e_1}+s\mathbf{e_2})\\&=c^2S_{11}+2csS_{12}+s^2S_{22}\end{aligned}\tag{4}$$

이다. 따라서

$$\kappa'(\theta)=2sc(S_{22}-S_{11})+2(c^2-s^2)S_{12}\tag{5}$$

그런데 가정에서 $\theta=0$, 즉 $\mathbf{e}_1$방향을 취했을 때 $\kappa(\theta)$가 최대값이므로 $\kappa'(0)=0$이어야 한다.

한편, $\theta=0$이면 $c=1$, $s=0$이므로, 방정식 (5)에 의하여 $S_{12}=0$을 얻으므로 방정식 (4)에 의하여

$$\kappa(\theta)=\kappa(\mathbf{u})=c^2S_{11}+s^2S_{22}\tag{6}$$

을 얻는다. 그런데 $S_{11}=S(\mathbf{e}_1)\cdot\mathbf{e}_1=\kappa_1$이고, $\mathbf{e}_1$과 $\mathbf{e}_2$는 직교하므로 정리 2-7에 의하여 $S_{22}=S(\mathbf{e}_2)\cdot\mathbf{e}_2=\kappa_2$이다. 따라서

$$\kappa(\theta)=\kappa_1\cos^2\theta+\kappa_2\sin^2\theta$$

을 얻는다. ■

(참고) $\mathbf{e}_1$, $\mathbf{e}_2$는 $T_p(M)$에 대한 직교기저(orthogonal basis)이므로 S_{ij}의 정의에 따른 직교전개식

$$S(\mathbf{e}_i)=(S(\mathbf{e}_i)\cdot\mathbf{e}_1)\mathbf{e}_1+(S(\mathbf{e}_i)\cdot\mathbf{e}_2)\mathbf{e}_2=S_{i1}\mathbf{e}_1+S_{i2}\mathbf{e}_2 \quad (i=1,\ 2)$$

으로부터

$$S(\mathbf{e}_1)=S_{11}\mathbf{e}_1=\kappa_1\mathbf{e}_1, \quad S(\mathbf{e}_2)=S_{22}\mathbf{e}_2=\kappa_2\mathbf{e}_2 \tag{7}$$

를 얻는다. 따라서 다음과 같은 결과를 얻을 수 있다.

p가 배꼽점일 때: $S_{11}=\kappa(\mathbf{e}_1)=\kappa_1=\kappa_2=S_{22}=\kappa(\mathbf{e}_2)$이므로 식 (7)에 의하여 S는 $\kappa_1=\kappa_2$에 의한 스칼라 곱이다.

p가 배꼽점이 아닐 때: $S_{11}=S(\mathbf{e}_1)\cdot\mathbf{e}_1=\kappa_1$, $S_{22}=S(\mathbf{e}_2)\cdot\mathbf{e}_2=\kappa_2$ 이므로

$$\kappa(\theta)=c^2\kappa_1+s^2\kappa_2=(\kappa_1-\kappa_2)\cos^2\theta+\kappa_2$$

그런데 $\kappa(\theta)$는 일정한 값이 아니고 $\kappa_1>\kappa_2$이므로

(a) 최대값 κ_1은 $c=\cos\theta=\pm1$일 때, 즉 $\theta=0$일 때이므로 $\mathbf{e}_1$방향에서 생긴다.

(b) 최소값 κ_2는 $c=\cos\theta=0$일 때, 즉 $\theta=\pi/2$일 때이므로 $\mathbf{e}_1$과 직교하는 $\mathbf{e}_2$방향에서 최소값 κ_2을 얻는다.

문제 5-2

1 예제 1-3의 결과를 사용하여 다음 곡면의 주곡률과 주벡터를 구하여라.
(1) 원기둥 (2) 안장곡면(원점에서)

2 $\mathbf{v}$를 0 아닌 M에 접하는 벡터라 하자. $\mathbf{v}$의 방향에 의하여 결정되는 M의 법곡률은 $S(\mathbf{v})\cdot\mathbf{v}/\|\mathbf{v}\|^2$임을 증명하여라.

3 정수 $n\geq2$에 대하여, α_n을 원기둥 $M: x^2+y^2=r^2$ 위의 곡선 $t\to(r\cos t,\ r\sin t,\ \pm t^n)$이라 하자. 그러면 이 곡선은 모두 $t=0$에서 같은 속도벡터를 갖는다. 이 곡선이 모두 $t=0$에서 같은 가속도의 법성분을 가짐을 보임으로써 정리 2-1을 검증하여 보아라.

4 점 **p**를 곡면 M 위의 점, **q**를 점 **p**의 근방에 속한 M 위의 임의의 점이라 하고, $\mathbf{x}=\mathbf{x}(u,\ v)$를 **p**와 **q**를 포함하는 좌표사상이라 하자. D를 **q**로부터 **p**에서 그은 접

평면까지의 거리라고 하면 근사값

$$D=\frac{1}{2}\,\mathrm{II}=\frac{1}{2}(edu^2+2f\,dudv+gdv^2)$$

이다. 이 함수를 **p**에서 M의 **접촉포물면**(osculating parabolied)이라 한다. 이 함수를 유도하여라.

5 다음 곡면의 배꼽점을 결정하여라.

(1) 타원면: $\frac{x^2}{a^2}+\frac{y^2}{b^2}+\frac{z^2}{c^2}=1$

(2) 안장곡면: $z=xy$

5-3 가우스 곡률

5-2절에서 모양연산자의 고유값과 고유벡터에 관한 기하학적 의미를 공부하였다. 이제 S의 행렬식과 트레이스를 고찰해 보자.

정의 3-1

M의 모양연산자를 S라 할 때 실가함수 $K=\det(S)$를 M의 **가우스 곡률**(Gaussian curvature), 또는 **전곡률**(total curvature)이라 한다. 한편 M의 **평균곡률**(mean curvature)은 함수 $H=\frac{1}{2}\mathrm{trace}(S)$로 정의한다.

이 경우 S의 행렬은 점 **p**에서 서로 독립인 두 접벡터 **v**와 **w**에 대하여

$$S(\mathbf{v})=a\mathbf{v}+b\mathbf{w},\quad S(\mathbf{w})=c\mathbf{v}+d\mathbf{w}\text{일 때 } (S)=\begin{pmatrix} a & b \\ c & d \end{pmatrix}$$

로 정의한 것이다.

곡면 M 위의 점 $\mathbf{p}$에서 M의 주곡률을 κ_1, κ_2라 하면 K와 H는 κ_1과 κ_2의 항으로 표시할 수 있다.

정리 3-2	가우스 곡률과 평균곡률
$$K=\kappa_1\kappa_2, \qquad H=\frac{\kappa_1+\kappa_2}{2}$$	

증명 만약 $\mathbf{e}_1$, $\mathbf{e}_2$를 점 $\mathbf{p}$에서 주벡터라 하면, 정리 2-10에 의하여

$$S(\mathbf{e}_1)=\kappa_1\mathbf{e}_1+0\mathbf{e}_2, \quad S(\mathbf{e}_2)=0\mathbf{e}_1+\kappa_2\mathbf{e}_2$$

이다. 따라서

$$(S)=\begin{pmatrix}\kappa_1(\mathbf{p}) & 0\\ 0 & \kappa_2(\mathbf{p})\end{pmatrix}$$

이므로 다음의 결과를 얻는다.

$$K(\mathbf{p})=\det(S)=\kappa_1(\mathbf{p})\kappa_2(\mathbf{p}),$$
$$H(\mathbf{p})=\frac{1}{2}\operatorname{trace}(S)=\frac{1}{2}(\kappa_1(\mathbf{p})+\kappa_2(\mathbf{p})).$$ ■

이 정리의 중요성은 **"가우스 곡률 K는 단위법벡터 U의 선택과는 무관하다"**는 것이다. 만약 U 대신 $-U$를 선택했다면 κ_1과 κ_2의 부호가 동시에 모두 바뀌므로 $K=\kappa_1\kappa_2$는 영향을 받지 않는다. 그러나 이 사실은 평균곡률 $H=\frac{\kappa_1+\kappa_2}{2}$의 경우에는 적용되지 않는다. 가우스 곡률 $K(\mathbf{p})$의 부호가 뜻하는 기하학적 의미를 조사해 보자.

정리 3-3	가우스 곡률의 부호와 곡면의 모양
(1) $K(\mathbf{p})>0$일 때: $\kappa_1(\mathbf{p})$와 $\kappa_2(\mathbf{p})$가 같은 부호를 가지므로 $\mathbf{p}$에서 모	

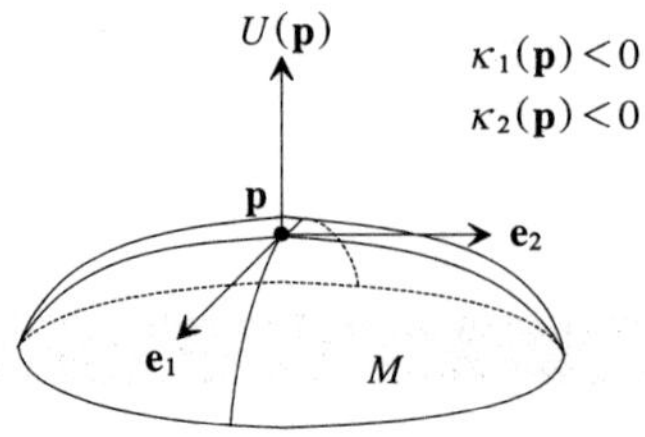

그림 5-16

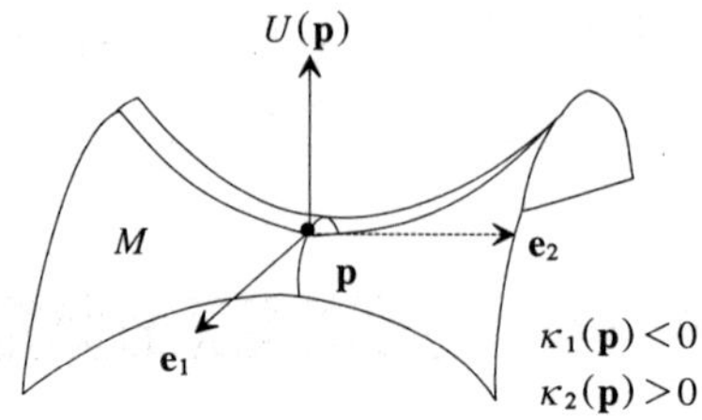

그림 5-17

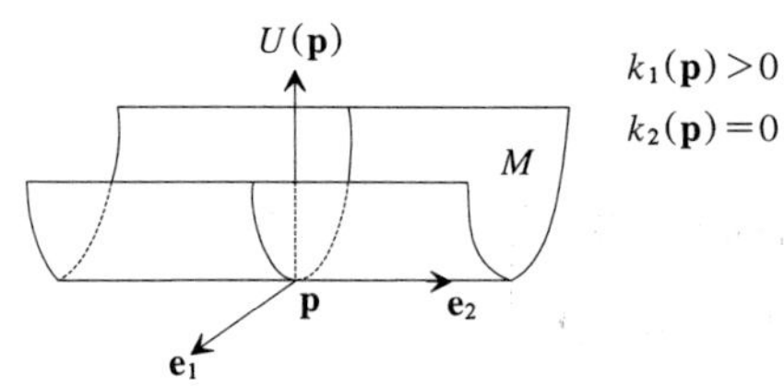

그림 5-18

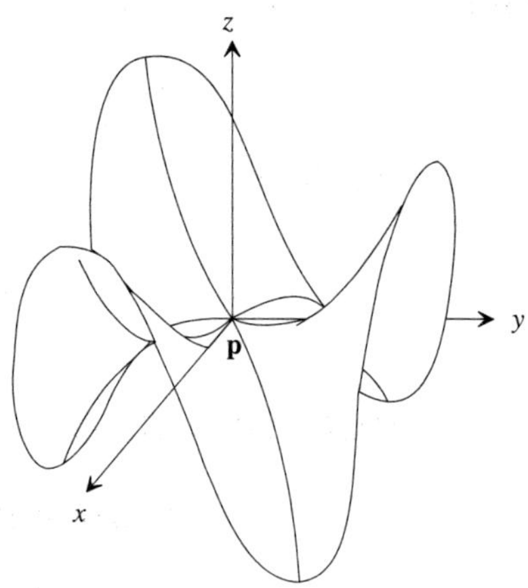

그림 5-19

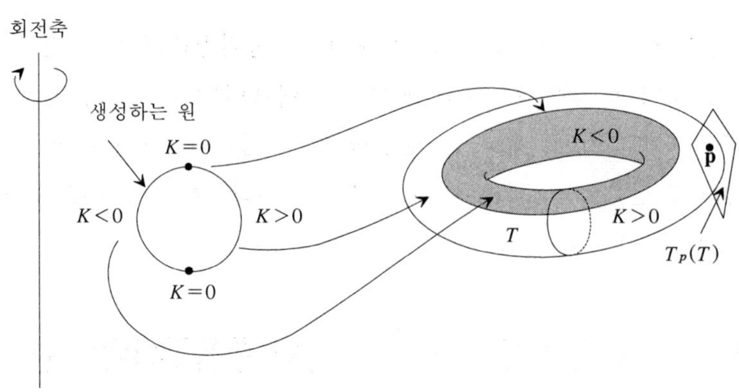

그림 5-20

든 단위접벡터 $\mathbf{u}$에 대하여 $\kappa(\mathbf{u})>0$이거나 $\kappa(\mathbf{u})<0$이어야 한다. 따라서 곡면 M은 $\mathbf{p}$에서 모든 접선방향에 대하여 접평면 $T_{p}(M)$으로부터 멀리 굽어 간다. 점 $\mathbf{p}$ 근방에서 M의 모양은 포물면(paraboloid)이다(그림 5-16).

(2) $K(\mathbf{p})<0$일 때: 주곡률 $\kappa_1(\mathbf{p})$와 $\kappa_2(\mathbf{p})$는 서로 다른 부호를 갖는다. 그러므로 $\mathbf{p}$ 근방에서 M의 모양은 쌍곡면(hyperboloid)이므로 $\mathbf{p}$ 근처에서 안장모양(saddle-shaped)이다(그림 5-17).

(3) $K(\mathbf{p})=0$일 때: 정리 3-2에 의하여 다음의 두 경우가 있다.

(a) 단 하나의 주곡률이 0일 때: $\kappa_1(\mathbf{p})\neq 0$, $\kappa_2(\mathbf{p})=0$

(b) 주곡률 두 개가 모두 0일 때: $\kappa_1(\mathbf{p})=\kappa_2(\mathbf{p})=0$

(a)의 경우에 M은 $\mathbf{p}$ 근방에서 여물통모양(trough-shaped)이다(그림 5-18). (b)의 경우는 $\mathbf{p}$ 근방에서 M의 모양에 대한 정보를 갖지 못한다. 이런 경우의 $\mathbf{p}$를 **평탄점**(flat point) 또는 **평면점**(planar point)이라 한다.

예를 들어, 원숭이 안장(monkey saddle)

$$M : z=x(x+\sqrt{3}y)(x-\sqrt{3}y)$$

의 중앙에 있는 점 $\mathbf{p}$는 평탄점이다. 그것은 세 개의 언덕과 세 개의 골짜기가 만나는 점이다. 그러므로 $\mathbf{p}$는 평탄점이어야 한다. $\mathbf{p}$근처에서 M의 모양은 위의 세 경우보다 훨씬 복잡하다고 볼 수 있다(그림 5-19).

한편, 원환면(torus of revolution) T는 위의 여러 가지 경우를 모두 포함하는 좋은 예이다. T의 바깥 반쪽 곡면 위의 점에서는 그림 5-20에서 보는 것과 같이 접평면으로부터 멀어져 간다. 따라서 그 위에서 $K>0$이다. T의 안쪽 반 곡면 위의 점에서 T는 안장의 모양을 하고 있으므로 그 위에서 $K<0$이다. 안쪽과 바깥쪽을 분리하는 T 위의 두 개의 원(정상과 밑바닥) 위의 점에서 원환면 T는 여물통 모양을 하고 있으므로 $K=0$이다. 이제 가우스 곡률을 계산하는 다른 방법을 조사해 보자.

정리 3-4

$\mathbf{v}$와 $\mathbf{w}$를 M 위의 점 $\mathbf{p}$에서 1차독립인 접벡터라 하면 다음 관계식이 성립한다.

$$S(\mathbf{v})\times S(\mathbf{w})=K(\mathbf{p})(\mathbf{v}\times\mathbf{w})$$
$$S(\mathbf{v})\times\mathbf{w}+\mathbf{v}\times S(\mathbf{w})=2H(\mathbf{p})(\mathbf{v}\times\mathbf{w})$$

증명 $\mathbf{v}$, $\mathbf{w}$는 $T_p(M)$의 기저이므로

$$S(\mathbf{v})=a\mathbf{v}+b\mathbf{w},\quad S(\mathbf{w})=c\mathbf{v}+d\mathbf{w}$$

로 쓸 수 있다. 따라서 기저 $\mathbf{v}$, $\mathbf{w}$에 대한 S의 행렬은

$$(S)=\begin{pmatrix} a & b \\ c & d \end{pmatrix}$$

이므로, K와 H의 정의에 따라

$$K(\mathbf{p})=\det(S)=ad-bc,\quad H(\mathbf{p})=\frac{1}{2}\operatorname{trace}(S)=\frac{a+d}{2}$$

를 얻는다. 따라서 정리의 결과를 다음과 같이 쉽게 구할 수 있다.

$$\begin{aligned} S(\mathbf{v})\times S(\mathbf{w})&=(a\mathbf{v}+b\mathbf{w})\times(c\mathbf{v}\times d\mathbf{w})\\ &=(ad-bc)(\mathbf{v}\times\mathbf{w})=K(\mathbf{p})(\mathbf{v}\times\mathbf{w}) \end{aligned}$$

$$\begin{aligned} S(\mathbf{v})\times\mathbf{w}+\mathbf{v}\times S(\mathbf{w})&=(a\mathbf{v}+b\mathbf{w})\times\mathbf{w}+\mathbf{v}\times(c\mathbf{v}+d\mathbf{w})\\ &=(a+d)(\mathbf{v}\times\mathbf{w})=2H(\mathbf{p})(\mathbf{v}\times\mathbf{w}). \end{aligned}$$ ■

정리 3-5 주곡률

M의 유향영역(oriented region)에서 주곡률함수는 다음과 같다.

$$\kappa_1,\ \kappa_2=H\pm\sqrt{H^2-K}$$

증명 K와 H의 정의로부터

$$K=\kappa_1\kappa_2, \quad H=\frac{\kappa_1+\kappa_2}{2}$$

이므로, 이 식을 직접 대입하면 된다.

$$H\pm\sqrt{H^2-K}=\frac{\kappa_1+\kappa_2}{2}\pm\sqrt{\left(\frac{\kappa_1+\kappa_2}{2}\right)^2-\kappa_1\kappa_2}=\kappa_1, \kappa_2. \quad \blacksquare$$

정의 3-6

가우스 곡률이 0이 되는 곡면 M을 **평탄곡면**(flat surface), 평균곡률이 0이 되는 곡면 M을 **극소곡면**(minimal surface)이라고 한다.

예상한 바와 같이 평면은 평탄곡면이다. 평면의 모양연산자는 모두 0이기 때문에 $K=\det(S)=0$이다. 예제 1-3의 직원주(circular cylinder)의 모양연산자 S는 0이 아니다. 그러나 $K=\det(S)=0$이다. 따라서 직원주도 역시 평탄곡면이다. 극소곡면은 가우스 곡률 $K\leq 0$을 갖는다. 왜냐하면 $H=\dfrac{\kappa_1+\kappa_2}{2}=0$이면 $K=\kappa_1\kappa_2\leq 0$이기 때문이다.

가우스 곡률이 일정한 곡면은 어떤 것이 있는가. 예제 1-3에서 본 것과 같이 반경이 r인 구면 Σ는 $\kappa_1=\kappa_2=-1/r$이기 때문에 Σ는 일정한 양의 곡률 $K=1/r^2$을 갖는다. 더 작은 구면은 반대로 더 큰 곡률을 가질 것이다.

이미 우리는 $M\subset\mathbf{E}^3$의 모양연산자 S를 정의하고 이에 관한 대수적 불변식, 이를테면 가우스 곡률 K, 평균곡률 H, 주곡률 κ_1과 κ_2, 주벡터 $\mathbf{e}_1$과 $\mathbf{e}_2$에 대한 기하학적 의미를 조사하였다. 이제 이러한 불변식이 M의 조각사상에 의하여 어떻게 표현되는가를 조사하여 보자.

만약 $\mathbf{x}\colon D\to M$을 $M\subset\mathbf{E}^3$에서의 조각사상이라 하면, D 위에 세 개의

실가함수

$$E=\mathbf{x}_u\cdot\mathbf{x}_u,\quad F=\mathbf{x}_u\cdot\mathbf{x}_v,\quad G=\mathbf{x}_v\cdot\mathbf{x}_v$$

가 존재한다. 이때 $E>0$와 $G>0$는 $\mathbf{x}$의 u-와 v-매개변수곡선의 속도의 제곱이고

$$F=\mathbf{x}_u\cdot\mathbf{x}_v=\|\mathbf{x}_u\|\|\mathbf{x}_v\|\cos\theta=\sqrt{EG}\cos\theta$$

이므로 F는 $\mathbf{x}_u$와 $\mathbf{x}_v$ 사이의 **좌표각**(coordinate angle) θ를 측정한다.

한편, 조각사상 $\mathbf{x}: D\to M$에 대하여 $\mathbf{x}_u$와 $\mathbf{x}_v$는 $\mathbf{x}(D)$ 위의 각 점에서 M의 접공간 $T_p(M)$에 대하여 기저를 이루는 서로 독립인 접벡터이므로, 실가함수 $S(\mathbf{x}_u)\cdot\mathbf{x}_u$, $S(\mathbf{x}_u)\cdot\mathbf{x}_v=S(\mathbf{x}_v)\cdot\mathbf{x}_u$, $S(\mathbf{x}_v)\cdot\mathbf{x}_v$는 S에 의하여 일의적으로 결정된다.

이제 위의 함수를 정리 2-1의 방법에 의하여 좀더 단순한 형태로 표현해 보자. $\mathbf{x}_u\cdot U=\mathbf{x}_v\cdot U=0$이므로 u와 v에 관하여 편미분하면

$$\begin{aligned}&\mathbf{x}_{uu}\cdot U=-\mathbf{x}_u\cdot U_u\\&\mathbf{x}_{uv}\cdot U=-\mathbf{x}_u\cdot U_v=-\mathbf{x}_v\cdot U_u\\&\mathbf{x}_{vv}\cdot U=-\mathbf{x}_v\cdot U_v\end{aligned}$$

를 얻는다. 그런데 5.1절 또는 정리 2-1의 증명과정으로부터

$$S(\mathbf{x}_u)=-U_u,\quad S(\mathbf{x}_v)=-U_v$$

을 얻을 수 있으므로, 제 4 장 4-3절에서 정의한 곡면에 관한 제 2 기본형의 계수 e, f, g를 적용하면

$$\begin{aligned}&e=S(\mathbf{x}_u)\cdot\mathbf{x}_u=\mathbf{x}_{uu}\cdot U\\&f=S(\mathbf{x}_u)\cdot\mathbf{x}_v=\mathbf{x}_{uv}\cdot U=\mathbf{x}_{vu}\cdot U=S(\mathbf{x}_v)\cdot\mathbf{x}_u\\&g=S(\mathbf{x}_v)\cdot\mathbf{x}_v=\mathbf{x}_{vv}\cdot U\end{aligned}$$

를 얻는다. 그런데 $\mathbf{x}_u$와 $\mathbf{x}_v$는 각 점에서 접공간에 대하여 기저를 이루므로, 임의의 두 접벡터 $\mathbf{v}$, $\mathbf{w}$는 $\mathbf{x}_u$와 $\mathbf{x}_v$의 일차결합으로 표시될 수 있고, S는 선형사상이므로 관계식 $S(\mathbf{v})\cdot\mathbf{w}=S(\mathbf{w})\cdot\mathbf{v}$를 쉽게 얻을 수 있다. 그러므로 모

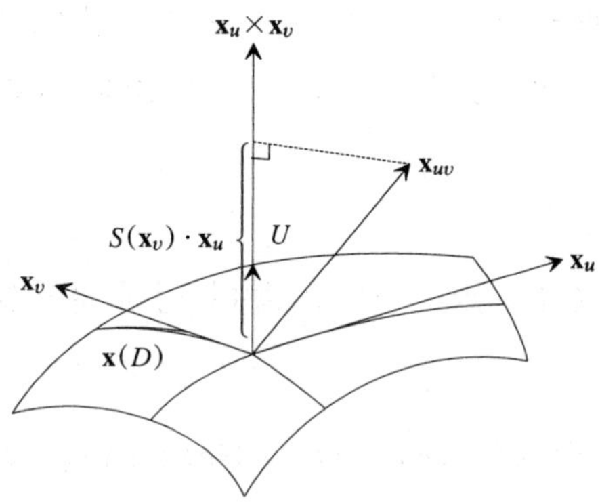

그림 5-21

양연산자 S는 대칭(symmetric)이다(정리 1-4). 따라서 다음 정리가 성립한다.

정리 3-7 **제2기본계수**

$\mathbf{x}$를 $M\subset\mathbf{E}^3$의 조각사상이라 하면 다음 관계가 성립한다.

$$e=S(\mathbf{x}_u)\cdot\mathbf{x}_u=\mathbf{x}_{uu}\cdot U$$
$$f=S(\mathbf{x}_u)\cdot\mathbf{x}_v=S(\mathbf{x}_v)\cdot\mathbf{x}_u=\mathbf{x}_{uv}\cdot U$$
$$g=S(\mathbf{x}_v)\cdot\mathbf{x}_v=\mathbf{x}_{vv}\cdot U$$

정리 3-8 **가우스 곡률과 평균곡률**

$\mathbf{x}$를 $M\subset\mathbf{E}^3$의 조각사상이라 하면 다음 관계가 성립한다.

$$K(\mathbf{x})=\frac{eg-f^2}{EG-F^2},\quad H(\mathbf{x})=\frac{Eg-2Ff+Ge}{2(EG-F^2)}$$

증명 정리 3-4로부터

$$K(\mathbf{p})=\frac{S(\mathbf{x}_u)\times S(\mathbf{x}_v)\cdot(\mathbf{x}_u\times\mathbf{x}_v)}{(\mathbf{x}_u\times\mathbf{x}_v)\cdot(\mathbf{x}_u\times\mathbf{x}_v)}$$

를 얻는다. 벡터항등식(문제 2-1 [8])과 정리 3-7을 이용하면 즉시 $K(\mathbf{x})$에 관한 공식을 얻는다. $H(\mathbf{x})$에 관한 공식도 마찬가지이다. ■

한편, 위의 공식들은 정리 2-6으로부터 쉽게 유도할 수도 있다. 즉 정리 2-6의 관계식

$$(EG-F^2)\kappa^2-(Eg-2Ff+Ge)\kappa+(eg-f^2)=0$$

의 두 근이 주곡률 κ_1과 κ_2이므로, 정리 3-2의 관계식에 의하여 K, H를 구할 수 있다.

예제 3-9 **가우스 곡률과 평균곡률의 계산**

(1) **나선면**(Helicoid): 4-2절의 문제 [7] 참고.

단일조각사상 $\mathbf{x}: D\to H$

$$\mathbf{x}(u,\ v)=(u\cos v,\ u\sin v,\ bv),\ b\neq 0$$

에 의하여 덮이는 나선면 H에 대하여

$$\mathbf{x}_u=(\cos v,\ \sin v,\ 0)$$
$$\mathbf{x}_v=(-u\sin v,\ u\cos v,\ b)$$
$$E=1,\ F=0,\ G=b^2+u^2$$

이므로

$$\mathbf{x}_u\times\mathbf{x}_v=(b\sin v,\ -b\cos v,\ u)$$

$$\|\mathbf{x}_u\times\mathbf{x}_v\|=\sqrt{EG-F^2}=\sqrt{b^2+u^2}$$

이다. 따라서 H의 단위법벡터 U는

$$U=\frac{\mathbf{x}_u\times\mathbf{x}_v}{\|\mathbf{x}_u\times\mathbf{x}_v\|}=\frac{(b\sin v,\ -b\cos v,\ u)}{w},\ \text{단 } w=\sqrt{b^2+u^2}.$$

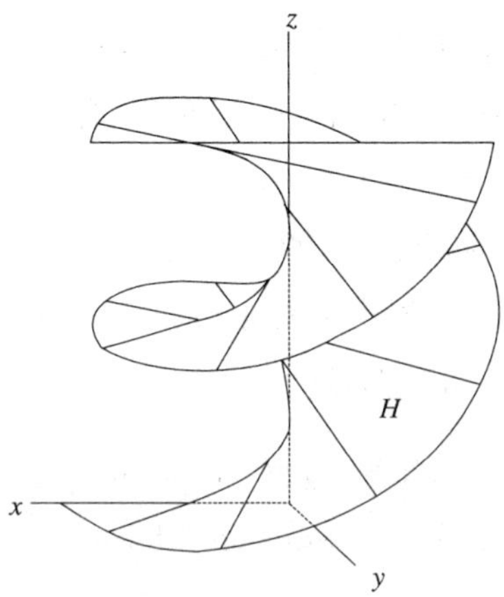

그림 5-22

이제 다시 한 번 편미분하면

$$\mathbf{x}_{uu}=0$$
$$\mathbf{x}_{uv}=(-\sin v,\ \cos v,\ 0)$$
$$\mathbf{x}_{vv}=(-u\cos v,\ -u\sin v,\ 0)$$

이다. $\mathbf{x}_{uu}=0$이므로 u-매개변수곡선은 직선이고, v-매개변수곡선은 나선(helices)이다. 정리 3-7에 의하여 e, f, g를 계산하면

$$e=\mathbf{x}_{uu}\cdot U=0,\quad f=\mathbf{x}_{uv}\cdot U=-\frac{b}{w},\quad g=\mathbf{x}_{vv}\cdot U=0$$

따라서 정리 3-8의 식에 의하여 K와 H를 구할 수 있다.

$$K=\frac{eg-f^2}{EG-F^2}=-\frac{\left(-\dfrac{b}{w}\right)^2}{w^2}=-\frac{b^2}{w^4}=\frac{-b^2}{(b^2+u^2)^2}$$
$$H=\frac{Ge+Eg-2Ff}{2(EG-F^2)}=0$$

그런데 $H=0$이므로 나선면은 가우스 곡률이 $-\frac{1}{b^2}\leq K<0$인 극소곡면(minimal surface)이다. 최저값 $K=-\frac{1}{b^2}$은 나선면의 중앙축($u=0$) 위의 점에서 나오고, 중앙축으로부터 거리 $|u|$가 무한히 커질수록 $K\to 0$인 것을 알 수 있다(그림 5-22).

(2) 안장곡면(saddle surface): $M: z=xy$
안장곡면 $z=xy$는 몽주 조각사상 $\mathbf{x}(u, v)=(u, v, uv)$으로 표현된다. 따라서 위와 같은 방법으로 계산하면

$$\mathbf{x}_u=(1, 0, v), \quad \mathbf{x}_v=(0, 1, u)$$
$$E=1+v^2, \quad F=uv, \quad G=1+u^2$$
$$U=\frac{(-v, -u, 1)}{w}, \quad \text{단 } w=\sqrt{1+u^2+v^2}$$
$$\mathbf{x}_{uu}=0, \quad \mathbf{x}_{uv}=(0, 0, 1), \quad \mathbf{x}_{vv}=0$$
$$e=0, \quad f=\frac{1}{w}, \quad g=0$$

이다. 따라서 K와 H를 즉시 구할 수 있다.

$$K=\frac{-1}{(1+u^2+v^2)^2}, \quad H=\frac{-uv}{(1+u^2+v^2)^{3/2}}$$

그러므로 M의 가우스 곡률은 원점($u=v=0$)에서 $K=-1$이고 원점에서 멀어질수록($u, v\to\infty$) $K\to 0$이 된다. 평균곡률 H는 원점에서 $H=0$이고 그 외의 점에서는 다양한 값을 갖는다(그림 5-11). □

문제 5-3

1 $K<0$인 곡면에서는 배꼽점이 존재하지 않음을 증명하여라. $K\le 0$인 곡면에서 모든 배꼽점은 평탄점(planar points)임을 증명하여라.

2 $\mathbf{u}_1$, $\mathbf{u}_2$를 M의 점 $\mathbf{p}$에서 직교하는 단위접벡터라 하자. 점 $\mathbf{p}$에서 S에 대한 다음 조건은 무슨 기하학적 의미를 주는가?

(1) $S(\mathbf{u}_1)\cdot\mathbf{u}_2=0$
(2) $S(\mathbf{u}_1)+S(\mathbf{u}_2)=0$
(3) $S(\mathbf{u}_1)\times S(\mathbf{u}_2)=0$
(4) $S(\mathbf{u}_1)\cdot S(\mathbf{u}_2)=0$

3 (평균곡률) 다음을 증명하여라.

(1) $\mathbf{p}$에서 직교하는 임의의 두 방향에 대한 법곡률의 평균은 $H(\mathbf{p})$이다.

(2) $H(\mathbf{p})=\dfrac{1}{2\pi}\displaystyle\int_0^{2\pi}\kappa(\theta)d\theta$

단, $\kappa(\theta)$는 오일러 정리에서 정의된 법곡률이다.

4 임의의 선형연산자 S의 특성다항식(characteristic polynomial) $\mathbf{p}(\kappa)$는

$$\mathbf{p}(\kappa)=\det(A-\kappa I)=0$$

로 표현된다(단 A는 S의 임의의 행렬이다).

(1) 모양연산자 S의 특성다항식은 $\kappa^2-2\kappa H+K=0$임을 증명하여라.

(2) M에 접하는 한 쌍의 접벡터 $\mathbf{v}$, $\mathbf{w}$에 대하여

$$S(\mathbf{v})\cdot S(\mathbf{w})-2HS(\mathbf{v})\cdot\mathbf{w}+K(\mathbf{v}\cdot\mathbf{w})=0$$

임을 증명하여라.

5 공액직경(conjugate diameter). 타원

$$\frac{x^2}{a^2}+\frac{y^2}{b^2}=1$$

의 한 직경 d_1이 다른 직경 d_2의 양끝점에서 그 타원의 접선에 평행할 때 두 직경 d_1과 d_2를 공액직경, 또는 간단히 공액이라고 한다. 타원 또는 쌍곡선의 중심을 지나는 두 직선 $\mathbf{y}=m_1x$와 $\mathbf{y}=m_2x$가 공액이 될 조건은 각각

$$m_1m_2=-\frac{b_2}{a^2},\quad m_1m_2=\frac{b_2}{a_2}$$

임을 증명하여라.

6 지리적 조각사상

$$\mathbf{x}(u,\ v)=(r\cos v\cos u,\ r\cos v\sin u,\ r\sin v)$$

로 표현되는 반경 r인 구면의 가우스 곡률 K를 구하여라.

7 몽주 조각사상 $\mathbf{x}(u,\ v)=(u,\ v,\ f(u,\ v))$에 대하여

$$E=1+f_u^2,\ F=f_uf_v,\ G=1+f_v^2$$

$$e=\frac{f_{uu}}{w},\quad f=\frac{f_{uv}}{w},\quad g=\frac{f_{vv}}{w},\quad \text{단, } w=(1+f_u^2+f_v^2)^{1/2}$$

임을 보이고, K와 H를 구하여라.

8 위의 문제로부터 $\mathbf{x}$의 상이 평탄(flat)이 될 필요충분조건은

$$f_{uu}f_{vv}-f_{uv}{}^2=0,$$

극소곡면이 될 필요충분조건은

$$(1+f_u^2)f_{vv}+(1+f_v^2)f_{uu}-2f_uf_vf_{uv}=0$$

임을 증명하여라.

9 원숭이 안장곡면 $M : z=x^3-3xy^2$의 곡률 K는 $\gamma=\sqrt{x^2+y^2}$의 항으로 표시됨을 증명하여라. 이 곡면은 극소곡면인가?

10 곡선선분 $\alpha(t)=\mathbf{x}(u(t), v(t)),\ a\leq t\leq b$의 길이는

$$L(\alpha)=\int_a^b (Eu'^2+2Fu'v'+Gv'^2)^{\frac{1}{2}}dt$$

임을 증명하여라. 단 $\mathbf{E}, F, G$는 (u, v)에서 얻는 값이다.

11 M의 매개변수곡선이 직교할 때 다음 식이 성립함을 증명하여라.

$$S(\mathbf{x}_u)=\frac{e}{E}\mathbf{x}_u+\frac{f}{G}\mathbf{x}_v,\quad S(\mathbf{x}_v)=\frac{f}{E}\mathbf{x}_u+\frac{g}{G}\mathbf{x}_v$$

한편, $F=f=0$을 만족하는 조각사상 $\mathbf{x}$를 **주조각사상**(principal patch)이라고 한다. $\mathbf{x}_u$와 $\mathbf{x}_v$는 각 점에서 주곡률 $\frac{e}{E}$와 $\frac{g}{G}$에 대응하는 주벡터임을 보여라.

12 접벡터 $\mathbf{v}=a\mathbf{x}_u+b\mathbf{x}_v$가 주벡터일 필요충분조건은

$$\begin{vmatrix} b^2 & -ab & a^2 \\ E & F & G \\ e & f & g \end{vmatrix}=0$$

임을 증명하여라(힌트: $\mathbf{v}$가 주벡터일 조건은 $S(\mathbf{v})\times\mathbf{v}=0$이다.)

13 (Enneper의 극소곡면) 이 곡면은 조각사상

$$\mathbf{x}(u, v)=\left(u-\frac{u^3}{3}+uv^2,\ v-\frac{v^3}{3}+u^2v,\ u^2-v^2\right)$$

으로 주어진 몰입된 곡면(immersed surface)이다. 이 몰입된 곡면은 극소곡면이고 $\mathbf{x}$는 일대일임을 증명하여라.

힌트 단순히 $F : M\to E^3$이 정칙(regular)일 때 상 $F(M)$을 몰입된 곡면이라고 한다. $H=0$임을 증명하기 위하여 $\mathbf{E}=G,\ F=0,\ \mathbf{x}_{uu}+\mathbf{x}_{vv}=0$임을 보이면 된다.

14 다음 곡면의 배꼽점을 찾아라.

(1) 안장곡면 $M : z=xy$

(2) 원숭이 안장곡면 $M : z=x^3-3xy^2$

(3) 타원포물면 $M : z=\frac{x^2}{a^2}+\frac{y^2}{b^2}$

15 4-2절의 문제 8의 일엽쌍곡면, 이엽쌍곡면의 가우스 곡률은 각각

$$K=-\frac{h^4}{(abc)^2},\quad K=\frac{h^4}{(abc)^2}$$

임을 보여라.

16 타원면 $M : \Sigma \frac{x_i^2}{a_i^2} = 1\ (i=1,\ 2,\ 3)$에 대하여 다음을 증명하여라.

(1) 점 $\mathbf{p}$에서 접벡터 $\mathbf{v}$가 주벡터일 필요충분조건은

$$p_1 v_2 v_3 (a_2^2 - a_3^2) + p_2 v_3 v_1 (a_3^2 - a_1^2) + p_3 v_1 v_2 (a_1^2 - a_2^2) = 0.$$

(2) $a_1 > a_2 > a_3$라 가정하면 M 위에는 오직 네 개의 배꼽점 $\mathbf{p}(\mathbf{p}_1,\ \mathbf{p}_2,\ \mathbf{p}_3)$만 존재한다. 단

$$p_1 = \pm a_1 \left(\frac{a_1^2 - a_2^2}{a_1^2 - a_3^2} \right)^{1/2}, \quad p_2 = 0, \quad p_3 = \pm a_3 \left(\frac{a_2^2 - a_3^2}{a_1^2 - a_3^2} \right)^{1/2}$$

17 Gauss 곡률 K는 곡선좌표의 변환에 의하여 불변임을 증명하여라.

18 제3기본형식(third fundamental form). 제1, 2기본형식은 각각 $\mathrm{I} = d\mathbf{x} \cdot d\mathbf{x}$, $\mathrm{II} = d\mathbf{x} \cdot dU$으로 정의된 반면, 제3기본형식은 가끔 $\mathrm{III} = dU \cdot dU$로 사용한다. 이때

$$K\mathrm{I} - 2H\mathrm{II} + \mathrm{III} = 0$$

이 성립함을 증명하여라. 단 K와 H는 각각 가우스 곡률과 평균곡률이다.

참고 유향곡면 M에 접하는 모든 벡터의 쌍에 대하여 정의되는 실가함수

$$\mathrm{I}(\mathbf{v},\ \mathbf{w}) = \mathbf{v} \cdot \mathbf{w}, \quad \mathrm{II}(\mathbf{v},\ \mathbf{w}) = S(\mathbf{v}) \cdot \mathbf{w}$$

$$\mathrm{III}(\mathbf{v},\ \mathbf{w}) = S^2(\mathbf{v}) \cdot \mathbf{w} = S(\mathbf{v}) \cdot S(\mathbf{w})$$

을 M의 **제1기본형식**, **제2기본형식**, **제3기본형식**이라 한다. 전통적으로

$$\mathrm{I} = d\mathbf{x} \cdot d\mathbf{x}, \quad \mathrm{II} = -d\mathbf{x} \cdot dU, \quad \mathrm{III} = dU \cdot dU$$

로 정의되어 사용되었다.

19 뫼비우스 띠의 매개변수표시는

$$\mathbf{x}(u,\ v) = \left(\left(2 - v \sin \frac{u}{2} \right) \sin u,\ \left(2 - v \sin \frac{u}{2} \right) \cos u,\ v \cos \frac{u}{2} \right)$$

에 의하여 표시될 수 있음을 보이고, 그것의 가우스 곡률은

$$K = \frac{-1}{\left\{ \left(\frac{v^2}{4} \right) + \left(2 - v \sin \left(\frac{u}{2} \right)^2 \right) \right\}^2}$$

임을 증명하여라(4-2절의 문제 4 참고).

20 Dupin의 지시곡선(indicatrix). 오일러의 정리(2-10)로부터, 뒤퐁의 지시곡선을 다음과 같이 유도할 수 있음을 보여라.

(1) $\kappa_1 > \kappa_2 > 0$일 때($\mathbf{p}$: 타원적)

$$\frac{x^2}{(\sqrt{R_1})^2} + \frac{y^2}{(\sqrt{R_2})^2} = 1$$

(2) $\kappa_1 > 0,\ \kappa_2 < 0$일 때($\mathbf{p}$: 쌍곡적)

$$\frac{x^2}{(\sqrt{R_1})^2} - \frac{y^2}{(\sqrt{R_2})^2} = \pm 1$$

(3) $\kappa_1 \neq 0,\ \kappa_2 = 0$일 때($\mathbf{p}$: 포물적)

$$\sqrt{R_1} = \sqrt{R}\cos\alpha, \quad R = \frac{1}{\kappa}$$

단, $R_1 = \frac{1}{\kappa_1}$, $R_2 = \frac{1}{\kappa_2}$, $R = \frac{1}{\kappa}$, $x = \pm\frac{\cos\alpha}{\sqrt{|\kappa|}}$, $y = \pm\frac{\sin\alpha}{\sqrt{|\kappa|}}$

아울러, 곡면 M 위의 점 $\mathbf{p}$에서 세 가지 뒤퐁의 지시곡선을 xy-좌표면에 그려 보고, 기하학적 의미를 조사하여 보아라.

5-4 곡면 위에 있는 특별한 곡선

곡면 $M \subset \mathbf{E}^3$ 위에 속한 기하학적 의미가 많은 곡률곡선(또는 주곡선), 점근선, 측지선에 대하여 공부할 것이다. 5-4절이나 5-5절의 내용은 실제 이론에 필수적인 것은 아니다. 다만 이미 소개했던 내용을 설명하고, 다음 공부를 위하여 준비하는 것이다.

정의 4-1

곡면 M 위에 있는 정칙곡선 α의 속도벡터 α'가 항상 M의 주방향(principal directions)을 향할 때, α를 M의 **주곡선**(principal curve) 또는 **곡률곡선**(line of curvature)이라 한다.

그러므로 주곡선은 곡면 M의 굽어 있는 크기가 최대 또는 최소가 되는 방향을 항상 따라간다. 매개변수표현의 변화에 무관하게 M의 (배꼽점이 아닌) 각 점을 지나는 두 개의 주곡선이 존재하는데 이 두 곡선은 반드시 서로 직교한다(배꼽점 $\mathbf{p}$에서는 모든 방향이 주방향이고, $\mathbf{p}$의 근처에서 주곡선의 형태는 매우 복잡할 수도 있다).

정리 4-2 **주곡선과 주곡률**

M 위에 있는 정칙곡선 α에 제한된 M의 법벡터장을 U라 하면 다음 관계가 성립한다.

(1) α가 주곡선일 필요충분조건은 U'와 α'가 각 점에서 일직선 위에 있는 것이다.

(2) α가 주곡선이면 α'의 방향에 대한 M의 주곡률은 $\alpha''\cdot U/\alpha'\cdot\alpha'$ 이다.

증명 (1) $S(\alpha')=-U'$(5-1절)이므로 U'와 α'가 일직선 위에 있을 필요충분조건은 $S(\alpha')$와 α'가 일직선 위에 있는 것이다. 그런데 법곡률의 정의에 따라

$$\kappa\left(\frac{\alpha'}{\|\alpha'\|}\right)=\frac{1}{\|\alpha'\|^2}S(\alpha')\cdot\alpha'=\frac{-U'\cdot\alpha'}{\|\alpha'\|^2}=\frac{\alpha''\cdot U}{\alpha'\cdot\alpha'} \qquad (*)$$

이 성립하므로, 법곡률(*)가 최대 또는 최소가 될 조건(α가 주곡선일 조건)은 $S(\alpha')$와 α'이 일직선 위에 있는 것이므로, 결국 U'와 α'가 일직선 위에 있는 것이다. 이것은 α''가 각 점에서 M에 직교하는 것을 뜻한다.

(2) α가 주곡선이므로 $\dfrac{\alpha'}{\|\alpha'\|}$는 주벡터이다. 따라서 α' 방향에 대한 M의 주곡률은 관계식 (*)에 의하여 표시된다. ■

정리 4-3

매개변수곡선이 주곡선이 될 필요충분조건은 $F=f=0$이다.

증명 이 정리는 배꼽점이 아닌 경우에 성립한다. 이제 배꼽점이 아닌 곡면 위의 점에서 u-와 v-매개변수곡선의 방향을 곡률방향이라 하자. $\mathbf{x}_u$와 $\mathbf{x}_v$는 각각 u-와 v-매개변수곡선에 접하므로 5-2절의 방정식

(3) b는 du=상수, $dv=0$과 dv=상수, $du=0$에 대하여 성립해야 한다. 따라서

$$gF-Gf=0, \quad eF-Ef=0$$

을 얻는다. 그런데 배꼽점이 아닌 점에서 곡률방향은 직교하므로 $F=0$이다(정리 2-7). 그런데 $E>0$, $G>0$이므로 윗식으로부터 $f=0$을 얻는다. 역이 성립하는 것도 쉽게 증명된다. ■

만약 조각사상 위의 한 점 $\mathbf{p}$에서 u-와 v-매개변수곡선이 주방향(곡률방향)일 경우에는 주곡률이 훨씬 더 간단하게 표현된다.

정리 4-4 주곡률

조각사상 $\mathbf{x}=\mathbf{x}(u, v)$ 위의 점 $\mathbf{p}$에서 u-와 v-매개변수곡선의 방향이 주방향이면 $\mathbf{p}$에서 주곡률은 다음과 같다.

$$\kappa_1=\frac{e}{E}, \quad \kappa_2=\frac{g}{G}$$

증명 $\mathbf{p}$가 배꼽점이 아니라 가정하자. 위의 정리로부터 점 $\mathbf{p}$에서 $F=f=0$이므로, 5-2절의 방정식 (2)b로부터

$$(e-\kappa E)du=0, \quad (g-\kappa G)dv=0$$

을 얻는다. 그런데 $\mathbf{p}$를 지나는 u-매개변수곡선에 대한 방향은 du=상수, $dv=0$이므로 그 방향에 대한 주곡률은 $\kappa_1=e/E$이다. 마찬가지로 두 번째 식으로부터 dv=상수, $du=0$에 대하여 성립하여야 하므로 v-매개변수곡선의 방향에 대한 주곡률 $\kappa_2=g/G$를 얻을 수 있다. 만약 $\mathbf{p}$가 배꼽점일 경우에는 정리 2-9에 의하여

$$\kappa = \frac{e}{E} = \frac{f}{F} = \frac{g}{G}$$

이 성립하므로 당연하다. ■

법곡률을 0으로 하는 접벡터의 방향을 **점근방향**(asymptotic direction)이라고 한다. 그러므로 단위접벡터 $\mathbf{u}$가 점근방향으로 향하고 있으면 $\kappa(\mathbf{u}) = S(\mathbf{u}) \cdot \mathbf{u} = \mathrm{II}/\mathrm{I} = 0$이어야 한다. 결국 점근방향에서 M은 접평면으로부터 굽어지지 않음을 보여 준다. 오일러의 정리(정리 2-10)을 사용하면 가우스 곡률에 의하여 점근방향에 대한 완전한 분석을 할 수 있다.

정리 4-5 가우스 곡률과 점근방향

$\mathbf{p}$를 곡면 M 위의 한 점이라 하자.

(1) $K(\mathbf{p}) > 0$일 때: $\mathbf{p}$에서 점근방향이 존재하지 않는다.

(2) $K(\mathbf{p}) < 0$일 때: $\mathbf{p}$에서 두 개의 점근방향이 존재한다.

이때 두 점근방향은 주방향에 의하여 θ의 각으로 이등분되고

$$\tan^2\theta = -\frac{\kappa_1(\mathbf{p})}{\kappa_2(\mathbf{p})}$$

을 만족한다.

(3) $K(\mathbf{p}) = 0$일 때: $\mathbf{p}$가 평면적점(planar point)이면 모든 방향이 점근방향이다. $\mathbf{p}$가 평면적 점이 아닌 경우에는 오직 하나의 점근방향이 존재하고, 이것은 또한 M의 주방향이다.

위의 경우에서 $K(\mathbf{p}) > 0$, $K(\mathbf{p}) < 0$, $K(\mathbf{p}) = 0$일 때 $\mathbf{p}$를 각각 **타원적**(elliptic), **쌍곡적**(hyperbolic), **포물적**(parabolic)인 점이라 한다.

증명 위의 모든 경우는 정리 2-10의 오일러의 공식

$$\kappa(\mathbf{u}) = \kappa_1(\mathbf{p})\cos^2\theta + \kappa_2(\mathbf{p})\sin^2\theta$$

와 가우스 곡률 $K(\mathbf{p})=\kappa_1(\mathbf{p})\kappa_2(\mathbf{p})$로부터 쉽게 유도할 수 있다.

(1) $\kappa_1(\mathbf{p})$와 $\kappa_2(\mathbf{p})$가 같은 부호를 가지므로, $\kappa(\mathbf{u})=0$이 되는 $\mathbf{u}$는 존재하지 않는다.

(2) $\kappa_1(\mathbf{p})$와 $\kappa_2(\mathbf{p})$는 반대부호를 가지므로

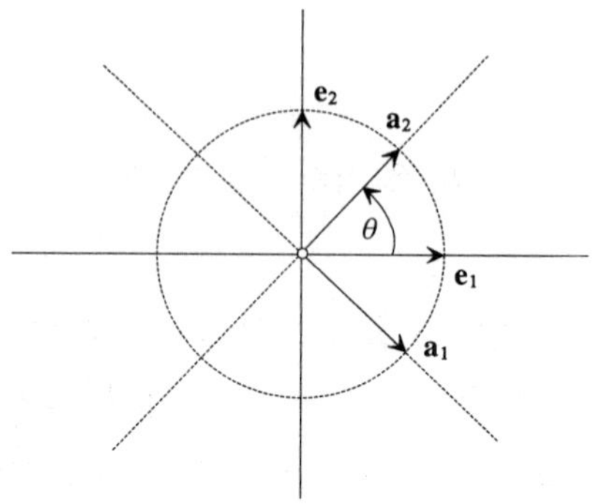

그림 5-23

$$0=\kappa_1(\mathbf{p})\cos^2\theta+\kappa_2(\mathbf{p})\sin^2\theta,$$

$$\text{또는 } \tan^2\theta=-\frac{\kappa_1(\mathbf{p})}{\kappa_2(\mathbf{p})}$$

를 만족하는 두 개의 점근방향이 존재한다. 이 경우 두 점근선은 주방향에 의하여 θ의 각으로 이등분된다(그림 5-23).

(3) 만약 $\mathbf{p}$가 평면적점(planar point)이라 하면

$$\kappa_1(\mathbf{p})=\kappa_2(\mathbf{p})=0$$

이므로 모든 $\mathbf{u}$에 대하여 $\kappa(\mathbf{u})=0$이다. 이것은 $\mathbf{p}$에서의 모든 방향은 점근방향임을 의미한다. 만약 $\kappa_1(\mathbf{p})\neq 0$이고 $\kappa_2(\mathbf{p})=0$이면

$$\kappa(\mathbf{u})=\kappa_1(\mathbf{p})\cos^2\theta$$

는 $\cos^2\theta=0$일 때에만 0이 된다. 이 경우 점근방향은 $\mathbf{u}=\mathbf{e}_2$의 방향이다. ■

정리 4-5를 직관적으로 말하면, 곡면 M 위의 점 $\mathbf{p}$에서 M의 접평면 $T_p(M)$과 곡면 M과의 교선(intersection)을 그려봄으로써 점 $\mathbf{p}$에서 M의 점근방향을 예측할 수 있다. 예를 들어 $K(\mathbf{p})<0$일 때 교선은 점 $\mathbf{p}$에서 접선

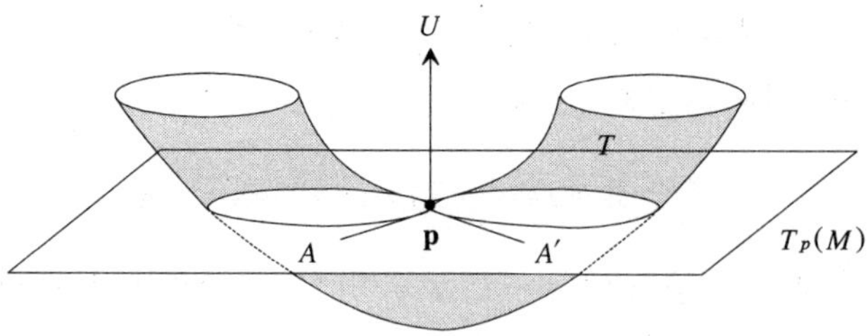

그림 5-24

이 점근방향이 되는 두 개의 곡선으로 구성된다.

그림 5-24는 원환면 T의 안쪽적도(inner equator) 위의 점 $\mathbf{p}$에서 두 개의 점근방향 A와 A'를 보여준다.

정의 4-6

곡면 M 위의 정칙곡선 α의 속도벡터 α'가 항상 M의 점근방향과 일치할 때 α를 **점근선**(asymptotic curve)이라 한다.

정의로부터 α가 점근선일 필요충분조건은 α 위의 모든 점에서

$$\kappa(\alpha')=S(\alpha')\cdot\alpha'=-U'\cdot\alpha'=U\cdot\alpha''=0$$

이다.

그러므로 M 위의 곡선 α가 점근선이 되는가를 판정하는 가장 간단한 방법은 α의 가속도벡터 α''가 항상 M에 접하느냐 하는 것이다. 바꾸어 말하면 곡선 α의 접촉평면(osculating plane)이 곡면 M의 접평면과 겹쳐질 때 α는 M의 점근선이라고 말할 수 있다.

정리 4-7 매개변수곡선과 점근선

조각사상 위에서 u-와 v-매개변수곡선이 점근선이 될 필요충분조건은 $e=g=0$이다.

증명 단위속도곡선 α가 점근선이 될 필요충분조건은 α를 따라 법곡률이 $\kappa(\alpha')=\mathrm{II}/\mathrm{I}=0$이 되는 것이므로

$$\mathrm{II}=edu^2+2f\,dudv+gdv^2=0$$

을 만족하는 방향 du: dv가 그 곡면의 점근방향이 된다. 그런데 두 매개변수곡선이 점근선이 되려면 그들의 방향이 점근방향이어야 한다. 따라서 $du=$상수, $dv=0$(u-매개변수곡선의 방향)과 $du=0$, $dv=$상수(v-매개변수곡선의 방향)로부터 $e=g=0$을 얻을 수 있다. ■

정리 4-8

조각사상 $\mathbf{x}(u, v)$위의 점 $\mathbf{p}$가 타원적, 쌍곡적, 포물적이 될 필요충분조건은 $eg-f^2$의 값이 각각 >0, <0, $=0$인 것이다.
특히 $e=f=g=0$인 경우의 $\mathbf{p}$를 **평면점**(planar point)이라 한다.

증명 점근선의 수는 방정식 $\kappa(\mathbf{p})=\mathrm{II}/\mathrm{I}=0$의 근의 갯수에 따라 정해진다. 그런데 $\mathrm{I}>0$이므로, $\mathrm{II}=edu^2+2f\,dudv+gdv=0$의 판별식으로부터

$$eg-f^2>0,\ <0,\ =0$$

일 때 각각 $\mathbf{p}$가 타원적, 쌍곡적, 포물적이다. 특히 점 $\mathbf{p}$에서 $e=f=g=0$이면 모든 방향(du: dv)이 점근방향이므로 점 $\mathbf{p}$는 평면점이다. ■

정리 4-5로부터 극소곡면(minimal surface)에 대한 중요한 정리를 얻을 수 있다.

정리 4-9 극소곡면

곡면 M이 극소곡면일 필요충분조건은 M의 각 점에서 직교하는 두 개의 점근방향이 존재하는 것이다.

증명 M이 극소곡면이므로 M 위의 임의의 점 $\mathbf{p}$에서 $H(\mathbf{p})=0$이다. 이것은 $\kappa_1(\mathbf{p})=-\kappa_2(\mathbf{p})$와 동치이다. 그런데 이 조건은

(a) $\mathbf{p}$가 평면적점이 되든가

(b) 정리 4-5에 의하여 $\tan^2\theta=1$이 되는 것이므로, 주방향과 $\theta=\pm\pi/4$인 두 개의 점근방향이 존재하는 것이다. ■

예제 4-10

예제 3-9의 나선면 H는 평균곡률이 0이므로 극소곡면이다. 그리고 H의 매개변수곡선은 점근선이다. 왜냐하면 u-와 v-매개변수곡선은 $F=0$이므로 서로 직교하고 $e=U\cdot\mathbf{x}_{uu}=0$, $g=U\cdot\mathbf{x}_{vv}=0$이기 때문이다. □

정리 4-11 선 직 면

선직면(ruled surface) M의 가우스 곡률은 $K\leq 0$이다. 특히 $K=0$인 경우는 오직 단위법선 U가 모선(ruling)을 따라서 평행할 때 뿐이다(모선 위의 모든 점에서 동일한 접평면을 갖는다).

증명 임의의 곡면 위에 있는 직선 α: $t\to\mathbf{p}+t\mathbf{q}$는 가속도가 0이기 때문에 분명히 점근선이다. 정의에 따라 선직면은 선직면상의 각 점을 지나는 직선을 포함하므로 각 점에서 적어도 하나의 점근방향이 존재한다. 따라서 정리 4-5에 의하여 $K\leq 0$이다.

이제 직선 $\alpha(t)=\mathbf{p}+t\mathbf{q}$를 M에 속한 임의의 모선이라 하자. 만

약 U가 α를 따라 평행하면, $S(\alpha')=-U'=0$이므로 α는 주곡률 $\kappa(\alpha')=S(\alpha')\cdot\alpha'=0$을 갖는 주곡선이다. 따라서 $K=\kappa_1\kappa_2=0$이다.

역으로 $K=0$이면 정리 4-5 (3)으로부터 M의 점근방향은 모두 주방향이 된다. 그러므로 α는 주곡선인 동시에 점근선이다. 따라서 $\kappa(\alpha')=0$이므로 U는 모선 α를 따라 평행한다. ■

정의 4-12

곡면 M 위의 곡선 α의 가속도벡터 α''가 항상 M에 직교할 때 α를 M의 **측지선**(geodesic)이라 한다.

이 정의를 직관적으로 살펴보자. α''가 M에 직교해야 하므로 α가 측지선이 되기 위하여는 (1) $\alpha''=0$이라든가, (2) α가 M의 법단면곡선이어야 한다. 그러므로 M 위의 직선과 법단면곡선은 모두 M의 측지선이다. 따라서 측지선은 곡면상의 두 점을 잇는 가장 짧은 곡선이라 할 수 있다. 그러므로 측지선은 점근선 또는 곡률곡선보다 훨씬 많이 존재한다. 특히 측지선 α의 가속도 α''는 α'에 직교하여야 하므로 측지선 α는 일정한 속도곡선(constant speed curve)이다. 왜냐하면

$$\|\alpha'\|^2=\alpha'\cdot\alpha' \text{으로부터} \quad \alpha'\cdot\alpha''=0$$

이 유도되기 때문이다.

예제 4-13 **곡면 위의 특수곡선**

(1) **평면** P: 평면 P 위에 있는 직선은 측지선인 동시에 점근선이다. 만약 곡선 α가 평면 P의 측지선이라 하면 P의 법벡터 $\mathbf{u}$에 대하여 $\alpha'\cdot\mathbf{u}=0$이다. 따라서 $\alpha''\cdot\mathbf{u}=0$이다. 그런데 정의에 따라 α''는 P에 직교하여야 하므로 $\alpha''=0$이어야 한다. 즉 α는 직선이어야 한다. 물론 P 위의 모든 평면곡선은 점근선임은 쉽게 알 수 있다.

(2) **구면 Σ**: 반경이 a인 구면의 조각사상은

$$\mathbf{x}=(a\cos u\cos v,\ a\cos u\sin v,\ a\sin u)$$

으로 표시되므로

$$\begin{aligned}&E=\mathbf{x}_u\cdot\mathbf{x}_u=a^2, && F=\mathbf{x}_u\cdot\mathbf{x}_v=0, && G=\mathbf{x}_v\cdot\mathbf{x}_v=a^2\cos^2 u,\\ &e=a, && f=0, && g=a\cos^2 u\end{aligned}$$

따라서

$$\kappa=\frac{\mathrm{II}}{\mathrm{I}}=\frac{a\,du^2+a\cos^2 u\,dv^2}{a^2du^2+a^2\cos^2 u\,dv^2}=\frac{1}{a}(\text{일정}).$$

$\kappa=\dfrac{1}{a}$이 일정하므로 구면 위의 모든 점은 배꼽점이다. 따라서 구면 위의 점에서 모든 방향에 대하여 법곡률이 일정하므로 구면 위의 점 $\mathbf{p}$에서 모든 곡선은 곡률곡선이 된다. 이때 구면의 점근선의 방정식은 $\mathrm{II}=0$으로 표시되므로

$$du^2+\cos^2 u\,dv^2=0$$

을 만족하여야 한다. 그러므로 이 미분방정식으로부터 점근선은

$$\frac{dv}{du}=\pm\sqrt{-\sec^2 u}$$

로 표시되므로 허곡선(imaginary curves)이다. 한편 구면의 가우스 곡률 K는

$$K=\frac{eg-f^2}{EG-F^2}=\frac{1}{a^2}>0$$

이다(이것은 $\kappa=1/a$(일정)이므로 $K=\kappa_1\kappa_2=1/a^2$과 같은 결과이다). 따라서 구면 위의 모든 점은 타원적인 점이다.

한편, 구면 위에 있는 측지선은 모든 대원(great cirdes)이다. 왜냐하면 구면 Σ 위에 있는 단위속도 측지선을 α라 하면 α''는 M에 직교하여야 하므로 α''는 M의 중심을 향하여야 한다. 즉 Σ의 법벡터와 일직선이 되어

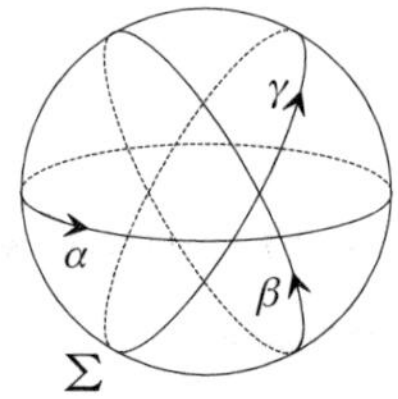

그림 5-25

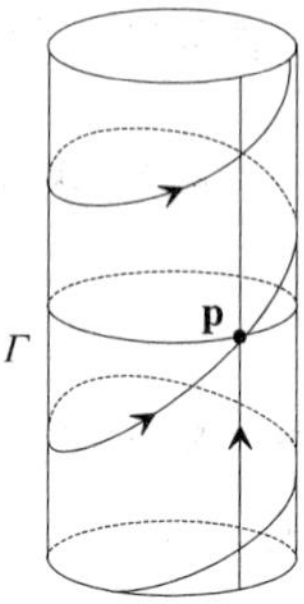

그림 5-26

야 한다. 이 조건을 만족하는 곡선은 Σ의 대원뿐이기 때문이다(그림 5-25).

(3) **원기둥 Γ**: 반경이 r인 원기둥 Γ 위의 임의의 곡선은

$$\alpha(t)=(r\cos\theta(t),\ r\sin\theta(t),\ h(t))$$

로 쓸 수 있다. 그런데 α가 Γ의 측지선이려면 α''가 Γ의 법선 U와 평행이어야 하므로 α''의 z성분이 0이어야 한다(U는 z축으로부터 xy-평면에 평행한 벡터이다. 제 2 장의 예제 3-3). 따라서 $h''=0$이므로 $h(t)=ct+d$이다.

한편 $\|\alpha'\|$의 값이 일정해야 하므로 $(r^2\theta'^2+h'^2)^{1/2}=$(상수)이어야 한다. 즉 $\theta'=$(상수)이므로 $\theta=at+b$로 쓸 수 있다. 위의 내용을 종합하면 원주면 Γ: $x^2+y^2=r^2$ 위의 곡선 $\alpha(t)$가 측지선일 조건은

$$\alpha(t)=(r\cos(at+b),\ r\sin(at+b),\ ct+d)$$

로 표시되는 것이다. 특별한 경우의 측지선을 조사하면 다음과 같다.

(a) $a=0$일 때: $\alpha(t)$는 Γ의 모선이다.
(b) $ac\neq 0$일 때: $\alpha(t)$는 Γ 위의 나선이다.
(c) $c=0$일 때: $\alpha(t)$는 Γ 위의 횡단면원이다.

그러므로 직원주의 점근선과 주곡선에 관한 정의로부터

(a) Γ의 모선은 점근선인 동시에 주곡선이고 측지선이다.
(b) Γ의 매개변수곡선(모선과 횡단면원)은 주곡선이고 측지선이다.

라는 사실도 즉시 얻을 수 있다(그림 5-26).

(4) **접가전면**(tangential developable surfaces): 접가전면의 방정식은

$$\mathbf{y}(s, v) = \mathbf{x}(s) + vT(s)$$

로 표현되므로(그림 4-12)

$$\mathbf{y}_s = T + \kappa v N, \quad \mathbf{y}_v = T$$
$$\mathbf{y}_{ss} = \kappa N + v(\kappa N)', \quad \mathbf{y}_{sv} = \kappa N, \quad \mathbf{y}_{vv} = 0$$
$$E = 1 + \kappa^2 v^2, \quad F = 1, \quad G = 1$$
$$e = -\kappa v \tau, \quad f = 0, \quad g = 0$$
$$U = \frac{\mathbf{y}_s \times \mathbf{y}_v}{\sqrt{EG - F^2}} = -B, \quad K = 0$$

을 얻는다. 따라서 접가전면은 다음과 같은 성질을 가진다.

(a) $eg - f^2 = 0$이므로 접가전면 위의 모든 점은 포물적이다.

(b) 점근선은 $\mathrm{II} = -\kappa v \tau ds^2 = 0$의 해이므로 곡면 위의 직선이다.

(c) 곡률곡선은 방정식

$$\begin{vmatrix} dv^2 & -dsdv & ds^2 \\ 1+\kappa^2 v^2 & 1 & 1 \\ -\kappa v \tau & 0 & 0 \end{vmatrix} = 0, \quad \text{또는} \quad ds^2 + dsdv = 0$$

을 만족하는 적분곡선이다.

이 곡선은 직선 $ds = 0$과 곡선 $s + v =$(일정)으로 표현된다. □

이제까지 곡면 M 위에 있는 세 가지 형태의 특별한 곡선에 대하여 조사하였다 이 내용을 간단히 요약하여 보자.

곡면 M 위의 곡선 α가

주곡선이다 $\rightleftharpoons \kappa(\alpha') = \kappa_1$, 또는 κ_2, $S(\alpha')$: α'에 평행

점근선이다⇌$\kappa(\alpha')=0$, $S(\alpha')$: α'에 수직, α'': M에 접한다.

측지선이다⇌α'': M에 직교한다.

특히, 곡면 M 위의 두 매개변수곡선이

직교한다 ⇌ $F=0$

주곡선(principal lines)이다 ⇌ $F=f=0$

공액선(conjugate lines)이다 ⇌ $f=0$(문제 [12] 참고)

점근선(asymotototic lines)이다 ⇌ $e=g=0$

문제 5-4

1 M 위의 곡선 α가 $\mathbf{E}^3$의 직선일 필요충분조건은 α가 측지선인 동시에 점근선이 되는 것임을 증명하여라.

2 원환면과 안장곡면에서 주곡선, 점근선, 측지선은 어떤 것인지 스케치하여라.

3 회전면 위의 모든 경선은 측지선이다. 그러나 측면곡선 위의 한 점 $\alpha(t)$를 지나는 위선이 측지선일 필요충분조건은 $\alpha'(t)$가 회전축에 평행한 것이다. 이것을 증명하여라(그림 5-27).

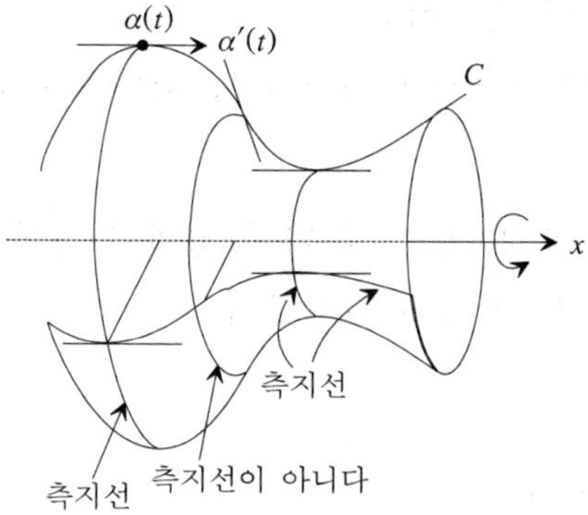

그림 5-27

4 $\mathbf{x}$를 M의 조각사상이라 할 때 다음을 증명하여라.

(1) $\alpha(t)=(u(t), v(t))$가 주곡선일 필요충분조건은

$$\begin{vmatrix} dv^2 & -du dv & du^2 \\ E & F & G \\ e & f & g \end{vmatrix}=0.$$

(2) $\alpha(t)=(u(t), v(t))$가 점근선일 필요충분조건은

$$\mathrm{II}=e du^2+2f du dv+g dv^2=0.$$

5 α를 $M\subset\mathbf{E}^3$ 위의 단위속도곡선이라 하자. α 위에서 프레네 틀장 대신 T, V, U를 도입하자. 단 T는 α의 단위접벡터, U는 α에 국한된 M의 곡면법벡터이고 $V=U\times T$로 정의한다.

(1) T방향에 대한 M의 법곡률을 $\kappa_n=S(T)\cdot T$, α의 측지곡률을 κ_g, $t=S(T)\cdot V$라 하면 다음 관계식이 성립한다. 증명하여라.

$$T'=\kappa_g V+\kappa_n U,\quad V'=-\kappa_g T+tU,\quad U'=-\kappa_n T-tV$$

(2) α: 측지선$\rightleftharpoons\kappa_g=0$, α: 점근선$\rightleftharpoons\kappa_n=0$, α: 주곡선$\rightleftharpoons t=0$임을 추론하여라.

6 α를 M 위에 있는 단위속도곡선이라 할 때, 다음을 증명하여라.

(1) α가 주곡선이고 측지선일 필요충분조건은 곡선 α가 M에 수직인 한 평면 위에 있는 것이다.

(2) α가 주곡선이고 점근선일 필요충분조건은 곡선 α가 M에 접하는 한 평면 위에 있는 것이다.

7 **평탄선직면**(flat ruled surfaces)

(1) 추면과 주면은 평탄선직면이 됨을 증명하여라.

(2) β를 $\kappa>0$인 $\mathbf{E}^3$의 단위속도곡선이라 할 때, 선직면

$$\mathbf{x}(u, v)=\beta(u)+vT(u),\quad v>0$$

를 β의 접곡면, 또는 접가전면이라고 한다(그림 4-12). 이때 $\mathbf{x}$는 정칙사상이고 접곡면은 평탄임을 증명하여라.

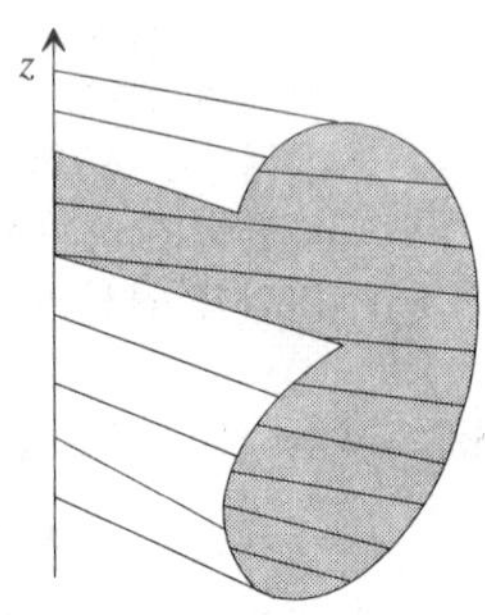

그림 5-28

8 $\alpha : R\to M$이 **폐측지선**(closed geodesic)이라 함은 α가 주기함수이고 측지선인 것을 의미한다. 구면, 평면, 원주면의 폐측지선을 모두 구하여라.

9 고정축에 직교하는 직선이 어떤 법칙에 의하여 그려지는 선직면을 **상원추곡면**(right conoid)이라 한다. 만일 $\mathbf{E}^3$의 z축을 고정축으로 했을 경우 상원추곡면은

$$\mathbf{x}(u, v)=(u\cos\theta(v),\ u\sin\theta(v),\ h(v))$$

로 표시된다(그림 5-28).

(1) K와 H를 구하여라.

(2) 만일 $\theta(v)=v$, $h(v)=\cos 2v$이면 K와 H의 값은 무엇인가?

10 z축 중심으로 원

$$(x-R)^2+z^2=r^2, \quad y=0 \ (R>r>0)$$

을 회전하여 생성된 회전원환면 T를 생각하자. 점 $(R+r,\ 0)$, $(R-r,\ 0)$, $(R,\ r)$에 의하여 생성된 평행선을 각각 **최대평행선**(maximum parallel), **최소평행선**(minimum parallel), **상위평행선**(upper parallel)이라 한다. 이 평행선 중에서 어느 것이
(1) 측지선 (2) 점근선 (3) 곡률선
인지 조사하여 보아라(제 4 장의 예제 2-5와 그림 4-11 참고).

11 (1) 곡면 $F(x,\ y,\ z)=0$의 점근방향은

$$dxdF_x+dydF_y+dzdF_z=0, \quad F_xdx+F_ydy+F_zdz=0$$

으로 주어진다. 증명하여라.
(2) 위의 경우에, 곡률방향은

$$\begin{vmatrix} F_x & F_y & F_z \\ dF_x & dF_y & dF_z \\ dx & dy & dz \end{vmatrix}=0, \quad F_x dx+F_y dy+F_z dz=0$$

으로 주어짐을 증명하여라.

12 **공액방향**(conjugate direction). 문제 5-3의 20에서 얻은 뒤퐁의 지시곡선에 대한 두 공액직경이 공액일 때(문제 5-3의 5) 그 공액직경의 방향 $(du,\ dv)$, $(\delta u,\ \delta v)$를 주어진 곡면 M의 **공액방향**이라 한다. 다음을 증명하여라.
(1) 방향 $(du,\ dv)$와 $(\delta u,\ \delta v)$가 공액이면

$$edu\delta u+f(du\delta v+dv\delta u)+gdv\delta v=0, \quad \text{또는} \quad d\mathbf{x}\cdot\delta U=0$$

이 성립한다.
(2) 매개변수곡선이 공액일 필요충분조건은 $f=0$이다.
(3) 점근선은 자기공액(self-conjugate)이다.
(4) 경선과 위선은 서로 공액이다.

13 Enneper의 곡면(문제 5-3의 13)

$$\mathbf{x}(u,\ v)=\left(u-\frac{u^3}{3}+uv^2,\ v-\frac{v^3}{3}+u^2v,\ u^2-v^2\right)$$

에 대하여 다음 문항을 증명하여라.
(1) 제 1 기본형식의 계수: $\mathbf{E}=G=(1+u^2+v^2)^2, \quad F=0$
(2) 제 2 기본형식의 계수: $e=2, \quad f=0, \quad g=-2$
(3) 주곡률: $\kappa_1=\dfrac{2}{(1+u^2+v^2)^2}, \quad \kappa_2=\dfrac{-2}{(1+u^2+v^2)^2}$
(4) 매개변수곡선은 곡률곡선이다.
(5) 점근선의 방정식:

$$u+v=\text{상수}, \quad u-v=\text{상수}$$

14 다음 곡면의 점근선과 곡률곡선을 구하여라.

(1) 안장곡면: M: $z=xy$

(2) 일엽쌍곡면: M: $x^2+y^2-z^2=1$

5-5 회 전 면

측면곡선

$$\alpha(u)=(g(u),\ h(u),\ 0)$$

을 **x**축을 중심으로 회전하여 얻은 회전면(제 4 장의 예제 2-4)

$$\mathbf{x}(u,\ v)=(g(u),\ h(u)\cos v,\ h(u)\sin v)$$

의 성질을 조사하여 보자. 그림 4-10에서 보듯이 $h(u)$는 회전축을 따라 $g(u)$만큼의 거리에서 M의 위선(평행곡선)의 반경이다. g와 h에 대한 기하학적 중요성은 곡면에 대한 결과가 $\mathbf{E}^3$의 좌표축에 관계되는 M의 위치에 무관하게 나온다는 것이다.

이제 회전면에 대한 구조를 조사하여 보자. 위의 조각사상으로부터

$$\mathbf{x}_u=(g'(u),\ h'(u)\cos v,\ h'(u)\sin v)$$
$$\mathbf{x}_v=(0,\ -h(u)\sin v,\ h(u)\cos v)$$
$$E=g'^2+h'^2, \quad F=0, \quad G=h^2$$

을 얻으므로, E는 측면곡선(u-매개변수곡선, 즉 모든 경선)의 속도의 제곱을, G는 평행곡선(v-매개변수곡선, 즉 모든 위선)의 반경의 제곱을 나타낸다. 한편 $F=0$이므로 u-와 v-매개변수곡선은 직교함을 알 수 있다. 그런데

$$\mathbf{x}_u\times\mathbf{x}_v=(hh',\ -hg'\cos v,\ -hg'\sin v)$$

$$\|\mathbf{x}_u \times \mathbf{x}_v\| = \sqrt{EG - F^2} = h\sqrt{g'^2 + h'^2}$$

$$U = \frac{(h',\ -g'\cos v,\ -g'\sin v)}{\sqrt{g'^2 + h'^2}}$$

$$\mathbf{x}_{uu} = (g'',\ h''\cos v,\ h''\sin v)$$

$$\mathbf{x}_{uv} = (0,\ h'\sin v,\ h'\cos v)$$

$$\mathbf{x}_{vv} = (0,\ -h\cos v,\ -h\sin v).$$

이므로 곡면 M의 제 2 기본형의 계수 e, f, g를 구할 수 있다(여기에서 유의하여야 할 것은 제2기본형의 계수 g와 함수 $g(u)$를 혼동하지 않아야 한다).

$$e = \frac{-g'h'' + g''h'}{\sqrt{g'^2 + h'^2}}, \quad f = 0, \quad g = \frac{g'h}{\sqrt{g'^2 + h'^2}}$$

이때 $F = f = 0$이므로 회전면의 매개변수곡선들은 곡률곡선임을 알 수 있다.

한편, 법벡터 U로부터 유도된 모양연산자 S에 대하여 $F = f = 0$이므로

$$S(\mathbf{x}_u) = \frac{e}{E}\mathbf{x}_u, \quad S(\mathbf{x}_v) = \frac{g}{G}\mathbf{x}_v$$

를 얻을 수 있다(5-3절의 문제 [11]을 보라. 쉽게 증명할 수 있다). 따라서 M의 경선과 위선이 M의 주곡선이 되고, 주곡률 κ_μ와 κ_π(κ_1과 κ_2 대신 사용되었다)는

$$\kappa_\mu = \frac{e}{E} = \frac{-\begin{vmatrix} g' & h' \\ g'' & h'' \end{vmatrix}}{\sqrt{(g'^2 + h'^2)^3}}, \quad \kappa_\pi = \frac{g}{G} = \frac{g'}{h\sqrt{g'^2 + h'^2}} \tag{1}$$

이다. 그러므로 M의 가우스 곡률과 평균곡률을 쉽게 얻을 수 있다.

$$K = \kappa_\mu \kappa_\pi = \frac{-g'\begin{vmatrix} g' & h' \\ g'' & h'' \end{vmatrix}}{h(g'^2 + h'^2)^2}, \tag{2}$$

$$H = \frac{1}{2}(\kappa_\mu + \kappa_\pi) = \frac{-h\begin{vmatrix} g' & h' \\ g'' & h'' \end{vmatrix}\sqrt{g'^2 + h'^2} + g'\sqrt{(g'^2 + h'^2)^3}}{2h(g'^2 + h'^2)^2}$$

회전면 M은 회전축에 관하여 대칭이므로 위선에 대한 기하학적 결과는 항상 같다. 따라서 모든 결과는 측면곡선(profile curve)에 의하여 완전히 결정된다.

예제 5-1

(1) **원환면**(torus of revolution) T(제 4 장의 예제 2-5): T의 매개변수표시는

$$\mathbf{x}(u, v) = ((R + r\cos u)\cos v,\ (R + r\cos u)\sin v,\ r\sin u)$$
$$\text{단, } 0 < u < 2\pi,\ 0 < v < 2\pi,\ R > r > 0$$

이다. 이제 $\mathbf{x}_u$, $\mathbf{x}_v$, $\mathbf{x}_{uu}$, $\mathbf{x}_{uv}$, $\mathbf{x}_{vv}$ 및 U를 구함으로써 원환면의 기하학적 구조를 파악할 수 있다.

$$\mathbf{E} = r^2,\quad F = 0,\quad G = (R + r\cos u)^2$$
$$e = r,\quad f = 0,\quad g = (R + r\cos u)\cos u$$
$$\kappa_\mu = \frac{1}{r},\qquad \kappa_\pi = \frac{\cos u}{(R + r\cos u)}$$
$$K = \frac{\cos u}{r(R + r\cos u)},\quad H = \frac{1}{2}\left(\frac{1}{r} + \frac{\cos u}{R + r\cos u}\right)$$

평행선(위선) $u = \pi/2$, $u = 3\pi/2$(T의 윗부분과 바닥부분의 두 원) 위에서 $K = 0$이므로, 이런 평행선 위의 점은 **포물적**이다. $\pi/2 < u < 3\pi/2$에 주어진 원환면의 부분(T의 안쪽)에서 $K < 0$이므로, 이 영역에 속한 점은 **쌍곡적**이다. 한편 $0 \le u < \pi/2$ 또는 $3\pi/2 < u \le 2\pi$에 의하여 주어진 부분(T의 바깥쪽)에서 $K > 0$이므로, 이런 점들은 **타원적**이다(그림 5-20). 특히 원환면은 $u = 0$(바깥쪽 적도)에서 K는 최대값 $1/r(R + r)$를, $u = \pi$(안쪽 적도)에서 최소값 $-1/r(R + r)$를 갖는다.

(2) **현수면**(catenoid): 현수선(catenary) $y = \cosh x$를 측면곡선으로 하여, x축을 중심으로 회전하여 만들어진 곡면은 현수면이다(그림 5-29). 즉 현수선으로 표시되는 측면곡선

$$\alpha(u) = (u,\ \cosh u,\ 0)$$

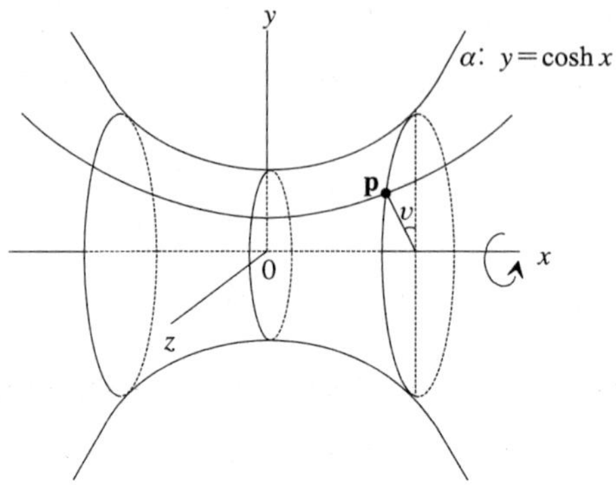

그림 5-29

을 x축을 중심으로 회전하여 만들어진 현수면 M의 매개변수표시는

$$\mathbf{x}(u,\ v)=(u,\ \cosh u\cos v,\ \cosh u\sin v)$$

이다. 따라서

$$g(u)=u,\quad h(u)=\cosh u$$

이므로 $g'(u)=1$, $h'(u)=\sinh u$를 식 (1)과 (2)에 각각 대입하면

$$\kappa_\mu=-\kappa_\pi=\frac{1}{\cosh^2 u},\quad K=\frac{-1}{\cosh^4 u},\quad H=0$$

따라서 평균곡률 $H=0$이므로 현수면은 극소곡면(minimal surface)이다.

한편, 현수면의 가우스 곡률은 $-1\leq K<0$이므로 원 $u=0$ 위에서 최소값 $K=-1$을 가지며, $u\to\infty$에 따라 $K\to 0$인 최대값을 갖는다. □

현수면은 회전면 중에서 극소곡면이 되는 유일한 것이라는 정리를 보자.

정리 5-2 회전면과 극소곡면

회전면 M이 극소곡면(minimal surface)이면, M은 평면이든가 또는 현수면이다.

증명 회전면 M의 매개변수표시

$$\mathbf{x}(u, v)=(g(u), h(u)\cos v, h(u)\sin v)$$

를 사용하자. 여기서 u는 구간 I에서, v는 임의의 변수이다.

경우 1. 항등적으로 $g'=0$일 때: g는 일정한 값을 가지므로, M은 회전축에 직교하는 평면의 일부이다.

경우 2. 구간 I에서 $g'\neq 0$일 때: 곡면 M은

$$\mathbf{y}(u, v)=(u, f(u)\cos v, f(u)\sin v)$$

인 형태의 매개변수표시를 갖는다. $g'=1$이므로 식 (1)에 의하여

$$\kappa_\mu+\kappa_\pi=\frac{-f''}{(1+f'^2)^{3/2}}+\frac{1}{f(1+f'^2)^{1/2}}=\frac{-ff''+1+f'^2}{f(1+f'^2)^{3/2}}$$

이다. M이 극소곡면일 조건 $\kappa_1+\kappa_2=0$은

$$ff''=1+f'^2$$

과 동치이다. 이 미분방정식을 풀면

$$f(u)=a\cosh\left(\frac{u}{a}+b\right),\quad \text{단 } a,\ b\text{는 상수}$$

을 얻는다. 이 식은 현수선을 나타내므로 M은 현수면의 일부이다. ■

문제 5-5

1 곡선 $y=e^{-x^2/2}$을 x축을 중심으로 회전하여 얻은 회전면의 가우스 곡률 K를 구하

고, $K>0$ 및 $K<0$인 영역을 표시하여라.

2 (가우스 곡률의 부호) $y=f(x)$를 x축에 관하여 회전하였을 때, K는 x의 항으로 표시된다. x의 값에 따라 $-f''$가 $(-,\ +,\ -)$의 부호를 취할 때 K도 같은 부호를 가짐을 증명하여라(그러므로 측면곡선이 위로 볼록(convex), 아래로 볼록(concave) 한 구간에서 각각 $K>0$, $K<0$이다(그림 5-30)).

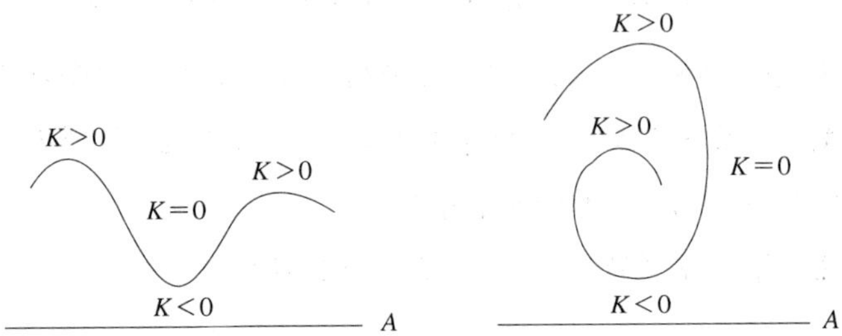

그림 5-30

3 (가우스 곡률의 크기) 증명하여라.

(1) $|\kappa_\mu(u)|=\alpha(u)$에서 측면곡선 α의 곡률 $\kappa(u)$.

(2) $\theta(u)$를 점 $\alpha(u)$에서 측면곡선의 기울기 각(slope angle)이라 하면 $|\kappa_\pi(u)|=|\cos\theta(u)|/h(u)$이다. 그러므로

$$|K|=\kappa h|\cos\theta|$$

4 $r=\sqrt{x^2+y^2}$을 xy-평면 위에서 극좌표함수라 하고, f를 미분가능함수라 하자. $M: z=f(r)$은 회전면임을 보이고, 가우스 곡률은

$$K=\frac{f'(r)f''(r)}{r(1+f'(r)^2)^2}$$

임을 증명하여라.

5 평탄회전면은 추면 또는 주면의 일부임을 증명하여라.

6 사이클로이드(cycloid) $\alpha(t)=(t+\sin t,\ 1+\cos t)$, $-\pi<t<\pi$를 x축을 중심으로 회전하여 얻은 곡면을 M이라 하자.

(1) M의 일반 매개변수표시로부터 K를 구하여라.

(2) α의 높이함수 h를 α의(가장 높은 곳으로부터 측정된) 호의 길이 s의 항으로 나타내어라. 그리고 $K=-h''/h$이 됨을 계산하여 보아라.

(3) (1)과 (2)에서의 결과는 모순이 없음을 보여라.

7 현수면의 표준매개 변수표시를 구하여라(예제 6(3-6) 참조).

6 곡면기하학

제 5장에서 $\mathbf{E}^3$의 곡면 M의 모양을 측정하는 방법을 살펴보았다. 이제 곡면 M의 모양이 곡면 M의 다른 성질과 어떠한 관계를 맺고 있는가를 조사하려 한다. 곡면 M의 각 점에서 가우스 곡률은 그 모양에 관한 강력한 영향력을 갖고 있으나(5-3절), 이제 더 큰 의미로서 M의 전체 위에 더 많은 관심을 가지고 있다.

가우스는 약 170년 전에 "기하학이란 무엇인가"라는 새롭고 더 깊은 이해를 필요로 하는 근본 문제를 제기하였다. $\mathbf{E}^3$의 곡면에 대한 기하학 중에서 얼마나 많은 것이 모양과 관계가 없는 것인가, 처음 보기에는 이상한 질문 같지만, 예를 들어 구면이 둥글다는 사실을 무시한다면 구면에 대하여 무어라 말할 수 있는가? 이 단원에서는 우리들에게 익숙한 평면 $\mathbf{E}^2$의 유클리드 기하보다 훨씬 풍부하고 흥미 있는 곡면 M에 대한 본질적 기하(intrinsic geometry)에 관하여 살펴볼 것이다.

Garl Friedrich Gauss(1777~1855): Gauss는 1807년부터 죽을 때까지 독일에 있는 천문관측소 소장으로 있었다. 시대를 막론하고 가장 위대한 과학자의 한 사람으로 18세기 수학자 중 가장 두드러진 인물이다. 활동영역은 수론으로부터 복소다변수 이론까지, 우주역학으로부터 전신기에 이르기까지 위대한 수학자인 동시에 발명가이기도 했다. 미분기하학에 대한 업적은 몽주와 더불어 하나하나 열거할 수 없을 정도로 대단하다. 측지선(geodesics), 측지좌표(geodesic cooridinates), 가우스 곡률, 가우스-보네 정리 및 등각사상(conformal mapping)에 이르기까지 곡면에 대한 일반적인 성질은 지금도 가우스의 업적에 근거를 두고 연구되고 있다.

6-1 기본방정식

$\mathbf{E}^3$의 곡선에 대한 프르네 이론에서처럼 곡면 M 위에 틀을 세워 놓고 M과 더불어 그들의 변화율을 조사할 것이다. 전형적으로 $M\subset\mathbf{E}^3$ 위의 유클리드 틀장(Euclidean frame field)은 각 점에서 서로 직교하는 세 개의 유클리드 벡터장으로 구성된다(제 4 장의 정의 3-5).

정의 1-1

$M\subset\mathbf{E}^3$의 영역 위에서 **맞춤틀장** 또는 **적응된 틀장**(adapted frame field) E_1, E_2, E_3이라 함은 E_3가 항상 M에 직교하는 유클리드 틀장을 말한다(그림 6-1). 그러므로 E_1, E_2는 항상 M에 접한다.

제 5 장에서 U로 표시한 단위법벡터장은 적응된 틀장에서 E_3이다. 적

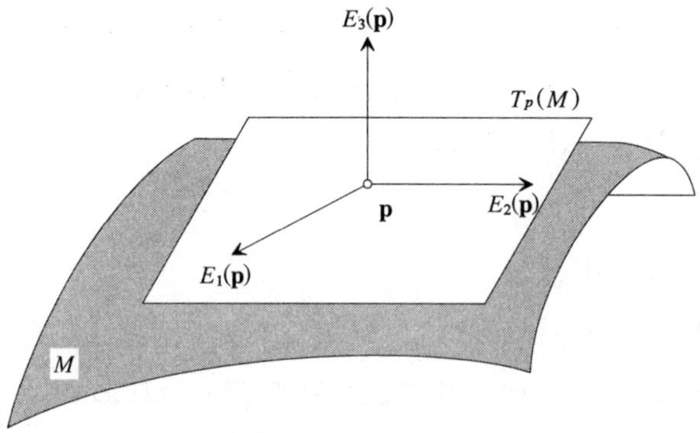

그림 6-1

응된 틀장은 M의 전역에서 존재할 필요가 없기 때문에 M 위에서 틀장이라는 '위에서'라는 용어는 M 안에 속한 어떤 영역을 뜻한다고 생각하여야 한다.

정리 1-2 적응된 틀장의 존재성

M의 영역 ϑ 위에 적응된 틀장이 존재할 필요충분조건은 ϑ에 향을 줄 수 있고(orientable), ϑ 위에 0이 아닌 하나의 접벡터장이 존재하는 것이다.

증명 (E_1, E_2, E_3)을 ϑ 위에서 M의 적응틀장이라 할 때

$$E_3 = E_1 \times E_2$$

라 하면, ϑ는 향이 있고 E_1, E_2는 서로 독립인 M의 접벡터이다. 이제 필요조건을 증명하면 된다. ϑ를 단위법벡터 U에 의하여 향이 정해졌다 하고, ϑ 위에서 0이 아닌 접벡터장을 V라 하자. 이때

$$E_1 = \frac{V}{\|V\|}, \quad E_3 = U, \quad E_2 = E_3 \times E_1$$

으로 정의하면 E_1, E_2, E_3은 ϑ 위에서 M의 적응된 틀장이 된다. 그러므로 적응된 틀장은 E_3만 정의되면 E_1과 E_2는 ϑ의 유향성에 의하여 정의되는 접벡터이다. ■

예제 1-3 **적응된 틀장**

(1) **원주면** $M: x^2+y^2=r^2$

$g=x^2+y^2=r^2$의 기울기 벡터장 ∇g는 M에 직교하므로 $E_3=\dfrac{\nabla g}{\|\nabla g\|}$로 정의할 수 있다. 그런데

$$\nabla g=\sum \frac{\partial g}{\partial x_i}U_i=2(xU_1+yU_2)$$

이므로

$$E_3=\frac{\nabla g}{\|\nabla g\|}=\frac{1}{\sqrt{x^2+y^2}}(xU_1+yU_2)=\frac{xU_1+yU_2}{r}$$

이다. 분명히 단위벡터장 U_3는 각 점에서 M에 접한다(그림 6-2).

이제 $E_2=U_3\times E_3$이라 놓으면

$$E_1=U_3$$

$$E_2=U_3\times E_3=U_3\times\frac{xU_1+yU_2}{r}=\frac{-yU_1+xU_2}{r}$$

$$E_3=\frac{xU_1+yU_2}{r}$$

는 원주면 M 전체 위에서 적응된 틀장(음의 향)이다.

(2) **구면** $\Sigma: x^2+y^2+z^2=r^2$

위의 방법과 마찬가지로 $E_3=\dfrac{\nabla g}{\|\nabla g\|}$라 하면

$$E_3=\frac{xU_1+yU_2+zU_3}{r}$$

은 Σ 위에서 정의된 구의 중심으로부터 밖으로 향하는 Σ의 단위법벡터장

이다. 따라서 적응된 틀장(양의 향)

$$E_1 = U_3 \times E_3 = \frac{-yU_1 + xU_2}{r}$$

$$E_2 = E_3 \times E_1$$

$$E_3 = \frac{xU_1 + yU_2 + zU_3}{r}$$

은 북극과 남극 $(0, 0, \pm r)$를 제외한 $\sum$의 영역에서 정의된다(그림 6-3).

주의해야 할 것은, $\sum$의 모든 접벡터장이 $\sum$의 모든 점에서 정의되는 것은 아니라는 사실이다. 예를 들어 위의 벡터장 E_1은 $(0, 0, \pm r)$에서는 정의되지 않는다. 특히 정리 1-2는 M 안의 어느 조각사상의 상 $\mathbf{x}(D)$ 위에 하나의 적응된 틀장이 존재하는 것을 뜻한다. 그러므로 이런 틀장은 $\mathbf{E}^3$의 곡면 위에서 국소적(locally)으로 존재한다. □

이제 곡면 $M \subset \mathbf{E}^3$을 연구하기 위하여 접속방정식(제 2 장의 정리 7-2)을 다시 도입하자. E_1, E_2, E_3을 M 위의 적응된 틀장이라 하여도 접속방정식

$$\nabla_v E_i = \sum \omega_{ij}(\mathbf{v}) E_j(\mathbf{p})$$

는 유효하므로 M의 접벡터 $\mathbf{v}$에 대하여만 응용할 것이다. 특히 접속형식

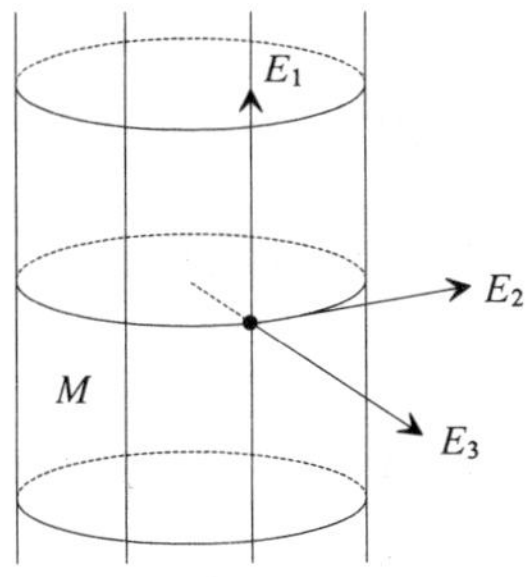

그림 6-2

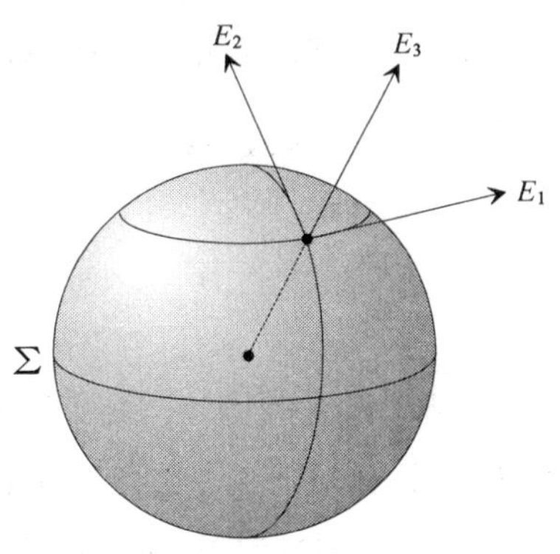

그림 6-3

ω_{ij}는 M 위에서 1-형식이므로(제2장 7절) 다음 정리를 얻는다.

정리 1-4 **틀장의 공변도함수**

E_1, E_2, E_3을 M위에서 적응된 틀장, $\mathbf{v}$를 $\mathbf{p}$에서 M의 접벡터라 하면

$$\nabla_v E_i = \sum_{j=1}^{3} \omega_{ij}(\mathbf{v}) E_j(\mathbf{p}), \quad (1 \le i \le 3)$$

이 방정식에서 접속형식 $\omega_{ij}(\mathbf{v})$는 점 $\mathbf{p}$가 $\mathbf{v}$의 방향으로 움직일 때 E_i가 E_j로 향하는 초기변화율을 뜻한다. E_3가 M의 단위법벡터장이므로 M의 모양연산자 S는 접속형식으로 표현할 수 있다.

정리 1-5 **M의 모양연산자**

E_1, E_2, E_3을 M 위에서 적응된 틀장이라 할 때 E_3로부터 얻은 M의 모양연산자를 S라 하면, $\mathbf{p}$에서 M의 접벡터 $\mathbf{v}$에 대하여 다음 관계가 성립한다.

$$S(\mathbf{v}) = \omega_{13}(\mathbf{v}) E_1(\mathbf{p}) + \omega_{23}(\mathbf{v}) E_2(\mathbf{p})$$

증명 접속형식 $\omega = (\omega_{ij})$는 반대칭(skew-symmetric)이므로, 관계식 $S(\mathbf{v}) = -\nabla_v E_3$에 의하여 쉽게 증명된다.

$$\begin{aligned} S(\mathbf{v}) &= -\nabla_v E_3 = -\sum_j \omega_{3j}(\mathbf{v}) E_j(\mathbf{p}) \\ &= \omega_{13}(\mathbf{v}) E_1(\mathbf{p}) + \omega_{23}(\mathbf{v}) E_2(\mathbf{p}). \end{aligned}$$ ■

곡면 M 위의 임의의 접벡터 $\mathbf{v}_p$에 대하여, $\theta_i(\mathbf{v}) = \mathbf{v} \cdot E_i(\mathbf{p})$로 주어지는 적응된 틀장 E_1, E_2, E_3의 **쌍대 1-형식**(dual 1-forms) θ_1, θ_2, θ_3이 존재한다. 접속형식에서처럼 쌍대형식도 M에 접하는 벡터에게만 응용될 것이

다. 따라서 쌍대형식도 M 위에서의 형식이다. 이런 제한은 θ_3에 대하여 치명적이다. 왜냐하면 만약 $\mathbf{v}$를 M의 접벡터라 하면 그것은 E_3에 직교하므로 $\theta_3(\mathbf{v})=\mathbf{v}\cdot E_3(\mathbf{p})=0$이 된다. 즉 θ_3는 M 위에서 항등적으로 0이기 때문이다. 접속형식의 반대칭성에 의하여 결국 다섯 개의 필수적인 1-형식만 남는다.

θ_1, θ_2: 접벡터장 E_1, E_2의 쌍대형식을 묘사한다.

ω_{12}: E_1, E_2의 회전률을 제공한다.

ω_{13}, ω_{23}: E_3로부터 유도된 모양연산자를 묘사한다.

예제 1-6 **구면**(sphere) Σ:

제 2 장의 예제 5-2에서 사용한 반경이 r인 구면 Σ의 틀장 F_1, F_2, F_3 대신 E_3, E_1, E_2로 바꾸어 쓰면 E_1, E_2, E_3는 구면 Σ의 적응된 틀장이다.

$$E_1=-\sin\theta U_1+\cos\theta U_2$$
$$E_2=-\sin\phi\cos\theta U_1-\sin\phi\sin\theta U_2+\cos\phi U_3$$
$$E_3=\cos\phi\cos\theta U_1+\cos\phi\sin\theta U_2+\sin\phi U_3$$

그런데, 제 2 장의 예제 8-4의 결과로부터 적응된 틀장 E_1, E_2, E_3에 관한 쌍대 1-형식과 접속형식은 쉽게 구할 수 있다(단순히 1→3, 2→1, 3→2로 바꾸면 된다).

$$\theta_1=r\cos\phi d\theta,\quad \theta_2=rd\phi$$
$$\omega_{12}=\sin\phi d\theta,\quad \omega_{13}=-\cos\phi d\theta,\quad \omega_{23}=-d\phi.$$

□

적응된 틀장에 관련된 형식은 다음과 같은 중요한 관계식을 만족시킨다.

정리 1-7 기본방정식

E_1, E_2, E_3를 $M \subset \mathbf{E}^3$의 적응된 틀장이라 하면 M에서 정의된 쌍대형식과 접속형식은 다음의 관계식을 만족한다.

(1) $\begin{cases} d\theta_1 = \omega_{12} \wedge \theta_2 \\ d\theta_2 = \omega_{21} \wedge \theta_1 \end{cases}$ 제 1 구조방정식

(2) $\omega_{31} \wedge \theta_1 + \omega_{32} \wedge \theta_2 = 0$ 대칭방정식

(3) $d\omega_{12} = \omega_{13} \wedge \omega_{32}$ 가우스 방정식

(4) $\begin{cases} d\omega_{13} = \omega_{12} \wedge \omega_{23} \\ d\omega_{23} = \omega_{21} \wedge \omega_{13} \end{cases}$ 코다찌 방정식

증명 단순히 제 2 장의 정리 8-3의 구조방정식을 응용하면 된다. 제 1 구조방정식

$$d\theta_i = \sum_j \omega_{ij} \wedge \theta_j \quad (1 \le i \le 3)$$

로부터 (1)과 (2)는 직접 나온다. 실제로 $\theta_3 = 0$이므로

$$d\theta_1 = \sum \omega_{1j} \wedge \theta_j = \omega_{11} \wedge \theta_1 + \omega_{12} \wedge \theta_2 + \omega_{13} \wedge \theta_3 = \omega_{12} \wedge \theta_2$$
$$0 = d\theta_3 = \omega_{31} \wedge \theta_1 + \omega_{32} \wedge \theta_2$$

이다. 마찬가지 방법으로 제 2 구조방정식

$$d\omega_{ij} = \sum_k \omega_{ik} \wedge \omega_{kj}, \quad (1 \le i,\ j \le 3)$$

로부터 가우스 방정식과 코다찌(Codazzi) 방정식을 직접 얻을 수 있다. ■

접속형식은 반대칭이고 1-형식의 쐐기곱은 $\phi \wedge \Psi = -\Psi \wedge \phi$를 만족하므로, 위의 기본방정식은 여러 가지 형태의 방법으로 쓸 수 있다. 그러나 위에서 표시된 첨자형태가 가장 기억하기 쉬운 형태일 것이다.

이 절에서 도입된 형식이 곡면 M을 직접 묘사하는 것이 아니라 그 형식들이 유도된 것으로부터 특별한 적응된 틀장 E_1, E_2, E_3을 묘사하고 있음을 강조하려 한다. 틀장이 다르면 형식도 다르다. 그럼에도 불구하고 정리 1-7의 기본방정식 여섯 개는 곡면 M에 영향력을 행사하는 기하학적 상황이 올 때마다 유용하게 사용할 것이다. 예를 들어 ω_{13}과 ω_{23}은 M의 모양연산자를 묘사하고, 대칭방정식 (2)는 모양연산자 S의 대칭성(제 5 장의 정리 1-4)을 증명해 준다(문제 4). 한편 고다찌 방정식 (4)는 M의 모양이 한 점에서 다른 한 점으로 변화하는 율을 나타낸다.

문제 6-1

1 α를 곡면 $M \subset \mathbf{E}^3$ 위의 단위속도곡선이라 하자. α에 제한된 E_1이 α의 단위접벡터 T가 되는 적응된 틀장을 (E_1, E_2, E_3)라 할 때 다음을 증명하여라.
(1) α가 M의 측지선일 필요충분조건은 $\omega_{12}(T)=0$이다.
(2) $E_3=E_1 \times E_2$이면

$$\kappa_g=\omega_{12}(T), \quad \kappa_n=\omega_{13}(T), \quad t=\omega_{23}(T)$$

이다. 단 κ_g, κ_n, t는 문제 5-4 5에서 정의된 함수이다.
힌트 만약 α를 따라서 $T=E_1$이라 하면 $E_i'=\nabla_{E_1} E_i$이다.

2 **(원환면)** E_1이 원환면 T의 경선에 접하고, E_2가 위선에 접하는 T 위의 적응된 틀장을 (E_1, E_2, E_3)라 하자(그림 6-4). 관계식

$$\theta_1=(R+r\cos\phi)d\theta, \quad \theta_2=r\,d\phi,$$
$$\omega_{12}=\sin\phi\, d\theta, \qquad \omega_{13}=-\cos\phi\, d\theta, \qquad \omega_{23}=-d\phi$$

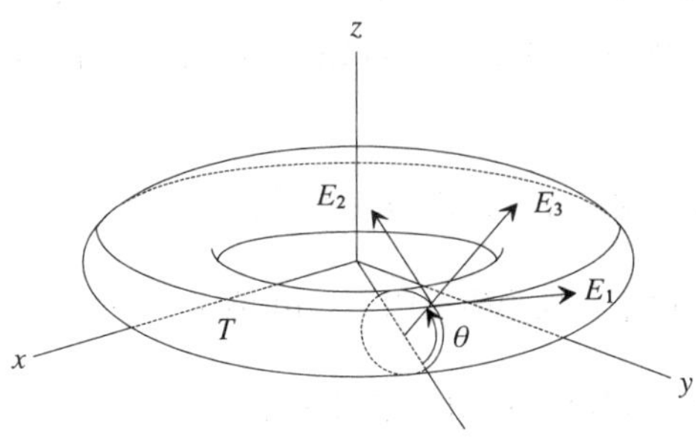

그림 6-4

은 원환면틀장(문제 2-5 [3])을 이용하여 구하였다. 이 관계식에 대한 기본방정식을 검증하여라.

[3] $\mathbf{E}^3$의 주면틀장(예제 1-3(1))을 사용하여 주면 $M : x^2+y^2=r^2$의 모양연산자를 구하여라.

[4] 정리 1-7의 대칭방정식을 사용하여 제 5 장의 정리 1-4 (모양연산자의 대칭성)를 증명하여라.

6-2 형식의 계산

여기에서는 곡면기하에 관한 몇 가지 중요한 내용을 미분형식의 항으로 표시할 것이다. 그러므로 제 4 장의 4-4절과 4-5절에서 공부한 일반성질을 다시 한 번 기억하는 것이 좋을 것이다. 만약 E_1, E_2, E_3가 $M \subset \mathbf{E}^3$의 적응된 틀장이면, E_1, E_2는 M 위에서 **접선틀장**(tangent frame field)을 구성한다고 말한다. M 위의 접벡터장 V는 직교전개

$$V=(V \cdot E_1)E_1+(V \cdot E_2)E_2$$

에 의하여 E_1과 E_2의 합으로 표현할 수 있다. 두 형식이 **상등**(equal)이라는 것을 증명하는 방법은 모든 접벡터에 대하여 그들의 값을 하나하나 확인하는 것이 아니라, 다만 기저가 되는 벡터장 E_1, E_2에 대하여 확인하면 된다. 그러므로

1-형식 ϕ와 ψ가 상등일 필요충분조건은

$$\phi(E_1)=\psi(E_1) \text{이고} \quad \phi(E_2)=\psi(E_2),$$

2-형식 μ와 ν가 상등일 필요충분조건은

$$\mu(E_1, E_2)=\nu(E_1, E_2)$$

이 성립함을 보이면 된다(제 4 장 정리 4-2 참고).

정리 2-1 기저공식(The Basis Formulas)

θ_1, θ_2를 M 위에서 E_1, E_2의 쌍대 1-형식이라 하자. 만약 ϕ를 1-형식, μ를 2-형식이라 하면 다음 관계가 성립한다.

(1) $\phi=\phi(E_1)\theta_1+\phi(E_2)\theta_2$

(2) $\mu=\mu(E_1, E_2)\theta_1\wedge\theta_2$

증명 형식의 상등(equality)에 대한 본문의 정의로부터 쉽게 유도된다. 두 번째 관계식을 증명해보자. 쐐기곱의 정의와 제 4 장의 정의 4-3을 이용하면

$$(\theta_1\wedge\theta_2)(E_1, E_2)=\theta_1(E_1)\theta_2(E_2)-\theta_1(E_2)\theta_2(E_1)=1$$

이므로 (2)은 분명히 성립한다. ■

형식 θ_1, θ_2, ω_{12}, ω_{23}, ω_{13}은 6-1절에서처럼 M 안의 영역 위에서 적응된 틀장 E_1, E_2, E_3으로부터 유도되었으므로, 제 5 장에서 소개한 내용 중에서 형식의 합으로 나타낼 수 있는 것을 조사해 보자. 우선 제 5 장의 정리 3-4와 비슷한 정리부터 보자.

정리 2-2

(1) $d\omega_{12}=\omega_{13}\wedge\omega_{32}=-K(\theta_1\wedge\theta_2)$

(2) $\omega_{13}\wedge\theta_2+\theta_1\wedge\omega_{23}=2H(\theta_1\wedge\theta_2)$

증명 $K=\det(S)$와 $2H=\text{trace}(S)$를 이용하기 위하여 E_1과 E_2에 관한 S의 행렬을 구하여야 한다. 정리 1-5에서처럼 접속방정식

$$S(E_1)=-\nabla_{E_1}E_3=\omega_{13}(E_1)E_1+\omega_{23}(E_1)E_2$$
$$S(E_2)=-\nabla_{E_2}E_3=\omega_{13}(E_2)E_1+\omega_{23}(E_2)E_2$$

이므로, S의 행렬은

$$\begin{pmatrix}\omega_{13}(E_1) & \omega_{23}(E_1)\\ \omega_{13}(E_2) & \omega_{23}(E_2)\end{pmatrix}$$

이다. 그런데 제 4 장의 정의 4-3을 이용하면

$$\begin{aligned}(\omega_{13}\wedge\omega_{23})(E_1,\ E_2)&=\omega_{13}(E_1)\omega_{23}(E_2)-\omega_{23}(E_1)\omega_{13}(E_2)\\ &=\begin{vmatrix}\omega_{13}(E_1) & \omega_{23}(E_1)\\ \omega_{13}(E_2) & \omega_{23}(E_2)\end{vmatrix}=\det(S)=K.\end{aligned}$$

그런데 $(\theta_1\wedge\theta_2)(E_1,\ E_2)=1$ (정리 2-1의 증명)이므로

$$\omega_{13}\wedge\omega_{23}=K(\theta_1\wedge\theta_2).$$

한편 정리 1-7(3)으로부터

$$d\omega_{12}=\omega_{13}\wedge\omega_{32}=-\omega_{13}\wedge\omega_{23}$$

이므로 관계식 (1)을 얻는다. 마찬가지 방법으로 S의 행렬과 미분형식의 기본연산에 의하여 관계식 (2)도 쉽게 증명된다.

$$\begin{aligned}(\omega_{13}\wedge\theta_2+\theta_1\wedge\omega_{23})(E_1,\ E_2)&=\omega_{13}(E_1)+\omega_{23}(E_2)\\ &=\text{trace}(S)=2H.\end{aligned}$$ ■

위의 정리에서 유도된 $d\omega_{12}=-K(\theta_1\wedge\theta_2)$를 **제 2 구조방정식**(second structural equation)이라 한다(제 2 장 정리 8-3).

예제 2-3

예제 1-6을 보자. 반경 r인 구면 Σ에 대하여

$$\theta_1 = r\cos\phi d\theta, \quad \theta_2 = r d\phi, \quad \omega_{12} = \sin\phi d\theta$$

이므로

$$\begin{aligned}\theta_1\wedge\theta_2 &= r^2\cos\phi d\theta d\phi = -r^2\cos\phi d\phi d\theta \\ d\omega_{12} &= d(\sin\phi)d\theta = \cos\phi d\phi d\theta\end{aligned}$$

이다. 따라서 제 2 구조방정식으로부터 $K=\dfrac{1}{r^2}$을 얻는다. □

정리 2-4 가우스 곡률

$$K = E_2[\omega_{12}(E_1)] - E_1[\omega_{12}(E_2)] - \omega_{12}(E_1)^2 - \omega_{12}(E_2)^2$$

증명 정리 2-2의 식 (1)로부터 K를 구하는 방법을 생각하자. ω_{12}는 1-형식이므로 정리 2-1로부터

$$\omega_{12} = f_1\theta_1 + f_2\theta_2, \quad \text{단 } f_i = \omega_{12}(E_i), \ (i=1,\ 2)$$

를 얻는다. 따라서 정리 1-7(1)에 의하여

$$\begin{aligned}d\omega_{12} &= df_1\wedge\theta_1 + df_2\wedge\theta_2 + f_1 d\theta_1 + f_2 d\theta_2 \\ &= df_1\wedge\theta_1 + df_2\wedge\theta_2 + f_1(\omega_{12}\wedge\theta_2) + f_2(\omega_{21}\wedge\theta_1)\end{aligned}$$

이제 E_1, E_2을 이 식에 적용하면 $\theta_i(E_j) = \delta_{ij}$이므로

$$d\omega_{12}(E_1,\ E_2) = -df_1(E_2) + df_2(E_1) + f_1\omega_{12}(E_1) - f_2\omega_{21}(E_2)$$

그런데 정리 2-2(1)로부터

$$d\omega_{12}(E_1,\ E_2) = -K(\theta_1\wedge\theta_2)(E_1,\ E_2) = -K$$

이므로

$$K = df_1(E_2) - df_2(E_1) - f_1\omega_{12}(E_1) + f_2\omega_{21}(E_2).$$

따라서 제 1 장의 정의 4-2와 f_1, f_2의 정의를 사용하면 구하려는 결과를 얻을 수 있다. ■

문제 6-2

1 문제 6-1 2에서 주어진 원환면의 주틀장(E_1, E_2가 곡면의 주벡터인 적응된 틀장 E_1, E_2, E_3)에 대한 고다찌 방정식(정리 1-7)을 검증하여 보아라.

힌트 $V\left[\frac{f}{g}\right] = \frac{gV[f] - fV[g]}{g^2}$. E_1과 E_2에 관한 θ와 ϕ의 도함수는 이 문제에 속한 θ_1과 θ_2에 대한 공식들로부터 발견할 수 있다.

2 (1) ψ를 $\psi(\mathbf{v}) = \mathbf{v} \cdot \mathbf{p} \times E_3(\mathbf{p})$를 만족하는 1-형식이라 하면

$$d\psi = 2(1 + hH)\theta_1 \wedge \theta_2$$

이다. 단 h는 지지함수이다. 증명하여라.

(2) ζ를 $\zeta(\mathbf{v}) = \psi(S(\mathbf{v}))$를 만족하는 1-형식이라 하면

$$d\zeta = 2(H + hK)\theta_1 \wedge \theta_2$$

이다. 증명하여라.

힌트 $\psi = h_1\theta_2 - h_2\theta_1$이고 ζ도 비슷한 형태이다.

6-3 등장사상과 국소등장사상

우리는 제 4 장 5절에서 곡면의 사상 $F: M \to N$에 관하여 공부하였다. 이 절에서는 이 개념을 바탕으로 F가 등장사상이 되는 곡면 사이의 여러 가지 조건에 관하여 조사할 것이다. 그러므로 등장사상에 관한 제 3 장의 내용을 다시 한 번 확인하는 것이 좋을 것이다.

정의 3-1

p와 **q**를 $M \subset \mathbf{E}^3$ 위의 두 점이라 할 때 **p**에서 **q**에 이르는 M 위의 모든 곡선선분(curve segments) α의 집합을 생각하자. 이때 **p**에서 **q**까지의 **본질적 거리**(intrinsic distance) $\rho(\mathbf{p}, \mathbf{q})$는 이런 모든 곡선선분의 길이의 집합 $\{L(\alpha)\}$의 최대하계(greatest lower bound or infimum)로서 정의한다(그림 6-5). 즉

$$\rho(\mathbf{p}, \mathbf{q}) = \inf\{L(\alpha)\}.$$

본질적 거리 $\rho(\mathbf{p}, \mathbf{q})$는 직선인 유클리드 거리보다는 일반적으로 더 클 것이다. 왜냐하면 α는 반드시 곡면 M 위에 있어야 하기 때문이다. 예를 들어 반경이 약 4000마일 정도인 지구의 북극과 남극 사이의 거리는 약 12500마일쯤 된다. 그러나 지구의 중심을 지나는 유클리드 거리는 단지 8000마일 정도 밖에 안 된다는 것을 알고 있다.

우리는 제 3 장에서 유클리드 기하가 어떻게 거리를 보존하는 등장사상(isometry)의 개념에 근거를 두고 있는지를 살펴보았다. 이제부터 곡면에 대하여 거리를 보전하는 성질을 조사할 것이다.

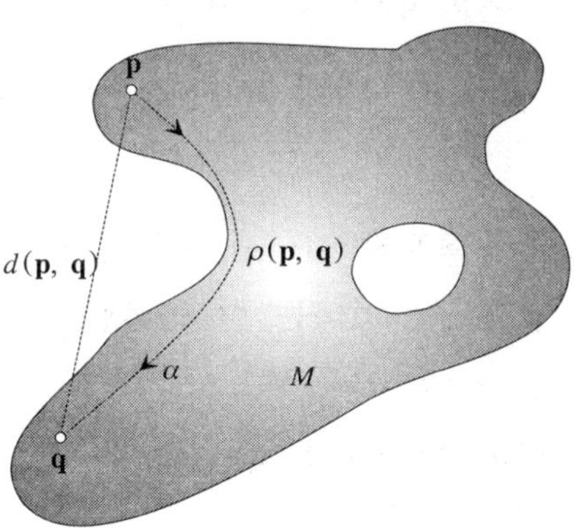

그림 6-5

정의 3-2

곡면의 **등장사상**(isometry) $F : M \to \bar{M}$은 접벡터들의 내적(dot product)을 보존하는 M에서 $\bar{M}$ 위로의 일대일 사상이다. 정확히 말하면, 만약 F의 미분사상을 F_*라 하면 M의 모든 접벡터의 쌍 $\mathbf{v}$, $\mathbf{w}$에대하여

$$F_*(\mathbf{v}) \cdot F_*(\mathbf{w}) = \mathbf{v} \cdot \mathbf{w}$$

가 성립하는 사상이다.

만약 F_*가 내적을 보존하면 또한 접벡터의 길이(length)도 보존한다. 한편 등장사상 F는 정칙사상이다. 왜냐하면, 만약 $F_*(\mathbf{v}) = 0$이면

$$\|\mathbf{v}\| = \|F_*(\mathbf{v})\| = 0$$

이므로 $\mathbf{v} = 0$이기 때문이다. 특히 등장사상 $F : M \to \bar{M}$은 미분동형사상(diffeomorphism)이므로 역사상 $F^{-1} : \bar{M} \to M$이 존재한다.

정리 3-3 등장사상과 본질적 거리

등장사상은 본질적 거리를 보존한다. 만약 $F : M \to \bar{M}$을 곡면의 등장사상이라 하면, M 위의 임의의 두 점 $\mathbf{p}$, $\mathbf{q}$에 대하여

$$\rho(\mathbf{p}, \mathbf{q}) = \bar{\rho}(F(\mathbf{p}), F(\mathbf{q}))$$

가 성립한다. 여기서 ρ와 $\bar{\rho}$는 각각 M과 $\bar{M}$의 본질적 거리함수이다.

증명 등장사상은 곡선의 속도와 길이를 보존한다는 것에 유의하자. 만약 M 위의 두 점 $\mathbf{p}$와 $\mathbf{q}$를 지나는 한 곡선선분을 α라 하고 $\mathbf{p} = \alpha(a)$, $\mathbf{q} = \alpha(b)$라 하면, $\bar{\alpha} = F(\alpha)$는 속도벡터가 $\bar{\alpha}' = F_*(\alpha')$인 $\bar{M}$ 위의 곡선선분이므로 $F(\mathbf{p}) = \bar{\alpha}(a)$, $F(\mathbf{q}) = \bar{\alpha}(b)$이다. F_*는 내적을 보존하므로 노름도 보존한다. 즉

$$\|\alpha'\| = \|F_*(\alpha')\| = \|F(\alpha)'\| = \|\bar{\alpha}'\|$$

이 성립하므로

$$L(\alpha)=\int_a^b \|\alpha'(t)\|dt=\int_a^b \|\bar{\alpha}'(t)\|dt=L(\bar{\alpha}).$$

만약 α가 M 위의 점 $\mathbf{p}$에서 $\mathbf{q}$까지의 곡선이라면, $\bar{\alpha}=F(\alpha)$는 점 $F(\mathbf{p})$에서 $F(\mathbf{q})$까지의 $\bar{M}$ 위의 곡선이다. 역으로 β가 $F(\mathbf{p})$에서 $F(\mathbf{q})$까지의 $\bar{M}$의 곡선선분이라 하면, $F^{-1}(\beta)$는 $\mathbf{p}$에서 $\mathbf{q}$까지의 M의 곡선선분이다. 이 두 개의 곡선선분 사이에는 일대일 대응관계가 성립하므로 $\rho(\mathbf{p}, \mathbf{q})$와 $\bar{\rho}(F(\mathbf{p}), F(\mathbf{q}))$의 값은 같다. 그러므로

$$\rho(\mathbf{p}, \mathbf{q})=\inf\{L(\alpha)\}=\inf\{L(\bar{\alpha})\}=\bar{\rho}(F(\mathbf{p}), F(\mathbf{q}))$$

가 성립한다. ■

그러므로 등장사상은 점 사이에 본질적 거리를 변화시키지 않고 한 곡면을 다른 모양으로 구부릴 수 있는 것으로 생각할 수 있다. 곡면 M에서 다른 곡면 $\bar{M}$로의 등장사상이 존재할 때 두 곡면 M과 $\bar{M}$는 **등장적**(isometric)이라고 한다. 예를 들어 종이 한 장을 구기거나 늘리지 않고 여러 가지 다른 모양으로 구부렸을 때 처음 것과 나중의 곡면은 모두가 등장적이다(그림 6-6).

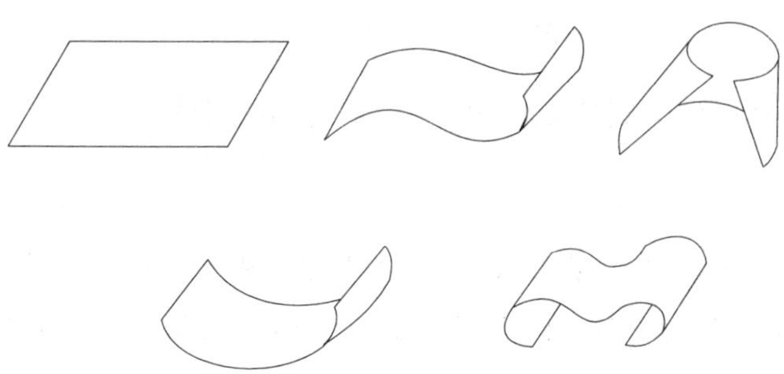

그림 6-6

정의 3-4

사상 $F: M \to N$이 접벡터의 내적을 보존할 때 F를 곡면의 **국소등장사상**(local isometry)이라고 한다.

그러므로 등장사상은 일대일이고 위로의 국소등장사상이다. F가 국소등장사상이면 F는 정칙사상이다. M 위의 각 점 $\mathbf{p}$에 대하여 F에 의하여 N에 속한 $F(\mathbf{p})$의 근방 $\mathscr{V}$ 위로 보내는 $\mathbf{p}$의 근방 $\mathscr{U}$가 M 안에 존재한다.

이제 $\mathscr{U}$와 $\mathscr{V}$ 자신들이 $\mathbf{E}^3$의 곡면이라 하면, 사상 $F|_{\mathscr{U}}: \mathscr{U} \to \mathscr{V}$는 등장사상이다. 이런 의미에서 국소등장사상은 국소적인 하나의 등장사상이라고 할 수 있다.

제 4 장 3절에서 정의된 곡면에 관한 제 1 기본형의 계수 E, F, G를 사용한 국소등장사상에 대한 조각사상 판정기준법을 살펴보자.

정리 3-5 조각사상 판정기준법

$F: M \to N$을 사상이라 할 때, 조각사상 $\mathbf{x}: D \to M$에 대하여 합성함수

$$\bar{\mathbf{x}} = F(\mathbf{x}) : D \to N$$

을 도입하자. 이때 F가 국소등장사상일 필요충분조건은 각 조각사항 $\mathbf{x}$에 대하여

$$E = \bar{E}, \quad F = \bar{F}, \quad G = \bar{G}$$

가 성립하는 것이다(단, $\bar{\mathbf{x}}$는 조각사상일 필요는 없다.)

증명 M을 모두 덮는 데 충분한 조각사상 $\mathbf{x}$에 대하여 위의 조건이 성립한다고 가정하자. 먼저 $E=\bar{E}$, $F=\bar{F}$, $G=\bar{G}$를 만족할 때 F가 국소등장사상임을 증명하자. F_*에 관한 제 4 장의 정의 5-3에 따라 $F_*(\mathbf{x}_u) = \bar{\mathbf{x}}_u$, $F_*(\mathbf{x}_v) = \bar{\mathbf{x}}_v$가 성립하므로 $E=\bar{E}$, $F=\bar{F}$, $G=\bar{G}$라는 조

건으로부터

$$\mathbf{x}_u \cdot \mathbf{x}_u = F_*(\mathbf{x}_u) \cdot F_*(\mathbf{x}_u)$$
$$\mathbf{x}_u \cdot \mathbf{x}_v = F_*(\mathbf{x}_u) \cdot F_*(\mathbf{x}_v)$$
$$\mathbf{x}_v \cdot \mathbf{x}_v = F_*(\mathbf{x}_v) \cdot F_*(\mathbf{x}_v)$$

를 얻을 수 있다. 이 관계식은

$$\|\mathbf{x}_u\| = \|F_*(\mathbf{x}_u)\|, \quad \mathbf{x}_u \cdot \mathbf{x}_v = F_*(\mathbf{x}_u) \cdot F_*(\mathbf{x}_v), \quad \|\mathbf{x}_v\| = \|F_*(\mathbf{x}_v)\|$$

와 동치이므로, 결국 F는 국소등장사상이다. 이 논법의 역은 쉽게 추론할 수 있다. ■

예제 3-6

(1) **평면에서 주면(cylinder) 위로의 국소등장사상(그림 6-7)**: 평면 $\mathbf{E}^2$는 U_1, U_2를 자연틀장으로 하는 한 곡면으로 생각할 수 있다. 어떤 곡면의 매개변수표시 $\mathbf{x} : \mathbf{E}^2 \to M$에 대하여 만약

$$\mathbf{x}_*(U_i) \cdot \mathbf{x}_*(U_j) = U_i \cdot U_j$$

가 성립하면 $\mathbf{x}$는 국소등장사상이다(문제 [1]). 그런데 주어진 평면에서 U_i $(i=1, 2)$에 의하여 $E=G=1$, $F=0$을 얻는다. 한편 주면 $M : x^2+y^2=r^2$의 매개변수표시

$$\bar{\mathbf{x}}(u, v) = \left(r\cos\left(\frac{u}{r}\right), \ r\sin\left(\frac{u}{r}\right), \ v\right)$$

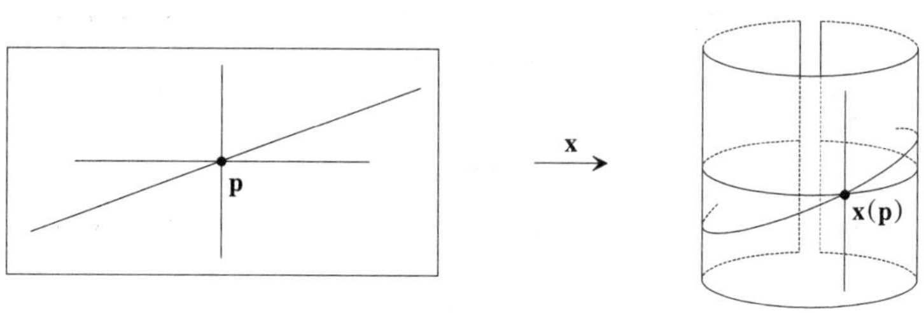

그림 6-7

로부터 $\bar{E}=1$, $\bar{F}=0$, $\bar{G}=1$은 쉽게 얻을 수 있다. 그러므로 정리 4-5에 의하여 $\mathbf{x}:\mathbf{E}^2\to M$은 평면 $\mathbf{E}^2$의 수평선과 수직선을 각각 횡단면원(cross sectional circles)과 모선(rulings)으로 보내는 국소등장사상이다. 그러나 $\bar{\mathbf{x}}$는 일대일 사상은 아니므로 등장사상은 아니다.

(2) 나선면(helicod)과 현수면(catenoid)의 국소등장사상(그림 6-8): 나선면의 매개변수표시(제 5 장의 예제 (3-9))

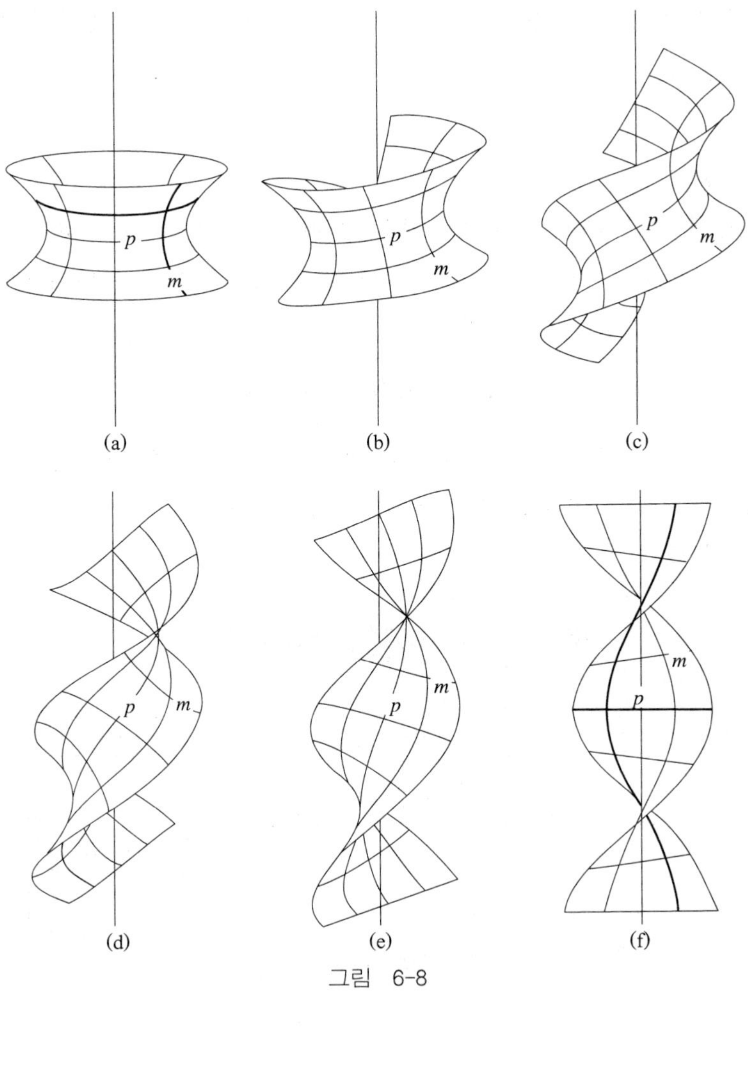

그림 6-8

$$H: \mathbf{x}(u, v) = (u\cos v, u\sin v, v)$$

와 현수면의 표준매개변수표시(문제 5-5 **7**)

$$C: \mathbf{y}(u, v) = (\sinh^{-1}u, \sqrt{1+u^2}\cos v, \sqrt{1+u^2}\sin v)$$

사이에 어떤 등장사상이 존재하는가를 확인하여 보자.

$$F(\mathbf{x}(u, v)) = \mathbf{y}(u, v)$$

를 만족하는 사상을 $F: H \to C$라 하자. H와 C로부터 지루한 계산이지만

$$E = \mathbf{x}_u \cdot \mathbf{x}_u = \mathbf{y}_u \cdot \mathbf{y}_u = \bar{E}, \quad F = 0 = \bar{F}, \quad G = 1 + u^2 = \bar{G}$$

인 결과를 얻을 수 있다. 따라서 F는 국소등장사상이다. 그러므로 F는 H의 모선($v=v_0$)을 C의 경선으로, H의 나선($u=u_0$)을 C의 위선으로 옮기는 등장사상이다. 특히 H의 중심축(z축)은 C의 최소의 원 $x=0$으로 대응된다. 그림 6-8은 나선면 H와 현수면 C와의 대응관계를 잘 보여 준다. 앞의 (1)과 마찬가지로 F는 등장사상은 아니다. □

정의 3-7

곡면의 사상 $F: M \to N$이 M에 접하는 모든 접벡터에 대하여

$$\|F_*(\mathbf{v}_p)\| = \lambda(\mathbf{p})\|\mathbf{v}_p\|$$

를 만족하는 미분가능 실가함수 $\lambda > 0$이 존재할 때 F를 **등각사상** 또는 **공형사상**(conformal mapping)이라고 한다. 이때 λ를 **축척인수**(scale factor), M과 N을 **공형**(comformal)이라 한다.

만약 F가 $\lambda=1$인 등각사상이면 F는 분명히 국소등장사상이다. 그러므로 등각사상은 접벡터의 길이가 보존되지 않는(정확히 말하면 M 위의 점 $\mathbf{p}$에서의 모든 접벡터는 그들의 길이를 똑같은 인수에 의하여 늘여주는) 일반화된 등장사상이다.

정리 3-5와 문제 [1]은 축척인수를 도입함으로써 등장사상을 등각사상으로 적용할 수 있음을 보여 준다. 예를 들어 정리 3-5에서 $E=\bar{E}$ 대신 $E(\lambda(\mathbf{x}))^2=\bar{E}$로, $F=\bar{F}$ 대신 $F(\lambda(\mathbf{x}))^2=\bar{F}$, $G=\bar{G}$ 대신 $G(\lambda(\mathbf{x}))^2=\bar{G}$로 바꿔 쓰면 등장사상을 등각사상으로 적용할 수 있다. 등각사상에 대한 아주 중요한 성질은 접벡터의 사이각을 보존한다는 사실이다.

정리 3-8	등각사상의 성질
등각사상 $F: M \to N$은 접벡터의 사이각을 보존한다.	

증명 만일 $\mathbf{p}$에서 $\mathbf{v}$와 $\mathbf{w}$ 사이의 각을 $\theta(0\leq\theta\leq\pi)$라 하면, $F(\mathbf{p})$에서 $F_*(\mathbf{v})$와 $F_*(\mathbf{w})$ 사이의 각도 θ임을 보이면 된다. 접벡터에 대한 내적의 정의로부터

$$\cos\theta=\frac{\mathbf{v}\cdot\mathbf{w}}{\|\mathbf{v}\|\|\mathbf{w}\|},\quad 0<\theta<\pi$$

이므로 등각사상 F에 의하여

$$\|F_*(\mathbf{v})\|=\lambda(p)\|\mathbf{v}\|,\quad \|F_*(\mathbf{w})\|=\lambda(p)\|\mathbf{w}\|$$

가 성립한다. 한편 F_*는 선형변환이므로,

벡터항등식 $\mathbf{a}\cdot\mathbf{b}=\frac{1}{4}(\|\mathbf{a}+\mathbf{b}\|^2-\|\mathbf{a}-\mathbf{b}\|^2)$을 이용하면

$$\begin{aligned}F_*(\mathbf{v})\cdot F_*(\mathbf{w})&=\frac{1}{4}(\|F_*(\mathbf{v})+F_*(\mathbf{w})\|^2-\|F_*(\mathbf{v})-F_*(\mathbf{w})\|^2)\\&=\frac{1}{4}(\|F_*(\mathbf{v}+\mathbf{w})\|^2-\|F_*(\mathbf{v}-\mathbf{w})\|^2)\\&=\frac{1}{4}\{\lambda(\mathbf{p})^2(\|\mathbf{v}+\mathbf{w}\|^2-\|\mathbf{v}-\mathbf{w}\|^2)\}=\lambda(\mathbf{p})^2(\mathbf{v}\cdot\mathbf{w})\end{aligned}$$

를 얻는다. 따라서 $F_*(\mathbf{v})$와 $F_*(\mathbf{w})$의 사이각을 $\bar{\theta}$라 하면

$$\cos\bar{\theta} = \frac{F_*(\mathbf{v})\cdot F_*(\mathbf{w})}{\|F_*(\mathbf{v})\|\|F_*(\mathbf{w})\|} = \frac{\mathbf{v}\cdot\mathbf{w}}{\|\mathbf{v}\|\|\mathbf{w}\|} = \cos\theta$$

가 성립한다. ■

정의 3-9

미분동형사상 $F : M \to N$에 대하여 점 $\mathbf{p} \in M$의 근방 v를 $F(\mathbf{p}) \in N$의 근방 w로 보내는 사상 $F : v \to w$가 등각사상일 때, F는 점 $\mathbf{p}$에서 **국소등각사상**(local conformal map)이라고 한다. 이 때 M와 N을 **국소공형**(locally conformal)이라 한다.

다음 정리는 정리 3-5와 유사한 것으로 등각사상에 대한 것이다.

정리 3-10 등각사상이 될 조건

$F : M \to N$을 사상이라 할 때, 조각사상 $\mathbf{x} : D \to M$에 대하여 합성함수

$$\bar{\mathbf{x}} = F(\mathbf{x}) : D \to N$$

을 도입하자. 이때 F가 국소등각사상일 필요충분조건은 D에서

$$\bar{E} = \lambda^2 E, \quad \bar{F} = \lambda^2 F, \quad \bar{G} = \lambda^2 G$$

가 성립하는 것이다.

국소등각사상은 동치관계(equivalence relations)를 만족한다. 예를 들어 M_1과 M_2가 국소공형이고 M_2와 M_3가 국소공형이면 M_1과 M_3는 국소공형이다. 그러므로 등각사상에 대한 가장 중요한 성질을 말해 주는 다음 정리를 얻는다.

정리 3-11

임의의 두 정칙곡면은 국소공형(locally conformal)이다.

문제 6-3

1 $F: M \to N$을 사상이라 하면, 점 $\mathbf{p}$에서 F의 미분사상에 대한 다음 조건은 논리적으로 동치임을 증명하여라.

(1) F_*는 내적을 보존한다.

(2) F_*는 접벡터의 길이를 보존한다.

(3) F_*는 틀을 보존한다.

(4) 일차독립인 한 쌍의 접벡터 $\mathbf{v}$와 $\mathbf{w}$에 대하여

$$\|F_*(\mathbf{v})\| = \|\mathbf{v}\|, \quad \|F_*(\mathbf{w})\| = \|\mathbf{w}\|, \quad F_*(\mathbf{v}) \cdot F_*(\mathbf{w}) = \mathbf{v} \cdot \mathbf{w}$$

가 성립한다.

((1)⇒(3)⇒(4)⇒(2)⇒(1)의 순서로 증명하여라.)

2 다음의 각 조건은 $F: M \to N$이 국소등장사상이 될 필요충분조건임을 증명하여라.

(1) F는 곡선의 속도를 보존한다: M 위의 모든 곡선 α에 대하여 $\|F(\alpha)'\| = \|\alpha'\|$이다.

(2) F는 곡선의 길이를 보존한다: M 위의 모든 곡선선분 α에 대하여 $L(F(\alpha)) = L(\alpha)$이다.

3 M을 원점이 제거된 xy-평면이라 하자. M의 점 $(-1, 0, 0)$으로부터 $(1, 0, 0)$까지의 본질적 거리(intrinsic distance)는 2임을 증명하여라. 그러나 이 두 점을 연결하는 곡선선분은 존재하지 않음을 보여라(2-2절의 문제 7 참조).

4 $\alpha, \beta: I \to \mathbf{E}^3$은 같은 곡률을 갖는 단위속도곡선이다. 그리고 α의 접벡터에 의한 접곡면의 매개변수표시

$$\mathbf{x}(u, v) = \alpha(u) + vT(u)$$

는 실제로 하나의 조각사상이라고 가정하자. 이 경우 α의 접곡면을 각각

(1) β의 접곡면　　　　(2) 평면 안의 영역 D

로 보내는 국소등장사상을 구하여라.

5 $F: M \to \bar{M}$이 등장사상이면 역사상 $F^{-1}: \bar{M} \to M$ 역시 등장사상임을 증명하여라. 만약 $F: M \to N$, $G: N \to P$가 (국소)등장사상이면 $GF: M \to P$도 (국소)등장사상임을 증명하여라.

6 $\mathbf{x}$와 $\bar{\mathbf{x}}$를 각각 M과 $\bar{M}$의 매개변수표시라 하자. $F: M \to \bar{M}$이 $F(\mathbf{x}(u, v)) = \bar{\mathbf{x}}(f(u), g(v))$를 만족하는 사상이라 할 때

(1) $\mathbf{x}$의 매개변수곡선 위에서 F의 효과를 기술하여라.

(2) F가 국소등장사상일 필요충분조건은

$$E = \bar{E}(f, g)\left(\frac{df}{du}\right)^2, \quad F = \bar{F}(f, g)\frac{df}{du}\frac{dg}{dv}, \quad G = \bar{G}(f, g)\left(\frac{dg}{dv}\right)^2$$

임을 증명하여라(일반적으로, f와 g가 u와 v의 함수인 경우에는 더욱 복잡한 형태가 된다).

(3) F가 등각사상(conformal mapping)인 경우도 조사하여 보아라.

7 함수 $F: D \subset \mathbf{E}^2 \to \mathbf{E}^3$이

$$F(u, v) = (u \sin\alpha \cos v,\ u \sin\alpha \sin v,\ u \cos\alpha),$$
$$\text{단 } (u, v) \in D = \{(u, v) \in \mathbf{E};\ u > 0\},\ \alpha = \text{상수}$$

로 정의되었다.

(1) F는 D를 꼭지점을 원점으로 하고 꼭지점의 각이 2α인 추면 C 위로의 국소미분동형사상임을 증명하여라.

(2) F는 국소등장사상인가?

8 입체사영 $S: \Sigma_0 \to \mathbf{E}^2$은 축척인수

$$\lambda(\mathbf{p}) = 1 + \frac{\|S(\mathbf{p})\|^2}{4}$$

을 갖는 등각사상임을 증명하여라(제 4 장 예제 5-2).

9 다음의 곡면은 서로 왜 국소등장적(locally isometric)인가?

(1) 구면 (2) 주면 (3) 안장곡면: $z = x^2 + y^2$

10 꼭지점을 제외한 일엽추면(one-sheet cone)

$$z = x\sqrt{x^2 + y^2}, \quad (x, y) \neq (0, 0)$$

은 한 평면과 국소등장적임을 증명하여라.

11 M_1, M_2, M_3를 정칙곡면이라 할 때, 다음을 증명하여라.

(1) $F: M_1 \to M_2$이 등장사상이면 $F^{-1}: M_2 \to M_1$도 등장사상이다.

(2) $F: M_1 \to M_2$, $G: M_2 \to M_3$이 둘 다 등장사상이면 $G \circ F: M_1 \to M_3$도 등장사상이다.

이 사실은 정칙곡면 M의 등장사상은 자연스럽게 군을 형성하는 것을 말해 준다. 이러한 군을 M의 **등장사상군** 또는 **등장변환군**(group of isometries)이라 한다.

12 V와 W를 내적을 갖는 (유한차원)벡터공간이라 하자. $G: V \to W$가 선형사상일 때

다음 조건이 동치임을 증명하여라.

(1) 모든 $\mathbf{v}$, $\mathbf{w} \in V$에 대하여

$$G(\mathbf{v}) \cdot G(\mathbf{w}) = \lambda^2 (\mathbf{v} \cdot \mathbf{w})$$

를 만족하는 실상수(real constant) $\lambda \neq 0$이 존재한다.

(2) 모든 $\mathbf{v} \in V$에 대하여

$$\| G(\mathbf{v}) \| = \lambda \| \mathbf{v} \|$$

를 만족하는 실상수 $\lambda > 0$이 존재한다.

(3) $\{G(\mathbf{v}_1), \cdots, G(\mathbf{v}_n)\}$이 W의 직교기저가 되는 V의 직교기저 $\{\mathbf{v}_1, \cdots, \mathbf{v}_n\}$이 존재하고, 벡터 $G(\mathbf{v}_i)$, $(i = 1, 2, \cdots, n)$는 모두 같은 길이$(\neq 0)$를 갖는다.

이 조건 중 어느 하나가 만족되었을 때 G를 **선형등각사상**(linear conformal map)이라 한다.

13 미분동형사상 $F : M \to N$에 대하여, 만약 임의의 영역 $E \subset M$의 면적이 $F(E)$의 면적과 같을 때 F는 **면적을 보존한다**(area-preserving)고 말한다. F가 면적을 보존하는 등각사상이면 F는 등장사상임을 증명하여라.

14 등각사상 $F : M \to N$은 각을 보존함을 증명하여라. 점 $\mathbf{p}$에서 $\mathbf{v}$와 $\mathbf{w}$ 사이의 각을 $\theta (0 \leq \theta \leq \pi)$라 하면, 점 $F(\mathbf{p})$에서 $F(\mathbf{v})$와 $F(\mathbf{w})$ 사이의 각도 θ이다.

6-4 곡면의 본질적 기하학

제 3 장에서 유클리드 기하학은 유클리드 등장사상에 의하여 보존되는 개념들로 구성된다고 정의하였다. 여기서도 똑같은 정의가 적용된다. $M \subset \mathbf{E}^3$의 본질적 기하학(instrinsic geometry)은 등장적 불변량(isometric invariants)이라고 하는 이런 개념들, 즉 모든 등장사상 $F : M \to \bar{M}$에 의하여 보존되는 이런 본질적 성질의 총합으로 구성된다고 말할 수 있다.

예를 들어 정리 3-3은 "**본질적 거리는 등장적 불변량**"임을 보여 준다. 이제 가우스의 질문($\mathbf{E}^3$곡면 M의 어떤 성질들이 본질적 기하학에 속하는가?)을 좀더 명확하게 논의하여 보자. 등장사상에 관한 정의 3-2는 등장적 불변량

은 M의 접벡터들의 내적에만 의존한다는 것을 암시한다. 그러나 모양연산자는 M의 법벡터장으로부터 유도되고 $\mathbf{E}^3$의 등장적 곡면은 완전히 다른 모양일 수도 있다. 실제로 모양연산자(shape operators), 주방향(principal directions), 주곡률(principal curvatures), 평균곡률(mean curvature) 등은 명확히 곡면의 본질적 기하학에는 속하지 않는다.

정리 4-1 제 1 구조방정식

접속형식 $\omega_{12}=-\omega_{21}$은 제 1 구조방정식

$$d\theta_1=\omega_{12}\wedge\theta_2, \quad d\theta_2=\omega_{21}\wedge\theta_1$$

을 만족하는 유일한 1-형식이다.

증명 이 방정식을 접벡터장 E_1, E_2에 적응시키면 $\theta_i(E_j)=\delta_{ij}$이므로

$$d\theta_1(E_1, E_2)=(\omega_{12}\wedge\theta_2)(E_1, E_2)=\omega_{12}(E_1)$$
$$d\theta_2(E_1, E_2)=(\omega_{21}\wedge\theta_1)(E_1, E_2)=-\omega_{21}(E_2)=\omega_{12}(E_2)$$

를 얻는다. 그런데 ω_{12}는 1-형식이므로 정의 2-1(1)에 의하여

$$\omega_{12}=d\theta_1(E_1, E_2)\theta_1+d\theta_2(E_1, E_2)\theta_2$$
$$\omega_{21}=-d\theta_1(E_1, E_2)\theta_1-d\theta_2(E_1, E_2)\theta_2$$

이다. 따라서 $\omega_{12}=-\omega_{21}$은 θ_1, θ_2에 의하여 유일하게 결정된다. ■

F: $M\to\bar{M}$를 등장사상이라 하면 M 위의 접선틀장 E_1, E_2를 $\bar{M}$ 위의 접선틀장 $\bar{E}_1$, $\bar{E}_2$로 이동시킬 수 있다. $\bar{M}$의 각 점 $\mathbf{q}$에 대하여 $F(\mathbf{p})=\mathbf{q}$를 만족하는 M 위의 유일한 점 $\mathbf{p}$가 존재한다(그림 6-9). 이제

$$\bar{E}_1(\mathbf{q})=F_*(E_1(\mathbf{p})), \quad \bar{E}_2(\mathbf{q})=F_*(E_2(\mathbf{p}))$$

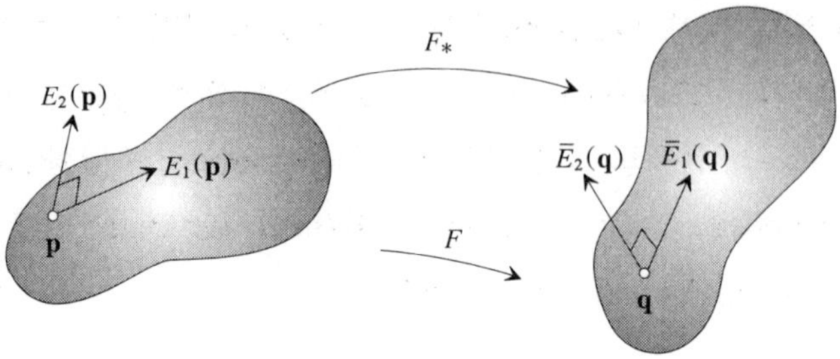

그림 6-9

로 정의하면 F_*는 내적을 보존하므로

$$\bar{E}_i \cdot \bar{E}_j = F_*(E_i) \cdot F_*(E_j) = E_i \cdot E_j = \delta_{ij}$$

이다. 따라서 $\bar{E}_1$, $\bar{E}_2$는 M 위에서 틀장을 이룬다.

정리 4-3

F: $M \to \bar{M}$을 등장사상, E_1과 E_2을 M 위의 접선틀장이라 하자. 이때, E_1, E_2를 $\bar{M}$ 위로 옮겨놓은 틀장을 각각 $\bar{E}_1$, $\bar{E}_2$라 하면, 관계식

(1) $\theta_1 = F^*(\bar{\theta}_1)$, $\quad \theta_2 = F^*(\bar{\theta}_2)$

(2) $\omega_{12} = F^*(\bar{\omega}_{12})$

가 성립한다.

증명 (1) θ_i, $\bar{\theta}_i (i=1, 2)$는 각각 M, $\bar{M}$ 위에서의 쌍대 1-형식이므로 θ_i와 $F^*(\bar{\theta}_i)$가 E_1, E_2에 대하여 같은 값을 갖는다는 것을 증명하면 된다 (제 4 장의 정리 5-5 참조).

$$F^*(\bar{\theta}_i)(E_j) = \bar{\theta}_i(F_*(E_j)) = \bar{\theta}_i(\bar{E}_j) = \delta_{ij} = \theta_i(E_j)$$

(2) $\bar{M}$ 위에서 구조방정식 $d\bar{\theta}_1 = \bar{\omega}_{12} \wedge \bar{\theta}_2$를 생각하자.

F^*의 정의와 제 4 장의 정리 5-6(3)을 적용하면

$$d\theta_1 = d(F^*\bar{\theta}_1) = F^*(d\bar{\theta}_1) = F^*(\bar{\omega}_{12} \wedge \bar{\theta}_2) = F^*(\bar{\omega}_{12}) \wedge F^*(\bar{\theta}_2)$$

따라서 관계식 (1)을 이용하면

$$d\theta_1 = F^*(\bar{\omega}_{12}) \wedge \theta_2$$

를 얻는다. 같은 방법으로 구조방정식 $d\bar{\theta}_2 = \bar{\omega}_{12} \wedge \bar{\theta}_1$으로부터

$$d\theta_2 = F^*(\bar{\omega}_{21}) \wedge \theta_1$$

을 얻는다. 따라서 정리 4-1과 $\omega_{ij} = -\omega_{ji}$를 이용하면 (2)의 결과는 쉽게 유도된다. ■

이 정리로부터 19세기에 수학계를 놀라게 만든 가우스의 가장 우수한 정리 "Theorema egregium"을 유도할 수 있다(7-1절).

정리 4-4	**Gauss의 Theorema egregium**

가우스 곡률은 등장적 불변량(isometric invariant)이다.

즉, $F: M \to \bar{M}$이 등장사상이면 M의 모든 점 $\mathbf{p}$에서

$$K(\mathbf{p}) = \bar{K}(F(\mathbf{p}))$$

증명 M의 임의의 점 $\mathbf{p}$의 근방에서 접선틀장 E_1, E_2를 취하고, 이것을 F_*에 의하여 $\bar{M}$ 위의 틀장 $\bar{E}_1$, $\bar{E}_2$로 이동시킨후 관계식 $d\omega_{12} = -K(\theta_1 \wedge \theta_2)$를 이용하자. 이제 정리 2-2와 정리 4-3, 그리고 제 4 장 5절에서 얻은 결과를 이용하면

$$\begin{aligned} d\omega_{12} &= d(F^*\bar{\omega}_{12}) = F^*(d\bar{\omega}_{12}) = F^*(-\bar{K}\bar{\theta}_1 \wedge \bar{\theta}_2) \\ &= -F^*(\bar{K})F^*(\bar{\theta}_1) \wedge F^*(\bar{\theta}_2) \\ &= -F^*(\bar{K})\theta_1 \wedge \theta_2. \end{aligned}$$

그런데 $d\omega_{12} = -K\theta_1 \wedge \theta_2$이므로 결국 $K = F^*(\bar{K})$가 성립하여야 한다. M의 점 $\mathbf{p}$에 대하여

$$K(\mathbf{p}) = \bar{K}(F(\mathbf{p}))$$

가 성립한다. ■

이미 알고 있는 바와 같이, 국소등장사상은 충분히 작은 근방 위에서는 등장사상이다. 그러므로 정리 4-4로부터 국소등장사상은 가우스 곡률을 보존함을 알 수 있다. 예제 3-6에서 평면과 주면은 모두 $K=0$이었다. 이것은 굽어진 주면을 왜 평탄(flat)하다고 말하는지 이유가 될 것이다. 주면은 본질적으로 평면만큼 평평하다고 보기 때문이다.

가우스의 정리는 분명히 주어진 곡면이 등장적이 아니라는 것에 사용할 수 있다. 예로서 구면(아무리 작은 영역에서라도)을 평면으로 대응시키는 등장사상은 존재하지 않는다. 왜냐하면 구면과 평면의 가우스 곡률이 서로 다르기 때문이다. 이것은 실제의 지구와 그것을 나타낸 평면지도(flat map) 사이의 관계와 같은 것이다.

문제 6-4

1 측지선은 본질적 기하학이다. 만약 $F: M \to N$이 등장사상이고 α가 M 안의 측지선이면 $F(\alpha)$는 N의 측지선이다(문제 6-1 1).

2 다음 곡면 중 어느 두 개도 등장적이 아님을 증명하여라.

구면, 원환면, 나선면, 원주면, 안장곡면

3 나선면 H를 현수면 C로 보내는 모든 국소등장사상은 H의 축을 C의 국소원으로, H의 모선을 C의 경선으로 보내 준다. 이것을 증명하여라(예제 3-6의 (2)).

6-5 직교좌표

곡면 M의 본질적 기하학은 접선틀장 E_1, E_2로부터 유도된 쌍대 1-형식 θ_1, θ_2와 접속형식 ω_{12}의 항으로 표시할 수 있음을 알았다. 이 형식은

제 1 구조방정식

$$d\theta_1 = \omega_{12} \wedge \theta_2, \quad d\theta_2 = \omega_{21} \wedge \theta_1$$

제 2 구조방정식

$$d\omega_{12} = -K\theta_1 \wedge \theta_2$$

를 만족한다. 이 절에서는 이런 형식을 계산하는 실제방법과 곡면 M의 가우스 곡률을 구하는 새로운 방법을 조사한다.

정의 5-1

직교조각사상 $\mathbf{x} : D \to M$의 **동반된 틀장**(associated frame field)은

$$E_1 = \frac{\mathbf{x}_u(u, v)}{\sqrt{E}(u, v)}, \qquad E_2 = \frac{\mathbf{x}_v(u, v)}{\sqrt{G}(u, v)}$$

으로 정의되는 직교하는 단위벡터장이다.

이제 동반된 틀장이 E_1, E_2인 직교조각사상 $\mathbf{x}$에 대하여 θ_1, θ_2, ω_{12}를 좌표함수 $\bar{u}$, $\bar{v}$의 항으로 나타낼 것이다. 여기서 좌표함수 $\bar{u} = u(\mathbf{x}^{-1})$와 $\bar{v} = v(\mathbf{x}^{-1})$는 단순히 $\bar{u}$와 $\bar{v}$로 쓴다. 마찬가지로 $\mathbf{x}_u$와 $\mathbf{x}_v$도 M 위에서의 접벡터장이므로 $\mathbf{x}$의 동반된 틀장은

$$E_1 = \frac{\mathbf{x}_u}{\sqrt{E}}, \quad E_2 = \frac{\mathbf{x}_v}{\sqrt{G}} \tag{1}$$

로 간단하게 표현한다.

정리 5-2 **Gauss 곡률**

$\mathbf{x} : D \to M$이 직교조각사상일때 가우스 곡률 K는 다음과 같다.

$$K = \frac{-1}{\sqrt{EG}} \left\{ \frac{\partial}{\partial u} \left(\frac{1}{\sqrt{E}} \frac{\partial \sqrt{G}}{\partial u} \right) + \frac{\partial}{\partial v} \left(\frac{1}{\sqrt{G}} \frac{\partial \sqrt{E}}{\partial v} \right) \right\}$$

증명 θ_1, θ_2는 $\theta_i(E_j) = \delta_{ij}$에 의하여 특정지어진다. 한편

$$du(\mathbf{x}_u) = 1, \quad dv(\mathbf{x}_u) = 0$$
$$du(\mathbf{x}_v) = 0, \quad dv(\mathbf{x}_v) = 1$$

이므로

$$\theta_1(E_1) = 1 \text{이고} \quad \sqrt{E}\, du(E_1) = \sqrt{E}\, du\left(\frac{\mathbf{x}_u}{\sqrt{E}} \right) = 1$$
$$\theta_2(E_2) = 1 \text{이고} \quad \sqrt{G}\, dv(E_2) = \sqrt{G}\, dv\left(\frac{\mathbf{x}_v}{\sqrt{G}} \right) = 1$$

이 성립한다. 따라서

$$\theta_1 = \sqrt{E}\, du, \quad \theta_2 = \sqrt{G}\, dv \tag{2}$$

를 얻는다. 외미분의 정의와 성질을 사용하면

$$d\theta_1 = d(\sqrt{E}) \wedge du = \{(\sqrt{E})_u du + (\sqrt{E})_v dv\} \wedge du = -(\sqrt{E})_v du dv$$

식 (2)를 적용하면

$$d\theta_1 = \frac{-(\sqrt{E})_v}{\sqrt{G}} du \wedge \theta_2$$

를 얻는다. 마찬가지 방법으로

$$d\theta_2 = \frac{-(\sqrt{G})_u}{\sqrt{E}} dv \wedge \theta_1$$

도 얻는다. 따라서 제 1 구조방정식

$$d\theta_1 = \omega_{12} \wedge \theta_2, \quad d\theta_2 = \omega_{21} \wedge \theta_1$$

과 비교하면

$$\omega_{12} = \frac{-(\sqrt{E})_v}{\sqrt{G}} du + \frac{(\sqrt{G})_u}{\sqrt{E}} dv \tag{3}$$

이다. 따라서 식 (3)을 미분하고 식 (2)를 이용하면

$$\begin{aligned} d\omega_{12} &= d\left(\frac{(\sqrt{G})_u}{\sqrt{E}} dv - \frac{(\sqrt{E})_v}{\sqrt{G}} du\right) \\ &= \left[\left(\frac{(\sqrt{G})_u}{\sqrt{E}}\right)_u + \left(\frac{(\sqrt{E})_v}{\sqrt{G}}\right)_v\right] dudv \\ &= \frac{1}{\sqrt{EG}}\left[\left(\frac{(\sqrt{G})_u}{\sqrt{E}}\right)_u + \left(\frac{(\sqrt{E})_v}{\sqrt{G}}\right)_v\right] \theta_1 \wedge \theta_2. \end{aligned}$$

구조방정식 $d\omega_{12} = -K\theta_1 \wedge \theta_2$(정리 2-2)와 비교하면 구하는 관계식을 즉시 얻는다. ■

예제 5-3

구면 위의 지리적 좌표(geographical coordinates): 구면 Σ의 지리적 조각사상 (제 4 장의 예제 2-2 참고)

$$\mathbf{x}(u, v) = (r \cos v \cos u, \ r \cos v \sin u, \ r \sin v)$$

에 대하여

$$E = r^2 \cos^2 v, \quad F = 0, \quad G = r^2$$

은 쉽게 얻을 수 있다. 이제 공식 (2)에 의하여

$$\theta_1 = \sqrt{E}\, du = r \cos v du, \quad \theta_2 = \sqrt{G}\, dv = r dv$$

를 얻으므로, 공식 (3)에 의하여

$$\omega_{12} = \sin v du, \quad d\omega_{12} = -\cos v du dv$$

이다. 따라서 제 2구조방정식 $d\omega_{12} = -K\theta_1 \wedge \theta_2$와 비교하므로써 $K = 1/r^2$을 얻을 수 있다. 이 조각사상의 동반된 틀장은 $\mathbf{E}^3$의 구면틀장으로부터 얻은 것(예제 1-6)과 동일하다(변수를 $u \to \theta$, $v \to \phi$로 변환하였다).

문제 6-5

1 다음의 직교조각사상의 동반된 틀장(associated frame field)에 대한 쌍대형식(dual forms), 접속형식(connection forms) 및 가우스 곡률을 구하여라.

(1) 나선면: $\mathbf{x}(u, v) = (u \cos v, u \sin v, bv)$

(2) 타원포물면: $\mathbf{x}(u, v) = (u \cos v, u \sin v, \frac{u^2}{2})$

(3) 추면: $\mathbf{x}(u, v) = (u \cos v, u \sin v, au)$

2 $E = G = 1$인 조각사상에 대하여 $K = \frac{-\theta_{uv}}{\sin \theta}$(단, θ는 좌표각)임을 증명하여라.

힌트 그림 6-10에서처럼 $E_1 = \mathbf{x}_u$인 틀장에 대하여 $\theta_1 = du + \cos \theta dv$, $\theta_2 = \sin \theta dv$임을 보여라.

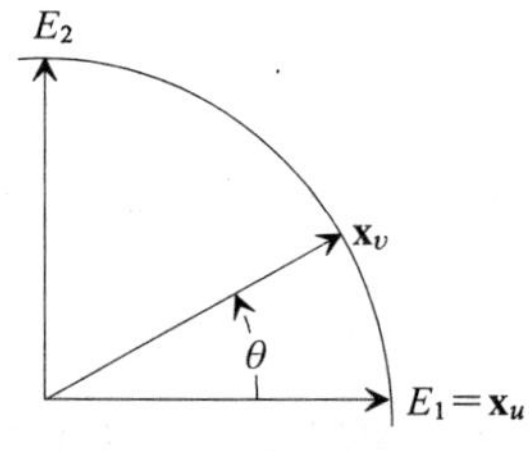

그림 6-10

3 $\mathbf{x}$가 주조각사상(principal patch)일 때(문제 5-3 **11**), 다음 관계식이 성립함을 증명하여라.

(1) $\omega_{13} = \frac{e}{\sqrt{E}} du$, $\omega_{23} = \frac{g}{\sqrt{G}} dv$

(2) $e_v = HE_v$, $g_u = HG_u$

4 본문의 식 (3)을 구하는 과정에서

$$\omega_{12} = -\frac{1}{2}\left\{\frac{(\sqrt{E})_v}{\sqrt{G}}du - \frac{(\sqrt{G})_u}{\sqrt{E}}dv\right\}$$

으로 표시되지 않는다는 것을 보여라.

힌트 이 관계식이 제 1 구조방정식을 만족하는가를 확인하여라.

5 공식 $K = \dfrac{eg - f^2}{EG - F^2}$ 으로부터 정리 5-2의 관계식을 직접 유도하여 보아라.

힌트 직교조각사상일때 이므로 $F=0$이다. 이때 e, f, g를 E, F, G와 그들의 편도함수로 나타내어라.

6-6 적분과 향

기하학에서 이중적분의 가장 간편한 사용은 곡면의 면적을 구하는 것이다. 면적의 독특한 정의를 발견하기 위하여 조각사상 $\mathbf{x} : D \to M$의 상 $\mathbf{x}(D)$의 면적이 무엇인가를 생각하여 보자. ΔR를 두 변이 각각 Δu, Δv인 D에 속한 작은 좌표직사각형이라 하자. 이제 $\mathbf{x}$가 ΔR를 두 변이 M 안에 굽어 있는 작은 영역 $\mathbf{x}(\Delta R)$로 바꾸는 것이다. 이것은 분명히 네 개의 매개곡선선분에 의하여 표시된다.

$\mathbf{x}(u, v)$에서 $\mathbf{x}(u+\Delta u, v)$까지의 선분은 1차근사식 $\mathbf{x}_u \Delta u$로, $\mathbf{x}(u, v)$에서 $\mathbf{x}(u, v+\Delta v)$까지는 $\mathbf{x}_v \Delta v$이다. 그러므로 $\mathbf{x}(\Delta R)$는 이 두 벡터를 양변으로 하는 $T_{\mathbf{x}(u, v)}(M)$에 속한 평행사변형의 면적을 근사값으로 한다. 이 평행사변형의 면적은(제 4 장 3절, 곡면의 제 1 기본형 참고)

$$\|\mathbf{x}_u \Delta u \times \mathbf{x}_v \Delta v\| = \|\mathbf{x}_u \times \mathbf{x}_v\| \Delta u \Delta v = \sqrt{EG - F^2}\, \Delta u \Delta v$$

이다. 이 관계식은 "$\mathbf{x}$에 의하여 얻어진 $\mathbf{x}(\Delta R)$의 면적은 ΔR의 면적을 $\sqrt{EG-F^2}$ 만큼 확대한 것"임을 나타낸다. 따라서 $\mathbf{x}(D)$ 전체의 면적은

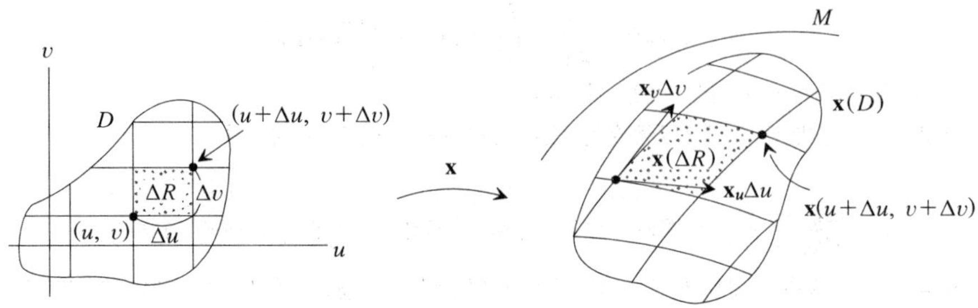

그림 6-11

$$A=\iint_D \sqrt{EG-F^2}\,dudv$$

로 정의할 수 있다.

정의 6-1

직사각형 $R: a\leq u\leq b,\ c\leq v\leq d$의 내부(interior) R^0는 개집합 $a<u<b$, $c<v<d$이다. 제한된 사상(restricted mapping) $\mathbf{x}: R^0\rightarrow M$이 M 안의 조각사상일 때 2-선분 $\mathbf{x}: R\rightarrow M$을 **조각사상답다**(patchlike)라고 한다.

예제 6-2 **곡면의 면적**

(1) **반경 r인 구면 Σ**: 지리적 조각사상

$$\mathbf{x}(u,\ v)=(r\cos v\cos u,\ r\cos v\sin u,\ r\sin v)$$

를 직사각형 R: $-\pi\leq u\leq\pi,\ -\dfrac{\pi}{2}\leq v\leq\dfrac{\pi}{2}$에 응용하면 Σ를 완전히 덮는 2-선분을 얻을 수 있다. 위의 조각사상으로부터

$$E=r^2\cos^2 v,\quad F=0,\quad G=r^2$$

을 구할 수 있으므로 Σ의 면적을 구할 수 있다(그림 4-9).

$$A(\Sigma)=\int_{-\frac{\pi}{2}}^{\frac{\pi}{2}}\int_{-\pi}^{\pi} r^2\cos v\,du\,dv=4\pi r^2$$

(2) **반경 $R>r>0$인 원환면**(torus) T: 제 4 장의 예제 2-5로부터 원환면을 덮는 조각사상다운 2-선분(patchlike 2-segment)

$$\mathbf{x}(u,\ v)=((R+r\cos u)\cos v,\ (R+r\cos u)\sin v,\ r\sin u)$$

를 얻는다.

$$E=r^2,\quad F=0,\quad G=(R+r\cos u)^2$$
$$\sqrt{EG-F^2}=r(R+r\cos u)$$

이므로 T의 면적은 다음과 같다(그림 4-11).

$$A(T)=\int_{-\pi}^{\pi}\int_{-\pi}^{\pi} r(R+r\cos u)\,du\,dv=4\pi^2 rR$$

정의 6-3

M 안의 하나의 영역 $\wp$에 대하여, 유한개의 조각사상다운 2-선분 $\mathbf{x}_i$ $(i=1,\ 2,\ \cdots,\ k)$가 존재하여 $\cup\mathbf{x}_i(R_i{}^0)=\wp$이고 $\cap\mathbf{x}_i(R_i{}^0)=\phi$를 만족할 때 $\mathbf{x}_1,\ \cdots,\ \mathbf{x}_k$를 $\wp$의 **포장**(paving)이라 한다.

이 정의는 $\mathbf{x}_i$의 상이 오직 경계(boundary)에서만 겹쳐짐을 말해 준다(그림 6-12). 포장은 유한개이고 컴팩트는 필수적이므로 모든 영역이 포장이 될 수 있는 것은 아니다.

그러므로 하나의 컴팩트한 영역이 포장일 조건은 그 경계가 유한개의 정칙곡선선분으로 구성되는 것이라고 말할 수 있다. 특히 컴팩트한 전곡면은 항상 포장이 될 수 있다. 포장될 수 있는 영역 $\wp$의 면적은 $\wp$의 포장에 대한 $\mathbf{x}_1(R_1),\ \cdots,\ \mathbf{x}_k(R_k)$의 면적의 합으로 정의된다. 면적의 계산은 미분형식이 아니라 2-형식의 적분을 필요로 한다. 이제 이것에 대한 문제를 조사

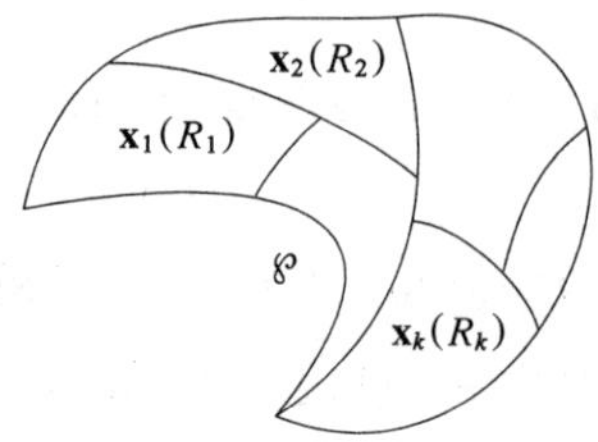

그림 6-12

하여 보자.

제 4 장의 정의 6-3에 의하면

$$\iint_{\mathbf{x}} \mu = \iint_{R} \mu(\mathbf{x}_u, \ \mathbf{x}_v) dudv$$

이고 $\mathbf{x}_u$, $\mathbf{x}_v$에 대하여 값이

$$\|\mathbf{x}_u \times \mathbf{x}_v\| = \sqrt{EG - F^2}$$

인 2-형식 μ가 필요하다. 일반적으로 모든 $\mathbf{v}$, $\mathbf{w}$에 대하여

$$\mu(\mathbf{v}, \ \mathbf{w}) = \pm \|\mathbf{v} \times \mathbf{w}\|$$

인 2-형식을 **면적형식**(area form)이라고 한다. 이러한 형식은 접벡터의 한 쌍 $\mathbf{v}$와 $\mathbf{w}$를 두 변으로 하는 평행사변형의 면적을 + 또는 − 값으로 대응시킨다.

정의 6-4

곡면 M위의 각 점에서 0이 아닌 2-형식 u가 존재할 때 M을 **가향곡면**(orientable surface)이라고 한다.

정리 6-5 면적형식과 가향곡면

곡면 M이 면적형식을 가질 필요충분조건은 M이 가향곡면이 되는 것이다. 연결된 가향곡면(connected orientable surface) M은 두 가지의 면적 형식 dM과 $-dM$을 갖는다.

증명 만약 $\mathbf{v}$와 $\mathbf{w}$가 일차독립이면 $\|\mathbf{v}\times\mathbf{w}\|>0$이므로 면적형식은 없어지지 않는다. 따라서 향을 줄 수 없는 곡면은 면적형식을 가질 수 없으므로 M 위의 법벡터장과 2-형식 dM 사이에 일대일 대응관계가 성립한다. 그런데 만약 U를 M의 단위법벡터장이라 하면

$$dM(\mathbf{v}, \mathbf{w})=U(\mathbf{p})\cdot\mathbf{v}\times\mathbf{w}=\pm\|\mathbf{v}\times\mathbf{w}\| \tag{1}$$

가 성립하므로 동반된 2-형식 dM은 0 아닌 2-형식이므로 면적형식이다(그림 6-13에서는 $\mathbf{v}\times\mathbf{w}$가 $U(\mathbf{p})$와 같은 방향을 가리키므로 +부호를 갖는다. 만약 반대방향이라면 −부호일 것이다). 따라서 M 위의 두 개의 단위법벡터장은 M 위의 두 개의 면적형식 dM과 $-dM$을 갖는다. ■

가향곡면에 향을 주기 위하여 두 개의 면적형식 중 어느 하나를 취하면 된다. 이것은 유향곡면의 두 개의 단위법벡터 중에서 어느 하나를 택하는 것과 같다.

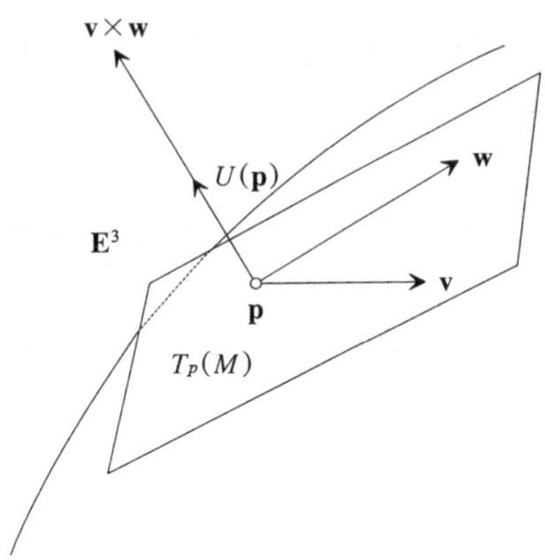

그림 6-13

M 안의 영역 $\wp$의 면적은 항상 양이므로 면적형식을 적분함으로써 면적을 구할 경우에는 항상 부호에 유의하여야 한다. 이제 면적형식 dM에 의하여 향이 정해진 곡면에 속한 조각사상다운 2-선분을 $\mathbf{x}$라 가정하자. 정의에 따라

$$\iint_{\mathbf{x}} dM = \iint_R dM(\mathbf{x}_u, \mathbf{x}_v)\,du\,dv$$

이므로, 다음의 두 가지 경우가 존재한다.

(1) $dM(\mathbf{x}_u, \mathbf{x}_v) > 0$일 때: $\mathbf{x}$는 **양의 향**(positively oriented)으로 정의되었다고 한다. 면적형식의 정의에 의하여

$$dM(\mathbf{x}_u, \mathbf{x}_v) = \|\mathbf{x}_u \times \mathbf{x}_v\|$$

이므로 $\iint_{\mathbf{x}} dM$은 $\mathbf{x}(R)$의 면적이다.

(2) $dM(\mathbf{x}_u, \mathbf{x}_v) < 0$일 때: $\mathbf{x}$는 **음의 향**(negatively oriented)으로 정의되었다고 말한다.

$$dM(\mathbf{x}_u, \mathbf{x}_v) = -\|\mathbf{x}_u \times \mathbf{x}_v\|$$

이므로 $\iint_{\mathbf{x}} dM$은 $\mathbf{x}(R)$의 면적을 음으로 한다.

따라서 면적형식을 선택하고 그것을 적분함으로써 **포장가능 유향영역**(pavable oriented region)의 면적을 구하기 위하여는 포장은 반드시 양의 향이 되어야만 한다. 즉 단지 양의 향을 가진 조각사상다운 2-선분으로만 구성되어 있을 때 그 면적은

$$A(\wp) = \sum_i A(x_i(R_i)) = \sum_i \iint_{\mathbf{x}_i} dM$$

이다. 이제 면적형식 대신 임의의 2-형식으로 바꾸어 위의 관계식을 기술해 보자.

정의 6-6

한 곡면 M 안의 포장가능 유향영역 $\wp$ 위에서 정의된 2-형식을 ν라 할 때 $\wp$에 대한 ν의 적분은

$$\iint_{\wp} \nu = \sum_{i=1}^{k} \iint_{\mathbf{x}_i} \nu$$

로 정의된다. 단 $\mathbf{x}_1, \cdots, \mathbf{x}_k$는 양의 향을 가진 $\wp$의 포장이다.

컴팩트 곡면은 포장될 수 있으므로, 위의 정의는 컴팩트 유향곡면에 대한 2-형식의 적분을 구하는 방법을 제공한다.

만약 dM에 의하여 향이 정해진 곡면 M 위의 포장가능영역을 $\wp$라 하면 $\wp$의 면적은 $\iint_{\wp} dM$이 된다는 사실을 일반화하면 $\iint_{\wp} f dM$은 $\wp$에 대한 함수 f의 적분을 제공할 수 있다. 이런 개념에 대한 기하학적 응용을 조사해 보자.

정의 6-7

곡면 M의 가우스 곡률을 K, dM에 의하여 향이 정해진 포장가능영역을 $\wp$라 할 때

$$\iint_{\wp} K dM$$

을 $\wp$의 **전곡률**(total curvature) 또는 **적분곡률**(integral curvature)이라고 한다.

$\wp$가 전 컴팩트 유향곡면(entire compact oriented surface)일 때 M의 전곡률을 얻을 수 있다. 한 곳에서 음의 곡률은 다른 곳에서 양의 곡률을 상쇄시킨다. 전곡률을 구하기 위하여 정의 6-6은 조각사상다운 2-선분에 대한

2-형식 KdM을 어떻게 적분하는가를 알게 해 준다. $\mathbf{x}: R \to M$일 때

$$\iint_{\mathbf{x}} KdM = \iint_R \mathbf{x}^*(KdM) = \iint_R K(\mathbf{x})\mathbf{x}^*(dM)$$
$$= \int_a^b \int_c^d K(\mathbf{x})\sqrt{EG-F^2}\,dudv$$

가 성립한다. 정확한 $K(\mathbf{x})$의 값은 제 5 장의 정리 3-8에 의하여 구할 수 있다.

예제 6-8 **곡면의 전곡률**

(1) **상수곡률**: M의 가우스 곡률이 일정하면 M의 전곡률은

$$\iint_M KdM = K\iint_M dM = KA(M)$$

이므로, 반경 r인 구면의 전곡률은 $\left(\frac{1}{r^2}\right)(4\pi r^2) = 4\pi$ 이다.

(2) **원환면**(torus): $\mathbf{x}$를 원환면 T 위에서 사용된 2-선분이라 하면(예제 6-2) 면적형식 dT는 좌표표시

$$\mathbf{x}^*(dT) = \sqrt{EG-F^2}\,dudv = r(R + r\cos u)dudv$$

이다. 제 5 장의 예제 5-1에서

$$K(\mathbf{x}) = \frac{\cos u}{r(R + r\cos u)}$$

가 성립하므로, 원환면의 전곡률은

$$\iint_T KdT = \int_{-\pi}^{\pi}\int_{-\pi}^{\pi} \cos u\,dudv = 0$$

이다. 자세히 말하면, 원환면 T의 안쪽 반에 대한 음의 곡률은 바깥쪽 반 위에서 양의 곡률을 상쇄하므로 결국 T의 전곡률은 0이 된다. 즉 T의 바깥쪽 반에 대한 전곡률은

$$\int_{-\pi}^{\pi}\int_{-\frac{\pi}{2}}^{\frac{\pi}{2}} \cos u du dv = 4\pi$$

로 계산하므로, 안쪽에 대한 곡률은 분명히 -4π일 것이다(그림 5-20).

(3) **현수면**(catenoid): 현수면은 컴팩트 곡면이 아니다. 따라서 면적은 $+\infty$이다. 그러나 현수면은 유한인 전곡률을 갖는다. 직사각형 R: $-a \leq u \leq a$, $0 \leq v \leq 2\pi$ 위에서 제 5 장의 예제 5-1의 매개변수표시는 위선 $u = -a$와 $u = a$ 사이의 영역을 덮는 조각사상다운 2-선분이 된다. 한편

$$K(\mathbf{x}) = \frac{-1}{c^2 \cosh^4\left(\frac{u}{c}\right)}$$

이고

$$\mathbf{x}^*(dM) = \sqrt{EG - F^2}\, du dv = c \cosh^2\left(\frac{u}{c}\right)$$

이므로, 주어진 영역의 전곡률은

$$\iint_{\mathbf{x}} K dM = -\int_{-a}^{a}\int_{0}^{2\pi} \frac{du dv}{c \cosh^2\left(\frac{u}{c}\right)} = -4\pi \tanh\left(\frac{a}{c}\right)$$

이다. 따라서 $a \to \infty$ 임에 따라 이 영역은 현수면 전곡면으로 확대한 것이므로 현수면의 적곡률은 다음과 같다.

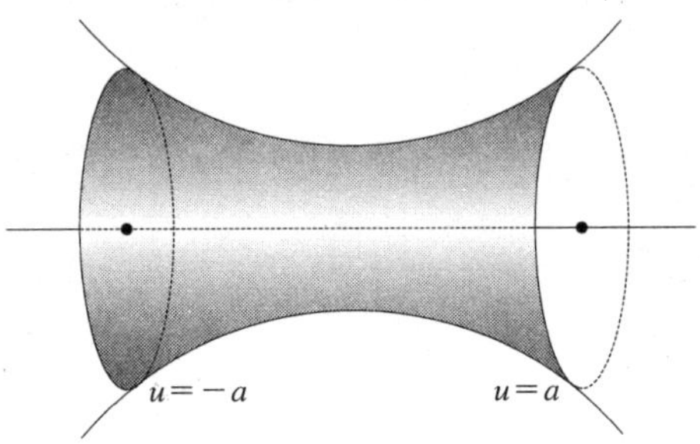

그림 6-14

$$\iint_M K\,dM = -4\pi \lim_{a\to\infty} \tanh\left(\frac{a}{c}\right) = -4\pi \qquad \square$$

만약 F: $M \to N$을 향이 있는 곡면의 사상이라 하면, F의 야코비 $J(F)$는

$$F^*(dM) = J(F)\,dM$$

을 만족하는 실가함수이다. 만약 $\mathbf{v}$와 $\mathbf{w}$를 M의 한 점 $\mathbf{p}$에서 매우 작은 접벡터라 하면 그들은 M에서 작은 영역 ΔM의 면적과 같은 $T_p(M)$에 속한 평행사변형의 두 변을 나타낸다. 미분사상 F_*의 특성은 $F_*(\mathbf{v})$와 $F_*(\mathbf{w})$가 상영역(image region) $F(\Delta M)$을 근사값으로 하는 $T_{F(p)}(N)$에 속한 평행사변형의 두 변이다(그림 6-15). 야코비안의 정의에 따라

$$J(\mathbf{p})\,dM(\mathbf{v},\ \mathbf{w}) = (F^* dN)(\mathbf{v},\ \mathbf{w}) = dN(F_*\mathbf{v},\ F_*\mathbf{w}) \tag{2}$$

를 얻는다. 이제 $\|\mathbf{v}\times\mathbf{w}\|$는 ΔM의 근사면적이므로

$$|J(\mathbf{p})|(\Delta M\text{의 면적}) \sim (F(\Delta M)\text{의 면적})$$

의 관계가 있다. 따라서 $|J(\mathbf{p})|$는 점 $\mathbf{p}$에서 면적을 확장하는 비율을 뜻한다. 더욱이 ΔM이 양의 향이면(즉, $dM(\mathbf{v},\ \mathbf{w})>0$) 관계식 (2)는 $dN(F_*\mathbf{v},\ F_*\mathbf{w})$의 부호가 $J(\mathbf{p})$의 부호와 같음을 보여 준다. 그러므로 $J(\mathbf{p})$의 부호는 F가 ΔM의 향을 보존하는가 또는 반대로 하는가를 말해 준다. 이런 관계에 의하여 관계식

$$A(F(M)) = \iint_M J\,dM = \iint_M F^* dN$$

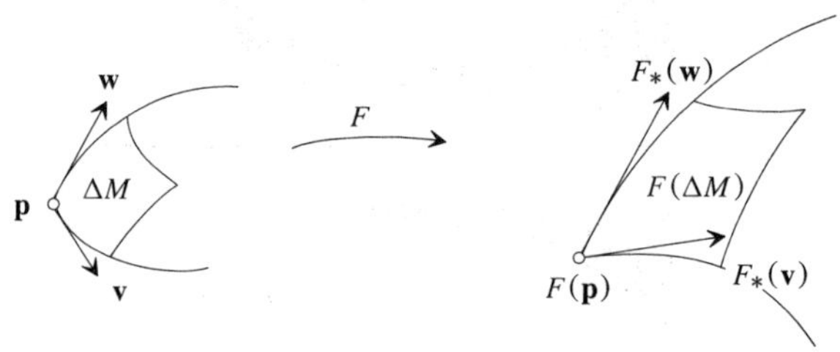

그림 6-15

을 $F(M)$의 대수적 면적(algebraic area)이라 한다.

이 사실을 종합하여 정리하면 다음과 같다.

(1) $F(\Delta M)$과 N의 향이 일치할 때: $A(F(M))>0$
(2) $F(\Delta M)$과 N의' 향이 반대할 때: $A(F(M))<0$
(3) F에 의하여 $F(\Delta M)$이 곡선 또는 점으로 될 때: $A(F(M))=0$

이제 가우스 사상의 경우에 이것이 의미하는 것을 조사해 보자.

정리 6-9 Gauss 곡률과 Gauss 사상

유향곡면 M의 가우스 곡률 K는 가우스 사상 $G: M\to\Sigma$의 야코비안이다(Σ은 단위구면을 뜻하며, 이것은 밖으로 향하는 법선 U 또는 대응하는 면적형식 $d\Sigma$에 의하여 향이 정해졌다).

증명 $U=\sum g_iU_i$을 유향곡면 M의 단위법벡터라 하면, 이에 대응하는 가우스 사상은 $G=(g_1,\ g_2,\ g_3)$이다. 만약 U에 의한 M의 모양연산자를 S라 하면

$$-S(\mathbf{v})=\nabla_vU=\sum\mathbf{v}[g_i]U_i(\mathbf{p})$$

이다. 제 1 장의 정리 5-5에 의하면

$$G_*(\mathbf{v})=(\mathbf{v}[g_1],\ \mathbf{v}[g_2],\ \mathbf{v}[g_3])_{G(\mathbf{p})}=\sum\mathbf{v}[g_i]U_i(G(\mathbf{p}))$$

이므로, $G_*(\mathbf{v})$와 $-S(\mathbf{v})$는 M의 임의의 접벡터 $\mathbf{v}$에 대하여 평행하다(그림 6-17). 그런데 식 (1)과 제 5 장의 정리 3-4를 사용하면

$$(KdM)(\mathbf{v},\ \mathbf{w})=K(\mathbf{p})dM(\mathbf{v},\ \mathbf{w})=K(\mathbf{p})U(\mathbf{p})\cdot(\mathbf{v}\times\mathbf{w})$$

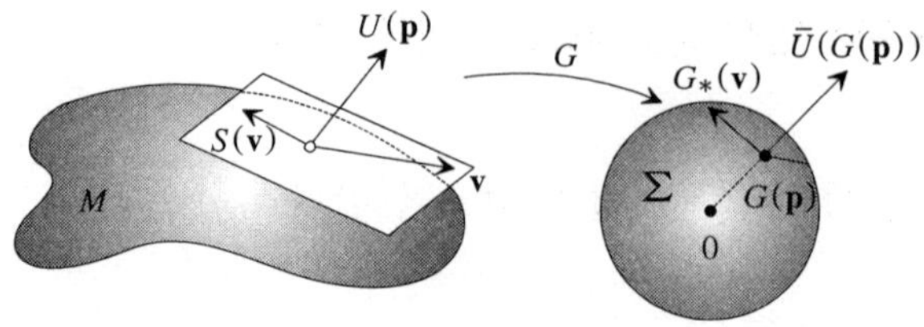

그림 6-16

$$=U(\mathbf{p})\cdot S(\mathbf{v})\times S(\mathbf{w})$$

한편 $\sum$ 위의 점 $G(\mathbf{p})$에서 $\sum$에 대한 법벡터를 $\bar{U}(G(\mathbf{p}))$라 하면

$$G^*d\sum(\mathbf{v},\ \mathbf{w})=d\sum(G_*\mathbf{v},\ G_*\mathbf{w})=\bar{U}(G(\mathbf{p}))\cdot G_*\mathbf{v}\times G_*\mathbf{w}$$

그런데 $G_*(\mathbf{v})$와 $-S(v)$가 평행하므로

$$G^*d\sum(\mathbf{v},\ \mathbf{w})=\bar{U}(G(\mathbf{p}))\cdot S(\mathbf{v})\times S(\mathbf{w})$$

한편 가우스 사상 G의 정의와 단위구면 $\sum$의 특성에 의하여 $U(\mathbf{p})$와 $\bar{U}(G(\mathbf{p}))$는 역시 평행하므로

$$KdM(\mathbf{v},\ \mathbf{w})=G^*d\sum(\mathbf{v},\ \mathbf{w})$$

이 성립한다. 그런데 식 (2)에 의한 관계식 $G^*d\sum=J(G)dM$을 이용하면 결국 $K=J(G)$을 얻으므로 증명이 끝난다. ■

정리 6-10 **가우스 전곡률**

유향곡면 $M\subset\mathbf{E}^3$의 가우스 전곡률은 가우스 사상 $G : M\to\sum$의 상 $G(M)$의 대수적 면적이다. 즉, 다음 관계식이 성립한다.

$$\iint_M KdM=\iint_M G^*d\sum$$

증명 정리 6-9로부터 명백하다. ■

문제 6-6

1 몽주 조각사상 $\mathbf{x}(u, v)=(u, v, f(u, v))$에 대하여 $\mathbf{x}(D)$의 면적은 미적분의 일반 공식에 의하여 주어짐을 증명하고, $A(\mathbf{x}(D))\geq A(D)$임을 추론하여라.

2 다음 곡면의 면적을 구하여라.

(1) xy-평면에서 원판 $x^2+y^2\leq c^2$을 덮는 안장곡면 $z=xy$에 속한 영역

(2) 현수면

(3) 뫼비우스 띠(4-2절의 문제 4)

3 M을 dM에 의하여 정해진 유향 컴팩트 곡면이라 하고 $-M$을 면적형식 $-dM$에 의한 같은 유향곡면이라 할 때 다음을 증명하여라.

(1) $\iint_M (av+bw)=a\iint_M v+b\iint_M w$, $(a, b$: 상수$)$

(2) $\iint_{-M} v=-\iint_M v$

힌트 만약 $\mathbf{x}(u, v)=\bar{\mathbf{x}}(v, u)$이면 $\mathbf{x}$와 $\bar{\mathbf{x}}$는 반대향임을 보여라.

(3) $\iint_M f\,dM=\iint_{-M} f(-dM)$

(4) $f\leq g$이면 $\iint_M f\,dM\leq\iint_M g\,dM$

($f=0$ 또는 $g=0$인 경우를 고려하여라. 성질 (3)은 컴팩트 곡면에서 함수의 적분을 어떻게 하는가를 보여 준다. 두 가지 경우의 면적형식은 같은 결과를 제공한다.)

4 일정한 곡률을 갖는 회전면의 전곡률을 구하고, 면적도 추론해 보아라.

5 $\mathbf{E}^2$의 면적형식은 $\pm du dv$이므로(du와 dv는 한 틀장의 쌍대형식이기 때문이다), $\mathbf{E}^2$의 자연향(natural orientation)은 $du dv$에 의하여 정해진다고 가정하자.

(1) 일반정의를 사용하여, 사상 $F=(f, g): E^2\rightarrow E^2$의 야코비안은 일반적인 공식 $J=f_u g_v-f_v g_u$로 주어짐을 증명하여라.

(2) 조각사항 $\mathbf{x}: D\rightarrow M$의 야코비안은 $\pm\sqrt{EG-F^2}$(부호는 $\mathbf{x}$가 양 또는 음의 방향인가에 달려 있다)임을 증명하여라.

6 $\theta=\angle(\mathbf{u}, \mathbf{v})$는 $\mathbf{u}$로부터 $\mathbf{v}$에 이르는 유향각(oriented angle)을 표시한다. 다음을 증명하여라.

(1) $\theta=\angle(\mathbf{u}, \mathbf{v})$이고, $\phi=\angle(\mathbf{v}, \mathbf{w})$이면 $\theta+\phi=\angle(\mathbf{u}, \mathbf{w})$이다.
(2) $\theta=\angle(\mathbf{u}, \mathbf{v})$이면 $-\theta=\angle(\mathbf{v}, \mathbf{u})$이다.

7 $\alpha: I \to M$을 유향곡면 M 위에 있는 곡선이라 하자. V와 W를 α 위에서 0이 아닌 접벡터장이라 하면, $t \in I$에 대하여 $\theta(t)$가 $V(t)$로부터 $W(t)$에 이르는 유향각이 되는 I 위에서 미분가능함수 θ가 존재함을 증명하여라. 이 각을 V에서 W까지의 **각함수**(angle function)라고 한다(문제 2-1 6).

8 사상 $F: M \to N$에 대하여 M 안의 임의의 포장영역 $\mathscr{R}$의 면적이 N에 속한 상 $F(\mathscr{R})$의 면적과 같을 경우 F는 **면적을 보존한다**(area preserving)고 한다(이런 사상은 반드시 일대일이어야 함에 유의하라). 다음을 증명하여라.

(1) M 안의 모든 조각사상 $\mathbf{x}$에 대하여 $\bar{\mathbf{x}}=F(\mathbf{x})$가 N에 속하고

$$EG-F^2=\bar{E}\bar{G}-\bar{F}^2$$

이면 $F: M \to N$은 일대일이다.

힌트 F는 포장(paving)을 포장으로 옮김을 증명하라.

(2) 등장사상은 면적을 보존한다. 즉 등장적 곡면(컴팩트 곡면도 포함)은 같은 면적을 갖는다.

(3) 면적은 보존하되 등장사상은 아닌 사상 $F: M \to N$의 예를 들어보아라.

9 $F: M \to N$이 야코비안 J를 갖는 유향곡면의 사상이라 할 때, 다음을 증명하여라.

(1) F가 정칙사상이 될 필요충분조건은 $J \neq 0$이다.

(2) F가 일대일이고 $J=\pm 1$이면 F는 면적을 보존한다(역도 참이다).

(3) F가 등장사상이면 $J=\pm 1$이다. 그러나 역은 참이 아니다.

우리는 단지 M이 연결된 곡면인 경우에 한하여 취급하고 있으므로, (1)은 F가 향을 보존하는 $J>0$인 경우와 향을 반대로 하는 $J>0$인 경우로 나누는 것을 의미한다.

10 (1) S가 $\mathbf{E}^2$ 위의 단순영역이면 S의 면적은

$$\frac{1}{2}\int_{\alpha}(udv-vdu)$$

임을 증명하여라. 단 α는 S의 경계곡선(boundary curve)이다.

(2) 타원 $\dfrac{u^2}{a^2}+\dfrac{v^2}{b^2}=1$에 의하여 닫혀 있는 $\mathbf{E}^2$에 속한 영역의 면적을 구하여라.

6-7 곡면의 합동

두 곡면 M과 $\bar{M}$이 **합동**(congruence)이라 함은 M을 정확히 $\bar{M}$ 위로 보내는 등장사상(isometry) $\mathbf{F}$가 존재하는 것을 말한다. 그러므로 합동인 두 곡면은 모양이 같다. 다만 위치는 다를 수 있다. 예를 들어 같은 반경을 갖는 두 구면은 합동이다. 또한 두 곡면

$$M : z = xy, \quad \bar{M} : z = \frac{x^2 - y^2}{2}$$

은 z축에 관하여 $\frac{\pi}{4}$ 회전함으로써 합동이 된다.

이제부터는, 설명을 간단하게 하기 위하여, 이 절에서 다루는 모든 곡면은 연결된 가향곡면(connected orientable surface)이라 가정한다.

정리 7-1 합동인 곡면

$\mathbf{F}(M) = \bar{M}$을 만족하는 유클리드 등장사상을 $\mathbf{F}$라 하면 $F = \mathbf{F}|M : M \to \bar{M}$은 곡면의 등장사상이다. 더욱이 M과 $\bar{M}$이 유향곡면이면 F는 모양연산자를 보존한다. 즉 M의 모든 접벡터 $\mathbf{v}$에 대하여

$$F_*(S(\mathbf{v})) = \bar{S}(F_*(\mathbf{v}))$$

가 성립한다.

간단히 말하면 합동인 곡면은 등장적(isometric)이고 반드시 같은 모양연산자를 갖는다. 그러나 등장적 곡면이라 하여 반드시 합동인 것은 아니다. 왜냐하면 등장적인 곡면도 완전히 다른 모양을 가지고 있을 수 있기 때문이다.

증명 제4장 4-5절로부터 제한함수(restriction) $F: M \to \bar{M}$은 사상이라는 사실을 알고 있다. 더욱이 $\mathbf{F}$와 F의 미분사상은 M 위의 접벡터에 대하여 서로 같다. 실제로 $\mathbf{v}$를 M의 접벡터라 하면 $\mathbf{v}$는 M 위의 어떤 곡선 α의 초기속도벡터이다. 그런데 $F=\mathbf{F}|M$이므로

$$F(\alpha)=\mathbf{F}(\alpha)$$

이다. 따라서

$$F_*(\mathbf{v})=F(\alpha')(0)=\mathbf{F}(\alpha)'(0)=\mathbf{F}_*(\mathbf{v}).$$

그러므로 $\mathbf{F}_*$는 접벡터의 쌍에 대하여 내적을 보존하기 때문에(제3장의 정리 2-2) F_*도 M의 접벡터의 내적을 보존한다. 또한 $\mathbf{F}$는 일대일이기 때문에 F도 일대일이고 가정에 의하여 위로(onto)의 함수이다. 따라서 F는 곡면의 등장사상이다.

다음, F가 모양연산자를 보존함을 증명하자. 만약 M이 단위법벡터 U에 의하여 향이 정해졌다면, $\mathbf{F}_*$는 내적을 보존하므로 $\mathbf{F}_*(U)$는 단위벡터이고 $\mathbf{F}(M)=\bar{M}$에 직교한다. 그러므로 $\bar{M}$ 위에서 단위법벡터 $\bar{U}$는

$$\mathbf{F}_*(U(\mathbf{p}))=\bar{U}(\bar{\mathbf{p}}),\ \text{단}\ \bar{\mathbf{p}}=F(\mathbf{p})$$

를 만족한다. 이때 S와 $\bar{S}$를 각각 U와 $\bar{U}$에 의하여 유도된 M과 $\bar{M}$의 모양연산자라 하자. α를 M 위의 임의의 곡선이라 하고 α의 초기속도벡터를 $\mathbf{v}$라 하면 $\mathbf{F}(\alpha)$는 $\bar{M}$ 위의 곡선이고 $\mathbf{F}(\alpha)$의 초기속도벡터는 $\mathbf{F}_*(\mathbf{v})$가 된다. 만약 U가 α에 제한되어 있다면 $\bar{U}$도 $\mathbf{F}(\alpha)$에 제한되므로 $\mathbf{F}_*(U)=\bar{U}$이다(그림 6-17). 그런데 $\mathbf{F}_*$는 벡터장의 도함수를 보존하므로

$$\mathbf{F}_*(S(\mathbf{v}))=-\mathbf{F}_*(U'(0))=-\bar{U}'(0)=\bar{S}(\mathbf{F}_*(\mathbf{v}))$$

가 성립한다. 그런데 $\mathbf{v}$와 $S(\mathbf{v})$는 M의 접벡터이므로 $\mathbf{F}_*$ 대신 F_*로 대체할 수 있다. 따라서 관계식

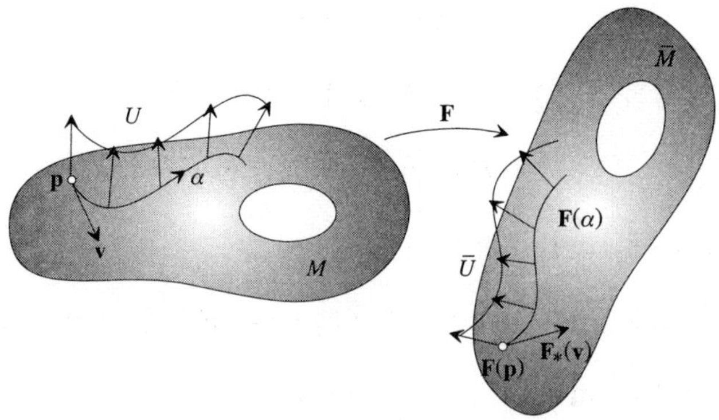

그림 6-17

$$F_*(S(\mathbf{v}))=\bar{S}(F_*(\mathbf{v}))$$

를 얻는다. ■

이제 우리의 목표는 정리 7-1의 역(정리 7-3)을 증명하는 것이다. 즉 M과 $\bar{M}$이 등장적이고 같은 모양연산자를 가지면 M과 $\bar{M}$는 합동임을 증명하기 위하여 먼저 다음 정리를 증명하자.

정리 7-2

$F: M \to \bar{M}$이 모양연산자를 보존하는 $\mathbf{E}^3$ 유향곡면들의 등장사상이라 할 때, M 위의 접선틀장 E_1, E_2를 F에 의하여 $\bar{M}$ 위의 틀장 $\bar{E}_1$, $\bar{E}_2$로 이동시켰다 하자. 만약 E_3, $\bar{E}_3$를 각각 M과 $\bar{M}$에 향을 주는 단위법벡터라 하면 E_1, E_2, E_3와 $\bar{E}_1$, $\bar{E}_2$, $\bar{E}_3$는 각각 M과 $\bar{M}$ 위에서 적응된 틀장을 이룬다. 이 틀장의 접속형식에 대하여 다음 관계식이 성립한다.

$$F^*(\bar{\omega}_{ij})=\omega_{ij}, \quad (1 \leq i, j \leq 3)$$

증명 정리 4-3으로부터 $F^*(\bar{\omega}_{12})=\omega_{12}$임을 알고 있으므로

$$F^*(\bar{\omega}_{i3})=\omega_{i3} \quad (i=1, 2)$$

임을 증명하면 된다. 그런데 정리 1-5로부터

$$S(E_j)=\omega_{13}(E_j)E_1+\omega_{23}(E_j)E_2$$

이므로 $i=1, 2$에 대하여

$$S(E_j)\cdot E_i=\omega_{13}(E_j)E_1\cdot E_i+\omega_{23}(E_j)E_2\cdot E_i=\omega_{i3}(E_j)$$

이 성립한다. 따라서

$$\begin{aligned}F^*(\bar{\omega}_{i3})(E_j)&=\bar{\omega}_{i3}(F_*E_j)=\bar{S}(F_*E_j)\cdot \bar{E}_i=F_*(S(E_j))\cdot F_*(E_i)\\&=S(E_j)\cdot E_i=\omega_{i3}(E_j), \quad (i=1, 2)\end{aligned}$$

이므로 $F^*(\bar{\omega}_{i3})=\omega_{i3}$이다. ■

참고

제 2 장의 정의 7-1과 제 5 장의 정의 1-1에 의하여

$$\omega_{i3}(\mathbf{v})=\nabla_v E_i\cdot E_3(\mathbf{p})=-\nabla_v E_3\cdot E_i(\mathbf{p})=S(\mathbf{v})\cdot E_i(\mathbf{p})$$

가 성립하므로 관계식 $\omega_{i3}(E_j)=S(E_j)\cdot E_i$를 직접 얻을 수도 있다.

정리 7-3

$F: M\to\bar{M}$을 모양연산자를 보존하는 유향곡면의 등장사상이면, 즉, M의 모든 접벡터 $\mathbf{v}$에 대하여

$$F_*(S(\mathbf{v}))=\bar{S}(F_*(\mathbf{v}))$$

가 성립하면, M 과 $\bar{M}$는 합동이다.
실제로 $F=\mathbf{F}|M$을 만족하는 $\mathbf{E}^3$의 등장사상 $\mathbf{F}$가 존재한다.

증명 M의 한 점 $\mathbf{p}$를 고정시키고 E_3와 $\bar{E}_3$를 각각 M과 $\bar{M}$의 향을 결정하

는 단위법벡터라 하자. 제 3 장 정리 2-3을 이용하면 선택한 점 $\mathbf{p}$에서 M에 접하는 모든 접벡터 $\mathbf{v}$에 대하여

$$\mathbf{F}(\mathbf{p})=F(\mathbf{p}),\quad \mathbf{F}_*(\mathbf{v})=F_*(\mathbf{v}),\quad \mathbf{F}_*(E_3(\mathbf{p}))=\bar{E}_3(F(\mathbf{p}))$$

를 만족하는 F와 동일한 $\mathbf{E}^3$의 유일한 등장사상 $\mathbf{F}$가 존재함을 쉽게 증명할 수 있다.

이제 $\mathbf{F}$가 구하는 유클리드 등장사상임을 증명하자. 다시 말하면 M의 임의의 점 $\mathbf{q}$에 대하여 $\mathbf{F}(\mathbf{q})=F(\mathbf{q})$임을 보이면 된다. 그러므로 만약 α가 점 $\mathbf{p}$로부터 $\mathbf{q}$를 잇는 M 위의 곡선이라 할 때 $\mathbf{F}(\alpha)=F(\alpha)$임을 증명하면 충분하다.

(1) **곡선 $\mathbf{F}(\alpha)$**: 곡선 α에 적응틀장 E_1, E_2, E_3을 제한하면(그림 6-18), 접속방정식의 정의에 의하여 $\nabla_{\alpha'}E_i$는 점 $\mathbf{p}$가 α'의 방향으로 움직일 때 $E_i(\mathbf{p})$의 초기변화율을 의미하므로

$$E_i'=\nabla_{\alpha'}E_i=\sum_j \omega_{ij}(\alpha')E_j \quad (1\le i\le 3)$$

이다. 이 방정식에 $\mathbf{F}_*$을 적용하면, $\mathbf{F}_*$는 선형이고 도함수를 보존하므로

$$(\mathbf{F}_*E_i')=(\mathbf{F}_*E_i)'=\sum\omega_{ij}(\alpha')\ \mathbf{F}_*(E_j),\quad (1\le i\le 3) \tag{1}$$

를 얻고, $\mathbf{F}_*$는 내적을 보존하므로 $\mathbf{F}_*(E_1)$, $\mathbf{F}_*(E_2)$, $\mathbf{F}_*(E_3)$도 상곡선 $\mathbf{F}(\alpha)$ 위에서 틀장을 이루고 있음을 알 수 있다. 특히

$$\mathbf{F}(\alpha)'=F_*(\alpha')$$

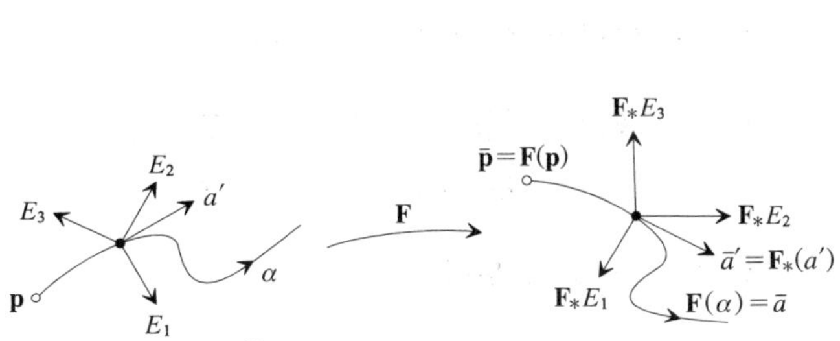

그림 6-18

이므로 다음관계가 성립한다.

$$\mathbf{F}(\alpha)' \cdot \mathbf{F}_*(E_i) = F_*(\alpha') \cdot F_*(E_i) = a' \cdot E_i \tag{2}$$

(2) 곡선 $F(\alpha)=\bar{\alpha}$: 틀장 E_1, E_2를 $\bar{M}$ 위의 틀장 $\bar{E}_1$, $\bar{E}_2$으로 이동시키는 등장사상 F를 사용한다. 단위법벡터장 $\bar{E}_3$와 더불어 $\bar{E}_1$, $\bar{E}_2$, $\bar{E}_3$는 $\bar{M}$의 적응된 틀장이 된다. 이제 상곡선 $F(\alpha)=\bar{\alpha}$에 이 적응된 틀장으로 제한하고, 위의 (1)과 같이 접속방정식을 사용하면

$$\bar{E}_i' = \sum_j \bar{\omega}_{ij}(\bar{\alpha}')\bar{E}_j, \quad (1 \le i \le 3) \tag{3}$$

를 얻는다. 더욱이 관계식

$$\bar{\alpha}' \cdot \bar{E}_i = \alpha' \cdot E_i, \quad (1 \le i \le 3) \tag{4}$$

는 당연히 성립한다. 왜냐하면 $i=1, 2$에 대하여는 F_*가 등장사상이고

$$\bar{\alpha}' = F(\alpha)' = F_*(\alpha')$$

이므로 $\bar{\alpha}' \cdot \bar{E}_i = F_*(\alpha)' \cdot F_*(E_i) = \alpha' \cdot E_i$이기 때문이다.

한편, $i=3$인 경우에는 α'와 $\bar{\alpha}'$가 각각 M과 $\bar{M}$ 위에 속한 곡선에 접하므로 관계식 (4)의 양변을 모두 0으로 한다.

(3) $\mathbf{F}(\alpha)$와 $F(\alpha)=\bar{\alpha}$의 비교: 위의 두 경우에서 만들어진 관계식과 F가 모양연산자를 보존한다는 가정은 정리 7-2의 가정을 충족하므로 $F^*(\bar{\omega}_{ij}) = \omega_{ij}$ $(1 \le i, j \le 3)$가 성립한다. 그러므로

$$\bar{\omega}_{ij}(\bar{\alpha})' = \bar{\omega}_{ij}(F_*(\alpha')) = F^*\bar{\omega}_{ij}(\alpha') = \omega_{ij}(\alpha')$$

이 성립한다. 따라서 식 (1)과 (3)으로부터

$$\begin{aligned}(\mathbf{F}_*E_i)' \cdot \mathbf{F}_*E_j &= \sum \omega_{ij}(\alpha')F_*(E_j) \cdot \bar{E}_j = \sum \bar{\omega}_{ij}(\bar{\alpha}')(\bar{E}_j) \cdot \bar{E}_j \\ &= \bar{E}_i' \cdot \bar{E}_j, \quad (1 \le i, j \le 3)\end{aligned} \tag{5}$$

를 얻고, 식 (2)와 (4)로부터

$$\mathbf{F}(\alpha') \cdot \mathbf{F}_*(E_i) = \bar{\alpha}' \cdot \bar{E}_i, \quad (1 \le i \le 3) \tag{6}$$

를 얻는다. 한편 증명 첫머리의 가정에서

$$\mathbf{F}_* E_i = \text{점 } \bar{\mathbf{p}}\text{에서 } \bar{E}_i \quad (i=1, 2, 3)$$
$$\text{단, } \bar{\mathbf{p}} = \bar{\alpha}(0) = F(\alpha(0)) \tag{7}$$

을 얻을 수 있다. 따라서 위의 세 방정식 (5), (6)과 (7)은 분명히

$$\mathbf{F}(\alpha) = \bar{\alpha} = F(\alpha)$$

일 조건이다. 따라서 증명은 완료된다. ■

정리 7-3은 한 곡면 $M \subset \mathbf{E}^3$의 모양연산자가 완전히 M의 모양을 묘사하고 있다는 공식적인 증명이라 할 수 있다. 일반적으로 곡면 $M \subset \mathbf{E}^3$의 기하학적 연구는 서로 다른 세 분야

(1) M의 본질적 기하학(instrinsic geometry)
(2) M의 모양(shape)
(3) $\mathbf{E}^3$의 유클리드 기하학

으로 나누어진다. 제 2 장과 제 3 장에서 $\mathbf{E}^3$의 기하학은 내적(dot product)에 근거를 두고 $\mathbf{E}^3$의 등장사상에 의하여 보존되는 모든 개념으로 구성되었다. 마찬가지로 M의 본질적 기하학은 M에 접하는 벡터를 적용한 내적에 근거를 두고 M의 등장사상에 의하여 보존되는 모든 개념들로 구성되었다. 곡면 $M \subset \mathbf{E}^3$의 모양은 어떤 면에서는 위의 두 기하학 사이의 연결이라고 말할 수 있다. 예를 들어 가우스 곡률 K는 M의 본질적 기하학의 필수적인 특징이고 모양연산자가 S는 분야 (2)를 좌우한다. 그러므로 방정식

$$K = \det(S)$$

는 기하학 (1)과 (3)이 (2)의 제한적 방법에 의하여서만 조화를 이룰 수 있다는 것을 보여 준다. 이것은 결국 가우스 곡률로 표시된 $\mathbf{E}^3$의 곡면만이 그 모양을 가능하게 한다는 것을 뜻한다. 이 특징이 강하게 나타난 결과가 바로 리만(Riemann)의 정리 "Gauss 곡률 K가 일정한 컴팩트 곡면은 오직 구

면 밖에 없다"이다.

문제 6-7

1 단위속도곡선 α, β: $I \to \mathbf{E}^3$이 $\kappa_\alpha = \kappa_\beta > 0$이고 $\tau_\alpha = \tau_\beta$이면 α와 β의 접곡면은 합동임을 증명하여라.

2 M과 N을 $\mathbf{E}^3$에서 합동인 곡면이라 하고, $\mathbf{F}$는 $F(M) = N$인 등장사상이라 하면, $\mathbf{F}|M$는 가우스 곡률, 평균곡률, 주곡률, 주방향, 배꼽점, 점근선과 주곡선, 그리고 측지선을 보존함을 증명하여라. 이들 가운데 어느 것이 임의의 등장사상 F: $M \to N$에 의하여 보존되는가?

힌트 향을 국소적으로 생각하고 H, κ_1, κ_2의 부호를 무시하여라.

3 곡면 $M \subset \mathbf{E}^3$에 대하여, $\mathbf{F}(M) = M$인 유클리드 등장사상 $\mathbf{F}$를 M의 **유클리드 대칭**이라 한다. 다음을 증명하여라.

(1) M의 모든 유클리드 대칭의 집합은 $\mathbf{E}^3$의 모든 등장사상의 군 $\mathscr{E}$의 부분군 $S(M)$을 형성한다. 이 때 $S(M)$을 M의 **유클리드 대칭군**이라 한다.

(2) 합동곡면에 관한 유클리드 대칭군은 동형이다.

4 임의의 구면의 유클리드 대칭군은 모든 3×3직교행렬군에 동형임을 증명하여라.

5 안장곡면 M : $z = xy$의 유클리드 대칭 여덟 개를 모두 구하여라.

6 타원면 M : $\dfrac{x^2}{a^2} + \dfrac{y^2}{b^2} + \dfrac{z^2}{c^2} = 1$ $(a > b > c)$의 유클리드 대칭을 모두 구하여라(가우스 곡률이 보존된다는 사실을 이용하여라).

7 리만기하의 기초

$\mathbf{E}^3$ 곡면기하를 공부하면서 그것의 가장 중요한 기하학적 성질 중에서 몇 가지는 유클리드 공간이 아닌 곡면 그 자신에 속한다는 사실을 발견하였다. 그 예로서 가우스 곡률은 모양연산자로도 표현되었으나 그것이 등장적 불변량(isometric invariance)이라는 것이 확인됨으로써 본질적 기하학에 속하는 것이다. 이런 상황이 19세기 수학자들에게 점점 명백하게 됨에 따라, 리만(Riemann)은 $\mathbf{E}^3$ 와는 완전히 독립된 기하학적 곡면론이 반드시 존재하는데 그것은 등장적 불변량으로부터 시작되는 기하라고 결론지었다. 지금부터 이런 기하학(리만 기하학: 유클리드 평면을 일반화하여 얻은 기하학적 곡면, 즉 2차원 리만 다양체에서 형성되는 기하학)의 가장 핵심적인 내용에 관계되는 가우스 곡률과 측지선(geodesics), 그리고 가우스-보네(Gauss-Bonnet) 정리에 관하여 자세하게 공부할 것이다.

7-1 가우스-와인가르탱의 방정식

곡면에 대한 제 1 기본형과 제 2 기본형의 계수 사이에는 어떤 관계가 성립하는가? E, F, G는 $\mathbf{x}_u$와 $\mathbf{x}_v$에 종속되는 반면, e, f, g는 $\mathbf{x}_{uu}$, $\mathbf{x}_{uv}$와 $\mathbf{x}_{vv}$에 종속되므로, 이런 관계를 순수한 대수적 관계라 할 수 없다. E, F, G와 e, f, g 사이의 일반적 관계는 미분관계(differential relations)임에 틀림없다. 이 설명은 1827년 가우스가 사용한 어떤 공식에 의하여 해결될 수 있었다. 우리는 곡면 위의 한 점 $\mathbf{p}$에서 세 개의 서로 직교하는 단위벡터가 아닌 동삼면체(moving trihedron) $\mathbf{x}_u$, $\mathbf{x}_v$, U를 도입함으로써 이 관계를 유도할 것이다. 서로 독립인 $\mathbf{x}_u$와 $\mathbf{x}_v$는 U에 수직인 접평면 위에 있는 접벡터이다. 공간곡선인 경우에 동삼면체 T, N, B는 하나의 매개변수에 종속되지만, 곡면에 대한 동삼면체 $\mathbf{x}_u$, $\mathbf{x}_v$, U는 두 개의 매개변수 (u, v)에 종속된다는 사실은 이미 잘 알고 있다.

정리 1-1 Gauss 방정식

M의 조각사상 $\mathbf{x}(u, v)$에 대하여 다음이 성립한다.

$$\mathbf{x}_{uu}=\Gamma^1_{11}\mathbf{x}_u+\Gamma^2_{11}\mathbf{x}_v+eU$$
$$\mathbf{x}_{uv}=\Gamma^1_{12}\mathbf{x}_u+\Gamma^2_{12}\mathbf{x}_v+fU$$
$$\mathbf{x}_{vv}=\Gamma^1_{22}\mathbf{x}_u+\Gamma^2_{22}\mathbf{x}_v+gU$$

단, $\Gamma^1_{11}=\dfrac{GE_u-2FF_u+FE_v}{2(EG-F^2)}$, $\quad \Gamma^2_{11}=\dfrac{2FF_u-EE_v-FE_u}{2(EG-F^2)}$

$\Gamma^1_{12}=\dfrac{GE_v-FG_u}{2(EG-F^2)}$, $\quad \Gamma^2_{12}=\dfrac{EG_u-FE_v}{2(EG-F^2)}$

$\Gamma^1_{22}=\dfrac{2GF_v-GG_u-FG_v}{2(EG-F^2)}$, $\quad \Gamma^2_{22}=\dfrac{EG_v-2FF_v+FG_u}{2(EG-F^2)}$

증명 모든 벡터는 동삼면체 $\mathbf{x}_u$, $\mathbf{x}_v$, U의 결합으로 표현할 수 있으므로 $\mathbf{x}_{uu}$, $\mathbf{x}_{uv}$, $\mathbf{x}_{vv}$는 각각

$$\begin{aligned}\mathbf{x}_{uu}&=\alpha_1\mathbf{x}_u+\alpha_2\mathbf{x}_v+\alpha_3U\\ \mathbf{x}_{uv}&=\beta_1\mathbf{x}_u+\beta_2\mathbf{x}_v+\beta_3U\\ \mathbf{x}_{vv}&=\gamma_1\mathbf{x}_u+\gamma_2\mathbf{x}_v+\gamma_3U\end{aligned}\tag{1}$$

의 형식으로 표현할 수 있다. 그러므로 제 2 기본계수 e, f, g의 정의와 $\mathbf{x}_u$, $\mathbf{x}_v$, U와의 관계로부터

$$\alpha_3=\mathbf{x}_{uu}\cdot U=e,\quad \beta_3=\mathbf{x}_{uv}\cdot U=f,\quad \gamma_3=\mathbf{x}_{vv}\cdot U=g\tag{2}$$

를 즉시 얻을 수 있다. 한편 $\mathbf{x}_u$와 $\mathbf{x}_v$는 U에 직교하므로 관계식 (1)의 첫번째 식으로부터

$$\mathbf{x}_{uu}\cdot\mathbf{x}_u=\alpha_1E+\alpha_2F,\quad \mathbf{x}_{uu}\cdot\mathbf{x}_v=\alpha_1F+\alpha_2G$$

를 얻는다. 그러므로 위의 방정식으로부터

$$\begin{aligned}\alpha_1&=\frac{G(\mathbf{x}_{uu}\cdot\mathbf{x}_u)-F(\mathbf{x}_{uu}\cdot\mathbf{x}_v)}{EG-F^2}\\ \alpha_2&=\frac{E(\mathbf{x}_{uu}\cdot\mathbf{x}_v)-F(\mathbf{x}_{uu}\cdot\mathbf{x}_u)}{EG-F^2}\end{aligned}\tag{3}$$

를 쉽게 얻는다. 그런데 $\mathbf{x}_{uu}\cdot\mathbf{x}_u$와 $\mathbf{x}_{uu}\cdot\mathbf{x}_v$는 E, F, G의 도함수의 항으로 표시할 수 있다. 즉

$$2\,\mathbf{x}_{uu}\cdot\mathbf{x}_u=E_u,\quad 2\,\mathbf{x}_{uv}\cdot\mathbf{x}_u=E_v,\quad \mathbf{x}_u\cdot\mathbf{x}_{uv}+\mathbf{x}_{uu}\cdot\mathbf{x}_v=F_u$$

이므로

$$\mathbf{x}_{uu}\cdot\mathbf{x}_u=\frac{E_u}{2},\quad \mathbf{x}_{uu}\cdot\mathbf{x}_v=F_u-\frac{E_v}{2}.$$

이 결과를 관계식 (3)에 대입하면 α_1, α_2는 E, F, G와 그들의 일차 도함수로 표현할 수 있다.

마찬가지 방법으로 β_1, β_2와 γ_1, γ_2의 값도 얻을 수 있다.

이 때 편리하도록 표기법을

$$\alpha_1=\Gamma^1_{11},\quad \alpha_2=\Gamma^2_{11},\quad \beta_1=\Gamma^1_{12},\quad \beta_2=\Gamma^2_{12},\quad \gamma_1=\Gamma^1_{22},\quad \gamma_2=\Gamma^2_{22}$$

로 바꾸면, 곧 구하는 가우스의 방정식을 얻는다. ■

앞의 정리에서 사용된 기호 Γ^i_{jk}는 통상적으로 $\begin{Bmatrix} i \\ jk \end{Bmatrix}$로 바꾸어 사용한다. 이때 기호 $\begin{Bmatrix} i \\ jk \end{Bmatrix}$를 **제2종의 크리스토펠 기호**(christoffel symbols of the second kind)라고 한다. 이 기호는 크리스토펠(Christoffel, E. B., 1829~1901)이 1910년에 발표한 논문 "differential forms in n-variables"에서 처음 사용하였다. 이 기호는 텐서 해석학에서 **제1종의 크리스토펠 기호** $[ij, k]$와 함께 매우 중요한 역할을 하는 것으로서, j와 k에 대하여 대칭인 성질이 있다.

$$\begin{Bmatrix} i \\ jk \end{Bmatrix}=\begin{Bmatrix} i \\ kj \end{Bmatrix}$$

그러므로 $\begin{Bmatrix} 1 \\ 12 \end{Bmatrix}=\begin{Bmatrix} 1 \\ 21 \end{Bmatrix}$, $\begin{Bmatrix} 2 \\ 12 \end{Bmatrix}=\begin{Bmatrix} 2 \\ 21 \end{Bmatrix}$이 성립한다(문제 5 참고).

정리 1-2 와인가르텐(Weingarten)의 정리

$$U_u=\frac{fF-eG}{EG-F^2}\mathbf{x}_u+\frac{eF-Ef}{EG-F^2}\mathbf{x}_v,$$

$$U_v=\frac{gF-Gf}{EG-F^2}\mathbf{x}_u+\frac{fF-gE}{EG-F^2}\mathbf{x}_v$$

증명 U_u와 U_v는 곡면 M의 접평면에 평행한 벡터이므로

$$U_u=a_1\mathbf{x}_u+a_2\mathbf{x}_v,$$

$$U_v=b_1\mathbf{x}_u+b_2\mathbf{x}_v$$

의 형식으로 쓸 수 있다. $\mathbf{x}_u$와 $\mathbf{x}_v$의 내적에 의하여

$$-e=a_1E+a_2F,\quad -f=b_1E+b_2F,$$
$$-f=a_1F+a_2G,\quad -g=b_1F+b_2G$$

를 얻을 수 있으므로 미지수 a_1, a_2, b_1, b_2를 쉽게 구할 수 있다. ■

이제 코다찌(Codazzi, D., 1824~1875)의 방정식을 조사하여 보자.

정리 1-3 코다찌(Codazzi) 방정식

$$\frac{\partial e}{\partial v}-\frac{\partial f}{\partial u}=e\Gamma_{12}^1+f(\Gamma_{12}^2-\Gamma_{11}^1)-g\Gamma_{11}^2,$$
$$\frac{\partial f}{\partial v}-\frac{\partial g}{\partial u}=e\Gamma_{22}^1+f(\Gamma_{22}^2-\Gamma_{12}^1)-g\Gamma_{12}^2$$

증명 조각사상 $\mathbf{x}=\mathbf{x}(u,\ v)$에 대하여

$$(\mathbf{x}_{uu})_v=(\mathbf{x}_{uv})_u,\quad (\mathbf{x}_{uv})_v=(\mathbf{x}_{vv})_u$$

가 성립하므로, 가우스 방정식으로부터

$$\begin{aligned}&\frac{\partial}{\partial v}(\Gamma_{11}^1\mathbf{x}_u+\Gamma_{11}^2\mathbf{x}_v+eU)=\frac{\partial}{\partial u}(\Gamma_{12}^1\mathbf{x}_u+\Gamma_{12}^2\mathbf{x}_v+fU),\\&\frac{\partial}{\partial v}(\Gamma_{12}^1\mathbf{x}_u+\Gamma_{12}^2\mathbf{x}_v+fU)=\frac{\partial}{\partial u}(\Gamma_{22}^1\mathbf{x}_u+\Gamma_{22}^2\mathbf{x}_v+gU)\end{aligned}\tag{4}$$

를 얻는다. 그런데 $\mathbf{x}_{uu}$, $\mathbf{x}_{uv}$, $\mathbf{x}_{vv}$는 $\mathbf{x}_u$, $\mathbf{x}_v$, U의 항으로 표시할 수 있고(가우스 방정식), U_u와 U_v는 $\mathbf{x}_u$와 $\mathbf{x}_v$의 항으로 표시할 수 있으므로(와인가르탱 방정식), 식 (4)의 첫번째 방정식으로부터 다음 관계식을 얻을 수 있다.

$$\mathbf{x}_u \text{의 계수: } \frac{\partial}{\partial v}\Gamma_{11}^1+\Gamma_{11}^1\Gamma_{12}^1+\Gamma_{11}^2\Gamma_{22}^1+e\frac{gF-fG}{EG-F^2}$$
$$=\frac{\partial}{\partial u}\Gamma_{12}^1+\Gamma_{12}^1\Gamma_{11}^1+\Gamma_{12}^2\Gamma_{12}^1+f\frac{fF-eG}{EG-F^2}$$
$$\mathbf{x}_v \text{의 계수: } \frac{\partial}{\partial v}\Gamma_{11}^2+\Gamma_{11}^1\Gamma_{12}^2+\Gamma_{11}^2\Gamma_{22}^2+e\frac{fF-gE}{EG-F^2}$$
$$=\frac{\partial}{\partial u}\Gamma_{12}^2+\Gamma_{12}^1\Gamma_{11}^2+\Gamma_{12}^2\Gamma_{12}^2+f\frac{eF-fE}{EG-F^2}$$
$$U\text{의 계수: } f\Gamma_{11}^1+g\Gamma_{11}^2+\frac{\partial e}{\partial v}=e\Gamma_{12}^1+f\Gamma_{12}^2+\frac{\partial f}{\partial u}$$

그러므로 이 방정식을 정리하고 가우스 곡률에 관한 공식

$$K=\frac{eg-f^2}{EG-F^2}$$

를 적용하면

$$\text{(a)}\quad FK=\frac{\partial}{\partial u}\Gamma_{12}^1-\frac{\partial}{\partial v}\Gamma_{11}^1+\Gamma_{12}^2\Gamma_{12}^1-\Gamma_{11}^2\Gamma_{22}^1$$

$$\text{(b)}\quad -EK=\frac{\partial}{\partial u}\Gamma_{12}^2-\frac{\partial}{\partial v}\Gamma_{11}^2+\Gamma_{12}^1\Gamma_{11}^2-\Gamma_{11}^1\Gamma_{12}^2+\Gamma_{12}^2\Gamma_{12}^2-\Gamma_{11}^2\Gamma_{22}^2 \quad (5)$$

$$\text{(c)}\quad \frac{\partial e}{\partial v}-\frac{\partial f}{\partial u}=e\Gamma_{12}^1+f(\Gamma_{12}^2-\Gamma_{11}^1)-g\Gamma_{11}^2$$

이 유도된다.

마찬가지 방법으로, 식 (4)의 두 번째 방정식으로부터 이와 비슷한 세 개의 방정식을 얻을 수 있다. 그 중에서 공식 (5)(c)에 대응하는 방정식이

$$\frac{\partial f}{\partial v}-\frac{\partial g}{\partial u}=e\Gamma_{22}^1+f(\Gamma_{22}^2-\Gamma_{12}^1)-g\Gamma_{12}^2$$

이다. ■

방정식 (5)(a)와 (5)(b)는 "가우스 곡률 K는 E, F, G와 그들의 1차, 2

차도함수에 의하여 표시될 수 있다"는 것을 말해 준다. 이와 같이 E, F, G와 그들의 도함수에만 종속되는 표현을 **굴곡불변**(bending invariant)이라 한다. 그러므로 **한 곡면 M의 가우스 곡률 K는 굴곡불변이다.** 이것은 가우스에 의하여 얻은 가장 우수한 정리라는 뜻에서 "Theorema egregium"이라 한다(제 6 장의 정리 4-4를 보라).

문제 7-1

1 평면에서 극좌표에 대한 크리스토펠의 기호를 계산하여라.

2 곡면 $M : z=f(x, y)$에 대하여

$$p=\frac{\partial z}{\partial x},\quad q=\frac{\partial z}{\partial y},\quad r=\frac{\partial^2 z}{\partial x^2},\quad s=\frac{\partial^2 z}{\partial x\partial y},\quad t=\frac{\partial^2 z}{\partial y^2}$$

로 정의하면, 다음 관계가 성립함을 증명하여라.

$$\Gamma_{11}^1=\frac{pr}{1+p^2+q^2},\quad \Gamma_{12}^1=\frac{ps}{1+p^2+q^2},\quad \Gamma_{22}^1=\frac{pt}{1+p^2+q^2}$$

$$\Gamma_{11}^2=\frac{qr}{1+p^2+q^2},\quad \Gamma_{12}^2=\frac{qs}{1+p^2+q^2},\quad \Gamma_{22}^2=\frac{qt}{1+p^2+q^2}$$

$$K=\frac{rt-s^2}{(1+p^2+q^2)^2}$$

3 ω를 좌표(매개변수)곡선 사이의 각이라 할 때, 다음을 증명하여라.

$$\frac{\partial\omega}{\partial u}=-\frac{D}{E}\Gamma_{11}^2-\frac{D}{G}\Gamma_{12}^1,\quad \frac{\partial\omega}{\partial v}=-\frac{D}{E}\Gamma_{12}^2-\frac{D}{G}\Gamma_{22}^1$$

4 **텐서(tensor) 표시법.** 새 기호

$$g_{11}=E,\qquad g_{12}=g_{21}=F,\qquad g_{22}=G$$

$$g^{11}=\frac{G}{EG-F^2},\quad g^{12}=g^{21}=\frac{-F}{EG-F^2},\quad g^{22}=\frac{E}{EG-F^2}$$

를 도입하자. 이 경우

$$g_{ij}g^{jk}=\delta_i^k \quad (i, j, k=1, 2)$$

가 성립함을 증명하여라. 여기서 지표 j는 반복을 의미한다.

$$\delta_i^k=\begin{cases}0, & i\neq k\text{일 때}\\ 1, & i=k\text{일 때}\end{cases}$$

으로 정의되는 δ_i^k를 **크로네커 델타**(Kronecker delta)(또는 symbol)라 한다. 예를 들어 $\delta_1^2=0$이고, $\delta_2^2=1$이다.

5 위 문제의 텐서(Tensor) 기호를 사용할 때 $u=u_1$, $v=u_2$라 할 때

$$[ij,\ k]=\frac{1}{2}\left(\frac{\partial g_{jk}}{\partial u_i}+\frac{\partial g_{ik}}{\partial u_j}-\frac{\partial g_{ij}}{\partial u_k}\right)$$

로 정의하면 다음 식이 성립한다. 증명하여라.

$$\begin{Bmatrix} i \\ jk \end{Bmatrix}=g^{il}\ [jk,\ l]$$

$$[jk,\ l]=g_{li}\begin{Bmatrix} i \\ jk \end{Bmatrix},\ (i,\ j,\ k=1,\ 2)$$

6 가우스 방정식(정리 1-1)은 다음과 같이 표현할 수 있음을 증명하여라.

$$\mathbf{x}_{ij}=\begin{Bmatrix} k \\ ij \end{Bmatrix}\ \mathbf{x}_k+h_{ij}U,$$

$$\mathbf{x}_1=\mathbf{x}_u,\ \mathbf{x}_2=\mathbf{x}_v,\ e=h_{11},\ f=h_{12},\ g=h_{22}$$

7 와인가르텡 방정식(정리 1-2)은 다음과 같이 표현할 수 있음을 증명하여라.

$$U_i=-(g^{kl}h_{il})\mathbf{x}_k,\ (i,\ l,\ k=1,\ 2)$$

여기에서 k와 l은 반복되는 합을 나타낸다(문제 4 참고).

8 코다찌 방정식(정리 1-3)은 다음과 같이 표현할 수 있음을 증명하여라.

$$\frac{\partial h_{ij}}{\partial u_l}-\begin{Bmatrix} k \\ ij \end{Bmatrix}h_{kj}=\frac{\partial h_{il}}{\partial u_j}-\begin{Bmatrix} k \\ ij \end{Bmatrix}h_{kl}$$

7-2 측지적 곡률

곡면 M 위의 점 $\mathbf{p}$를 지나는 M 위의 단위속도곡선 $\alpha(s)$의 곡률벡터

$$\alpha''=T'=\kappa N$$

은 곡선 $\alpha(s)$의 접선방향 α'에 수직인 평면 위에 있다. 물론 이 평면은 M에 직교하는 단위법벡터장 U도 포함한다. 곡률벡터 α''를 M의 법벡터 U 위로 정사영(orthogonal projection)시킨 것은 Meusnier의 정리에 의하여 α'방향에 대한 법단면곡선(normal section)의 곡률벡터와 같다. 이미 알고 있듯

이, 이 곡률은 방향 α'에 대한 M의 법곡률 $\kappa_n=\kappa(\alpha')$이고, 법곡률벡터 (normal curvature vector)는 $\boldsymbol{\kappa}_n=\kappa_n U$이다.

한편 α''를 M의 접평면 위로 정사영한 벡터를 **접곡률벡터**(tangential curvature vector) 또는 **측지적 곡률벡터**(geodesic curvature vector)라 정의하고 $\boldsymbol{\kappa}_g$ 또는 $\kappa_g V$라 쓴다. 이때 V는 M의 접평면 벡터장으로서 $T\times V=U$를 만족하는 단위벡터장이다. 그러므로 (T, V, U)는 양의 향을 갖는 틀장이 된다(그림 7-1). 이 사실에 의하면 M 위의 점 $\mathbf{p}$에서

$$\begin{aligned} \alpha''&=\kappa_n U+\kappa_g V=\boldsymbol{\kappa}_n+\boldsymbol{\kappa}_g \\ \kappa_n&=\alpha''\cdot U, \quad \kappa_g=\alpha''\cdot V \end{aligned} \tag{1)a$$

가 성립한다. 실제로 α''는 곡선 $\alpha(s)$의 주법선벡터장 N의 방향, 법곡률 벡터는 단위법벡터장 U의 방향, 측지선 곡률벡터는 T와 U에 수직이 되는 방향을 갖는다. 이때 κ_n을 방향 α'에 대한 곡면 M의 **법곡률**(normal curvature)(제 5 장 5-2절)이라 하고, κ_g를 **접곡률**(tangential curvature) 또는 **측지적 곡률**(geodesic curvature)이라 한다. 따라서 다음의 정리를 얻는다.

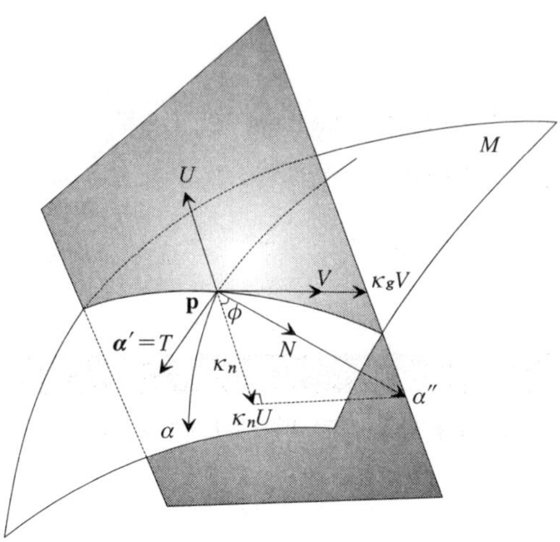

그림 7-1

정리 2-1 곡률벡터의 성분

곡률벡터는 법곡률벡터와 측지적 곡률벡터의 합이다.

만약 곡면 M 위의 점 $\mathbf{p}$에서 접벡터 α'에 접하는 M 위에 있는 곡선 $\alpha(s)$의 곡률을 $\|\alpha''\|=|\kappa|$라 하고 α''와 U가 이루는 사이각을 ϕ라 하면 Meusnier의 정리에 의하여 $|\kappa_n|=|\kappa\cos\phi|$와 $|\kappa_g|=|\kappa\sin\phi|$는 각각 곡선 $\alpha(s)$의 법곡률과 측지적 곡률의 크기를 나타낸다. 이때 공식 (1)a로부터

$$\kappa^2=\kappa_n{}^2+\kappa_g{}^2 \tag{(1)b}$$

을 얻는다. 이제 측지적 곡률 κ_g는 E, F, G와 그들의 도함수에 의하여 표현된다는 것을 조사해 보자.

정리 2-2 측지적 곡률

$\alpha=\alpha(s)$를 M 위의 단위속도곡선이라 하면

$$\kappa_g=\alpha'\cdot\alpha''\times U=(\alpha'\alpha''U).$$

증명 T, V, U는 오른손방향(right-handed)이므로 $V=U\times T$이다. 따라서 $\alpha'=T$를 이용하면 구하는 결과가 쉽게 유도된다.

$$\kappa_g=\alpha''\cdot V=\alpha''\cdot U\times T=\alpha''\cdot U\times\alpha'=(\alpha'\alpha''U).$$ ■

정리 2-3 측지적 곡률

$C:\mathbf{x}=\mathbf{x}(u(s),\ v(s))$가 M 위의 곡선일 때 C의 측지적 곡률 κ_g는 다음과 같다.

$$\kappa_g=[\Gamma^2_{11}(u')^3+(2\Gamma^2_{12}-\Gamma^1_{11})(u')^2v'+(\Gamma^2_{22}-2\Gamma^1_{12})u'(v')^2$$
$$-\Gamma^1_{22}(v')^3+u'v''-u''v']\sqrt{EG-F^2}$$

증명 M 위의 곡선 $\mathbf{x}=\mathbf{x}(u(s),\ v(s))$에 대하여

$$\alpha'=T=\mathbf{x}_u u'+\mathbf{x}_v v',\quad \text{단 } u'=\frac{du}{ds},\ v'=\frac{dv}{ds}$$

이므로

$$\alpha''=T'=\mathbf{x}_{uu}(u')^2+2\mathbf{x}_{uv}u'v'+\mathbf{x}_{vv}(v')^2+\mathbf{x}_u u''+\mathbf{x}_v v'' \qquad (*)$$

따라서 정리 2-2의 공식에 의하여

$$\begin{aligned}\kappa_g&=(\alpha'\alpha''U)\\&=[(\mathbf{x}_u\times\mathbf{x}_{uu})(u')^3+(2\mathbf{x}_u\times\mathbf{x}_{uv}+\mathbf{x}_v\times\mathbf{x}_{uu})(u')^2v'\\&\quad+(\mathbf{x}_u\times\mathbf{x}_{vv}+2\mathbf{x}_v\times\mathbf{x}_{uv})u'(v')^2+(\mathbf{x}_v\times\mathbf{x}_{vv})(v')^3]\cdot U\\&\quad+(\mathbf{x}_u\times\mathbf{x}_v)\cdot U(u'v''-u''v')\end{aligned}$$

이제 벡터항등식(문제 2-1 [8])과 가우스 방정식을 이용하면

$$\begin{aligned}(\mathbf{x}_u\times\mathbf{x}_{uu})\cdot U&=\frac{(\mathbf{x}_u\times\mathbf{x}_{uu})\cdot(\mathbf{x}_u\times\mathbf{x}_v)}{\sqrt{EG-F^2}}\\&=\frac{(\mathbf{x}_u\cdot\mathbf{x}_u)(\mathbf{x}_{uu}\cdot\mathbf{x}_v)-(\mathbf{x}_u\cdot\mathbf{x}_{uu})(\mathbf{x}_u\cdot\mathbf{x}_v)}{\sqrt{EG-F^2}}\\&=\Gamma_{11}^2\sqrt{EG-F^2}\end{aligned}$$

이다. 마찬가지 방법으로

$$(\mathbf{x}_u\times\mathbf{x}_{uv})\cdot U=\Gamma_{12}^2\sqrt{EG-F^2},\qquad (\mathbf{x}_v\times\mathbf{x}_{uu})\cdot U=-\Gamma_{11}^1\sqrt{EG-F^2}$$

$$(\mathbf{x}_u\times\mathbf{x}_{vv})\cdot U=\Gamma_{22}^2\sqrt{EG-F^2},\qquad (\mathbf{x}_v\times\mathbf{x}_{uv})\cdot U=-\Gamma_{12}^1\sqrt{EG-F^2}$$

$$(\mathbf{x}_v\times\mathbf{x}_{vv})\cdot U=-\Gamma_{22}^1\sqrt{EG-F^2},\ (\mathbf{x}_u\times\mathbf{x}_v)\cdot U=\sqrt{EG-F^2}$$

이제 이 관계식들을 대입하면 구하려는 공식을 얻게 된다. ■

정리 2-4 측지적 곡률벡터

곡면 M 위의 점 $\mathbf{p}$에서 한 곡선 C의 측지적 곡률벡터는 C를 $\mathbf{p}$에서 M의 접평면에 정사영시킨 곡선 C'의 곡률벡터와 같다.

증명 점 $\mathbf{p}$에서 M의 접평면 위로 곡선 C를 정사영하여 곡선 C'를 만들 때 생성되는 주면(cylinder)을 생각하자. 주면의 모선은 M의 법벡터 $U(\mathbf{p})$의 방향이고 벡터 $V(\mathbf{p})$는 주면의 단위법벡터가 된다. $T(\mathbf{p})$는 C와 C' 모두에 접하므로, Meusnier의 정리에 의하여, C와 C'의 법곡률벡터는 모두 같다. 그런데 C'는 주면의 법단면곡선(normal section)이므로 C'의 법곡률벡터와 곡률벡터는 같다. 결국 주면에 대한 C의 법곡률벡터는 C'의 곡률벡터와 같다. 그런데 주면에 대한 C의 법곡률벡터는 곡면 M에 대한 C의 측지적 곡률벡터와 같으므로 C의 측지적 곡률벡터는 C'의 곡률벡터와 같다(그림 7-2). ■

예제 2-5

(1) 곡면 위에 있는 모든 직선의 측지적 곡률은 0이다.

(2) 구면 위에 모든 대원(great circles)의 측지적 곡률은 0이다.

(3) 반경 R인 구면 $\sum$ 위에 있는 반경 r인 소원(small circles)의 측지적 곡률은

$$\frac{\sqrt{R^2-r^2}}{rR}$$

이다. 왜냐하면 구면 위의 대원을 구면 위의 접평면으로 정사영하면 모두 직선이 되고, 직선의 곡률은 0이므로 (1)과 (2)는 당연하다. 한편 구면 위에 소원 O_1의 반경이 r, 대원 O의 반경이 R이므로, 소원 O_1의 곡률을 κ, 소원과 대원을 포함하는 두 평면이 이루는 각을 θ라 하면, 소원 O_1의 측지적 곡률은

$$\kappa_g=\kappa\cos\left(\frac{\pi}{2}-\theta\right)=\kappa\sin\theta$$

이다. 그런데 $\sin\theta=\frac{\sqrt{R^2-r^2}}{R}$이고, 소원 O_1의 곡률반경은 $r=\frac{1}{\kappa}$이므로

$$\kappa_g=\frac{\sqrt{R^2-r^2}}{rR}$$

이다(그림 7-3). 실제로 소원 O_1을 접평면 위로 정사영시키면 반축(semi

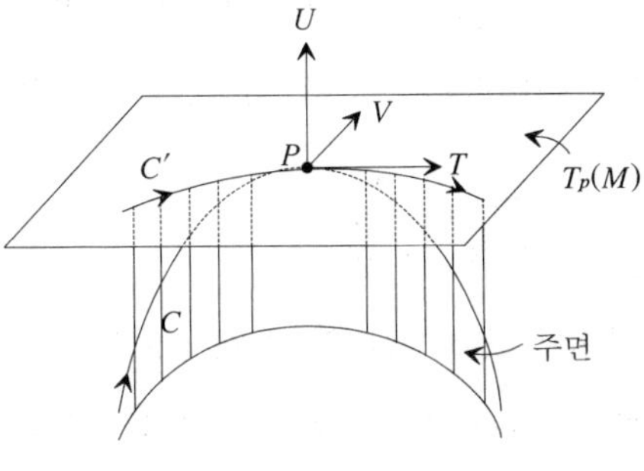

그림 7-2

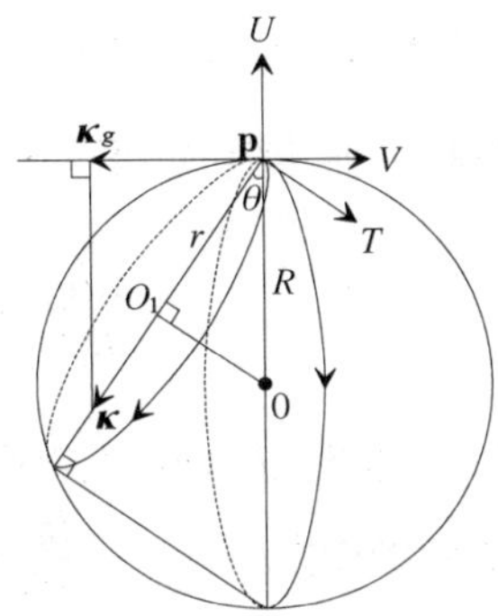

그림 7-3

axes)의 길이가 각각 $A=r$, $B=\dfrac{r\sqrt{R^2-r^2}}{R}$인 타원이 된다. 이때 단축의 꼭지점에서 타원의 곡률을 구하면 정리 2-4에 의하여

$$\frac{B}{A^2}=\frac{\sqrt{R^2-r^2}}{rR}$$

임을 알 수 있다(문제 [2]).

정리 2-6 매개변수곡선의 측지적 곡률

매개변수곡선의 측지적 곡률은 다음과 같다.

(1) $(\kappa_g)_{v=v_0}=\Gamma_{11}^2(u')^3\sqrt{EG-F^2}=\Gamma_{11}^2\dfrac{\sqrt{EG-F^2}}{E\sqrt{E}}$

(2) $(\kappa_g)_{u=u_0}=-\Gamma_{22}^1(v')^3\sqrt{EG-F^2}=-\Gamma_{22}^1\dfrac{\sqrt{EG-F^2}}{G\sqrt{G}}$

특히, 매개변수 곡선이 직교하면 더욱 간단한 공식이 된다.

(3) $(\kappa_g)_{v=v_o}=\kappa_{g_1}=-\dfrac{E_v}{2E\sqrt{G}}=-\dfrac{1}{\sqrt{G}}\dfrac{\partial\ln\sqrt{E}}{\partial v}=-\dfrac{d}{ds_2}\ln\sqrt{E}$

(4) $(\kappa_g)_{u=u_0}=\kappa_{g_2}=\dfrac{G_u}{2G\sqrt{E}}=\dfrac{1}{\sqrt{E}}\dfrac{\partial\ln\sqrt{G}}{\partial u}=\dfrac{d}{ds_1}\ln\sqrt{G}$

(단, s_1과 s_2는 각각 u-와 v-매개변수곡선에 대한 호의 길이 함수)

증명 u-매개변수곡선은 $v=v_0$(상수)이므로 $\frac{dv}{ds}=v'=0$이다. 한편 u-매개변수와 v-매개변수 곡선의 호의 길이 함수를 각각 s_1, s_2라 하면

$$\frac{du}{ds_1}=\frac{1}{\sqrt{E}}, \qquad \frac{dv}{ds_2}=\frac{1}{\sqrt{G}}$$

이므로 정리 2-3의 결과에 대입하면 공식 (1)은 쉽게 유도된다. 특히 $F=0$이면 $\Gamma_{11}^2=-\frac{E_v}{2G}$이므로 공식 (3)은 공식 (1)로부터 직접 얻을 수 있다. 마찬가지 방법으로 공식 (2)와 (4)도 쉽게 유도된다. ■

예제 2-7

조각사상

$$\mathbf{x}(r,\ \theta)=(r\cos\theta,\ r\sin\theta,\ r^2),\quad 0<r<\infty,\ -\infty<\theta<\infty$$

으로 표현된 포물면(paraboloid)의 두 매개변수곡선의 측지적 곡률을 구하여 보자. 위의 조각사상으로부터

$$E=\mathbf{x}_r\cdot\mathbf{x}_r=1+4r^2,\quad F=\mathbf{x}_r\cdot\mathbf{x}_\theta=0,\quad G=\mathbf{x}_\theta\cdot\mathbf{x}_\theta=r^2$$

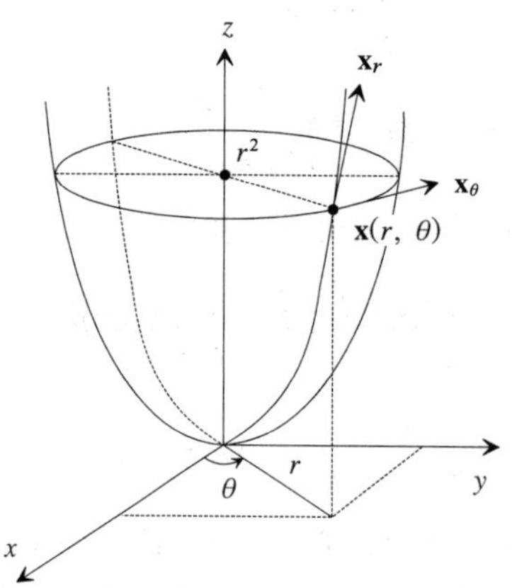

그림 7-4

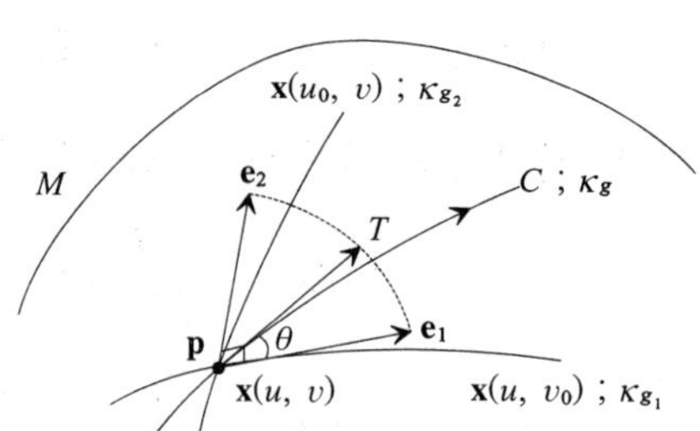

그림 7-5

이므로, 정리 2-6 (3), (4)에 의하여 그 값을 구할 수 있다(그림 7-4).

$$(\kappa_g)_{\theta=\theta_0} = -\frac{E_\theta}{2E\sqrt{G}} = 0,$$

$$(\kappa_g)_{r=r_0} = \frac{1}{2}\frac{G_r}{G\sqrt{E}} = \frac{1}{r_0\sqrt{1+4r_0^2}}. \qquad \blacksquare$$

정리 2-8 리우빌(Liouville)의 정리

곡면 M의 직교조각사상 $\mathbf{x}=\mathbf{x}(u, v)$ 위에 있는 단위속도곡선을 C: $\mathbf{x}=\mathbf{x}(u(s), v(s))$라 하자.
$\mathbf{e}_1=\frac{\mathbf{x}_u}{\|\mathbf{x}_u\|}$, $\mathbf{e}_2=\frac{\mathbf{x}_v}{\|\mathbf{x}_v\|}$를 각각 매개변수곡선의 방향과 같은 단위벡터라 할 때, 곡선 C의 단위접벡터가 $T(s)=(\cos\theta)\mathbf{e}_1+(\sin\theta)\mathbf{e}_2$로 표시된다고 하면, C의 측지적 곡률은

$$\kappa_g = \frac{d\theta}{ds} + \kappa_{g_1}\cos\theta + \kappa_{g_2}\sin\theta$$

이다(단 κ_{g_1}, κ_{g_2}는 각각 u-와 v-매개변수곡선의 측지선 곡률).

증명 M 위의 점 $\mathbf{p}$에서 단위벡터 $\mathbf{e}_1$과 $\mathbf{e}_2$는 서로 직교하고 각각 u-와 v-매개변수곡선에 접하므로, 측지적 곡률의 정의를 나타내는 공식 (1)a에 의하여 u-와 v-매개변수곡선에 대한 측지적 곡률은 각각

$$\kappa_{g_1} = \frac{d\mathbf{e}_1}{ds_1}\cdot\mathbf{e}_2, \qquad \kappa_{g_2} = \frac{d\mathbf{e}_2}{ds_2}\cdot(-\mathbf{e}_1) \tag{2)a}$$

이다(s_1, s_2는 각각 u-와 v-매개변수곡선에 대한 호의 길이함수이다. 두 번째 식에서 벡터 $\mathbf{e}_1$과 $\mathbf{e}_2$의 향에 의한 음의 부호에 유의하라(그림 7-5)).

그런데 $\mathbf{e}_1\cdot\mathbf{e}_2=0$이므로 미분한 후 관계식 (2)a를 이용하면

$$\kappa_{g_1} = -\mathbf{e}_1\cdot\frac{d\mathbf{e}_2}{ds_1}, \quad \kappa_{g_2} = \mathbf{e}_2\cdot\frac{d\mathbf{e}_1}{ds_2} \tag{2)b}$$

을 얻는다. 이제 점 $\mathbf{p}$를 지나는 M 위의 곡선 C가 u-매개변수곡선 (v=상수)과 θ의 각을 이루므로 C의 단위접벡터 T는

$$T = \mathbf{e}_1 \cos\theta + \mathbf{e}_2 \sin\theta \tag{$*1$}$$

로 표시된다. 한편 V는 T를 양의 방향으로 $\pi/2$만큼 회전한 것이므로

$$V = \mathbf{e}_1 \cos\left(\theta + \frac{\pi}{2}\right) + \mathbf{e}_2 \sin\left(\theta + \frac{\pi}{2}\right) = -\mathbf{e}_1 \sin\theta + \mathbf{e}_2 \cos\theta$$

이다. 이때 T'를 구하면

$$\begin{aligned} T' &= \frac{dT}{ds} = \frac{d}{ds}(\mathbf{e}_1 \cos\theta + \mathbf{e}_2 \sin\theta) \\ &= \left(\frac{d\mathbf{e}_1}{ds}\right)\cos\theta - \mathbf{e}_1 \sin\theta\left(\frac{d\theta}{ds}\right) + \left(\frac{d\mathbf{e}_2}{ds}\right)\sin\theta + \mathbf{e}_2 \cos\theta\left(\frac{d\theta}{ds}\right) \\ &= \left(\frac{d\mathbf{e}_1}{ds}\right)\cos\theta + \left(\frac{d\mathbf{e}_2}{ds}\right)\sin\theta + V\left(\frac{d\theta}{ds}\right). \end{aligned} \tag{$*2$}$$

그런데 식 $(*1)$으로 부터

$$\cos\theta = T \cdot \mathbf{e}_1 = \left(\mathbf{x}_u \frac{du}{ds} + \mathbf{x}_v \frac{dv}{ds}\right) \cdot \frac{\mathbf{x}_u}{\sqrt{E}} = \frac{\mathbf{x}_u \cdot \mathbf{x}_u}{\sqrt{E}} \frac{du}{ds} = \sqrt{E}\,\frac{du}{ds}$$

$$\sin\theta = T \cdot \mathbf{e}_2 = \left(\mathbf{x}_u \frac{du}{ds} + \mathbf{x}_v \frac{dv}{ds}\right) \cdot \frac{\mathbf{x}_v}{\sqrt{G}} = \frac{\mathbf{x}_v \cdot \mathbf{x}_v}{\sqrt{G}} \frac{dv}{ds} = \sqrt{G}\,\frac{dv}{ds}$$

이므로

$$\begin{aligned} \frac{d\mathbf{e}_i}{ds} &= \frac{d\mathbf{e}_i}{du}\frac{du}{ds} + \frac{d\mathbf{e}_i}{dv}\frac{dv}{ds} = \frac{d\mathbf{e}_i}{ds_1}\frac{ds_1}{du}\frac{du}{ds} + \frac{d\mathbf{e}_i}{ds_2}\frac{ds_2}{dv}\frac{dv}{ds} \\ &= \frac{d\mathbf{e}_i}{ds_1}\|\mathbf{x}_u\|\frac{du}{ds} + \frac{d\mathbf{e}_i}{ds_2}\|\mathbf{x}_v\|\frac{dv}{ds} \\ &= \frac{d\mathbf{e}_i}{ds_1}\cos\theta + \frac{d\mathbf{e}_i}{ds_2}\sin\theta, \quad (i=1,\ 2) \end{aligned}$$

을 얻는다. 이 관계식들을 $(*2)$에 대입하면

$$T'=\frac{d\mathbf{e}_1}{ds_1}\cos^2\theta+\left(\frac{d\mathbf{e}_1}{ds_2}+\frac{d\mathbf{e}_2}{ds_1}\right)\cos\theta\sin\theta+\frac{d\mathbf{e}_2}{ds_2}\sin^2\theta+V\frac{d\theta}{ds} \qquad (*3)$$

이제, 측지적 곡률의 정의와 관계식

$$\mathbf{e}_1\cdot\frac{d\mathbf{e}_1}{ds_1}=\mathbf{e}_1\cdot\frac{d\mathbf{e}_1}{ds_2}=\mathbf{e}_2\cdot\frac{d\mathbf{e}_2}{ds_1}=\mathbf{e}_2\cdot\frac{d\mathbf{e}_2}{ds_2}=0$$

과 식 (*3)을 사용하면

$$\begin{aligned}\kappa_g=T'\cdot V=\frac{d\theta}{ds}-\left(\mathbf{e}_1\cdot\frac{d\mathbf{e}_2}{ds_1}\right)\sin^2\theta\cos\theta-\left(\mathbf{e}_1\cdot\frac{d\mathbf{e}_2}{ds_2}\right)\sin^3\theta+\\+\left(\mathbf{e}_2\cdot\frac{d\mathbf{e}_1}{ds_1}\right)\cos^3\theta+\left(\mathbf{e}_2\cdot\frac{d\mathbf{e}_1}{ds_2}\right)\cos^2\theta\sin\theta\end{aligned}$$

를 얻는다. 관계식 $\mathbf{e}_1\cdot\mathbf{e}_2=0$을 미분하고 공식 (2)a, b를 이용하면 구하는 관계식을 즉시 얻을 수 있다. ■

이 정리는 오일러(Euler)의 정리(제 5 장 정리 2-10)와 더불어 곡면 위에 있는 곡선의 곡률에 대한 매우 중요한 정리이다.

문제 7-2

[1] 문제 5-5의 [10]에서 상위평행선의 측지적 곡률을 구하여라.

[2] 예제 2-5의 (3)에서 반축이 각각 $A=r$, $B=\frac{r\sqrt{R^2-r^2}}{R}$인 타원

$$\frac{x^2}{A^2}+\frac{y^2}{B^2}=1$$

을 생각하자. 이때 단축의 정점에서 이 타원의 곡률은 $\frac{B}{A^2}$임을 증명하고, 본문의 결과와 비교하여라.

7-3 측지선

측지선은 가끔 곡면 위에 있는 두 점 사이의 가장 짧은 거리를 갖는 곡선으로 정의되기도 한다. 그러나 이것이 항상 만족스러운 정의라 할 수는 없다. 그러므로 최소값 성질에 의한 정의는 뒤로 미루고(7-5절), 다른 방법에 의하여 정의된 측지선에 관하여 먼저 조사하여 보자.

정의 3-1

곡면 M 위의 곡선 C가 M의 **측지선**(geodesic)이라 함은 C 위의 모든 점에서 측지적 곡률이 항상 0이 되는 것이다.

이 정의에 의하면, 곡선 $\alpha(t)$가 측지선일 조건은 α의 가속도 α''가 M의 법벡터장 U와 항상 평행한 것이다.

정리 3-2 측지선이 될 조건

곡면 위의 모든 직선은 측지선이다. 직선이 아닌 곡선 α가 측지선이 될 필요충분조건은 α 위의 모든 점에서 그 곡선의 접촉평면(osculating plane)이 그 곡면의 접평면에 직교하는 것이다.

증명 직선의 곡률벡터는 $\alpha''=0$이므로 $\kappa_g=\alpha''\cdot V=0$이다. 곡선이 되는 측지선에 대하여는 α 위의 모든 점에서 $\kappa_g=0$이므로 공식 (1) b로부터 $\kappa=\kappa_n$이어야 한다. 즉 굽어 있는 측지선 α의 접촉평면은 곡면 법선 U를 포함하여야 하므로 α는 법단면곡선이어야 한다. 따라서 α의 접촉평면은 M의 접평면(α'와 V를 포함하는 평면)에 직교하여야 한다. ■

주의하여야 할 점은 점근선과 측지선 사이의 관계이다. 점근선은 직선이거나 접촉평면과 곡면의 접평면이 겹쳐지는 곡선이다. 반면에 측지선은 직선이거나 접촉평면에 접평면이 직교하는 곡선이다. 그러므로 **곡선 α는 α 위에서 $\kappa_n=0$일 때 점근선이 되고 $\kappa_g=0$일 때 측지선이 된다.**

예를 들어, 구면 위의 모든 대원(great circle)은 법단면곡선이므로 측지선이다(그림 7-6(a)). 왜냐하면 대원 위의 모든 점에서 $\kappa_g=0$(곡률벡터와 법선벡터는 평행)이기 때문이다. 또 하나의 예로서 회전면을 생각해 보자. 분명히 회전면의 모든 경선은 측지선이다. 그러나 위선은 모두 측지선은 아니다. 그림 7-6(c)에서 보듯이 가장 작은 원과 가장 큰 원을 제외한 원 위에서는 곡률벡터와 회전면의 법벡터가 평행하지 않으므로 $\kappa_g\neq 0$이기 때문이다(예제 3-4(4) 참고).

이제 곡면 위의 한 점에서 접촉평면이 곡면법벡터를 포함하는 곡선을 찾아보자. 그것은 측지선의 방정식을 구함으로써 해석학적으로 보일 수 있다. 이 방정식은 단순히 $\kappa_g=0$이란 조건을 정리 2-3의 방정식에 대입하기만 하면 된다.

$$\begin{aligned} u'v''-u''v' &= -\Gamma_{11}^2(u')^3-(2\Gamma_{12}^2-\Gamma_{11}^1)(u')^2v' \\ &\quad +(2\Gamma_{12}^1-\Gamma_{22}^2)u'(v')^2+\Gamma_{22}^1(v')^3 \end{aligned} \tag{1}$$

이 방정식은 호의 길이 s에 관한 미분으로 표시되어 있다. 그러나

$$\frac{du}{ds}\frac{d^2v}{ds^2}-\frac{d^2u}{ds^2}\frac{dv}{ds}=\left(\frac{du}{dt}\frac{d^2v}{dt^2}-\frac{d^2u}{dt^2}\frac{dv}{dt}\right)\left(\frac{dt}{ds}\right)^3$$

이 성립하므로, 식 (1)은 임의의 변수에 관한 미분에서도 성립한다.

정리 3-3 측지선의 방정식

곡면 M: $\mathbf{x}=\mathbf{x}(u, v)$ 위에 있는 단위속도곡선 $\mathbf{x}=\mathbf{x}(u(s), v(s))$가 측지선일 필요충분조건은 $u(s)$, $v(s)$가 다음 조건을 만족하는 것이다.

$$\begin{cases} u''+\Gamma_{11}^1(u')^2+2\Gamma_{12}^1u'v'+\Gamma_{22}^1(v')^2=0 \\ v''+\Gamma_{11}^2(u')^2+2\Gamma_{12}^2u'v'+\Gamma_{22}^2(v')^2=0 \end{cases} \tag{2}$$

증명 $\mathbf{x}=\mathbf{x}(s)$가 측지선일 필요충분조건은 $T'\cdot V=0$이다. 그런데 V는 항상 M의 접평면 위에 있으므로 이 조건은 $T'\cdot\mathbf{x}_u=T'\cdot\mathbf{x}_v=0$과 동치이다. 따라서 정리 2-3의 관계식(*)로부터

$$\begin{aligned} T'\cdot\mathbf{x}_u&=(\mathbf{x}_{uu}\cdot\mathbf{x}_u)(u')^2+2(\mathbf{x}_{uv}\cdot\mathbf{x}_u)u'v' \\ &\qquad+(\mathbf{x}_{vv}\cdot\mathbf{x}_u)(v')^2+Eu''+Fv''=0 \\ T'\cdot\mathbf{x}_v&=(\mathbf{x}_{uu}\cdot\mathbf{x}_v)(u')^2+2(\mathbf{x}_{uv}\cdot\mathbf{x}_v)u'v' \\ &\qquad+(\mathbf{x}_{vv}\cdot\mathbf{x}_v)(v')^2+Fu''+Gv''=0 \end{aligned}$$

을 얻는다. 이 방정식으로부터 v''를 소거하고, 벡터항등식

$$(\mathbf{a}\times\mathbf{b})\cdot(\mathbf{c}\times\mathbf{d})=(\mathbf{a}\cdot\mathbf{c})(\mathbf{b}\cdot\mathbf{d})-(\mathbf{a}\cdot\mathbf{d})(\mathbf{b}\cdot\mathbf{c})$$

를 이용하면 관계식

$$\begin{aligned}(EG-F^2)u''&=(\mathbf{x}_v\times\mathbf{x}_{uu})\cdot(\mathbf{x}_u\times\mathbf{x}_v)(u')^2+2(\mathbf{x}_v\times\mathbf{x}_{uv})\cdot(\mathbf{x}_v\times\mathbf{x}_u)u'v' \\ &\qquad+(\mathbf{x}_v\times\mathbf{x}_{vv})\cdot(\mathbf{x}_u\times\mathbf{x}_v)(v')^2\end{aligned}$$

을 얻는다. 이제 $U=\dfrac{\mathbf{x}_u\times\mathbf{x}_v}{\sqrt{EG-F^2}}$를 사용하여 세 개의 벡터삼중적 $[\mathbf{x}_v\,\mathbf{x}_{uu}\,U]$, $[\mathbf{x}_v\,\mathbf{x}_{uv}\,U]$, $[\mathbf{x}_v\,\mathbf{x}_{vv}\,U]$를 계산하면 구하려는 첫번째 방정식을 구할 수 있다(정리 2-3의 증명과정 참고). 같은 방법으로 u''를 소거함으로써 나머지 두 번째 방정식도 구할 수 있다. ■

측지선의 미분방정식 (2)는 두 개의 조건인 데 반하여 $\kappa_g=0$은 단 하나의 조건이다. 어떤 면에서는 이것이 좀 이상하다 생각되지만 방정식 (2)는 단 하나의 조건으로 표시할 수 있음을 발견할 수 있다. 이 두 방정식은 관계식 $ds^2=Edu^2+2Fdudv+Gdv^2$에 관계되어 있으므로 (2)로부터 ds를 소거하거나, 또는 식 (1)로부터 s 대신 u에 관한 미분으로 바꾸면

$$\frac{d^2v}{du^2}=\Gamma^1_{22}\left(\frac{dv}{du}\right)^3+(2\Gamma^1_{12}-\Gamma^2_{22})\left(\frac{dv}{du}\right)^2+(\Gamma^1_{11}-2\Gamma^2_{12})\frac{dv}{du}-\Gamma^2_{11} \tag{3}$$

의 모양으로 된 하나의 측지선의 방정식을 얻을 수 있다.

예제 3-4

(1) **평면**: 평면위의 모든 직선은 측지선이다. 왜냐하면 이들은 방정식 (2) 또는 (3)을 만족하기 때문이다. 쉽게 말하면 평면 위에 있는 곡선은 $\kappa=\kappa_g$ 가 항상 성립하므로, 평면곡선이 측지선일 조건은 $\kappa_g=0=\kappa$, 즉 직선 밖에 없다. 따라서 평면 위의 한 점을 지나는 측지선은 모든 방향에 방사선 모양으로 존재한다.

(2) **구면**: 측지선을 따라 모든 접촉평면은 U를 포함하므로 그 평면은 반드시 구면의 중심을 지나야 한다. 접촉평면과 구면과의 교선은 법단면곡선이어야 하므로 구면 위의 측지선은 대원(great circles)이고 그 역도 성립한다. 따라서 구면 위의 한 점을 지나는 측지선은 그 점을 지나는 구면 위의 모든 대원들이다(그림 7-6(a)).

(3) **주면**: 주면의 모선(ruling)은 일정한 단위벡터 $\mathbf{e}$에 평행하다. 곡선 $\alpha(s)$가 측지선일 필요충분조건은 α''가 U와 평행하여야 한다. 그런데 주면 위에서 $U\cdot\mathbf{e}=0$이므로 C가 측지선일 조건은 $\alpha''\cdot\mathbf{e}=0$이다. 즉 $T'\cdot\mathbf{e}=0$이어야 하므로 $T\cdot\mathbf{e}=$(상수)이다. 그러므로 특히 $T\cdot\mathbf{e}=\pm1$인 경우에는 모선이, $T\cdot\mathbf{e}=0$인 경우에는 원이, $T\cdot\mathbf{e}=$상수$(\neq0)$인 경우에는 일반나선이 측지선이 된다. 이때 모선과 원은 모두 주면의 횡단면곡선(cross sectional curve)이다.

(4) **회전면**: 회전면의 조각사상(제 5 장 5절)

$$\mathbf{x}(u,\ v)=(g(u),\ u\cos v,\ u\sin v)$$

로부터

$$E=1+g'^2,\quad F=0,\quad G=u^2$$

을 얻는다. 정리 1-1의 공식에 의하여

$$\Gamma_{11}^1=\frac{g'g''}{1+g'^2},\quad \Gamma_{12}^2=\frac{1}{u},\quad \Gamma_{22}^1=\frac{-u}{1+g'^2},\quad \Gamma_{11}^2=\Gamma_{12}^1=\Gamma_{22}^2=0$$

이므로 구하는 측지선의 방정식은 (2)에 의하여

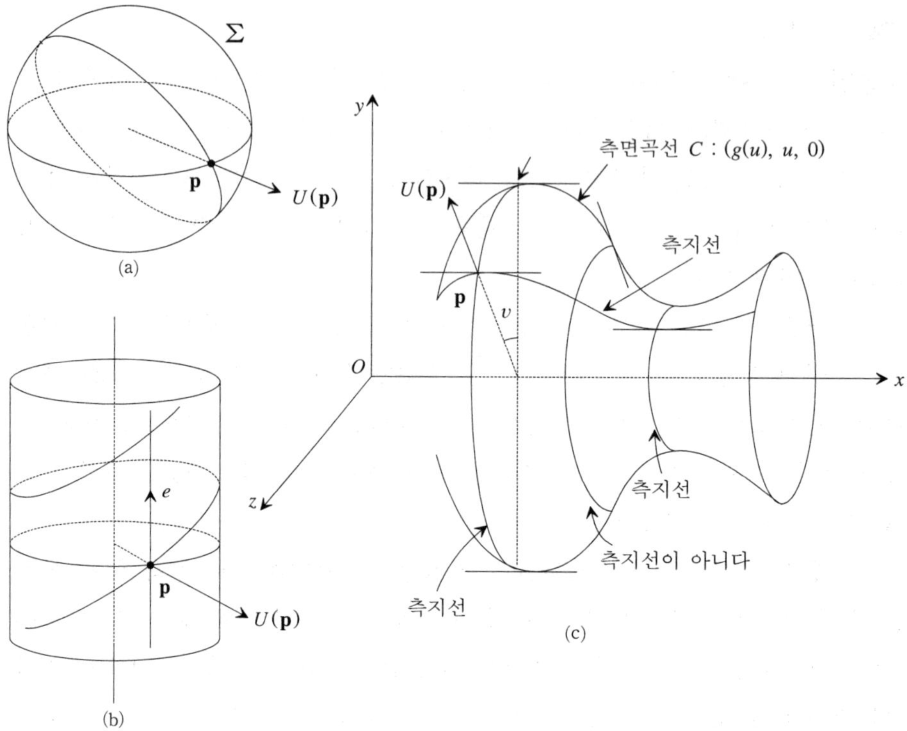

그림 7-6 곡면 위의 측지선

$$\begin{cases} u'' + \dfrac{g'g''}{1+g'^2}(u')^2 - \dfrac{u}{1+g'^2}(v')^2 = 0 \\ v'' + \dfrac{2}{u}\, u'v' = 0 \end{cases} \tag{4}$$

이다. 이 미분방정식 중에서 하나면 충분하므로, 두 번째 식으로부터

$$\frac{v''}{v'} + \frac{2u'}{u} = 0, \quad \text{또는} \quad u^2 v' = c, \quad \text{또는} \ ds^2 = \frac{u^4}{c^2} dv^2 \ (c\text{: 상수})$$

를 얻는다. 그런데 $ds^2 = (1+g'^2)du^2 + u^2 dv^2$이므로 윗식으로부터

$$u^4 dv^2 = c^2(1+g'^2)du^2 + c^2u^2dv^2, \quad \text{또는} \ v = \pm c\int \frac{\sqrt{1+g'^2}}{u\sqrt{u^2-c^2}}\, du$$

을 얻는다. 회전면의 측지선은 이와 같은 적분에 의하여 구할 수 있다. ■

문제 7-3

1 극좌표에서 방정식 (2)를 적분함으로써 평면의 측지선을 구하여라.

2 구면좌표에서 방정식 (2)를 적분함으로써 구면의 측지선을 구하여라.

3 한 곡선이 (a) 점근선, (b) 측지선, (c) 직선일 때
(1) (a)와 (b)는 (c)를 포함한다. 증명하여라.
(2) (a)와 (c)는 (b)를 포함하는가? 또는 (b)와 (c)는 (a)를 포함하는가?

4 한 곡선이 (a) 측지선 (b) 곡률선 (c) 평면곡선일 때
(1) (a)와 (b)는 (c)를 포함한다. 증명하여라.
(2) (a)와 (c)는 (b)를 포함하는가? 또 (b)와 (c)는 (a)를 포함하는가?

5 곡선 $\mathbf{x}=\mathbf{x}(s)$에 대하여 $\kappa_g\sqrt{EG-F^2}=\dfrac{\partial}{\partial u}(T\cdot\mathbf{x}_v)-\dfrac{\partial}{\partial v}(T\cdot\mathbf{x}_u)$ 임을 증명하여라.

6 위의 문제 **5**의 공식을 사용하여 리우빌의 공식을 증명하여라.

7 매개변수곡선이 직교할 때 다음을 증명하여라.

$$K=\frac{1}{\sqrt{EG}}\left(\frac{\partial}{\partial v}(\kappa_1\sqrt{E}-\frac{\partial}{\partial u}(\kappa_2\sqrt{G}\,)\right)$$

$$K=\frac{d\kappa_1}{ds_1}-\frac{d\kappa_2}{ds_2}-(\kappa_1)^2-(\kappa_2)^2$$

단, κ_1, κ_2, s_1, s_2는 각각 u-와 v-매개변수곡선에 대한 측지적곡률과 호의 길이함수이다.

8 곡면 M : $F(x, y, z)=0$ 위의 측지선의 방정식은 다음과 같음을 증명하여라.

$$\begin{vmatrix} F_x & F_y & F_z \\ dx & dy & dz \\ d^2x & d^2y & d^2z \end{vmatrix}=0,\quad (F_x dx+F_y dy+F_z dz=0)$$

9 속도 $v>0$인 M 위의 곡선을 α라 할 때 다음을 증명하여라(문제 5-4 **5** 참조).

(1) α의 측지적곡률 κ_g는 $\dfrac{\alpha''\cdot J(\alpha')}{v^3}$이다. 그러므로 만약 M이 $\mathbf{E}^3$의 곡면이면 $\kappa_g=\dfrac{U\cdot\alpha'\times\alpha''}{v^3}$이다. 단, $V=U\times T$이고 $J(\alpha')=U\times\alpha'$로 정의한다.

(2) α가 단위속도곡선이라 하면 벡터장 V는 α의 단위법벡터장 N이고 κ_g는 α의 측지적곡률이다.

10 직원주

$$M : \mathbf{x}(u, \theta)=(u \sin \alpha \cos \theta, u \sin \alpha \sin \theta, u \cos \alpha), \left(\alpha: \text{상수}, 0<\alpha<\frac{\pi}{2}, u>0\right)$$

의 측지선을 구하여라.

11 **리우빌 매개변수표시**: $U=U(u)$, $V=V(v)$이고 $E=G=U+V$, $F=0$을 만족하는 리우빌 조각사상을 $\mathbf{x}=\mathbf{x}(u, v)$라 할 때 곡선 $\alpha=\mathbf{x}(s)=\mathbf{x}(u(s), v(s))$이 조각사상 위에 있는 단위속도 측지선(unit speed geodesic)이라 하면

$$U(u)\sin^2\theta-V(v)\cos^2\theta=c \quad (\text{상수})$$

가 성립한다. 증명하여라. 이때 θ는 u-매개변수곡선과 측지선 사이의 각, 즉 $\theta=\measuredangle(\alpha', \mathbf{x}_u)$이다.

7-4 측지좌표

매개변수곡선이 특수한 성질을 갖고 있는 곡면 위에서는 특수한 좌표를 도입하는 것이 편리할 경우가 가끔 있다. 이제 곡면 위의 임의의 한 곡선 C_0와 이 곡선과 수직으로 만나는 측지선을 생각하자(그림 7-7). C_0 위의 어느 한 점을 지나고 이 곡선의 접선에 직교하는 방향을 갖는 오직 하나의 측지선이 존재한다. u-매개변수곡선($v=v_0$)을 측지선으로 하고, v-매개변수곡선($u=u_0$)을 측지선에 직교하는 궤도(trajectories)라 하자. 이와 같이 매개변수곡선이 서로 수직이고 매개변수곡선 중 하나가 측지선이 되는 좌표조각사상 $\mathbf{x}(u, v)$를 **측지좌표집합**(set of geodesic coordinates)이라 한다. 이때 곡선 C_0을 $u=0$로 표시하자. 이 경우 u-와 v-매개변수곡선이 직교하므로

$$ds^2=Edu^2+Gdv^2$$

이고, 정리 2-6의 공식을 사용하면 $v=v_0$은 측지선이므로

$$(\kappa_g)_{v=v_0}=\frac{-E_v}{2E\sqrt{G}}=0$$

이다. 따라서 $E_v=0$ 또는 $E=E(u)$이어야 하므로, 측지좌표집합 $\mathbf{x}(u, v)$의 제 1 기본형식은

$$ds^2=E(u)du^2+G(u, v)dv^2$$

의 모양을 하고 있다. 이제 C_0 위의 한 점 $\mathbf{x}(0, v_0)=\mathbf{x}(v_0)$를 지나는 유일한 측지선 $\mathbf{x}(u, v_0)$의 호의 길이를 s라 하면 $dv=0$이므로

$$s=\int_0^u \sqrt{I}=\int_0^u \sqrt{E(u)}\,du \qquad (*)$$

로 표현된다. 만약 측지선이 일반속도곡선이면 위의 공식 (*)를 사용하여 변수치환을 하면 그 측지선은 단위속도곡선이 되므로 $E=\|\mathbf{x}_u\|^2=1$이다. 따라서 측지좌표집합 $\mathbf{x}(u, v)$의 제 1 기본형은

$$ds^2=du^2+G(u, v)dv^2$$

으로 간단히 표현된다.

정리 4-1

u-매개변수곡선이 단위속도를 갖는 측지선이 되는 측지좌표집합을 $\mathbf{x}(u, v)$라 하면

$$(\kappa_g)_{u=\text{상수}}=\frac{G_u}{2G}$$

$$K=\frac{-1}{\sqrt{G}}\frac{\partial^2\sqrt{G}}{\partial u^2}$$

가 성립한다.

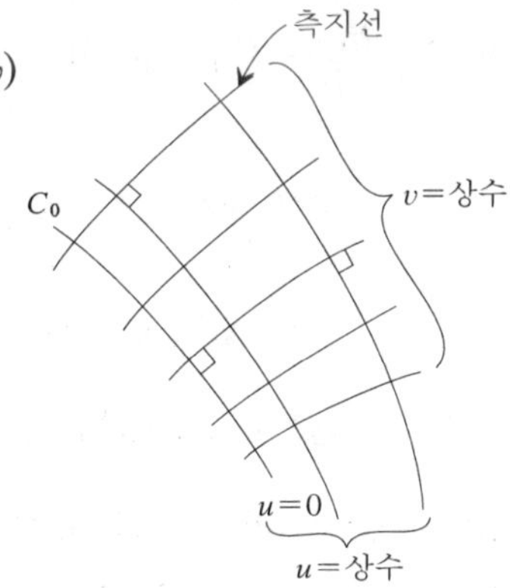

그림 7-7

증명 측지좌표에 대하여 $E=1,\ F=0,\ G=G(u,\ v)$이므로 정리 2-6의 공식 (4)와 제 6 장 정리 5-2의 공식에 의하여 직접 유도된다. ■

예제 4-2

$\mathbf{x}(r,\ \theta)=(r\cos\theta,\ r\sin\theta,\ r^2),\ 1<r<3,\ -\infty<\theta<\infty$은 포물면 위의 측지좌표집합이다. 왜냐하면

$$E=\mathbf{x}_r\cdot\mathbf{x}_r=1+4r^2,\quad F=\mathbf{x}_r\cdot\mathbf{x}_\theta=0,\quad G=\mathbf{x}_\theta\cdot\mathbf{x}_\theta=r^2$$

이므로 두 매개변수곡선은 직교하고 정리 2-6의 공식 (3)에 의하여

$$(\kappa_g)_{\theta=\text{상수}}=\frac{-E_v}{2E\sqrt{G}}=0$$

이므로 r-매개변수곡선이 측지선이 되기 때문이다. 그러나 이 측지선은 단위속도곡선이 아니므로 새 매개변수

$$s=\int_a^b\sqrt{I}=\int_a^b\sqrt{E}\,dr=\int_a^b\sqrt{1+4r^2}\,dr$$

을 도입하면 $\mathbf{x}(r,\ \theta)=\mathbf{x}^*(s(r),\ \theta)$는 s를 매개변수로 하는 측지좌표집합이 된다. 따라서 $\dfrac{ds}{dr}=\sqrt{1+4r^2}$ 이므로

$$E^*=\mathbf{x}^*{}_s\cdot\mathbf{x}^*{}_s=\mathbf{x}_r\left(\frac{dr}{ds}\right)\cdot\mathbf{x}_r\left(\frac{dr}{ds}\right)=E\left(\frac{dr}{ds}\right)^2=1$$

$$F^*=\mathbf{x}^*{}_s\cdot\mathbf{x}^*{}_\theta=\mathbf{x}_r\left(\frac{dr}{ds}\right)\cdot\mathbf{x}_\theta=F\left(\frac{dr}{ds}\right)=0$$

$$G^*=\mathbf{x}^*{}_\theta\cdot\mathbf{x}^*{}_\theta=\mathbf{x}_\theta\cdot\mathbf{x}_\theta=G=r^2$$

이다. 그러므로 정리 4-1의 공식에 의하여, 매개변수곡선의 측지곡률과 가우스 곡률을 다음과 같이 구할 수 있다.

$$(\kappa_g)_{r=\text{상수}}=\frac{G_r^*}{2G^*}=\frac{1}{r},$$

$$K=\frac{-1}{\sqrt{G^*}}\frac{\partial^2\sqrt{G^*}}{\partial s^2}=\frac{-1}{r}\frac{\partial^2 r}{\partial s^2}=-\frac{1}{r}\frac{\partial}{\partial s}\left(\frac{1}{\sqrt{1+4r^2}}\right)=\frac{4}{(1+4r^2)^2} \qquad \square$$

이제 측지좌표를 도입하는 다른 방법을 하나 조사하여 보자. 곡면 M 위의 임의의 한 점 $\mathbf{p}$에서 시작하는 모든 방향의 측지선($v=v_0$)과 그 측지선에 직교하는 궤도($u=u_0$)를 도입하자. 점 $\mathbf{p}$에서 M의 접평면 위에 정규직교단위벡터 $\mathbf{e}_1$, $\mathbf{e}_2$를 설정하면

$$(\cos v_0)\mathbf{e}_1+(\sin v_0)\mathbf{e}_2$$

에 접하는 유일한 측지선 $\mathbf{x}=\mathbf{x}(u,\ v_0)$이 존재한다(그림 7-8). 이러한 측지선을 **방사측지선**(radial geodesic)이라 한다.

측지좌표의 경우와 같이, 점 $\mathbf{p}$로부터 측지선을 따라 정의되는 호의 길이에 의하여 측지선을 표현하면 이것은 단위속도곡선이 된다. 이 경우 제 1 기본형식은

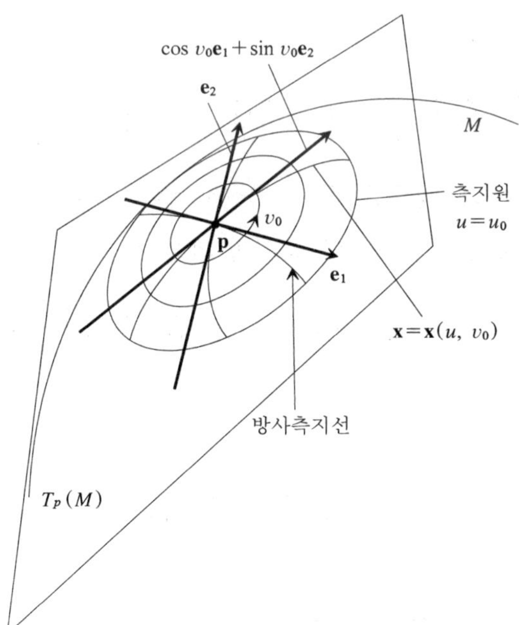

그림 7-8

$$ds^2 = du^2 + G(u, v)dv^2$$

으로 표현된다. 이때 조각사상 $\mathbf{x}(u, v)$를 $\mathbf{p}$를 극(pole)으로 하는 **측지극좌표 집합**이라 하고, v-매개변수곡선$(u=u_0)$을 **측지원**(geodesic circle), 이에 대응하는 u의 값을 **측지원의 반지름**이라 한다.

위에서 정의한 측지좌표와 측지극좌표를 이용하면 가우스 곡률에 관한 중요한 정리를 얻을 수 있다.

정리 4-3

(1) 측지좌표의 경우: $\sqrt{G(0, v)} = 1$, $\left[\dfrac{\partial}{\partial u}\sqrt{G(u, v)}\right]_{u=0} = 0$

(2) 측지극좌표의 경우: $\sqrt{G(0, v)} = 0$, $\left[\dfrac{\partial}{\partial u}\sqrt{G(u, v)}\right]_{u=0} = 1$

증명 (1) 그림 7-7에서 새 매개변수로서 곡선 $C_0(u=0)$의 호의 길이를 v_1이라 하면

$$v_1 = \int_0^{v_1} \sqrt{ds^2}\Big]_{u=0} = \int_0^{v_1} \sqrt{G(u, v)}\, dv\Big]_{u=0} = \int_0^{v_1} \sqrt{G(0, v)}\, dv$$

이어야 하므로 $\sqrt{G(0, v)} = 1$이어야 한다. 한편 곡선 C_0를 측지선으로 선택하면 정리 2-6의 공식에 의하여

$$(\kappa_g)_{u=0} = \frac{1}{\sqrt{E}} \frac{\partial}{\partial u} \ln\sqrt{G(u, v)}\Big]_{u=0} = 0$$

이므로

$$\frac{\partial}{\partial u}\sqrt{G(u, v)}\Big]_{u=0} = 0$$

을 얻는다.

(2) 그림 7-8의 점 $\mathbf{p}$에서, 즉 $u_0 \to 0$일 때 곡선 $u=u_0$의 호의

길이는 0이므로 (앞의 증명과 같이) $G(0, v)=0$이다. 이제 두 번째 관계식을 증명하자. 곡면 위의 점 $\mathbf{p}$를 중심으로 하고 반경 u인 원주$(0<v<v_1)$의 길이를 A라 하고, A를 $\mathbf{p}$에서 곡면의 접평면에 정사영한 것을 B라 하자. $u\to 0$일 때 A와 B의 값은 같으므로 $\lim_{u\to 0}\frac{A}{B}=1$이어야 한다. 따라서

$$\lim_{u\to 0}\frac{A}{B}=\lim_{u\to 0}\left[\int_0^{v_1}\sqrt{G(u,\ v)}\ \frac{dv}{uv_1}\right]=1.$$

로피탈(L'hosptital)의 정리를 이용하여 계산하면

$$\left.\int_0^{v_1}\frac{\partial}{\partial u}\sqrt{G(u,\ v)}\,dv\right]_{u=0}=v_1,\quad \text{또는}\quad \left.\int_0^{v_1}\frac{\partial}{\partial u}\sqrt{G(u,\ v)}\,dv\right]_{u=0}=1$$

을 얻는다. ■

측지극좌표의 간단한 예는, xy-평면 위의 원점에 대한 극좌표계이다. 그것은 $\mathbf{x}(u,\ v)=(u\cos v,\ u\sin v)$, $u>0$, $-\infty<v<\infty$로 주어진다. 분명히 $E=1$, $F=0$, $G=r^2$이므로 $ds^2=du^2+r^2dv^2$이다. 일반적으로 $u\to 0$일 때 $\mathbf{x}(u,\ v)$의 모양은 평면에서의 극좌표를 닮았다. 정리 4-3을 확장하면 다음 정리를 얻을 수 있다.

정리 4-4

$\mathbf{x}(u,\ v)$를 곡면 위의 한 점 $\mathbf{p}$에서 측지극좌표집합이라 하면

$$\sqrt{G(u,\ v)}=u-\frac{1}{6}K(\mathbf{p})u^3+o(u^3).$$

단 $\lim_{u\to 0}\left(\frac{o(u^3)}{u^3}\right)=0$이고 $K(\mathbf{p})$는 $\mathbf{p}$에서 곡면의 가우스 곡률이다.

증명 정리 4-1에 의하여 $-K\sqrt{G}=\frac{\partial^2}{\partial u^2}\sqrt{G}$를 얻었으므로, 다시 한 번

미분하면

$$\frac{\partial^3}{\partial u^3}\sqrt{G} = -K\frac{\partial}{\partial u}\sqrt{G} - \left(\frac{\partial K}{\partial u}\right)\sqrt{G}$$

따라서 정리 4-3으로부터

$$\sqrt{G(0,\ v)} = 0, \quad \lim_{u\to 0}\frac{\partial}{\partial u}\sqrt{G(u,\ v)} = 1$$

을 이용하면

$$\lim_{u\to 0}\frac{\partial^3}{\partial u^3}\sqrt{G} = -K(\mathbf{p}), \quad \lim_{u\to 0}\frac{\partial^2}{\partial u^2}\sqrt{G} = 0$$

을 얻는다. 그런데 함수 $\sqrt{G(u,\ v)}$ 를 $u=0$, 즉 점 $\mathbf{p}$에서 u에 관하여 전개하면

$$\sqrt{G} = \sqrt{G}\,\Big]_{u=0} + \frac{\partial}{\partial u}\sqrt{G}\,\Big]_{u=0} u + \frac{1}{2}\frac{\partial^2}{\partial u^2}\sqrt{G}\,\Big]_{u=0} u^2$$
$$+ \frac{1}{3!}\frac{\partial^3}{\partial u^3}\sqrt{G}\,\Big]_{u=0} u^3 + o(u^3)$$

이므로, 위의 값을 대입하면

$$\sqrt{G} = u - \frac{1}{6}K(\mathbf{p})u^3 + o(u^3)$$

를 얻는다. ■

예제 4-5

조각사상: $\mathbf{x}(u,\ v) = \left(a\cos v\sin\left(\frac{u}{a}\right),\ a\sin v\sin\left(\frac{u}{a}\right),\ a\cos\left(\frac{u}{a}\right)\right)$

$$a>0, \quad 0<u<\frac{a\pi}{2}, \quad -\infty<v<\infty$$

은 원점을 중심으로 하고 반지름이 a인 구면의 북극점에서의 측지극좌표 집합이다. u-매개변수곡선($v=v_0$)은 북극점 둘레의 대원(측지선)이고 v-매

개변수곡선($u=u_0$)은 극 근처에서의 위선이다. 그런데

$$E=1,\quad F=0,\quad G=a^2\sin^2\left(\frac{u}{a}\right)$$

이므로

$$ds^2=du^2+a^2\sin^2\left(\frac{u}{a}\right)dv^2$$

이다. 한편 함수 $\sin x$의 전개식을 이용하면

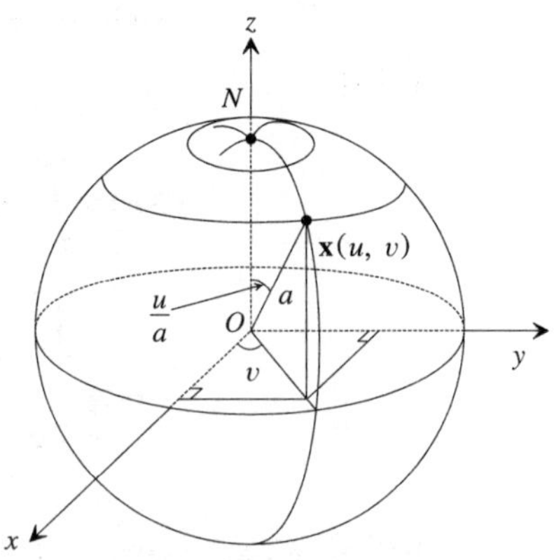

그림 7-9

$$\sqrt{G}=a\sin\left(\frac{u}{a}\right)=u-\frac{u^3}{6a^2}+o(u^3)$$

이다. 이 공식은 정리 4-4의 공식과 일치한다. □

정리 4-4로부터 가우스 곡률에 관한 중요한 공식을 얻을 수 있다.

정리 4-6 Gauss 곡률

곡면 위의 한 점 **p**에서의 가우스 곡률은 다음과 같다.

$$K(\mathbf{p})=\lim_{u\to 0}\frac{3}{\pi}\left(\frac{2\pi u-C(u)}{u^3}\right)$$

$$K(\mathbf{p})=\lim_{u\to 0}\frac{12}{\pi}\left(\frac{\pi u^2-A(u)}{u^4}\right)$$

단 u, $C(u)$, $A(u)$는 각각 **p**둘레의 측지원의 반지름, 원주의 길이, 측지원으로 둘러싸인 곡면의 면적이다.

증명 곡면 위의 점 **p**를 극으로 하는 극좌표를 도입하면, 측지원 $C(u=$상

수)를 따라 $du=0$이다. 따라서 C의 원주는, 정리 4-4에 의하여, 점 $\mathbf{p}$에서

$$C(u)=\int_0^{2\pi}\sqrt{G(u,\ v)}\,dv$$
$$=\int_0^{2\pi}\left(u-\frac{1}{6}K(\mathbf{p})u^3+o(u^3)\right)dv$$
$$=2\pi u-\frac{1}{3}K(\mathbf{p})\pi u^3+o(u^3).$$

따라서 $K(\mathbf{p})$는 u에 독립이므로

$$K(\mathbf{p})=\lim_{u\to 0}\frac{3}{\pi}\left(\frac{2\pi u-C(u)}{u^3}\right).$$

한편 곡면의 면적에 대한 공식 $\iint_D\sqrt{EG-F^2}\,dudv$를 이용하면

$$A(u)=\int_0^{2\pi}\int_0^{u}\sqrt{G(u,\ v)}\,dudv=\pi u^2-\left(\frac{\pi}{12}\right)K(\mathbf{p})u^4+o(u^4)$$

을 얻는다. 이 관계식으로부터 공식

$$K(\mathbf{p})=\lim_{u\to 0}\frac{12}{\pi}\left(\frac{\pi u^2-A(u)}{u^4}\right)$$

는 쉽게 유도된다. ■

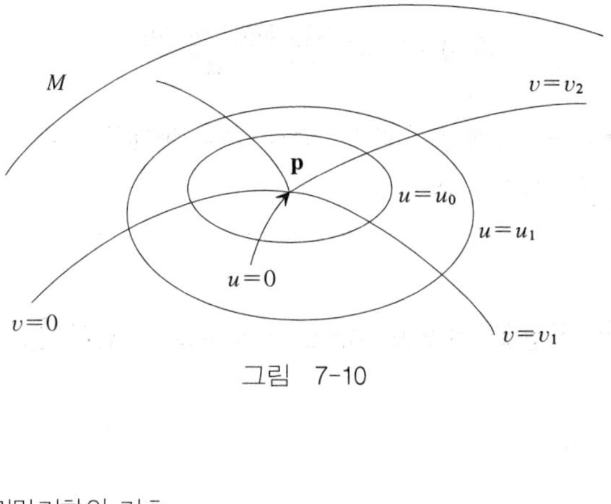

그림 7-10

7-5 최소길이의 호와 측지선

측지선을 묘사하는 가장 오래된 일반적인 방법은 곡면 위의 두 점 사이의 거리를 최소로 하는 곡선을 뜻하는 것이다(이 방법은 1842년에 야코비(Jacobi, J.)가 제기하였다). 그러므로 평면 위에서 임의의 두 점을 잇는 직선은 두 점 사이의 가장 짧은 거리를 보장하므로, 이 직선들이 평면의 측지선이다. 그러나 이러한 개념은 비록 간단한 구면의 경우에라도 옳다는 사실을 보여야만 한다. 예를 들어, 구면 위의 두 점 P, Q 사이에 가장 짧은 거리는 주어진 구면 위의 대원(great circle)을 따라서 얻어진다는 사실은 옳다. 그러나 구면 위의 두 점 사이의 대원의 호는 두 개가 존재하는데 그중에서 하나만이 제일 짧은 거리의 곡선이다. 만약 P와 Q가 직경의 양 끝점일 때에는 두 개의 호는 같은 길이를 갖는다. 구면에 대한 이러한 예는 두 점을 지나는 측지선은 오직 하나만 존재한다는 사실은 항상 옳은 것은 아니라는 것을 말해 준다. P와 Q가 직경의 양 끝점일 때 P와 Q를 지나는 임의의 대원은 하나의 측지선이고 두 점을 지나는 가장 짧은 거리를 구하는 문제의 답이 된다.

또 하나의 예는 주면 위에서 나타난다. 주면의 같은 모선 위에 있는 두 점은 모선을 따라서만 연결될 수 있는 것은 아니다. 물론 모선은 가장 짧은 거리를 만들 수 있으나 주면을 감아가는 여러 가지 기울기에 따른 무한히 많은 나선(helices)에 의하여도 이 두 점을 연결할 수 있다. 이 나선들이 모두 주면의 측지선이라는 것은 이미 앞에서 살펴보았다(예제 3-4(3)).

P와 Q 사이의 가장 짧은 곡선이 꼭 하나만 존재한다고 가정할 때, 이 곡선을 구하기 위하여는 호의 길이 s가 최소값을 갖는 함수 $v=v(u)$를 구하여야만 한다. 이 함수를 구하기 위하여 곡선 C가 변분문제(variational problem)를 해결한다고 가정해야 한다. 그러므로 C를 따라 측정된 거리 PQ는 C에 근접하고 P와 Q를 지나는 곡선 C'에 의하여 측정된 길이 PQ보다

는 짧다(그림 7-11). 이제 C를 직교좌표계

$$ds^2 = Edu^2 + Gdv^2$$

의 곡선 $v=0$으로 취하고, 곡선 C'는 v-매개변수곡선을 따라 곡선 C로부터 측정된 작은 변분(variation) $\delta n = \sqrt{G}\,\delta v$에 의하여 결정된다고 하자. 만약 C'가 방정식 $v=v(u)$로 표시된다면 δv로 동일시될 수 있는 아주 작은 v를 취한다. C'가 $P(u=u_0)$와 $Q(u=u_1)$를 지나므로 $v(u_0)=v(u_1)=0$이다. 곡선 C와 C'를 따라 P에서 Q까지 측정된 거리를 각각 s, s'라 하고, $v' = \dfrac{dv}{du}$라 하면

$$s = \int_{u_0}^{u_1} \sqrt{E(u,\ 0)}\,du,$$

$$s' = s + \delta s = \int_{u_0}^{u_1} \sqrt{E(u,\ \delta v)du^2 + G(u,\ \delta v)dv^2} = \int_{u_0}^{u_1} \sqrt{E_1 + v'^2 G}\,du$$

단, $E=E(u,\ 0)$, $E_1=E(u,\ \delta v)$, $G=G(u,\ \delta v)$

이다. 그런데 테일러 공식에 의하여 전개식

$$E(u,\ \delta v) = E(u,\ 0) + \delta v E_v + \frac{\delta v^2}{2} E_{vv} + \cdots$$

$$E_v = \frac{\partial}{\partial v} E(u,\ v)\Big|_{v=0}$$

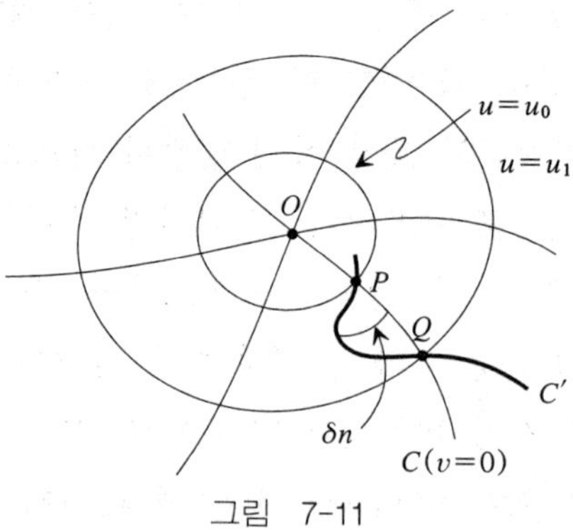

그림 7-11

을 얻을 수 있으므로 δv보다 높은 차수와 $(v')^2$을 포함하는 항을 무시하면 호의 길이의 변분 δs에 대한 근사식을 구할 수 있다.

$$\begin{aligned}\delta s = s' - s &= \int_{u_0}^{u_1} [\sqrt{E + \delta v E_v} - \sqrt{E}\,]du \\ &= \int_{u_0}^{u_1} \left[\sqrt{E}\left(1 + \delta v \frac{E_v}{E}\right)^{\frac{1}{2}} - \sqrt{E}\,\right] du \\ &= \int_{u_0}^{u_1} \left[\sqrt{E}\left(1 + \frac{\delta v}{2}\frac{E_v}{E}\right) - \sqrt{E}\,\right] du \\ &= \int_{u_0}^{u_1} \frac{1}{2}\delta v \frac{E_v}{E}\, du = \int_{u_0}^{u_1} \frac{E_v}{2E\sqrt{G}} \delta n ds\end{aligned}$$

이 식에서 $ds = \sqrt{E}\,du$는 C를 따라 측정한 값이고 $\delta n = \sqrt{G}\,\delta v$는 변분을 뜻한다. 그런데 u-매개변수곡선 $C(v=0)$의 측지적곡률은 정리 2-6의 공식 (3)에 의하여

$$(\kappa_g)_{v=0} = -\frac{1}{2}\frac{E_v}{E\sqrt{G}}$$

이므로

$$\delta s = s' - s = -\int_{u_0}^{u_1} \kappa_g \delta n ds$$

이다. 이때 κ_g는 곡선 $C(v=0)$에 대한 측지적 곡률이다. 따라서 모든 δn에 대하여 $\delta s = 0$이면 s는 최소값을 갖는다. 즉 s가 최소값을 가질 필요조건은 P와 Q를 지나는 곡선을 따라서 측지적 곡률 κ_g가 항상 0이 되는 것이다. 그러므로 두 점 P와 Q 사이의 가장 짧은 거리의 존재성에 대한 필요조건은 P와 Q를 잇는 측지선에 의하여 얻어지는 것이다. 따라서 다음 정리를 얻을 수 있다.

정리 5-1

만약 곡면 M 위의 두 점 P와 Q를 잇는 가장 짧은 거리를 갖는 곡선이 존재한다면 그것은 측지선이다.

문제 7-5

1 P와 Q를 측지좌표 $\mathbf{x}=\mathbf{x}(u, v)$의 좌표사상 위에 있는 측지선 $v=v_0$(상수) 위의 두 점이라 하자. 이때 곡선 $v=v_0$는 두 점 P와 Q를 연결하는 조각사상 위에 있는 모든 정칙호(regular arcs) 중에서 가장 짧은 길이를 갖는 곡선임을 증명하여라.

2 본질적 거리 ρ는 M 위에서 하나의 계량(metric)이다(제 6 장의 정의 3-1). 다음을 증명하여라.

(1) 점 $\mathbf{p}$의 정규근방 N_ε은 $\rho(\mathbf{p}, \mathbf{q})<\epsilon$을 만족하는 M의 모든 점으로 구성된다.

(2) ρ는 다음 세 가지 계량에 관한 성질을 만족한다.

(a) $\rho \geq 0$이고 $\rho(\mathbf{p}, \mathbf{q})=0$은 $\mathbf{p}=\mathbf{q}$일 때만 성립한다.

(b) $\rho(\mathbf{p}, \mathbf{q})=\rho(\mathbf{q}, \mathbf{p})$

(c) 삼각부등식

3 쌍곡평면 H : $\mathbf{x}(u, v)=(u\cos v, u\sin v)$, $0<u<2$에서 원점 0으로부터 임의의 점 $\mathbf{p}$까지의 본질적 거리를 구하여라. 또 H의 모든 측지선은 무한의 길이를 가짐을 추론하여라(그러므로 H는 완비곡면(complete surface)이다).

7-6 가우스 곡률이 일정한 곡면

가우스 곡률이 0인 곡면은 가전면(developable surfaces)과 동일하다는 것은 이미 살펴보았다. 0이 아닌 일정한 가우스 곡률을 갖는 가장 간단한 곡면은 구면이다. 반경이 a인 구면의 곡률은 $K=\dfrac{1}{a^2}$이므로 양의 상수값이다. 이와 같은 성질을 가지는 것은 단지 구면 하나만이 아니라는 것을 알게 될 것이다.

기하학의 중요한 관점은 일대일 사상에 의하여 불변이 되는 곡면의 성질을 연구하는 것이다. 곡면의 등장사상 밑에서 불변인 성질을 곡면의 **본질적 성질**(intrinsic property)이라 한다. 제 6 장의 정리 3-5로부터 곡면이 본질적이기 위한 필요충분조건은 그것이 제 1 기본계수에만 의존하는 것이라는 것을 알고 있다. 따라서 가우스 곡률 K는 곡면의 본질적 성질이다. 이제 Minding의 정리를 증명하여 보자.

정리 6-1	Minding의 정리
일정한 같은 가우스 곡률을 갖는 모든 곡면들은 등장적이다.	

증명 $K=0$, $K>0$, $K<0$의 세 가지 경우로 나누어 증명하자.

(1) $K=0$인 경우: 측지극좌표

$$ds^2=du^2+Gdv^2 \tag{1}$$

을 취하자. K는 정리 4-1의 두번째 공식을 만족하므로

$$K=-\frac{1}{\sqrt{G}}\frac{\partial^2\sqrt{G}}{\partial u^2}=0$$

이다. 따라서

$$\sqrt{G}=uc_1(v)+c_2(v)$$

의 형식이다. 그런데 정리 4-3으로부터

$$(\sqrt{G})_{u=0}=0, \quad \left(\frac{\partial}{\partial u}\sqrt{G}\right)_{u=0}=1 \tag{2}$$

을 만족하여야 하므로 $c_1(v)=1$, $c_2(v)=0$이어야 한다. 따라서

$$ds^2=du^2+u^2dv^2$$

를 얻는다. ds^2에 대한 이 표현은 측지극좌표를 도입함으로써 $K=0$

인 모든 곡면(가전면)에 대하여 성립한다. 그러므로 $K=0$인 모든 곡면은 등장적이다.

한편, 평면의 한 조각사상은 $\mathbf{x}(u, v)=(u\cos v, u\sin v)$로 표시되므로 그 평면에서 Cartesian 직교좌표를 (x, y)라 하면

$$ds_1{}^2=dx^2+dy^2=du^2+u^2dv^2$$

이 성립한다. 따라서 $ds^2=ds_1{}^2$이 성립하므로 **"모든 가전면과 평면은 등장적"**이라 할 수 있다. 이것은 평면의 직교좌표에 곡선좌표를 대응시킬 수 있음을 뜻한다. 이러한 등장사상은 실제로 곡면을 구부림에 의하여 만들 수 있다(제 6 장 3절, 7절).

(2) $K>0$인 경우: 측지극좌표 (1)을 다시 취하면 $\sqrt{G}$는

$$\frac{\partial^2\sqrt{G}}{\partial u^2}+K\sqrt{G}=0$$

의 해이다. 이것은 상수계수를 갖는 선형미분방정식이므로 쉽게 해를 구할 수 있다. 실제로 $\sqrt{G}=e^{ru}$이라 하면

$$e^{ru}(r^2+K)=0$$

이므로 $r=\pm i\sqrt{K}$이다. 그러므로 이 미분방정식의 일반해는

$$\begin{aligned}\sqrt{G}&=ae^{-i\sqrt{K}u}+be^{i\sqrt{K}u}\\&=a(\cos\sqrt{K}u-i\sin\sqrt{K}u)+b(\cos\sqrt{K}u+i\sin\sqrt{K}u)\\&=c_1\cos\sqrt{K}u+c_2\sin\sqrt{K}u\end{aligned}$$

의 형식으로 표시된다(단, c_1, c_2는 v의 함수). 그런데 조건 (2)에 의하여 $c_1=0$, $c_2=\dfrac{1}{\sqrt{K}}$이어야 하므로

$$\sqrt{G}=\left(\frac{1}{\sqrt{K}}\right)\sin\sqrt{K}u.$$

따라서

$$ds^2 = du^2 + \left(\frac{1}{K}\sin^2\sqrt{K}\,u\right)dv^2 \tag{3}$$

을 얻는다. 그러므로 "**양의 상수곡률 K를 갖는 모든 곡면은 반경이 $\frac{1}{\sqrt{K}}$인 구면과 등장적이다.**" 물론 이 정리는 식 (1)을 도입할 수 있는 곡면의 영역에서만 성립한다. 이러한 영역은 대응하는 구면의 영역과 등장적이다.

(3) $K<0$인 경우: 전과 동일한 방법으로, 미분방정식

$$\frac{\partial^2\sqrt{G}}{\partial u^2} - L\sqrt{G} = 0, \quad L = -K$$

의 일반해는

$$\sqrt{G} = c_1 e^{\sqrt{L}\,u} + c_2 e^{-\sqrt{L}\,u}$$

이다. 이 식의 조건 (2)를 만족하여야 하므로

$$c_1 = -c_2 = \frac{1}{2\sqrt{L}}$$

이어야 한다. 그러므로

$$\sqrt{G} = \frac{1}{\sqrt{L}}\left(\frac{e^{\sqrt{L}\,u} - e^{-\sqrt{L}\,u}}{2}\right) = \frac{1}{\sqrt{L}}\sinh\sqrt{L}\,u$$

를 얻는다. 따라서 구하려는 제 1 기본형식은

$$ds^2 = du^2 + \left(\frac{1}{L}\sinh^2\sqrt{L}\,u\right)dv^2, \quad L = -K$$

이다. 따라서 "**$K<0$인 이런 형태의 모든 곡면은 서로 등장적이다.**" ■

실제로, 두 번째 경우의 등장사상이 성립할 때 좌표 사이의 관계를 조사하여 보자. 반경이 $\frac{1}{\sqrt{K}}$인 구면의 조각사상은

$$\mathbf{x}(\theta,\ \phi)=\left(\frac{1}{\sqrt{K}}\cos\theta\cos\phi,\ \frac{1}{\sqrt{K}}\cos\theta\sin\phi,\ \frac{1}{\sqrt{K}}\sin\theta\right)$$

이므로, 제 1 기본형식은 쉽게 구할 수 있다.

$$ds_1{}^2=\frac{1}{K}d\theta^2+\left(\frac{1}{K}\cos^2\theta\right)d\phi^2$$

한편 일정한 곡률 $K>0$를 갖는 곡면의 제 1 기본형식은 (3)에 의하여

$$ds^2=du^2+\left(\frac{1}{K}\sin^2\sqrt{K}\,u\right)dv^2$$

이다. 결국 위의 두 곡면이 등장적일 조건은 $ds_1{}^2=ds^2$으로부터

$$\theta=\sqrt{K}\,u,\quad \phi=(\tan\theta)v$$

임을 알 수 있다.

문제 7-6

1 접평면이 각 모선을 따라서 일정한 선직면을 **가전면**(developable surface)이라 한다. $\mathbf{y}=\mathbf{y}(s)$가 단위속도기저곡선일 때, 선직면 $\mathbf{x}=\mathbf{y}(s)+v\mathbf{h}(s)$, $\|\mathbf{h}(s)\|=1$이 가전면일 필요충분조건은 $[\mathbf{y}'\mathbf{h}\mathbf{h}']=0$임을 증명하여라.

2 $(u,\ \theta)$에서 곡면

$$\mathbf{x}=(u\cos\theta,\ u\sin\theta,\ \log u),\quad u>0$$

와 $u^*=u$, $\theta^*=\theta$에서 곡면

$$\mathbf{x}^*=(u^*\cos\theta^*,\ u^*\sin\theta^*,\ u^*),\quad u^*>0$$

은 같은 가우스 곡률을 갖지만 등장적은 아니다. 증명하여라.

3 $u=c_1\cos\left(\frac{v}{a}\right)+c_2\sin\left(\frac{v}{a}\right)$이고 $f(v)=\int\left[1-\left(\frac{du}{dv}\right)^2\right]^{\frac{1}{2}}dv$일 때, 회전면

$$\mathbf{x}=(u\cos\theta,\ u\sin\theta,\ f(v))$$

는 모든 c_1, c_2에 대하여 $K=1/a^2$(상수)를 갖는 곡면임을 증명하여라. 또 이 곡면은 c_1, c_2값이 얼마일 때 구면이 되는가?

[4] 충분히 미분가능한 곡면 위에 있는 한 조각사상 $\mathbf{x}=\mathbf{x}(u, v)$ 위의 한 영역을 R라 하자. R에서 단위법벡터장 U의 끝점(end point)은 단위구면 위에 한 집합 R'를 이룬다. 이 때 R'를 R의 **구면상**(spherical image)이라 한다. R가 점 $\mathbf{p}$로 오그라들 때 점 $\mathbf{p}$에서 R의 면적에 대한 R'의 면적의 비는 K에 접근함을 증명하여라.

7-7 가우스-보네 정리

곡면 M의 가우스 곡률은 그 곡면의 평행이동, 측지선, 등장사상, 곡면의 모양과 같은 기하학적 형태에 많은 영향을 준다는 사실은 이미 살펴보았다. 이제 곡면 위의 특별한 조건에서 가우스 곡률과 측지적 곡률 사이의 관계를 조사하여 보자.

그림 7-12에서처럼 정칙호(regular arcs) C_i, $(i=1, 2, \cdots, k)$를 끝점에서 끝점으로 연결시켜 놓는 것을 **조르당 호**(Jordan arc)라 한다. 조르당 호 C의 각 성분 C_i는 부분구간 $t_{i-1} \leq t \leq t_i$에서 $\mathbf{x}=\mathbf{x}(t)$로 표현할 수 있으므로, 결국 C는 $\mathbf{x}=\mathbf{x}(u(t), v(t))$, $t_0 \leq t \leq t_k$로 표현할 수 있다. 또한 조르당 호 C는 전개가능하고 길이는 C_i의 길이의 합과 같다. 만약 조르당 호의 끝점 이외에는 만나는 점이 없을 때 이것을 **단순 폐 조르당 호**(simple closed Jordan arc) 또는 **다각형곡선**(polygonal curve, curvillinear polygon)이라 한다. 다각형곡선 C의 각 성분 C_i를 그 다각형의 **변**(edge)이라 하고, 두 변이 만나는 점을 **꼭지점**(vertex)이라 한다(그림 7-12, 7-13).

조르당의 곡선정리에 의하면, C: $u=u(t)$, $v=v(t)$가 평면 위의 다각형곡선이라면 C는 C의 내부(interior)인 유계단순연결영역(bounded simply connected domain) R^0의 경계임을 알 수 있다.

정의 7-1

$\alpha : [a, b] \to M$을 유향곡면 M 위의 정칙곡선선분(regular curve segment)이라 할 때, α의 **전 측지적 곡률**(total geodesic curvature)은

$$\int_{\alpha(a)}^{\alpha(b)} \kappa_g(s)ds$$

로 정의한다. 단, $\kappa_g(s)$는 α의 단위속도 매개변수표시의 측지적 곡률이다.

M에서 α의 전측지적 곡률은 전가우스 곡률의 개념과 비슷하다(정리 7-6). C를 반경이 r이고 자연향(natural orientation)을 갖는 평면 위에 있는 원이라 하자. 만약 α가 C를 따라 반시계방향으로 돌아가는 곡선이라 하면 α는 일정한 측지적 곡률 $\kappa_g = \dfrac{1}{r}$을 갖는다. 따라서 α의 전측지적 곡률은

$$\int_\alpha \kappa_g ds = \frac{1}{r}\int_\alpha ds = \frac{1}{r}(2\pi r) = 2\pi$$

이다. 이것은 원의 크기에 관계 없음을 알 수 있다. 만약 α가 C의 시계방향으로 따라갔다면 그 값은 -2π일 것이다. 만약 M의 향이 고정되어 있다면, 곡선선분 α의 전측지적 곡률은 향을 보존하는 재매개변수표시에 의하여 부호가 바뀐다.

제6장 6절의 적분이론에서는 2-선분 $\mathbf{x} : R \to M$은 R의 내부 R^0 위에서 일대일이고 정칙이라는 가정을 이용하였다. 마찬가지로 이제부터는 R의

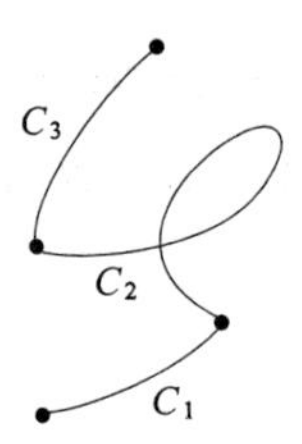

그림 7-12

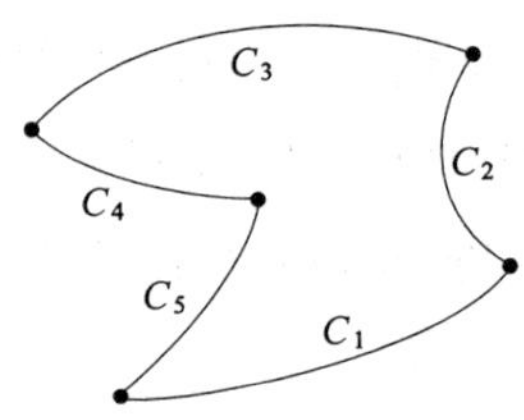

그림 7-13

경계 위에서 $\mathbf{x}$가 일대일이고 정칙이라는 좀더 엄격한 조건을 적용하여 보자. $\mathbf{x}$가 일대일이고 정칙인 2-선분일 때 $\mathbf{x}$의 **변곡선**(edge curves) α, β, γ, δ는 일대일 정칙곡선선분이다. 직사각형영역 $\mathbf{x}(R)$를 둘러싸는 **단일 꺽인 곡선**(single broken curve)으로서 경계 $\partial\mathbf{x}=\alpha+\beta-\gamma-\delta$을 생각할 것이다. 이때 경계 $\partial\mathbf{x}$의 전측지적 곡률을 정의하려고 한다. 측지적 곡률의 정의는 한 곡선의 전측지적 곡률이 단순히 곡선의 단위접벡터 T가 회전하는 전체각도(total angle)를 표시한다는 것을 보여 준다. 그러나 **전경계**(total boundary)

$$\partial\mathbf{x}=\alpha+\beta-\gamma-\delta$$

에 대하여는 단순히 변곡선 위에서 전체 회전각만을 취하는 것은 아니다. 다시 말하면 관계식

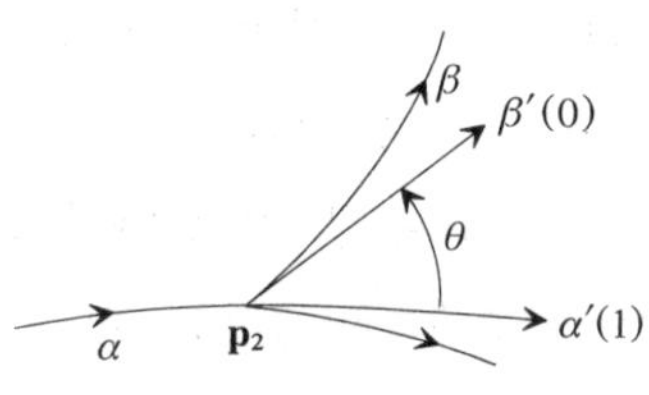

그림 7-14

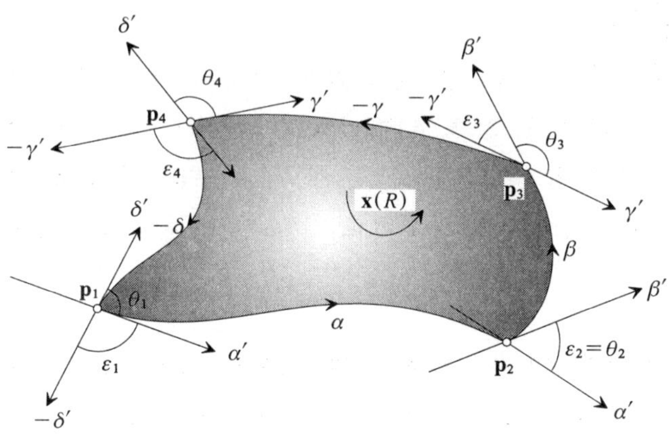

그림 7-15

$$\begin{aligned}\int_{\partial\mathbf{x}}\kappa_g ds &= \int_\alpha \kappa_g ds + \int_\beta \kappa_g ds + \int_{-\gamma}\kappa_g ds + \int_{-\delta}\kappa_g ds \\ &= \int_\alpha \kappa_g ds + \int_\beta \kappa_g ds - \int_\gamma \kappa_g ds - \int_\delta \kappa_g ds\end{aligned} \tag{1}$$

가 성립하므로, $\partial\mathbf{x}$ 위에서 단위접벡터 T는 직사각형영역 $\mathbf{x}(R)$의 네 꼭지점에서 회전해야만 하는 각도를 고려하여야 한다. 그림 7-15에서 보듯이

$$R: a \leq u \leq b, \quad c \leq v \leq d$$

에 대하여 $\mathbf{x}(R)$의 네 꼭지점은

$$\mathbf{p}_1 = \mathbf{x}(a, c), \quad \mathbf{p}_2 = \mathbf{x}(b, c), \quad \mathbf{p}_3 = \mathbf{x}(b, d), \quad \mathbf{p}_4 = \mathbf{x}(a, d)$$

로 표시된다.

일반적으로, 유향영역에서 한 정칙곡선선분 α가 다른 곡선선분 β의 출발점에서 끝났다면, 즉 $\alpha(1) = \beta(0)$이면, α로부터 β까지의 회전각 θ은 $\alpha'(1)$로부터 $\beta'(0)$까지의 (가장 작은 절대값) 유향각(oriented angle)을 말한다(그림 7-14). 2-선분 $\mathbf{x}$에 대하여 평면 위의 다각형의 경우와 비슷하게 어떤 용어를 만들기 위하여 $\mathbf{x}$에 의하여 결정된 향, 즉 $dM(\mathbf{x}_u, \mathbf{x}_v) > 0$인 면적형식 dM을 사용할 것이다.

정의 7-2

$\mathbf{x}: R \to M$이 꼭지점을 $\mathbf{p}_1$, $\mathbf{p}_2$, $\mathbf{p}_3$, $\mathbf{p}_4$로 하는 일대일 정칙 2-선분이라 하자. 꼭지점 $\mathbf{p}_j (j = 1, 2, 3, 4)$에서 $\mathbf{x}$의 **외각**(exterior angle) ε_j는 $\partial\mathbf{x}$에서 나타나는 순서에 따라 변곡선 α, β, $-\gamma$, $-\delta$로부터 유도된 꼭지점 $\mathbf{p}_j$에서의 회전각이다. $\mathbf{p}_j$에서 $\mathbf{x}$의 **내각**(interior angle) ϕ_j는 $\pi - \varepsilon_j$이다.

정의로부터 $\mathbf{x}$의 외각은 $\mathbf{x}_u$와 $\mathbf{x}_v$에 의하여 만들어진 일반좌표각 θ_j의 항으로 쉽게 표현할 수 있다. 즉 좌표각 $\theta_j (j = 1, 2, 3, 4)$는 변곡선 α, β, γ, δ의 접벡터로부터 유도된 꼭지점 $\mathbf{p}_j$에서의 회전각이고, 외각은 변곡선

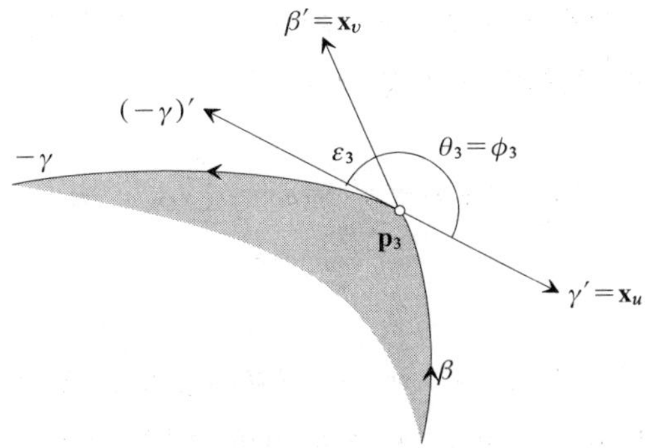

그림 7-16

$\alpha,\ \beta,\ -\gamma,\ -\delta$로부터 얻어진 회전각이므로

$\theta_1 = \angle(\alpha', \delta'),\quad \theta_2 = \angle(\alpha', \beta'),\quad \theta_3 = \angle(\beta', \gamma'),\quad \theta_4 = \angle(\gamma', \delta')$

$\varepsilon_1 = \angle(\alpha', -\delta'),\ \varepsilon_2 = \angle(\alpha', \beta'),\ \varepsilon_3 = \angle(\beta', -\gamma'),\ \varepsilon_4 = \angle(-\gamma', -\delta')$

$$\varepsilon_1 = \pi - \theta_1,\quad \varepsilon_2 = \theta_2,\quad \varepsilon_3 = \pi - \theta_3,\quad \varepsilon_4 = \theta_4$$

가 성립한다(그림 7-15). 예를 들어 꼭지점 $\mathbf{p}_3$에서 이 상황을 생각해 보자. 그림 7-16에서 보듯이 변곡선의 정의에 따라 β'는 $\mathbf{x}_v$이고 $(-\gamma)'$는 $-\mathbf{x}_u$이므로 $\varepsilon_3 + \theta_3 = \pi$이다. 마찬가지 방법으로 정점 $\mathbf{p}_4$에서 $(-\gamma)'$는 $-\mathbf{x}_u$이고 $(-\delta)'$는 $-\mathbf{x}_v$이므로 $\varepsilon_4 = \theta_4$임을 알 수 있다.

정리 7-3 Gauss-Bonnet 공식

$\mathbf{x} : R \to M$을 곡면 M에서 일대일 정칙 2-선분이라 하자. 만약 dM을 $\mathbf{x}$에 의하여 결정된 $\mathbf{x}(R)$ 위에서의 면적형식이라 하면

$$\iint_{\mathbf{x}(R)} K\,dM + \int_{\partial \mathbf{x}} \kappa_g\,ds = 2\pi - \sum_{i=1}^{4} \varepsilon_i \qquad (2)\mathrm{a}$$

가 성립한다.

식 (2)a의 좌변의 첫째 항은 $\mathbf{x}$의 **전가우스 곡률**을, 나머지 항은 $\partial\mathbf{x}$의 **전측지적 곡률**을 나타낸다. 이 공식은 외각으로 표현된 가우스-

보네 공식이다. 여기에서 $\varepsilon_i=\pi-\phi_i(1\le i\le 4)$이므로, $\mathbf{x}(R)$의 내각을 사용하여 이 식을 표현하면 다음과 같다.

$$\iint_{\mathbf{x}(R)} KdM+\int_{\partial\mathbf{x}} \kappa_g ds=\sum_{i=1}^{4}\phi_i-2\pi \qquad (2)\,\mathrm{b}$$

이 정리에서 측지적곡률과 외각은 $dM(\mathbf{x}_u, \mathbf{x}_v)>0$이 되는 dM에 의하여 주어진 $\mathbf{x}(R)$의 향을 사용한다. M이 비록 가향곡면이라 하여도 M 자신이 유향이 될 필요는 없다.

증명 리우빌(Liouville)의 공식(정리 2-8)을 사용하여 증명하자. u-와 v-매개변수곡선의 측지적 곡률을 각각 κ_{g_1}과 κ_{g_2}라 하면 $\mathbf{x}(R)$의 각 변을 따라서 측지적 곡률은

$$\kappa_g=\frac{d\theta}{ds}+\kappa_{g_1}\cos\theta+\kappa_{g_2}\sin\theta$$

로 주어진다. 따라서

$$\int_{\partial\mathbf{x}}\kappa_g ds=\int_{\partial\mathbf{x}}\frac{d\theta}{ds}ds+\int_{\partial\mathbf{x}}(\kappa_{g_1}\cos\theta+\kappa_{g_2}\sin\theta)ds$$

가 성립한다. 그런데 $\mathbf{x}_u\cdot\mathbf{x}_v=0$이므로 관계식

$$\cos\theta=\sqrt{E}\frac{du}{ds},\quad \sin\theta=\sqrt{G}\frac{dv}{ds}$$

와 그린(Green)의 정리(증명 아래의 참고를 보라)를 이용하면

$$\begin{aligned}\int_{\partial\mathbf{x}}\kappa_g ds&=\int_{\partial\mathbf{x}}d\theta+\int_{\partial\mathbf{x}}\left(\kappa_{g_1}\sqrt{E}\frac{du}{ds}+\kappa_{g_2}\sqrt{G}\frac{dv}{ds}\right)ds\\&=\int_{\partial\mathbf{x}}d\theta+\iint_{\mathbf{x}(R)}\left[\frac{\partial}{\partial u}\kappa_{g_2}\sqrt{G}-\frac{\partial}{\partial v}\kappa_{g_1}\sqrt{E}\right]dudv\end{aligned}$$

정리 2-6의 공식 (3), (4)와 제 6 장의 정리 5-2의 공식을 사용하면

$$\begin{aligned}\int_{\partial \mathbf{x}} \kappa_g ds &= \int_{\partial \mathbf{x}} d\theta + \iint_{\mathbf{x}} \left(\frac{\partial}{\partial u} \frac{G_u}{2\sqrt{EG}} + \frac{\partial}{\partial v} \frac{E_v}{2\sqrt{EG}} \right) dudv \\ &= \int_{\partial \mathbf{x}} d\theta + \iint_{\mathbf{x}} \frac{1}{\sqrt{EG}} \left[\frac{\partial}{\partial u} \left(\frac{1}{\sqrt{E}} \frac{\partial \sqrt{G}}{\partial v} \right) \right. \\ &\qquad \left. + \frac{\partial}{\partial v} \left(\frac{1}{\sqrt{G}} \frac{\partial \sqrt{E}}{\partial u} \right) \right] \sqrt{EG}\, dudv \\ &= \int_{\partial \mathbf{x}} d\theta - \iint_{\mathbf{x}} K \sqrt{EG}\, dudv\end{aligned}$$

그런데 $F=0$이므로 $dM=\sqrt{EG}\,dudv$(제6장 6절)이다. 따라서

$$\int_{\partial \mathbf{x}} \kappa_g ds + \iint_{\mathbf{x}} K dM = \int_{\partial \mathbf{x}} d\theta.$$

이제 우변의 계산만이 남았다. $\partial \mathbf{x}$는 단순곡선이므로 둘레의 총변화량은 네 꼭지점에서 도약(jump)하는 외각 $\varepsilon_i (i=1, 2, 3, 4)$를 포함하여 2π임을 알 수 있다. 즉

$$\int_{\partial \mathbf{x}} d\theta + \sum_{i=1}^{4} \varepsilon_i = 2\pi$$

이므로, 이 정리의 결과가 유도된다. ■

참고 Green의 정리

평면 위에서 $P(u, v)$와 $Q(u, v)$가 다각형곡선 C에 의하여 경계지어진 면적 A를 가지는 영역을 포함하는 개집합 위에서 미분가능인 함수이고, C의 향이 반시계방향이면 다음 관계식이 성립한다.

$$\int_C (Pdu + Qdv) = \iint_A \left(\frac{\partial Q}{\partial u} - \frac{\partial P}{\partial v} \right) dudv$$

가우스-보네 공식은 실제로 사상 $\mathbf{x} : R \to M$에 종속되지 않고 그의 상 $\mathscr{R} = \mathbf{x}(R)$에 영향을 받는다. 만약 $\bar{\mathbf{x}}$를 같은 상 $\mathscr{R}$를 갖는 또 다른 일대일

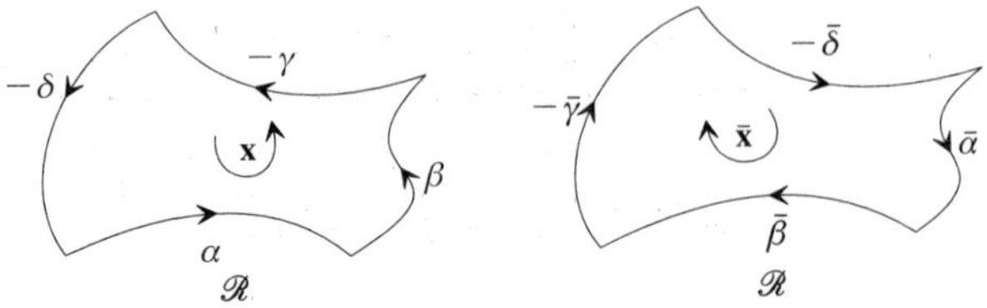

그림 7-17

정칙 2-선분이라 하면, $\bar{\mathbf{x}}$에 대한 가우스-보네 공식의 여섯 개의 항 각각은 $\mathbf{x}$에 대하여 이에 대응하는 항과 수치적으로 똑같은 값을 갖는다. 만약 $\mathbf{x}$와 $\bar{\mathbf{x}}$가 같은 향을 갖는다면, 즉 $\mathscr{R}$ 위에서 같은 면적형식을 결정한다면 이 사실은 쉽게 이해할 수 있다. 그러나 만약 $\mathbf{x}$와 $\bar{\mathbf{x}}$가 다른 향을 갖는다면, 즉 $dM_{\mathbf{x}}=-dM_{\bar{\mathbf{x}}}$이라면 어떤 결과가 나올까? 그림 7-17에서 보듯이 α와 $\bar{\beta}$가 다른 향을 갖는 대응하는 변곡선이라 가정하여 보자. 분명히 $\bar{\beta}$는 α의 향을 바꾸는 재매개변수표시이다. 그러나 α와 $\bar{\beta}$의 측지적 곡률은 반대의 면적형식 $dM_{\mathbf{x}}$와 $dM_{\bar{\mathbf{x}}}$에 의하여 계산되므로 결국 두 개의 부호가 변하게 된다. 따라서

$$\int_{\alpha}\kappa_g ds=\int_{\bar{\beta}}\kappa_g ds$$

이므로 $\mathbf{x}$와 $\bar{\mathbf{x}}$의 향에 영향을 받지 않는다.

M을 컴팩트 유향곡면이라 하자. 이때 하나의 공통면이나 공통꼭지점에서 겹쳐지는 유한개의 일대일 2-선분 $\mathbf{x}_1, \cdots, \mathbf{x}_j$의 상으로 M을 덮을 수 있을 때, $\mathbf{x}_1(R_1), \cdots, \mathbf{x}_j(R_j)$를 M의 **직사각형 분해**(rectangular decomposition) $\mathscr{D}$라 한다(그림 7-18). 궁극적으로 직사각형분해는 포장(paving)의 특별한 경우이다(제 6 장의 정의 6-3). 그러나 $\mathbf{x}_i$는 R_i 위에서 일대일 정칙이므로, 실제로 $\mathbf{x}_i(R_j)$는 사각형이고 그림 7-18에서 보듯이 단정하고 질서정연하게 연결되어 있다(그림 6-12의 포장과 비교하여라).

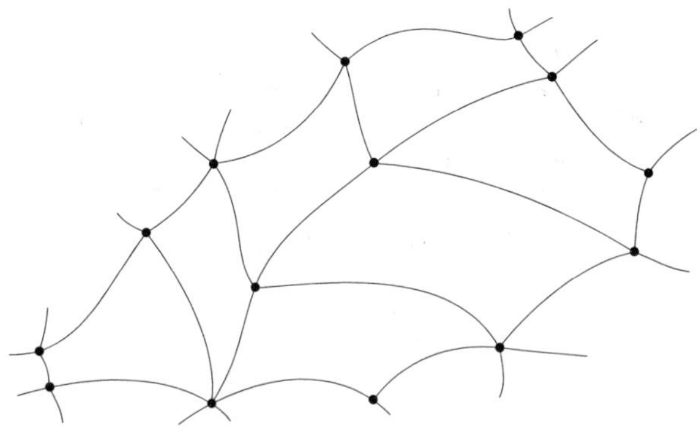

그림 7-18

정의 7-4 **Euler-Poincaré 지표**

$\mathscr{D}$를 compact곡면 M의 직사각형 분해라 할 때 v, e, f를 각각 $\mathscr{D}$에 속한 꼭지점(vertices), 변(edges), 면(faces)의 수라 하면, 정수 $v-e+f$는 M의 모든 직사각형 분해에 대하여 모두 같다. 이때 정수

$$\chi(M)=v-e+f$$

를 M의 오일러-푸앵카레 지표(Euler-Poincare characteristic)라고 한다.

이 유명한 정리의 증명은 전적으로 위상적이지만, 뒤에서 공부할 정리 7-6의 간단한 결과이다. 이 결과들은 쉽게 일반화할 수 있다. 먼저 전곡면(entire surface) 대신에 말끔하게 정돈되어 있는 사각형의 영역 $\mathbf{x}_i(R_j)$로 분해할 수 있는 다각형 영역으로 다룰 수 있다. 다음에 우리는 모든 곳에서 사각형 R 대신 다각형을 대치할 수 있다(다각형 $\mathscr{P}$는 단순다각형곡선 C에 의하여 닫혀진 $\mathbf{E}^2$의 유계영역이다). 이런 사실에 의하여 M에 속한 다각형 영역 $\mathscr{R}$의 다각형 분해 $\mathscr{D}$의 개념을 얻을 수 있다. 이 경우 $\mathscr{R}$의 푸앵카레 지표 $\chi(\mathscr{R})$는 다각형 분해 $\mathscr{D}$의 선택에 구애받지 않는다.

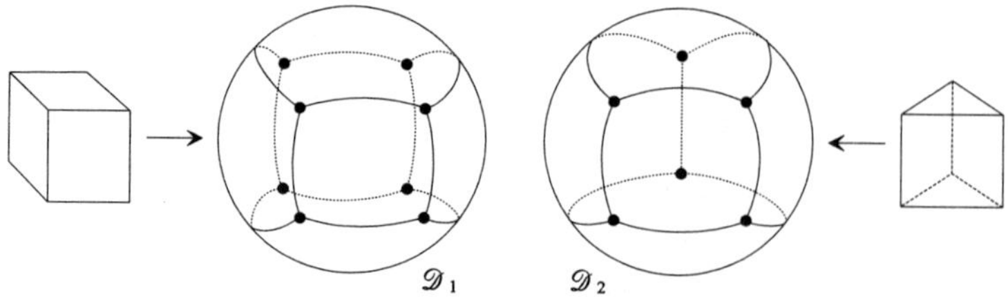

그림 7-19

예제 7-5 **Euler-Poincaré지표**

(1) 구면 Σ에 대하여 $\chi(\Sigma)=2$이다. 그림 7-19에서 보듯이 6면체를 팽창함으로써 Σ의 사각형분해 $\mathscr{D}_1$을 얻을 수 있다. $\mathscr{D}_1$은 분명히 $v=8$, $e=12$, $f=6$이므로 $\chi(\Sigma)=2$이다.

한편 프리즘을 팽창시켜 Σ의 다각형분해 $\mathscr{D}_2$를 얻을 수 있는데, 이 경우 $v=6$, $e=9$, $f=5$이므로 역시 $\chi(\Sigma)=2$이다. 따라서 구면 Σ의 오일러-푸앵카레 지표는 사각형분해와 다각형분해에 무관하게 모두 2가 됨을 알 수 있다(그림 7-19).

(2) 원환면 T의 사각형 분해에서 $\chi(T)=0$이다. 왜냐하면 그림 7-20에서 보듯이 $v=4$, $e=8$, $f=4$이기 때문이다.

(3) 컴팩트 곡면에 원환면을 하나 붙이는 경우를 생각하자. 그림 7-21에서 보듯이 손잡이(handle)가 하나인 구면 위에 있는 한 사각형을 따라서 원환면을 붙이면 손잡이가 두 개인 곡면이 된다. 이 경우 합해진 곡면은 두 개의 곡면 위에 사각형면이 겹쳐졌으므로 면은 두 개, 변은 네 개, 꼭지점은 네 개씩 감소한다. 그러므로 처음 곡면의 오일러 지표에서 $4-4+2$, 즉 2만큼 감소하게 된다.

따라서 손잡이가 하나인 구면(원환면)의 지표는 0이므로 손잡이가 두 개인 구면(쌍원환면)의 오일러-푸앵카레 지표는 -2이다. 이것을 공식화하면, 손잡이가 h개인 곡면 M의 오일러 지표는 $\chi(M)=2(1-h)$이다. □

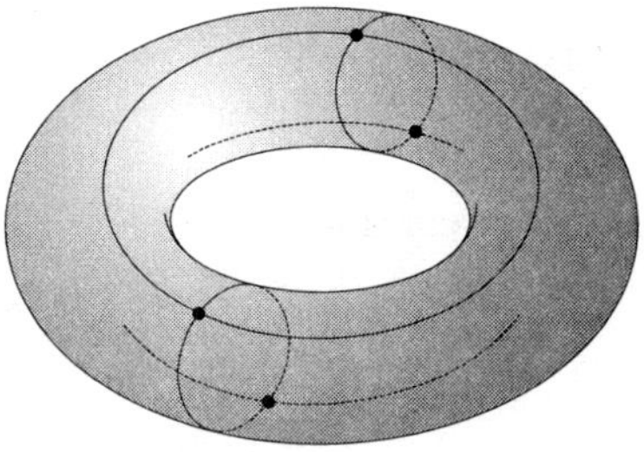

그림 7-20

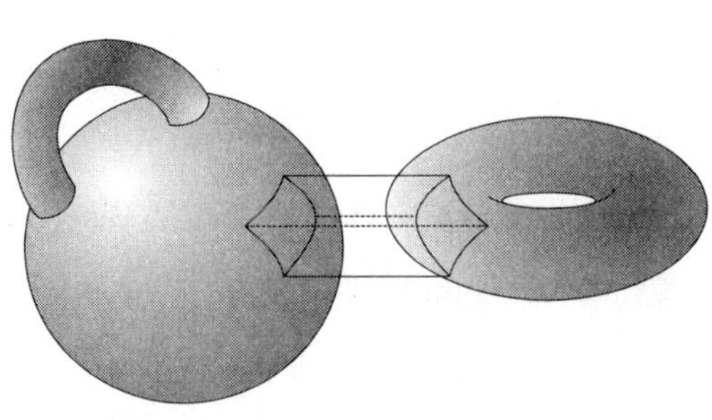

그림 7-21

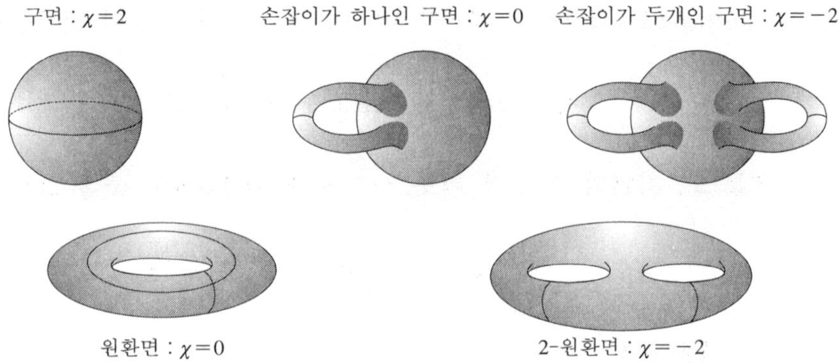

그림 7-22

이때 붙이는 면이 반드시 사각형일 필요는 없다. 앞에서 말한 것처럼 다각형이라 하여도 그 일반성은 잃지 않는다. 이에 관한 모양을 그림 7-22에서 비교하여 보아라.

이제 곡면의 미분기하학에서 가장 심오한 정리로 평가되는 가우스-보네(Gauss-Bonnet) 정리에 관하여 살펴보자.

정리 7-6 Gauss -Bonnet 정리

M이 컴팩트가향곡면일 때 $\chi(M)$을 M의 오일러-푸앵카레 지표라 하면 다음 관계식이 성립한다.

$$\iint_M K dM = 2\pi\chi(M)$$

이때 $\iint_M K dM$을 M의 전가우스 곡률(total Gaussian curvature), 또는 전곡률(total curvature)이라 한다.

증명 면적형식을 dM으로 하는 M의 향을 고정시키자. 이때 $\mathbf{x}_1, \cdots, \mathbf{x}_f$가 양의 향을 갖는 M의 직사각형분해를 $\mathscr{D}$라 하면, $\mathscr{D}$는 M의 유향포장(oriented paving)이다(제 6 장 6-6절). 정의에 따라 M의 전곡률은

$$\iint_M K dM = \iint_{\mathbf{x}_1} K dM + \cdots + \iint_{\mathbf{x}_f} K dM \tag{3}$$

이므로, 좌변의 각 항에 가우스-보네(Gauss-Bonnet) 공식 (2) b

$$\iint_{\mathbf{x}_i} K dM + \int_{\partial \mathbf{x}_i} \kappa_g ds = \sum_{k=1}^{4} \phi_k - 2\pi$$

을 적용하면

$$\iint_M K dM = -\sum_{i=1}^{f} \int_{\partial \mathbf{x}_i} \kappa_g ds + \sum_{i=1}^{f} \left(\sum_{k=1}^{4} \phi_{ik} - 2\pi \right) \tag{4}$$

를 얻는다. 그런데 M은 (국소적으로 $\mathbf{E}^2$와 같은) 곡면이고, 각 영역 $\mathbf{x}_i(R_i)$, $(i=1, \cdots, f)$는 M과 같은 향을 가지므로, $\mathscr{D}$의 분해에서 f개의 모든 사각형의 모든 변은 서로 반대방향으로 두 번씩 겹쳐진다. 따라서 그 변곡선에 대한 적분은 결국 0이 되므로(그림 7-23)

$$\sum_{i=1}^{f} \int_{\partial \mathbf{x}_i} \kappa_g ds = 0. \tag{5}$$

(예를 들어, 그림 7-24에서 보듯이, 네 개의 사각형에서 12개의 변 모두는 반대방향으로 두 번씩 겹쳐지는 향을 갖는다). 따라서

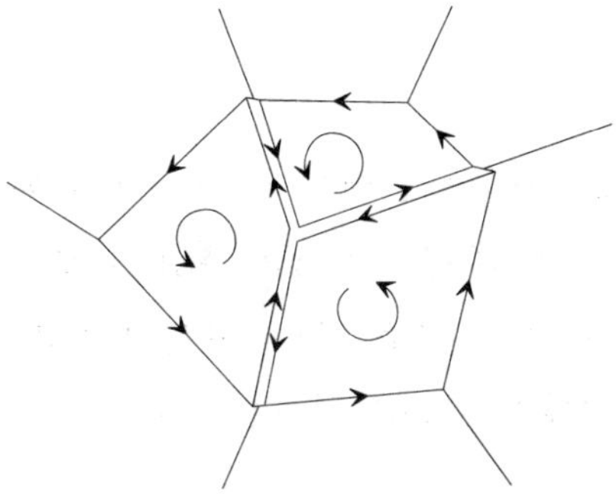

그림 7-23

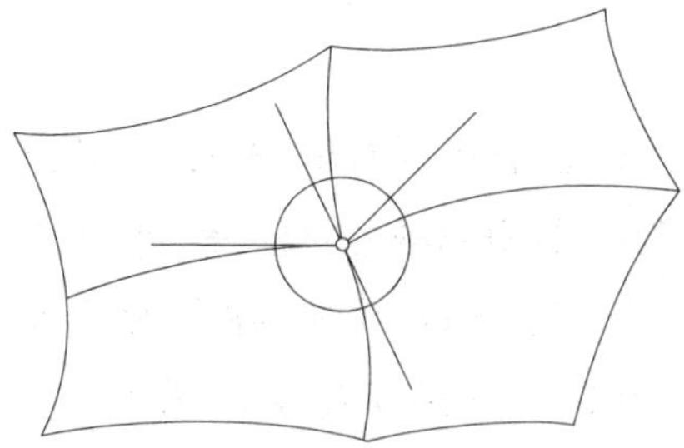

그림 7-24

$$\iint_M K dM = \phi - 2\pi f$$

이때 ϕ는 $\mathscr{D}$에 속해 있는 모든 사각형의 내각의 합이다. 그런데 $\mathscr{D}$에 속한 v개의 꼭지점에서 내각의 합은 각각 2π이므로

$$\iint_M K dM = 2\pi v - 2\pi f$$

이다. 그런데 분해 $\mathscr{D}$의 면(face)은 직사각형이므로, 각 면은 네 개의 변을 가지고 있고, 각 변은 꼭 두 개의 면에 겹쳐 있기 때문에

$$4f = 2e$$

이어야 한다. 따라서 $f = 2f - f = e - f$이 성립하므로 위의 관계식으로부터 구하는 관계식

$$\iint_M K dM = 2\pi(v - e + f) = 2\pi\chi(M)$$

을 얻는다. ■

예제 7-7

정리 7-6에 의하면 예제 7-5에서 조사한 구면, 원환면, 손잡이가 h개인 구면의 오일러-푸앵카레 지표는 각각 2, 0, $2(1-h)$이므로, 이들의 전가우스

곡률은 각각 4π, 0, $4\pi(1-h)$이다. □

오일러-푸앵카레 지표는 위상적으로 불변이기 때문에 전곡률은 위상적으로 불변이라는 사실을 정리 7-6은 말해 준다. 즉 M과 $\bar{M}$를 미분동형인 두 곡면이라 하면, M과 $\bar{M}$의 오일러 지표는 서로 같다. 따라서 M과 $\bar{M}$의 가우스 곡률 κ와 $\bar{\kappa}$는 완전히 다른 값이지만 그들의 전곡률은 서로 같다. 왜냐하면

$$\iint_M K dM = 2\pi\chi(M) = 2\pi\chi(\bar{M}) = \iint_M \bar{K} d\bar{M}$$

이 성립하기 때문이다.

가우스-보네 정리는 M을 직사각형 영역으로 절단하고, 이것들 각각에 가우스-보네 정리를 응용함으로써 증명하였다. 이러한 방법은 모든 직사각형 영역들이 M자신의 향에 의하여 일관되게 향이 정해지므로 이 영역들의 경계선 위에서의 적분 $\int k_g\, ds$가 쌍으로 상쇄되기 때문에 가능한 것이다. 이제 M의 직사각형 분해 대신 일반다각형을 도입함으로써 좀더 일반화된 가우스-보네 정리를 얻을 수 있다(문제 [6]). 문제 [8]은 사각형 대신 임의의 다각형으로 어떻게 정리 7-3을 확장하는가를 보여 준다. 이런 상황에서 경계선(변곡선)의 개념을 어떻게 일반화하느냐를 보이기 위하여 삼각형의 특별한 경우, 즉 $\mathbf{E}^2$에 속한 일반삼각형 T의 일대일 정칙상 Δ의 경우 문제 [8]을 직접 증명하여 보자(그림 7-25).

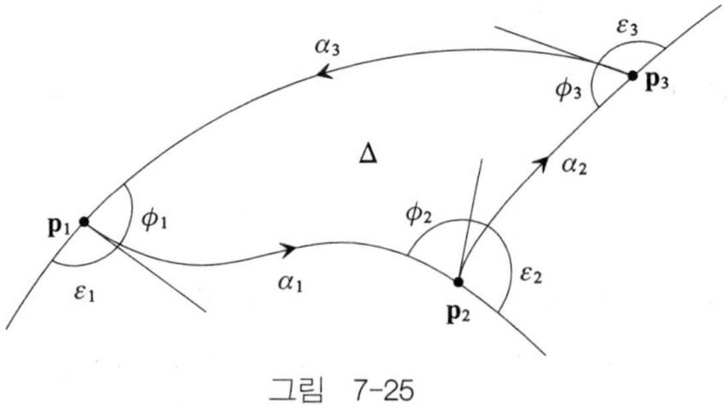

그림 7-25

정리 7-8

Δ를 컴팩트 유향곡면 M 위의 삼각형이라 하면 다음 관계가 성립한다.

$$\iint_{\Delta} K dM + \int_{\partial\Delta} \kappa_g ds = 2\pi - \sum_{i=1}^{3} \varepsilon_i = \sum_{i=1}^{3} \phi_i - \pi$$

단 ε_i와 ϕ_i는 Δ의 꼭지점 $\mathbf{p}_i$에서 각각 Δ의 외각과 내각이다.

증명 dM을 영역 Δ에 대한 임의의 면적형식이라 하자. 그림 7-26에서 보듯이 T를 세 개의 사각형으로 절단하여 $\Delta = \mathbf{y}(T)$의 직사각형 분해를 구할 수 있다.

$\mathbf{y}$의 변수를 변경하므로 Δ의 직사각형 분해를 구성하는 직사각형 치역 $\mathbf{x}_1(R_1)$, $\mathbf{x}_2(R_2)$, $\mathbf{x}_3(R_3)$으로 T의 세 개의 사각형의 상을 나타낼 수 있다. 이때 $\mathbf{x}_i$의 향을 양의 방향으로 정하면, 내각으로 표시된 가우스-보네 공식 (2)b에 의하여 Δ의 전곡률은

$$\iint_{\Delta} K dM = \sum_{i=1}^{3} \iint_{\mathbf{x}_i} K dM = -\sum_{i=1}^{3} \int_{\partial \mathbf{x}_i} \kappa_g ds + \phi - 6\pi$$

이다(단, ϕ는 Δ의 세 개의 사각형의 모든 내각의 합이다). 경계곡선 $\partial\mathbf{x}_1$, $\partial\mathbf{x}_2$, $\partial\mathbf{x}_3$에 속한 12개의 변 중에서 여섯 개는 쌍으로 상쇄되므로 나머지 여섯 개 변은 쌍끼리 결합으로 유향삼각형 Δ의 경계선 $\partial\Delta$를 구성하는 곡선 α_1, α_2, α_3가 된다. 따라서

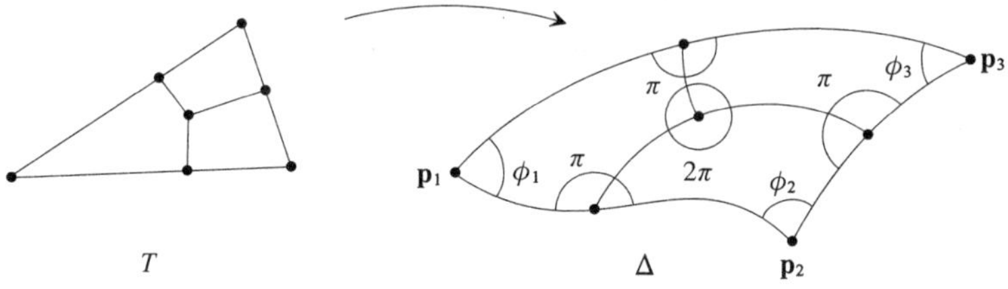

그림 7-26

$$\sum_{i=1}^{3}\int_{\partial \mathbf{x}_i}\kappa_g ds=\int_{\partial\Delta}\kappa_g ds=\int_{\alpha_1}\kappa_g ds+\int_{\alpha_2}\kappa_g ds+\int_{\alpha_3}\kappa_g ds$$

가 성립한다. 그런데 꼭지점 $\mathbf{p}_1$, $\mathbf{p}_2$, $\mathbf{p}_3$에서 내각 ϕ_1, ϕ_2, ϕ_3의 합은 삼각형 Δ의 내각의 합이고, 다른 네 꼭지점에서 세 개의 사각형에 대한 내각의 합은 5π이므로 $\phi=5\pi+\phi_1+\phi_2+\phi_3$이다. 따라서

$$\iint_{\Delta}KdM+\int_{\partial\Delta}\kappa_g ds=(\phi_1+\phi_2+\phi_3)-\pi$$

를 얻는다. 이 관계식은 외각을 사용하여 표현할 수도 있다.

다시 말하면 $\phi_i+\varepsilon_i=\pi$이므로 위의 공식은

$$\iint_{\Delta}KdM+\int_{\partial\Delta}\kappa_g ds=2\pi-(\varepsilon_1+\varepsilon_2+\varepsilon_3)$$

으로 바꾸어 쓸 수 있다. ■

예제 7-9

유향곡면 M 위의 곡선다각형 C가 측지선삼각형(geodesic triangle) Δ를 만드는 세 개의 측지선(M 위의 세 점 $\mathbf{p}_1$, $\mathbf{p}_2$, $\mathbf{p}_3$를 연결하는 가장 짧은 곡선으로 생각하자)으로 이루어져 있다고 하자. 그러면 Δ 위에서 $\kappa_g=0$이므로, 위의 정리 7-8에 의하여

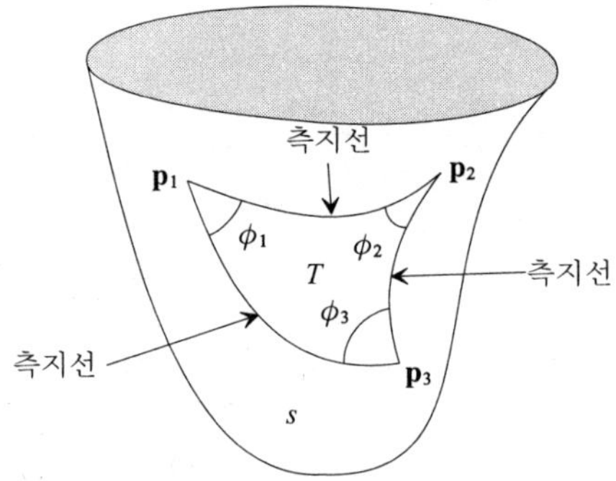

그림 7-27 측지선 삼각형

$$\iint_{\Delta} K dM = (\phi_1+\phi_2+\phi_3)-\pi = 2\pi-(\varepsilon_1+\varepsilon_2+\varepsilon_3).$$

따라서 Δ의 면적을 A라 하면, 반지름이 a인 구면의 경우에는 $K=\frac{1}{a^2}$이므로

$$\Sigma\phi_i = \pi + \frac{A}{a^2},$$

$K=-\frac{1}{a^2}$인 의구(pseudo-sphere)인 경우에는

$$\Sigma\phi_i = \pi - \frac{A}{a^2}$$

가 성립한다. 그러므로 측지선삼각형의 내각의 합 $\Sigma\phi_i=\phi_1+\phi_2+\phi_3$은

(1) $K=0$이면 π이다.
(2) $K>0$이면 π보다 크다.
(3) $K<0$이면 π보다 작다.

이 결과는 평면과 타원면 그리고 쌍곡면 위에 있는 삼각형의 내각의 합은 각각 $=\pi$, $>\pi$, $<\pi$이라는 중요한 사실을 말해준다(그림 7-28). □

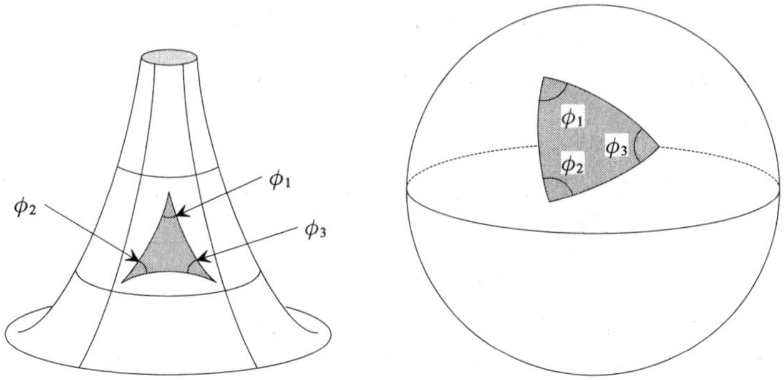

$K<0$, $\Sigma\phi_i<\pi$　　　$K>0$, $\Sigma\phi_i>\pi$

그림 7-28

문제 7-7

1 M이 가우스 곡률 $K(=$상수$\neq 0)$를 갖는 곡면이라 하면, 측지적 다각형의 면적은 그 다각형의 내각 또는 외각에 의하여 결정됨을 증명하여라.

2 컴팩트 유향곡면 M에 대하여 증명하여라.
$K>0 \Rightarrow M$은 구면과 미분동형이다.
$K=0 \Rightarrow M$은 원환면과 미분동형이다.
$K<0 \Rightarrow M$은 $h \geq 2$개의 손잡이(handle)가 있는 구면이다.

3 M을 손잡이가 h개인 컴팩트 유향곡면이라 할 때 $h=0$이면 $K(\mathbf{p})>0$, $h=1$이면 $K(\mathbf{p})=0$, $h \geq 2$이면 $K(\mathbf{p})<0$을 만족하는 M 위의 점 $\mathbf{p}$가 존재한다. 증명하여라.

4 M을 $K<0$인 곡면이라 하자. 단순연결내부(simple connected interior)를 갖는 측지선사변형(geodesic quadrilateral)의 네 꼭지점을 $\mathbf{p}_1$, $\mathbf{p}_2$, $\mathbf{p}_3$, $\mathbf{p}_4$라 할 때, 두 개의 맞은 변 $\mathbf{p}_1\mathbf{p}_2$와 $\mathbf{p}_3\mathbf{p}_4$의 길이는 같고, 또 이 변은 제 3 의 변 $\mathbf{p}_2\mathbf{p}_3$와 직교한다고 한다. 이때 꼭지점 $\mathbf{p}_1$과 $\mathbf{p}_4$의 내각은 예각임을 증명하여라.

5 (1) 정칙곡선선분 α: $[a, b] \to M$에 대하여 전측지적곡률 $\int_\alpha \kappa_g ds$는

$$\int_a^b \frac{\alpha'' \cdot J(\alpha')}{\alpha' \cdot \alpha'} dt$$

임을 증명하여라(문제 7-3 [9] 참조).

(2) $\mathbf{x}$를 M 위에서 양의 향을 갖는 직교조각사상이라 하자. 매개변수곡선의 전측지적곡률에 대한 다음 공식을 추론하여라.

$$\int_{u_1}^{u_2} \frac{\mathbf{x}_{uu} \cdot \mathbf{x}_v}{\sqrt{EG}}(u, v_0)du, \quad -\int_{v_1}^{v_2} \frac{\mathbf{x}_{vv} \cdot \mathbf{x}_u}{\sqrt{EG}}(u_0, v)dv$$

($E_v = -2\mathbf{x}_{uu} \cdot \mathbf{x}_v$이고 $G_u = -2\mathbf{x}_{vv} \cdot \mathbf{x}_u$임에 유의하라. 만약 M이 $\mathbf{E}^3$곡면이라면 본질적 또는 유클리드 도함수는 같은 결과를 갖는다.)

[6] **(일반화된 가우스-보네 정리)** $\wp$를 곡면 M 위에 있는 유향다각형이라 하면 다음 관계가 성립한다. 증명하여라.

$$\iint_\wp K dM + \int_{\partial\wp} \kappa_g ds + \Sigma\varepsilon_j = 2\pi\chi(\wp)$$

단, $\Sigma\varepsilon_j$는 정의 7-2에서 정의된 $\wp$의 외각의 합이다.
[힌트] 각 단순폐경계곡선 위에서 변의 수는 꼭지점의 수와 같다.

[7] 컴팩트 유향곡면 M에 관한 다음 성질은 동치임을 증명하여라.
(1) M 위에 0이 되지 않는 접벡터장이 존재한다.

(2) $\chi(M)=0$
(3) M은 원환면과 미분동형이다.

8 $\wp$를 곡면 M에 있는 유향측지선 n-다각형이라 하면

$$\iint_{\wp} K dM = 2\pi - \sum_{j=1}^{n} \varepsilon_j = (2-n)\pi + \sum_{j=1}^{n} \phi_j$$

임을 증명하여라. 단 ε_j와 ϕ_j는 각각 $\wp$의 외각과 내각이다.

9 $K \leq 0$인 곡면 M 안에 $n \leq 2$인 측지선 n-다각형은 존재하지 않음을 증명하여라. 그러므로 특히 M 위의 두 측지선이 단순다각형영역의 경계를 형성하기 위하여 만날 수 없다.

10 구면 Σ 위에서 $n \geq 0$의 어떤 값에 대하여 측지선 n-다각형이 존재하는가?

11 다음 곡면의 전가우스 곡률을 구하여라.
(1) 타원면　　(2) 2-원환면 (그림 7-22)　　(3) M: $x^2+y^4+z^6=1$

12 $K \leq 0$인 유향곡면을 M이라 하자. 그러면 점 $\mathbf{p} \in M$로부터 출발하는 두 개의 측지선 α와 β가 한 점 $\mathbf{q} \in M$에서 만날 수 없음을 증명하여라. 단, α와 β는 M의 단순영역 R의 경계를 구성한다고 하자.

13 $K > 0$이 되는 컴팩트 곡면 M 위에 두 개의 단순폐측지선 α, β가 존재한다고 하면 α와 β는 반드시 만난다. 증명하여라.

부 록

문제 해답 및 풀이

문제 해답 및 풀이

문제 1-1

3 (1) $x^2y^2\sin^2 z$ (2) $2xy^2\sin z + x^2y\sin z$

(3) $2x^2y\cos z$ (4) $x^2\cos x^2y$

4 (1) $-17/2$ (2) a^2+a-1

5 (1) $\sin xy + xy\cos xy - yz\sin xz$

(2) $2xe^h\cos e^h$, 단 $h=x^2+y^2+z^2$

6 (1) $2x+2y-y^2$ (2) $4x$

7 (1) $3\mathbf{v}_p - 2\mathbf{w}_p = 3(-2,\ 1,\ -1)_p - 2(0,\ 1,\ 3)_p = (-6,\ 1,\ -9)_p$

(2) $\mathbf{w}_p = (0,\ 1,\ 3)_p$, $\mathbf{v}_p + \mathbf{w}_p = (-2,\ 2,\ 2)_p$ (그림은 생략)

9 (1) $V = \frac{2}{7}z^2U_1 - \frac{1}{7}xyU_3$ (2) $V = xU_1 + (z-x)U_2$

(3) $V = U_1 + (yz-y)U_2 + (y-z)U_3$

11 (1) $a_1V_1(\mathbf{p}) + a_2V_2(\mathbf{p}) + a_3V_3(\mathbf{p})$

$= [(a_1 - a_3x)U_1 + a_2U_2 + (-a_1x + a_3)U_3](\mathbf{p}) = 0$

$\rightleftharpoons a_1 - a_3x = a_2 = -a_1x + a_3 = 0$

$\rightleftharpoons c_1 = c_2 = c_3 = 0$

$\therefore V_1(\mathbf{p}),\ V_2(\mathbf{p}),\ V_3(\mathbf{p})$는 일차독립이다.

(2) 조건으로부터, $U_1 = \frac{1}{1+x^2}V_1 + \frac{x}{1+x^2}V_3$, $U_2 = V_2$,

$U_3 = \frac{x}{1+x^2}V_1 + \frac{1}{1+x^2}V_3$ 을 얻을 수 있다. 따라서

$$xU_1 + yU_2 + zU_3 = \frac{x(1-z)}{1+x^2}V_1 + yV_2 + \frac{x^2+z}{1+x^2}V_3$$

문제 1-2

1. $\mathbf{v}_p[f] = \frac{d}{dt} f(\mathbf{p}+t\mathbf{v})\Big|_{t=0} = \frac{d}{dt} f(2+2t, -t, -1+3t)\Big|_{t=0}$

$\mathbf{v}_p[f] = \sum v_i \frac{\partial f}{\partial x_i}(\mathbf{p})$ 로부터 구하는 값을 얻을 수 있다.

(1) $\mathbf{v}_p[f] = \frac{d}{dt}((-t)^2(-1+3t))\Big|_{t=0} = 0$, 또는

$\mathbf{v}_p[f] = (2\cdot 0 + (-1)\,2yz + 3y^2)(\mathbf{p}) = (-1)(0)(-1) + 3(0)^2 = 0$

(2) $2^7\cdot 7$ (3) $2e^2$

2. (1) $V[f] = (y^2U_1 - xU_3)[xy] = y^2U_1[xy] - xU_3[xy] = y^3$

(2) $V[fg] = y^3z^3 - 3x^2yz^2$

(3) $V[f^2+g^2] = 2x(y^4 - 3z^5)$ (4) $V[V[f]] = 0$

3. $(\sum V[x_i]U_i)(\mathbf{p}) = \sum V(\mathbf{p})[x_i]U_i(\mathbf{p})$ 이므로, $V(\mathbf{p}) = (v_1, v_2, v_3)_p$라

하면 $(\sum V[x_i]U_i)(\mathbf{p}) = \sum v_i \frac{\partial x_i}{\partial x_i}(\mathbf{p})\,U_i(\mathbf{p}) = \sum v_i U_i(\mathbf{p}) = V(\mathbf{p})$

따라서 $V = \sum V[x_i]U_i$ 이 성립한다.

문제 1-3

1. $\alpha(t) = (2\cos^2 t, \sin 2t, 2\sin t)$ 이므로

$\alpha'(t) = (-4\cos t\sin t, 2\cos 2t, 2\cos t)$, $\therefore \alpha'(\pi/4) = (-2, 0, \sqrt{2})$

2. $\alpha(t) = \left(\frac{t^3}{3}+1, \frac{t^2}{2}, e^t - 5\right)$

3. $\frac{x-1}{5} = \frac{y+3}{5} = \frac{z+1}{2}$

4. $\alpha(t) = (t, 1+t^2, t)$, $\beta(t) = (\sin t, \cos t, t)$, $\gamma(t) = (\sin ht, \cos ht, t)$

라 하면, $\alpha'(t) = (1, 2t, 1)$, $\beta'(t) = (\cos t, -\sin t, 1)$,

$\gamma'(t) = (\cos ht, \sin ht, 1)$ 이므로 $\alpha'(0) = \beta'(0) = \gamma'(0) = (1, 0, 1)$

한편, $\mathbf{p} = \alpha(0) = (0, 1, 0)$, $f = x^2 - y^2 + z^2$이므로, 정리(3-6)에 의하여

$$\alpha'(t)[f] = \frac{d}{dt} f(\alpha(t)) = \frac{d}{dt}(t^2 - (1+t^2)^2 + t^2) = -4t^3$$

$$\therefore \alpha'(0)[f] = 0$$

또는

$$\alpha'(0)[f] = \left(1\cdot\frac{\partial}{\partial x}(x^2 - y^2 + z^2) + 0\cdot\frac{\partial}{\partial y}(x^2 - y^2 + z^2)\right.$$

$$+1\cdot\frac{\partial}{\partial z}(x^2-y^2+z^2)\Big)\Big|(p)=(2x+2Z)(p)=0$$

마찬가지 방법으로, $\beta'(0)[f]=\gamma'(0)[f]=0$

5 $\alpha(t)=(2\cos t,\ 2\sin t,\ t)$이므로

(i) $\alpha(0)=(2,\ 0,\ 0)$, $\alpha'(0)=(0,\ 2,\ 1)$이므로

접선의 식 : $u\rightarrow\alpha(0)+u\alpha'(0)=(2,\ 2u,\ u)$

(ii) $\alpha(\pi/4)=(\sqrt{2},\ \sqrt{2},\ \pi/4)$, $\alpha'(\pi/4)=(-\sqrt{2},\ \sqrt{(2},\ 1)$이므로

접선의 식 :

$$u\rightarrow\alpha\left(\frac{\pi}{4}\right)+u\alpha'\left(\frac{\pi}{4}\right)=\left(\sqrt{2}-\sqrt{2}\,u,\ \sqrt{2}+\sqrt{2}\,u,\ \frac{\pi}{4}+u\right)$$

7 (i) $\alpha(\theta)=(\cos(t+1)(2\cos(t+1)-1),\ \sin(t+1)(2\cos(t+1)-1))$,

$-1\leq t\leq 2\pi-1$

(ii) $\alpha(\theta)=(\cos t(2\cos t-1),\ -\sin t(2\cos t-1)),-2\pi\leq t\leq 0$

(i)과 (ii)에 대한 곡선의 향은 각각 그림 (1)의 (a), (b)와 같다.

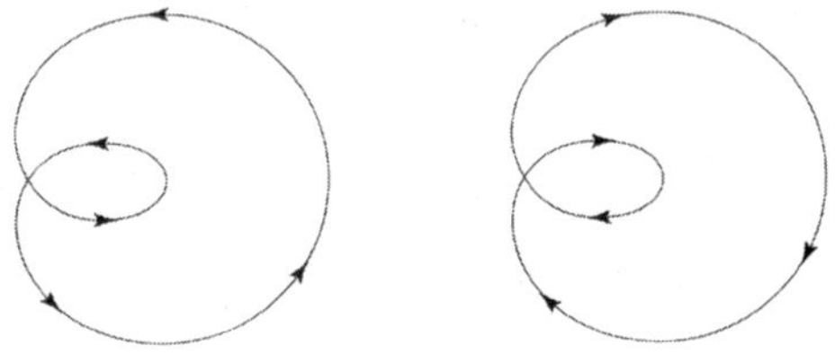

(a) (b)

[그림 1]

8 $\cos\theta=\cos^4(\theta/4)-6\cos^2(\theta/4)\sin^2(\theta/4)+\sin^4(\theta/4)$

$$=\frac{1}{(t^2+1)^2}-\frac{6t^2}{(t^2+1)^2}+\frac{t^4}{(t^2+1)^2}=\frac{t^4-6t^2+1}{(t^2+1)^2}$$

$\sin\theta=4\sin(\theta/4)\cos^3(\theta/4)-\sin^3(\theta/4)\cos(\theta/4)$

$$=\frac{4t}{(t^2+1)^2}-\frac{t^3}{(t^2+1)^2}=\frac{4t(1-t^2)}{(t^2+1)^2}$$

이므로 구하는 값을 얻을 수 있다.

$$x_1=\frac{a(t^4-6t^2+1)}{(t^2+1)^2},\ x_2=\frac{4at(t-1)}{(t^2+1)^2},\ -1\leq t\leq 1$$

9 그림 1-10으로부터, $OA=(r_o+r)(\cos\theta)\mathbf{e}_1+(r_o+r)(\sin\theta)\mathbf{e}_2$

그런데 $\beta=\angle OAP+\theta-\pi$, 또는 $\beta=\theta\left(\frac{r_o}{r}\right)+\theta-\pi=\left(\frac{r_o+r}{r}\right)\theta-\pi$이므로

$$
\begin{aligned}
AP&=|AP|(\cos\beta)\mathbf{e}_1+|AP|(\sin\beta)\,\mathbf{e}_2\\
&=r\left[\left(\cos\left(\frac{r_o+r}{r}\theta-\pi\right)\right]\mathbf{e}_1+r\left[\sin\left(\frac{r_o+r}{r}\theta-\pi\right)\right]\mathbf{e}_2\\
&=-r\left[\cos\left(\frac{r_o+r}{r}\theta\right)\right]\mathbf{e}_1-r\left[\sin\left(\frac{r_o+r}{r}\theta\right)\right]\mathbf{e}_2
\end{aligned}
$$

$$
\begin{aligned}
\therefore\ X=OP=OA+AP=&\left[(r_o+r)\cos\theta-r\cos\left(\frac{r_o+r}{r}\theta\right)\right]\mathbf{e}_1\\
&+\left[(r_o+r)\sin\theta-r\sin\left(\frac{r_o+r}{r}\theta\right)\right]\mathbf{e}_2.
\end{aligned}
$$

[10] $X=\left[(r_o-r)\cos\theta+r\cos\left(\frac{r_o-r}{r}\theta\right)\right]\mathbf{e}_1+\left[(r_o-r)\sin\theta-r\sin\left(\frac{r_o-r}{r}\theta\right)\right]\mathbf{e}_2$

문제 1-4

[1] (1) $(y^2dx)(\mathbf{v}_p)=y^2(p)\,dx(\mathbf{v}_p)=(p_2)^2v_1=(-2)^2\cdot1=4$

(2) -4 (3) -2

[2] $\phi(V)=\left(\sum f_i\,dx_i\right)\left(\sum v_jU_j\right)=\sum_{i,j}f_iv_j\,dx_i(U_j)=\sum f_iv_j\delta_{ij}=\sum f_iv_i$

[3] $\phi(V)=(x^2dx-y^2dz)\,(xU_1+yU_2+zU_3)=x^3-y^2z$

$\phi(W)=xy\,(x^2+xz+y^2)$

$$
\begin{aligned}
\phi\left(\frac{1}{x}V+\frac{1}{y}W\right)&=\phi\left((1+x+z)U_1+(\frac{y}{x}-z)U_2+(\frac{z}{x}-x)U_3\right)\\
&=x^2(1+x+z)-\frac{y^2}{x}(z-x^2).
\end{aligned}
$$

[4] (1) $5f^4df$ (2) $\frac{1}{2\sqrt{f}}df$ (3) $\frac{2f}{1+f^2}df$

[5] (1) $d\left((x^2+y^2+z^2)^{1/2}\right)=\frac{1}{\sqrt{x^2+y^2+z^2}}(x\,dx+y\,dy+z\,dz)$

(2) $d\left(\tan^{-1}\frac{y}{x}\right)=\frac{-y\,dx+x\,dy}{x^2+y^2}$

[6] (1)
$$
\begin{aligned}
\mathbf{v}_p[f]&=df\,(\mathbf{v}_p)=d\,(xy^2-yz^2)\,(\mathbf{v}_p)\\
&=(y^2dx+(2xyz^2)dy-2yz\,dz)\,(\mathbf{v}_p)\\
&=[y\,(\mathbf{p})]^2dx(\mathbf{v}_p)+(2xy-z^2)(\mathbf{p})\ dy\,(\mathbf{v}_p)-(2yz)(\mathbf{p})\ dz\,(\mathbf{v}_p)\\
&=p_2^2v_1+(2p_1p_2-p_3^2)\,v_2-(2p_2p_3)\,v_3
\end{aligned}
$$

(2) $e^{p_2 p_3} v_1 + p_1 p_3 e^{p_2 p_3} v_2 + p_1 p_2 e^{p_2 p_3} v_3$

(3) $v_1 (p_2 \cos(p_1 p_2) \cos(p_1 p_3) - p_3 \sin(p_1 p_2) \sin(p_1 p_3)$
$+ v_2 (p_1 \cos(p_1 p_2) \cos(p_1 p_3)) - v_3 (p_1 \sin(p_1 p_2) \sin(p_1 p_3))$

7 (1) $dx - dy$　　(2) 1차 형식이 아니다.　　(3) $z dx + x dy$

(4) $\phi((v_1, v_2, v_3)_p) = \mathbf{v}_p [x^2 + y^2] = 2x v_1 + 2y v_2$

$\therefore \phi = 2x dx + 2y dy$

(5) 0　　(6) 1차 형식이 아니다.

8 점 $\mathbf{p}$가 f의 임계점 $\rightleftarrows$ 모든 $\mathbf{v}_p$에 대하여, $df(\mathbf{v}_p) = \mathbf{v}_p[f] = 0$

$$\rightleftarrows \text{모든 } \mathbf{v}_p \text{에 대하여, } \sum v_i \frac{\partial f}{\partial x_i}(\mathbf{p}) = 0$$

$$\rightleftarrows \frac{\partial f}{\partial x_i}(\mathbf{p}) = 0, \ (i = 1, 2, 3)$$

한편, $f = (1 - x^2) y + (1 - y^2) z$ 에 대하여

$\frac{\partial f}{\partial x} = -2xy = 0, \ \frac{\partial f}{\partial y} = -x^2 - 2yz + 1 = 0, \ \frac{\partial f}{\partial z} = -y^2 + 1 = 0$

이 될 조건은 $x = 0, \ y = \pm 1, \ z = \pm \frac{1}{2}$

$\therefore$ 임계점은 $P = \pm \left(0, 1, \frac{1}{2}\right)$

9 (1) $\phi \wedge \Psi = yz \cos z \, dx dy - \cos z \, dy dz + \sin z \, dz dx$

$\Psi \wedge \xi = \sin z \, dx dy + z \sin z \, dx dz + z \cos z \, dy dz$

(2) $d\phi = -z dx dy - y dx dz, \ d\Psi = -\cos z \, dx dz + \sin z \, dy dz, \ d\xi = 0$

10 $df = \frac{\partial f}{\partial x} dx + \frac{\partial f}{\partial y} dy + \frac{\partial f}{\partial z} dz$ 이므로

$$d(df) = \left(\frac{\partial^2 f}{\partial x \partial y} - \frac{\partial^2 f}{\partial y \partial x} \right) dx dy + \left(\frac{\partial^2 f}{\partial x \partial z} - \frac{\partial^2 f}{\partial z \partial x} \right) dx dz + \left(\frac{\partial^2 f}{\partial y \partial z} - \frac{\partial^2 f}{\partial z \partial y} \right) dy dz = 0$$

$\therefore d(f dg) = df \wedge dg + f d(dg) = df \wedge dg$

11 (1) $d(f dg + g df) = df \wedge dg + dg \wedge df = 0$

(3) $d(f dg \wedge g df) = d(f dg) \wedge g df - f dg \wedge d(g df)$
$= df \wedge dg \wedge g df - f dg \wedge dg \wedge df = 0$

12 $\phi_i = \sum_j f_{ij} dx_j$ 이므로

$\phi_1 \wedge \phi_2 \wedge \phi_3 = (\sum_i f_{1i} dx_i) \wedge (\sum_j f_{2j} dx_j) \wedge (\sum_k f_{3k} dx_k)$

$$= \sum_{i,\, j,k} f_{1i}\, f_{2j}\, f_{3k}\, dx_i\, dx_j\, dx_k$$

$$= \sum_{i\neq j,\ j\neq k,\ k\neq i} f_{1i}\, f_{2j}\, f_{3k}\, dx_i\, dx_j\, dx_k$$

$$= \sum_{i\neq j,\ j\neq k,\ k\neq i} e_{ijk}\, f_{1i}\, f_{2j}\, f_{3k}\, dx_1\, dx_2\, dx_3$$

$$= \begin{vmatrix} f_{11} & f_{12} & f_{13} \\ f_{21} & f_{22} & f_{23} \\ f_{31} & f_{32} & f_{33} \end{vmatrix} dx_1\, dx_2\, dx_3\,,$$

단 $e_{ijk}=+1$, $(i,\ j,\ k)$가 우치환일 때

-1, $(i,\ j,\ k)$가 기치환일 때

13 $dx=\cos dr - r\sin\theta\, d\theta$, $dy=\sin\theta\, dr + r\cos\theta\, d\theta$, $dz=dz$이므로

$$dx\,dy\,dz=(\cos\theta\, dr - r\sin\theta\, d\theta)\wedge(\sin\theta\, dr + r\cos\theta\, d\theta)\wedge dz$$
$$= r\,dr\wedge d\theta\wedge dz$$

14 $\phi=f\,dx g dy+h dz$라 하면

$$d\phi=\left(\frac{\partial g}{\partial x}-\frac{\partial f}{\partial y}\right)dx\,dy+\left(\frac{\partial h}{\partial x}-\frac{\partial f}{\partial z}\right)dx\,dz+\left(\frac{\partial h}{\partial y}-\frac{\partial g}{\partial z}\right)dy\,dz$$

$$\therefore\ d(d\phi)=\frac{\partial}{\partial z}\left(\frac{\partial g}{\partial x}-\frac{\partial f}{\partial y}\right)dz\,dy\,dy+\frac{\partial}{\partial y}\left(\frac{\partial h}{\partial x}-\frac{\partial g}{\partial z}\right)dy\,dz$$
$$+\frac{\partial}{\partial x}\left(\frac{\partial h}{\partial y}-\frac{\partial g}{\partial z}\right)dx\,dy\,dz=0$$

15 $df=\dfrac{\partial f}{\partial x}dx+\dfrac{\partial f}{\partial y}dy$, $dg=\dfrac{\partial g}{\partial x}dx+\dfrac{\partial g}{\partial y}dy$ 이므로

$$df\wedge dg=\left(\frac{\partial f}{\partial x}dx+\frac{\partial f}{\partial y}dy\right)\wedge\left(\frac{\partial g}{\partial x}dx+\frac{\partial g}{\partial y}dy\right)$$

$$=\left(\frac{\partial f}{\partial x}\frac{\partial g}{\partial y}-\frac{\partial g}{\partial x}\frac{\partial f}{\partial y}\right)dx\,dy=\begin{vmatrix} \dfrac{\partial f}{\partial x} & \dfrac{\partial f}{\partial y} \\ \dfrac{\partial g}{\partial x} & \dfrac{\partial g}{\partial y} \end{vmatrix}dx\,dy$$

문제 1-5

1 (1) $\mathbf{p}=(0,\ 0)$ (2) $\mathbf{p}=(-3,\ 1)$, 또는 $(3,\ -1)$

(3) $\mathbf{p}=(1,\ 0)$, 또는 $(0,\ 0)$

2 $F=(u^2-v^2,\ 2uv)$

(1) $S:\ 1\leq v\leq 2$

$F(u,\ 1)=(u^2-1,\ 2u)$, $F(u^2-4,\ 4u)$ 이므로

S에서 $x\leq u^2-1$, $y=2u\ \rightarrow\ x\leq \dfrac{y^2}{4}-1$

$x \geq u^2-4,\ y=4u \ \rightarrow\ x \geq \dfrac{y^2}{16}-4$

$\therefore\ \dfrac{y^2}{16}-4 \leq x \leq \dfrac{y^2}{4}-1$

(2) $S:\ u^2+v^2 \leq 1,\ v \geq 0$

$F(u,\ v)=(u^2-v^2,\ 2uv)=(x,\ y)$ 라 하면

$$x=u^2-v^2,\ y=2uv$$

이때 $x=r\cos\theta,\ y=r\sin\theta,\ 0 \leq r \leq 1,\ -\dfrac{\pi}{2} \leq \theta \leq \dfrac{\pi}{2}$라 하면

$x=r^2\cos 2\theta,\ y=r^2\sin 2\theta$, 단 $0 \leq r \leq 1,\ -\pi \leq 2\theta \leq \pi$

(3) $S:\ -u \leq v \leq u,\ u \geq 0$

S 위에서 $x=u^2-v^2 \geq 0,\ y \geq 0$

참고 : 위의 사상을 그래프로 그리면 각각 그림 2와 같다.

3 (1) $F_*(\mathbf{v})=(\mathbf{v}[f_1],\ \mathbf{v}[f_2],\ \mathbf{v}[f_3])_{F(p)}$이고 $f_1=x-y,\ f_2=x+y,\ f_3=2z$이므로

$\mathbf{v}[f_1]=\mathbf{v}[x-y]=v_1-v_2,\ \mathbf{v}[f_2]=\mathbf{v}[x+y]=v_1+v_2,$

$\mathbf{v}[f_3]=\mathbf{v}[2z]=2v_3$

$\therefore\ F_*(\mathbf{v})=(v_1-v_2,\ v_1+\sqrt{2},\ 2v_3)_{F(p)}$

(2) $F=(f_1,\ \cdots,\ f_m)$라 하면, 정리 5-5에 의하여

$F_*(\mathbf{v})=(\mathbf{v}[f_1],\ \cdots,\ \mathbf{v}[f_m])_{F(p)},\ (\mathbf{v}[f_1],\ \cdots,\ \mathbf{v}[f_m])=F(\mathbf{v})$

이므로 ((1)의 결과 참조), $F_*(\mathbf{v}_p)=F(\mathbf{v})_{F(p)}$이 성립한다.

4 $F=(x\cos y,\ x\sin y,\ z)$이므로 $f_1=x\cos y,\ f_2=x\sin y,\ f_3=z$

$\therefore F_*=(df_1,\ df_2,\ df_3)=(\cos y\,dx-x\sin y dy,\ \sin y\,dx+x\cos y\,dy,\ dz)$

따라서 점 $F(\mathbf{p})$에서

$F_*(\mathbf{v}_p)=(\cos y\,dx-x\sin y\,dy,\ \sin y\,dx+x\cos y\,dy,\ dz)\ (\mathbf{v}_p)$

$\quad =(\cos y\,dx(\mathbf{v})-x\sin y\,dy(\mathbf{v}),\ \sin y\,dx(\mathbf{v})+x\cos y\,dy(\mathbf{v}),\ dz(\mathbf{v}))\ (\mathbf{p})$

그런데 $dx(\mathbf{v})=v_1,\ dy(\mathbf{v})=v_2,\ dz(\mathbf{v})=v_3,\ \mathbf{v}=(2,\ -1,\ 3),$

$\mathbf{p}=\left(2,\ \dfrac{\pi}{2},\ \pi\right)$이므로 $F_*(\mathbf{v}_p)=(2,\ 2,\ 3)_{F(p)}$이다. 한편

$\left(\dfrac{\partial f_j}{\partial x_i}\right)_p=\begin{pmatrix} \cos y & \sin y & 0 \\ -x\sin y & x\cos y & 0 \\ 0 & 0 & 1 \end{pmatrix}$의 계수는 $x \neq 0$인 점에서 3이다.

그러므로 $x=0$에서 F는 정칙이 아니다.

5 $G(F(x,\ y))=G(f_1(x,\ y),\ f_2(x,\ y))$

$\quad =(g_1(f_1(x,\ y),\ f_2(x,\ y)),\ g_2(f_1(x,\ y),\ f_2(x,\ y)))$

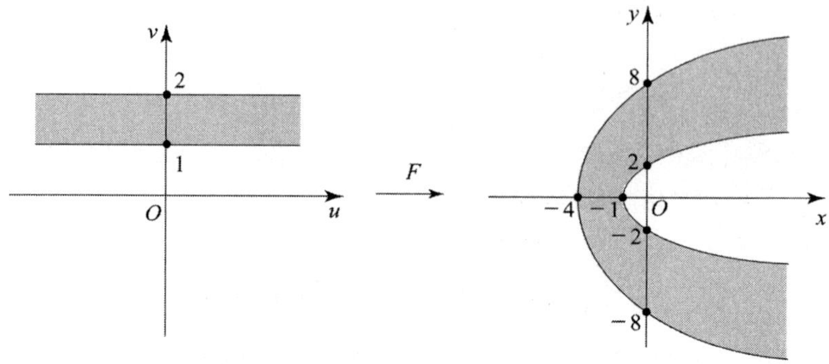

(a)

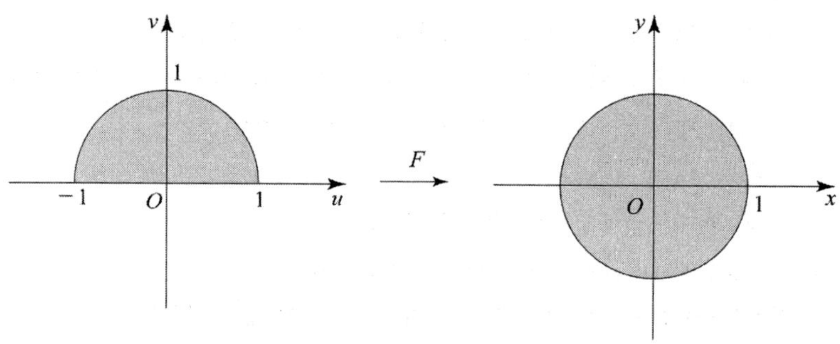

(b)

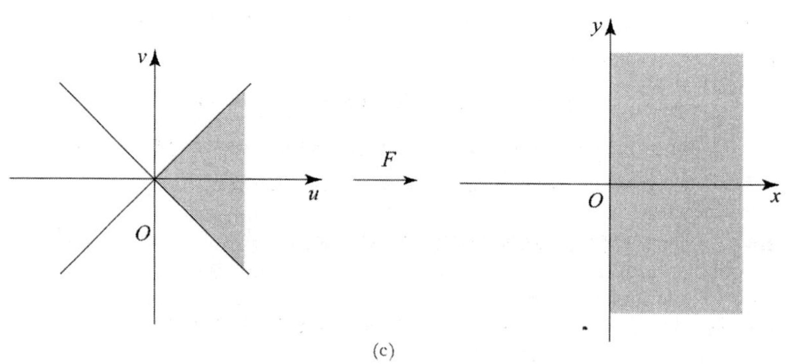

(c)

[그림 2]

$\therefore\ GF=(g_1(f_1,\ f_2),\ g_2(f_1,\ f_2))$

$f_1,\ f_2,\ g_1,\ g_2$가 미분가능하므로 $g_1(f_1,\ f_2),\ g_2(f_1,\ f_2)$도 미분가능하다.

그러므로 GF는 사상이다.

6 $F_*(\mathbf{v}_p)=F(\mathbf{p}+t\mathbf{v})'|_{t=0}=\beta'(0)$, 단 $\beta:t\to F(\mathbf{p}+t\mathbf{v})$

이므로 $F_*:T_p(E^n)\to T_{F(p)}(E^m)$이다.

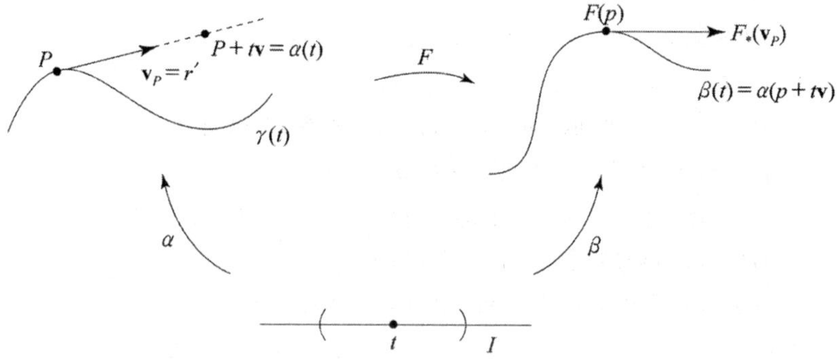

[그림 3]

즉 F_*는 E^n의 한 점 $\mathbf{p}$를 지나는 직선 $\mathbf{p}+t\mathbf{v}_p$의 초기속도벡터 $\mathbf{v}_p$를 E^m의 점 $F_{(p)}$를 지나는 곡선 $\beta(t)=F(\mathbf{p}+t\mathbf{v})$의 접벡터 $\beta'(0)$으로 보내는 함수이다. 그러므로 점 $\mathbf{p}$에서 $\gamma'=\mathbf{v}$인 곡선 $\gamma(t)$가 존재하므로 직선 $\alpha(t)$ 대신 $\gamma(t)$로 바꿀 수 있다.

7 $F_*(\mathbf{v}_p)[g]=(df_1(\mathbf{v}_p),\ \cdots,\ df_m(\mathbf{v}_p))_{F(p)}[g]$

$$=\sum_i df_i(\mathbf{v}_p)\frac{\partial g}{\partial x_i}(F(\mathbf{p}))=dg(F(\mathbf{p}))(\mathbf{v}_p)=\mathbf{v}_p[g(F)]$$

8 F가 전단사라는 것은 생략하고 F^{-1}을 구하여 보자.

(1) $F=(ve^u,\ u)$이므로 $x=ve^u,\ y=u\ \therefore\ u=y,\ v=xe^{-y}$

$\therefore\ F^{-1}=(v,\ ue^{-v})$이므로 F는 미분동형사상이다.

(2) $F=(u^3,\ v-u)$이므로

$$x=u^3,\ y=v-u\ \therefore\ u=x^{\frac{1}{3}},\ v=y+x^{\frac{1}{3}}$$

$$\therefore\ F^{-1}=\left(y^{\frac{1}{3}},u^{\frac{1}{3}}+v\right)$$

$\therefore$ F는 미분동형사상이 아니다.

(3) $F=(1+2u-2v,\ 4-2u+v)$이므로

$x=1+2u-2v,\quad y=4-2u+v$

$\therefore\ u=-\dfrac{x}{2}+y+\dfrac{9}{2},\quad v=-x-y+5$

$\therefore\ F^{-1}=\left(-\dfrac{1}{2}u+v+\dfrac{9}{2},\ -u-v+5\right)$

$\therefore$ F는 미분동형사상이다.

9 (1) $F=(f_1,\ \cdots,\ f_m)$, $G=(g_1,\ \cdots,\ g_p)$라 하면

$GF=(g_1(f_1,\ \cdots,\ f_m),\ \cdots,\ g_p(f_1,\ \cdots,\ f_m))$.

(2) $F: E^n \to E^m$, $G: E^m \to E^p$일 때

E^n의 곡선 α에 대하여, $\beta=F(\alpha)\ ;\gamma=G(F(\alpha))$라 하면

$\beta'=F_*(\alpha')$이고 $\gamma'=G_*(\beta')=G_*(F_*(\alpha'))$

한편, $GF: E^n \to E^p$에 대하여 $(GF)_*(\alpha')=\gamma'$ 이므로, 결국

$G_*(F_*(\alpha'))=(GF)_*(\alpha')$이 성립한다.

참고 : (1)의 결과에 의한 방법으로도 증명하여 보아라.

(3) (2)로부터, α는 E^n의 임의의 곡선이므로, $(GF)_*=G_*F_*$이 성립한다.

문제 2-1

1 $\mathbf{p}=(p_1,\ p_2,\ p_3)$, $\mathbf{q}=(q_1,\ q_2,\ q_3)$, $\mathbf{r}=(r_1,\ r_2,\ r_3)$라 하자.

(1) $d(\mathbf{p},\ \mathbf{q})=\|\mathbf{p}-\mathbf{q}\|=\|(p_1-q_1,\ p_2-q_2,\ p_3-q_3)\|$

$$=\sqrt{\sum_i (p_i-q_i)^2}\geq 0$$

단 등호는 $p_i=q_i\,(i=1,\ 2,\ 3)$, 즉, $\mathbf{p}=\mathbf{q}$일 때만 성립한다.

(2) $d(\mathbf{p},\ \mathbf{q})=\|\mathbf{p}-\mathbf{q}\|=\|\mathbf{q}-\mathbf{p}\|=d(\mathbf{q},\ \mathbf{p})$

(3) $d(\mathbf{p},\ \mathbf{q})+d(\mathbf{q},\ \mathbf{r})=\sqrt{\sum(p_i-q_i)^2}+\sqrt{\sum(q_i-r_i)^2}$

$$\geq\sqrt{\sum(p_i-r_i)^2}=d(\mathbf{p},\ \mathbf{r})$$

2 (i) $\mathbf{e}_i\cdot\mathbf{e}_j=\delta_{ij}\,(i,\ j=1,\ 2,\ 3)$을 만족한다. 따라서 $\mathbf{e}_1,\ \mathbf{e}_2,\ \mathbf{e}_3$는 서로 직교하는 단위 벡터이므로 틀을 구성한다.

(ii) $\mathbf{e}_1\cdot\mathbf{v}=7/\sqrt{6}$, $\mathbf{e}_2\cdot\mathbf{v}=-7/\sqrt{2}$, $\mathbf{e}_3\cdot\mathbf{v}=4/\sqrt{3}$이므로,

정리 1-5에 의하여, $\mathbf{v}=\dfrac{7}{\sqrt{6}}\mathbf{e}_1-\dfrac{7}{\sqrt{2}}\mathbf{e}_2+\dfrac{4}{\sqrt{3}}\mathbf{e}_3$

4 $\mathbf{e}_2\times\mathbf{e}_3=\pm\mathbf{e}_1$ 이므로 $\mathbf{e}_1\cdot\mathbf{e}_2\times\mathbf{e}_3=\pm1$

5 $\mathbf{v}_1=(\mathbf{v}\cdot\mathbf{u})\mathbf{u}$이므로 $\mathbf{v}_2=\mathbf{v}-(\mathbf{v}\cdot\mathbf{u})\mathbf{u}$라 하면 $\mathbf{v}=\mathbf{v}_1+\mathbf{v}_2$.

$$\therefore \mathbf{v}_1 \cdot \mathbf{v}_2 = (\mathbf{v}\cdot\mathbf{w})\mathbf{u}\cdot(\mathbf{v}-(\mathbf{v}\cdot\mathbf{u})\mathbf{u})$$
$$= (\mathbf{u}\cdot\mathbf{v})^2 - (\mathbf{u}\cdot\mathbf{v})^2(\mathbf{u}\cdot\mathbf{u}) = 0$$

6 $\theta(t) = \theta_0 + \int_0^t (fg' - f'g)\,dt$라 하면,

$$f(t) = \cos\left(\theta_0 + \int_0^t (fg' - f'g)dt\right)$$
$$g(t) = \sin\left(\theta_0 + \int_0^t (fg' - f'g)dt\right)$$
$$f(0) = \cos\theta_0,\ \ g(0) = \sin\theta_0,\ \ f^2(t) + g^2(t) = 1$$

을 만족한다. 한편, θ는 미분가능한 함수이므로

$$\frac{d\theta}{dt} = \theta'(t) = fg' - f'g = f\cos\theta + g\sin\theta = 1$$
$$\therefore\ f = \cos\theta,\ g = \sin\theta \rightleftarrows (f-\cos\theta)^2 + (g-\sin\theta)^2 = 0$$
$$\rightleftarrows f^2 + g^2 + 1 - 2(f\cos\theta + g\sin\theta) = 0$$

7 (1) 그림 4와 같이, 평행육면체를 만드는 세 변의 벡터를 각각 **u**, **v**, **w** 라 하면

$\mathbf{u}\times\mathbf{v}\cdot\mathbf{w} = |\mathbf{u}\times\mathbf{v}|\ |\mathbf{w}|\cos\theta$, 단 $\theta = \angle(\mathbf{u}\times\mathbf{v},\ \mathbf{w})$

그런데 $|\mathbf{u}\times\mathbf{v}|$: 밑면의 면적, $|\mathbf{w}|\cos\theta$: 육면체의 높이이므로 평행육면체의 체적 V는 $V = \mathbf{u}\times\mathbf{v}\cdot\mathbf{w}$로 표시된다.

이때 이 식을 유향체적(oriented volume)이라 한다. 이것은 **u**, **v**, **w** 의 향(오른손 방향 또는 왼손 방향)에 의하여 양(+), 또는 (−)이 될 것이다.

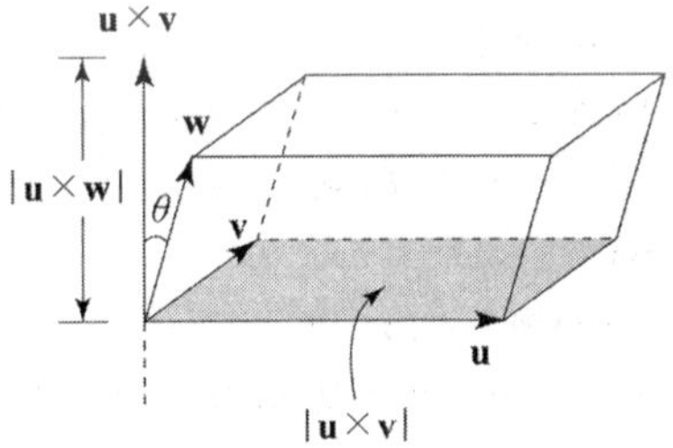

[그림 4]

(2) $\mathbf{u} = (u_1,\ u_2,\ u_3)$, $\mathbf{v} = (v_1,\ v_2,\ v_3)$, $\mathbf{w} = (w_1,\ w_2,\ w_3)$라 하면

$$V^2 = (\mathbf{u}\times\mathbf{v}\cdot\mathbf{w})(\mathbf{u}\times\mathbf{v}\cdot\mathbf{w})$$
$$= \begin{vmatrix} u_1 & u_2 & u_3 \\ v_1 & v_2 & v_3 \\ w_1 & w_2 & w_3 \end{vmatrix}\begin{vmatrix} u_1 & v_1 & w_1 \\ u_2 & v_2 & w_2 \\ u_3 & v_3 & w_3 \end{vmatrix} = \left|\begin{pmatrix} u_1 & u_2 & u_3 \\ v_1 & v_2 & v_3 \\ w_1 & w_2 & w_3 \end{pmatrix}\begin{pmatrix} u_1 & v_1 & w_1 \\ u_2 & v_2 & w_2 \\ u_3 & v_3 & w_3 \end{pmatrix}\right|$$

$$=\begin{vmatrix} \sum u_i^2 & \sum u_i v_i & \sum u_i w_i \\ \sum v_i u_i & \sum u_i v_i & \sum v_i w_i \\ \sum w_i u_i & \sum w_i v_i & \sum w_i w_i \end{vmatrix} = \begin{vmatrix} \mathbf{u}\cdot\mathbf{u} & \mathbf{u}\cdot\mathbf{v} & \mathbf{u}\cdot\mathbf{w} \\ \mathbf{v}\cdot\mathbf{u} & \mathbf{v}\cdot\mathbf{v} & \mathbf{v}\cdot\mathbf{w} \\ \mathbf{w}\cdot\mathbf{u} & \mathbf{w}\cdot\mathbf{v} & \mathbf{w}\cdot\mathbf{w} \end{vmatrix}$$

8 $\|\mathbf{v}\times\mathbf{w}\|^2=\|\mathbf{v}\|^2\|\mathbf{w}\|^2-\|\mathbf{v}\cdot\mathbf{w}\|^2$은 쉽게 증명할 수 있다. 그러므로

$$\begin{aligned}\|\mathbf{v}\times\mathbf{w}\|^2 &= \|\mathbf{v}\|^2\|\mathbf{w}\|^2-\|\mathbf{v}\|^2\|\mathbf{w}\|^2\cos^2\theta \\ &= \|\mathbf{v}\|^2\|\mathbf{w}\|^2(1-\cos^2\theta)=\|\mathbf{v}\|^2\|\mathbf{w}\|^2\sin^2\theta \\ &= (\|\mathbf{v}\|\ \|\mathbf{w}\|\ \sin\theta)^2\end{aligned}$$

그런데, $\sin\theta\geq 0$이므로, $\|\mathbf{v}\times\mathbf{w}\|=\|\mathbf{v}\|\ \|\mathbf{w}\|\ \sin\theta$

한편, 내적에 관한 관계식은 $\mathbf{v}=(v_1,\ v_2,\ v_3)$처럼 성분으로 표시하고 계산하면 쉽게 증명된다.

문제 2-2

1 (1) $a(t)=\left(2t,\ t^2,\ \dfrac{t^3}{3}\right)$에 대하여

속도벡터 : $a'(t)=(2,\ 2t,\ t^2)$, $a'(1)=(2,\ 2,\ 1)$

속도 : $\|a'(t)\|=\sqrt{4+4t^2+t^4}=t^2+2$

가속도벡터 : $a''(t)=(0,\ 2,\ 2t)$

(2) $s=\displaystyle\int_{-1}^{1}\|\alpha'(t)\|dt=\int_{-1}^{1}(t^2+2)dt=\frac{14}{3}$

2 $\alpha(t)=(t\cos t,\ t\sin t,\ t)$이므로 $x=t\cos t,\ y=t\sin t,\ z=t$

$\therefore\ x^2+y^2=(t\cos t)^2+(t\sin t)^2=t^2=z^2$

따라서 점$(x,\ y,\ z)$는 원점을 꼭지점으로 하고, 원 $x^2+y^2=z^2$을 포함하는 추면위의 점이므로 곡선 $\alpha(t)$는 그 추면위에 있다. 한편

$\alpha'(t)=(\cos t-t\sin t,\ \sin t-t\cos t,\ 1)$

$\alpha''(t)=(-2\sin t-t\sin t,\ t\sin t,\ 0)$

이므로 $\alpha'(0)=(1,\ 0,\ 1)$, $\alpha''(0)=(0,\ 0,\ 0)$이다(그림 5).

3 $\alpha(t)=(\cos t,\ \sin t,\ t)$이므로

(1) $Y(t)=-\alpha(t)=-(\cos t)U_1-(\sin t)U_2-tU_3$

(2) $\alpha'(t)-\alpha''(t)=(\cos t-\sin t,\ \cos t+\sin t,\ 1)$ 이므로

$Y(t)=(\cos t-\sin t)U_1+(\cos t+\sin t)U_2+U_3$

(3) $Y(t)$는 $\alpha'(t)\times\alpha''(t)$에 평행한 단위접벡터이어야 하므로

$$Y(t)=\frac{\pm\alpha'(t)\times\alpha''(t)}{\|\alpha'(t)\times\alpha''(t)\|}=\frac{\pm 1}{\sqrt{2}}((\sin t)U_1-(\cos t)U_2+U_3)$$

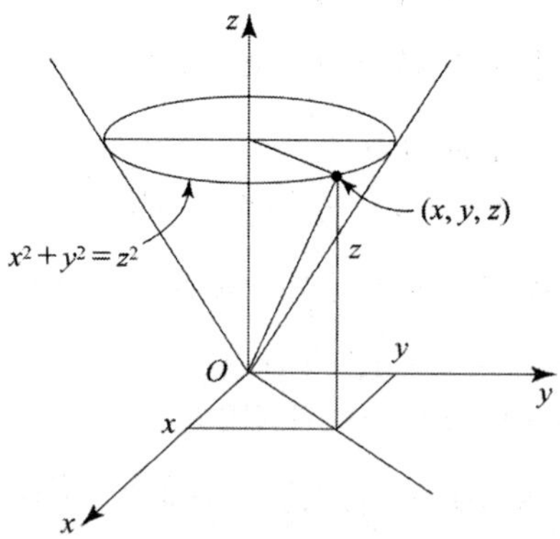

[그림 5]

[4] $Y(t)$가 곡선 $\alpha(t)$ 위의 벡터장이라 하고 $t=h(s)$라 하면,
$Y(h(s))=(Yh)(s)$는 곡선 $\alpha(h(s))=(\alpha h)(s)$ 위의 벡터장이다. 그리고
$(Y(h(s)))'=Y'(h(s))\cdot h'(s)$
이므로 $Y(h)'=h'Y'(h)$.

[5] (1) $\|\alpha'\|=c$ (일정) $\rightleftarrows \alpha'\cdot\alpha'=c^2 \rightleftarrows \alpha'\cdot\alpha''=0$

(2) 직선 $t \to \mathbf{p}+t\mathbf{q}$ ($\mathbf{p}$, $\mathbf{q}$는 상수벡터)의 재매개변수표시를
$\alpha(s)=p+h(s)q$라 하면 $\alpha'(s)=h'(s)\mathbf{q}$, $\alpha''(s)=\mathrm{h}''(\mathrm{s})\mathbf{q}$

$\therefore \alpha''(s)=\left(\dfrac{h''(s)}{h'(s)}\right)\alpha'(s)$, (곡선 α는 정칙이므로 $h'\neq 0$이다).

[6] $\alpha:[c,\ d]\to E^3$, $\beta=\alpha(h):[a,\ b]\to E^3$이므로, $t=h(u)$라 하면,
$s(u)=\displaystyle\int_a^b\|\beta'\|du=\int_{h(a)}^{h(b)}\|\alpha'(h)\frac{dh}{du}\|du=\pm\int_c^d\|\alpha'\|dt$
따라서 단조매개변수표시는 호의 길이의 부호만 변화시킬 수 있다(그림 6).

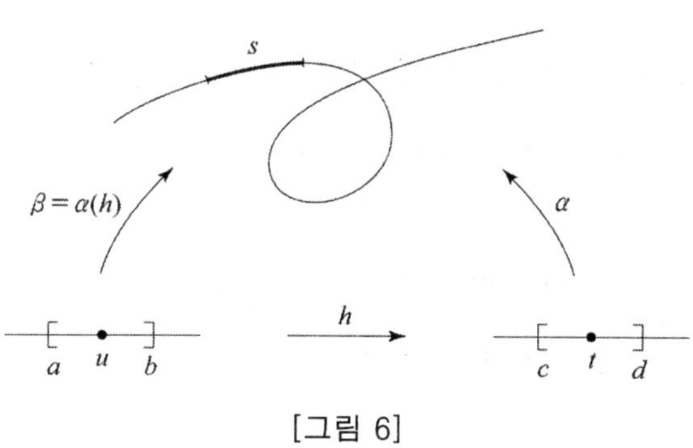

[그림 6]

7 (1) $\sigma(t)=(1-t)\mathbf{p}+t\mathbf{q}=\mathbf{p}+t(\mathbf{q}-\mathbf{p}),\ 0\le t\le 1$ 이므로

$$L(\sigma(t))=\int_0^1\|\sigma'(t)\|\,dt=\int_0^1\|\mathbf{q}-\mathbf{p}\|\,dt=\|\mathbf{q}-\mathbf{p}\|=d(\mathbf{p},\ \mathbf{q})$$

(2) $\alpha'\cdot\mathbf{u}=\|\alpha'\|\ \|\mathbf{u}\|\cos\theta$ (θ는 α'과 $\mathbf{u}$ 사이의 각)

$=\|\alpha'\|\cos\theta\le\|\alpha'\|\ (\because\ \|u\|=1)$이므로

$$L(\alpha)=\int_a^b\|\alpha'(t)\|\,dt\ge\int_a^b(\alpha'\cdot\mathbf{u})\,dt=\alpha(b)\cdot\mathbf{u}-\alpha(a)\cdot\mathbf{u}$$

$$=(\mathbf{p}-\mathbf{q})\cdot\mathbf{u}=\|\mathbf{p}-\mathbf{q}\|=d(\mathbf{p},\ \mathbf{q}).$$

(3) $\alpha'=(\alpha'\cdot\mathbf{u})\mathbf{u}+Y,\quad Y\cdot\mathbf{u}=0$이라 하면

$$L(\alpha)=\int_a^b\|\alpha'(t)\|\,dt=\int_a^b\sqrt{(\alpha'(t)\cdot\mathbf{u})^2+\|Y(t)\|^2}\ dt,$$

$$d(\mathbf{p},\ \mathbf{q})=\int_a^b(\alpha'(t)\cdot\mathbf{u})\,dt=\int_a^b\sqrt{(\alpha'(t)\cdot\mathbf{u})^2}\ dt.$$

그러므로 $L(\alpha)=d(\mathbf{p},\ \mathbf{q})$이면 $\|Y(t)\|=0$, 즉 $Y=0$ 이어야 한다.

$$\therefore\ \alpha(t)-\alpha(a)=\int_a^t\alpha'(t)\,dt=\int_a^t(\alpha'(t)\cdot\mathbf{u})\mathbf{u}dt$$

$$=((\alpha(t)-\alpha(a))\cdot\mathbf{u})\mathbf{u}$$

따라서 $\alpha(t)-\mathbf{p}$는 $\mathbf{u}$와 평행하고 $\alpha(a)=\mathbf{p}$, $\alpha(b)=\mathbf{q}$이므로 $\alpha(t)$는 $\mathbf{p}$ 에서 $\mathbf{q}$까지의 선분이다.

문제 2-3

1 $\beta(s)=\left(\frac{4}{5}\cos s,\ 1-\sin s,\ -\frac{3}{5}\cos s\right)$

$\beta'(s)=\left(-\frac{4}{5}\sin s,\ -\cos s,\ \frac{3}{5}\sin s\right)$ 이므로, $\|\beta'(s)\|=1$

$\therefore\ T=\left(-\frac{4}{5}\sin s,\ -\cos s,\ \frac{3}{5}\sin s\right)$

$T'=\left(-\frac{4}{5}\cos s,\ \sin s,\ \frac{3}{5}\cos s\right)$ 이므로, $\kappa(s)=\|T'(s)\|=1$

$\therefore\ N=\frac{1}{\kappa}T'=\left(-\frac{4}{5}\cos s,\ \sin s,\ \frac{3}{5}\cos s\right)$

$$B=T\times N=\begin{vmatrix} U_1 & U_2 & U_3 \\ -\frac{4}{5}\sin s & -\cos s & \frac{3}{5}\sin s \\ -\frac{4}{5}\cos s & \sin s & \frac{3}{5}\cos s\end{vmatrix}=\left(-\frac{3}{5},\ 0,\ -\frac{4}{5}\right)$$

$B'(s)=(0,\ 0,\ 0)=-\tau N\quad\therefore\ \tau=0$

한편, $\beta(s)+\frac{1}{\kappa}N(s)=(0,\ 1,\ 0)$이므로

$$\|\beta(s)-(0,\ 1,\ 0)\|=\left\|\left(\frac{4}{5}\cos s,\ -\sin s,\ -\frac{3}{5}\cos\right)\right\|=1$$

따라서 $\beta(s)$는 중심이 $(0,\ 1,\ 0)$이고 반지름이 1인 원이다.

2 $A=\kappa T+\tau B$이므로

$A\times T=(\tau T+\kappa B)\times T=\tau T\times T+\kappa B\times T=\kappa N=T'$,

$A\times N=(\tau T+\kappa B)\times N=\tau T\times N+\kappa B\times N=\tau B-\kappa T=N'$,

$A\times B=(\tau T+\kappa B)\times B=\tau T\times B+\kappa B\times B=-\tau N=B'$

3 곡선 C 위의 점 P에 인접해 있는 두 점을 Q, R이라 하고 $\triangle PQR$ 위의 임의의 점(generic point)을 $\mathbf{x}$라 하자.

이때 P: $\mathbf{x}(t)$, Q: $\mathbf{x}(t_1)$, R: $\mathbf{x}(t_2)$라 하면, 점 P에서 곡선 C의 접벡터

$$\mathbf{x}'(t)=\lim_{t_1\to t}\frac{\mathbf{x}(t)-\mathbf{x}(t_1)}{t-t_1}$$

은 $\triangle PQR$에 평행하다. 한편, 벡터 $\mathbf{x}''(t)$는 $\mathbf{x}'(t)$에 직교하고 $\triangle PQR$와 평행하므로

$$X-\mathbf{x}(t)=a\mathbf{x}'(t)+b\mathbf{x}'(t)$$

의 관계가 있다. 이 식은 $X-\mathbf{x}(t)$와 $\mathbf{x}'(t)\times\mathbf{x}''(t)$이 직교함을 표시하므로, 점 P: $\mathbf{x}(t)=(x_1,\ x_2,\ x_3)(t)$에서 C의 접촉평면의 방정식은

$$\begin{vmatrix} X_1-x_1 & X_2-x_2 & X_3-x_3 \\ x_1' & x_2' & x_3' \\ x_1'' & x_2'' & x_3'' \end{vmatrix}=0$$

으로 표시될 수 있다(그림 7).

(John Bernoulli가 이 평면을 **접촉평면**(osculating plane)이라고 이름지었다).

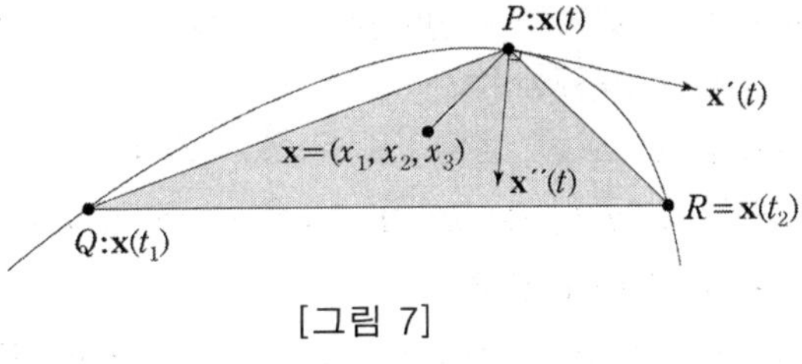

[그림 7]

4 Struik "Lectures on Classical Differential Geometry" §1-4를 보라.

6 $\bar{\alpha}=\alpha(h)$를 α의 재매개화라 하자.

(1) $\|\bar{\alpha}'\|=|h'|\|\alpha'\|=|h'|=1\ \therefore\ h'=\pm1$

$\therefore\ h(s)=\pm s+s_0$

(2) $\bar{\alpha}'=\alpha'(h)h'=\pm\alpha'(h)$ 이므로 $\bar{T}=\pm T(h)$.

$\bar{T}'=\pm h'T'(h)=T'(h)\ \therefore\ \bar{\chi}\,\bar{N}=\chi N$

$\therefore\ \bar{N}=N,\quad \bar{\chi}=\chi(h)\ \ (\because\ \chi>0)$

$\bar{B}=\bar{T}\times\bar{N}=\pm T(h)\times N(h)=\pm B(h)\ \bar{B}'=\pm h'B'(h)=B'(h)\ \therefore\ -\bar{\tau}\,\bar{N}=-\tau N$,

$\therefore\ \bar{\tau}=\tau(h)$

7 (1) 정의에 따라

$T(x',\ y')$을 $\dfrac{\pi}{2}$ 회전시키면 $N(-y',\ x')$: $T'=\kappa N$

$N(-y',\ x')$을 $\dfrac{\pi}{2}$ 회전시키면 $-T(-x',\ -y')$; $N'=\kappa(-T)$

$\therefore\ N'=\kappa T=-\kappa(x',\ y')$

(2) $T=(\cos\phi,\ \sin\phi)$로 표시되므로 $T'=(-\sin\phi,\ \cos\phi)\phi'$

그런데 $T'=\kappa N=\kappa(-\sin\phi,\ \cos\phi)$이므로

$(-\sin\phi,\ \cos\phi)\phi'=\kappa(-\sin\phi,\ \cos\phi)$, $\qquad\therefore\ \phi'=\kappa$

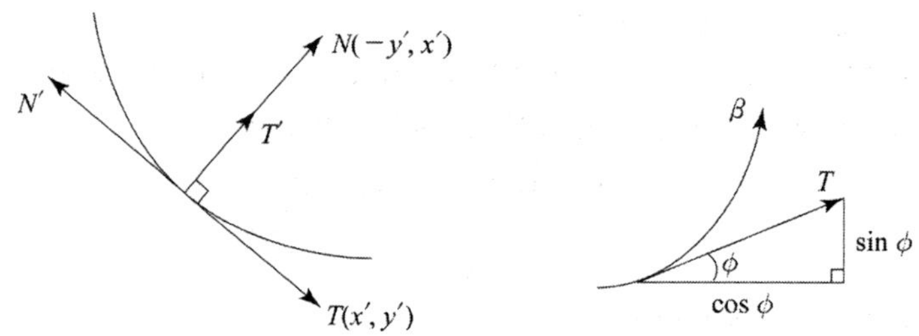

[그림 8]

8 (i) $T=\bar{T}$ 이면 $\beta=\bar{\beta}'$ 이므로 $\bar{\beta}=\beta+c$ (c : 상수). $\therefore\ \bar{\beta}$와 β는 평행

(ii) $B=\bar{B}$ 이면 $\tau N=\bar{\tau}\,\bar{N}$이다.

따라서 $\tau=\bar{\tau}$, $N=\bar{N}$, 또는 $\tau=-\bar{\tau}$, $\bar{N}=-\bar{N}$이다. 그러므로

① $\tau=\bar{\tau}$, $N=\bar{N}$일 때 ; $B=\bar{B}$, $T=\bar{T}$가 되어 β와 $\bar{\beta}$는 평행

② $\tau=-\bar{\tau}$, $N=-\bar{N}$일 때 ;

$B=\bar{B}$, $\bar{T}=-T$이고 $\bar{\beta}=-\beta+c$가 되어 $\bar{\beta}$는 $-\beta$와 평행

9 예제 (3−3)으로부터, $B(s)=\left(\dfrac{b}{c}\sin\dfrac{s}{c},\ -\dfrac{b}{c}\cos\dfrac{s}{c},\ \dfrac{a}{c}\right)$

그런데 B의 z좌표가 $\dfrac{a}{c}$(일정)이므로 B는 z축과 항상 일정한 각을 이룬다.

문제 2-4

[1] $\alpha(t)=(\cos ht,\ \sin ht,\ t)$이므로

$\alpha'(t)=(\sin ht,\ \cos ht,\ 1)$, $\|\alpha'(t)\|=\sqrt{\sin h^2 t+\cos h^2 t+1}=\sqrt{2}\,cos\,ht$

$\alpha''(t)=(\cos ht,\ \sin ht,\ 0)$, $\alpha'''(t)=(\sin ht,\ \cos ht,\ 0)$

$\alpha'(t)\times\alpha''(t)=(-\sin ht,\ \cos ht,\ -1)$, $\|\alpha'\times\alpha''\|=\sqrt{2}\cos ht$

$$\therefore\ T=\frac{\alpha'}{\|\alpha'\|}=\frac{1}{\sqrt{2}}(\tan ht,\ 1,\ \mathrm{sech}t)$$

$$B=\frac{\alpha'\times\alpha''}{\|\alpha'\times\alpha''\|}=\frac{1}{\sqrt{2}}(-\tan ht,\ 1,\ -\sec ht)$$

$$N=B\times T=(\sec ht,\ 0,\ -\tan ht)$$

$$\kappa=\frac{\|\alpha'\times\alpha''\|}{\|\alpha'\|^3}=\frac{\sqrt{2}\,cos\,ht}{2\sqrt{2}\cos h^3 t}=\frac{1}{2}\mathrm{sech}^2 t$$

$$\tau=\frac{\alpha'\times\alpha''\cdot\alpha'''}{\|\alpha'\times\alpha''\|^2}$$

$$=\frac{1}{2\cosh^2 t}(-\sin ht,\ \cos ht,\ -1)\cdot(\sin ht,\ \cos ht,\ 0)$$

$$=\frac{1}{2\cosh^2 t}=\frac{1}{2}\mathrm{sech}^2 t$$

한편, $\dfrac{ds}{dt}=\|\alpha'(t)\|=\sqrt{2}\cos ht$이므로 $s=\sqrt{2}\sin ht$.

$$\therefore\ \kappa=\frac{1}{2}\mathrm{sech}^2\left(\sin h^{-1}\frac{s}{\sqrt{2}}\right),\quad \tau=\frac{1}{2}\mathrm{sech}^2\left(\sin h^{-1}\frac{s}{\sqrt{2}}\right)$$

[2] (1) $\alpha(t)=(t\cos t,\ t\sin t)$이므로

$\alpha'(t)=(\cos t-t\sin t,\ \sin t+t\cos t,\ 1)$ $\therefore\ \alpha'(0)=(1,\ 0,\ 1)$

$\alpha''(t)=(-2\sin t-t\cos t,\ 2\cos t-t\sin t,\ 0)$ $\therefore\ \alpha''(0)=(0,\ 2,\ 0)$

$\alpha'''(t)=(-3\cos t+t\sin t,\ -3\sin t-t\cos t,\ 0)$ $\therefore\ \alpha'''(0)=(-3,\ 0,\ 0)$

$\|\alpha'(0)\|=\sqrt{2}$

$\alpha'(a)\times\alpha''(a)=(-2,\ 0,\ 2)$, $\|\alpha'(0)\times\alpha''(0)\|=2\sqrt{2}$

$\alpha'(0)\times\alpha''(0)\cdot\alpha'''(0)=6$

$$\therefore\ T=\frac{\alpha'}{\|\alpha'\|}=\frac{1}{\sqrt{2}}(1,\ 0,\ 1)$$

$$B=\alpha'\times\alpha''/\|\alpha'\times\alpha''\|=\frac{1}{\sqrt{2}}(-1,\ 0,\ 1)$$

$$N=B\times T=(0,\ 1,\ 0)$$

$$\kappa = \|\alpha' \times \alpha''\| / \|\alpha'\|^3 = 1,\ \ \tau = (\alpha' \times \alpha'') \cdot \alpha''' / \|\alpha' \times \alpha''\|^2 = \frac{3}{4}$$

3 $\alpha'' = v' T + k v^2 N$ 이므로 $\|\alpha''\|^2 = (v')^2 + \kappa^2 v^4$

$\therefore\ \kappa^2 v^2 = \|\alpha''\|^2 - (v^1)^2$

4 $\|\alpha'\| = c$ 이므로 $\|\alpha'|^2 = \alpha' \cdot \alpha' = c^2$. 양변을 미분하면 $\alpha' \cdot \alpha'' = 0$

$\therefore\ \|\alpha' \times \alpha''\| = \|\alpha'\|\,\|\alpha''\| \sin\frac{\pi}{2} = \|\alpha\|\alpha''\|.$

따라서, 정리 4-3에 의하여,

$$T = \frac{\alpha'}{\|\alpha'\|} = \frac{\alpha'}{c},$$

$$B = \frac{\alpha' \times \alpha''}{\|\alpha' \times \alpha''\|} = \frac{\alpha' \times \alpha''}{\|\alpha'\|\,\|\alpha''\|} = \frac{\alpha' \times \alpha''}{c\|\alpha''\|},$$

$$N = \frac{T'}{\|T'\|} = \frac{\alpha''}{\|\alpha'\|} \bigg/ \frac{\|\alpha''\|}{\|\alpha'\|} = \frac{\alpha''}{\|\alpha''\|},$$

$$\kappa = \frac{\|\alpha' \times \alpha''\|}{\|\alpha'\|^3} = \frac{\|\alpha'\|\,\|\alpha''\|}{\|\alpha'\|^3} = \frac{\|\alpha''\|}{c^2},$$

$$\tau = \frac{\alpha' \times \alpha'' \cdot \alpha'''}{\|\alpha' \times \alpha''\|^2} = \frac{\alpha' \times \alpha'' \cdot \alpha'''}{\|\alpha'\|^2\|\alpha''\|^2} = \frac{\alpha' \times \alpha'' \cdot \alpha'''}{c^2\|\alpha''\|^2}.$$

7 $X_3 = B(s)$ 로부터

$$B' = -\tau N,\ B'' = -\tau' N - \tau N' = \kappa\tau T - \tau' N - \tau^2 B$$

$$B' \times B'' = (-\tau N) \times (\kappa\tau T - \tau' N - \tau^2 B) = \kappa\tau^2 B + \tau^3 T$$

$$\therefore\ \|B'\| = \tau,\ \|B' \times B''\|^2 = (B' \times B'') \cdot (B' \times B'') = \tau^4(\kappa^2 + \tau^2)$$

$$\therefore\ \kappa_3^2 = \frac{\|B' \times B''\|^2}{\|B'\|^6} = \frac{\tau^4(\kappa^2+\tau^2)}{\tau^6} = 1 + \left(\frac{\kappa}{\tau}\right)^2.$$

한편, $\frac{d}{ds}(B' \times B'') = B'' \times B'' + B' \times B'''$ 이므로 $B' \times b''' = \frac{d}{ds}(B' \times B'')$

$$\therefore\ B' \times B''' = \frac{d}{ds}(\kappa\tau^2 B + \tau^3 T) = 3\tau^2\tau' T + (\kappa'\tau^2 + 2\kappa\tau\tau')B$$

그런데 $\tau_3 = \frac{B' \times B'' \cdot B'''}{\|B' \times B''\|^2} = \frac{-B' \times B''' \cdot B''}{\|B' \times B''\|^2}$ 이므로

$$\tau_3 = \frac{-\tau^3(\kappa\tau' - \kappa'\tau)}{\tau^4(\kappa^2+\tau^2)} = \frac{\kappa'\tau - \kappa\tau'}{\tau(\kappa^2+\tau^2)}$$

문제 2-5

1 (2)번 하나만 구하여 보자 : $xU_1 + yU_2 + zU_3$

(i) 주면좌표 : $\begin{cases} E_1 = (\cos\theta)\,U_1 + (\sin\theta)U_2 \\ E_2 = (-\sin\theta)U_1 + (\cos\theta)\,U_2 \\ E_3 = U_3 \end{cases}$ 이므로

$U_1 = (\cos\theta)\,E_1 - (\sin\theta)\,E_2,\ U_2 = (\sin\theta)E_1 + (\cos\theta)E_2,\ U_3 = E_3.$

$\therefore\ xU_1 + yU_2 + zU_3 = (x\cos\theta + y\sin\theta)\,E_1 + (y\cos\theta - x\sin\theta)\,E_2 + zE_3$

(ii) 구면좌표 : $\begin{cases} F_1 = \cos\phi\,(\cos\theta\,U_1 + \sin\theta\,U_2) + \sin\phi\,U_3 \\ F_2 = (-\sin\theta)\,U_1 + (\cos\theta)\,U_2 \\ F_3 = -\sin\phi\,(\cos\theta\,U_1 + \sin\theta\,U_2) + \cos\phi\,U_3 \end{cases}$

위의 관계식으로부터 $U_1,\ U_2,\ U_3$ 에 관하여 정리하면

$$\begin{cases} U_1 = (\cos\theta\cos\phi)\,F_1 - \sin\theta\,F_2 - (\cos\theta\sin\phi)\,F_3 \\ U_2 = (\sin\theta\cos\phi)\,F_1 + \cos\theta\,F_2 - (\sin\theta\sin\phi)\,F_3 \\ U_3 = \sin\phi\,F_1 + \cos\phi\,F_3 \end{cases}$$

$$\begin{aligned} \therefore\ xU_1 + yU_2 + zU_3 &= (x\cos\theta\cos\phi + y\cos\theta\cos\phi + z\sin\phi)F_1 \\ &\quad - (x\sin\theta - y\cos\theta)\,F_2 \\ &\quad - (x\cos\theta\sin\phi + y\sin\theta\sin\phi - z\cos\theta)\,F_3 \end{aligned}$$

[2] $E_1 = \cos x\,U_1 + \sin x\,(\cos z\,U_2 + \sin z\,U_3),\ \|E_1\| = 1$

이때 $E_2 = \sin z\,U_2 - \cos z\,U_3$ 라 놓으면 $\|E_2\| = 1,\ E_1 \cdot E_2 = 0$

한편, $E_3 = E_1 \times E_2 = -\sin x\,U_1 + \cos x\cos z\,U_2 + \cos x\sin z\,U_3$ 라 하면

$\|E_3\| = 1,\ E_1 \cdot E_3 = E_2 \cdot E_3 = 0$

[3] 원환면 위의 한점 $P(x,\ y,\ z)$ 에서 벡터장 $E_1,\ E_2,\ E_3$ 은 각각

E_1 : 위선의 직경방향(ρ 방향)

E_2 : 경선에 접하는 단위벡터(θ 방향)

E_3 : 위선에 접하는 단위벡터(ϕ 방향)

이다. (그림 9)에서 보듯이

E_2 는 $(\cos\theta,\ \sin\theta)$ 를 θ 방향으로 $\pi/2$ 만큼,

E_1 은 $(\cos\theta,\ \sin\theta)$ 를 φ 방향으로 φ 만큼,

E_3 은 E_1 을 φ 방향으로 $\pi/2$ 만큼 이동시킨 벡터장이다. 따라서

$$\begin{cases} E_1 = \cos\theta\cos\varphi\,U_1 + \sin\theta\sin\varphi\,U_2 + \sin\varphi\,U_3 \\ E_2 = -\sin\theta\,U_1 + \cos\theta\,U_2 \\ E_3 = -\cos\theta\sin\varphi\,U_1 - \sin\theta\sin\varphi\,U_2 + \cos\varphi\,U_3 \end{cases}$$

이다. 이때 $E_i \cdot E_j = \delta_{ij}\ (i,\ j = 1,\ 2,\ 3)$ 은 쉽게 확인되므로 $E_1,\ E_2,\ E_3$ 는 틀장이다.

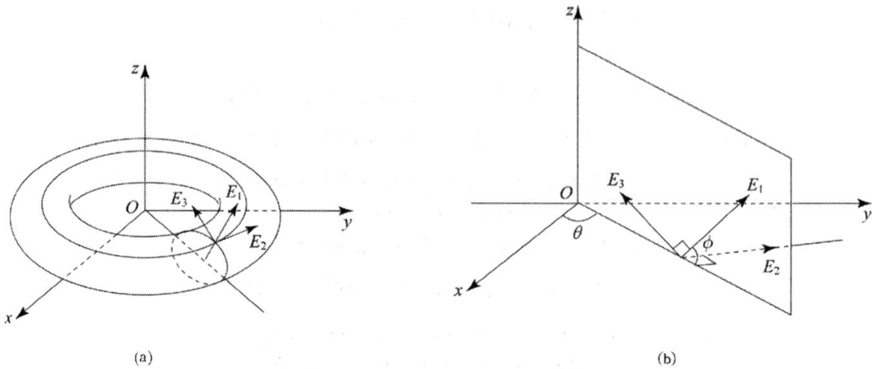

[그림 9]

문제 2-6

1 (1) $\nabla_V W = \dfrac{d}{dt} W(\mathbf{p}+t\mathbf{v})\Big|_{t=0}$

$$= \frac{d}{dt}[(1+t^2)U_1 + (3-t)U_2](0) = 2U_1 - U_2$$

(2) $\nabla_V W = U_1 + 2U_2 + 4U_3$

3 $V = \sum v_i U_i$ 라 하면

$$\nabla_V X = \sum V[x_i]U_i$$
$$= \sum v_1 U_1[x_i]\, U_i + \sum v_2 U_2[x_i]\, U_i + \sum v_3 U_3[x_i]\, U_i$$
$$= v_1 U_1 + v_2 U_2 + v_3 U_3 = V$$

4 $W = \sum w_i U_i$, $\nabla W = \sum dw_i U_i$, $\nabla_V W = \sum dw_i(v)U_i(\mathbf{p})$

$W = xy^3 U_1 - x^2 z^2 U_3$ 이므로

$\mathbf{v} = (1, 0, -3) = U_1 - 3U_3$, $\mathbf{p} = (-1, 2, -1)$에 대하여

$$\nabla W = d(xy^3)U_1 - d(x^2z^2)U_3$$
$$= (y^3 dx + 3xy^2 dy)U_1 - (2xz^2 dx + 2x^2 z\, dz)U_3$$

$\therefore\ dx(\mathbf{v}) = 1,\ dy(\mathbf{v}) = 0,\ dz(\mathbf{v}) = -3$

$\therefore\ \nabla_V W = 8\, U_1(\mathbf{p}) - 4\, U_3(\mathbf{p})$.

5 (1) $[V, W][f] = \nabla_V W[f] - \nabla_W V[f]$이므로,

$V = \sum v_i U_i$, $W = \sum w_i U_i$ 라 하면

$$\nabla_V W[f] = df(\nabla_V W) = df(\sum_j V[w_j]U_j)$$

$$= df(\sum_j(\sum_i v_i U_i[w_j]U_j)) = df\left(\sum_{i,j} v_i \frac{\partial w_j}{\partial x_i} u_j\right)$$

$$= \sum_{i,j} v_i \frac{\partial w_j}{\partial x_i} \frac{\partial f}{\partial x_j}$$

마찬가지 방법으로, $\nabla_W V[f] = \sum_{i,j} w_i \frac{\partial v_j}{\partial x_i} \frac{\partial f}{\partial x_j}$ 이다. 한편,

$$V[W(f)] = V[\sum_j w_j U_j[f]] = V\left[\sum_j w_j \frac{\partial f}{\partial x_j}\right]$$

$$= \sum_j d\left(w_j \frac{\partial f}{\partial x_j}\right)(V)$$

$$= \sum_j \left(\frac{\partial f}{\partial x_j} dw_j + w_j d\left(\frac{\partial f}{\partial x_j}\right)\right)(\sum_i v_i U_i)$$

$$= \sum_{j,k}\left(\frac{\partial f}{\partial x_j}\frac{\partial w_j}{\partial x_k}dx_k + w_j \frac{\partial^2 f}{\partial x_j \partial x_k}dx_k\right)(\sum_i v_i U_i)$$

$$= \sum_{j,k}\left(\frac{\partial f}{\partial x_j}\frac{\partial w_j}{\partial x_k} + w_j \frac{\partial^2 f}{\partial x_j \partial x_k}\right)v_k$$

같은 방법으로,

$$W[V[f]] = \sum_{j,k}\left(\frac{\partial f}{\partial x_j}\frac{\partial v_j}{\partial x_k} + v_j \frac{\partial^2 f}{\partial x_j \partial x_k}\right)w_k$$

$\therefore VW[f] - WV[f]$

$$= \sum_{i,j}\left(\frac{\partial f}{\partial x_j}\frac{\partial w_j}{\partial x_i} + w_j \frac{\partial^2 f}{\partial x_j \partial x_i}\right)v_i - \sum_{i,j}\left(\frac{\partial f}{\partial x_i}\frac{\partial v_i}{\partial x_j} + v_i \frac{\partial^2 f}{\partial x_i \partial x_j}\right)w_j$$

$$= \sum_{i,j}\frac{\partial f}{\partial x_j}\frac{\partial w_j}{\partial x_i}v_i - \sum_{i,j}\frac{\partial f}{\partial x_i}\frac{\partial v_i}{\partial x_j}w_j$$

$$= \nabla_V W[f] - \nabla_W V[f]$$

(2) $[W, V] = \nabla_W V - \nabla_V W = -(\nabla_V W - \nabla_W V) = -[V, W]$

(3) $[U, [V, W]][f] = U[V, W][f] - [V, W]U[f]$

$$= U(VW - WV)[f] - (VW - WV)U[f]$$

$$= UVW[f] - UWV[f] - VWU[f] + WVU[f]$$

$\therefore [U, [V, W]][f] + [V, [W, U]][f] + [W, [U, V]][f]$

$$= UVW[f] - UWV[f] - VWU[f] + WVU[f]$$
$$+ VWU[f] - VUW[f] - WUV[f] + UWV[f]$$
$$+ WUV[f] - WVU[f] - UVW[f] + VUW[f] = 0$$

$\therefore\ [U,\ [V,\ W]]+[V,\ [W,\ U]]+[W,\ [U,\ V]]=0$

(4) $[fV,\ gW]=\nabla_{fV}(gW)-\nabla_{gW}(fV)$

$$=f\ \nabla_V(gW)-g\ \nabla_W(fV)$$
$$=f(V[g]W+g\nabla_V W)-g(W[f]V+f\nabla_W V)$$
$$=fV[g]W+fg\nabla_V W-gW[f]V-fg\nabla_W V$$
$$=fV[g]W-gW[f]V+fg[V,\ W]$$

문제 2-7

1 (i) $\|E_i\|=1\,(i=1,\ 2,\ 3)$이고, $E_i\cdot E_j=\delta_{ij}\,(i,\ j=1,\ 2,\ 3)$이 성립하므로 E_1, E_2, E_3은 틀장을 이룬다.

(ii) 태도행렬 $A=\begin{pmatrix}\frac{\sin f}{\sqrt{2}} & \frac{1}{\sqrt{2}} & -\frac{\cos f}{\sqrt{2}}\\ \frac{\sin f}{\sqrt{2}} & -\frac{1}{\sqrt{2}} & -\frac{\cos f}{\sqrt{2}}\\ \cos f & 0 & \sin f\end{pmatrix}$이므로, 접속형식은

$$w=dA\,{}^tA=\begin{pmatrix}0 & 0 & \frac{1}{\sqrt{2}}df\\ 0 & 0 & \frac{1}{\sqrt{2}}df\\ -\frac{1}{\sqrt{2}}df & -\frac{1}{\sqrt{2}}df & 0\end{pmatrix}$$

2 $dA=0$이므로 $w_{ij}=0\ (i,\ j=1,\ 2,\ 3)$이다.

3 $A=\begin{pmatrix}\cos^2 f & \cos f\sin f & \sin f\\ \sin f\cos f & \sin^2 f & -\cos f\\ -\sin f & \cos f & 0\end{pmatrix}$이므로

$$w=dA\,{}^tA=\begin{pmatrix}0 & -df & \cos f\,df\\ df & 0 & \sin f\,df\\ -\cos f\,df & -\sin f\,df & 0\end{pmatrix}.$$

4 6절의 구면틀장 F_1, F_2, F_3의 태도행렬은

$A=\begin{pmatrix}\cos\phi\cos\theta & \cos\phi\sin\theta & \sin\phi\\ -\sin\theta & \cos\theta & 0\\ -\sin\phi\cos\theta & -\sin\phi\sin\theta & \cos\phi\end{pmatrix}$이므로 $w=dA\,{}^tA$로부터

$w_{12}=\cos\phi\,d\theta$, $w_{13}=d\phi$, $w_{23}=\sin\phi\,d\theta$, 그 외의 $w_{ij}=0$

5 $\nabla_V W=\nabla_V(\sum_i f_i E_i)=\sum_i \nabla_V(f_i E_i)=\sum_i (V[f_i]E_i+f_i\nabla_V E_i)$

$$=\sum_i V[f_i]E_i+\sum_i (f_i\sum_j w_{ij}(V)E_j)$$

$$= \sum_j (V[f_j] + \sum_i f_i w_{ij}(V)) E_j$$

[6] $F_1 = \cos\varphi\cos\theta V_1 + \cos\varphi\sin\theta U_2 + \sin\varphi V_3$

$F_2 = -\sin\theta\, U_1 + \cos\theta\, U_2$

$F_3 = -\sin\varphi\cos\theta\, U_1 - \sin\varphi\sin\theta\, U_2 + \cos\varphi U_3$

(1) 임의의 점 $\mathbf{p}$ 에서 곡선 $\alpha(t) = t\mathbf{p}$라 하면 $\alpha' = \|\mathbf{p}\| F_1$

$\therefore \|\mathbf{p}\| = \alpha'[\rho] = d\rho[\alpha'] = d\rho[\|\rho\| F_1] = \|\rho\| d\rho[F_1]$

$\therefore d\rho[F_1] = 1$

$\therefore F_1[\rho] = d\rho(F_1) = 1,\ F_1[\theta] = d\theta(F_1) = 0,$

$F_1(\varphi] = d\varphi(F_1) = 0$

(2) $\nabla_{F_1}(\cos\rho F_2 + \sin\rho F_3) = F_1[\cos\rho]F_2 + F_1[\sin\rho]F_3$

$= -\sin\rho d\rho(F_1) F_2 + \cos\rho d\rho(F_1) F_3 = -\sin\rho F_2 + \cos\rho F_3$

문제 2-8

[1]1. $\phi = \sum_i f_i \theta_i$

$d\phi = \sum_i d(f_i\theta_i) = \sum_i (df_i \wedge \theta_i + f_i d\theta_i)$

$= \sum_i df_i \wedge \theta_i + \sum_i f_i (\sum_j w_{ij} \wedge \theta_j) = \sum_j (df_j + \sum_i f_i w_{ij}) \wedge \theta_j$

[2] 원환면틀장 E_1, E_2, E_3 은

$E_1 = (\cos\theta\cos\phi)U_1 + (\sin\theta\cos\phi)U_2 + (\sin\phi)U_3$

$E_2 = (-\sin\theta)U_1 + (\cos\theta)U_2$

$E_3 = (-\cos\theta\sin\phi)U_1 - (\sin\theta\sin\phi)U_2 + (\cos\phi)U_3$

이므로 문제 2-5 [3], 예제(8-4)에서 계산한 방법을 그대로 이용하면 된다. 이때 원환면 위의 임의의 점 $\mathbf{p}$의 좌표는

$x_1 = (R + \rho\cos\phi)\cos\theta,\ y_1 = (R + \rho\cos\phi)\sin\theta,\ z = \rho\sin\phi$

임에 유의하여 계산하면 구하는 결과를 얻을 수 있다.

[3] 앞의 문제 [2]로부터

$\theta_1 = d\rho,\ \theta_2 = (R + \rho\cos\phi)d\theta,\ \theta_3 = \rho d\phi,$

$w_{12} = \cos\phi\, d\theta,\ w_{13} = d\phi,\ w_{23} = \sin\phi\, d\theta$

을 얻었으므로 제1구조방정식 $d\theta_i\,(i = 1, 2, 3)$을 구할 수 있다.

$d\theta_1 = \sum w_{1j} \wedge \theta_j = \cos\phi\, d\theta \wedge (R + \rho\cos\phi)d\theta + d\phi \wedge \rho d\theta = 0,$

$$d\theta_2=\sum w_{2j}\wedge\theta_j=-\cos\phi\, d\theta\wedge d\rho+\sin\phi\, d\theta\wedge\rho d\phi$$
$$=(\rho\sin\phi-\cos\phi)d\theta\wedge d\phi$$
$$d\theta_3=\sum w_{3j}\wedge\theta_j=-d\phi\wedge d\rho-\sin\phi\, d\theta\wedge(R+\rho\cos\phi)d\theta=d\rho\wedge d\phi$$

4 (1) $E_1=a_{11}U_1+a_{12}U_2$, $E_2=a_{21}U_1+a_{22}U_2$ 을 E^2 의 틀장이라 하면

$$a_{11}=a_{22},\ a_{12}=-a_{21},\ \det\begin{pmatrix}a_{11} & a_{12}\\ a_{21} & a_{22}\end{pmatrix}=1$$

$$\therefore\ w_{12}=-w_{21}=\sum da_{1j}a_{2j}=a_{21}da_{11}+a_{22}da_{12},\ w_{11}=w_{22}=0$$

(2) 위의 (1)로부터 $a_{11}=a_{22}=\cos\varphi$, $a_{12}=-a_{21}=\sin\varphi$ 이므로

$$w_{12}=a_{21}da_{11}+a_{22}da_{12}=-\sin\phi\, d(\cos\phi)+\cos\phi\, d(\sin\phi)=d\phi$$

$$\begin{cases}\theta_1=\sum a_{1j}dx_j=\cos\phi\, dx_1+\sin\phi\, dx_2\\ \theta_2=\sum a_{2j}dx_j=-\sin\phi\, dx_1+\cos\phi\, dx_2\end{cases}\qquad (*)$$

(3) (*)로부터 직접 계산하면

$$d\theta_1=-\sin\phi\, d\phi\wedge dx_1+\cos\phi\, d\phi\wedge dx_2=d\phi\wedge\theta_2=w_{12}\wedge\theta_2,$$
$$d\theta_2=-\cos\phi\, d\phi\wedge dx_1-\sin\phi\, d\phi\wedge dx_2=-d\phi\wedge\theta_1=-w_{12}\wedge\theta_1$$

물론 이 경우에 $dw_{12}=0$ 이다.

문제 3-1

1 임의의 점 $\mathbf{p}$에 대하여

$$CT_a(\mathbf{p})=C(\mathbf{p}+\mathbf{a})=C(\mathbf{p})+C(\mathbf{a})=T_{c(a)}(C(\mathbf{p}))$$
$$\therefore\ CT_a=T_{C(a)}C$$

2 $(T_a)^{-1}=T_{-a}$ 이므로

$$F^{-1}=(T_aC)^{-1}=C^{-1}(T_a)^{-1}=C^{-1}T_{-a}=T_{C^{-1}(-a)}C^{-1}=T_{-C^{-1}(a)}C^{-1}$$

따라서 F^{-1} 의 평행이동부분은 $T_{-C^{-1}(a)}$ 이고 직교부분은 C^{-1}이다.

3 $\mathbf{p}=(3,\ 1,\ -6)$, $\mathbf{q}=(1,\ 0,\ 3)$에 대하여 $\mathbf{p}\cdot\mathbf{q}=-15$. 그런데

$$C(\mathbf{p})=\frac{1}{3}\begin{pmatrix}-2 & 2 & -1\\ 2 & 1 & -2\\ 1 & 2 & 2\end{pmatrix}\begin{pmatrix}3\\ 1\\ -6\end{pmatrix}=\frac{1}{3}\begin{pmatrix}2\\ 19\\ -7\end{pmatrix}$$

$$C(\mathbf{q})=\frac{1}{3}\begin{pmatrix}-2 & 2 & -1\\ 2 & 1 & -2\\ 1 & 2 & 2\end{pmatrix}\begin{pmatrix}1\\ 0\\ 3\end{pmatrix}=\frac{1}{3}\begin{pmatrix}-5\\ -4\\ 7\end{pmatrix}$$ 이므로 $C(\mathbf{p})\cdot C(\mathbf{q})=-15$

$$\therefore\ C(\mathbf{p})\cdot C(\mathbf{q})=\mathbf{p}\cdot\mathbf{q}$$

4 (1) $\mathbf{q}=F(\mathbf{p})=T_aC(\mathbf{p})=\mathbf{a}+C(\mathbf{p})$

$$=(1,\ 3,\ -1)+(2,\ -2,\ 8)\begin{pmatrix} \frac{1}{\sqrt{2}} & 0 & -\frac{1}{\sqrt{2}} \\ 0 & 1 & 0 \\ \frac{1}{\sqrt{2}} & 0 & \frac{1}{\sqrt{2}} \end{pmatrix}$$

$$=(1-2\sqrt{2},\ 1,\ 5\sqrt{2}-1)$$

(2) $\mathbf{q}=F^{-1}(\mathbf{p})=(T_aC)^{-1}(\mathbf{p})=C^{-1}T_{-a}(\mathbf{p})=C^{-1}(\mathbf{p}-\mathbf{a})=\mathrm{T}_c(\mathbf{p}-\mathbf{a})$

$$=(1,\ -5,\ 9)\begin{pmatrix} \frac{1}{\sqrt{2}} & 0 & \frac{1}{\sqrt{2}} \\ 0 & 1 & 0 \\ -\frac{1}{\sqrt{2}} & 0 & \frac{1}{\sqrt{2}} \end{pmatrix}=(5\sqrt{2},\ -5,\ 4\sqrt{2})$$

(3) $\mathbf{q}=(CT_a)(\mathbf{p})=C(\mathbf{p}+\mathbf{a})$

$$=(3,\ 1,\ 7)\begin{pmatrix} \frac{1}{\sqrt{2}} & 0 & \frac{1}{\sqrt{2}} \\ 0 & 1 & 0 \\ -\frac{1}{\sqrt{2}} & 0 & \frac{1}{\sqrt{2}} \end{pmatrix}=(-2\sqrt{2},\ 1,\ 5\sqrt{2})$$

[5] 임의의 두 점 $\mathbf{p}$, $\mathbf{q}$에 대하여 $\|F(\mathbf{q})-F(\mathbf{p})\|=\|\mathbf{q}-\mathbf{p}\|$이 성립하는가를 확인하면 된다. F의 직교부분을 C, 평행이동부분을 T라 하자.

(1) 등장사상, $T=0$, $C=\begin{pmatrix} -1 & 0 & 0 \\ 0 & -1 & 0 \\ 0 & 0 & -1 \end{pmatrix}$

(2) (3), (4) : 등장사상이 아니다.

[6] $\xi=\{E^3$의 등장사상$\}$의 원소 F_i에 대하여 $F_i=T_iC_i$, $T_i=T_{F_i(0)}$라 하자.

(1) $(F_1F_2)F_3=((T_1C_1)(T_2C_2))(T_3C_3))=((T_{F_1(0)}C_1)(T_{F_2(0)}C_2)(T_{F_3(0)}C_3)$

$=(T_{F_1(0)}T_{C_1F_2(0)}C_1C_2)(T_{F_3(0)}C_3)=T_{F_1(0)}T_{C_1(F_2(0))}T_{C_1(C_2(F_3(0)))}C_1C_2C_3$

$F_1(F_2F_3)=(T_{F_1(0)}C_1)((T_{F_2(0)}C_2)(T_{F_3(0)}C_3))=(T_{F_1(0)}C_1)(T_{F_2(0)}T_{C_2(F_2(0))}C_2C_3)$

$=T_{F_1(0)}T_{C_1F_2(0)}C_1T_{C_2(F_3(0))}C_2C_3=T_{F_1(0)}T_{C_1F_2(0)}T_{C_1C_2F_3(0)}C_1,\ C_2,\ C_3$

이므로, $(F_1F_2)F_3=F_1(F_2F_3)$이 성립한다.

(2) E_3의 항등사상 I는 당연히 항등사상이다.

(3) E_3의 역사상도 등장사상이다(문제 [2]).

그러므로 E_3의 등장사상 전체의 집합 ξ은 군(group)을 이룬다.

문제 3-2

[1] $F=T$이고 $T=TI(I$: 항등사상의 직교부분 단위행렬)이므로, 정리 2-1에 의하

여 $F_*(\mathbf{v}_p)=(TI)_*(\mathbf{v}_p)=I(\mathbf{v})_{T(p)}=\mathbf{v}_{T(p)}$.

따라서 $F_*(\mathbf{v})$는 $\mathbf{v}$와 평행한다.

[2] (1) C_1, C_2를 각각 F와 G의 직교부분이라 하면

$$(GF)_*(\mathbf{v}_p)=C(\mathbf{v})|_{GF(p)}=C_2C_1(\mathbf{v})|_{GF(p)}$$

$$(G_*F_*)(\mathbf{v}_p)=G_*(F_*(\mathbf{v}_p))=G_*[C_1(\mathbf{v})]_{F(p)}=C_2C_1(\mathbf{v})|_{GF(p)}$$

$$\therefore (GF)_*=G_*F_*$$

(2) 문제 (3-1)의 [2]과 (1)에 의하여

$$(F^{-1})_*=(C^{-1}T^{-1})_*=C_*^{-1}T_*^{-1}$$

$$(F_*)^{-1}=((TC)_*)^{-1}=(T_*C_*)^{-1}=C_*^{-1}T_*^{-1}$$

$$\therefore (F^{-1})_*=(F_*)^{-1}$$

[3] $A=(a_{ij})$라 하면 $\mathbf{e}_i=A(U_i)=\sum_j a_{ij}U_j$.

0에서의 접벡터 $\mathbf{v}=\sum v_iU_i$ 에 대하여, $F(\mathbf{v})$는 $\mathbf{p}$에서의 접벡터이므로

$$T_{-p}F(\mathbf{v})=(\sum_i v_iF(U_i))_p=(\sum_i v_i\mathbf{e}_i)_0=\sum_i v_i(\sum_k a_{ik}U_k)$$

$$=\sum_k(\sum_f{}^t a_{ki}v_i)U_k={}^tA(\mathbf{v})=A^{-1}(\mathbf{v})$$

$$\therefore T_pF=A^{-1} \quad \therefore F=T_pA^{-1}$$

[4] q에서의 틀장 $\mathbf{f}_1$, $\mathbf{f}_2$, $\mathbf{f}_3$의 태도행렬이 B이므로 0에서의 자연틀장을 q에서의 틀장 $\mathbf{f}_1$, $\mathbf{f}_2$, $\mathbf{f}_3$로 보내는 등장사상 G는 위의 문제 [3]에 의하여 $G=T_qB^{-1}$. 그러므로 $\mathbf{p}$에서의 틀장 $\mathbf{e}_1$, $\mathbf{e}_2$, $\mathbf{e}_3$를 q에서의 틀장 $\mathbf{f}_1$, $\mathbf{f}_2$, $\mathbf{f}_3$로 보내는 등장사상은

$$GF^{-1}=(T_qB^{-1})(T_pA^{-1})^{-1}=(T_qB^{-1})(AT_{-p})=T_qB^{-1}T_{-A(p)}A$$

$$=T_qT_{-B^{-1}A(p)}B^{-1}A=T_{q-B^{-1}A(p)}B^{-1}A$$

$\therefore GF^{-1}$의 직교부분은 $B^{-1}A$이다.

문제 3-3

[1] F와 G의 직교부분을 각각 C와 D라 하면

$\operatorname{sgn}(FG)=\det(CD)=\det C\ \det D=\det(DC)$

$\therefore \operatorname{sgn}(FG)=\operatorname{sgn}F\cdot\operatorname{sgn}G=\operatorname{sgn}(GF)$,

$\operatorname{sgn}(F^{-1})=\det C^{-1}=\det C=\operatorname{sgn}F$ $(\because CC^{-1}=I)$

[2] 향을 반대로 하는 임의의 등장변환을 G라 하면, $\operatorname{sgn}G=-1$,

그런데 $\operatorname{sgn} H_0 = -1$, $\operatorname{sgn} F = +1$ 이므로

$$\operatorname{sgn} G = -1 = (\operatorname{sgn} H_0)(\operatorname{sgn} F) = \operatorname{sgn}(H_0 F)$$

3 $C = \frac{1}{3}\begin{pmatrix} -2 & 2 & -1 \\ 2 & 1 & -2 \\ 1 & 2 & 2 \end{pmatrix}$, $\operatorname{sgn} C = \det(C) = -1$

$\mathbf{p} = (3, 1, -6)$, $\boldsymbol{q} = (1, 0, 3)$, $\mathbf{v} = (3, 1, -1)$, $\mathbf{w} = (-3, -3, 1)$ 이므로

$$\mathbf{v} \times \mathbf{w} = (-2, 0, -6)$$

$$C_*(\mathbf{v} \times \mathbf{w}) = C_*(-2, 0, -6) = \frac{1}{3}(10, 8, -14)$$

$$C_*(\mathbf{v}) = C_*(3, 1, -1) = (-1, 3, 1)$$

$$C_*(\mathbf{w}) = C_*(-3, -3, 1) = \left(-\frac{1}{3}, -\frac{11}{3}, -\frac{7}{3}\right)$$

$$\therefore C_*(\mathbf{v}) \times C_*(\mathbf{w}) = -\frac{1}{3}(-10, -8, 14) = (\operatorname{sgn} C)\, C_*(\mathbf{v} \times \mathbf{w}).$$

4 x, y, z축에 팽평한 단위벡터 $\mathbf{e}_1$, $\mathbf{e}_2$, $\mathbf{e}_3$을 $\mathbf{e}_3$(z축)을 중심으로 θ만큼 회전한 것을 C라 하면

$$C(\mathbf{e}_1) = \cos\theta\, \mathbf{e}_1 + \sin\theta\, \mathbf{e}_2,\ C(\mathbf{e}_2) = -\sin\theta\, \mathbf{e}_1 + \cos\theta\, \mathbf{e}_2,$$

$$C(\mathbf{e}_3) = \mathbf{e}_3 \qquad \mathbf{e}_i \cdot \mathbf{e}_j = \delta_{ij}$$

을 만족한다. 이 사실을 확장하면, 회전 C는 한직선(축)을 중심으로 회전시킨다는 것을 알 수 있다.

5 $C(\mathbf{p}) \cdot C(\mathbf{q}) = (\mathbf{a} \times \mathbf{p} + (\mathbf{p} \cdot \mathbf{a})\mathbf{a}) \cdot (\mathbf{a} \times \mathbf{q} + (\mathbf{q} \cdot \mathbf{a})\mathbf{a})$

$$= (\mathbf{a} \times \mathbf{p}) \cdot (\mathbf{a} \times \mathbf{q}) + (\mathbf{q} \cdot \mathbf{a})(\mathbf{a} \times \mathbf{p} \cdot \mathbf{a}) + (\mathbf{p} \cdot \mathbf{a})(\mathbf{a} \cdot \mathbf{a} \times \mathbf{q}) + (\mathbf{p} \cdot \mathbf{q})(\mathbf{q} \cdot \mathbf{a})\mathbf{a} \cdot \mathbf{a}$$

$$= (\mathbf{a} \times \mathbf{p}) \cdot (\mathbf{a} \times \mathbf{q}) + (\mathbf{p} \cdot \mathbf{a})(\mathbf{q} \cdot \mathbf{a})\mathbf{a} \cdot \mathbf{a} = -\mathbf{q} \cdot \mathbf{a} \times (\mathbf{a} \times \mathbf{p}) + (\mathbf{p} \cdot \mathbf{a})(\mathbf{q} \cdot \mathbf{a})$$

$$= -(\mathbf{a} \cdot \mathbf{p})(\mathbf{a} \cdot \mathbf{q}) + (\mathbf{a} \cdot \mathbf{p})(\mathbf{p} \cdot \mathbf{q}) + (\mathbf{p} \cdot \mathbf{a})(\mathbf{p} \cdot \mathbf{a}) = \mathbf{p} \cdot \mathbf{q}$$

따라서 C는 직교변환이다.

(i) $\mathbf{p}$가 $\mathbf{a}$와 평행할 때, 즉 $\mathbf{p} = k\mathbf{a}$일 때 :

$$C(\mathbf{p}) = \mathbf{a} \times \mathbf{p} + (\mathbf{p} \cdot \mathbf{a})\mathbf{a} = (\mathrm{k}\mathbf{a} \cdot \mathbf{a})\mathbf{a} = \mathrm{k}\mathbf{a} = \mathbf{p}$$

(ii) $\mathbf{p}$가 $\mathbf{a}$와 평행하지 않을 때 : $\mathbf{e}_3 = \mathbf{a}$, $\mathbf{e}_2 = \dfrac{\mathbf{a} \times \mathbf{p}}{\|\mathbf{a} \times \mathbf{p}\|}$, $\mathbf{e}_1 = \mathbf{e}_2 \times \mathbf{e}_3$라 하면

$$C(\mathbf{e}_1) = \mathbf{e}_3 \times \mathbf{e}_1 + (\mathbf{e}_1 \cdot \mathbf{e}_3)\mathrm{e}_3 = \mathbf{e}_2 = \cos\frac{\pi}{2}\mathbf{e}_1 = + \sin\frac{\pi}{2}\mathbf{e}_2$$

$$C(\mathbf{e}_2) = \mathbf{e}_3 \times \mathbf{e}_2 + (\mathbf{e}_2 \cdot \mathbf{e}_3)\mathbf{e}_3 = -\mathbf{e}_1 = -\sin\frac{\pi}{2}\mathbf{e}_1 + \cos\frac{\pi}{2}\mathbf{e}_2$$

$$C(\mathbf{e}_3) = \mathbf{e}_3 \times \mathbf{e}_3 + (\mathbf{e}_3 \cdot \mathbf{e}_3)\mathbf{e}_3 = \mathbf{e}_3$$

따라서 문제 4에 의하여 C는 벡터 $\mathbf{a}$를 축으로하여 반시계방향으로 $\frac{\pi}{2}$ 만큼 회전이동시키는 회전변환이다.

문제 3-4

[1] (1) $F=TC$, $\bar{\beta}=F(\beta)$, β : 단위속도 주면나선이면, 정리 4-2에 의하여, $\bar{\kappa}=\kappa$,

$\bar{\tau}=(\text{sgn}\,F)\tau=(\det C)\tau=\pm\tau$이 므로 $\bar{\beta}$은 주면나선이다.

(2) $\bar{\beta}(s)=T(s)$이므로 $C(\bar{\beta})=C(T)=F_*(T)$은 $F(\beta)=\bar{\beta}$의 구면상이다.

[2] $\alpha(t)=(\cos dt,\ \sin t,\ 2t)$, $Y=(t,\ 1-t^2,\ 1+t^2)$

$C=\begin{pmatrix}-1 & 0 & 0\\ 0 & 1/\sqrt{2} & -1/\sqrt{2}\\ 0 & 1/\sqrt{2} & 1/\sqrt{2}\end{pmatrix}$이므로

$\bar{\alpha}=C(\alpha)=\left(-\cos t,\ \frac{1}{\sqrt{2}}(\sin t-2t),\ \frac{1}{\sqrt{2}}(\sin t+2t)\right)$

$\bar{\alpha}'=\left(\sin t,\ \frac{1}{\sqrt{2}}(\cos t-2),\ \frac{1}{\sqrt{2}}(\cos t+2)\right)$

$\bar{\alpha}''=\left(\cos t,\ -\frac{1}{\sqrt{2}}\sin t,\ -\frac{1}{\sqrt{2}}\sin t\right)$

$\bar{Y}=C_*(Y)=(-t,\ -\sqrt{2}\,t^2,\ \sqrt{2})$

$\bar{Y}'=(-1,\ -2\sqrt{2}\,t,\ 0)$, $\alpha''=(-\cos t,\ -\sin t,\ 0)$

$\therefore\ C_*(Y')=(-1,\ -2\sqrt{2}\,t,\ 0)=\bar{Y}'$, $C_*(\alpha'')=\bar{\alpha}''$,

$\bar{Y}'\cdot\bar{\alpha}''=(-1,\ -2\sqrt{2}\,t,\ 0)\cdot\left(\cos t,\ -\frac{1}{\sqrt{2}}\sin t,\ -\frac{1}{\sqrt{2}}\sin t\right)$

$=-\cos t+2t\sin t=Y'\cdot\alpha''$

[3] $\triangle_1$: (3, 1), (7, 1), (7, 4), $\triangle_2$: (2, 0), (2, 5), $\left(-\frac{2}{5},\ \frac{16}{5}\right)$

$F=TC$, T: $(p,\ q)$만큼의 평행이동, $C=\begin{pmatrix}a & b\\ c & d\end{pmatrix}$ 라 하면

$(2,\ 0)=F(3,\ 1)=(p,\ q)+\begin{pmatrix}a & b\\ c & d\end{pmatrix}\begin{pmatrix}3\\1\end{pmatrix}=(p,\ q)+(3a+b,\ 3c+d)$

$(2,\ 5)=F(7,\ 4)=(p,\ q)+\begin{pmatrix}a & b\\ c & d\end{pmatrix}\begin{pmatrix}7\\4\end{pmatrix}=(p,\ q)+(7a+4b,\ 7c+4d)$

$\left(-\frac{2}{5},\ \frac{16}{5}\right)=F(7,\ 1)=(p,\ q)+\begin{pmatrix}a & b\\ c & d\end{pmatrix}\begin{pmatrix}7\\1\end{pmatrix}=(p,\ q)+(7a+b,\ 7c+d)$

$\therefore\ a=-d=-\frac{3}{5},\ b=c=\frac{4}{5},\ p=-q=3$

따라서, T: $(p,\ q)=(3,\ -3)$만큼의 평행이동, $C=\frac{1}{5}\begin{pmatrix}-3 & 4\\ 4 & 3\end{pmatrix}$ 이므로 $F=TC$는 등장변환이다. 그러므로 $\triangle_1$과 $\triangle_2$는 합동이다.

[4] F_*가 내적을 보존하므로, $F_*(\mathbf{v})\cdot F_*(\mathbf{w})=\mathbf{v}\cdot\mathbf{w}$ 이다.

$\therefore \|F_*(\mathbf{v})\|^2 = F_*(\mathbf{v}) \cdot F_*(\mathbf{v}) = \mathbf{v} \cdot \mathbf{v} = \|\mathbf{v}\|^2$

따라서, $\|F_*(\mathbf{v})\| = \|\mathbf{v}\|$이 성립하므로 F는 등장변환이다.

문제 3-5

1 $\alpha = (\alpha_1, \alpha_2, \alpha_3) = \sum \alpha_i U_i$ 라 하자.

$\beta = T_p(C(\alpha)) \rightleftarrows \beta = \mathbf{p} + C(\alpha) = \mathbf{p} + C\sum \alpha_i \mathbf{u}_i = \mathbf{p} + \sum \alpha_i C(\mathbf{u}_i)$

$\therefore \beta = T_p(C(\alpha)) \rightleftarrows \beta = \mathbf{p} + (\alpha_1 \mathbf{e}_1 + \alpha_2 \mathbf{e}_2 + \alpha_3 \mathbf{e}_3)$

단, $C(\mathbf{u}_i) = \mathbf{e}_i$, $\mathbf{e}_i \cdot \mathbf{e}_j = \delta_{ij}$

2 $C = (c_{ij})$ 라 할 때 $C(\alpha(t)) = (at + a_1,\ bt^2 + a_2,\ ct^3 + a_3)$이 되기 위한 조건은

$$c_{11} = c_{13},\ c_{31} = -c_{33},\ \text{나머지 } c_{ij} = 0$$

이다. 그런데 C는 직교행렬이어야 하므로 $c_{13} = c_{31}$. 따라서

$$C = \begin{pmatrix} c_{11} & 0 & c_{11} \\ 0 & 0 & 0 \\ c_{11} & 0 & -c_{11} \end{pmatrix}$$

이때 $F(\mathbf{p}) = T_a C(\mathbf{p}) = C(\mathbf{p}) + \mathbf{a}$ 이다.

5 $\tau \neq 0$ 이면, τ는 연속이므로 $\tau > 0$ 또는 $\tau < 0$ 이다. $\chi > 0$ 이고 α, β가 합동이므로 $\chi_\alpha = \chi_\beta$, $\tau_\alpha = \tau_\beta$ 또는 $\chi_\alpha = \chi_\beta$, $\tau_\alpha = -\tau_\beta$ 이다. 그러므로 $F(\alpha) = \beta$인 등장사상이 하나 존재한다. 한편 $\tau \equiv 0$이면 α와 β는 평면곡선이다. 그러므로 향을 보존하는 등장사상과 향을 바꾸는 등장사상 두 개가 있다.

6 $\alpha(t) = (\sqrt{(2}\ t,\ t^2,\ 0)$, $\beta(t) = (-t,\ t,\ t^2)$은 원점을 모두 지나므로 원점 0에서 각각 T, N, B를 계산하면

$\alpha(t)$: $T_0 = (1,\ 0,\ 0)$, $N_0 = (0,\ 1,\ 0)$, $B_0 = (0,\ 0,\ 1)$

$\beta(t)$: $\overline{T}_0 = \left(\dfrac{-1}{\sqrt{2}},\ \dfrac{1}{\sqrt{2}},\ 0\right)$, $\overline{N}_0 = (0,\ 0,\ 1)$, $\overline{B}_0 = \left(\dfrac{1}{\sqrt{2}},\ \dfrac{1}{\sqrt{2}}, 0\right)$

따라서 등장 사상 C는

$$C = {}^tBA = \begin{pmatrix} \frac{-1}{\sqrt{2}} & 0 & \frac{1}{\sqrt{2}} \\ \frac{1}{\sqrt{2}} & 0 & \frac{1}{\sqrt{2}} \\ 0 & 1 & 0 \end{pmatrix} \begin{pmatrix} 1 & 0 & 0 \\ 0 & 1 & 0 \\ 0 & 0 & 1 \end{pmatrix} = \begin{pmatrix} \frac{-1}{\sqrt{2}} & 0 & \frac{1}{\sqrt{2}} \\ \frac{1}{\sqrt{2}} & 0 & \frac{1}{\sqrt{2}} \\ 0 & 1 & 0 \end{pmatrix}$$

7 문제 (2-3) 7으로부터, α가 단위속도곡선이면

$\alpha'(s) = T = (\cos\varphi,\ \sin\varphi)$, $\kappa(s) = \varphi'(s)$

이다. 그러므로

$$\alpha(s)=\left(\int \cos\varphi\, ds,\ \int \sin\varphi\, ds\right)=\int [(\cos\varphi)U_1+(\sin\varphi)U_2]\, ds.$$

$$\varphi(s)=\int \kappa(s)\, ds.$$

참고 : $\dfrac{ds}{d\varphi}=\dfrac{1}{\kappa(\varphi)}$ 이므로, 곡률을 $\kappa(\varphi)$ 으로 하는 평면곡선의 방정식은

$$\alpha(s)=\int \frac{1}{\kappa(\varphi)}[(\cos\varphi)U_1+(\sin\varphi)U_2]\, d\varphi$$

8 (1) $\kappa=\dfrac{1}{1+s^2}$ 이므로, $\varphi(s)=\displaystyle\int \frac{1}{1+s^2}ds=\tan^{-1}s \quad \therefore\ s=\tan\varphi(s)$

$$\therefore\ \kappa=\frac{1}{1+\tan^2\varphi}=\cos^2\varphi$$

$$\therefore\ \alpha=\int \frac{1}{\cos^2\varphi}[(\cos\varphi)U_1+(\sin\varphi)U_2]d\varphi$$

$$=\log\left(\tan\left(\frac{\varphi}{2}+\frac{\pi}{4}\right)\right)U_1+(\sec\varphi)U_2$$

(2) $\kappa=\dfrac{1}{s}$ 이므로, $\varphi(s)=\displaystyle\int \frac{1}{s}ds=\log s+c_1 \quad \therefore\ s=e^{\varphi-c_1}$

$$\therefore\ \kappa=\frac{1}{s}=e^{-(\varphi-c_1)}$$

$$\therefore\ \alpha=\int e^{\varphi-c_1}[(\cos\varphi)U_1+(\sin\varphi)U_2]\, d\varphi$$

$$=\frac{1}{2}e^{\varphi-C_1}\left[\sqrt{2}\cos\left(\varphi-\frac{\pi}{4}\right)U_1+\sqrt{2}\sin\left(\varphi-\frac{\pi}{4}\right)U_2\right]+C_2$$

이제 $C_1=\pi/4$, $C_2=0$ 라 놓고 $\varphi=\pi/4=\theta$ 라 하면, 구하는 곡선은

$$\alpha=\frac{1}{\sqrt{2}}e^{\theta}[(\cos\theta)U_1+(\sin\theta)U_2].$$

이 곡선은 $r=(1/\sqrt{2})e^{\theta}$ 로서 나선형(logarithmic spiral)이다.

문제 4-1

1 (1) 원점(0, 0, 0) (2) $x^2+y^2=1$, $z=0$

(3) 접힌선 z축

2 평면 M: $ax+by+cz+d=0$ 위에 있는 임의의 세점을 $\mathbf{a}$, $\mathbf{b}$, $\mathbf{c}$ 라 할 때, M 위에 있는 임의의 점을 $\mathbf{x}$라 하면 $(\mathbf{x}-a)\cdot(\mathbf{b}-\mathbf{a})\times(\mathbf{c}-\mathbf{a})=0$ 을 만족한다(그림 10).

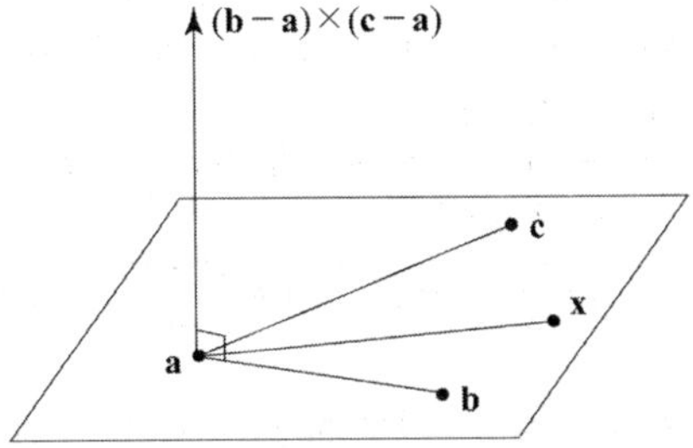

[그림 10]

4 (1) $\boldsymbol{X}=(u,\ uv,\ v)$: Monge 조각사상 (2) 조각사상

(3) 조각사상 (4) 조각사상이 아니다.

참고 : $\boldsymbol{X}: D \to E^3$ 이 좌표조각사상이라 함은 다음 조건을 만족하는 경우이다.

(i) $\boldsymbol{X}$는 D에서 미분가능하고 (단, D : 개집합)

(ii) $\boldsymbol{X}_u \times \boldsymbol{X}_v \neq 0$, 단 $(u,\ v) \in D$

(iii) $\boldsymbol{X}$: 1−1이고 $\boldsymbol{X}^{-1}$이 연속이다.

5 (1) M: $(x^2+y^2)^2+3z^2=1$, $g(x,\ y,\ z)=(x^2+y^2)^2+3z^2$ 이라 하면

$dg=4x(x^2+y^2)\,dx+4y(x^2+y^2)\,dy+6z\,dz$.

그러므로 점 $(0,\ 0,\ 0)$에서 $dg=0$이다. 그런데 $(0,\ 0,\ 0) \not\in M$ 이므로 M의 모든 점에서 $dg \neq 0$. 그러므로 M은 곡면이다.

(2) M: $z(z-2)+xy=c$

$g(x,\ y,\ z)=z(z-2)+xy$ 라 하면, $dg=y\,dx+x\,dy+2(z-1)\,dz$. 그런데 점 $(0,\ 0,\ 1)$에서 $dg=0$이므로, M이 곡면이 되기 위한 조건은 $(0,\ 0,\ 1) \not\in M$, 즉 $c \neq -1$이다.

6 M: $z=f(x,\ y)$, $f=y^3-3x^2y=y(y^2-3x^2)$

평면 $z=0$과의 교선 : $y(y^2-3x^2)=y(y-\sqrt{3}\,x)(y+\sqrt{3}\,x)=0$

또는 $y=0$, $y=\pm\sqrt{3}\,x$

그러므로 M: $z=y(y^2-3x^2)$은 제5장의 그림 5−19와 같은 모양이다.

7 $\mathbf{x}(u,\ v)=(u^2,\ uv,\ v^2)$, $u>0$, $v>0$

(i) $\mathbf{x}(u_1,\ v_1)=\mathbf{x}(u_2,\ v_2)$라 하면 $({u_1}^2,\ u_1v_1,\ {v_1}^2)=({u_2}^2,\ u_2v_2,\ {v_2}^2)$

$\therefore\ u_1=u_2$, $v_1=v_2$ ($\because\ u>0,\ v>0$), 즉 $(u_1,\ v_1)=(u_2,\ v_2)$

$\therefore\ \mathbf{x}$는 1−1이다.

(ii) $\mathbf{x}(u,\ v)=(x,\ y,\ z)$라 하면, $x=u^2$, $y=xz$, $z=v^2$ 이므로

$(u, v) = \mathbf{x}^{-1}(x, y, z) = (\sqrt{x}, \sqrt{z})$, $y = \sqrt{xz}$, (단, $x>0$, $y>0$).

8 (1) $\mathbf{x}(u, v) = (u+v, u-v, uv)$이므로 $\mathbf{x}$가 일대일임은 분명하다.

$\dfrac{\partial(f_1, f_2, f_3)}{\partial(u, v)} = \begin{pmatrix} 1 & 1 \\ 1 & -1 \\ v & u \end{pmatrix}$의 계수가 2이므로, $\mathbf{x}$는 정칙사상이다.

$\mathbf{x}^{-1}(x, y, z) = \left(\dfrac{x+y}{2}, \dfrac{x-y}{2}\right)$, $z = \dfrac{x^2-y^2}{4}$이 연속이므로 $\mathbf{x}$는 고유조각사상이다.

(2) $\mathbf{x}(u, v) = (u+v, u-v, uv) = (x, y, z)$라 하면, $\mathbf{x}$의 상은 $z = \dfrac{1}{4}(x^2-y^2)$이다. 한편, $g(x, y, z) = \dfrac{x^2-y^2}{4} - z$ 라 하면 $dg = \dfrac{x}{2}dn - \dfrac{y}{2}dy - dz \neq 0$이므로 $M: z = \dfrac{x^2-y^2}{4}$ 은 곡면이다.

문제 4-2

1 (1) $\dfrac{x^2}{a^2} + \dfrac{y^2}{b^2} + \dfrac{z^2}{c^2} = 1$　　(2) $\dfrac{x^2}{a^2} + \dfrac{y^2}{b^2} - \dfrac{z^2}{c^2} = 1$

(3) $\dfrac{x^2}{a^2} + \dfrac{y^2}{b^2} - \dfrac{z^2}{c^2} = -1$　　(4) $\dfrac{x^2}{a^2} - \dfrac{y^2}{b^2} + \dfrac{z^2}{c^2} = 0$

(5) $\dfrac{x^2}{a^2} + \dfrac{y^2}{b^2} = z$　　(6) $\dfrac{x^2}{a^2} - \dfrac{y^2}{b^2} = z$

매개변수 곡선 $\mathbf{x}(u, v_0)$, $\mathbf{x}(u_0, v)$은 각각의 곡면들을 스케치 한 후에 그려보아라.

2 (1) $\mathbf{x}(u, v) = (u, \cosh u \cos v, \cosh u \sin v)$, $-\infty < u < \infty$, $0 \le v < 2\pi$
: 현수면(그림 11(a))

(2) $\mathbf{x}(u, v) = ((2+\cos u)\sin v, \sin u, (2+\cos u)\cos v)$,
$0 \le u < 2\pi$, $0 \le v < 2\pi$: 원환면(그림 11(b))

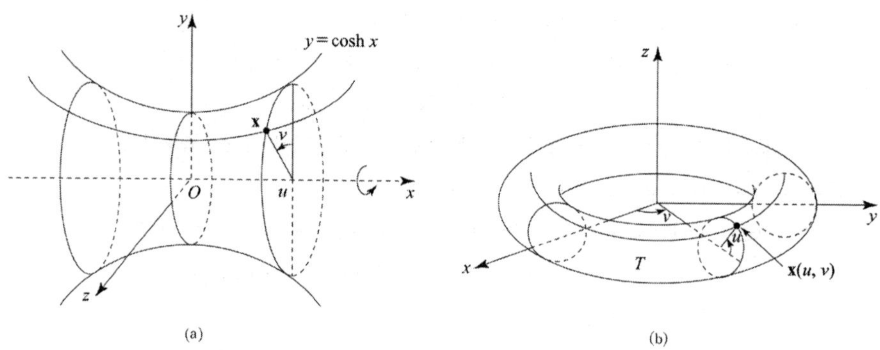

[그림 11]

3 $\mathbf{x}(u, v) = (u, v, u^2+v^2)$

$x=u,\ y=v,\ z=u^2+v^2=x^2+y^2$: 타원포물면(문제 1의 (5) 참고)

이 곡면은 $z=y^2$을 z축 중심으로 회전시킨 회전면이다(그림 12).

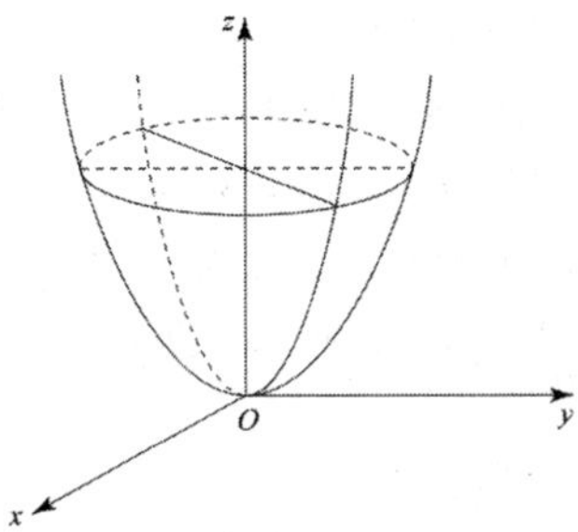

[그림 12]

4 $\mathbf{x}(u, v) = \beta(u) + v\delta u$

$$= \left(\cos u\left(1+v\cos\frac{u}{2}\right),\ \sin u\left(1+v\cos\frac{u}{2}\right),\ v\sin\frac{u}{2}\right)$$

$$\therefore\ \mathbf{x}_u = \left(-\sin u\left(1+v\cos\frac{u}{2}\right)-\frac{1}{2}v\cos u\sin\frac{v}{2},\right.$$

$$\left.\cos u\left(1+v\cos\frac{u}{2}\right)-\frac{1}{2}v\sin u\sin\frac{v}{2},\ \frac{1}{2}v\ \cos\frac{u}{x}\right)$$

$$\mathbf{x}_v = \left(\cos u\cos\frac{u}{2},\ \sin u\cos\frac{u}{2},\ \sin\frac{u}{2}\right)$$

$$\therefore\ E=\mathbf{x}_u\cdot\mathbf{x}_u=\frac{v^2}{4}+\left(1+v\cos\frac{u}{2}\right)^2,\ F=\mathbf{x}_u\cdot\boldsymbol{x}_v=0,$$

$$G=\mathbf{x}_v\cdot\mathbf{x}_u=1,\ EG-F^2=\frac{v^2}{4}+\left(1+v\cos\frac{u}{2}\right)^2>0$$

따라서 $\mathbf{x}$는 정칙이다(4장 3절을 보아라). 한편,

$$\mathbf{x}(u, v_0) = \left(\cos u\left(1+v_0\cos\frac{u}{2}\right),\ \sin u\left(1+v_0\cos\frac{u}{2}\right),\ v_0\sin\frac{u}{2}\right),$$

$\mathbf{x}(u_1+4\pi, v_0)=\mathbf{x}(u, v_0)$이므로 $u-$ 매개변수곡선은 닫혀있다($v_0\neq 0$).

$0\leq u_1,\ u_2<4\pi$이고 $\mathbf{x}(u_1, v_0)=\mathbf{x}(u_2, v_0)$라 하면 $u_1=u_2$가 된다.

그러므로 $u-$매개변수곡선 $\mathbf{x}(u, v_0)$, $v_0\neq 0$,는 주기가 4π이다.

5 M의 측면곡선은 $(y-4)^2+z^2=4$, 회전축은 z축이다.

6 M: $z=xy$이므로 $\mathbf{x}(u, v)=(u, v, uv)$이 M의 매개변수표이다. 매개변수곡선 $\mathbf{x}(u, v_0)=(u, v_0, v_9 u)$, 즉 $z=v_0 x$; $\mathbf{x}(u_0, v)=(u_0, v, u_0 v)$,

즉 $z=u_0 y$는 모두 직선이므로, M은 이중선직면이다.

7 (1) 분명히 $\mathbf{x}$는 일대일이다.

$\mathbf{x}_u=(\cos v,\ \sin v,\ 0)$, $\mathbf{x}_v=(-u\sin v,\ u\cos v,\ b)$이므로

$\mathbf{x}_u \times x_v=(b\sin v,\ -b\cos v,\ u)$, $\|\mathbf{x}_u \times \mathbf{x}_v\|=\sqrt{u^2+b^2}\neq 0$

따라서 $\mathbf{x}$는 조각사상이다.

(2) u 매개변수곡선 : $(u\cos v_0,\ u\sin v_0,\ bv_0)$: 직선

v 매개변수 곡선 : $(u_0\cos v,\ u_0\sin v,\ bv)$: 나선

(3) $(u\cos v,\ u\sin v,\ bv)=(x,\ y,\ z)$라 하면

$u=\dfrac{x}{\cos v}=\dfrac{y}{\sin v}$, $v=\dfrac{z}{b}$ 이다. 따라서

$g=x\sin\dfrac{z}{b}-y\cos\dfrac{z}{b}=0$

8 (1) $g(x,\ y,\ z)=\dfrac{x^2}{a^2}+\dfrac{y^2}{b^2}-z$라 하면 $dg=\dfrac{2x}{a^2}dx+\dfrac{2y}{b^2}dy-dz\neq 0.$

이므로 M은 곡면이다.

$x=au\cos v$, $y=bu\sin v$, $z=u^2$, $u>0$이면 $\left(\dfrac{x}{a}\right)^2+\left(\dfrac{y}{5}\right)^2=u^2=z$

이 때 $u>0$이므로 $z\neq 0$이다. 따라서

$$\mathbf{x}(u,\ v)=(au\cos v,\ bu\sin v,\ u^2),\ u>0$$

은 M의 한 점(원점)을 제외한 매개변수 표시이다.

(2) u – 매개변수곡선 : $\mathbf{x}(u,\ v_0)=(au\cos v_0,\ bu\sin v_0,\ u^2)$: 포물선

v – 매개변수곡선 : $\mathbf{x}(u_0,\ v)=(au_0\cos v,\ bu_0\sin v,\ u_0^2)$: 타원

11 $S=\{(x,\ y,\ z)\in E^3 : z=x^2-y^2\}$을 매개변수표시로 바꾸면

$$\mathbf{x}(u,\ v)=(u,\ v,\ u^2-v^2),\ -\infty<u,\ v<\infty$$

(i) S가 곡면이 된다는 사실은 쉽게 증명할 수 있다.

(ii) (1)과 S는 같은 곡면, (2)는 원점(0, 0, 0)을 제외한 S의 모든 점을 덮는다.

문제 4-3

1 $\sum : \mathbf{x}(u,\ v)=(r\cos v\cos u,\ r\cos v\sin u,\ r\sin v)$

$f(\mathbf{p})=p_1^2+p_2^2$ 일 때 :

$f(\mathbf{x})=(r\cos v\cos u)^2+(r\cos v\sin u)^2=r^2\cos^2 v$

$f(\mathbf{p})=(p_1-p_2)^2++p_3^2$ 일 때 :

$f(\mathbf{x})=(r\cos v\cos u-r\cos v\sin u)^2+(r\sin v)^2=r^2(1-2\cos^2 v\cos u\sin u)$

3 $D=\mathrm{Im}\mathbf{x}\cap\mathrm{Im}\mathbf{y}$라 하면 $\mathbf{x}^{-1}\mathbf{y}: \mathbf{y}^{-1}(D)\to\mathbf{x}^{-1}(D)$는 $\mathbf{e}^2$의 부분집합에서 E^2로의 미

분가능한 함수이므로 $\mathbf{x}^{-1}\mathbf{y}(u,\ v)=(\bar{u}(u,\ v),\ \bar{v}(u,\ v))$를 만족하는 미분가능한 함수 $\bar{u}$와 $\bar{v}$가 존재한다(그림 13).

$$\therefore\ \mathbf{y}(u,\ v)=\mathbf{x}(\bar{u}(u,\ v),\ \bar{v}(u,\ v)).$$

그러므로 $\mathbf{y}(u,\ v)=\mathbf{x}(\overline{u_1}(u,\ v),\ \overline{v_1}(u,\ v)=\mathbf{x}(\overline{u_2}(u,\ v),\ \overline{v_2}(u,\ v))$

이면 $\mathbf{x}^{-1}\mathbf{y}(u,\ v)=(\overline{u_1}(u,\ v),\ \overline{v_1}(u,\ v)=(\overline{u_2}(u,\ v),\ \overline{v_2}(u,\ v))$

이므로 $\overline{u_1}=\overline{u_2},\ \overline{v_1}=\overline{v_2}$이다. 따라서 $\bar{u}$와 $\bar{v}$는 유일하다.

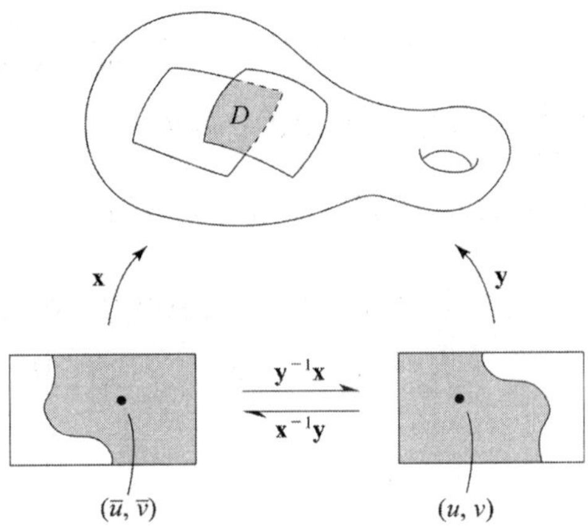

[그림 13]

4 (1) $M:\ x=\mathbf{x}(u,\ v)$에 대하여

$$\mathbf{x}_u=\frac{\partial}{\partial u}\mathbf{x}(u,\ v_0),\ \mathbf{x}_u=\frac{\partial}{\partial v}\mathbf{x}(u_0,\ v)$$

한편, $\mathbf{x}:\ D\to\mathbf{E}^3$이고 $\beta=\mathbf{x}(\alpha)$이면 $\overset{M}{\beta'}=\mathbf{x}_*(\alpha')$이므로

$\mathbf{x}_*(U_1)=\mathbf{x}_u,\ \mathbf{x}_*(U_2)=\mathbf{x}_v$

(2) $\mathbf{x}=(x_1,\ x_2,\ x_3)$라 하면

$$\mathbf{x}_u[f]=\sum\frac{\partial x_i}{\partial u}\frac{\partial f}{\partial \mathrm{x}_i}(\mathbf{x})=\frac{\partial f}{\partial u}(\mathbf{x}),\quad \mathbf{x}_v[f]=\sum\frac{\partial x_i}{\partial v}\frac{\partial f}{\partial \mathrm{x}_i}(\mathbf{x})=\frac{\partial f}{\partial v}(\mathbf{x})$$

5 (1) $\mathbf{x}(D)=\{(x,\ y,\ z)\,|\,x^2+y^2+z^2=1,\ z>0\}$

$\mathbf{y}(D)=\{(x,\ y,\ z)\,|\,x^2+y^2+z^2=1,\ y>0\}$

$\therefore\ \mathbf{x}(D)\cap\mathbf{y}(D)=\{(x,\ y,\ z)\,|\,x^2+y^2+z^2=1,\ y>0,\ z>0\}$

(2) $\{(u,\ v)\,|\,u^2+v^2<1,\ u>0\}$,

$\mathbf{y}^{-1}\mathbf{x}(u,\ v)=\{(x,\ y,\ z)\,|\,x^2+y^2+z^2=1,\ y>0,\ z>0\}$

6 $T_p(M)=\{\mathbf{r}\mid(\mathbf{r}-\mathrm{p})\cdot\nabla \mathrm{p}\,(\mathbf{p})=0\}$ 이므로

(1) $M: g=x^2+y^2+z^2-2z=0,\ \mathbf{p}=(0,\ 0,\ 0),\ \mathbf{r}=(\mathrm{x},\ \mathrm{y},\ \mathrm{z})$라 하면
$\nabla g(\mathbf{p})=2(x,\ y,\ z-1)(\mathbf{p})=(0,\ 0,\ -2)$이므로
$T_p(M)=\{(x,\ y,\ z)\mid(x,\ y,\ z)\cdot(0,\ 0,\ -2)=0\}=\{(x,\ y,\ z)\mid z=0\}$

(2) $T_p(M)=\left\{(x,\ y,\ z)\mid \dfrac{x}{2}-\dfrac{y}{4}+\dfrac{z}{3}=0\right\}$

(3) $M: \mathbf{x}(u,\ v)=(u\cos v,\ u\sin v,\ 2v),\ p=\mathbf{x}\left(2,\ \dfrac{\pi}{4}\right)=\left(\sqrt{2},\ \sqrt{2},\ \dfrac{\pi}{2}\right)$

$x=u\cos v,\ y=u\sin v,\ z=2v$ 이므로 $u=\dfrac{x}{\cos v}=\dfrac{y}{\sin v}$ 로부터

$g: x\sin\dfrac{z}{2}-y\cos\dfrac{z}{2}=0$을 얻는다. 따라서

$$(\mathbf{r}-\mathbf{p})\cdot\nabla \mathrm{g}\,(\mathbf{p})=\left(\mathrm{x}-\sqrt{2},\ \mathrm{y}-\sqrt{2},\ \mathrm{z}-\frac{\pi}{2}\right)\cdot$$
$$\left(\sin\frac{z}{2},\ -\cos\frac{z}{2},\ \frac{x}{2}\cos\frac{z}{2}+\frac{y}{2}\sin\frac{z}{2}\right)(\mathbf{p})$$
$$=\left(x-\sqrt{2},\ y-\sqrt{2},\ z-\frac{\pi}{2}\right)\cdot\left(\frac{1}{\sqrt{2}},\ -\frac{1}{\sqrt{2}},\ 1\right)$$
$$=x-y+\sqrt{2}\,z-\frac{\pi}{\sqrt{2}}$$

$\therefore T_p(M)=\{(x,\ y,\ z)\mid x-y+\sqrt{2}\,z-\pi/\sqrt{2}=0\}$

7 곡면 $\mathbf{x}=\mathbf{x}(u,\ v)$에서 $F=0$ 이므로 $d\mathbf{x}=\mathbf{x}_u du+x_v dv$,

$ds^2=Edu^2+Gdv^2,\ \cos\angle(d\mathbf{x},\ \mathbf{x}_u)=\dfrac{d\mathbf{x}\cdot\mathbf{x}_u}{\|d\mathbf{x}\|\ \|\mathbf{x}_u\|}$ 이므로

$$\frac{1}{\sqrt{2}}=\frac{Edu}{ds\sqrt{E}}=\sqrt{E}\ \frac{du}{ds}$$

정리하면, $2Edu^2=ds^2$, 또는 $Edu^2-Gdv^2=0$을 얻는다.

8 (1) $z=f(x,\ y)$이므로 $\mathbf{x}(x,\ y)=(x,\ y,\ f(x,\ y))$.

$\therefore \mathbf{x}_x=(1,\ 0,\ f_x),\ \mathbf{x}_y=(0,\ 1,\ f_v)$

$\therefore E=1+f_x^2,\ F=f_xf_y,\ G=1+f_y^2$

$\therefore ds^2=(1+f_x{}^2)\,dx^2+2f_xf_y\,dxdy\,(1+f_y^2)\,dy^2$

한편, $\mathbf{x}_x\times\mathbf{x}_y=(-f_x,\ -f_y,\ 1)$이므로 $U=\dfrac{(-f_x,\ -f_y,\ 1)}{\sqrt{1+f_x^2+f_y^2}}$

(2) $F(x,\ y,\ z)=0\rightleftarrows z=F(x,\ y)$이므로

$$ds^2 = (1+F_x^2)\, dx^2 + 2F_x F_y\, dx\, dy + (1+F_y^2) dy^2, \text{ 단 } F_x = \frac{\partial F}{\partial x}$$

$$U = (-F_x,\ -F_y,\ 1)/\sqrt{1+F_x^2+F_y^2}$$

[9] 매개변수곡선들에 의하여 만들어지는 임의의 사변형의 대변의 길이가 같으므로

$$\cos\theta = \frac{\mathbf{x}_u \cdot \mathbf{x}_v}{\|\mathbf{x}_u\|\,\|\mathbf{x}_v\|} = \text{일정},\ \|\mathbf{x}_u\| = \text{일정},\ \|\mathbf{x}_v\| = \text{일정}$$

이어야 한다. 즉 E, F, G의 값이 모두 상수이어야 한다.

$$\therefore\ \frac{\partial E}{\partial u} = \frac{\partial E}{\partial v} = \frac{\partial G}{\partial u} = \frac{\partial G}{\partial v} = 0$$

참고 : 실제로 $E=G=1$, $F=\cos\theta$ 이다.

[10] (1) $\log\tan\frac{\theta}{2} = u \rightleftarrows \tan\frac{\theta}{2} = e^u \rightleftarrows \tan\theta = \frac{2e^u}{1-(e^u)^2}$

$$\therefore \sin\theta = \frac{2e^u}{1+(e^u)^2} = \frac{2}{e^u + e^{-u}} = \text{sech}\, u$$

$$\cos\theta = \frac{(e^u)^2 - 1}{(e^u)^2 + 1} = \frac{e^u - e^{-u}}{e^u + e^{-u}} = \tan hu$$

(2) $\mathbf{y}_u = (-\text{sech}\, u \tanh u \cos v,\ -\text{sech}\, tu \tanh u \sin v,\ \text{sech}^2 u)$

$\mathbf{y}_v = (-\text{sech}\, u \sin v,\ \text{sech}\, u \cos v,\ 0)$

$\therefore\ E = G = \text{sech}^2 u,\ F = 0$

[11] $\mathbf{x}_u \times \mathbf{x}_v = (-a\sin u,\ a\cos u,\ -v)$,

$\|\mathbf{x}_u \times \mathbf{x}_v\| = \sqrt{a^2+v^2} \neq 0$ ($\therefore$ $\mathbf{x}$ 정칙이다)

$$\therefore U = \frac{1}{\sqrt{a^2+v^2}} (-a\sin u,\ a\cos u,\ -v)$$

접평면의 방정식 : $a(x-y) - (z - a u_0) v = 0$

[12] $\mathbf{x}(u,\ v) = \mathbf{x}(\bar{u}(u,\ v),\ \bar{v}(u,\ v))$에 대하여

$\bar{E}\bar{G} - \bar{F}^2 = \|\mathbf{x}_{\bar{u}} \times \mathbf{x}_{\bar{v}}\|^2 = J^2 \|\mathbf{x}_u \times \mathbf{x}_v\|^2 = J^2(EG - F^2)$,

$\bar{e}\bar{g} - \bar{f}^2 = (\mathbf{x}_{\bar{u}} \times \mathbf{x}_{\bar{v}}) \cdot (U_{\bar{u}} \times U_{\bar{v}}) = J^2(eg - f^2)$

[13] $\mathbf{x}(u,\ v) = (u\cos v,\ u\sin v,\ 2v)$로부터

$$E = 1,\ F = 0,\ G = u^2 + 4,\ e = 0,\ f = \frac{2\cos 2v}{\sqrt{u^2+4}},\ g = \frac{-2u\sin v}{\sqrt{u^2+4}}$$

을 얻을 수 있으므로

$$\mathrm{I} = du^2 + (u^2+4) dv^2,\ \mathrm{II} = \frac{2}{\sqrt{u^2+4}} \left[(2\cos 2v)\, du dv - (u\sin 2v) dv^2\right].$$

문제 4-4

1 $(\phi \wedge \Psi)(v,\ w) = \phi(v)\Psi(w) - \phi(w)\Psi(v)$

$$= -(\Psi(v)\phi(w) - \Psi(w)\phi(v)) = -(\phi \wedge \Psi)(v,\ w)$$

$\therefore\ \phi \wedge \Psi = -\Psi \wedge \phi$

특히 $\phi \wedge \phi = -\phi \wedge \phi$ 이므로 $\phi \wedge \phi = 0$이다.

2 (1) ζ: 0 형식(상수)이면, $\phi = d\zeta = 0\ \therefore\ d\phi = 0$

ζ: 1형식이면 ; $\phi = d\zeta$: 2형식 $\therefore\ d\phi = 0$

ζ: 2 형식이면, $\phi = d\zeta = 0\ \ \therefore\ d\phi = 0$

(2) ϕ : p 형식이면, $\phi = d\zeta$(ζ : $p-1$ 형식)이므로 ϕ는 완전형식이다

한편, $\phi = f\,du\,dv$ (2형식)이면 $d\phi = 0$(3형식)이므로 ϕ는 닫혀있다.

(3) ϕ : 상수함수라 하면 $d\phi = 0$ 이므로, ϕ는 닫혀있다.

3 $d(fg)(\mathbf{v}_p) = \mathbf{v}_p[fg] = \mathbf{v}_p[f]g(\mathbf{p}) + \mathbf{v}_p[g]f(\mathbf{p})$

$$= df(\mathbf{v}_p)g(\mathbf{p}) + dg(\mathbf{v}_p)f(\mathbf{p}) = ((df)g + (dg)f)(\mathbf{p})$$

$\therefore\ d(fg) = (df)g + (dg)f.$

$$d(f\phi)(\mathbf{x}_u,\ \mathbf{x}_v) = \frac{\partial}{\partial u}(f\phi)(\mathbf{x}_v) - \frac{\partial}{\partial v}(f\phi)(\mathbf{x}_u)$$

$$= \frac{\partial}{\partial u}(f(\mathbf{x})\phi(\mathbf{x}_v)) - \frac{\partial}{\partial v}(f(\mathbf{x})\phi(\mathbf{x}_u))$$

$$= \frac{\partial f(\mathbf{x})}{\partial u}\phi(\mathbf{x}_v) + f(\mathbf{x})\frac{\partial}{\partial u}\phi(\mathbf{x}) - \frac{\partial f(\mathbf{x})}{\partial v}\phi(\mathbf{x}) - f(\mathbf{x})\frac{\partial}{\partial u}\phi(\mathbf{x}_u)$$

$$= \frac{\partial f(\mathbf{x})}{\partial u}\phi(\mathbf{x}_v) - \frac{\partial f(\mathbf{x})}{\partial v}\phi(\mathbf{x}_v) + f(\mathbf{x})\left(\frac{\partial}{\partial u}\phi(\mathbf{x}_v) - \frac{\partial}{\partial u}\phi(\mathbf{x}_u)\right)$$

$\therefore\ d(f\phi) = df \wedge \phi + f\,d\phi$

4 α를 점 $\mathbf{p}$를 지나고 $\alpha'(0) = \mathbf{v}$인 곡선이라 하면

$\mathbf{v}_p[g(f)] = (gf\alpha)'(0) = g'(f(\alpha)(0)(f\alpha)'(0) = g'(f(p))(\mathbf{v}_p[f])$

$d(g(f))(\mathbf{v}_p) = \mathbf{v}_p[g(f)] = g'f(p)\mathbf{v}_p[f] = g'(f)df(\mathbf{v}_p)$

$\therefore\ d(g(f)) = g'(g)df.$

6 정리 (4-5)에서 유도된 관계식

$$\frac{\partial}{\partial u}\phi(\mathbf{y}_u) - \frac{\partial}{\partial v}\phi(\mathbf{y}_u) = J\left[\frac{\partial}{\partial u}\phi(\mathbf{x}_v) - \frac{\partial}{\partial v}\phi(\mathbf{x}_u)\right]$$

은 $\mathbf{y}$가 정칙 또는 일대일이 아닌 경우에도 성립한다.

문제 4-5

1 $\sum$: $\mathbf{x} = \mathbf{x}(u,\ v) = (r\cos v\cos u,\ r\cos u,\ r\sin v)$,

$$-\pi < u < \pi,\ -\pi/2 < v < \pi/2$$

$F: \sum \to \sum$ 일 때,

(1) $F(\mathbf{p}) = -\mathbf{p}$: $F(\mathbf{p}) = -(r\cos v\cos u,\ r\cos v\sin u,\ r\sin v)$

(2) $F(p_1,\ p_2,\ p_3) = (p_3,\ p_1,\ p_2)$;

$F(\mathbf{p}) = (r\sin v,\ r\cos v\cos u,\ r\cos v\sin u)$

(3) $F(p_1,\ p_2,\ p_3) = \left(\dfrac{p_1+p_2}{\sqrt{2}},\ \dfrac{p_1-p_2}{\sqrt{2}},\ -p_3\right)$;

$F(p_1,\ p_2,\ p_3) = \left(r\cos v\cos\left(u-\dfrac{\pi}{4}\right),\ r\cos v\cos\left(u+\dfrac{\pi}{4}\right),\ -r\sin v\right)$

3 A는 미분가능하고 $AA=I$이므로 $A^{-1}=A$이다. A^{-1}도 미분가능하므로 A는 미분동형사상이다. α가 $\alpha(0)=\mathbf{p}$이고 $\alpha'(0)=\mathbf{v}$인 곡선이라 하면

$A_*(\mathbf{v}_\mathbf{p}) = A_*(\alpha'(0)_\mathrm{p}) = (A\alpha)'(0)_{A(\mathrm{p})} = -\alpha'(0)_{-\mathrm{p}} = (-\mathbf{v})_{-\mathrm{p}}$

4 (1) $\phi = f\,du + g\,dv$ (1형식)라 하면

$$\mathbf{x}^*(\phi) = \mathbf{x}^*(f\,du+g\,dv) = \mathbf{x}^*(f)\,du + \mathbf{x}^*(g)\,dv = f(\mathbf{x})\,du + g(\mathbf{x})\,dv.$$

그런데 $\phi(\mathbf{x}_u) = (f\,du+g\,dv)(\mathbf{x}_u) = f(\mathbf{x})\,du(\mathbf{x}_u) + g(\mathbf{x})\,dv(\mathbf{x}_u)$

$$du(\mathbf{x}_u) = \sum \frac{\partial x_i}{\partial u}\frac{\partial u}{\partial x_i}(\mathbf{x}) = 1,\ dv(\mathbf{x}_u) = 0$$

이므로 $\phi(\mathbf{x}_u) = f(\mathbf{x})$를 얻는다.

마찬가지 방법으로, $\phi(\mathbf{x}_v) = g(\mathbf{x})$을 얻을 수 있으므로

$$\mathbf{x}^*(\phi) = \phi(\mathbf{x}_u)\,du + \phi(\mathbf{x}_v)\,dv$$

(2) $\nu = f\,dudv$ (2형식)라 하면

$\mathbf{x}^*(\nu) = \mathbf{x}^*(\mathrm{f\,dudv}) = \mathrm{f}(\mathbf{x})\,dudv = \nu(\mathbf{x}_\mathrm{u},\ \mathbf{x}_\mathrm{v})\,\mathrm{dudv}$

참고 : $\nu(\mathbf{x}^*,\ \mathbf{x}_v) = f\,dudv(\mathbf{x}_u,\ \mathbf{x}_v)$

$$= f(\mathbf{x})(du(\mathbf{x}_u)dv(\mathbf{x}_v) - du(\mathbf{x}_v)dv(\mathbf{x}_u))$$
$$= f(\mathbf{x})(1\cdot 1 - 0\cdot 0) = f(\mathbf{x}).$$

(3) $\phi = f\,du + g\,dv$ (1형식)라 하면 $d\phi = \left(\dfrac{\partial g}{\partial u} - \dfrac{\partial f}{\partial v}\right)dudv$

$$\therefore\ \mathbf{x}^*(d\phi) = \mathbf{x}^*\left(\frac{\partial g}{\partial u} - \frac{\partial f}{\partial v}\right)dudv = \left(\frac{\partial g}{\partial u} - \frac{\partial f}{\partial v}\right)(\mathbf{x})\,dudv$$
$$= \left(\frac{\partial}{\partial u}\phi(\mathbf{x}_v) - \frac{\partial}{\partial v}\phi(\mathbf{x}_u)\right)dudv.$$

참고 : $\dfrac{\partial}{\partial u}\phi(\mathbf{x}_v) = \dfrac{\partial}{\partial u}(f\,du+g\,dv)(\mathbf{x}_v)$

$$= \frac{\partial}{\partial u}(f(\mathbf{x})\,du(\mathbf{x}_v) + g(\mathbf{x})\,dv(\mathbf{x}_v)) = \frac{\partial}{\partial u}g(\mathbf{x})$$

같은 방법으로 $\dfrac{\partial}{\partial v}\phi(\mathbf{x}_u) = \dfrac{\partial}{\partial v} f(\mathbf{x})$을 얻는다.

6 (1) α_1과 α_2가 초기속도 $\mathbf{v}$를 갖는 M의 두 곡선이라 하자. 즉

$\alpha_1(t) = \mathbf{x}(a_1(t),\ a_2(t)),\ \alpha(t) = \mathbf{x}(b_1(t),\ b_2(t))$.

$\alpha_1(0) = \alpha_2(0),\ a_1{}'(0) == a_2{}'(0) = \mathbf{v}$

라 하면, 위의 문제 5에 의하여

$$\bar{\alpha}_1{}' = \frac{da_1}{dt}\mathbf{y}_u(a_1,\ a_2) + \frac{da_2}{dt}\mathbf{y}_u(a_1,\ a_2)$$

$$\bar{\alpha}_2{}' = \frac{db_1}{dt}\mathbf{y}_u(b_1,\ b_2) + \frac{db_2}{dt}\mathbf{y}_v(b_1,\ b_2)$$

이 때 위의 조건 $\alpha_1(0) = \alpha_2(0),\ \alpha_1{}'(0) = \alpha_2{}'(0)$에 의하여 $\bar{\alpha}_1{}'(0) = \alpha_2{}'(0)$이다. 그러므로 정의(5-3)에서 $F_*(\mathbf{v})$는 초기속도 $\mathbf{v}$를 갖는 곡선을 어떻게 선택하더라도 잘 정의된다.

(2) $\alpha_1 = \mathbf{x}(a_1,\ a_2),\ c_1 = \dfrac{da_1}{dt},\ d_1 = \dfrac{da_2}{dt}$

$\alpha_2 = \mathbf{x}(b_1,\ b_2),\ c_2 = \dfrac{db_1}{dt},\ d_2 = \dfrac{db_2}{dt}$

$\mathbf{v}_1 = c_1\mathbf{x}_u + d_1\mathbf{x}_v,\ \mathbf{v}_2 = c_2\mathbf{x}_u + d_2\mathbf{x}_v$라 하면

$$\begin{aligned} F_*(k\mathbf{v}_1 + l\mathbf{v}2) &= F_*((kc_1 + lc_2)\mathbf{x}_u + (kd_1 + ld_2)\mathbf{x}_v) \\ &= (kc_1 + lc_2)\mathbf{y}_u + (kd_1 + ld_2)\mathbf{y}_v \\ &= k(c_1\mathbf{y}_u + d_1\mathrm{y}_\mathrm{v}) + 1(\mathrm{c}_2\mathbf{y}_\mathrm{u} + \mathrm{d}_2\mathbf{y}_\mathrm{v}) = kF_*(\mathbf{v}_1) + lF_*(\mathbf{v}_2) \end{aligned}$$

$\therefore F_*$는 선형변환이다.

7 (1) $\alpha \in M,\ \beta = F(\alpha) \in N,\ r' = GF(\alpha) \in p$이므로 GF는 사상이다.

(2) $\mathbf{v} = \alpha'(0)$를 M의 접벡터라 하면 $F_*(\mathbf{v}) = \beta'(0),\ G_*F_*(\mathbf{v}) = \gamma'(0)$는 각각 $N,\ P$의 접벡터이다. 그런데 $\gamma'(0) = (GF)_*(\mathbf{v})$이므로 $(GF)_* = G_*F_*$이다.

(3) 알기 쉽게 직관적으로 살펴보자. ζ를 P 위의 형식이라 할 때 $G^{-1}: P \to N$에 의하여 이에 대응하는 N 위의 형식은 $G^*\zeta$이고 $F^{-1}: N \to M$에 의하여 이에 대응하는 M 위의 형식은 $F^*G^*\zeta$이다. 한편 $(GF)^{-1}: P \to M$에 의하여 ζ에 대응하는 M 위에 형식은 $(GF)^*\zeta$이다.

$$\therefore (GF)^* = F^*G^*$$

(그러므로 점과 형식은 접벡터로부터 역방향으로 움직인다).

8 $\mathbf{x}(u,\ v) = (u,\ v,\ 1 - \sqrt{1 - u^2 - v^2})$은 $\sum_0$의 원점 0에서의 Monge 조각사상이다.

$\therefore P(\mathbf{x}(u,\ v)) = \left(\dfrac{2u}{1 + \sqrt{1 - u^2 - v^2}},\ \dfrac{2v}{1 + \sqrt{1 - u^2 - v^2}}\right)$, (예제 5-2참고)

$$\therefore (PX)_* = \begin{pmatrix} \dfrac{2(1+\sqrt{1-u^2-v^2})+\dfrac{-2u^2}{\sqrt{1-u^2-v^2}}}{(1+\sqrt{1-u^2-v^2})^2} & \dfrac{\dfrac{-2uv}{\sqrt{1-u^2-v^2}}}{(1+\sqrt{1-u^2-v^2})^2} \\ \dfrac{\dfrac{-2uv}{\sqrt{1-u^2-v^2}}}{(1+\sqrt{1-u^2-v^2})^2} & \dfrac{2(1+\sqrt{1-u^2-u^2})+\dfrac{2v^2}{\sqrt{1-u^2-v^2}}}{(1+\sqrt{1-u^2-v^2})^2} \end{pmatrix}$$

$\therefore$ (0, 0)에서 $(PX)_* = \begin{pmatrix} 1 & 0 \\ 0 & 1 \end{pmatrix}$ 이다.

9 $S: x^2+y^2+z^2=1$, $M: \dfrac{x^2}{a^2}+\dfrac{y^2}{b^2}+\dfrac{z^2}{c^2}=1$ 라 할 때 $F: S \to M$ 을 생각하자. 이 때 $\mathbf{p}=(x, y, z) \in S$에 대하여

$$F(x, y, z) = (ax, by, cz)$$

라 정의하면, F는 연속하고 미분가능이다. 또한 F는 일대일이므로

$$F^{-1}(x, y, z) = \left(\frac{x}{a}, \frac{y}{b}, \frac{z}{c}\right)$$

으로 정의되고 연속이다. 따라서 F는 미분동형사상이다.

문제 4-6

1 $\alpha(t) = (t, t^2)$, $\alpha: [-1, 1] \to E^2$

(1) $\displaystyle\int_\alpha \phi = \int_{-1}^{1} \phi(\alpha'(t))d\,dt = \int_{-1}^{1} (v^2 du + 2uv\,dv)(U_1 + 2tU_2)\,dt$

$\alpha = (\alpha_1, \alpha_2)$ 라 하면 $u = \alpha_1(t) = t$, $v = \alpha_2(t) = t^2$ 이고

$du_i(U_j) = \delta_{ij}$ 를 이용하여 계산하면 $\displaystyle\int_\alpha \phi = \int_{-1}^{1} 5t^4\,dt = 2.$

(2) $f = f(u, v)$ 라 하면 $df = fu\,du + fv\,dv$ 므로, $\phi = df$ 로부터 $f = uv^2$ 을 얻는다. 이 때 $\mathbf{p} = \alpha(-1) = (-1, 1)$, $\mathbf{q} = \alpha(1) = (1, 1)$라 하면

$$\int_\alpha df = f(\mathbf{q}) - f(\mathbf{p}) = uv^2\Big]_{(-1,1)}^{(1,1)} = 2, \;\therefore \int_\alpha \phi = \int_\alpha df.$$

2 (1) $d\phi = 0$ 이므로, $\displaystyle\int_{\partial \mathbf{x}} \phi = \iint_{\mathbf{x}} d\phi = 0$

(2) $\displaystyle\sum_i \int_{\alpha_i} \phi = \sum_i \int_{\alpha_i} df = \sum_i (f(\alpha_i(1)) - f(\alpha_i(0))) = 0$

3 $\alpha(t) = \mathbf{x}(u(t), v(t))$ 이므로 $\alpha'(t) = \mathbf{x}_u \dfrac{du}{dt} + \mathbf{x}_v \dfrac{dv}{dt}$

$$\therefore \int_\alpha \phi = \int_a^b \phi(\alpha'(t)\,dt = \int_a^b \left(\phi(\mathbf{x}_u)\frac{du}{dt} + \phi(\mathbf{x}_v)\frac{dv}{dt}\right) dt$$

4 T : $\mathbf{x}(u, v)=((R+r\cos u)\cos v, (R+r\cos u)\sin v, r\sin u)$

$\alpha(t)=\mathbf{x}(mt, nt)$, $0\le t\le 2\pi$

(1) $\alpha'=m\mathbf{x}_{u+}n\mathbf{x}_v$ (단, $u=mt, v=nt$)이므로

$$\int_\alpha \xi=\int_0^{2\pi}\xi(\alpha')dt=\int_0^{2\pi}\xi(m\mathbf{x}_u+n\mathbf{x}_v)dt$$

$$=\int_0^{2\pi} m\xi(\mathbf{x}_u)+n\xi(\mathbf{x}_v)dt=\int_0^{2\pi} m\,dt=2\pi m$$

(2) $\int_\alpha \eta=\int_0^{2\pi}\eta(\alpha')\,dt=\int_0^{2\pi}\eta(m\mathbf{x}_u+n\mathbf{x}_v)dt=\int_0^{2\pi} n\,dt=2\pi n.$

5 $\mathbf{x}: R\to\sum$의 변곡선이 $\alpha, \beta, \gamma, \delta$ 이고

$\mathbf{x}(u, v)=(r\cos v\cos u, r\cos v\sin u, r\sin v)$, $R: 0\le u, v\le\frac{\pi}{2}$ 이므로,

$\alpha(u)=\mathbf{x}(u, 0)=(r\cos u, r\sin u, 0)$

$\beta(v)=\mathbf{x}\left(\frac{\pi}{2}, v\right)=(0, r\cos v, r\sin v)$

$\gamma(u)=\mathbf{x}\left(u, \frac{\pi}{2}\right)=(0, 0, r)$

$\delta(v)=\mathbf{x}(0, v)=(r\cos v, 0, r\sin v)$.

6 $R: 0\le u\le\frac{\pi}{2}$, $0\le v\le\pi$ $\phi(\mathbf{x}_u)=u\cos v$, $\phi(\mathbf{x}_v)=v\sin u$이므로

$$d\phi(\mathbf{x}_u, \mathbf{x}_v)=\frac{\partial}{\partial u}(\phi(\mathbf{x}_v))-\frac{\partial}{\partial v}(\phi(\mathbf{x}_v)=v\cos u+u\sin v$$

$$\therefore \iint_x d\phi=\iint_R \mathbf{x}^* d\phi=\int_0^\pi\int_0^{\frac{\pi}{2}} d\phi(\mathbf{x}_u, \mathbf{x}_v)du\,dv$$

$$=\int_0^\pi\int_0^{\frac{\pi}{2}}(v\cos u+u\sin v)du\,dv$$

$$=\int_0^\pi\left(v+\frac{\pi^2}{8}\sin v\right)dv=\frac{3}{4}\pi^2.$$

한편, $\phi=f\,du+g dv$ 일 때 $f=\phi(\mathbf{x}_u)=u\cos v$, $g=f(\mathbf{x}_u)=v\sin u$이므로

$\phi=\ (u\cos v)du+(v\sin u)dv.$

$$\therefore \int_\alpha\phi=\int_0^{\pi/2}u\cos(0)du=\frac{\pi^2}{8},\ \int_\beta\phi=\int_0^\pi v\,dv=\frac{\pi^2}{2}$$

$$\int_\gamma\phi=\int_0^{\pi/2}(u\cos\pi)du=-\frac{\pi^2}{8},\ \int_\gamma\phi=\int_0^\pi o\,dv=0$$

$$\therefore \iint_{\partial X}\phi=\int_\alpha\phi+\int_\beta\phi-\int_\gamma\phi-\int_\delta\phi=\frac{\pi^2}{8}+\frac{\pi^2}{2}+\frac{\pi^2}{8}+0=\frac{3}{4}\pi^2$$

따라서, $\iint_{\mathbf{x}} d\phi = \int_{\partial \mathbf{x}} \phi$ 이 성립하므로 Stokes정리를 만족한다.

문제 5-1

1 (1) $M: z=f(x, y)$은 $\mathbf{x}(u, x)=(u, v, f(u, v))$로 고칠 수 있으므로

$\mathbf{x}_u=(1, 0, f_u)$, $\mathbf{x}_v=(0, 1, f_v)$이다.

$$\therefore \boldsymbol{U}=\frac{\mathbf{x}_u \times \mathbf{x}_v}{\|\mathbf{x}_u \times \mathbf{x}_v\|}=\frac{(-f_u, -f_v, 1)}{\sqrt{1+f_u{}^2+f_v{}^2}}=\frac{(-f_x, -f_y, 1)}{\sqrt{1+f_x{}^2+f_y{}^2}}$$

한편, $f(0, 0)=f_x(0, 0)=f_y(0, 0)=0$이므로

$\mathbf{x}_u(0, 0)=(1, 0, f_u(0, 0))=(1, 0, 0))=U_1(0)=\mathbf{u}_1$

$\mathbf{x}_v(0, 0)=(0, 1, f_v(0, 0))=(0, 1, 0)_0=U_2(0)=\mathbf{u}_2$

이 때 $\mathbf{x}_u$, $\mathbf{x}_v$는 M에 접하므로 $U_1(0)$, $U_2(0)$도 M에 접한다.

(2) $S(\mathbf{v})=-\nabla_v U=-\sum \mathbf{v}[z_i]U_i(\mathbf{p})$, 단 $U=\sum z_i U_i$ 을 이용하면

$S(\mathbf{u}_1)=-\sum \mathbf{u}_1[z_i]U_i(0)$, 단 $U=\sum z_i U_i$ ((1)번 참고)

$$=-\left(\mathbf{u}_1\left[\frac{-f_x}{\sqrt{1+f_x{}^2+f_y{}^2}}\right], \mathbf{u}_2\left[\frac{-f_y}{\sqrt{1+f_x{}^2+f_y{}^2}}\right], \mathbf{u}_3\left[\frac{1}{\sqrt{1+f_x{}^2+f_y{}^2}}\right]\right)(0)$$

$$=f_{xx}(0, 0)U_1(0)+f_{xy}(0, 0)U_2(0)$$

$$=f_{xx}(0, 0)\mathbf{u}_1+f_{xy}(0, 0)\mathbf{u}_2$$

2 S는 선형이므로 $A(a\mathbf{u}_1+b\mathbf{u}_2)=aS(\mathbf{u}_1)+bS(\mathbf{u}_2)$이다. 앞의 문제로부터

(1) $z=f(x, y)=xy$: $f_x=y$, $f_y=x$, $f_{xx}=0$, $f_{xy}=1$

$\therefore S(\mathbf{u}_1)=\mathbf{u}_2$, $S(\mathbf{u}_2)=\mathbf{u}_1$, $S(a\mathbf{u}_1+b\mathbf{u}_2)=a\mathbf{u}_2+b\mathbf{u}_1$

S의 계수 : 2

같은 방법으로 나머지 값도 구할 수 있다.

(2) $S(\mathbf{u}_1)=4\mathbf{u}_1$, $S(\mathbf{u}_2)=2\mathbf{u}_2$, $S(a\mathbf{u}_1+b\mathbf{u}_2)=4a\mathbf{u}_1+2b\mathbf{u}_2$

S의 계수 : 2

(3) $S(\mathbf{u}_1)=S(\mathbf{u}_2)=2\mathbf{u}_1+2\mathbf{u}_2$,

$S(a\mathbf{u}_1+b\mathbf{u}_2)=2(a+b)\mathbf{u}_1+2(a+2b)\mathbf{u}_2$, S의 계수 : 2

(4) $S(\boldsymbol{u}_1)=S(\mathbf{u}_2)=0$, $S(a\mathbf{u}_1+b\mathbf{u}_2)=0$, S의 계수 : 0

3 (1) cylinder : $x^2+y^2=r^2$: $\mathbf{x}(u, v)=(r\cos u, r\sin u, v)$

$$U=\frac{\mathbf{x}_u \times \mathbf{x}_v}{\|\mathbf{x}_u \times \mathbf{x}_v\|}=(\cos u, \sin u, 0)=G(M)$$

(2) 추면 : $z=\sqrt{x^2+y^2}$: $\mathbf{x}(u,\ v)=(u,\ v,\ \sqrt{u^2+v^2})$

$$G(M)=\frac{1}{\sqrt{u^2+v^2+1}}(-u,\ -v,\ 1)$$

(3) 평면 : $x+y+z=0$: $\mathbf{x}(u,\ v)=(u,\ v,\ -u-v)$

$$G(M)=\frac{1}{\sqrt{3}}(1,\ 1,\ 1)\ (=\text{일정})$$

(4) 구면 : $(x-1)^2+y^2+(z+2)^2=1$

: $\mathbf{x}(u,\ v)=(\cos v\cos u+1,\ \cos v\sin u,\ \sin v-2)$

$G(M)=(\cos v\cos u,\ \cos dv\sin u,\ \sin v)$

4 제4장 예제 (2-5) :

$\mathbf{x}(u,\ v)=((R+r\cos u)\cos v,\ (R+r\cos u)\sin v,\ r\sin u)$

$\mathbf{x}_u\times\mathbf{x}_v=-r(R+r\cos u)\ (\cos u\cos v,\ \cos u\sin v,\ r\sin u)$

$\therefore\ U=(\cos u\cos v,\ \cos u\sin v,\ \sin u)$

(i) 경선 $v=v_0$의 상 : 평면 $y=x\tan v_0$ 위에 있는 단위원

(ii) 위선 $u=u_0$의 상 : 단위구면 $\sum$ 와 평면 $z=\sin u_0$의 교선(원)

문제 5-2

1 (1) Γ: $x^2+y^2=r^2$ (cylinder, 그림 5-4)

$S(\mathbf{e}_1)=0$이므로 $S(\mathbf{e}_1)\cdot\mathbf{e}_1=0$

$S(\mathbf{e}_2)=-\frac{1}{\mathrm{r}}\mathbf{e}_2$ 이므로 $S(\mathbf{e}_2)\cdot\mathbf{e}_2=-\frac{1}{\mathrm{r}}<0$

$\therefore\ \Gamma$의 주벡터는 $\mathbf{e}_1,\ \mathbf{e}_2$ 이고 주곡률은 $0,\ -\frac{1}{r}$ 이다.

(2) M: $z=xy$ (안장곡면, 그림 14)

$S(a\mathbf{u}_1+b\mathbf{u}_2)=b\mathbf{u}_1+a\mathbf{u}_2$ 이므로, 임의의 실수 k에 대하여

$$b\mathbf{u}_1+a\mathbf{u}_2=k(a\mathbf{u}_1+b\mathbf{u}_2)$$

이어야 하므로 $a=b$ 또는 $a=-b$.

따라서 위의 경우에 주벡터와 주곡률은 각각 다음과 같다.

$$\frac{1}{\sqrt{2}}(\mathbf{u}_1+\mathbf{u}_2),\ \kappa_1=1\ ;\ \frac{1}{\sqrt{2}}(\mathbf{u}_1-\mathbf{u}_2),\ \kappa_2=-1$$

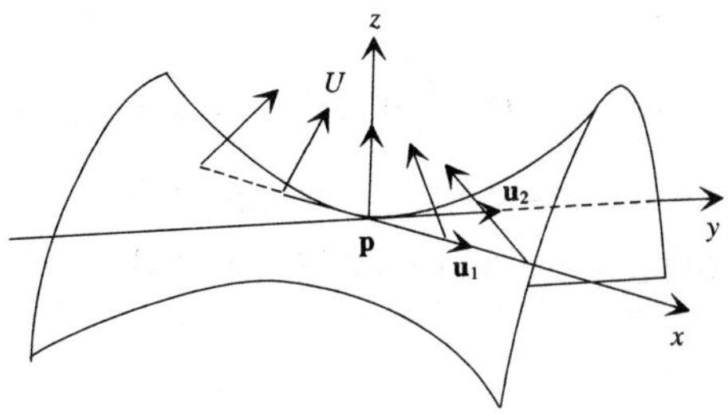

[그림 14]

2 $\mathbf{v}$와 평행한 단위벡터는 $\mathbf{u}=\mathbf{v}/\|\mathbf{v}\|$이므로, $\mathbf{u}$에 대한 법곡률은

$\kappa(\mathbf{u}) = S(\mathbf{u})\cdot\mathbf{u} = S\left(\dfrac{\mathbf{v}}{\|\mathbf{v}\|}\right)\cdot\dfrac{\mathbf{v}}{\|\mathbf{v}\|} = S(\mathbf{v})\cdot\mathbf{v}/\|\mathbf{v}\|^2$

3 $\alpha_n(t) = (r\cos dt,\ r\sin t,\ \pm t^n)(n\geq 2)$이라 하면 $\alpha_n'(0) = (0,\ r,\ 0)$,

$\alpha_n''(0) = (-r,\ 0,\ \pm n(n-1)),\ n=2$: $(-r,\ 0,\ 0),\ n>2$

이다. 그런데, 예제(1-3)(3)에 의하여 $S(\alpha'(0)) = -\dfrac{1}{r}\alpha'(0)$이므로

$S(\alpha_n'(0))\cdot\alpha_n'(0) = -r$ 이고 $\alpha_n''(0)\cdot U(\alpha(0)) = -r$ 이 성립한다.

따라서, 정리(2-1)이 성립한다.

4 U을 $\mathbf{p}$에서 곡면 $\mathbf{x}=\mathbf{x}(u,\ v)$의 법단위벡터장이라 하면 $D=\mathbf{p}q\cdot U$이다(그림 15). 따라서 Taylor 정리에 의하여,

$\mathbf{x}(u+du,\ v+dv) = \mathbf{x}(u,\ v) + d\mathbf{x} + \dfrac{1}{2}d^2\mathbf{x} + 0(du^2+dv^2)$

$\therefore\ D = \mathbf{p}\,\mathbf{q}\cdot U = \{\mathbf{x}(u+du,\ v+dv) - \mathbf{x}(u,\ v)\}\cdot U$

$= \left\{d\mathbf{x} + \dfrac{1}{2}d^2\mathbf{x} + 0(du^2+dv^2)\right\}\cdot U \fallingdotseq d\mathbf{x}\cdot U + \dfrac{1}{2}d^2\mathbf{x}\cdot U$

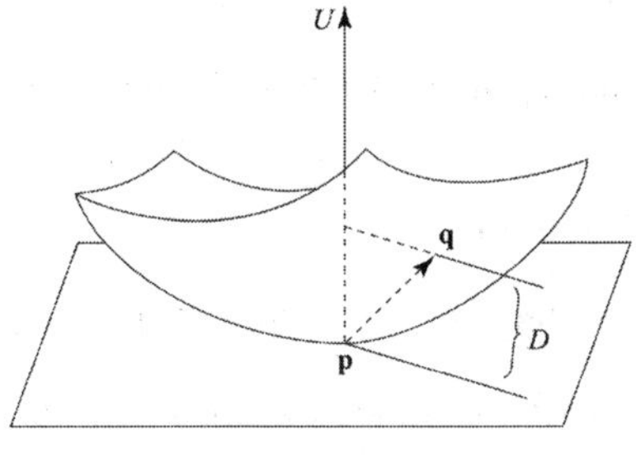

[그림 15]

그런데 $d\mathbf{x}\cdot U=0$ 이므로

$$D=\frac{1}{2}d^2\mathbf{x}\cdot U=\frac{1}{2}\,\mathrm{II}=\frac{1}{2}(edu^2+2f\,du\,dv+g\,dv^2)$$

5 (1) $\kappa_1\kappa_2>0$ 이므로 $\kappa\neq 0$ 이다. ∴배꼽점은 없다.

(2) $\kappa_1\kappa_2<0$ 이므로 $\kappa\neq 0$ 이다. ∴배꼽점은 없다.

문제 5-3

1 만약 $K<0$ 인 곡면 위에 배꼽점이 존재한다고 가정하면 $\kappa_1=\kappa_2$ 이다. 그러나 $K<0$ 이면 $\kappa_1\kappa_2<0$ 이다. 즉 $\kappa_1>0$, $\kappa<0$, 또는 $\kappa_1<0$, $\kappa_2>0$ 이므로, 가정에 모순이다. 따라서 $K<0$ 인 곡면에서는 배꼽점이 존재하지 않는다. $K\leq 0$ 이라 가정하면 $\kappa_1\kappa_2\leq 0$. 이 때 배꼽점인 경우는 $\kappa_1=\kappa_2=0$ 이므로 정의에 의해 평면점이다.

2 (1) $S(\mathbf{u}_1)\cdot\mathbf{u}_2=0$: $S(\mathbf{u}_i)=\kappa_i\mathbf{u}_i\ (i=1,\ 2)$ 이므로 $\mathbf{u}_1$, $\mathbf{u}_2$: 주벡터이다.

(2) $S(\mathbf{u}_1)+S(\mathbf{u}_2)=0$: $S(\mathbf{u}_i)=0$ 이므로 $\mathbf{p}$: 평면점이다.

(3) $S(\mathbf{u}_1)\times S(\mathbf{u}_2)=0$: $K(p)=0$

(4) $S(\mathbf{u}_1)\cdot S(\mathbf{u}_2)=0$: $\kappa(\mathbf{u}_1)=\kappa(\mathbf{u}_2)$ 이므로 $\mathbf{p}$ 에서 곡률이 일정한 곡면이다.

3 (1) $\{\mathbf{u}_1,\ \mathbf{u}_2\}$ 를 점 $\mathbf{p}$ 에서 직교하는 단위접벡터라 하고 $\{\mathbf{e}_1,\ \mathbf{e}_2\}$ 를 직교단위벡터라 하면 $\mathbf{u}_1=a\mathbf{e}_1+b\mathbf{e}_2$, $\mathbf{u}_2=c\mathbf{e}_1+d\mathbf{e}_2$ 의 1차결합으로 표현할 수 있고 $S(\mathbf{e}_1)=\kappa_1\mathbf{e}_1$, $S(\mathbf{e}_2)=\kappa_2\mathbf{e}_2$ 이다.

$$\therefore\ \frac{1}{2}\{\kappa(\mathbf{u}_1)+\kappa(\mathbf{u}_2)\}=\frac{1}{2}\{S(\mathbf{u}_1)\cdot\mathbf{u}_1+S(\mathbf{u}_2)\cdot\mathbf{u}_2\}$$

$$=\frac{1}{2}[(aS(\mathbf{e}_1)+bS(\mathbf{e}_2))\cdot(a\mathbf{e}_1+b\mathbf{e}_2)+(cS(\mathbf{e}_1)+dS(\mathbf{e}_2))\cdot(c\mathbf{e}_1+d\mathbf{e}_2)]$$

$$=\frac{1}{2}\{(a^2+c^2)\kappa_1+(b^2+d^2)\kappa_2\}$$

그런데 $\mathbf{u}_1$, $\mathbf{u}_2$; $\mathbf{e}_1$, $\mathbf{e}_2$ 는 직교단위벡터이므로 $a^2+b^2=c^2+d^2=1$, $a^2=d^2$, $b^2=c^2$ 이다.

$$\therefore\ a^2+c^2=b^2+d^2=1$$

$$\therefore\ \frac{1}{2}\{\kappa(\mathbf{u}_1)+\kappa(\mathbf{u}_2)\}=\frac{1}{2}(\kappa_1+\kappa_2)=H(\mathbf{p})$$

(2) Euler의 공식 $\kappa(\theta)=\kappa_1\cos^2\theta+\kappa_2\sin^2\theta$ 으로부터,

$$\frac{1}{2\pi}\int_0^{2\pi}\kappa(\theta)\,d\theta=\frac{1}{2\pi}\int_0^{2\pi}(\kappa_1\cos^2\theta+\kappa_2\sin^2\theta)\,d\theta$$

$$= \frac{1}{2\pi}\left(\kappa_1\int_0^{2\pi}\frac{1+\cos 2\theta}{2}\,d\theta+\kappa_2\int_0^{2\pi}\frac{1-\cos 2\theta}{2}\,d\theta\right)$$

$$= \frac{\kappa_1+\kappa_2}{2}=H(\mathbf{p}).$$

4 (1) $p(\kappa)=\det(A-\kappa I)=0$, $S=\begin{pmatrix} a & b \\ c & d\end{pmatrix}$ 라 하면

$$p(\kappa)=\begin{vmatrix} a-\kappa & b \\ c & d-\kappa\end{vmatrix}=\kappa^2-(a+d)\kappa+(ad-bc)=0$$

이 방정식의 두 근을 κ_1, κ_2 라 하면

$$\kappa_1+\kappa_2=a+d,\ \kappa_1\kappa_2=ad-bc$$

정리 (3-5)을 이용하면, $a+d=2H$, $ad-bc=K$ 이므로

$$p(\kappa)=\kappa^2-2\kappa N+K=0$$

(2) 준식은 문제 18의 방정식 $KI-2H\,\mathrm{II}+\mathrm{III}=0$ 과 동치이다. 그 풀이를 보라.

5 (i) 타원 : 방향계수 m 인 평행현의 중점을 지나는 직선(직경)은 $y=\frac{-b^2}{a^2m}x$ 이므로, $y=m_1x$ 와 $y=m_2x$ 가 공액이 될 조건은

$$m_2=-\frac{b^2}{a^2m_1},\ \text{또는}\ m_1m_2=-\frac{b^2}{a^2}$$

(ii) 쌍곡선의 경우도 같은 방법으로 증명할 수 있다.

6 $\mathbf{x}(u,\ v)=(r\cos v\cos u,\ r\cos v\sin u,\ r\sin v)$ 이므로

$\mathbf{x}_u=(-r\cos v\sin u,\ r\cos v\cos u,\ 0)$

$\mathbf{x}_v=(-r\sin v\cos u,\ -r\sin v\sin u,\ r\cos v)$

$\mathbf{x}_u\times\mathbf{x}_v=(r^2\cos^2 v\cos u,\ r^2\cos^2 v\sin u,\ r^2\cos v\sin v)$

$\|\mathbf{x}_u\times\mathbf{x}_v\|=r^2\cos v$

$U=\frac{\mathbf{x}_u\times\mathbf{x}_v}{\|\mathbf{x}_u\times\mathbf{x}_v\|}=(\cos v\cos u,\ \cos v\sin u,\ \sin v)$

$\mathbf{x}_{uu}=(-r\cos v\cos u,\ -r\cos v\sin u,\ 0)$

$\mathbf{x}_{uv}=(r\sin v\sin u,\ -r\sin v\cos u,\ 0)$

$\mathbf{x}_{vv}=(-r\cos v\cos u,\ -r\cos v\sin u,\ -r\sin v)$

$E=\mathbf{x}_u\cdot\mathbf{x}_u=r^2\cos^2 v,\ F=\mathbf{x}_u\cdot\mathbf{x}_v=0,\ G=\mathbf{x}_v\cdot\mathbf{x}_v=r^2$

$e=\mathbf{x}_{uu}\cdot U=-r\cos^2 v,\ f=\mathbf{x}_{uv}\cdot U=0,\ g=\mathbf{x}_{vv}\cdot U=-r$

$$\therefore\ K(\mathbf{x})=\frac{eg-f^2}{EG-F^2}=\frac{1}{r^2}$$

7 $\mathbf{x}(u,\ v)=(u,\ v,\ f(u,\ v))$ 이므로

$\mathbf{x}_u=(1,\ 0,\ f_u),\ \mathbf{x}_v=(0,\ 1,\ f_v),$

$\mathbf{x}_{uu}=(0,\ 0,\ f_{uu}),\ \mathbf{x}_{uv}=(0,\ 0,\ f_{uv}),\ \ \mathbf{x}_{vv}=(0,\ 0,\ f_{vv}),$

$U=\dfrac{1}{w}(-f_u,\ -f_v,\ 1)$, 단 $w=\sqrt{1+f_u{}^2+f_v{}^2}$

$\therefore\ E=1+f_u{}^2,\ F=f_uf_v,\ G=1+f_v{}^2,\ e=f_{uu}/w,\ f=f_{uv}/w,\ f=f_{vv}/w$

$$K=\frac{eg-f^2}{EG-F^2}=\frac{f_{uu}f_{vv}-f_{uv}{}^2}{w^2(1+f_u{}^2+f_v{}^2)}$$

$$H=\frac{Eg-2Ff+Ge}{2(EG-F^2)}=\frac{(1+f_u{}^2)f_{vv}+(1+f_v{}^2)f_{uu}-2f_uf_vf_{uv}}{2w(1+f_u{}^2+f_v{}^2)}$$

8 위의 문제로부터 조건 $K=0$과 $H=0$에 의하여 구하는 결과를 즉시 얻을 수 있다.

9 $M: z=xx^3-3xy^2$ 을 매개변수표시로 바꾸면

$\mathbf{x}(u,\ v)=(u,\ v,\ u^3-3uv^2)=(u,\ v,\ f(u,\ v)),\ f(u,\ v)=u^3-3uv^2$

$f_u=3u^2-3v^2$	$E=1+9(u^2-v^2)^2$
$f_v=-6uv$	$F=-18uv(u^2-v^2)$
$W=\sqrt{1+9r^4}$, (단 $r=\sqrt{u^2+v^2}$)	$G=1+36u^2v^2$
$f_{uu}=6u$	$e=\dfrac{6u}{W}$
$f_{uv}=-6v$	$f=-\dfrac{6v}{W}$
$f_{vv}=-6u$	$g=-\dfrac{6u}{W}$

$EG-F^2=1+9(u^2+v^2)^2=1+9r^4$

$$eg-f^2=-36\frac{r^2}{W^2}=\frac{-36r^2}{(1+9r^4)}$$

$$\therefore\ K=\frac{eg-f^2}{EG-F^2}=\frac{-36r^2}{(1+9r^4)^2}\ \ (\text{단, } r=\sqrt{u^2+v^2}=\sqrt{x^2+y^2})$$

$H\neq 0$ (실제로 구하여 보라)이므로 M은 극소곡면이 아니다.

10 $\alpha(t)=\mathbf{x}(a_1(t),\ a_2(t)),\ a\le t\le b$라 하면 $\alpha'(t)=\alpha_1{}'(t)\mathbf{x}_u+\alpha_2{}'(t)\mathbf{x}_v$ 이다. 따라서

$$L(\alpha)=\int_a^b\|\alpha'(t)\|dt=\int_a^b\|a_1{}'\mathbf{x}_u+a_2{}'\mathbf{x}_v\|dt$$

$$=\int_a^b[(a_1{}'\mathbf{x}_u+a_2{}'\mathbf{x}_v)\cdot(a_1{}'\mathbf{x}_u+a_2{}'\mathbf{x}_v)]^{\frac{1}{2}}dt$$

$$=\int_a^b a_1{}'^2\mathbf{x}_u\cdot\mathbf{x}_u+2a_1{}'a_2{}'\mathbf{x}_u\cdot\mathbf{x}_v+a_2{}'^2(\mathbf{x}_v\cdot\mathbf{x}_v)^{\frac{1}{2}}dt$$

$$= \int_a^b (Ea_1'^2 + 2Fa_1'a_2' + Ga_2'^2)^{\frac{1}{2}}\, dt$$

여기에서 $\alpha_1' = u'$, $\alpha_2' = v'$ 은 분명하다.

11 (1) M에서의 $\mathbf{x}$가 직교조각사상이고 모양연산자 $S : T_pM \to T_pM$은 대칭선형연산자이므로 M의 접벡터 $S(\mathbf{x})_u$와 $S(\mathbf{x})_v$는 각각 1차독립인 $\mathbf{x}_u$와 $\mathbf{x}_v$의 1차결합으로 표현할 수 있다. 이때 $S(\mathbf{x}_u) = a\mathbf{x}_u + b\mathbf{x}_v$, $S(X_v) = c\mathbf{x}_u + d\mathbf{x}_v$라 하면 $F=0$이므로

$$e = S(\mathbf{x}_u)\cdot\mathbf{x}_u = aE + bF = aE$$
$$f = S(\mathbf{x}_u)\cdot\mathbf{x}_v = aF + bG = bG$$
$$f = S(\mathbf{x}_v)\cdot\mathbf{x}_u = cE + dF = cE$$
$$g = S(\mathbf{x}_v)\cdot\mathbf{x}_v = cF + dG = dG$$

따라서 $a = \frac{e}{E}$, $b = \frac{f}{G}$, $c = \frac{f}{E}$, $d = \frac{g}{G}$ 이므로

$$S(\mathbf{x}_u) = \frac{e}{E}\mathbf{x}_u + \frac{f}{G}\mathbf{x}_v,\ S(\mathbf{x}_v) = \frac{f}{E}\mathbf{x}_u + \frac{g}{G}\mathbf{x}_v$$

(2) $\mathbf{x}$가 주조각사상($F = f = 0$)이라 가정하면 (1)로부터 $S(\mathbf{x}_u) = \frac{e}{E}\mathbf{x}_u, S(\mathbf{x}_v) = \frac{g}{G}\mathbf{x}_v$ 이다. 그러므로 각각의 점에서 $\mathbf{x}_u$, $\mathbf{x}_v$ 는 주곡률이 $\frac{e}{E}$, $\frac{g}{G}$ 인 주벡터이다.

14 (1) $M : z = xy$ (안장곡면) : 예제(3-9)(2)에 의하여 $K<0$ 이므로 배꼽점이 존재하지 않는다.

(2) $M : z = x^3 - 3xy^2$ (원숭이 안장곡면) : 위의 문제 9에 의하여
$K = -36r^2/(1+9r^4)^2$, $r = \sqrt{u^2+v^2}$
따라서, $K=0$ 일때는 $u=v=0$ 인 경우에 한하므로 배꼽점은 $\mathbf{x}(0, 0) = (0, 0, 0)$ 이다(참고 . 정리(2-9)를 확인하여 보아라).

(3) $M : z = \frac{x^2}{a^2} + \frac{y^2}{b^2}$ (타원포물면) : $\mathbf{x}(u, v) = (au\cos v,\ bu\sin v,\ u^2)$로부터 E, F, G, e, f, g를 구하고 정리(2-9)의 조건을 만족하는 점을 구하면 된다. 구하는 배꼽점은

$a \geq b$ 일 때 : $\left(0, \pm\frac{b\sqrt{a^2-b^2}}{2}, \frac{a^2-b^2}{4}\right)$

$a < b$ 일 때 : $\left(\pm\frac{a\sqrt{b^2-b^2}}{2}, 0, \frac{b^2-b^2}{4}\right)$

15 (1) $M : g = \frac{x^2}{a^2} + \frac{y^2}{b^2} - \frac{z^2}{c^2} = 1$ (일엽쌍곡면) :

$Z=(x/a^2,\ y/b^2,\ -z/c^2)$를 M 의 법벡터장, $V=(v_1,\ v_2,\ v_3)$와 $W=(w_1,\ w_2,\ w_3)$을 M 의 접벡터장이라 하면

$$\nabla_V Z=\left(\frac{V[x]}{a^2},\ \frac{V[y]}{b^2},\ \frac{V[z]}{c^2}\right)=\left(\frac{v_1}{a^2},\ \frac{v_2}{b^2},\ \frac{v_3}{c^2}\right)$$

$$\nabla_W Z=\left(\frac{w_1}{a^2},\ \frac{w_2}{b^2},\ \frac{w_3}{c^2}\right)$$

$$\therefore\ Z\cdot\nabla_V Z\times\nabla_W Z=\begin{vmatrix}\frac{x}{a^2} & \frac{y}{b^2} & -\frac{z}{c^2}\\ \frac{v_1}{a^2} & \frac{v_2}{b^2} & -\frac{v_3}{c^2}\\ \frac{w_1}{a^2} & \frac{w_2}{b^2} & -\frac{w_3}{c^2}\end{vmatrix}=-\frac{1}{a^2b^2c^2}\ X\cdot V\times W$$

V 와 W 는 임의로 선택할 수 있으므로, $V\times W=Z$ 라 하면

$X\cdot V\times W=X\cdot Z=\dfrac{x^2}{a^2}+\dfrac{y^2}{b^2}-\dfrac{z^2}{c^2}=1$이다.

$$K=-\frac{1}{a^2b^2c^2\|Z\|^4},\ \|Z\|^4=\left(\frac{x^2}{a^2}+\frac{y^2}{b^2}-\frac{z^2}{c^2}\right)^2$$

$h=X\cdot U=X\cdot\dfrac{Z}{\|Z\|}=\dfrac{1}{\|Z\|}$ 이므로 $K=-\dfrac{h^4}{a^2b^2c^2}$이다.

같은 방법으로 이엽쌍곡면에 대하여도 계산할 수 있다(생략).

문제 15, 16의 풀이는 제2판으로 출간된 본교재의 제5장 정리 4−4와 예제 4−5를 참고하여라.

16 (1) $V=(v_1,\ v_2,\ v_3)$가 점 $\mathbf{p}=(p_1,\ p_2,\ p_3)$에서 주벡터이기 위해서는 $V\cdot Z(\mathbf{p})\times\nabla_V Z=0$이어야 한다.

$Z=\left(\dfrac{x_1}{a_1^2},\ \dfrac{x_2}{a_2{}^2},\ \dfrac{x_3}{a_3{}^2}\right)$이므로 $Z(\mathbf{p})=\left(\dfrac{p_1}{a_1{}^2},\ \dfrac{p_2}{a_2{}^2},\ \dfrac{p_3}{a_3{}^2}\right)$이고

$\nabla_V Z=\sum\dfrac{v_i}{a_i^2}\ U_i$ 이다.

$$\therefore\ V\cdot Z(\mathbf{p})\times\nabla_V\ Z=\begin{vmatrix}v_1 & v_2 & v_3\\ \frac{p_1}{a_1{}^2} & \frac{p_2}{a_2{}^2} & \frac{p_3}{a_3{}^2}\\ \frac{v_1}{a_1{}^2} & \frac{v_2}{a_2{}^2} & \frac{v_3}{a_3{}^2}\end{vmatrix}$$

$$= \frac{v_1}{a_1{}^2 a_3{}^2}(p_2 v_{23} - p_3 v_2) + \frac{v_2}{a_1{}^2 a_3{}^2}(p_3 v_1 - p_1 v_3)$$

$$+ \frac{v_3}{a_1{}^2 a_2{}^2}(p_1 v_2 - p_2 v_1) = 0$$

따라서 $a_1{}^2 a_2{}^2 a_3{}^2$을 양변에 곱하면 구하는 식을 얻는다.

$$p_1 v_2 v_3 (a_2{}^2 - a_3{}^2) + p_2 v_3 v_1 (a_3{}^2 - a_1{}^2) + p_3 v_1 v_2 (a_1{}^2 - a_2{}^2) = 0 \qquad (*)$$

(2) $a_1 > a_2 > a_3$ 이고 $\mathbf{p}$가 배꼽점이면 모든 접벡터가 주벡터이므로 $Z(\mathbf{p}) \cdot V = 0$이 되는 V에 대하여 식(*)가 만족되어야 한다.

즉 $\frac{p_1 v_1}{a_1{}^2} + \frac{p_2 v_2}{a_2{}^2} + \frac{p_3 v_3}{a_3{}^2} = 0$를 만족하는 모든 (v_1, v_2, v_3)에 대하여 식(*)가 성립해야 한다. 만약 임의의 $v_i = 0$일 경우, 특별히 $v_1 = 0$일 경우

$v_2 = -\frac{p_3}{a_3{}^2}$, $v_3 = \frac{p_2}{a_2{}^2}$가 (*)를 만족해야 한다.

따라서 $\frac{p_1 p_2 p_3}{a_2{}^2 a_3{}^2}(a_2{}^2 - a_1{}^2) = 0$이므로 $p_1 p_2 p_3 = 0$이어야 한다.

다음 경우도 마찬가지이다. 그런데 $p_1 = 0$인 경우

$v_2 = -\frac{p_3}{a_3{}^2} t$, $v_3 = \frac{p_2}{a_2{}^2} t$가 식(*)를 만족하므로 모든 v_1, t에 대하여

$$v_1 t^2 \left(\frac{p_2{}^2}{a_2{}^2}(a_3{}^2 - a_1{}^2) - \frac{p_3{}^2}{a_3{}^2}(a_1{}^2 - a_2{}^2) \right) = 0$$

이어야 한다. 그런데 $\frac{p_2{}^2}{a_2{}^2}(a_3{}^2 - a_1{}^2) < 0$ 이고 $\frac{p_3{}^2}{a_3{}^2}(a_1{}^2 - a_2{}^2) > 0$이므로 조건을 만족하는 p_2, p_3는 존재하지 않는다. p_3의 경우도 마찬가지이다.

17 문제 (4-3) 12에 의하여

$$\overline{K} = \frac{\overline{e}\,\overline{g} - \overline{f}^2}{\overline{E}\,\overline{G} - \overline{F}^2} = \frac{J^2(eg - f^2)}{J^2(EG - F^2)} = \frac{eg - f^2}{EG - F^2} = K$$

18 (제3기본형). 조각사상 $\mathbf{x} = \mathbf{x}(u, v)$ 위의 점 $\mathbf{p}$를 지나는 u, v-매개변수곡선들이 주방향이라 가정하면 $\mathbf{x}_u$, $\mathbf{x}_v$는 주벡터이고 그에 대응하는 주곡률은 κ_1, κ_2라 할 수 있다. 그런데 정리 (2-10)에 의하여, $S(\mathbf{x}_u) = -\kappa_1 \mathbf{x}_u$, $S(\mathbf{x}_v) = -\kappa_2 \mathbf{x}_v$ 이므로 $U_u = -\kappa_1 \mathbf{x}_u$, $U_v = -\kappa_2 \mathbf{x}_v$

$$\therefore dU = U_u du + U_v dv = \kappa i_1 x_u du - \kappa_2 x_v dv$$

$$= -\kappa_1 \mathbf{x}_u du - \kappa_1 \mathbf{x}_v dv + \kappa_1 \mathbf{x}_v dv - \kappa_2 \mathbf{x}_v dv$$

$$= -\kappa_1 d\mathbf{x} + (\kappa_1 - \kappa_2) \mathbf{x}_v dv$$

$\therefore\ dU+\kappa_1 d\mathbf{x}=(\kappa_1-\kappa_2)\mathbf{x}_v\,dv$

같은 방법으로, $dU+\kappa_2 d\mathbf{x}=(\kappa_2-\kappa_1)\mathbf{x}_u\,du$을 얻는다.

$\therefore\ (dU+\kappa_1 d\mathbf{x})\cdot(dU+\kappa_2 d\mathbf{x})=(\kappa_1-\kappa_2)(\kappa_2-\kappa_1)(\mathbf{x}_u\cdot\mathbf{x}_v)du\,dv$

그런데 두 주방향은 직교하므로 (정리 2-7), $\mathbf{x}_u\cdot\mathbf{x}_v=0$을 이용하면

$$(dU+\kappa_1 d\mathbf{x})\cdot(dU+\kappa_2 d\mathbf{x})=0$$

$\therefore\ (dU\cdot du)+(\kappa_1+\kappa_2)dU\cdot d\mathbf{x}+\kappa_1\kappa_2(d\mathbf{x}\cdot d\mathbf{x})=0$

$$\therefore\ \mathrm{III}-2H\,\mathrm{II}=K\mathrm{I}=0$$

20 (Dupin의 지시곡선), 곡면 $\mathbf{x}=\mathbf{x}(u,\ v)$위의 점 $\mathbf{p}$의 근방이 Monge 조각사상 $\mathbf{x}=(u,\ v,\ f(u,\ v))$으로 표시되고 $\mathbf{p}$에서 $\mathbf{x}_u=U_1$, $\mathbf{x}_v=U_2$이라고 생각하자.

(1) $\kappa_1>\kappa_2>0$일 때 : Euler의 정리로부터 타원의 방정식

$$\kappa_1 x^2+\kappa_2 y^2=1,\ 즉\ \frac{x^2}{(\sqrt{R_1})^2}+\frac{y^2}{(\sqrt{R_2})^2}=1 \qquad (*)$$

($x=\sqrt{R}\cos\theta$, $g=\sqrt{R}\sin\theta$, $R=1/\kappa$, $R_1=1/\kappa_1$, $R_2=1/\kappa_2$)을 얻는다. 이것을 Dupin의 지시곡선이라 한다(그림 16).

직선 $y(\tan\theta)x$와 $(*)$가 만나는 교점을 $A(x,\ y)$라 하면

$$x=\frac{\pm\cos\theta}{\sqrt{\kappa_1\cos^2\theta+\kappa_2\sin^2\theta}},\quad y=\frac{\pm\sin\theta}{\sqrt{\kappa_1\cos^2\theta+\kappa_2\sin^2\theta}}$$

$$\therefore\ \overline{OA}=\sqrt{x^2+y^2}=\frac{\pm\sin\theta}{\sqrt{\kappa_1\cos^2\theta+\kappa_2^2\sin^2\theta}}=\frac{1}{\sqrt{\kappa}}=\sqrt{R}.$$

이때 R은 x축($\mathbf{x}_v$ 방향)과 각 θ를 이루는 방향에 대한 곡률반경을 난타낸다.

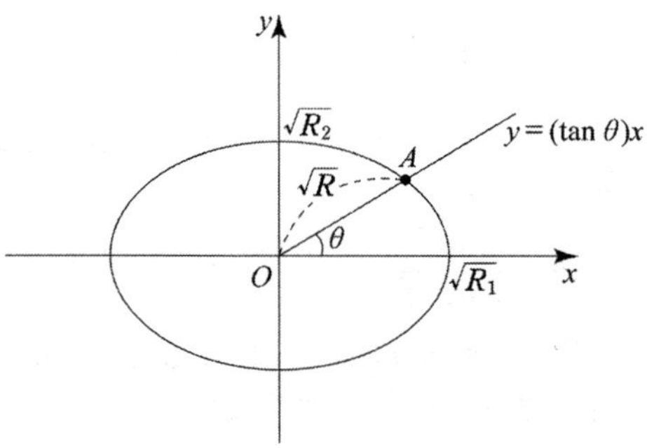

[그림 16]

(2) 같은 방법으로 $\kappa_1>0$, $\kappa_2>0$인 경우에 Dupin의 지시곡선은 한쌍의 쌍곡선이다(그림 17).

$$\frac{x^2}{(\sqrt{R_1})^2} - \frac{y^2}{(\sqrt{R_2})^2} = \pm 1$$

(3) $\kappa_1 \neq 0$, $\kappa_2 = 0$ 이면 Euler의 공식은 $\kappa = \kappa_1 \cos^2\theta$, 즉

$\sqrt{R_1} = \sqrt{R}\,cos\theta$ 을 의미한다. 이것은 한쌍의 평행선을 나타낸다(그림 18).

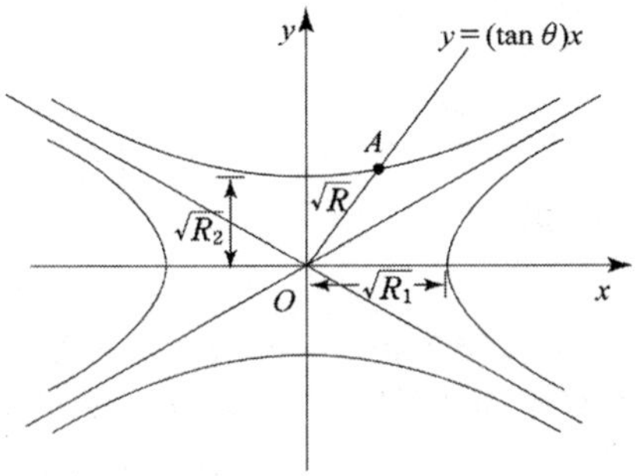

[그림 17]

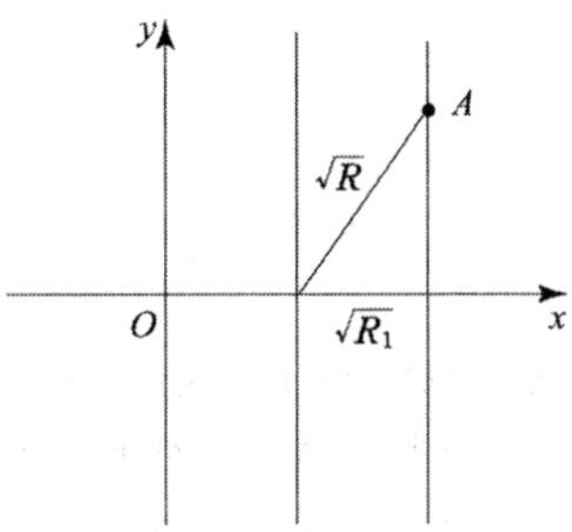

[그림 18]

문제 5-4

1 $\alpha(t) = \mathbf{p} + t\mathbf{q}$ 라 하자. 그러면 $\alpha'' = 0$ 이므로 측지선이고, 또 $S(\alpha') \cdot \alpha' = U \cdot \alpha'' = 0$ 이므로 점근곡선이다. 역으로 α 가 측지선이고 점근곡선이라 가정하면 정의에 의해 α'' 는 M 에 수직이고 또한 $\alpha'' \perp \alpha'$ 이다. 그리고 α'' 는 M 에 접해야 하므로 $\alpha'' = 0$ 이 된다. 그러므로 α 는 직선이다.

3 (1) C 를 측면곡선이라 하고 C 를 x 축에 대해 회전시켜 얻어진 회전면을 M 이라 하자. 그리고 $\alpha(t) = (g(t),\ h(t))$ 를 C 에서의 단위속도곡선이라 하면, 점 $(t_0,\ \theta_0)$ 를 지나는 경선은 $\beta(t) = (g(t),\ h(t)\cos\theta_0,\ h(t)\sin\theta_0)$, 위선은 $\gamma(\theta) = (g(t_0),\ h(t_0)\cos\theta,\ h(t_0)\sin\theta)$ 이다. 따라서

$$\beta'(t) = (g',\ h'\cos\theta,\ h'\sin\theta),\ \gamma'(\theta) = (0,\ -h\sin\theta,\ h\cos\theta)$$

이다. 그런데 $\{\beta'(t),\ \gamma'(\theta)\}$ 는 일차독립이므로 접평면 $T_{\beta(t)}M$ 을 생성하고 $\beta''(t) \perp \beta'(t)$ 이다. 따라서 $\beta''(t) \perp \gamma'(\theta)$ 임을 보이면 충분하다.

$$\beta''(t) = (g'',\ h''\cos\theta,\ h''\sin\theta),\ \beta'' \cdot \beta' = 0,\ \beta'' \cdot \gamma' = 0$$

이므로 모든 경선은 M 의 측지선이다(그림 19).

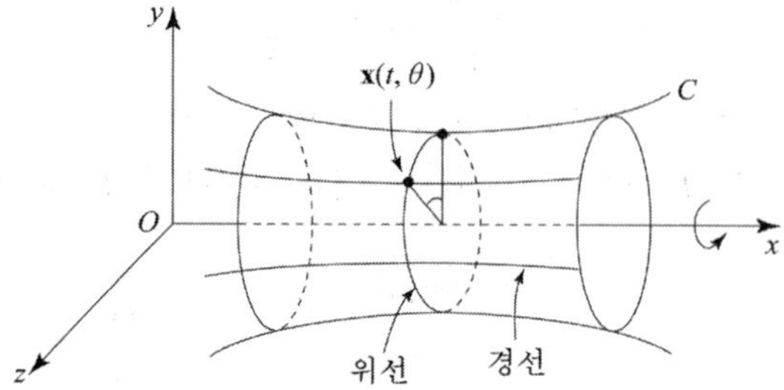

[그림 19]

(2) 측면곡선 C의 한점 $\alpha(t)$를 통과하는 위선 $\gamma(\theta)$가 측지선이라 가정하면, 정의에 의해 $\alpha(t)$점에서 $\gamma''(\theta)$는 M에 직교한다. 즉 $\beta'\cdot\gamma''=0$이므로 점 $\alpha(t)$에서 C의 접선의 기울기 $\dfrac{h'(t)}{g'(t)}=0$이다. 즉 $\alpha'(t)$는 x축에 평행하다. 역으로, $\alpha'(t)=(g'(t),\ h'(t))$가 x축과 평행하다고 가정하면 점 $\alpha(t)$에서 C의 접선의 기울기 $\dfrac{h'(t)}{g'(t)}=0$ 이므로 $\alpha(t)$ 점을 통과하는 위선 $\gamma(\theta)$에 대하여 $\gamma''(\theta)=(0,\ -h\cos\theta,\ -h\sin\theta)$는 M에 수직하므로 측지선이다.

4 (1) 제5장 2절의 식(2)b : $(e-\kappa E)du+(f-\kappa F)dv=0,$

$$(f-\kappa F)du+(g-\kappa G)dv=0$$

에서 $(du,\ dv)$가 주방향이므로, $\alpha(t)=(u(t),v(t))$의 방향 $a',\ b'$를 위의 식에 대입하면

$$(e-\kappa E)a'+(f-\kappa F)b'=0,\ (f-\kappa F)a'+(g-\kappa G)b'=0$$

$$\therefore \kappa=\frac{a'e+b'f}{a'E+b'F}=\frac{a'f+b'g}{a'F+b'G}$$

또는, $(eF-Ef)a'^2+(Gf-fG)b'^2+(eG-Eg)a'b'=0$

또는, $$\begin{vmatrix} b'^2 & -a'b' & a'^2 \\ E & F & G \\ e & f & g \end{vmatrix}=0$$

(2) $\kappa_n=\dfrac{\mathrm{II}}{\mathrm{I}}=\dfrac{edu^2+2f\,du\,dv+gdv^2}{Edu^2+2Fdu\,dv+Gdv^2}=0$을 만족하는 $(du,\ dv)$이 점근선의 방향이므로, 접벡터 $\alpha'=(a'(t),\ b'(t))$가 점근선의 방향이 될 필요충분조건은 $ea'^2+2fa'b'+gb'^2=0$이다.

5 (1) $T\cdot T'=0$이므로 $T'=aV+bU$로 표시할 수 있다.

이때 $b=T'\cdot U=\alpha''\cdot U=S(\alpha')\cdot\alpha'=\kappa_n$

$a=T'\cdot V=\alpha''\cdot V=k_g$ 이므로 $T'=\kappa_g V+\kappa_n U$이다.

$$V' = U' \times T + U \times T' = -S(\alpha') \times T + U \times (aV + bU) = -S(T) \times T + aU \times V$$
$$= (S(T) \cdot V)U - aT = -aT + tU = -\kappa_g T + tU$$
$$(-S(T) \times T \cdot U = -S(T) \cdot T \times U = S(T) \cdot V \text{ 이므로})$$
$$U' = T' \times V + T \times V' = (aV + bU) \times V + T \times (-aT + tU)$$
$$= bU \times V + tT \times U = -bT - tV = -\kappa_n T - tV$$

참고 : a, b는 각각 α의 방향에 대한 법곡률 κ_n, 측지곡률 κ_g를 의미한다.

(2) (ⅰ) α가 측지선이라 가정하면 정의에 의해 α''는 M에 항상 수직이므로 $\alpha'' = aU$이다. 따라서 $\alpha'' = T' = aV + bU$에서 $a = \kappa_g = 0$이어야 한다.
역으로 $a = 0$이라 하면, $\alpha'' = T' = bU = \kappa_n U$.
따라서 α는 측지선이다.

(ⅱ) α가 점근곡선이라 가정하면 $\kappa_n(\alpha') = S(\alpha') \cdot \alpha' = 0$이므로
$$S(\alpha') \cdot \alpha' = S(T) \cdot T = \kappa_n = 0$$
반대로 $\kappa_n = 0$이면 $S(T) \cdot T = S(\alpha') \cdot \alpha' = 0$
따라서 α는 점근곡선이다.

(ⅲ) α가 주곡선이라 가정하면 U'과 $\alpha' = T$가 동일직선 위에 있으므로 $U' = -\kappa T - tV$로부터 $t = 0$이다. 역으로 $t = 0$이면 $U' = -\kappa T = -\kappa\alpha'$.
따라서 α는 주곡선이다.

6 (1) 정의 (4-12)에 의하여(또는 문제 5(1)에서 $\kappa_g = 0$이면 $T' = \kappa_n U$이므로)

(2) α : 점근선 $\rightleftarrows$ $\alpha'' \cdot U = 0$(또는 문제 5(1)에서 $\kappa_n = 0$이면 $T' = \kappa_g V$이므로)

7 (1) 추면 : $X(u, v) = \mathbf{p} + \mathbf{v}\delta(u)$에 대하여

$$\begin{cases} X_u = \mathbf{v}\delta' \\ X_v = \delta \\ X_u \times X_v = \mathbf{v}\delta' \times \delta \end{cases} \qquad \begin{cases} X_{uu} = \mathbf{v}\delta'' \\ X_{uv} = \delta' \\ X_{vv} = 0 \end{cases} \qquad \begin{cases} E = \mathbf{v}^2\|\delta'\|^2 \\ F = 0 \\ G = \|\delta\|^2 \end{cases}$$

$$\begin{cases} e = \dfrac{1}{\|\mathbf{v}\delta \times \delta\|}\mathbf{v}^2\delta' \times \delta \cdot \delta'' \\ f = 0 \\ g = 0 \end{cases}$$

$$\therefore K = \frac{eg - f^2}{EG - F^2} = 0$$

주면 : $\mathbf{x}(u, v) = \beta(u) + v\mathrm{q}$에 대하여

$$\begin{cases} X_u = \beta' \\ X_v = \mathbf{q} \end{cases} \qquad \begin{cases} X_{uu} = \beta'' \\ X_{uv} = 0 \\ X_{vv} = 0 \end{cases} \qquad \begin{cases} E = \|\beta'\|^2 \\ F = \mathbf{q} \cdot \beta' \\ G = \|\mathbf{q}\|^2 \end{cases} \qquad \begin{cases} e = \dfrac{\beta' \times \mathbf{q} \cdot \beta''}{\|\beta' \times \mathbf{q}\|} \\ f = 0 \\ g = 0 \end{cases}$$

$$\therefore K = \frac{eg - f^2}{EG - F^2} = 0$$

따라서 추면과 주면은 모든 점에서 $K=0$이므로 평탄곡면이다.

(2) $\mathbf{x}(u, v)=\beta(u)+vT(u),\ v>0,\ k>0$이므로

$$\mathbf{x}_u=\beta'+vT'=T+vT',\ \mathbf{x}_v=T$$

$$\mathbf{x}_u\times\mathbf{x}_v=vT'\times T=v\kappa N\times T=-v\kappa B$$

$$\|\mathbf{x}_u\times\mathbf{x}_v\|=\kappa\|v\|\neq 0.\ U=\frac{-v\mathbf{B}}{\|v\|}$$

$$E=1+v^2\kappa^2,\ F=1,\ G=1$$

$$e=-\frac{v}{\|v\|}B\cdot(T'+vT''),\ f=-\frac{v}{\|v\|}B\cdot T'=0,\ g=0,$$

$$\therefore K=\frac{eg-f^2}{EG-F^2}=0$$

따라서 $\|\mathbf{x}_u\times\mathbf{x}_v\|\neq 0$이므로 $\mathbf{x}$는 정칙사상이고, $K=0$이므로 접곡면 $\mathbf{x}$는 평탄(편평)하다.

8 ① 구면 : 대원

② 평면 : 측지선은 직선이다. 그러나 직선은 주기함수가 아니므로 폐측지선은 없다.

③ 원주면 : 측지선은 나선, 원, 직선이다. 따라서 폐측지선은 원주면의 수평절단면인 원이다(그림 5-26).

10 (1) 측지선 - 최대평행선, 최소평행선 (2) 점근선 - 상위평행선

(3) 곡률선 - 최대평행선, 최소평행선

11 (1) $G(F_x, F_y, F_z)$는 곡면 $F(x, y, z)=0$에 직교한다. $U=G/\|G\|$이므로

$dU=\dfrac{dG}{\|G\|}-\dfrac{(G\cdot dG)G}{\|G\|^3}$. 이때 $d\mathbf{x}=(dx, dy, dz)$이 점근선이면,

$\mathrm{II}=-d\mathbf{x}\cdot dN=-\dfrac{1}{\|G\|}d\mathbf{x}\cdot dG-\dfrac{1}{\|G\|^3}(G\cdot dG)(d\mathbf{x}\cdot G)=0$이어야 한다. 그런데

$d\mathbf{x}\cdot G=0$이므

로 $d\mathbf{x}\cdot dG=0$이다. 이 관계식들은 주어진 방정식과 동치이다.

(2) $d\mathbf{x}$가 $M: F(x, y, z)=0$ 위의 곡률방향이 될 조건은 $d\mathbf{x}$와 dU가 평행이어야 하므로(정리 5-2) $d\mathbf{x}\cdot U\times dU=0$이어야 한다. 이 관계식은 주어진 행렬식과 동치이다.

12 (1) 곡면위의 한점에서 $(du, dv);(\delta u, \delta v)$가 공액방향이라 할 때, 곡면의 매개변수곡선이 곡률곡선이 되는 경우를 생각하자.

타원(또는 쌍곡선)에 관한 Dupin의 지시곡선의 두 직경의 방정식을 $y=m_1x$, $y=m_2x$라 하면

$$m_1m_2=-(\sqrt{R})^2/(\sqrt{R_1})^2=-\frac{\chi_1}{\chi_2}$$

$$m=\tan\alpha=\sqrt{G}\frac{dv}{ds}\Big/\sqrt{E}\frac{du}{ds}=\sqrt{\frac{G}{E}}\frac{dv}{du},\quad \frac{\chi_1}{\chi_2}=\frac{e/E}{g/G}=\frac{eG}{Eg}$$

$$\therefore\ m_1 m_2=\sqrt{\frac{G}{E}}\frac{dv}{du}\cdot\sqrt{\frac{G}{E}}\frac{\delta v}{\delta u}=-\frac{eG}{Eg}$$

$$\therefore\ e\,du\delta u+g\,dv\delta v=0,\ \text{또는}\ d\mathbf{x}\cdot\delta U=0,\ \text{또는}\ \delta\mathbf{x}\cdot dU=0$$

그러므로, $f\neq 0$인 일반적인 경우에는, 위의 관계식으로부터

$$e\,du\delta u+f\,(du\delta v+dv\delta u)+g\,dv\delta v=0 \qquad (*)$$

이 성립한다.

(2) 매개변수곡선이 공액이면, 곡면위의 각점에서 $(du=arb.,\ dv=0)$, $(\delta u=0,\ \delta v=arb.)$에 대하여 (*)이 성립하여야 하므로 $f=0$이다.

(3) $k=\mathrm{II}/\mathrm{I}=0$으로부터 $\mathrm{II}=-d\mathbf{x}\cdot dU=0$을 얻는다. 따라서 지시곡선의 점근선은 자기공액이다.

(4) 예제 (4-13)(2), $\sum$: $(a\cos u\cos v,\ a\cos u\sin v,\ a\sin u)$에서 위선 $du=\delta u=0$(즉 u=상수)이면, (*)으로부터 $g\,dv\delta v=0$. 그런데 $g\neq 0$이므로 v=(상수)이어야 한다. 따라서 위선과 경선은 공액이다.

13 $\mathbf{x}(u,\ v)=\left(u-\frac{u^3}{3}+uv^3,\ v-\frac{v^3}{3}+u^2v,\ u^2-v^2\right)$로부터

$$\mathbf{x}_u=(1-u^2+v^2,\ 2uv,\ 2u),\ \mathbf{x}_v=(2uv,\ 1-v^2+u^2,\ -2v)$$

$$\mathbf{x}_{uu}=(-2u,\ 2v,\ 2),\ \mathbf{x}_{uv}=(2v,\ 2u,\ 0),\ \mathbf{x}_{vv}=(2u,\ -2,\ -2)$$

$$\mathbf{x}_u\times\mathbf{x}_v=(u^2+v^2+1)(-2u,\ 2v,\ 1-u^2-v^2)$$

$$\|\mathbf{x}_u\times\mathbf{x}_v\|=(u^2+v^2+1)^2$$

$$U=\frac{\mathbf{x}_u\times\mathbf{x}_v}{\|\mathbf{x}_u\times\mathbf{x}_v\|}=\frac{(-2u,\ 2v,\ 1-u^2-v^2)}{u^2+v^2+1}$$ 을 얻을 수 있다. 따라서

(1) $E=\mathbf{x}_u\cdot\mathbf{x}_u=(1+u^2+v^2)^2=\mathbf{x}_v\cdot\mathbf{x}_v=G,\ F=\mathbf{x}_u\cdot\mathbf{x}_v=0$

(2) $e=\mathbf{x}_{uu}\cdot U=2,\ f=\mathbf{x}_{uv}\cdot U=0,\ g=\mathbf{x}_{vv}\cdot U=-2$

(3), (4) $F=f=0$이므로 매개변수곡선들은 곡률곡선이다.

$$\therefore\ \kappa_1=e/E=\frac{2}{(1+u^2+v^2)^2},\ \kappa_2=\frac{g}{G}=\frac{-2}{(1+u^2+v^2)^2}$$

(5) $\mathrm{II}=2du^2-2dv^2=0$으로부터 $(du-dv)(du+dv)=0$

$$\therefore\ u+v=\text{상수},\ u-v=\text{상수}$$

문제 5-5

1 측면곡선 $y=e^{-x^2/2}$를 x축 중심으로 회전하면 회전면 $\mathbf{x}(u,\ v)=(u,\ e^{-u^2/2}\cos v,$

$e^{-u^2/2}\sin v$)을 얻는다. 이 때 측면곡선은 $\alpha(u)=(u,\ e^{-u^2/2},\ 0)$으로 표시되므로 $g(u)=u$, $h(u)=e^{-u^2/2}$ 이다. 따라서

$$K=-\frac{g'\begin{vmatrix} g' & h' \\ g'' & h'' \end{vmatrix}}{h(g'^2+h'^2)^2}=\frac{1-u^2}{(1+u^2e^{-u^2})^2}$$

그러므로, (i) $-1<u<1$인 영역에서 $K>0$

(ii) $u<-1$, $u>1$인 영역에서 $K<0$(문제 2, (그림 20)참고)

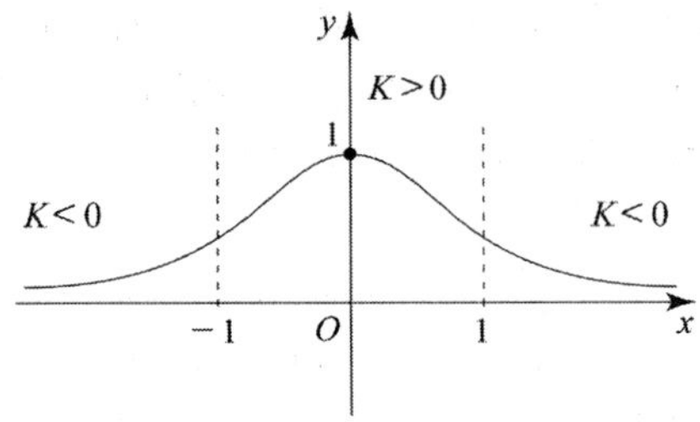

[그림 20]

2 측면곡선 $\alpha(u)=(u,\ f(u),\ 0)$을 x축에 관하여 회전시킨 경우이므로 $g(u)=u$, $h(u)=f(u)$이다. 이때 $g'=1$, $g''=0$, $h'=f'$, $h''=f''$이므로

$$K=\frac{-f''}{f(1+f'^2)^2}\ (f>0).$$

따라서 f''의 부호에 따라 κ의 부호가 정해진다(그림 20). 즉

$K>0$인 영역 : $f''<0$인 부분이므로 $y=f(x)$의 모양이 위로 볼록인 부분

$K<0$인 영역 : $f''>0$인 부분이므로 $y=f(x)$의 모양이 아래로 볼록인 부분

3 측면곡선을 $\alpha=(g(u),\ h(u),\ 0)$이라 하면 $\alpha'=(g',\ h',\ 0), \alpha''=(g'',h'',\ 0)$이므로 $U=\dfrac{(h',\ -g',\ 0)}{\sqrt{g'^2+h'^2}}$. 따라서 정리 (2−1)로부터

$$S(\alpha')\cdot\alpha'=a''\cdot U=\frac{1}{\sqrt{g'^2+h'^2}}(-g'h''+h'g'')$$

$$\therefore\ \kappa=\frac{S(\alpha')\cdot\alpha'}{\alpha'\cdot\alpha'}=\frac{-g'h''+h'g''}{(g'^2+h'^2)^{\frac{3}{2}}}$$

$$\therefore\ |\kappa_\mu|=\left|\frac{-g'h''+h'g''}{(g'^2+h'^2)^{\frac{3}{2}}}\right|=\kappa(\mathbf{u})\ :\ \alpha\text{의 곡률}$$

위선의 주곡률을 κ_π라 할 때, 위선의 매개변수표시는

$$\beta(v)=(g(u),\ h(u)\cos v,\ h(u)\sin v),\ u=\text{상수}$$

이므로,

$$\kappa_\pi=\frac{S(\beta')\cdot\beta'}{\beta'\cdot\beta'}=\frac{\beta''\cdot\mathbf{U}}{\|\beta'\|^2}=\frac{\|\beta''\|\cos\theta}{h^2}=\frac{1}{h}\cos\theta$$

$$\therefore\ |\kappa_\pi|=\frac{1}{h(u)}|\cos\theta(u)|,\ \ |K|=|k_\mu||k_\pi|=\frac{\kappa}{h}|\cos\theta|.$$

4 $x=r\cos\theta,\ y=r\sin\theta$ 라 하면, $\mathbf{x}(r,\ \theta)=(r\cos\theta,\ r\sin\theta,\ f(r))$ 이므로 $z=f(r)$ 은 z축에 대한 회전면이다. $g=f(r),\ h(r)=r$ 이므로

$$K=\frac{-g'\begin{vmatrix} g' & h' \\ g'' & h'' \end{vmatrix}}{h(g'^2+h'^2)^2}=\frac{f'(f'')}{r(f'^2+1)^2}=\frac{f'f''}{r(1+f'^2)^2}$$

5 $y=h(x)$를 x축에 대하여 회전하면, $K=\dfrac{-h''}{h(1+h'^2)^2}=0$이므로, $h''=0$ 즉 $h'=$(상수)이어야 한다. 따라서

(i) $h'\equiv0$ 인 경우 $y=h(x)=C$ 이므로 주면

(ii) $h'\neq0$ 인 경우 $y=h(x)=cx+d$ 이므로 추면.

6 측면곡선이 cycloid $\alpha(u)=(u+\sin u,\ 1+\cos u,\ 0),\ -\pi<u<\pi$ 이므로 $\alpha(u)$를 x축중심으로 회전한 회전면은(그림 21)

$$\mathbf{x}(u,\ v)=(u+\sin u,\ (1+\cos u)\cos v,\ (1+\cos u)\sin v)$$

(1) $g(u)=u+\sin u,\ h(u)=1+\cos u$ 이므로, 미분하여 계산하면

$$K=-\frac{g'\begin{vmatrix} g' & h' \\ g'' & h'' \end{vmatrix}}{h(g'^2+h'^2)^2}=\frac{1}{2}$$

(2) $K=-\dfrac{h''}{h}\Big]_{u=0}=\dfrac{\cos u}{1+\cos u}\Big]_{u=0}=\dfrac{1}{2}$

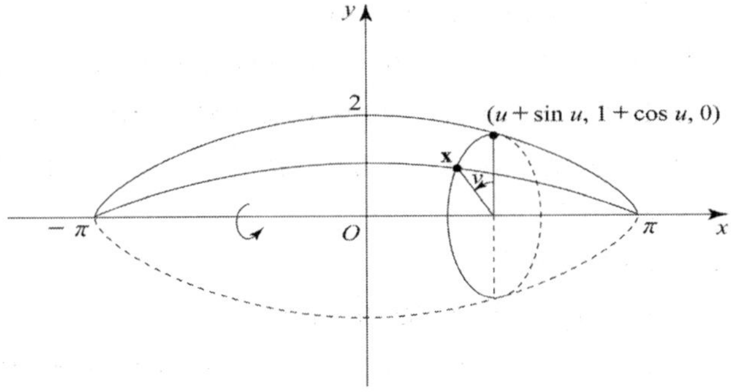

[그림 21]

(3) $h(u)=ce^{-\frac{u}{c}}$, $u>0$인 경우 :

g를 구하면 $g'^2=1-h'^2=1-e^{-\frac{2u}{c}}\neq 0$이므로 g는 항상 역함수를 갖는다. 예제 (6-6)의 $y=f(x)$에 관한 미분방정식은 $f'=\dfrac{-f}{\sqrt{c^2-f^2}}$이다. 그런데 $f(x)=h\cdot g^{-1}(x)$ 이므로

$$f'(x)=h'(g^{-1}(x))\cdot(g^{-1})'(x)=\frac{h'(u)}{g'(u)}$$

$$=\frac{-e^{\frac{u}{c}}}{\sqrt{1-e^{\frac{2u}{c}}}}=\frac{-ce^{\frac{u}{c}}}{\sqrt{c-e^{\frac{2u}{c}}}}=\frac{-f}{\sqrt{c^2-f^2}}$$

따라서 B는 나팔곡면이다. 그리고 a가 0에 가까울 때, 또는 b가 0에 가까울 때 $\overline{B}$와 비슷해진다.

7 측면곡선 $\alpha(u)=(u, \cosh u)$에 대한 호의 길이함수는

$$s=\int\|\alpha'(u)\|du=\int\cosh u\,du=\sinh u.$$

따라서 $u=\sinh^{-1}s$이므로, $\alpha(u)$의 단위속도매개변수표시는

$$\beta(s)=(\sinh^{-1}s,\ \sqrt{1+s^2},\ 0)$$

이다. 그러므로 측면곡선 $\beta(s)$를 x축 중심으로 회전시켜 만들어진 현수면은

$$\mathbf{x}(s, v)=(\sinh^{-1}s,\ \sqrt{1+s^2}\cos v,\ \sqrt{1+s^2}\sin v)$$

로 표시된다.

문제 6-1

1 α를 $M\subset E^3$에 놓인 단위속도곡선이라 하고, $E_1|_\alpha$이 α의 단위접벡터 T가 E_1이 되는 적용된 틀장을 E_1, E_2, E_3라 하자.

(1) α를 M의 측지선이라 가정하면 $\alpha''=E_1'=\nabla_T E_1=w_{12}(T)E_2+w_{13}(T)E_3$. 가정으로부터 α''는 M에 직교하므로 $w_{12}(T)=0$이다. 역으로, $w_{12}(T)=0$이라 가정하면 $\nabla_T E_1=E_1'=\alpha''=w_{13}(T)E_3$, 즉 α''이 M에 직교하므로 α는 M의 측지선이다.

(2) $E_3=E_1\times E_2$라 하자.

(i) $V'=-k_g T+tU$, $V=U\times T$이므로

$$\kappa_g=-V'\cdot T=-(U'\times T+U\times T')\cdot T=-U\times E_1'\cdot E_1=-U\times\nabla_T E_1\cdot E_1$$

$$=-\{U\times w_{12}(T)E_2+U\times w_{13}(T)E_3\}\cdot E_1=w_{12}(T)E_1\times E_2\cdot U=w_{12}(T)$$

(ii) $\kappa_n=S(T)\cdot T=(w_{13}(T)E_1+w_{23}(T)E_2)\cdot E_1=w_{13}(T)$

(iii) $t = S(T)\cdot V = (w_{13}(T)E_1 + w_{23}(T)E_2)\cdot U\times T$

$$= w_{23}(T)E_2\cdot U\times E_1 = w_{23}(T)$$

2 (1) $w_{12}\wedge\theta_2 = \sin\phi\, d\theta\wedge r d\phi$

$d\theta_1 = d(R + r\cos\phi)\wedge d\theta = -r\sin\phi\, d\phi\wedge d\theta = \sin\phi\, d\theta\wedge r d\phi$

$\therefore\ d\theta_1 = w_{12}\wedge\theta_2$

$w_{21}\wedge\theta_1 = -\sin\phi\, d\theta\wedge(R + r\cos\phi)d\theta = 0$

$d\theta_2 = d(r\,d\theta) = 0, \qquad \therefore\ d\theta_2 = w_{21}\wedge\theta_1$

(2) $w_{31}\wedge\theta_1 + w_{32}\wedge\theta_2 = \cos\phi\, d\theta\wedge(R + r\cos\phi)d\theta + d\phi\wedge r\,d\theta = 0$

(3) $w_{13}\wedge w_{32} = -\cos\phi\, d\theta\wedge d\phi$

$dw_{12} = d(\sin\phi)d\theta = \cos\phi\, d\phi\wedge d\theta.\ \therefore\ dw_{12} = w_{13}\wedge w_{32}$

(4) $w_{12}\wedge w_{23} = \sin\phi\, d\theta\wedge(-d\phi)$

$dw_{13} = d(-\cos\phi)d\theta = \sin\phi\, d\phi\wedge d\theta.\ \therefore\ dw_{13} = w_{12}\wedge w_{23}$

$w_{21}\wedge w_{13} = -\sin\phi\, d\theta\wedge(-\cos\phi)d\theta = 0,\ dw_{23} = d(-d\phi) = 0$

$\therefore\ dw_{23} = w_{21}\wedge w_{13}$

3 주면 M: $x^2 + y^2 = r^2$의 모선방향의 단위벡터를 E_1, 수평절단면인 원에 접하는 단위벡터를 E_2, $E_3 = E_2\times E_1$ 라 하면 $w_{12} = w_{13} = 0,\ w_{23} = -d\theta$ 이므로

$$S(E_1) = w_{13}(E_1)E_1(\mathbf{p}) + w_{23}(E_1)E_2(\mathbf{p}) = -d\theta(E_1)E_2 = -\frac{1}{r}\theta_2(E_1)E_2 = 0$$

$$S(E_2) = w_{23}(E_2)E_2(\mathbf{p}) = -d\theta(E_2)E_2 = -\frac{1}{r}E_2.$$ (예제 (1-3)참고).

4 (정리 1-5) : $S(\mathbf{v}) = w_{13}(\mathbf{v})E_1(\mathbf{p}) + w_{23}(\mathbf{v})E_2(\mathbf{p})$ 이므로 제2장의 정의 8-1(쌍대 1-형식)을 사용하면

$$S(\mathbf{v})\cdot\mathbf{w} = w_{13}(\mathbf{v})\theta_1(\mathbf{w}) + w_{23}(\mathbf{v})\theta_2(\mathbf{w}),\ S(\mathbf{w})\cdot\mathbf{v} = w_{13}(\mathbf{w})\theta_1(\mathbf{v}) + w_{23}(\mathbf{w})\theta_2(\mathbf{v})$$

이다. 이제 제4장의 정의 (4-3)과 대칭방정식을 이용하면

$$S(\mathbf{v})\cdot\mathbf{w} - S(\mathbf{w})\cdot\mathbf{v} = (w_{13}\wedge\theta_1)(\mathbf{v},\ \mathbf{w}) + (w_{23}\wedge\theta_2)(\mathbf{v},\mathbf{w})$$
$$= (w_{13}\wedge\theta_1 + w_{23}\wedge\theta_2)(\mathbf{v},\mathbf{w}) = 0$$

을 얻는다. 따라서 $S(\mathbf{v})\cdot\mathbf{w} = S(\mathbf{w})\cdot\mathbf{v}$이 성립한다.

문제 6-2

1 $w_{12} = \sin\phi\, d\theta,\ w_{13} = -\cos\phi\, d\theta,\ w_{23} = -d\phi$ 이므로

$$\begin{cases} dw_{13} = -\sin\phi\, d\phi\wedge d\theta \\ w_{12}\wedge w_{23} = \sin\phi\, d\theta\wedge(-d\phi) = -\sin\phi\, d\theta\wedge d\phi \end{cases}$$

$$\begin{cases} dw_{23}=-d(d\phi)=0 \\ w_{21}\wedge w_{13}=-\sin\phi\, d\theta\wedge(-\cos\phi\, d\theta)=0 \end{cases}$$

$\therefore\ dw_{13}=w_{12}\wedge w_{23},\ dw_{23}=w_{21}\wedge w_{13}$

2 (1) 정리 (2-1)에 의하여

$$\phi=\phi(E_1)\theta_1+\phi(E_2)\theta_2=\mathbf{p}\cdot E_1\times E_3(\mathbf{p})\theta_1+\mathbf{p}\cdot E_2\times E_3(\mathbf{p})\theta_2$$

$$=-\mathbf{p}\cdot E_2\theta_1+\mathbf{p}\cdot E_1\theta_2=-h_2\theta_1+h_1\theta_2.$$

$$d\phi=d(h_1\theta_2-h_2\theta_1)=dh_1\theta_2-dh_2\theta_1+h_1d\theta_2-h_2d\theta_1$$

$$=(\theta_1+w_{12}h_2+w_{13}h_3)\theta_2-(\theta_2+w_{21}h_1+w_{23}h_3)\theta_1+h_1w_{21}\wedge\theta_1-$$

$$-h_2w_{12}\wedge\theta_2$$

$$=2\theta_1\wedge\theta_2+h_3(w_{13}\wedge\theta_2+\theta_1\wedge w_{23})$$

$$=2\theta_1\wedge\theta_2+h(2H\theta_1\wedge\theta_2)=2(1+hH)\theta_1\wedge\theta_2$$

(2) $\zeta(\mathbf{v})=\phi(\mathrm{S}(\mathbf{v}))=\phi(w_{13}(\mathbf{v})E_1+w_{23}(\mathbf{v})E_2)$

$=w_{13}(\mathbf{v})\psi(E_1)+w_{23}(\mathbf{v})\psi(E_2)$ (ψ의 선형성에 의하여)

$$=-h_2w_{13}(\mathbf{v})=h_1w_{23}(\mathbf{v})$$

$$\therefore\ \zeta=h_1w_{23}-h_2w_{13}$$

$$d\zeta=d(h_1w_{23}-h_2w_{13})$$

$$=(dw_1w_{23}+h_1dw_{23}-dh_2w_{13}-h_2dw_{13}$$

$$=(\theta_1+w_{12}h_2+w_{13}h_3)w_{23}-(\theta_2+w_{21}h_1+w_{23}h_3)w_{13}+h_1dw_{23}-h_2dw_{13}$$

$$=w_{13}\wedge\theta_2+\theta_1\wedge w_{23}+2h_3w_{13}\wedge w_{23}+h_2w_{12}\wedge w_{23}-h_1w_{21}\wedge w_{13}+$$

$$+h_1dw_{23}-h_2dw_{13}$$

$$=2H\theta_1\wedge\theta_2+2hK\theta_1\wedge\theta_2+h_2dw_{13}-h_1dw_{23}+h_1dw_{23}-h_2dw_{13}$$

$$=2(H+hK)\theta_1\wedge\theta_2.$$

문제 6-3

1 (1) ⇒(3) : $E_*(\mathbf{v})\cdot F_*(\mathbf{w})=\mathbf{v}\cdot\mathbf{w}$ 이면 $F_*(\boldsymbol{e}_i)\cdot F_*(\boldsymbol{e}_j)=\boldsymbol{e}_i\cdot\boldsymbol{e}_j=\delta_{ij}$

(3) ⇒(4) : (3)으로부터 $F_*(\mathbf{v})\cdot F_*(\mathbf{w})=\mathbf{v}\cdot\mathbf{w}$ 이므로

$\|E_*(\mathbf{v})\|^2=\mathbf{v}\cdot\mathbf{v}=\|\mathbf{v}\|^2,\ \|F_*(\mathbf{w})\|^2=\mathbf{w}\cdot\mathbf{w}=\|\mathbf{w}\|^2$

(4) ⇒ (2) : (4)로부터 $\|F_*(\mathbf{v})\|=\|\mathbf{v}\|$를 얻는다.

(2) ⇒ (1) : $F_*\|\mathbf{v}\|^2=\|\mathbf{v}\|$ 이므로

$$\|F_*(\mathbf{v}+\mathbf{w})\|^2=(F_*(\mathbf{v})+F_*(\mathbf{w}))\cdot(F_*(\mathbf{v})+F_*(\mathbf{w}))$$

$$=F_*(\mathbf{v})\cdot F_*(\mathbf{v})+2F_*(\mathbf{v})\cdot \mathrm{F}_*(\mathbf{w})+F_*(\mathbf{w})\cdot E_*(\mathbf{w})$$

$$= \|F_*(\mathbf{v})\|^2 + 2F_*(\mathbf{v}) \cdot F_*(\mathbf{w}) + \|F_*(\mathbf{w})\|^2$$

$$= \|\mathbf{w}\|^2 + 2\mathrm{F}_*(\mathbf{v}) \cdot \mathrm{F}_*(\mathbf{w}) + \|\mathbf{w}\|^2$$

$$\|\mathbf{v}+\mathbf{w}\|^2 = (\mathbf{v}+\mathbf{w}) \cdot (\mathbf{v}+\mathbf{w}) = \|\mathbf{v}\|^2 + 2\mathbf{v} \cdot \mathbf{w} + \|\mathbf{w}\|^2$$

그런데 $\|F_*(\mathbf{v}+\mathbf{w})\| = \|\mathbf{v}+\mathbf{w}\|$이므로 $F_*(\mathbf{v}) \cdot F_*(\mathbf{w}) = \mathbf{v} \cdot \mathbf{w}$이 성립한다.

3 문제 (2-2) 7에 의하며, 두 점을 잇는 유클리드 길이를 가장 짧게 하는 곡선은 직선밖에 없다. 그리고 직선은 원점을 항상 지나야 하므로 $\mathbf{p} = (-1, 0, 0)$에서 $\mathbf{q} = (1, 0, 0)$까지의 고유거리가 2임을 증명하면 된다. 원점 주위의 ε-근방을 잡고 이 원판을 지나지 않고 $\mathbf{p}$와 $\mathbf{q}$를 연결하는 곡선을 α라 하자. 이 때 y축과 이 원판과의 교점을 $\mathbf{r}$라 하면 $L(\alpha) \geq d(\mathbf{p}, \mathbf{r}) + \mathrm{d}(\mathbf{r}, \mathbf{q})$이다. 그런데 $\varepsilon \to 0$이면 $L(\alpha) \to 2$이다. 그러나 α는 $\mathbf{p}$와 $\mathbf{q}$를 연결하는 곡선선분은 아니다(그림 22)

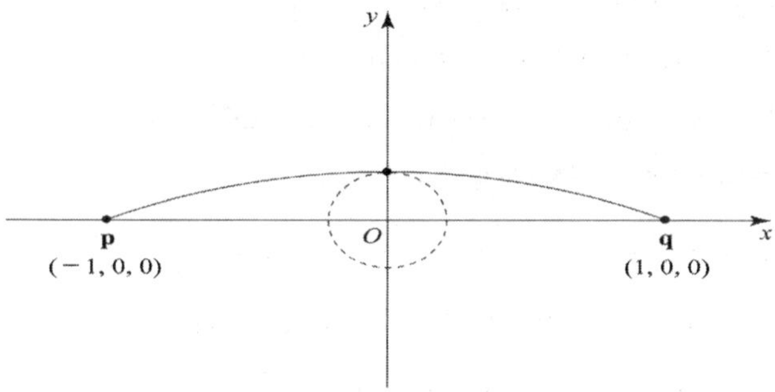

[그림 22]

4 $\alpha, \beta: I \to E^3$을 $\kappa_\alpha = \kappa_\beta$인 단위속도곡선이라 하면, 접곡면의 매개변수표시는 $\mathbf{x}(u, v) = \alpha(u) + vT_\alpha(u)$, $\mathbf{y}(u, v) = \beta(u) + vT_\beta(u)$로 표시된다.

(1) $F(\mathbf{x}(u, v)) = \mathbf{y}(u, v)$인 F를 선택하고(즉 $F = \mathbf{y}\mathbf{x}^{-1}$이고 $\mathbf{x}$, $\mathbf{y}$가 조각사상이므로 F는 잘 정의된다). 정리 (4-5)를 이용하여 $E = \overline{E}$, $F = \overline{F}$, $G = \overline{G}$임을 보이면 된다.

$$E = \mathbf{x}_u \cdot \mathbf{x}_u = \|T_\alpha(u) + u\kappa_\alpha(u) N_\alpha(u)\|^2 = 1 + v^2 \kappa_\alpha^2$$

$$\overline{E} = \mathbf{y}_u \cdot \mathbf{y}_u = 1 + v^2 k_\beta{}^2 \ \therefore\ E = \overline{E}$$

$$G = \mathbf{x}_v \cdot \mathbf{x}_v = \|T_\alpha(u)\|^2 = 1.$$

$$\overline{G} = \mathbf{y}_v \cdot \mathbf{y}_v = \|T_\beta(u)\|^2 = 1. \ \therefore\ G = \overline{G}$$

$$F = \mathbf{x}_u \cdot \mathbf{x}_v = 1 = \mathbf{y}_u \cdot \mathbf{y}_v = \overline{F} \ \therefore\ F = \overline{F}$$

$\therefore F: \mathbf{x}(u, v) \to \mathbf{y}(u, v)$는 국소등장사상이다.

(2) β를 $\kappa=\kappa_\alpha>0$이고 $\tau=0$인 평면곡선으로 잡자. 이 β는 직선이 아니다. 그러면 $\beta(u)+vT_\beta(u)$는 평면의 한 영역이 된다. 따라서 (1)과 같은 사상을 생각하면 α에 관한 접평면에서 β의 접평면인 평면의 한 영역D으로의 극소등장사상이 존재하게 된다.

5 (1) F는 전단사사상이므로 F^{-1}는 잘 정의되고 전단사사상이다. 따라서 F^{-1}가 극소등장사상임을 보이면 된다.

$(F^{-1}\circ F)_*=F_*^{-1}\circ F_*=I_*$ (I : 항등사상)이므로 $F_*(\mathbf{v})=\mathbf{w}$ 라 하면 $\|F_*(\mathbf{v})\|=\|\mathbf{w}\|$ 이다.

$$\therefore\ F_*^{-1}(\mathbf{w})=F_*^{-1}F_*(\mathbf{v})=I_*(\mathbf{v})=\mathbf{v}$$

$$\therefore\ \|F_*^{-1}(\mathbf{w})\|=\|\mathbf{v}\|=\|F_*(\mathbf{v})\|=\|\mathbf{w}\|$$

따라서 F^{-1}도 등장사상이다.

(2) $(GF)_*=G_*F_*$ 이므로 $\|(GF)_*(\mathbf{v})\|=\|G_*(F_*(\mathbf{v}))\|=\|F_*(\mathbf{v})\|=\|\mathbf{v}\|$.

6 $F: M\to\overline{M}$, $F(\mathbf{x}(u,\ v))=\overline{\mathbf{x}}(f(u),\ g(v))$이므로

(1) $F_*(\mathbf{x}_u)=\overline{\mathbf{x}_u}$, $F_*(\mathbf{x}_v)=\overline{\mathbf{x}_v}$

(2) $\overline{\mathbf{x}_u}\cdot\overline{\mathbf{x}_u}=\overline{\mathbf{x}_f}\dfrac{df}{du}\cdot\overline{\mathbf{x}_f}\dfrac{df}{du}=\overline{E}\left(\dfrac{df}{du}\right)^2$, $\overline{\mathbf{x}_u}\cdot\overline{\mathbf{x}_v}=\overline{F}\dfrac{df}{du}\dfrac{dg}{dv}$, $\overline{\mathbf{x}_v}\cdot\overline{\mathbf{x}_v}=\overline{G}\left(\dfrac{dg}{dv}\right)^2$

F가 국소등장사상이 될 필요충분조건은, 정리(3-5)에 의하여,

$$E=\mathbf{x}_u\cdot\mathbf{x}_u=F_*(\mathbf{x}_u)\cdot F_*(\mathbf{x}_u)=\overline{\mathbf{x}_u}\cdot\overline{\mathbf{x}_u}=\overline{E}\left(\frac{df}{du}\right)^2$$

$$F=\mathbf{x}_u\cdot\mathbf{x}_v=\overline{F}\,\frac{df}{du}\,\frac{dg}{dv},\quad G=\mathbf{x}_v\cdot\mathbf{x}_v=\overline{G}\left(\frac{dg}{dv}\right)^2$$

(3) F : 등각사상이면 $\|F_*(\mathbf{v})\|=\lambda(p)\|\mathbf{v}\|$이 성립하여야 하므로

$$E=\|E_*(\mathbf{x}_u)\|^2=\lambda^2(p)\ \overline{E}\left(\frac{df}{dw}\right)^2$$

$$F=\lambda^2(p)\overline{F}\,\frac{df}{du}\,\frac{df}{dv},\ G=\lambda^2(p)\,\overline{G}\left(\frac{dg}{dv}\right)^2$$

7 M : $\mathbf{x}=\mathbf{x}(u,\ v)$, F : $M\to\overline{M}$ (회전면)라 하면

$\overline{M}$: $\overline{\mathbf{x}}(u,\ v)=F(\mathbf{x}(u,\ v))=(g(u),\ h(u)\cos v,\ h(u)\sin v)$

$$\therefore\ \overline{E}=g'^2+h'^2,\ \overline{F}=0,\ \overline{G}=h^2\ (\text{5장 5절 참고})$$

그런데 F를 국소등장사상이라 하면 $E=\overline{E}$, $F=\overline{F}$, $G=\overline{G}$ 이어야 하므로

$$g'^2+h'^2=1,\ h^2=G$$

$$\therefore\ h'=\frac{d}{du}\sqrt{G}=\frac{G_u}{2\sqrt{G}}=\frac{2h}{2\sqrt{h^2}}=1,\ h=u,\ g=a\,(\text{상수})$$

따라서 $\overline{M}: \bar{\mathbf{x}}(u, v) = (a, u\cos v, v\sin v)$은 회전면이고

$$\overline{E}=1, \ \overline{F}=0, \overline{G}=G(u)=u^2$$

이므로 $F: M \to \overline{M}$은 국소등장사상이다.

8 $S: \sum_o \to E^2$ 입체사영에 대하여(4장의 예제 (5-2)를 보라)

$\sum_0 : \mathbf{x}(u, v) = (\cos v \cos u, \cos v \sin u, \sin v + 1)$이므로

$\|\mathbf{x}_u\| = \cos v$, $\|\mathbf{x}_v\| = 1$. 한편, $\mathbf{p} = \mathbf{x}(u, v) = (a, b, c)$라 하면

$S(a, b, c) = \left(\dfrac{2a}{2-c}, \dfrac{2b}{2-c}\right)$이므로

$$\bar{\mathbf{x}}(u, v) = S(\mathbf{x}(u, v)) = \left(\frac{2\cos v \cos u}{1-\sin v}, \frac{2\cos v \sin u}{1-\sin v}\right)$$

$$\|S(\mathbf{p})\|^2 = \|S(a, b, c)\|^2 = \frac{4(a^2+b^2)}{(2-c)^2} = \frac{4\cos^2 v}{(1-\sin v)^2}$$

$$\therefore \lambda(\mathbf{p}) = 1 + \frac{\|S(\mathbf{p})\|^2}{4} = \frac{2}{1-\sin v}$$

이때 S는 등각사상이므로 $\|S_*(\mathbf{v}_p)\| = \lambda(\mathbf{p})\|\mathbf{v}\|$을 만족하여야 한다.

그런데 $\mathbf{x}_u = (-\cos v \sin u, \cos v \cos u, 0)$, $\|\mathbf{x}_u\| = \cos v$

$$\mathbf{x}_v = (-\sin v \cos u, -\sin v \sin u, \cos v), \ \|\mathbf{x}_v\| = 1$$

$$\overline{\mathbf{x}_u} = \left(\frac{-2\sin u \cos v}{1-\sin v}, \frac{2\cos u \cos v}{1-\sin v}\right), \ \|\overline{\mathbf{x}_u}\| = \frac{2\cos v}{1-\sin v}$$

$$\overline{\mathbf{x}_v} = \left(\frac{2\cos u}{1-\sin v}, \frac{2\sin u}{-\sin v}\right), \|\overline{\mathbf{x}_v}\| = \frac{2}{1-\sin v}$$ 이므로

$$\|S_*(\mathbf{x}_u)\| = \|\mathbf{x}_u\| = \left(\frac{2}{1-\sin v}\right)\cos v = \lambda(\mathbf{p})\|\mathbf{x}_u\|,$$

$$\|S_*(\mathbf{x}_v)\| = \|\overline{\mathbf{x}_v}\| = \left(\frac{2}{1-\sin v}\right)\cdot(1) = \lambda(\mathbf{p})\|\mathbf{x}_v\|$$ 이 성립한다.

10 $D \subset E^2$이 극좌표(ρ, θ), $0<\rho<\infty$, $0<\theta<2\pi$, 으로 표시된 개집합이라 하고 $2\alpha\,(0<2\alpha<\pi)$을 추면의 꼭지각, 즉 $\chi = \cot\alpha$라 하자.

$F: D \to E^3$을 사상이라 할 때(그림 23)

$M: F(\rho, \theta) = \left(\rho\sin\alpha\cos\left(\dfrac{\theta}{\sin\alpha}\right), \rho\sin\alpha\sin\left(\dfrac{\theta}{\sin\alpha}\right), \rho\cos\alpha\right)$로 정의하면,

$$\kappa\sqrt{x^2+y^2} = \cot\alpha\sqrt{\rho^2\sin^2\alpha} = \rho\cos\alpha = z$$

이므로 $F(D)$는 추면을 나타낸다. 이때 $0<\theta<2\pi\sin\alpha$이면 $0<\theta/\sin\alpha<2\pi$이다. 그러므로 $\theta=0$를 제외한 추면위의 모든 점들은 $F(D)$에 의하여 덮혀진다. 더구나 F와 dF는 D에서 일대일사상이므로 F는 D를 (꼭지점을 제외한) 추면 M으로 보내는 미분동형사상이다.

실제로, D는 정칙곡면이므로, 매개변수표시

$$\mathbf{x}(\rho,\ \theta)=(\rho\cos\theta,\ \rho\sin\theta,\ 0),\ 0<\rho<\infty,\ 0<\theta<2\pi\sin\alpha$$

으로 표시되므로

$$E=1,\ F=0,\ G=\rho^2$$

이다. 한편, 추면 M 의 제1기본형의 계수는 $\bar{\mathbf{x}}=F\circ\mathbf{x}$로부터

$$\bar{E}=1,\ \bar{F}=0,\ \bar{G}=\rho^2$$

이므로, $F: D\to M$ 은 국소등장사상이다.

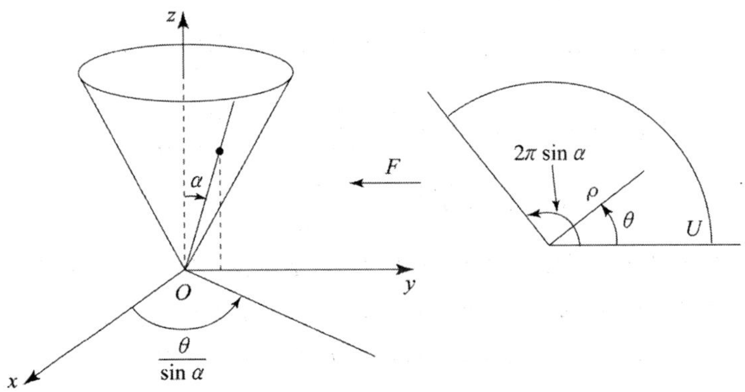

[그림 23]

11 (1) $F: M_1\to M_2$ 이 등장사상이므로 $F^{-1}: M_2\to M_1$ 은 정칙미분사상이다. 따라서 M_2 위의 임의의 호(arc) C_2에 대하여 $F^{-1}(C_2)$는 M_1 위의 호이다. 그런데 F는 등장사상이므로

$$L(F^{-1}(C_2))=L(F(F^{-1}(C_2)))=L(C_2)$$

(단, $L(C_2)$는 C_2의 길이이다) 따라서 F^{-1}는 등장사상이다.

(2) $F: M_1\to M_2$, $G: M_2\to M_3$ 등장사상이므로, M_1 에 속한 임의의 호 C에 대하여 $L(C)=L(F(C))=L(GF(C))$ 이므로 $GF: M_1\to M_3$ 은 등장사상이다.

14 $F: M\to N$이 등각사상이라 하면 $F_*(\mathbf{v})\cdot F_*(\mathbf{w})=\lambda^2(N\cdot W)$이므로(문제 12),

$\theta=\angle(\mathbf{v},\ \mathbf{w})$, $\theta^*=\angle(F_*(\mathbf{v}),\ F_*(\mathbf{w}))$라 하면

$$\cos\theta^*=\frac{F_*(\mathbf{v})\cdot F_*(\mathbf{w})}{\|F_*(\mathbf{v})\|\,\|F_*(\mathbf{w})\|}=\frac{\lambda^2(\mathbf{v}\cdot\mathbf{w})}{\lambda^2\|\mathbf{v}\|\,\|\mathbf{w}\|}=\frac{\mathbf{v}\cdot\mathbf{w}}{\|\mathbf{v}\|\,\|\mathbf{w}\|}=\cos\theta$$

따라서 등각사상 F는 각을 보존한다.

문제 6-4

1 E_1, E_2 를 M의 접선틀장이라 하고 $\alpha' = E_1$ 이라 하자. $F(\alpha)$를 따라서 $(F(\alpha))' = F_*(E_1) = E_1^*$ 이 성립하고 $w_{12} = F^*(\overline{w}_{12})$ 이다(정리 4-3). 그런데 α는 M의 측지선이므로 α를 따라서 $w_{12}(E_1) = 0$(문제 (6-1)의 1)이다.

$$\therefore\ 0 = F^*(\overline{w}_{12})(E_1) = \overline{w}_{12}(F_*(E_1)) = \overline{w}_{12}(\overline{E}_1)$$

따라서 $F(\alpha)$는 N의 측지선이다.

3 z축을 축으로 하는 나선면은(그림 24)

$$H: \mathbf{x}(u,\ v) = (v\cos u,\ v\sin u,\ au),\ 0<u<2\pi,\ -\infty<v<\infty.$$

현수선 $x = a\cosh v$, $z = av$, $-\infty<v<\infty$ 을 z축중심으로 회전하여 만들어진 현수면은(그림 25)

$$C: \overline{\mathbf{x}}(\overline{u},\ \overline{v}) = (a\cosh\overline{v}\cos\overline{u},\ a\cosh\overline{v}\sin\overline{u},\ a\overline{v}),$$

$$0<\overline{u}<2\pi,\ -\infty<\overline{v}<\infty$$

으로 표시되므로, C의 제1기본형의 계수는

$$\overline{E} = a^2\cosh^2\overline{v},\ \overline{F} = 0,\ \overline{G} = a^2(1+\sinh^2\overline{v}) = a^2\cosh^2\overline{v}$$

이제 매개변수의 변환을 $u = \overline{u}$, $v = a\sinh\overline{v}$, $0<\overline{u}<2\pi$, $-\infty<\overline{v}<\infty$로 하면 $\dfrac{\partial(u,\ v)}{\partial(\overline{u},\ \overline{v})} = a\cosh\overline{v} \neq 0$ 이므로, 이 변환은 항상 가능하다.

따라서 나선면 H는

$$\mathbf{x}(\overline{u},\ \overline{v}) = (a\sinh\overline{v}\cos\overline{u},\ a\sinh\overline{v}\sin\overline{u},\ a\overline{u})$$

으로 표현되고 제1기본형의 계수는

$$E = a^2\cosh^2\overline{v},\ F = 0,\ G = a^2\cosh^2\overline{v}.$$

따라서 $E = \overline{E}$, $F = \overline{F}$, $G = \overline{G}$ 이므로 H와 C는 국소등장적이다.

이 때 국소등장사상 $F: H \to C$은

(1) N의 z축 $\mathbf{x}(u,\ 0)$을 C의 국소원(xy평면과의 교선) $\overline{\mathbf{x}}(\overline{u},\ 0)$으로

(2) H의 모선 $\mathbf{x}(u_0,\ v)$을 C의 경선 $\overline{\mathbf{x}}(\overline{u}_0,\ \overline{v})$으로 보낸다.

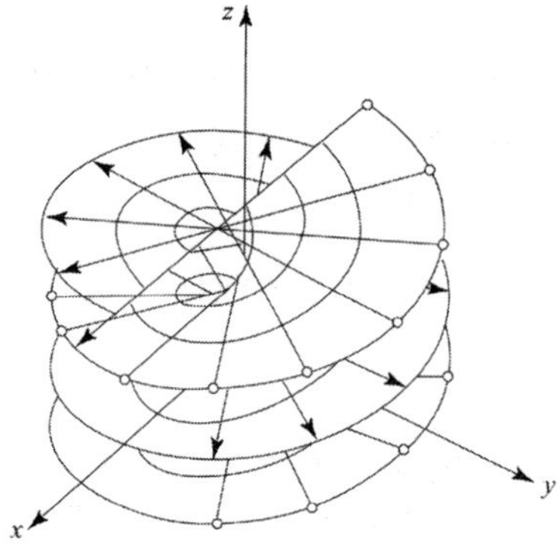

[그림 24]

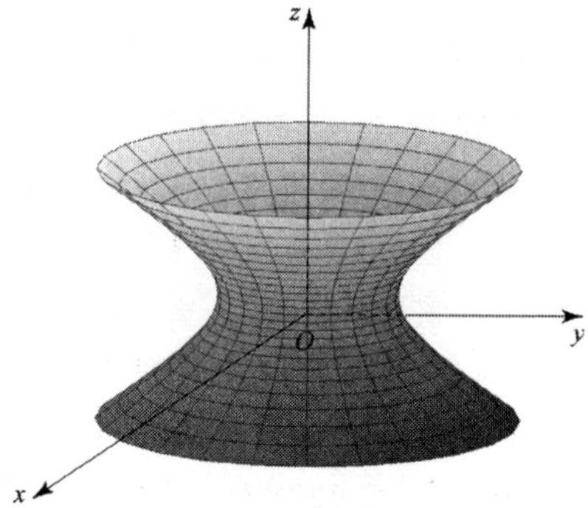

[그림 25]

문제 6-5

1 (1) $\mathbf{x}(u, v) = (v\cos v,\ u\sin v,\ bv)$로 부터

$\mathbf{x}_u = (\cos v,\ \sin v,\ 0)$, $\mathbf{x}_v = (-u\sin v,\ u\cos v,\ b)$

$E = 1$, $F = 0$, $G = u^2 + b^2$

$E_1 = (\cos v,\ \sin v,\ 0)$, $E_2 = \dfrac{1}{\sqrt{u^2+b^2}}(-u\sin v,\ u\cos v,\ b)$

$\theta_1 = du$, $\theta_2 = \sqrt{u^2+b^2}\,dv$

$$w_{12} = \frac{-(\sqrt{E})v}{\sqrt{G}}du + \frac{(\sqrt{G}\,u}{\sqrt{E}}dv = \frac{u}{\sqrt{u^2+b^2}}dv$$

$$dw_{12} = \left(\frac{u}{\sqrt{u^2+b^2}}\right)_u du\,dv + \left(\frac{u}{\sqrt{u^2+b^2}}\right)_v dv\,dv$$

$$= \frac{b^2}{(u^2+b^2)^{\frac{3}{2}}}du\,dv = \frac{b^2}{(u^2+b^2)^2}(\theta_1 \wedge \theta_2)$$

$$\therefore K = -\frac{b^2}{(u^2+b^2)^2}$$ (정리 2-2의 공식이용)

(2) $\mathbf{x}(u, v) = \left(u\cos v,\ u\sin v,\ \dfrac{u^2}{2}\right)$로 부터

$\mathbf{x}_u = (\cos v,\ \sin v,\ u)$, $\mathbf{x}_v = (-u\sin v,\ u\cos v,\ 0)$

$E = 1 + u^2$, $F = 0$, $G = u^2$

$$E_1=\frac{1}{\sqrt{1+u^2}}(\cos v,\ \sin v,\ u),\ E_2=(-\sin v,\ \cos v,\ 0)$$

$$\theta_1=\sqrt{1+u^2}\,du,\ \theta_2=u\,dv$$

$$w_{12}=\frac{-(\sqrt{E})_v}{\sqrt{G}}du+\frac{(\sqrt{G})_u}{\sqrt{E}}dv=\frac{1}{\sqrt{1+u^2}}dv$$

$$dw_{12}=\left(\frac{1}{\sqrt{1+u^2}}\right)_u du\,dv=-(1+u^2)^{-3/2}u\,du\,dv=\frac{-1}{(1+u^2)^2}(\theta_1\wedge\theta_2)$$

$$\therefore K=1/(1+u^2)^2$$

(3) $\mathbf{x}(u,\ v)=(u\cos v,\ u\sin v,\ au)$로 부터

$$\mathbf{x}_u=(\cos v,\ \sin v,\ a),\ \mathbf{x}_v=(-u\sin v,\ u\cos v,\ 0)$$

$$E=1+a^2,\ \ F=0,\ \ G=u^2$$

$$E_1=\frac{1}{\sqrt{1+a^2}}X_u,\ \ E_2=(-\sin v,\ \cos v,\ 0)$$

$$\theta_1=\sqrt{1+a^2}\,du,\ \ \theta_2=u\,dv$$

$$w_{12}=\frac{-(\sqrt{E})_v}{\sqrt{G}}du+\frac{(\sqrt{G})_u}{\sqrt{E}}dv=\frac{1}{\sqrt{1+a^2}}dv$$

$$dw_{12}=0\quad\therefore K=0$$

2 $E_1=\mathbf{x}_u,\ \ E_2=\frac{1}{\sin\theta}(\mathbf{x}_v-\cos\theta\,\mathbf{x}_u)$

$\theta_1=f_1du+f_2dv,\ \theta_2=g_1du+g_2dv$ 라고 하면

$$\begin{cases}\theta_1(E_1)=f_1=1\\ \theta_1(E_2)=\frac{1}{\sin\theta}(-\cos\theta f_1+f_2)=0,\end{cases}\quad\begin{cases}\theta_2(E_1)=g_1=0\\ \theta_2(E_2)=\frac{1}{\sin\theta}g_2=1\end{cases}$$

$$\therefore f_1=f,\ f_2=\cos\theta,\ g_1=0,\ g_2=\sin\theta$$

$$\therefore \theta_1=du+\cos\theta\,dv,\ \theta_2=\sin\theta\,dv$$

$$d\theta_1=(-\sin\theta)\,\theta_u du\,dv=-\theta_u du\wedge\theta_2$$

$$d\theta_2=(\cos\theta)\theta_u du\,dv=\theta_u du\wedge(du+\cos\theta\,dv)=\theta_u du\wedge\theta_1$$

$$w_{12}=-\theta_u du,$$

$$dw_{12}=-\theta_{uv}dv\,du=\theta_{uv}du\,dv=\frac{\theta_{uv}}{\sin\theta}(\theta_1\wedge\theta_2)$$

$$\therefore K=-\theta_{uv}/\sin\theta$$

4 계산에 의하면 식 (3), 또는

$$w_{12}=-\frac{1}{2}\left\{\frac{(\sqrt{E})_v}{\sqrt{G}}\,du-\frac{(\sqrt{G})_u}{\sqrt{E}}\,dv\right\}$$

으로 표시 될 수도 있으나, 윗식은 제1구조방정식을 만족하지 않는다.

문제 6-6

1 $\mathbf{x}_u=(1,\ 0,\ f_u),\ \mathbf{x}_v=(0,\ 1,\ f_v)$이므로

$EG-F^2=\|\mathbf{x}_u\times\mathbf{x}_v\|^2=1+f_u{}^2+f_v{}^2$

$\therefore\ A(\mathbf{x}(D))=\iint_D\sqrt{1+f_u{}^2+f_v{}^2}\,du\,dv\geq\iint_D du\,dv=A(D)$

2 (1) $M: Z=xy\,;\mathbf{x}(u,\ v)=(u\cos v,\ u\sin v,\ u^2\cos v\sin v),$

$0\leq u\leq c,\ 0\leq v\leq 2\pi$

$E=1+u^2\sin^2 2v,\ F=u^3\sin 2v\cos 2v,\ G=u^2(1+u^2\cos^2 2v)$

$EG-F^2=u^2(1+u^2)$

$\therefore\ A(\mathbf{x}(D))=\int_0^{2\pi}\int_0^c u\sqrt{1+u^2}\,du\,dv=\frac{2\pi}{3}(\sqrt{(1+c^2)^3}-1)$

(2) $M: \mathbf{x}(u,\ v)=\left(u,\ c\cosh\left(\frac{u}{c}\right)\cos v,\ c\cosh\left(\frac{u}{c}\right)\sin v\right),$

$-a\leq u\leq a,\ 0\leq v\leq 2\pi$

$E=1+\sin^2\left(\frac{u}{c}\right)=\cosh^2\left(\frac{u}{c}\right),\ F=0,\ G=c^2\cosh^2\left(\frac{u}{c}\right)$

$EG-F^2=\cosh^2\left(\frac{u}{c}\right)$

$$\begin{aligned}\therefore\ A(\mathbf{x}(D))&=\iint_D c\cosh^2\left(\frac{u}{c}\right)du\,dv\\&=\int_0^{2\pi}\int_{-a}^{a}\frac{c}{4}\left(e^{\frac{2u}{c}}+e^{-\frac{2u}{c}}\right)du\,dv\\&=\frac{c^2\pi}{2}\left(e^{\frac{2a}{c}}-e^{-\frac{2a}{c}}\right)\end{aligned}$$

(3) $M: \mathbf{x}(u,\ v)=\beta(u)+v\delta(u),\ 0\leq u\leq 2\pi,\ \frac{1}{2}\leq v\leq\frac{1}{2}$

단, $\beta(u)=(\cos u,\ \sin u,\ 0),\quad \delta(u)=\left(\cos\frac{u}{2}\right)\beta(u)+\left(\sin\frac{u}{2}\right)U_3$

$\mathbf{x}_u=\beta'(u)+v\delta'(u),\ \mathbf{x}_v=\delta(u)$이므로

$E=\frac{v^2}{4}+\left(1+v\cos\frac{u}{2}\right)^2,\ F=0,\ G=0,$

$$EG-F^2=\frac{v^2}{4}+\left(1+v\cos\frac{u}{2}\right)^2,$$

$$\therefore\ A(\mathbf{x}(D))=\int_{-\frac{1}{2}}^{\frac{1}{2}}\int_0^{2\pi}\left[\frac{v^2}{4}+\left(1+v\cos\frac{u}{2}\right)^2\right]^{\frac{1}{2}}du\,dv$$

4 $K=1/c^2$ 인 경우

$a=c$ 인 경우 : 전곡률 $=4\pi$, 면적$=4\pi c^2$

$0<a<c$ 인 경우 : 전곡률$=4\pi a/c$, 면적$=4\pi ac$

$K=-1/c^2$ 인 경우

M_a 의 전곡률$=\dfrac{2\pi(a-c)}{c}$, 면적$=2\pi(a-c)c$

M_b 의 전곡률$=-4\pi$, 면적$=4\pi c^2$

5 (1) $F(u,\ v)=(f(u,\ v),\ g(u,\ v))$ 이므로

$$J(F)=\begin{vmatrix} f_u & g_u \\ f_v & g_v \end{vmatrix}=f_ug_v-f_vg_u$$

(2) $X: D\to M$ 에 대하여

$$J(\mathbf{x})=dM(\mathbf{x}_u,\ \mathbf{x}_v)=\pm\|\mathbf{x}_v\times\mathbf{x}_v\|=\pm\sqrt{EG-F^2}$$

7 $V,\ W$: M 위에 있는 곡선 α를 따라 정의된 0 아닌 접벡터이므로 $\|V(t)\|=1$, $\|W(t)\|=1$라 가정하여도 성립한다. 따라서

$$\begin{aligned}V(t)\cdot W(t)&=\|V(t)\|\,\|W(t)\|\cos\angle(V(t),\ W(t))\\&=\cos\angle(V(t),\ W(t))=\cos\theta(t)\end{aligned}$$

으로 정의된다. 따라서 $\theta(t)=\cos^{-1}[V(t)\cdot W(t)]$ 이다.

8 (1) $\mathfrak{R}$의 한 포장 $\mathbf{x}_i$ 를 $F(\mathfrak{R})$의 포장 $\overline{\mathbf{x}_i}=F(\mathbf{x}_i)$ 으로 대응시킨다 하면, $\mathbf{x}_i$, $\overline{\mathbf{x}_i}$ 의 면적은 각각 $\sqrt{EG-F^2}\,du\,dv$, $\sqrt{\bar{E}\bar{G}-\bar{F}^2}\,d\bar{u}\,d\bar{v}$ 이므로 $EG-F^2=\bar{E}\bar{G}-\bar{F}^2$ 이면 F는 일대일이다.

(2) $F: M\to N$ 이 등장사상이면 $EG-F^2=\bar{E}\bar{G}-\bar{F}^2$ 이다. 그런데 $\mathfrak{R}$의 면적은 $A=\iint\sqrt{EG-F^2}\,du\,dv$ 으로 표현되므로 $A(\mathfrak{R})=A(F(\mathfrak{R}))$ 이다.

(3) Σ : 중심이 원점이고 북극과 남극을 제외한 단위구면

Γ : 단위원에 기초를 둔 Σ에 접하는 주면이라 할 때, z축에서 수직으로 Σ 위의 점 $\mathbf{p}$를 지나는 직선이 Γ와 만나는 점을 $F(\mathbf{p})$

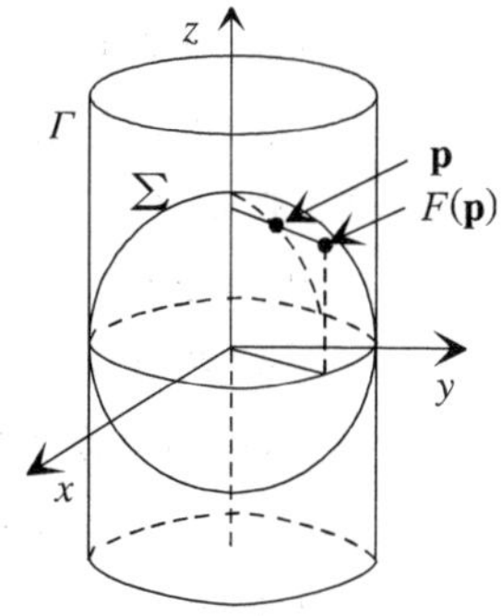

[그림 26]

라고 정의하는 사상을 $F: \sum \to \Gamma$라 하자. 이때

$$\sum: \mathbf{x}(u, v) = (\cos v \cos u, \cos v \sin u, \sin v)$$

$$F(\sum): \mathbf{y}(u, v) = (\cos u, \sin u, \sin v)$$

으로 정의되므로, $\sum$와 $F(\sum)$의 면적은 모두 4π이다. 그러므로 F는 면적을 보존한다. 그러나 $\sum$ 위의 임의의 두점 $\mathbf{p}, \mathbf{q}$에 대하여

$$d(\mathbf{p}, \mathbf{q}) = d(F(\mathbf{p}), F(\mathbf{q}))$$

은 성립하지 않으므로 F는 등장사상은 아니다(그림 26).

문제 6-7

1 제3장의 정리(5-3)에 의하여 α와 β는 합동이므로 α와 β의 접곡면도 또한 합동이 된다.

2 F는 모양연산자를 보존하므로(정리(7-1)), $F_*(S(\mathbf{v})) = S(F_*(\mathbf{v}))$이다. 따라서 모양연산자의 고유값도 보존한다. 즉

$\mathbf{e}_1, \mathbf{e}_2: \lambda_1, \lambda_2$를 각각 M의 모양연산자 S의 고유벡터, 고유값이라 하면

$$F_*(S(\mathbf{e}_i)) = \mathrm{F}_*(\lambda_i(\mathbf{e}_i)) = \lambda_i \mathrm{F}_*(\mathbf{e}_i) = \mathrm{S}(\mathrm{F}_*(\mathbf{e}_i)), \ (i=1, 2)$$

따라서 $F_*(\mathbf{e}_1)$, $\mathrm{F}_*(\mathbf{e}_2)$; λ_1, λ_2 은 각각 $N = F(M)$ 의 고유벡터, 고유값이 된다.

S로부터 유도된 Gauss곡률, 평균곡률, 주곡률, 주방향, 측지선 등은 그대로 보존된다. 그러나 등장사상에 의하여는 Gauss곡률과 측지선만이 보존된다. 평면과 주면(원기둥)은 국소등장적이지만 모양연산자는 보존되지 않는다.

3 (1) $S(M)$을 M의 유클리드 대칭집합이라 하자(문제 (3-1) 6 참조)

(i) $g_1, g_2 \in S(M)$이면 $g_1 \circ g_2$는 유클리드 등장사상이고

$g_1 \circ g_2(M) = M$ 이다. $\therefore g_1 \circ g_2 \in S(M)$

(ii) $g_1 \in S(M)$이면 g^{-1} 또한 등장사상이고 $g_1^{-1}(M) = M$이다.

$\therefore g_1^{-1} \in S(M)$

(iii) 항등사상 i 또한 $S(M)$에 속한다.

(i), (ii), (iii)에 의하여 $S(M)$은 ε의 부분군이다.

(2) M과 N이 합동이면 $F(M) = N$을 만족하는 유클리드 등장사상에 존재한다. 이제 준동형사상 $\mathrm{F}: S(M) \to S(N)$, $g \to F \circ g \circ F^{-1}$을 도입하면

(i) $F \circ g \circ F^{-1} \in S(N)$ 이다(잘 정의되었다.)

(ii) $\mathrm{F}(g_1 \circ g_2) = F \circ (g_1 \circ g_2) \circ F^{-1} = (F(g_1) \circ F^{-1}) \circ (F(g_2) \circ F^{-1})$

$$= (F \cdot g_1 \circ F^{-1}) \circ (F \circ g_2 \circ F^{-1}) = F(g_1) \circ F(g_2)$$

(iii) $F \circ g_1 \circ F^{-1} = F \circ g_2 \circ F^{-1} \to g_1 = g_2$

(ⅳ) $\forall \bar{g} \in S(N)$, $g = F^{-1} \circ \bar{g} \circ F$라 하면 $g \in S(M)$이고

$F \circ g \circ F^{-1} = \bar{g}$ 이 성립하므로 F는 동형사상이다.

5 제5장의 예제 (3-9)(2)에 의하여, 안장곡면 $M: z = xy$ 의 Gauss곡률은

$$K = \frac{-1}{(1+u^2+v^2)^2}$$

이므로, 원점에서 K는 최소값을 갖는다. 따라서 임의의 유클리드 등장사상은 Gauss곡률을 보존하는 직교사상이므로 원점을 고정하여야 한다. 그러므로 다음과 같은 유클리드 대칭이 존재한다.

$\begin{pmatrix}1&0&0\\0&1&0\\0&0&1\end{pmatrix}$	$\begin{pmatrix}-1&0&0\\0&-1&0\\0&0&1\end{pmatrix}$	$\begin{pmatrix}1&0&0\\0&-1&0\\0&0&-1\end{pmatrix}$	$\begin{pmatrix}-1&0&0\\0&1&0\\0&0&-1\end{pmatrix}$
항등사상	z축에 대한 180°회전	x축에 대한 180°회전	y에 대한 180°회전
$\begin{pmatrix}0&-1&0\\1&0&0\\0&0&-1\end{pmatrix}$	$\begin{pmatrix}0&1&0\\-1&0&0\\0&0&-1\end{pmatrix}$	$\begin{pmatrix}0&1&0\\1&0&0\\0&0&1\end{pmatrix}$	$\begin{pmatrix}0&-1&0\\-1&0&0\\0&0&1\end{pmatrix}$
xy평면에 반사 후 z축에 대한 90°회전	xy평면에 반사 후 z축에 대한 -90°회전	z축에 대한 90°회전	z축에 대한 -90°회전

문제 7-1

1 평면 E^2에서, $\mathbf{x}(u, v) = (u\cos v,\ u\sin v)$이므로

$$\mathbf{x}_u = (\cos v,\ \sin v),\ \mathbf{x}_v = (-u\sin v,\ u\cos v)$$

$\therefore E = 1,\ F = 0,\ G = u^2$ 이므로 Christoffel 기호를 구할 수 있다.

$$\Gamma_{11}^1 = \Gamma_{11}^2 = \Gamma_{12}^1 = \Gamma_{22}^2 = 0,\ \Gamma_{12}^2 = \frac{1}{u},\ \Gamma_{22}^1 = -u$$

2 $M: z = f(x, y)$; $\mathbf{x}(x, y) = (x, y, z)$에 대하여, $\mathbf{x}_x = (1, 0, p)$, $\mathbf{x}_y = (0, 1, 2)$, $\mathbf{x}_{xx} = (o, o, r)$, $\mathbf{x}_{xy} = (o, o, s)$, $\mathbf{x}_{yy} = (o, o, t)$,

$$U = \frac{(-p,\ -q,\ 1)}{\sqrt{1+p^2+q^2}} \text{이므로 } E = 1+p^2,\ F = pq,\ G = 1+q^2,$$

$$e = \frac{r}{\sqrt{1+p^2+q^2}},\ f = \frac{s}{\sqrt{1+p^2+q^2}},\ g = \frac{t}{\sqrt{1+p^2+q^2}}$$

따라서 구하는 관계식은 쉽게 구할 수 있다. 예를 들어

$$\Gamma_{11}^1 = \frac{GE_x - 2FF_x + FE_y}{2(EG-F^2)} = \frac{pr}{1+p^2+q^2}$$

$$K = \frac{eg-f^2}{EG-F^2} = \frac{rt-s^2}{(1+p^2+q^2)^{2)}}$$

③ $\cos w = \mathbf{x}_u \cdot \mathbf{x}_v / \|\mathbf{x}_u\| \|\mathbf{x}_v\| = F/\sqrt{EG}$ 이므로, $D=\sqrt{EG-F^2}$ 라 하면

$$\frac{\partial w}{\partial u} = \frac{\partial}{\partial u} cos^{-1}\left(\frac{F}{\sqrt{EG}}\right) = \frac{FGE_u + FEG_u - 2EGF_u}{2EG\sqrt{EG-F^2}}$$

$$= -\frac{D}{E}\Gamma^2_{11} - \frac{D}{G}\Gamma^1_{12}$$

④ $\delta^1_1 = g_{1j}g^{j1} = g_{11}g^{11} + g_{12}g^{21} = E\left(\frac{G}{EG-F^2}\right) - F\left(\frac{F}{EG-F^2}\right) = 1$

$\delta^2_1 = g_{1j}g^{j2} = g_{11}g^{12} + g_{12}g^{22} = E\left(\frac{-F}{EG-F^2}\right) + F\left(\frac{E}{EG-F^2}\right) = 0$

같은 방법으로 나머지 항들도 쉽게 구할 수 있다.

⑦ $U_j = (-g^{kl}h_{il})\mathbf{x}_k$, $(i,\ l,\ k=1,\ 2)$ 로부터

$$\begin{cases} U_1 = (-h_u g^{11} - j_{12}g^{12})\mathbf{x}_1 + (-h_{11}g^{21} - h_{12}g^{22})\mathbf{x}_2 \\ U_2 = (-h_{21}g^{11} - h_{22}g^{12})\mathbf{x}_1 + (-h_{21}g^{21} - h_{22}g^{22})\mathbf{x}_2 \end{cases}$$

을 얻는다. 이때 $h_{11} = \mathbf{x}_{11} \cdot U = e$, $h_{12} = x_{12} \cdot U = x_{21} \cdot U = f$, $h_{22} = x_{22} \cdot U = g$ 라 놓으면

$$U_1 = \left(\frac{Ff-GE}{EG-F^2}\right)\mathbf{x}_1 + \left(\frac{eF-Ef}{EG-F^2}\right)\mathbf{x}_2$$

$$U_2 = \left(\frac{gF-Gf}{EG-F^2}\right)\mathbf{x}_1 + \left(\frac{fF-gE}{EG-F^2}\right)\mathbf{x}_2$$

을 얻는다. 1과 2는 각각 u와 v를 의미하므로 이 방정식들은 Weingarten의 방정식을 의미한다.

문제 7-2

② 타원 $\frac{x^2}{A^2} + \frac{y^2}{B^2} = 1\ (A>B)$ 의 극방정식은 $\alpha(\theta) = (A\cos\theta,\ B\sin\theta)$ 이므로

$\alpha' = (-A\sin\theta,\ B\cos\theta)$, $\alpha'' = (-A\cos\theta,\ -B\sin\theta)$

따라서 $\theta = \frac{\pi}{2}$ 에서, $\|\alpha'\| = \sqrt{A^2\sin^2\theta + B^2\cos^2\theta}\,\Big]_{\theta=\frac{\pi}{2}} = A$

$\|\alpha' \times \alpha''\| = \|(0,\ 0,\ AB\sin^2\theta + AB\cos^2\theta)\| = AB$ 이므로, 단축의 정점$(\theta=\pi/2)$에서 그 타원의 곡률은

$$\chi = \frac{\|\alpha' \times \alpha''\|}{\|\alpha'\|^3} = \frac{AB}{A^3} = \frac{B}{A^2} = \frac{\sqrt{R^2-r^2}}{rR}$$

이다. 이 값은 예제 (2-5)의 결과와 동일하다(그림 26).

문제 7-3

1. $ds^2 = dr^2 + r^2 d\varphi^2$,

$$\frac{d^2\varphi}{ds^2} + \frac{2}{r}\frac{d\varphi}{ds}\frac{dr}{ds} = 0$$

$$\frac{d\varphi}{ds} = \frac{c}{r^2}, \quad \frac{dr}{d\varphi} = \frac{r}{c}\sqrt{c^2 - r^2},$$

$$r = a\sec(\varphi + \alpha)$$

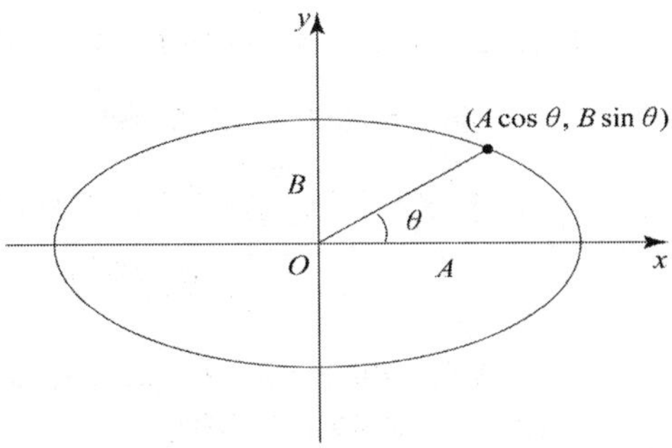

[그림 26]

2. $ds^2 = a^2(d\theta^2 + \cos^2\theta\, d\varphi^2)$, $\dfrac{d^2\varphi}{ds^2} - 2\tan\theta \dfrac{d\varphi}{ds}\dfrac{d\theta}{ds} = 0$, $\dfrac{d\varphi}{ds} = c\sec^2\theta$

3. $d\mathbf{x}\cdot dU = 0$ 또는 $N = \pm U$로부터 $\kappa = 0$을 얻으므로, 곡면위의 직선은 점근선인 동시에 측지선이다.

4. $N = \pm U$, $dU + \kappa d\mathbf{x} = 0$으로부터 $\tau = 0$을 얻으므로, 평면곡선은 점근선인 동시에 곡률선이 된다. 따라서 (a)와 (c)는 (b)를 포함하고, (b)와 (c)는 (a)를 포함하지 않는다.

5. $\sqrt{EG - F^2} = D$라 하면 $U = (\mathbf{x}_u \times \mathbf{x}_v)/D$이므로

$$D(TT'U) = \left\{(T\times T_u)\frac{du}{ds} + (T\times T_v)\frac{dv}{ds}\right\}\cdot(\mathbf{x}_u\times\mathbf{x}_v)$$

$$T\times\mathbf{x}_u = -(\mathbf{x}_u\times\mathbf{x}_v)\frac{dv}{ds}, \quad T\times\mathbf{x}_v = (\mathbf{x}_u\times\mathbf{x}_v)\frac{du}{ds}$$

$$\therefore D(TT'U) = (T\times T_u)\cdot(T\times\mathbf{x}_v) - (T\times T_v)\cdot(T\times\mathbf{x}_u)$$

$$= \frac{\partial}{\partial u}(T\cdot\mathbf{x}_v) - \frac{\partial}{\partial v}(T\cdot\mathbf{x}_u)$$

6. $T\cdot\mathbf{x}_u = \sqrt{E}\cos\theta$, $T\cdot\mathbf{x}_v = \sqrt{G}\sin\theta$, $F = 0$을 이용하여라.

7. $k_1 = k_g)_{v=v_0} = \dfrac{-E_v}{2E\sqrt{G}}$, $k_2 = k_g)_{u=u_0} = \dfrac{G_u}{2G\sqrt{E}}$, (정리 2-6)이므로

$$\frac{\partial}{\partial v}(k_1\sqrt{E}) = -\frac{\partial}{\partial v}\left(\frac{1}{\sqrt{G}}\frac{\partial\sqrt{E}}{\partial v}\right), \quad \frac{\partial}{\partial u}(k_2\sqrt{G}) = -\frac{\partial}{\partial u}\left(\frac{1}{\sqrt{E}}\frac{\partial\sqrt{G}}{\partial u}\right).$$

따라서 제6장의 정리 5-2에서 얻은 K를 이용하면 구하는 결과를 쉽게 얻을 수 있다.

8. 곡면 $F(x, y, z) = 0$의 법벡터장 $\nabla F = (F_x, F_y, F_z)$이 주어진 측지선에 대한 접촉평면(osculating plane)위에 있을 조건은 $\nabla F\times d\mathbf{x}\cdot d^2\mathbf{x} = 0$이다. 이 방정식은 주어진 조건과 동치이다.

9 (1) $\alpha' = vT,\ \alpha'' = \dfrac{dv}{dt}T + k_g v^2 V$ 이므로

$$J(\alpha') = J(vT) = vJ(T) = vV$$

$$\alpha'' \cdot J(\alpha') = \left(\frac{dv}{dt}\right)T + \kappa_g v^2 V \cdot vV = \kappa_g v^3$$

$$\therefore\ k_g = \frac{\alpha'' \cdot J(\alpha')}{v^3}$$

참고 : $J(\alpha') = U\times\alpha'$ 이므로 $\alpha'' \cdot J(\alpha') = \alpha'' \cdot U\times\alpha' = U\cdot\alpha'\times\alpha''$

(2) α가 단위속도곡선이면

$$V = U\times T = U\times\alpha' = J(\alpha') = N, \qquad T' = \alpha'' = \kappa_g N$$

10 $$E = \mathbf{x}_u\cdot\mathbf{x}_u = 1,\ F = \mathbf{x}_u\cdot\mathbf{x}_\theta = 0,\ G = \mathbf{x}_\theta\cdot\mathbf{x}_\theta = u^2\sin^2\alpha$$

$$\Gamma_{11}^1 = \Gamma_{12}^1 = \Gamma_{11}^2 = \Gamma_{22}^2 = 0,\ \Gamma_{22}^1 = -u\sin^2\alpha,\ \Gamma_{12}^2 = 1/u$$

이므로, 정리 (3-3)의 두 번째 방정식으로부터

$$\frac{d^2\theta}{ds^2} = -\left(\frac{2}{u}\right)\frac{du}{ds}\frac{d\theta}{ds} \qquad ①$$

을 얻는다. 이제 $\phi = \dfrac{d\theta}{ds}$라 하면 식 ①는 $\dfrac{1}{\phi}\dfrac{d\phi}{ds} = \left(\dfrac{-2}{u}\right)\dfrac{du}{ds}$이 된다.

$\therefore\ \log\phi = -2\log u + k$, 또는

$$\phi = \frac{d\theta}{ds} = c/u^2\sin^2\alpha,\ \text{단}\ c = e^k\sin^2\alpha \qquad ②$$

그런데 s는 호의 길이이므로

$$1 = \left\|\frac{d\mathbf{x}}{ds}\right\|^2 = \left\|\mathbf{x}_u\frac{du}{ds} + \mathbf{x}_v\frac{d}{ds}\right\|^2 = E\left(\frac{du}{ds}\right)^2 + 2F\frac{du}{ds}\frac{d\theta}{ds} + G\left(\frac{d\theta}{ds}\right)^2$$

$$\therefore\ 1 = \left(\frac{du}{ds}\right)^2 + u^2\sin^2\alpha\left(\frac{d\theta}{ds}\right)^2$$

$\phi = \dfrac{d\theta}{ds} = c/u^2\sin^2\alpha$ 을 대입하면

$$\frac{du}{ds} = \frac{\sqrt{u^2\sin^2\alpha - c^2}}{u\sin\alpha}$$

을 얻는다. 그러므로 ②에 의하여 구하는 측지선의 방정식은

$$\frac{du}{d\theta} = \left(\frac{u}{c}\right)\sin\alpha\sqrt{u^2\sin^2\alpha - c^2},\ \text{또는}$$

$u = A\sec((\sin\alpha)\theta + B)$, 단 A=상수, B=상수

11 $\Gamma_{11}^1 = -\Gamma_{22}^1 = \Gamma_{12}^2 = \dfrac{U'}{2(U+v)}$, $\Gamma_{12}^1 = -\Gamma_{11}^2 = \Gamma_{22}^2 = \dfrac{V'}{2(U+V)}$ 이므로 이 식들을 정리 (2-3)의 관계식에 대입하고 $k_g = 0$을 이용하면

$$-V'(u')^3+U'(u')^2v'-V'(v')^2+U'(v')^3+2(U+V)(u'v''-u''v')=0,$$

또는

$$[(u')^2+(v')^2](U'v'-V'u')+2(U+V)(u'v''-u''v')=0$$

이다. 이 식들은

$$\frac{d}{ds}\left[\frac{U(v')^2-V(u')^2}{(u')^2+(v')^2}\right]=0$$

와 동치이므로

$$[U(v')^2-V(u')^2]/[(u')^2+(v')^2]=c(\text{상수}) \qquad (*)$$

한편, $\cos\theta=\dfrac{T\cdot\mathbf{x}_u}{\|\mathbf{x}_u\|}=\dfrac{(\mathbf{x}_u u'+\mathbf{x}_v v')\cdot\mathbf{x}_u}{\|\mathbf{x}_u\|}=\|\mathbf{x}_u\|u'$ 이다.

마찬가지 방법으로 $\sin\theta=\|\mathbf{x}_v\|v'$ 을 얻는다. 그런데

$$1=\left\|\frac{d\mathbf{x}}{ds}\right\|^2=\|\mathbf{x}_u u'+\mathbf{x}_v v'\|^2=(U+V)[(u')^2+(v')^2]$$

$$=\|\mathbf{x}_v\|^2[(u')^2+(v')^2]=\|\mathbf{x}_u\|^2[(u')^2+(v')^2]$$

$$\therefore \cos^2\theta=\frac{(u')^2}{(u')^2+(v')^2},\quad \sin^2\theta=\frac{(v')^2}{(u')^2+(v')^2}$$

이 식들을 식 (*)에 대입하면 구하는 관계식을 얻는다.

문제 7-5

[2] (1) $\mathbf{q}\in N_\varepsilon$이라 하면, $\mathbf{p}$에서 $\mathbf{q}$까지 호의 길이를 최소화하는 방사측지선이 존재한다. 그런데 이 방사측지선의 길이는 ε보다 작으므로 $\rho(\mathbf{p},\mathbf{q})<\varepsilon$.

(2) (i) ① $\rho(\mathbf{p},\mathbf{q})=\inf\{L(\alpha)\}$ 이므로 $\rho\geq 0$ 이다(제6장 3절 참조)

② $\rho(\mathbf{p},\mathbf{q})=0$ 일 때, $\mathbf{p}\neq\mathbf{q}$라 하면 $\mathbf{p}$의 근방 N_ε이 존재하여 $\mathbf{q}\notin N_\varepsilon$ 이다. 그러므로 $\rho(\mathbf{p},\mathbf{q})>\varepsilon$이 되어 모순이다. 따라서 $\mathbf{p}=\mathbf{q}$이어야 한다. $\mathbf{p}=\mathbf{q}$이면 α는 상수곡선이므로 $\rho(\mathbf{p},\mathbf{q})=0$이다.

(ii) 두 점 $\mathbf{p}$와 $\mathbf{q}$를 연결하는 호의 최소길이는 $\mathbf{q}$와 $\mathbf{p}$를 연결하는 호의 최소길이와 같으므로

$$\rho(\mathbf{p},\mathbf{q})=\inf\{L(\alpha)\}=\rho(\mathbf{q},\mathbf{p})$$

(iii) 곡면 위의 세 점을 $\mathbf{p},\mathbf{q},\mathbf{r}$라 하면, 정리 (5-1)에 의하여

$$\rho(\mathbf{p},\mathbf{r})+\rho(\mathbf{r},\mathbf{q})\geq\rho(\mathbf{p},\mathbf{q})$$

등호는 세 점이 한 측지선위에 있을 경우이다.

[3] 쌍곡평면 $H:\mathbf{x}(u,v)=(u\cos v, u\sin v), 0<u<2$는 원점 0에서의 정규근방은 H 전체이므로, 두 점 사이의 호의 길이를 최소화하는 방사측지선이 유일하게 존재한다. 그런데 이 측지선은 유클리드 직선이므로, 이 방정식은

$$\alpha(u) = (u\cos v,\ u\sin v),\ 0 < u < 2$$

이다. 따라서

$$s(u) = \int_0^u \|\alpha'(u)\| du = \int_0^u \frac{du}{1-u^2/4} = 2\tanh^{-1}\left(\frac{u}{2}\right) = \log\frac{2+u}{2-u}$$

이다. 그러므로

$$\rho(0,\ \mathbf{p}) = 2\tanh^{-1}\left(\frac{\|\mathbf{p}\|}{2}\right) = \log\frac{2+\|\mathbf{p}\|}{2-\|\mathbf{p}\|}$$

$\therefore \|\mathbf{p}\| \to 2$ 이면 $\rho(0,\ p) = +\infty$ 이다.

한편, $\alpha(u)$를 H의 임의의 단위속도측지선이라 하고 $\alpha(0) = \mathbf{p}$, $\alpha(u_0) = \mathbf{q}$라 하면, $\alpha(u)$는 원점을 지나는 직선이거나 H에 직교하는 원이므로 $\rho(0,\ \mathbf{q}) = \rho(0,\ \mathbf{p}) + \rho(\mathbf{p},\ \mathbf{q})$이다. 그런데

$$\rho(0,\ \mathbf{q}) = \int_0^{u_0} \|\alpha'(u)\|\, du = \int_0^{u_0} du = u_0$$

이므로 $\rho(0,\ \mathbf{q}) \le \rho(0,\ \mathbf{p}) + u_0$ 이다.

$$\therefore \log\frac{2+\|\mathbf{q}\|}{2-\|\mathbf{q}\|} \le \log\frac{2+\|\mathbf{p}\|}{2-\|\mathbf{p}\|} + u_0$$

이때 $\mathbf{p}$를 교정하고 $\|\mathbf{q}\| \to 2$ 되게 하면 $u_0 \to +\infty$ 이다. 즉 $\alpha(u)$의 길이는 무한하다. 같은 방법으로, 반대방향으로도 그 길이가 무한함을 보일 수 있으므로 H는 완비곡면이다.

문제 7-6

[1] 모선 $\mathbf{x} = \mathbf{x}(s_0,\ v)$ 위에 있는 한점에서의 접평면은 벡터 $\mathbf{x}_s(s_0,\ v) = \mathbf{y}(s_0) + v h'(s_0)$와 $\mathbf{x}_v(s_0,\ v) = h(s_0)$에 의하여 만들어진다. $v = 0$ 에서 $\mathbf{x}_s(s_0,\ 0) = \mathbf{y}(s_0)$, $\mathbf{x}_v(s_0,\ 0) = h(s_0) = \mathbf{x}_u(s_0,\ v)$ 이므로 한 모선을 따라서 그 접평면이 일정할 필요충분조건은 세벡터 $\mathbf{y} + v\mathbf{h}$, $\mathbf{h}$, $\mathbf{y}'$가 종속인 것이다. 따라서

$$0 = (\mathbf{y}' + v\mathbf{h}') \times \mathbf{y}' \cdot \mathbf{h} = v\mathbf{h}' \times \mathbf{y}' \cdot \mathbf{h} = v[\mathbf{h}'\mathbf{y}'\mathbf{h}] = v[\mathbf{y}'\mathbf{h}\mathbf{h}']$$

[2] 두 곡면

$\mathbf{x}(u,\ \theta) = (u\cos\theta,\ u\sin\theta,\ \log u)$,

$\mathbf{x}^*(u^*,\ \theta^*) = (u^*\cos\theta^*, u^*\sin\theta^*,\ u^*)$ 으로부터, 각각

$$E = 1 + \frac{1}{u^2},\ F = 0,\ G = u^2,\ K = \frac{-1}{(1+u^2)^{2)}}$$

$$E^* = 1,\ F^* = 0,\ G^* = 1 + (u^*)^2,\ K^* = \frac{-1}{(1+(u^*)^2)^2}$$

을 얻을 수 있다. 따라서 $u^* = u$에서 $K = K^*$이다. 그러나 $\mathbf{x}$와 $\mathbf{x}^*$사에 $E = E^*$, $F = F^*$, $G = G^*$를 만족시키는 매개변수변환 $u^* = u^*(u,\ \theta)$, $\theta^* = \theta^*(u,\ \theta)$는 존재

하지 않는다. 따라서 $\mathbf{x}$와 $\mathbf{x}^*$는 등장적이 아니다.

3 $c_1=a$, $c_2=0$, 또는 $c_1=0$, $c_2=a$ 일 때

4 제6장 6절의 곡면의 면적에 관한 공식 $A=\iint \sqrt{EG-F^2}\,du\,dv$ 로부터, 조각사상 $\mathbf{x}$위에 있는 곡면의 면적형식은

$$dR=\sqrt{EG-F^2}\,du\,dv=\|\mathbf{x}_u\times\mathbf{x}_v\|du\,dv$$

이고, 구면상위에 있는 곡면적의 면적형식은 $dR'=\|U_u\times U_v\|\,du\,dv$ 이다. 그런데 $U_u\times U_v=K\|\mathbf{x}_u\times\mathbf{x}_v\|$ 이므로 (Weingarten의 정리로부터 직접 구할 수 있다). $dR'/dR=K$임을 알 수 있다.

문제 7-7

1 $\iint_{\mathbf{x}(R)} K dM+\int_{\partial\mathbf{x}}\kappa_g ds=\sum\phi_i-2\pi$ 로부터, $\kappa_g=0$ 이므로, $K=a$ (상수)라 하면 $\iint_{\mathbf{x}(R)} a\,dM=\sum\phi_i-2\pi$ 이다. 그런데 측지적다각형 $\mathbf{x}(R)$의 면적은 A라 하면

$$aA=\sum\phi_i-2\pi,\ \text{즉}\ A=\frac{1}{a}\left(\sum\phi_i-2\pi\right)$$

이므로 A는 측지적 다각형의 대각에 의하여 결정된다.

3 $\iint_M K\,dM=2\pi\chi(M)$ 으로부터

$h=0$ 이면 $\chi(M)=2$ 이므로 곡률합은 4π 이다. $\therefore K(\mathbf{p})>0$

$h=1$ 이면 $\chi(M)=0$ 이므로 전곡률은 0이다. $\therefore K(\mathbf{p})=0$

$h\geq 2$ 이면 $\chi(M)=2(1-h)<0$ 이므로 $K(\mathbf{p})<0$ 이다.

4 측지적사변형의 꼭지점 $\mathbf{p}_i$ 의 내각을 ϕ_i 라 하면, $K<0$ 이므로,

$$\iint_M K\,dM=(\phi_i+\phi_4+\pi)-2\pi<0.$$

그런데 $\phi_i+\phi_4<\pi$ 이므로 $\phi_1,\ \phi_4<\frac{\pi}{2}$ 이다.

5 (1) $\kappa_g=\dfrac{\alpha''\cdot J(\alpha')}{v^3}$, $v=\dfrac{ds}{dt}=\|\alpha'\|$ 이므로

$$\int_\alpha \kappa_g ds=\int_a^b\frac{\alpha''\cdot J(\alpha')}{\|\alpha'\|^2 v}dt=\int_a^b\frac{\alpha''\cdot J(\alpha')}{\alpha'\cdot\alpha'}dt$$

(2) $\mathbf{x}_{uu}\cdot\mathbf{x}_v=-\dfrac{E_v}{2}$, $\mathbf{x}_{vv}\cdot\mathbf{x}_u=-\dfrac{G_u}{2}$ 은 쉽게 유도된다. 한편, u – 매개변수곡선 (v – 매개변수곡선)에 대하여 $\dfrac{dv}{ds}=0\left(\dfrac{du}{ds}=0\right)$ 이므로, 각각

$$\frac{du}{ds}=\frac{1}{\|d\mathbf{x}/du\|}=\frac{1}{\sqrt{E}},\quad \frac{dv}{ds}=\frac{1}{\sqrt{G}}$$

이다. 따라서 정리 (2-6)의 식 (3)과 (4)를 이용하면 다음 관계식을 얻는다.

$$\int_{(u,\ u_0)}\kappa_g(u,\ v_0)ds=\int_{u_1}^{u^2}\frac{E_v}{-2E\sqrt{G}}ds=\int_{u_1}^{u^2}\frac{\mathbf{x}_{uu}\cdot\mathbf{x}_v}{\sqrt{EG}}du,$$

$$\int_{(u_0,\ v)}\kappa_g(u_0,\ v)ds=-\int_{v_1}^{v_2}\frac{\mathbf{x}_{vv}\cdot\mathbf{x}_u}{\sqrt{EG}}dv$$

[7] (1)→(2) : 접벡터장 E_1의 길이가 1이 되도록 M을 변형시키면 ($g=\|E_1\|$라 하면 된다), E_1과 $J(E_1)$은 틀장이 된다. 따라서 이 틀장에 대하여 접속형식이 정의되므로

$$2\pi\chi(M)=\iint_M KdM=-\iint_M dw_{12}=-\int_{\partial M}w_{12}=0,\quad (\partial M=\phi)$$

$$\therefore\ \chi(M)=0$$

(2)→(3) : $\chi(M)=0$이므로 M은 손잡이가 하나이다. 따라서 M은 원환면과 미분동형이다.

(3)→(1) : 원환면위에서는 항상 0 아닌 접벡터장에 존재한다($\mathbf{x}_u$ 또는 $\mathbf{x}_v$). 이때 미분동형사상을 $F: T^2\to M$라 하면 $F_*(\mathbf{x}_u)$는 M의 접벡터장이고 0이 아니다(F가 미분동형이므로 F_*는 정칙이다). 따라서 M에는 항상 0 아닌 접벡터장이 존재한다.

[8] 문제 [6]에 의하여, $\iint_{\mathcal{P}}KdM+\int_{\partial\mathcal{P}}k_g ds=2\pi\chi(\mathcal{P})=\sum\varepsilon_j$ 이고 $\chi(\mathcal{P})=1$이다(정리 (7-3) 참고), 한편 $\partial\mathcal{P}$가 측지선이므로 $\int_{\partial\mathcal{P}}k_g ds=0$이다.

$$\therefore\ \iint_{\mathcal{P}}KdM=2\pi-\sum\varepsilon_j=2\pi-\sum(\pi-\phi_i)=(2-n)\pi+\sum\phi_i$$

[9] $K\leq 0$이면, 문제 [8]에 의하여, $(n-2)\pi\geq\sum_{i=1}^{n}\phi_i$이다. 그런데 $n\leq 2$이므로 $\sum\phi_i\leq 0$이다. 측지선은 한 점과 그 점에서의 초기속도에 의하여 완전히 결정되고 ϕ_i는 $\pm\pi$가 될 수 없으므로 $\pi<\phi_i<\pi$이다. 따라서

① $n=0$인 경우 : 닫힌 측지선이 존재하지 않으므로 모순이다.

② $n=1$인 경우 : $-\pi\geq\phi_1$이므로 위의 논의에 의하여 모순이다.

③ $n=2$인 경우 : 한 교점에서 생각하면 켤레점이 없기 때문에 측지선은 서로 만나지 않는다.

[10] ① $n=0$인 경우 : 대원이 있으므로 존재한다.

② $n=1$인 경우 : 구면에서 측지선은 대원이고 대원은 외각이 0이므로 존재하지

않는다.

③ $n \geq 2$ 인 경우 :

(i) $n=2$ 일 경우는 서로 다른 대원은 두 점에서 항상 만나므로 2 – 다각형이 존재한다.

(ii) k – 다각형이 존재하면 한 꼭지점의 아주 작은 정규근방에서 있는 두 측지선 위의 두 점을 잡아 이 두 점을 지나는 측지선을 그리면 $k+1$ 다각형이 된다. 따라서 $n \neq 1$ 이 아닌 경우 모두 다각형이 존재한다.

11 (1) 타원면 : 구면과 미분동형이므로 전곡률은 4π 이다.

(2) 두 개의 손잡이가 있으므로 $\chi(M)=-2$, 따라서 -4π 이다.

(3) 구면과 미분동형이므로 4π 이다.

12 측지선 α 와 β 가 점 **p**, **q** 에서 만난다고 가정하면, Gauss – Bonnet 정리(R : 단순영역)에 의하여

$$\int_R K\,dM = 2\pi - (\varepsilon_1 + \varepsilon_2), \text{(단, } \varepsilon_1 \text{ 과 } \varepsilon_2 \text{ 는 } R\text{의 외각이다).} \qquad (*)$$

그런데 α 와 β 는 서로 접할 수 없으므로, $\varepsilon_i < \pi$, $(i=1, 2)$ 이고 $K \leq 0$ 이므로 관계식 (*)에 의하여 모순이다.

한편, $\varepsilon_1 = \varepsilon_2 = 0$ 인 경우에는 α 와 β 는 M 의 단순폐측지선, 즉 하나의 측지선이 되는 폐정칙곡선이 된다. 따라서 0 또는 음의 곡률은 갖는 곡면위에서는 단순영역 R 의 정계를 구성하는 단순폐측지선은 존재하지 않는다.

13 양외 곡률을 가지는 compact 곡면은 구면과 미분동형이다. 만약 α 와 β 가 만나지 않으면 α 와 β 에 의하여 형성된 집합은 $\chi(R)=0$ 을 만족하는 영역 R 의 경계이다. Gauss – Bonnet 정리에 의하면

$$\iint_R K\,dM = 0$$

이 성립하고 $K=0$ 이므로 모순된다. 따라서 α 와 β 는 반드시 만난다.

찾아보기

ㄱ

ㄴ

ㄷ

ㄹ

ㅁ

ㅂ

ㅅ

ㅇ

ㅈ

ㅊ

ㅋ

ㅌ

ㅍ

ㅎ

■ 최대호
공주사범대학 수학교육과 졸업
연세대학교 대학원 수학과(이학박사)
충북대학교 자연과학대학 수학과 교수
Oregon State University 객원교수
The University of Waikato 방문교수
충북대학교 자연과학대학장
충북대학교 대학원장
현재 충북대학교 수학과 명예교수

제3판

미분기하학

지은이 최대호
펴낸이 조경희
펴낸곳 경문사
펴낸날 2000년 9월 1일 1판 1쇄
2015년 3월 5일 3판 4쇄
등 록 1979년 11월 9일 제313-1979-23호
주 소 121-818, 서울특별시 마포구 와우산로 174
전 화 (02)332-2004 팩스 (02)336-5193
이메일 kyungmoon@kyungmoon.com

값 29,000원

ISBN 978-89-7282-000-0